工业和信息化部"十二五"规划教材

辐射度 光度与色度及其测量

（第3版）

金伟其　王　霞　宋维涛　马诗宁　编著

北京理工大学出版社
BEIJING INSTITUTE OF TECHNOLOGY PRESS

内 容 简 介

辐射度学、光度学及色度学是现代光电信息转换、传输、存储、显示、测量与计量技术的基础。本书是依据工业和信息化部"十二五"规划的"光电信息科学与工程类"本科专业教材要求，在前两版基础上更新编著。书中内容的编排遵循专业基础课的教学要求，由基础篇和仪器与实验篇两部分组成，基础篇系统地介绍辐射度学、光度学与色度学的基本概念、原理、物理量的相互转换关系、计算方法；仪器与实验篇主要内容包括辐射测量的基本仪器、光辐射测量系统的性能及其测量、光度量的测量、辐射度量的测量、颜色的测量及其仪器，以及辐射度、光度与色度的应用。

全书内容新颖、系统、全面，既注重理论性，也讲究实用性，可作为光电信息科学与工程类专业、测控技术与仪器、电子科学与技术等专业的本科生/研究生教材，也可作为跨专业学生以及科研人员和工程技术人员的学习和工作参考用书。

图书在版编目（CIP）数据

辐射度 光度与色度及其测量／金伟其等编著.

3 版. -- 北京：北京理工大学出版社，2024. 6.

ISBN 978 - 7 - 5763 - 4267 - 3

Ⅰ. O432

中国国家版本馆 CIP 数据核字第 2024RH7443 号

责任编辑：吴 博　　　　　**文案编辑：**李丁一

责任校对：周瑞红　　　　　**责任印制：**李志强

出版发行／北京理工大学出版社有限责任公司

社　　址／北京市丰台区四合庄路 6 号

邮　　编／100070

电　　话／(010) 68944439（学术售后服务热线)

网　　址／http://www.bitpress.com.cn

版 印 次／2024 年 6 月第 3 版第 1 次印刷

印　　刷／北京虎彩文化传播有限公司

开　　本／787 mm×1092 mm　1/16

印　　张／31

字　　数／728 千字

定　　价／78.00 元

图书出现印装质量问题，请拨打售后服务热线，负责调换

辐射度学、光度学及色度学（以下简称"三度学"）不仅是现代光电信息转换、传输、存储、显示、测量与计量技术的基础，也是现代光学/光电信息工程的重要基础。在光电技术深入军事、医疗、文化、工业等行业领域的新时代，"三度学"是光电相关专业科研和应用人员必备的专业基础知识与技术。

本教材是国防科工委"十五"规划的重点教材，该书于 2006 年出版。得益于工业和信息化部"十二五"教材规划的支持，本教材第 2 版于 2016 年出版，除了在北京理工大学使用外，也被武汉大学、重庆大学、深圳大学等国内知名高校广泛采用和参考，并在社会上引起积极的反响，获得了同行的高度认可。随着信息技术的不断发展，切实面向世界科技前沿、面向经济主战场、面向国家重大需求、面向人民生命健康对光电领域人才迫切需要，更是响应党的二十大报告中对加快实施创新驱动发展战略作出重要部署，要求"加快实现高水平科技自立自强"，教材编写组结合新方法和技术进展对原有教材知识进行"推陈出新"，推进基础理论创新与技术创新并重。在北京理工大学"十四五"教材规划的支持下，进行了本教材第 3 版的编写，以培养更多光电人才加速破解制约行业发展的"卡脖子"技术难题。

根据国家"四个面向"的要求，以及对光电领域人才的迫切需要，本教材的主要目的是引导读者深入理解"三度学"，掌握其基本概念、原理、物理量的相互转换关系、计算分析方法、测量仪器与测试计量方法等，培养学生利用相关知识、技术和仪器解决实际问题的能力。教材结合军用和民用领域的实际应用需求，介绍了"三度学"技术发展的前沿和应用实例，旨在激发学生的创新潜能，夯实探测成像感知领域的理论基础，扎实光电应用实践能力，树立起科技报国的崇高使命感与深厚归属感。为此，本教材的编写秉承简明扼要的原则，清晰阐述相关原理和分析计算方法，并通过精心设计的实验环节，让学生在实践中深化对测量方法、仪器使用和测试技巧的理解。教材汲取了北京理工大学多年的教学经验，广泛吸纳了国内采用本教材学校的教师以及同行专家提出的宝贵意见和建议，确保教材内容的与时俱进，充分融合"三度学"理论与技术的新进展以及近年来的新型测试仪器原理，通过设置习题与思考题帮助读者学习和掌握相关的知识和技能。

本教材第 1～第 4 章由金伟其、王霞执笔，第 5 章由马诗宁执笔，第 6～第 9 章由王霞执笔，第 10 章和第 11 章由宋维涛执笔，全书由王霞统稿。

本教材适合光学/光电类专业：光电信息科学与工程、测控技术及仪器、电子科学与技术等专业的本科生和研究生选用，也可作为跨专业学生以及科研人员和工程技术人员的学习和工作参考用书。课程建议 48 学时，其中 32 学时为课堂讲授，16 学时为测量实验。

本教材承蒙北京理工大学廖宁放教授主审，由北京理工大学教材编审室审定。在此作者向他们致以诚挚的谢意，并向被引为本书内容和参考资料的作者、译者表示由衷的感谢。最后，感谢北京理工大学出版社的支持。

当前光电传感器技术的发展及其在各个领域中的广泛应用极大地推动了辐射度学、光度学及色度学相关理论和技术的发展。本书作为一本专业基础教材，希望能够在有限的篇幅内，全面而系统地涵盖这些领域的基础知识，并尽可能地融入最新的技术进展。然而鉴于作者学识与水平，书中难免存在不足与遗漏之处，对此，诚恳地希望广大读者予以批评指正。

作 者

2024 年 3 月

第2版前言

　　辐射度学、光度学及色度学（以下简称"三度学"）是现代光电信息转换、传输、存储、显示、测量与计量技术的基础，正如"应用光学"和"波动光学"是构成光学技术的基础那样，随着光电信息技术、图像技术的发展和应用的扩展，"三度学"及其测量技术已成为现代光学/光电信息工程的重要基础，是光电技术领域科研和应用人员必备的专业基础知识与技术。鉴于在以往的教学或常见的教材中，辐射度学/光度学与色度学通常是分离的，往往只在"工程光学""应用光学"或"光电技术"等课程中部分涉及辐射度学和光度学的概念，色度学则往往只安排在研究生阶段，由于内容分散，加之学时有限，往往难以使学生全面地掌握相关的理论和技术，这不仅影响后续技术课程的学习，而且影响学生对仪器的正确使用以及今后的灵活应用。

　　本教材是国防科工委"十五"规划的重点教材，该书于2006年出版，距今已10年，先后印刷4次，印数达到8 000册。该教材除在北京理工大学使用外，也被武汉大学、重庆大学、深圳大学等国内知名高校选用，并在社会上引起较好的反响，在书评网等获得好评。这表明本教材的设计思想获得了同行的广泛认可。本"三度学"教材出版以来，光电信息技术得到了明显的进步，各类光电仪器不断出现并得到广泛的应用。在这一过程中，对具备"三度学"基础知识和专业技能的人才的需求更加旺盛，同时新方法和新技术的出现也有对原有教材知识"推陈出新"的要求。因此，我们在工业和信息化部"十二五"教材规划的支持下，进行了《辐射度 光度与色度及其测量（第2版）》的编写。

　　编写本教材的主要目的是使读者掌握"三度学"的基本概念、原理、物理量的相互转换关系、计算分析方法、测量仪器与测试计量方法等，培养学生利用相关知识、技术和仪器解决实际问题的能力，并结合军用和民用领域的应用需求，介绍"三度学"技术发展的前沿和应用实例，增强读者为振兴祖国经济，特别是提高国防科技水平的责任感和使命感。因此，教材的编写力求简明扼要地说明有关的原理和分析计算方法，并通过实验使学生更深刻地学习和理解有关的测量方法、仪器使用和测试技巧。

　　在总结北京理工大学多年教学经验的基础上，结合国内采用本教材学校的教师以及同行专家提出的意见和建议，本教材的再版编写充分吸收了

"三度学"理论和技术的新进展以及近年来的新型测试仪器原理，在保持原教材章节结构的基础上，重新对本书各章内容进行了删减和增补。其中除对教材进行了部分精简外，较明显的变化在于：绪论部分增加了太赫兹辐射及其探测的概念；第2章增加了对 LED、节能灯、激光等新型光源的描述；第3章增加了对 CCD、CMOS 以及非制冷红外焦平面探测器等典型探测器原理的描述；第5章增加了色貌模型；在测试篇的各章中增加了部分典型测试原理。此外，在各章均增加了习题和思考题，以便于读者学习和掌握相关的知识和技能。

由于原书作者胡威捷已移民国外，因此对第2版的编著人员进行了调整，其中第1～第4章由金伟其执笔，第5章由黄庆梅执笔，第6～第9章由王霞执笔，第10章和第11章由廖宁放执笔，全书由金伟其统稿。

本教材适合光学/光电类专业：光电信息科学与工程、测控技术及仪器、电子科学与技术等专业的本科生和研究生选用，也可作为跨专业学生以及科研人员和工程技术人员的学习和工作参考用书。课程建议64学时，其中36学时为课堂讲授，28学时为测量实验。

本教材承蒙解放军装甲兵工程学院张智诠教授和北京理工大学白廷柱教授主审，由北京理工大学教材编审室审定。在此向他们致以诚挚的谢意，并向被引为本书内容和参考资料的作者、译者表示由衷的感谢。

当前光电传感器技术的发展以及各类应用的需求极大地促进了辐射度学、光度学及色度学相关理论和技术的发展。本书是一本专业性基础教材，但要在有限的篇幅中编写一本全面、完整的包含基础知识，同时包含最新技术发展的教材是比较困难的。

鉴于作者的学识与水平，书中的缺欠、遗漏在所难免，对此，诚恳地希望广大读者予以批评指正。

在教材编写期间，天津大学蔡怀宇教授、武汉大学何平安教授、华中科技大学杨坤涛教授、重庆大学朱永教授、北京航空航天大学张维佳教授、南京理工大学柏连发教授、深圳大学牛丽红教授、长春理工大学付跃刚教授、燕山大学毕卫红教授、首都师范大学张存林教授、解放军装甲兵工程学院张智诠教授、石家庄军械学院刘秉琦教授以及空—空导弹研究院孟卫华研究员等对教材提出了非常有益的意见和建议，在此向他们表示衷心的感谢。

最后，感谢工业和信息化部"十二五"重点教材规划委员会和北京理工大学出版社，使这一教材的新版得以出版。

编　者

2016 年 2 月

《辐射度 光度与色度及其测量》是国防科工委"十五"规划的重点教材，是依据教学指导委员会审定的大纲编写的。

辐射度学、光度学及色度学（以下简称"三度学"）是现代光电信息转换、传输、存储、显示、测量与计量技术的基础，正如"应用光学"和"波动光学"是构成光学技术的基础那样，"三度学"已成为现代光学/光电信息工程的基础。

在以往的教学或常见的教材中，辐射度学、光度学与色度学通常是分离的。在许多培养方案中，仅在某些课程中涉及部分辐射度学和光度学的概念，由于内容分散，加之学时有限，往往难以使学生全面地掌握相关的理论和技术，这不仅影响后续技术课程的学习，而且影响学生对仪器的正确使用以及今后的灵活应用。而色度学在本科课程中更少涉及，系统讲授的课程大多安排在研究生阶段，但也较少涉及相关的实验仪器和技术的介绍。随着光电信息技术、图像技术的发展和应用的扩展，"三度学"及其测量技术已成为光电技术领域科研和应用人员必备的专业基础知识与技术。为此，全面、系统、有效地学习"三度学"的知识和技术成为适合社会需求的发展趋势。

鉴于以上情况，我们一直希望能以"三度学"为基本教学内容，开设专门的课程，这一思想也得到一些相关院校老师的肯定。在国防科工委"十五"重点教材规划中，本教材的编写计划得到了支持。编写本教材的主要目的是使读者掌握"三度学"的基本概念、原理、物理量的相互转换关系、计算分析方法、测量仪器与测试计量方法等，培养学生利用相关知识、技术和仪器解决实际问题的能力，并结合军用和民用领域的应用需求，介绍"三度学"技术发展的前沿和应用实例，增强读者为振兴祖国经济，特别是提高国防科技水平的责任感和使命感。因此，教材的编写力求简明扼要地说明有关的原理和分析计算方法，并通过实验使学生更深刻地学习和理解有关的测量方法、仪器的使用和测试技巧。

本教材主要是在我校原《辐射度学和光度学》（车念曾，阎达远，北京理工大学出版社，1990）、《色度学》（汤顺青，北京理工大学出版社，1990）和《微光与红外成像技术》（张敬贤，李玉丹，金伟其，北京理工大学出版社，1995）的基础上，收集有关理论和技术的新进展以及近年来的新型测试仪器及其应用，重新进行整体构思和内容增补编写而成的。教材的第 1 章有关人眼颜色视觉部分和第 5 章、第 10 章由北京理工大学胡威捷执笔编写，其余部分由北京理工大学金伟其执笔编写，全书由金伟其统稿。

本教材适合光学/光电类专业：电子科学与技术、测控技术及仪器、光电信息工程等专业本科生和跨专业研究生选用，也可作为科研人员和工程技术人员的学习和工作参考用书。课程建议 64 学时，其中 36 学时为课堂讲授，28 学时为测量实验。

本教材承蒙南京理工大学贺安之教授和北京理工大学高稚允教授主审，由北京理工大学教材编审室审定。在此作者向他们致以诚挚的谢意，并向被引为本书内容和参考资料的作者、译者表示由衷的感谢。

因时间所限，加之辐射度学、光度学及色度学是重要的工程基础学科，技术发展迅速，应用广泛渗透到各个领域，所以，要编写一本全面、完整、成熟的教材是比较困难的。鉴于作者的学识与水平，书中的缺欠、遗漏在所难免，对此，诚恳地希望广大读者予以批评指正。

最后，作者感谢国防科工委"十五"重点教材规划委员会和北京理工大学出版社，它们使这一教材得到出版。

作　者
2005 年 12 月

目 录

CONTENTS

第二篇　仪器与实验篇

第一篇

基　础　篇

绪　　论

　　辐射度学是一门研究电磁辐射能测量的科学。辐射度学的基本概念和定律适用于整个电磁波段的辐射测量，但对于电磁辐射的不同频段，由于其特殊性，又往往有不同的测量手段和方法。本书主要阐述电磁辐射光学谱段内辐射能的计算与测量。

　　传统上，光学谱段一般是指从波长为 0.1 nm 左右的 X 射线到波长约为 0.1 cm 的极远红外的范围（见图 0-1），波长小于 0.1 nm 的是 γ 射线，波长大于 0.1 cm 的则属于微波和无线电波。近年来，太赫兹波是频率为 0.1～10.0 THz 的电磁波，适用于电磁辐射的毫米波波段的高频边缘（300 GHz）到低频率的远红外光谱带边缘（3 000 GHz）之间的频率，对应的辐射波长为 0.03～3.00 mm，成为光学和微波领域拓展研究的重要波段。因此，在光学谱段内，按照波长的不同，可分为 X 射线、远紫外、近紫外、可见光、近红外、短波红外、中波红外、长波红外、远红外和太赫兹波段。可见光谱段，即辐射能对人眼能产生目视刺激而形成具有光亮感和色感的谱段，一般是指波长为 0.38～0.76 μm 的谱段。

图 0-1　电磁频谱

　　使人眼产生目视刺激的度量是光度学的研究范畴。光度学的研究除了包括光辐射能的客观度量外，还应考虑人眼视觉的生理和感觉印象等心理因素。因此，光度量作为一种物理量度量，可认为是用具有"标准人眼"视觉响应的探测器对辐射能的度量，而且人眼的生理、心理因素常常对光度测量有着很大的影响。

　　使人眼产生色感刺激的度量是色度学的研究范畴。研究人眼辨认物体的明亮程度、颜色类别和颜色的纯洁度（明度、色调、饱和度）是一门以光学、光化学、视觉生理和视觉心理等为基础的综合性科学，也是一门以大量实验为基础的实验性科学，主要解决对颜色的定量描述和测量问题。

对辐射度学和光度学系统的研究可认为是从 18 世纪中期研究光辐射的目视效应开始的。1727 年，法国的 Bouguer 提出光度学的概念，为光度学的实践奠定了基础。1760 年，Lamber 提出了光度学的基本定律，如照明可加性定律、照度的平方反比定律和余弦定律等。光度学的发展与当时照明光源的进步密切相关。光源由蜡烛、戊烷气灯到 1879 年 Edisen 发明的白炽灯，积极推动了光度学的发展。光度基准也由火焰灯发展到 Violle 提出的用凝固温度时的铂作为光强度的基准，并为 1889 年国际电工会议所采纳。

1800 年，Herschel 测量太阳光通过棱镜色散在不同光谱位置上目视和液体温升的效应而发现了红外辐射。次年，Ritter 发现了紫外辐射，从而使辐射度学的研究领域逐步扩大。19 世纪上半叶，人们制造出第一个热电偶，并用于测量辐射热；Becquerel 发现了光伏效应。19 世纪中叶，Kirchhoff 和 Stewart 提出了黑体的概念。1900 年，在大量实验和理论分析的基础上，Planck 导出了描述黑体辐射能量和光谱分布的物理定律。此后，随着温度测量精度的提高，普朗克常数和玻尔兹曼（Boltzmann）常数已可准确地求到仅有 1% 的误差。

除了普朗克定律和量子理论两个辐射度学对物理学最基本的贡献外，在 19 世纪的后 20 年，Langley 研制了辐射热计，开始研究大气辐射。当时热电偶的响应度也大大提高，Angstrom 于 1893 年制作出第一台标准探测计——电标定辐射热计，许多科学家用它来测量黑体总辐射能和温度的关系。

20 世纪初，辐射度学和光度学在许多科学研究和应用领域（如分子物理、光谱化学分析、视觉、照明等）得到了广泛应用，使其作为物理学的一个分支得以迅速发展。气体放电灯、充气白炽灯等相继问世，白炽灯在 1914 年已被用作辐照度标准光源。1920 年，在光度学中已使用具有一定色温的标准灯。此后，明视觉的光谱光视效率和色度系统都有了国际标准。20 世纪中期，光电探测器开始应用到光辐射探测，同时人们开始研究光辐射在吸收、散射介质中的传输。辐射度学在大气物理、红外和紫外分光光度测量以及色度的质量检查中都有广泛的应用。

色度学最早开创于牛顿的颜色环概念。19 世纪，Grassmann、Maxwell 和 Helmholtz 等对色度学的发展做出了巨大贡献。Guild、Judd、Macadam、Stiles、Wright 和 Wyszecki 等科学家的研究奠定了现代色度学的基础。从 1931 年建立国际照明委员会（CIE）色度学系统以来，色度学在工业、农业、科学技术和文化事业等领域获得了广泛应用，指导着彩色电视、彩色摄影、彩色印刷、染料、纺织、造纸、交通信号和照明技术的发展和应用。

近年来，辐射度学、光度学和色度学发展迅速。光源的种类日新月异地发展着，其发光效率与颜色得到了很大改善，光电探测器品种大大增加，性能显著提高，各种测试方法、技术以及仪器不断被提出并得到实现，这使辐射度量和光度量物理测量的精确度大为提高，应用领域也不断扩展。

在信息技术飞速发展的今天，辐射度量、光度量及色度量的评价和测量已成为获取光电信息的基础，因此，光电技术不论是在军事领域，还是在空间技术、医学和生命科学、工业和农业等领域均具有重要地位，并获得了广泛的应用，同时这些应用也对学科的发展不断提出新的课题，大大促进了相关研究以及其在测量技术、设备、方法上的进步。

我国在辐射度学、光度学及色度学的理论和计量技术方面已取得了显著的成绩，国家和国防计量部门已建立了光通量、光强度、照度、亮度、色度等一系列标准，在一些研究院/所、大学和企业均有相关的专业实验室正在进行专门的研究。有关的标准以及计量和测量手段已达到或接近国际水平，很多方面已实现了与国际标准的接轨。

更为重要的是，"十四五"时期是建设制造强国、构建现代化产业体系和实现经济高质量发展的重要阶段。智能制造作为推动我国制造业由大变强的核心技术和主线，既是制造强国建设的主攻方向，也是推进新型工业化的重要任务。党的十八大以来，我国致力于数字技术与制造技术深度融合、数字经济与实体经济深度融合、信息化与工业化深度融合、人工智能与制造业深度融合。在融合发展的浪潮中，光电技术已经渗透到数字经济和智能制造的各个领域，更是推动产业持续创新和优化升级的驱动力，辐射度学、光度学及色度学知识作为光电技术的基础，学习和掌握辐射度学、光度学及色度学的理论和有关测量技术对培养光电技术专业人才，服务国家重大战略更显重要和迫切，有着重大的意义。

第1章

辐射度量、光度量基础

辐射度量（Radiometry）是用能量单位描述辐射能的客观物理量。光度量（Luminous Quantity）是光辐射能为平均人眼接收所引起的视觉刺激大小的度量，即光度量是具有平均人眼视觉响应特性的人眼所接收到的辐射量的度量。因此，辐射度量和光度量都可定量地描述辐射能强度，但辐射度量是辐射能本身的客观度量，是纯粹的物理量；而光度量还包括生理学、心理学的概念。

1.1 辐射度量

1.1.1 立体角

立体角（Solid Angle）Ω 是描述辐射能向空间发射、传输或被某一表面接收时的发散或汇聚的角度（见图 1-1）。其定义为以锥体的基点为球心作一球表面，锥体在球表面上所截取部分的表面面积 dS 和球半径 r 的平方之比，即

$$\mathrm{d}\Omega = \frac{\mathrm{d}S}{r^2} = \frac{r^2 \sin\theta \mathrm{d}\theta \mathrm{d}\varphi}{r^2} = \sin\theta \mathrm{d}\theta \mathrm{d}\varphi \qquad (1-1)$$

式中，θ 为天顶角；φ 为方位角；$\mathrm{d}\theta$ 和 $\mathrm{d}\varphi$ 分别为天顶角和方位角的增量。立体角的单位是球面度（sr）。

在平面图形上，常用角度来描述两条或一束射线的发散和汇聚的程度，而辐射能是以电磁波的形式向其所在的空间传输，因此需要用立体角来描述辐射能在传输中发散和汇聚的空间角度。

对于半径为 r 的球，其表面面积等于 $4\pi r^2$，所以一个光源向整个空间发出辐射能或者一个物体从整个空间接收辐射能时，其对应的立体角为 4π 球面度，而半球空间所张的立体角为 2π 球面度。在 θ、φ 角度范围内的立体角为

$$\Omega = \iint_{\theta} \int_{\varphi} \sin\theta \mathrm{d}\theta \mathrm{d}\varphi \qquad (1-2)$$

求空间一任意表面 S 对空间某一点 O 所张的立体角，可由 O 点向空间表面 S 的外边缘作一系列射线，由射线所围成的空间角即表面 S 对 O 点所张的立体角。因而不管空间表面的凸凹如何，只要对同

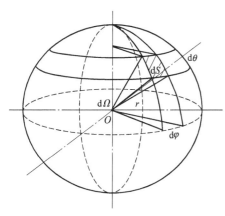

图 1-1 立体角的概念

一 O 点所作射线束围成的空间角是相同的，那么它们就有相同的立体角。

1.1.2　辐射度量的名称、定义、符号及单位

很长时间以来，国际上所采用的辐射度量和光度量的名称、单位、符号等很不统一。国际照明委员会（CIE）在 1970 年推荐采用的辐射度量和光度量单位基本上和国际单位制（SI）一致，并在后来为越来越多的国家（包括我国）所采纳。

表 1-1 所示为基本辐射度量的名称、符号、定义方程、单位名称及单位符号。

表 1-1　基本辐射度量的名称、符号、定义方程、单位名称及单位符号

名称	符号	定义方程	单位名称	单位符号
辐（射）能	Q, W	—	焦（耳）	J
辐（射）能密度	w	$w = \mathrm{d}Q/\mathrm{d}V$	焦（耳）每立方米	J/m³
辐射通量，辐（射）功率	Φ, P	$\Phi = \mathrm{d}Q/\mathrm{d}t$	瓦（特）	W
辐射强度	I	$I = \mathrm{d}\Phi/\mathrm{d}\Omega$	瓦（特）每球面度	W/sr
辐（射）亮度，辐射度	L	$L = \mathrm{d}^2\Phi/(\mathrm{d}\Omega\mathrm{d}A\cos\theta) = \mathrm{d}I/(\mathrm{d}A\cos\theta)$	瓦（特）每球面度平方米	W/(sr·m²)
辐射出射度	M	$M = \mathrm{d}\Phi/\mathrm{d}A$	瓦（特）每平方米	W/m²
辐（射）照度	E	$E = \mathrm{d}\Phi/\mathrm{d}A$	瓦（特）每平方米	W/m²
辐射发射率	ε	$\varepsilon = M/M_0$	—	—
吸收比	α	$\alpha = \Phi_a/\Phi_i$	—	—
反射比	ρ	$\rho = \Phi_r/\Phi_i$	—	—
透射比	τ	$\tau = \Phi_s/\Phi_i$	—	—

注：M_0 是黑体的辐射出射度；Φ_i 是入射辐射通量；Φ_a、Φ_r 和 Φ_s 分别是吸收、反射和透射的辐射通量。

1. 辐射能（Q, W, Radiant Energy）

辐射能简称辐能，描述以辐射的形式发射、传输或接收的能量，单位为焦耳（J）。

当描述辐射能量在一段时间内积累时，用辐能来表示。例如，地球吸收太阳的辐能，又向宇宙空间发射辐能，使地球在宇宙中具有一定的平均温度，则用辐能来描述地球辐射能量的吸收、辐射平衡情况。

为进一步描述辐能随时间、空间、方向等的分布特性，分别用以下辐射度量来表示。

2. 辐能密度（w）

辐能密度定义为单位体积元内的辐射能（J/m³），即

$$w = \frac{\mathrm{d}Q}{\mathrm{d}V}$$

3. 辐射通量（Φ, P, Radiant Flux）

对于连续辐射体或接收体，以单位时间内的辐射能，即辐射通量表示，单位为瓦

（W）。因此，辐射通量是一个十分重要的辐射度量。例如，许多光源的发射特性、许多辐射接收器的响应值不取决于辐能的时间积累值，而取决于辐射通量的大小：

$$\Phi = \frac{\mathrm{d}Q}{\mathrm{d}t}$$

4. 辐射强度（I，Radiation Intensity）

辐射强度定义为在给定传输方向上单位立体角内光源发出的辐射通量，即

$$I = \frac{\mathrm{d}\Phi}{\mathrm{d}\Omega}$$

辐射强度描述了光源辐射的方向特性，且对点光源的辐射强度描述具有重要意义。所谓点光源，是相对扩展源而言的，即光源发光部分的尺寸比其实际辐射传输距离小得多时，把其近似认为是一个点光源，在辐射传输计算、测量上不会引起明显的误差。点光源向空间辐射球面波，如果在传输介质内没有损失（反射、散射、吸收），那么在给定方向上某一立体角内，不论辐射能传输距离有多远，其辐射通量是不变的。

大多数光源向空间各个方向发出的辐射通量往往是不均匀的，因此辐射强度提供了描述光源在空间某个方向上发射辐射通量大小和分布的可能。

5. 辐射亮度（L，Radiance）

辐射亮度（简称辐亮度）定义为光源在垂直其辐射传输方向、单位表面面积、单位立体角上发出的辐射通量，即

$$L = \frac{\mathrm{d}^2\Phi}{\mathrm{d}\Omega\mathrm{d}A\cos\theta} = \frac{\mathrm{d}I}{\mathrm{d}A\cos\theta}$$

辐亮度在光辐射的传输和测量中具有重要作用，是光源微面元在垂直传输方向辐射强度特性的描述。例如，描述螺旋灯丝白炽灯时，由于描述灯丝每一局部表面（灯丝、灯丝之间的空隙）的发射特性常常是没有实用意义的，故把它作为一个整体，即一个点光源，描述在给定观测方向上的辐射强度；而在描述天空辐射特性时，若希望知道其各部分的辐射特性，则用辐亮度描述天空各部分辐亮度分布的特性。

6. 辐射出射度（M，Radiation Emission）

辐射出射度定义为离开光源表面单位面元的辐射通量，即

$$M = \frac{\mathrm{d}\Phi}{\mathrm{d}A}$$

面元所对应的立体角是辐射的整个半球空间。例如，太阳表面的辐射出射度是指太阳表面单位面积向外部空间发射的辐射通量。

7. 辐射照度（E，Irradiance）

辐射照度（简称辐照度）定义为单位面元被照射的辐射通量，即

$$E = \frac{\mathrm{d}\Phi}{\mathrm{d}A}$$

辐照度和辐射出射度具有相同的定义方程和单位，分别用来描述微面元发射和接收辐射通量的特性。如果一个表面元能反射入射到其表面的全部辐射通量，那么该面元可看作一个辐射源表面，即其辐射出射度在数值上等于辐照度。地球表面的辐照度是其各个部分（面元）接收太阳直射以及天空向下散射产生的辐照度之和；而地球表面的辐射出射度则是其单位表面积向宇宙空间发射的辐射通量。

由于辐射度量也是波长的函数，当描述光谱辐射量时，可在相应名称前加"光谱"，并在相应的符号上加波长的符号"λ"作为下标，例如光谱辐射通量记为 Φ_λ 或 $\Phi(\lambda)$ 等。

1.2 光度量

光度量和辐射度量的定义、定义方程是一一对应的。表 1-2 所示为基本光度量的名称、符号、定义方程、单位名称及单位符号。有时为避免混淆，给辐射度量符号加下标"e"，而给光度量符号加下标"v"。例如，辐射度量 Q_e、Φ_e、I_e、L_e、M_e、E_e 等，对应的光度量 Q_v、Φ_v、I_v、L_v、M_v、E_v 等。

表 1-2 基本光度量的名称、符号、定义方程、单位名称及单位符号

名称	符号	定义方程	单位名称	单位符号
光量	Q	—	流明秒 流明小时	lm · s lm · h
光通量	Φ	$\Phi = \mathrm{d}Q/\mathrm{d}t$	流明	lm
发光强度	I	$I = \mathrm{d}\Phi/\mathrm{d}\Omega$	坎德拉	cd
（光）亮度	L	$L = \mathrm{d}^2\Phi/(\mathrm{d}\Omega \mathrm{d}A\cos\theta) = \mathrm{d}I/(\mathrm{d}A\cos\theta)$	坎德拉每平方米	cd/m²
光出射度	M	$M = \mathrm{d}\Phi/\mathrm{d}A$	流明每平方米	lm/m²
（光）照度	E	$E = \mathrm{d}\Phi/\mathrm{d}A$	勒克斯（流明每平方米）	lx(lm/m²)
光视效能	K	$K = \Phi_v/\Phi_e$	流明每瓦	lm/W
光视效率	V	$V = K/K_m$	—	—

光通量 Φ_v 和辐射通量 Φ_e 可通过人眼视觉特性进行转换，即

$$\Phi_v(\lambda) = V(\lambda)\Phi_e(\lambda) = K_m\phi(\lambda)\Phi_e(\lambda) \qquad (1-3)$$

$$\Phi_v = K_m\int_0^\infty \phi(\lambda)\Phi_e(\lambda)\mathrm{d}\lambda \qquad (1-4)$$

式中，$V(\lambda) = K_m\phi(\lambda)$，是 CIE 推荐的平均人眼光谱光视效率；$\phi(\lambda)$ 为归一化人眼光谱光视效率，称为视见函数。图 1-2 所示为人眼对应明视觉和暗视觉的视见函数。对于明视觉，其对应为 555 nm 波长的辐射通量 $\Phi_e(555)$ 与某波长 λ 能对平均人眼产生相同光视刺激的辐射通量 $\Phi_e(\lambda)$ 的比值。1971 年，CIE 公布的明视觉 $V(\lambda)$ 标准值已通过国际计量委员会批准，其部分值见附表 2-2。K_m 是最大光谱光视效能（常数），对于波长为 555 nm 的明视觉，$K_m = 683$ lm/W；对于波长为 507 nm 的暗视觉，$K'_m = 1\,725$ lm/W。

图 1-2 人眼对应明视觉和暗视觉的视见函数

为了描述光源的光度与辐射度的关系，通常引入光视效能 K，其定义为目视引起刺激的光通量与光源发出的辐射通量之比，单位为 lm/

W。其计算式为

$$K = \frac{\Phi_v}{\Phi_e} = \frac{K_m \int_0^\infty \phi(\lambda)\Phi_e(\lambda)\,\mathrm{d}\lambda}{\int_0^\infty \Phi_e(\lambda)\,\mathrm{d}\lambda} = K_m V \qquad (1-5)$$

式中，$V = K/K_m$，为归一化光视效率，无量纲。在照明工程中，通常不仅要求光源有高的光视效能，还需要考虑到光的颜色。表 1-3 所示为常见光源的光视效能。

表 1-3　常见光源的光视效能

光源类型	光视效能/$(\mathrm{lm} \cdot \mathrm{W}^{-1})$	光源类型	光视效能/$(\mathrm{lm} \cdot \mathrm{W}^{-1})$
钨丝灯（真空）	8.0 ~ 9.2	日光灯	27 ~ 41
钨丝灯（充气）	9.2 ~ 21.0	高压水银灯	34 ~ 45
石英卤钨灯	30	超高压水银灯	40.0 ~ 47.5
气体放电管	16 ~ 30	钠光灯	60

光度量中基本的单位是发光强度——坎德拉（Candela），记作 cd，它是国际单位制中 7 个基本单位之一。发出频率为 540×10^{12} Hz（对应空气中 555 nm 的波长）的单色辐射，在给定方向上的辐强度为 1/683 W/sr 时，光源在该方向上的发光强度规定为 1 cd。

光通量的单位是流明（lm）。1 lm 是光强度为 1 cd 的均匀点光源在 1 sr 内发出的光通量。

1.3　人眼的视觉特性

人眼在光度量和色度学评价中起着极为重要的作用。研究人眼的视觉特性是正确地进行各种光度、色度测量的基础，也是各种光度或色度仪器设计的依据。

1.3.1　人眼的构造

人眼近似于球状（见图 1-3），其前后直径大约为 23 mm。

眼球壁的正前方是一层弹性透明组织，称为角膜，其横径约为 11 mm，厚度约为 1 mm，略向眼外凸出。角膜含有大量视觉神经纤维。光线通过角膜进入人眼，角膜具有屈光功能，可使进入人眼的光线发生屈折。角膜面积约为眼球壁外层面积的 1/6。眼球壁外层其余部分是一厚 0.5 ~ 1.0 mm 的白色不透明膜，称为巩膜。其作用是保护眼球。

人眼壁中层由脉络膜、虹膜和睫状体组成。脉络膜呈黑色，与巩膜相连，吸收外来杂散光，消除眼球内光线的乱反射。虹膜位于角膜之后，晶体之前，其根部与睫状体相连。虹膜中央有一圆孔，称为瞳孔。瞳孔在虹膜组织内肌肉的作用下可以扩大和缩小，直径可在 2 ~ 8 mm 调节，以改变进入人眼的光能量的大小。睫状体位于虹膜之后，睫状肌对晶体的形状进行调节，以改变晶体的屈光程度。

眼球内部包含房水、晶体与玻璃体。房水位于前房和后房中，角膜与晶体之间是前房，虹膜与晶体之间是后房。房水是一种透明水状介质，折射率约为 1.336。晶体为一扁球形的弹性透明体，中心厚度为 3.6 ~ 4.4 mm，直径约为 9 mm，晶体中心的折射率约为 1.45，边缘折射率为 1.41。玻璃体在晶体后面，占据了眼球内部空间的 4/5，是一种胶状的透明体，折射率为 1.338。

图1-3　人眼的解剖图

眼球壁的内层包括视网膜与视神经乳头。其中，视网膜位于脉络膜里层，与玻璃体相连，是一种透明薄膜。由于其具有视感细胞——锥体细胞和杆体细胞，故视网膜是人眼的感光部分。在人眼光轴一侧有一呈黄色的锥体细胞密集区域，称为黄斑，直径为2～3 mm。黄斑中央有一小凹，叫作中央凹，是视觉最敏锐的地方。中央凹与晶体中心的连线构成了人眼的视轴。视神经乳头区位于距黄斑4 mm处鼻侧，由于没有视神经细胞，故无感光能力，称为盲点。

人眼视网膜结构可大致分为三层（见图1-4）：最外层分布着锥体细胞b和杆体细胞a。锥体细胞呈锥状，直径为2～6 μm，长约40 μm；杆体细胞呈杆状，直径为2～4 μm，长约60 μm。D、E、F、G是锥体细胞系统；A、B、C是杆体细胞系统；H是锥体与杆体细胞混合系统。锥体细胞与中间层是双极细胞（d、e、f、h）和其他细胞。锥体细胞与杆体细胞均与双极细胞相连。通常一个锥体细胞连接一个双极细胞，而几个杆体细胞才连接一个双极细胞。最里层是神经节细胞（m、s），外连双极细胞。神经节细胞的轴突形成视神经纤维，汇集于视神经乳头处，形成视神经。来自物体的光线通过角膜、瞳孔、晶体等聚焦在视网膜上；锥体细胞和杆体细胞接收光刺激，转变为神经冲动，经双极细胞和神经节细胞，由视神经传导到大脑视觉中枢，完成人类的视觉功能。

人眼视网膜上的锥体细胞和杆体细胞的分布如图1-5所示。在视网膜中央凹约3°的视角范围内几乎只有锥体细胞。黄斑以外锥体细胞变少，杆体细胞增多。在离开中央凹20°的地方，细胞最多。人眼视网膜大约有650万个锥体细胞和1亿个杆体细胞。视网膜的中央凹有140 000～160 000个/mm² 锥体细胞。视网膜上锥体细胞的数量决定着视觉的敏锐程度。为了描述人眼的光学性质，常采用表1-4中的简化眼模型的主要参数。

图 1-4　人眼视网膜结构

图 1-5　人眼视网膜上的锥体细胞和杆体细胞的分布

表 1-4　简化眼模型的主要参数

参数名称	参数值	参数名称	参数值
折射率 n	1.33	物方焦距 f/mm	-17.1
折射面半径 R/mm	5.7	像方焦距 f'/mm	22.8
焦度 φ/屈光度	58.48	网膜曲率半径 r/mm	9.7

　　颜色是人眼明视觉的主观感觉。颜色可分为彩色和非彩色两类。非彩色是指由白色、黑色和各种深浅不同的灰色组成的系列，称为白黑系列。彩色是指白黑系列以外的各种颜色。

1.3.2 人眼的黑白视觉特性

当物体表面对可见光谱所有波长反射比都在 80% ~ 90% 及以上时，物体为白色；其反射比均在 4% 以下时，物体为黑色；处于两者之间的是不同程度的灰色。纯白色的反射比应为 100%，纯黑色的反射比应为 0。在现实生活中，没有纯白、纯黑的物体。对发光物体来说，白黑的变化相当于白光的亮度变化，亮度高时，人眼感受到的是白色；亮度很低时，人眼感受到的是灰色；无光时，是黑色。非彩色只有明亮度的差异。

1. 成像功能

人眼类似于一个自动调焦的成像系统。人眼观察物体时，物体表面的每一点均可视为一个二次光源，人眼观察到的物体是上下颠倒的。但实际中，人们对客观事物的感觉并非如此，主要原因是：首先，来自外界物体的光线刺激感光细胞，以神经冲动的形式传导到大脑，在这一传导过程中，光刺激作用不再具有原来固定的空间关系；其次，人类对事物的感觉并不由视网膜上的影像单独决定，而是以客观刺激物为依据。人在认识客观事物时，统一调动各种感觉器官——触觉、听觉、运动觉、视觉等协同活动，相互验证，最终能够正确地反映客观现实。

人眼能够看清不同距离的物体，是由于正常的人眼具有调节功能。这种调节功能是靠调节人眼肌肉的拉紧与松弛来实现的。在观察远距离物体时，调节肌处于松弛状态，晶体的曲率和屈光力均较小，使物体成像在视网膜上。当观察近距离物体时，调节肌处于紧张状态，晶体的曲率加大，厚度增大，晶体汇聚光线的能力增强，使近处物体仍成像在视网膜上。

2. 视觉的类型

在日常生活中，使用的天然和人造光源的明亮程度可在很宽广的范围内变化，人眼在照度为 10 lx 的直射日光下和在照度为 0.000 3 lx 的没有月光的夜间都能看到物体。为了适应如此宽广的照度范围，可以通过改变人眼瞳孔的大小来调节光量。正常人眼瞳孔的直径变化范围为 1.5 ~ 8 mm，根据瞳孔的最小直径和最大直径，计算瞳孔能调节的入射光量约为 16，人眼需要的入射光量范围远大于正常人眼瞳孔直径变化范围的 20 倍，需细胞调节。

人眼有两种视细胞——锥体细胞和杆体细胞，这两种细胞又有不同的视觉功能，在外界的光亮度变化时，有不同的视觉规律。在光亮条件下，即亮度在 3 cd/m² 以上时，人眼的锥体细胞起作用，称为锥体细胞视觉，也叫明视觉。在明视觉条件下，锥体细胞能分辨物体的细节，很好地区分不同颜色。在明视觉条件下观察大面积表面时，多少也有些杆体细胞参加了活动，当亮度达到 10 cd/m² 以上时，可以认为纯粹是锥体细胞起作用。在暗条件下（日本工业标准 JIS 认为亮度约在 0.03 cd/m² 以下时），由人眼的杆体细胞起作用，称为杆体细胞视觉，也叫暗视觉。在暗视觉条件下，杆体细胞能感受微光的刺激，但不能分辨颜色和细节。严格地说，只有当亮度达到 0.001 cd/m² 以下时，才能说只有杆体细胞起作用。在明视觉与暗视觉之间的亮度水平称为中间视觉。这里既有锥体细胞参加，又有杆体细胞参加且共同起作用。

不同波长的光引起人眼的感受程度是不同的，功率相同但波长不同的单色光，人眼感到的明亮程度不同。人眼的灵敏度与波长的依赖关系被称为光谱光视效率（或称视见函数）。因人眼有明视觉和暗视觉二重功能，所以光谱光视效率也有两种。

为测出人眼的光谱光视效率函数，必须选择一定数量的试验者。采用明亮度匹配的方法，选定某个波长 λ_1 的光作为参照光，另选任意波长 λ_2 的光作为待测光，将它们同时射入某视场内。视场分为两半：一半视场射入的光为参照光 λ_1，另一半视场射入的光为待测光 λ_2。试验者调节待测光的辐通量使视场内待测光与参照光的明亮度达到一致。测出两种单色光 λ_1 和 λ_2 的辐通量的比值，得到待测光 λ_2 的光谱灵敏度。计算公式如下：

$$\Phi = K\Phi_e \tag{1-6}$$

式中，Φ 为参照光的辐通量；Φ_e 为待测光的辐通量；K 为比例常数，它与波长 λ_2 的人眼光谱灵敏度相对应。

为了匹配参照光和待测光的明亮度，常用下列三种方法。

（1）直接比较法。

设波长为 λ_1 的光为参照光，将波长为 λ_2 的待测光与 λ_1 参照光直接比较进行匹配。依次选择可见光中不同波长光来进行匹配，得到不同波长光的比例值 $K(\lambda)$。此方法的原理虽然简单，但实验非常难，尤其是匹配红光和蓝光的明亮度，得到的结果变动大，再现性差。

（2）分步比较法。

比较红光和蓝光这两种颜色完全不同的光的明亮度是很难的，如果比较颜色较为相近的光就比较容易。因此分步比较法采用与参照光波长 λ_1 相近的、波长为 λ_2 的光作为待测光并求出 λ_2 的灵敏度；然后再选用 λ_2 作为参照光，而用与 λ_2 波长相近的 λ_3 光作为待测光并求出 λ_3 的灵敏度。这样依次重复进行就可以求出全部可见光光谱的灵敏度，实验进行起来也比较容易。

（3）闪烁法。

将波长 λ_1 的参照光和波长 λ_2 的待测光交替地射入人眼，不断提高交替的频率，当达到某一频率（>30 Hz）时，会感到二色融合为一，进而感觉不到颜色的变化。但是当待测光与参照光的明亮度不同时，即使二色融合，其明亮度之差仍以闪烁现象被感知。当进一步提高频率时（>50 Hz），明亮度也融合成为均匀的视场。如果利用只感知明亮度差异的闪烁频率，就能进行参照光和待测光明亮度的匹配。

图 1-6　光谱光视效率曲线

综上可知，用直接比较法不能得到再现性好的高精度的结果，而用分步比较法和闪烁法可以得到比较稳定的结果。

1924 年，CIE 采用了吉布逊（K. S. Gibson）和廷德尔（E. P. Tyndall）推荐的材料，该材料规定了明视觉的光谱光视效率 $V(\lambda)$，这代表了 300 多名观察者中央凹视觉（2°~3°视场）的平均光谱感受特性。1951 年，CIE 又根据沃尔德（G. Wald）和格劳福德（B. H. Crawford）的实验结果规定了暗视觉的光谱光视效率 $V'(\lambda)$，这代表在完全暗适应条件下，年龄低于 30 岁的观察者，刺激离中央凹大约 5°的杆体细胞的平均光谱感受特性。光谱光视效率 $V(\lambda)$ 和 $V'(\lambda)$ 曲线见图 1-6，数据见表 1-5。

表 1 – 5　明视觉、暗视觉光谱光视效率（最大值 = 1）

波长/nm	明视觉 $V(\lambda)$	暗视觉 $V'(\lambda)$	波长/nm	明视觉 $V(\lambda)$	暗视觉 $V'(\lambda)$
380	0.000 04	0.000 589	590	0.757	0.065 5
390	0.000 12	0.002 209	600	0.631	0.033 15
400	0.000 4	0.009 29	610	0.503	0.015 93
410	0.001 2	0.034 84	620	0.381	0.007 37
420	0.004	0.096 6	630	0.265	0.003 335
430	0.011 6	0.199 8	640	0.175	0.001 497
440	0.023	0.328 1	650	0.107	0.000 677
450	0.038	0.455	660	0.061	0.000 312 9
460	0.060	0.567	670	0.032	0.000 148
470	0.091	0.676	680	0.017	0.000 071 5
480	0.139	0.793	690	0.008 2	0.000 035 33
490	0.208	0.904	700	0.004 1	0.000 017 8
500	0.323	0.982	710	0.002 1	0.000 009 14
510	0.503	0.997	720	0.001 05	0.000 004 78
520	0.710	0.935	730	0.000 52	0.000 002 546
530	0.862	0.811	740	0.000 25	0.000 001 379
540	0.954	0.65	750	0.000 12	0.000 000 76
550	0.995	0.481	760	0.000 06	0.000 000 425
560	0.995	0.328 8	770	0.000 03	0.000 000 241 3
570	0.952	0.207 6	780	0.000 015	0.000 000 139
580	0.870	0.121 2	—	—	—

　　明视觉光谱光视效率的最大值在 555 nm，而暗视觉光谱光视效率的最大值在 507 nm，暗视觉曲线比明视觉曲线向短波方向移动了 48 nm。明视觉和暗视觉光谱光视效率是光度学计算的重要依据。CIE 推荐采用明视觉光谱光视效率 $V(\lambda)$ 和暗视觉光谱光视效率 $V'(\lambda)$ 作为标准光度观察者。

　　1997 年，He 等建立了第一个应用视觉功效法的中间视觉模型，并引入 S/P 参数（即暗视觉光通量与明视觉光通量之比）评价光源的光谱特性。此后，Rea 等在此模型的基础上进行了统一和简化，并在 2004 年提出中间视觉 X 模型。欧盟中间视觉效率的优化（Mesopic Optimisation of Visual Efficiency，MOVE）项目组联合欧洲五个研究机构采用相同的物理实验条件，综合应用多种实验方法得到 MOVE 模型，也是 CIE 用于中间视觉研究的重要模型依据。

　　中间视觉条件下的人眼视觉光谱光视效率曲线如图 1 – 7 所示，MOVE 模型将其表示为明视觉光谱光视效率 $V(\lambda)$ 与暗视觉光谱光视效率 $V'(\lambda)$ 的线性组合：

$$M(x)V_{\text{mes}}(\lambda) = xV(\lambda) + (1 - x)V'(\lambda) \qquad (1 - 7)$$

式中，$V_{\text{mes}}(\lambda)$ 为中间视觉的光谱光视效率；$V(\lambda)$ 和 $V'(\lambda)$ 分别为明视觉和暗视觉的光谱光视效率；$M(x)$ 为归一化函数，使 $V_{\text{mes}}(\lambda)$ 的最大值为 1，x 为明视觉函数在中间视觉函数中所占的比例或者权重，由背景亮度和环境光照条件的相对光谱能量分布决定，$0 \leqslant x \leqslant 1$，

明视觉 $x=1$，暗视觉 $x=0$。

图 1−7　中间视觉条件下的人眼视觉光谱光视效率曲线

应用中间视觉光度学时，需要背景亮度和从光源光谱数据得出的 S/P 值作为输入量。光源的 S/P 值越高，在中间视觉设计中的光效就越高。其计算式如下：

$$S/P = \frac{\Phi'_s}{\Phi_p} = \frac{\int_{380}^{760} P(\lambda)V'(\lambda)\,\mathrm{d}\lambda}{\int_{380}^{760} P(\lambda)V(\lambda)\,\mathrm{d}\lambda} = \frac{K'_m \int_{380}^{760} P(\lambda)\phi'(\lambda)\,\mathrm{d}\lambda}{K_m \int_{380}^{760} P(\lambda)\phi(\lambda)\,\mathrm{d}\lambda} \tag{1-8}$$

式中，Φ'_s 为光源的暗视觉光通量；Φ_p 为光源的明视觉光通量；$P(\lambda)$ 为被测试光源的光谱辐照强度分布；$\phi(\lambda)$ 为明视觉归一化人眼光谱光视效率；$\phi'(\lambda)$ 为暗视觉归一化人眼光谱光视效率。

利用中间视觉系统进行度量将改变灯的光度输出，进而影响灯的光效等级。目前多数应用在道路照明的"白光"光源的 S/P 值在 0.65（如高压钠灯）与 2.50（如某些金卤灯）之间。暖白光 LED 的 S/P 值约为 1.15，冷白光 LED 的 S/P 值约为 2.15。

下面选择高压钠灯 HPS、荧光灯 FL 和两种不同色温的白光 LED 作为试验样品，通过积分球混光后分别对其发射光谱进行测量，归一化结果如图 1−8 所示，按照式（1−8）计算的 S/P 值分别为 0.47、2.00、1.73 和 1.91。通过进一步计算，在不同环境亮度下，四种光源在 MOVE 模型中的 x 取值如表 1−6 所示。

图 1−8　四种光源的辐射光谱分布归一化结果

表 1-6　不同环境亮度下，四种光源在 MOVE 模型中的 x 取值

环境亮度/($cd \cdot m^{-2}$)	HPS	FL	LED[1#]	LED[2#]
0.5	0.553	0.616	0.611	0.615
1.0	0.656	0.702	0.697	0.700
1.5	0.716	0.751	0.747	0.750
2.0	0.757	0.785	0.782	0.784
2.5	0.789	0.812	0.808	0.811
3.0	0.815	0.833	0.830	0.832

　　在中间视觉条件下，人眼感知的 FL、LED[1#] 和 LED[2#] 亮度水平高于传统测试仪器的测量结果，而 HPS 因为钠灯特征光谱及其展宽范围多位于 550 nm 以上区域，光谱视觉函数峰值及分布向短波方向的移动导致积分后光通量指标显著下降。在相同环境亮度下，白光 LED 的中间视觉光谱效率函数非常接近，而色温相对较高的 LED[2#] 具有比 LED[1#] 更高的等效亮度。这是由于高色温白光 LED 的短波辐射在整个光谱分布中所占的比例较大，而光谱视觉函数在中间视觉范围内呈现向短波方向移动的特点。因此中间视觉光通量也较大，等效亮度也更高。目前，对中间视觉的认识还有待进一步深入研究。

3. 视觉的适应

　　当人由暗环境进入亮环境时，会感到睁不开人眼，看不清物体。但经过一定的时间后，人眼适应了，就能够获得清晰的视觉。这种适应过程称为明适应。在此段时间内包含了两种生理过程：瞳孔缩小，以减少射入眼内的光能；同时人眼由杆体细胞起作用转变成锥体细胞起作用，因此人眼能够看清周围物体。这一般只需要 1 min 左右的时间就可以适应。同样，当人由亮环境进入暗环境时，刚开始时，人眼也不适应，看不清周围的物体。在经过一定的时间后，人眼的瞳孔放大，以增加射入眼内光能；同时人眼由锥体细胞起作用转变成杆体细胞起作用，人眼适应了新的亮度水平，就能够看清周围物体。这种适应过程称为暗适应。下面以暗适应过程为例来讲解人眼适应的过程。

　　图 1-9 所示为人眼暗适应过程。在黑暗中停留的初期，暗适应进行得较快，即阈限快速下降，感受性快速提高；而在后期暗适应进行得较慢；在黑暗中的最初 15 min 是暗适应的关键时刻；在黑暗中停留 30 min，视觉感受性提高约 10 万倍；视觉达到完全暗适应大约需要 40 min。在暗适应过程中，瞳孔放大不是暗适应的主要机制。因为瞳孔直径可由 1.5 mm 扩大至 8 mm，使进入人眼球的光能增加 10~20 倍，这样的适应范围是有限

图 1-9　人眼暗适应过程

的。暗适应的主要机制是视觉由中央视觉变为边缘视觉的结果。也就是由锥体细胞视觉转换为杆体细胞视觉。由于杆体细胞在暗适应过程中对光的敏感性可以增加几十万倍，因此适应的范围宽广。杆体细胞中存在视紫红色素，视紫红色素受光后便被破坏而褪色。当人眼进入

黑暗中，视紫红色素又重新合成而恢复紫红色，视觉的暗适应程度是与视紫红色素的合成程度相应的。由于视紫红色素是由视黄醛和一种特殊蛋白（视蛋白）相结合而成，所以视紫红色素感光后褪色分解为视黄醛和视蛋白，在暗处可进行逆反应。光暗适应过程可用下式表示：

$$视紫红色素 \underset{暗}{\overset{光}{\rightleftharpoons}} 视黄醛和视蛋白$$

在黑暗中，杆体细胞的视紫红色素的合成需要维生素 A 的参与，所以缺乏维生素 A 的人常伴有夜盲症的视觉障碍。以上所述的明适应和暗适应统称为亮度适应过程。

在亮度适应状态下，视觉系统对视场中的颜色变化也会产生适应的过程。人眼对某一色光适应后，观察另一物体的颜色时，不能立即获得该物体客观的颜色印象，而是带有原适应色光的补色成分。需经过一段时间适应后才会获得客观的颜色感觉，这一过程就是色适应的过程。例如，当人眼注视一块大面积的红纸一定时间后，再去看一块白纸时，会发现白纸显出绿色。经过一定时间后，绿色逐渐变淡，白纸逐渐成为白色。一般地，对某一颜色光预先适应后再观察其他颜色，则其他颜色的明度和饱和度都会降低。在一个白色或灰色背景上注视一块颜色纸片一定时间，当拿走颜色纸片后，仍继续注视背景的同一地点，背景上就会出现原来的补色，这一诱导出的补色时隐时现，直到最后完全消失，该现象被称为负后像现象，也是色适应现象。

图 1-10　色适应中三种锥体细胞
的灵敏度曲线

色适应的生理过程与明适应过程类似，也就是以三种锥体细胞光谱灵敏度的改变来适应外界环境的颜色变化。图 1-10 所示中的三种锥体细胞灵敏度曲线的高度可以各自独立地改变。为了适应外界环境的变化，三种锥体细胞就各自调节其灵敏度。色适应的过程可以用试验来说明：一个白色物体，例如一张白纸，当它在不同类型的光源照明下（如日光、荧光灯、白炽灯），日光中包含的短波能量比荧光灯多，而白炽灯包含的长波能量比荧光灯多。白纸在这三种光源照明下都要保持相接近的白色。那么在日光下，亲蓝锥体细胞 α 就要调节其灵敏度到较低的水平。而在白炽灯照明下，亲红锥体细胞 γ 就要调节其灵敏度到较低的水平，以适应照明光源相应能量的增加。保持白纸在这三种光源照明下，都维持相接近的白色。

值得注意的是，红光不破坏杆体细胞中的视紫红色素，即红光不影响杆体细胞的暗适应过程。因此，在黑暗环境（如暗室洗相或 X 光室）工作的人们在进入光亮环境时带上红色眼镜，再回到暗室时，由于视紫红色素未被破坏，其视觉感受仍保持原来水平，无须重新暗适应便可继续工作。重要的信号灯、车辆的红色尾灯以及飞机驾驶舱内的仪表采用红光照明等情况也均有利于暗适应。

4. 人眼的绝对视觉阈

在充分暗适应的状态下，全黑视场中，人眼感觉到的最小光刺激值被称为人眼的绝对视觉阈。以入射到人眼瞳孔上的最小照度值表示时，人眼的绝对视觉阈值在 10^{-9} lx 数量级。以量子阈值表示时，最小可探测的视觉刺激是由 $58 \sim 145$ 个蓝绿光（波长为 $0.51\ \mu m$）的光子轰击角膜引起的，据估算，在这一刺激中只有 $5 \sim 14$ 个光子实际到达并作用于视网膜上。

对于点光源，天文学家认为，正常视力的人眼能看到六等星，其在人眼上形成的照度近似为 $8.5 \times 10^{-9}\ lx$。在实验室内用"人工星点"测定的视觉阈值约为 $2.44 \times 10^{-9}\ lx$。对于具有一定大小的光源来说，张角小于 $10'$，自身发光或被照明的圆形目标在瞳孔上的照度阈值与张角无关，约为 $5 \times 10^{-9}\ lx$，甚至只有 $2.2 \times 10^{-9}\ lx$。

在一定的背景亮度 L_b 条件下（$10^{-9} \sim 1\ cd/m^2$），人眼能够观察到的最小照度 E_{min} 为

$$E_{min} = 3.5 \times 10^{-5} \sqrt{L_b} \tag{1-9}$$

当 $L_b > 16.4\ cd/m^2$，将产生炫目现象，绝对视觉阈值迅速提高。

实验表明，炫目亮度 L_0 与像场亮度 $L(cd/m^2)$ 之间的数值关系为

$$L_0 = 8 \sqrt[3]{L} \tag{1-10}$$

由此可说明为何 100 W 的灯在白天照明下不感到炫目，而在暗室将产生炫目效应的原因。

5. 人眼的阈值对比度

通常，人眼的视觉探测是在一定背景中把目标鉴别出来的。此时，人眼的视觉敏锐程度与背景的亮度及目标在背景中的衬度有关。目标的衬度以对比度 C 来表示：

$$C = \frac{L_T - L_B}{L_B} \tag{1-11}$$

式中，L_T 和 L_B 分别为目标和背景的亮度。有时也将 C 的倒数称为反衬灵敏度。

把人眼视觉在一定背景亮度下可探测的最小衬度对比度称为阈值对比度，或称亮度差灵敏度。实验表明，人眼的视觉特性与视场亮度、景物对比度和目标大小等参数有关。通常背景亮度 L_B、对比度 C 和人眼所能探测的目标张角 α 之间具有下述关系（Wald 定律）：

$$L_B C^2 \alpha^x = const \tag{1-12}$$

式中，x 值在 $0 \sim 2$ 变化。

对于小目标 $\alpha < 7'$，则 $x=2$，式（1-12）变为

$$L_B C^2 \alpha^2 = const \tag{1-13}$$

此即著名的 Rose 定律。当 $\alpha < 1'$ 时，很难观察到目标；若目标无限大，则 $x \to 0$。

1946 年，Blackwell 用试验确定了人眼在各种视场亮度下对不同尺寸目标的阈值对比度（见图 1-11）。试验采用双眼探测一个亮度大于背景亮度的圆盘，时间不限，察觉概率取 50%。由图 1-11 中的曲线说明，当观察亮度不同的两个面时，如果亮度很低，就察觉不出差别。但如果将两个面的亮度按比例提高，并维持其 C 值不变，到一定的亮度时，就有可能察觉出其差别，即不同亮度下的阈值对比度是不同的。此外，图 1-11 中的曲线均在 $2 \times 10^{-3}\ cd/m^2$ 附近有间断点，这正表明了人眼由明视觉过渡到暗视觉的转折。

6. 人眼的分辨力

人眼能区别两发光点的最小角距离称为极限分辨角 θ，其倒数则为人眼的分辨力，或称为视觉锐度。

集中于人眼视网膜中央凹的锥体细胞具有较小的直径，且每个锥体细胞都具有单独向大脑传递信号的能力。杆体细胞的分布密度较小，且成群地联系于公共神经的末梢，故人眼中

图 1-11 阈值对比度随背景亮度的变化曲线

央凹处的分辨本领比视网膜边缘处高。因此人眼在观察物体时，总是在不断地运动，以促使各个被观察的物体依次落在中央凹处，使被观察物体看得最清楚。图 1-12 所示为人眼（右眼）的分辨力与视角的关系。图中，纵坐标表示分辨力，以中央凹处的分辨力为单位；横坐标表示被观察线与视轴的夹角即视角，阴影部分对应于盲点的位置。

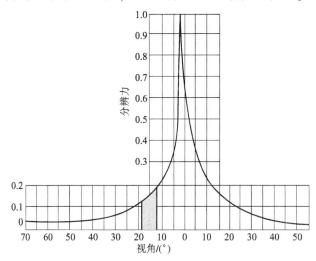

图 1-12 人眼（右眼）的分辨力与视角的关系

若将人眼当作一个理想的光学系统，则可依照物理光学中的圆孔衍射理论计算极限分辨角。如取人眼在白天的瞳孔直径为 2 mm，则其极限分辨角约为 0.7′。若两个相邻发光点同时引起同一视神经细胞的刺激（即一个锥体细胞的刺激），则人会感到二者是一个发光点，而 0.7′ 对应的极限分辨角在视网膜上相当于 5～6 μm，在黄斑上的锥体细胞尺寸约为 4.5 μm，因此，视网膜结构可满足人眼光学系统分辨力的要求。实际上，在较好的照明条件下，人眼极限分辨角的平均值在 1′ 左右。当瞳孔增大到 3 mm 时，该值还可稍微减小些，若瞳孔直径再增大时，由于人眼光学系统像差随之增大，极限分辨角反而会增大。

人眼的分辨力除与人眼的构造有关外，还与目标的亮度、形状及景物对比度等有关。人眼会随外界条件的不同自动进行适应，因而可得到不同的极限分辨角。表 1 – 7 所示为由试验测得的人眼的极限分辨角（在白光且观察时间不受限制的条件下，双眼观察白色背景上具有不同对比度且带有方形缺口的黑环）。由表中可以看出，当白背景的亮度降低或对比度减小时，人眼的分辨力显著降低。

表 1 – 7　人眼的极限分辨角　（′）

对比度 $C/\%$ ＼ 白背景的亮度 L/$(cd \cdot cm^{-2})$　分辨角 /(°)	4.46×10^{-4}	3.37×10^{-3}	0.034 1	0.063 4	0.151	0.344	1.069	3.438
92.9	18	8.8	3	2.2	1.6	1.4	1.2	1
76.2	23	11	3.7	2.5	2	1.5	1.4	1.2
39.4	33	18	5.2	3.8	2.7	2.3	1.9	1.6
28.4	44	24	7.6	5.1	3.4	2.8	2.2	1.7
15.5	—	40	14	9.5	6.3	5.1	3.9	3
9.6	—	—	25	16	8.8	8	6.2	4.9
6.3	—	—	29	19	12	8.4	7.2	5.4
2.98	—	—	—	28	26	21	17	12
1.77	—	—	—	—	36	30	22	14

表 1 – 8 所示为在白光照射且观察时间不受限制的情况下，人眼的分辨角随照度的变化。由表中可以看出，照度变化对分辨力有很大影响，在无月的晴朗夜晚（照度约 10^{-3} lx），人眼的分辨角为 17′，故夜间的分辨能力比白天约小 25 倍。

表 1 – 8　人眼的分辨角随照度的变化

照度/lx	分辨角/(′)	照度/lx	分辨角/(′)
0.000 1	50	0.5	2
0.000 5	30	1	1.5
0.001	17	5	1.2
0.005	11	10	0.9
0.01	9	100	0.8
0.05	4	500	0.7
0.1	3	1 000	0.7

表 1 – 9 所示为人眼对不同形状的高对比度目标的分辨力。可以看到，长线条状目标要比圆形目标更容易被发现；暗线宽度虽然只占锥体细胞直径的几分之一，但人眼还是能发现。这是由于暗线宽度使一系列锥体细胞得到刺激，这种综合刺激增大了人眼发现目标细节的能力。

表 1-9 人眼对不同形状的高对比度目标的分辨力

目标 视觉	亮线 （宽度）	亮圆斑 （直径）	暗线 （宽度）	暗圆斑 （直径）	等间隔的 亮暗条纹 （间隔）	游标移动 （移动量）	蓝道环	视力表
发现	10″	1′30″	1″	30″	25″	2″	—	—
分辨	1′	1′30″	—	—	1′	—	—	—
识别	—	—	—	—	—	—	25″	1′

在实际工作中，人眼的分辨角 θ 可按以下经验公式估算：

$$\theta = \frac{1}{0.618 - 0.13/d} \qquad (1-14)$$

式中，d 为瞳孔直径（mm）。

7. 人眼对间断光的响应

人们观察周期性波动光刺激时，对波动频率较低的光，可明显感到光亮闪动，频率增大，产生闪烁感；进一步增大频率，闪烁感消失，波动光被看成是恒定光。周期性波动光在主观上不引起闪烁感时的最低频率叫作临界闪烁频率。

临界闪烁频率与波动光的亮度（或人眼视网膜上的照度）、波动光的波形及振幅有关。在亮度较低时，临界闪烁频率还与颜色有关。为了简单起见，用全对比的矩形波动光考查临界闪烁频率与视网膜上的照度的关系，试验结果如图 1-13 所示。从图 1-13 中可见，当视网膜上的照度较低时，不同的颜色对临界闪烁频率影响较大，蓝光的临界闪烁频率最高，红光的临界闪烁频率最低；当照度大于 2×10^{-2} lx 时，临界闪烁频率与颜色无关；视网膜上的照度与临界闪烁频率在很大的范围内呈线性关系，随着视网膜上照度的增大，临界闪烁频率也不断增大。在观看电影时，当屏幕的亮度小于 20 cd/m² 时，在 18 cyc·s⁻¹ 的频率下，人眼不能察觉出闪烁；而当屏幕亮度增大到 200 cd/m² 时，人眼便能感觉出闪烁现象。人眼最大临界闪烁频率小于或等于 50 Hz。常见的光电探测器的响应时间远远小于人眼。

图 1-13 临界闪烁频率与视网膜上的照度的关系

对于频率大于临界闪烁频率的周期性光刺激，人眼感觉的恒定光亮度 L 为

$$L = \frac{1}{T} \int_0^T L(t)\,\mathrm{d}t \qquad (1-15)$$

式中，$L(t)$ 为周期性光亮度；T 为闪烁周期。

在光度测量中，常要判断两个亮度场的亮度是否相等。为此，使两个亮度场交替出现在观察视场内，当人眼看不出亮度有闪烁时，可认为两者亮度相等。因此，必须考虑在不同视场亮度和闪烁频率下人眼可分辨的亮度差。由图 1 - 14 可见，随着视场亮度的增大，人眼可分辨的亮度差减小；对应一定的视场亮度，当闪烁频率为 600 ~ 900 cyc/mm 时，人眼可分辨的亮度差最小，为 1.5%。

图 1 - 14　人眼亮度差阈值与视场亮度和闪烁频率的关系

8. 视觉系统的调制传递函数（MTF）

人眼的分辨力表征了人眼分辨两点或两线的能力，但有较大的局限性。为了更全面地实现对人眼图像传递和复现性能评价，可引用光学调制传递函数的概念，其优点可列述如下：

（1）从 MTF 可推断由单纯视力测定难以了解的视觉功能，例如推断弱视眼的特性。

（2）可对视网膜、信息处理系统的特性作统一的数学处理。

（3）有可能按 MTF 推断各种图像的像质特性、知觉特性等。

按信息传递的顺序，特别是按其功能，视觉过程大致可分为以下三个阶段。

（1）眼球光学系统传递外界的三维信息，形成二维图像。

（2）视细胞检测光，并进行光电转换，视网膜进行图像信息处理。

（3）大脑枕叶视皮层的信号处理与大脑中枢的辨识。

每个阶段并不完全独立，彼此相互作用，有反馈回路等复杂地交错在一起。对视觉过程功能的研究是生理学和有关交叉学科的重点之一。

眼球光学系统 MTF 是低通滤波函数。图 1 - 15 所示为用摘出的小牛眼测定的 MTF 曲线。

图 1 - 15　用摘出的小牛眼测定的 MTF 曲线

与眼球成像系统不同，视网膜并无成像作用。视网膜图像以视细胞作光敏传感器进行光电转换，并对转换后的电信号进行处理形成视觉。光到达视细胞之前通过神经细胞层，细胞层起着类似于光学弥散板的作用。此外，由于视细胞内部的折射比其周围稍高，因此视细胞具有与光学纤维相似的光学特性。由于弥散板和光学纤维束在光学上的作用，输入像在受到调制后才成为信息处理系统的输入。

实际上，若把正弦波图案照射在分离的视网膜上，在另一个端面分析其对比，可以看到，在视网膜上增益有相当程度的降低。图 1 – 16 所示为离体视网膜测定的结果，A、C 分别为 57 岁和 71 岁的男性，B 为 72 岁的女性（因病摘出眼球）。因为这些人在患病前视力正常，所以中央凹的中心区 MTF 为最大，稍偏离中心，MTF 便降低很多。这是神经细胞层厚度变化，光散射效应的影响增大所致，把视细胞与相同大小的玻璃光纤束的 MTF 进行比较得到了相同的结论。

图 1 – 16　离体视网膜测定的结果

A，B，C—中央凹的中心区；

D—偏离中心区 0.35 mm；E—偏离中心区 0.70 mm

视觉系统的 MTF 由眼球光学系统、视网膜等各部分的 MTF 乘积构成。视觉系统各部分的 MTF 如图 1 – 17 所示。

图 1 – 17　视觉系统各部分的 MTF

A—分离视网膜中央凹处；B—角膜加晶状体；

C—视网膜加处理系统（视神经、大脑）；D—处理系统（视神经加大脑）

前人已研究归纳多种人眼视觉模型，这里给出其中以下四种典型的模型。

（1）高斯模型。

人眼频率响应是多重窄带调谐滤波器的包络线，对比传递函数，MTF 近似表示为

$$\mathrm{MTF}_{\mathrm{eye}}(f) = \exp(-2\pi^2 \sigma_{\mathrm{e}}^2 f^2) \quad (f \geqslant f_0，为 0.1 \sim 0.4\ \mathrm{cyc/mrad}) \tag{1-16}$$

式中，f 为空间频率；σ_{e} 为人眼响应等效线扩展函数的标准偏差，一般为 $0.2 \sim 0.3\ \mathrm{mrad}$；$f_0$ 为特征空间频率 [cyc/mrad]。

（2）指数模型。

在美国热成像系统模型中采用的人眼 MTF 模式为

$$\mathrm{MTF}_{\mathrm{eye}}(f) = \exp(-kf) \quad (f \geqslant f_0) \tag{1-17a}$$

$$k = 1.272081 - 0.3001817 \log(L) + 0.04261 \log^2(L) + 0.00191652 \log^3(L) \tag{1-17b}$$

式中，L 为显示屏平均亮度（$\mathrm{cd/m^2}$）。

（3）Barten 模型。

$$\mathrm{MTF}_{\mathrm{eye}}(f) = afM\exp(-bf)\left[1 + c\exp(bf)\right]^{1/2} \tag{1-18a}$$

$$a = 440(1 + 0.7/L)^{-0.2}, \quad b = 0.30(1 + 100/L)^{0.15}, \quad c = 0.06 \tag{1-18b}$$

式中，M 为归一化常数；L 为显示屏平均亮度（$\mathrm{cd/m^2}$）；a 主要影响低频；b 和 c 主要影响高频，且 b 取决于观察者的视力。

（4）复合视觉模型。

在人眼视觉试验数据的基础上，R. E. Jacobson 提出基于人眼视觉噪声和神经侧抑制的复合模型：

$$\mathrm{MTF}_{\mathrm{eye}}(f) = M\frac{1}{K}\sqrt{\frac{T}{2}}\left\{\left[\frac{1}{\eta_{\mathrm{s}}PI} + \frac{\Phi_0}{(1-F(f))^2}\right]\left[\frac{1}{\omega^2} + \frac{1}{X_{\mathrm{e}}^2} + \left(\frac{f}{N_{\mathrm{e}}}\right)^2\right]\right\}^{-0.5} M_{\mathrm{opt}}(f) \tag{1-19}$$

式中，M 为归一化常数；K 为阈值常量；T 为人眼积分时间（s）；η_{s} 为量子效率；I 为入射到视网膜上的照度 [单位为 Td（楚兰德）：瞳孔面积为 $1\ \mathrm{mm^2}$ 时，亮度为 $1\ \mathrm{cd/m^2}$ 的光源在视网膜上的照度为 1 td]；Φ_0 为高频时的噪声谱密度 $[\mathrm{s} \cdot (°)^2]$；$F(f)$ 为低通滤波传递函数；ω 为观察图像的视场角（°）；X_{e} 为人眼积累信息所需的最大视场角（°）；N_{e} 为人眼积累信息所需的最大角周期（cyc）；P 为由光度量和物理量决定的常量 $\{\mathrm{photons}/[\mathrm{Td} \cdot \mathrm{s} \cdot (°)^2]\}$，可表示为

$$P = \begin{cases} \Psi \times 3600 \times \lambda/V(\lambda) & \text{单色光} \\[2mm] \Psi \times 3600 \times \dfrac{\int P(\lambda)V(\lambda)\lambda d\lambda}{\int P(\lambda)V(\lambda)d\lambda} & \text{非单色光} \\[2mm] 1.285 \times 10^6 & \text{白光} \end{cases} \tag{1-20}$$

$$\Psi = \begin{cases} 0.6270 & \text{明视觉} \\ 0.2442 & \text{暗视觉} \end{cases} \tag{1-21}$$

式中，$V(\lambda)$ 为光谱光视效率；$P(\lambda)$ 为光谱辐射分布；$d = 4.6 - 2.8\tanh[0.4\log(L/L_0)]$，为人眼瞳孔直径（mm），$L$ 为目标亮度（$\mathrm{cd/mm^2}$），$L_0 = 1.6\ \mathrm{cd/m^2}$。

$$M_{\text{opt}}(f) = \exp(-2\pi^2 \sigma_e^2 f^2), \quad \sigma_e = \sqrt{\sigma_0^2 + (C_{\text{sph}}d^3)^2} \qquad (1-22)$$

式中，σ_e 为光学点扩散函数径向标准偏差；σ_0 为常数（°）；C_{sph} 为视觉球差系数，一般为 $10^{-4}[(°)\cdot mm^{-3}]$；$M_{\text{opt}}(f)$ 为人眼光学系统传递函数。上述式中的其他常数如表 1 - 10 所示。

表 1 - 10　复合视觉模型中的其他常数

T/s	$X_e/(°)$	N_e/cyc	$\Phi_0/[s\cdot(°)^2]$	$f_0/[cyc\cdot(°)^{-1}]$	K	$\sigma_0/(°)$
0.1	12	15	3×10^{-8}	8	3.4	0.013 7

在上述模型中，高斯模型是空间频率 f 的单参数模型；指数模型和 Barten 模型是空间频率和目标亮度的双参数模型；复合视觉模型是多参数模型，与空间频率、目标亮度、视场角、显示器尺寸和波长等多种因素有关。图 1 - 18 所示为 Barten 模型和复合视觉模型与国际 Meeteren - Vos 测量数据的比较。

图 1 - 18　Barten 模型和复合视觉模型与国际 Meeteren - Vos 测试数据的比较

注：连续曲线为理论值。

图 1 - 19　人眼的色差阈值随波长变化的曲线

9. 色差灵敏度

人眼能恰好分辨色度差异的能力叫作色差灵敏度。人眼刚能分辨光线颜色变化时的波长改变量称为色差阈值。色差阈值随在光谱带的位置的不同有所不同，图 1 - 19 所示为人眼的色差阈值随波长变化的曲线。可以看到，最低色差阈值在 480 nm 及 600 nm 附近，只要改变 1 nm 的波长，人眼便能看出颜色的差别；在多数部位则需要改变 1~2 nm 才能看出颜色的变化；在540 nm 附近及可见光谱的两端色差阈值最高。图 1 - 19 的曲线表明，人眼具有很强的分辨色差异的能力。

1.3.3　人眼的颜色视觉特性

1. 彩色的特性及其表示

彩色一般可用明度、色调和饱和度三个特性来描述，也可用其他类似的三种特性表示。

（1）明度。其是指人眼对物体的明暗感觉。发光物体的亮度越高，则明度越高；非发光物体的反射比越高，明度越高。

（2）色调。其为区分彩色的特性，即红、黄、绿、蓝、紫等。不同波长的单色光具有不同的色调。发光物体的色调取决于它的光辐射的光谱组成。非发光物体的色调取决于照明光源的光谱组成和物体本身的光谱反射（透射）特性。

（3）饱和度。其是指彩色的纯洁性。可见光谱的单色光是最饱和的彩色。颜色饱和度取决于物体反射（透射）特性，如果物体反射光的光谱带很窄，则饱和度就高。

用一个三维空间纺锤体可将颜色的明度、色调和饱和度三个基本特性表示出来，如图 1-20 所示。立体的垂直轴代表白黑系列明度的变化；圆周上的各点代表光

图 1-20　颜色的三维空间纺锤体

谱上各种不同的色调（红、橙、黄、绿、蓝、紫等）；从圆周向圆心的过渡表示饱和度逐渐降低。

2. 视网膜的颜色区

视网膜中央视觉主要是锥体细胞起作用；边缘视觉则主要是杆体细胞起作用。具有正常颜色视觉的视网膜中央能分辨各种颜色，由中央向边缘过渡，锥体细胞减少，杆体细胞增多，对颜色的分辨能力逐渐减弱，直到对颜色的感觉消失。与中央区相邻的外周区先丧失红色和绿色的感受性，再向外部，对黄色和蓝色的感受也丧失，成为全色盲区。因此人的正常色视野的大小视颜色的不同而不同，在同一光亮条件下，白色视野的范围最大，其次为黄蓝色，红绿色视野最小（见图 1-21）。即使在中央凹范围内，对颜色的感受性也不同，在中央凹中心 15′ 视角的区域内，对红色的感受性最高，但对蓝、黄色的感受性丧失。故远距离观察信号灯光时，常发生误认现象。这是因为，视网膜中央黄斑区被一层黄色素覆盖，降低了短波光谱（如蓝色）的感受性。黄色素在中央凹处密度最大，向外逐渐减弱，会造成观察小面积和大面积物体时的颜色差异。当观察大于 4° 视场的物体颜色时，在视线正中会看到一个由中央的黄色素造成略带红色的圆斑，称为麦克斯韦圆斑。黄色素对人眼的颜色视觉略有影响，且随着年龄的增长越发黄，故不同年龄的人的颜色感受性会有所差异。

3. 颜色恒常性

尽管外界的条件发生变化，人们仍然能根据物体的固有颜色和亮度来感知它们。在外界条件发生变化后，人们的色知觉仍然保持相对不变，这种现象称为颜色恒常性。在一天中，

周围物体的照度会有很大的变化，中等照度要比日出和日落时的照度大几百倍，同时太阳光的光谱分布也会有较大的变化，但人眼视觉仍保持对物体颜色感觉的一定恒常性，红花永远是红的，绿草永远是绿的。虽然白天阳光下的煤块反射出的绝对光量值比夜晚的白雪反射出的光量还大，但看到的白雪仍是白色的，煤块仍是黑色的。

图 1 – 21　右眼视网膜的颜色区

颜色恒常性是一个复杂的问题。有人认为，颜色在照明条件改变时仍保持恒常性是容易解释的，物体表面的颜色取决于物体表面的物理属性，物理属性在照度发生变化时并不改变。德国物理学家赫林（Herins）用记忆色的概念来说明颜色恒常性：最常见物体的颜色给人们的记忆以深刻的印象，这个颜色变成了印象的固定特征，一切人们由经验所知的东西都是通过记忆颜色的人眼去观察的，颜色恒常性与物体的物理属性以及记忆色有一定的关系。但仅用这些观点来解释颜色的恒常性则显得过于简单，一个物体的颜色既取决于光线在物体表面的反射和吸收的情况，也受光源条件的影响。一张白纸在红光照射下会被看成红色，在绿光照射下会被看成绿色，但如果让被试者通过一小孔看被照射物体的一小块面积（看不清全部物体的形状），被试者则难以知道是用哪一种光照射物体时更易产生这种情况。如果被试者能看到纸的全部形状并知道用什么光照射，他仍会将纸看成白色。从这个例子中可知，在一定条件下，颜色恒常性可受到破坏而发生很大变化。对于颜色恒常性现象，目前尚不能全面地解释清楚。

4. 色对比

颜色视觉除了受被观察物体在视网膜成像区域大小的影响外，还受到被观察物体周围环境以及观察者人眼在观察前观看过其他颜色（当然是在很短时间前）历史的影响。色对比和色适应就是考虑到这两种因素的颜色视觉现象。

如果将两种颜色按适当比例混合后能产生灰色，则称这两种颜色互为补色。例如红和绿、蓝和黄都是互补色。

在视场中，相邻区域不同颜色的相互影响叫作颜色对比。其包括明度对比、色调对比和饱和度对比。一块灰色纸片放在白色背景上看起来发暗，而放在黑色背景上看起来发亮，这种当明暗不同的物体并置于视场中，会感到明暗差异增强的现象称为明度对比。在红色背景上放一块小的白纸，用人眼注视白纸中心，几分钟后，白纸上会出现淡淡的绿色（红和绿是互补色）。两种不同色调的物体并置于视场中，一种颜色的色调会向另一种颜色的补色方向变化，从而增强两颜色色调的差异，这种现象称为色调对比。将两种饱和度不同的颜色并置于视场中，会感到两饱和度的差异增强：高饱和度的更高，低饱和度的更低，这种现象称为饱和度对比。一般视场中，相邻不同颜色间的影响是上述三种对比的综合结果，对比的结果是增强了相邻颜色间的差异。

5. 明度加法定理

明度是人眼对外界光线明暗感觉程度的度量。由经验可知，对于混合光，不论光谱成分如何，它所产生的表观明度等于混合光各个光谱成分分别产生的表观明度之和。这一规律称为明度加法定理。在实际研究工作中，我们常常遇到复合光辐射的测量与研究，明度加法定理是对不同光谱成分的光辐射作光度评价的重要理论依据。

6. 色觉缺陷

颜色视觉正常的视网膜上有三种锥体细胞，含有亲红、亲绿和亲蓝三种视色素。它们能够分辨出各种颜色，接受试验者可用红、绿、蓝三原色光相加混合出各种颜色，因此称为三色觉者。但是，有少数人出生后就不能辨别某些颜色，还有少数人由于视觉系统的疾病而使辨色能力衰退，成为色觉缺陷或异常色觉者。常见的色觉缺陷有色弱和色盲两种。

（1）色弱。轻度异常色觉者，也称为异常三色觉者。他们对光谱上红色和绿色区域的颜色分辨能力较差，当红绿区波长有较大变化时才能区别出色调的变化，且红光或绿光需有较高强度才能保证对颜色的正确辨认，在亮度不足的照明下，他们可能将红色和绿色相互混淆。如果异常三色觉者对红色的辨别能力差，就属于红色弱，也称为甲型色弱；如果对绿色的辨别能力差，就属于绿色弱，也称为乙型色弱。他们与正常色觉的人之间没有严格的界线，仍具有三色视觉，但是在用红、绿、蓝三原色相加混合出各种颜色时，红、绿原色的比例与色觉正常者不同。例如，利用红原色和绿原色混合产生黄色时，甲型色弱者需要更多的红色成分，而乙型色弱者需要更多的绿色成分。色弱多发生于后天，通常是由于健康状况而造成色觉感受系统的一种病态表现，男性多，女性少，红色弱者约占男性人口的 1%，绿色弱者约占男性人口的 5%。

（2）色盲。严重的异常色觉者，对颜色辨别能力很差。其又分为局部色盲和全色盲两类。局部色盲也称为二色觉者，包括红绿色盲和蓝黄色盲。红绿色盲者不能区分红色和绿色，红绿色盲又分红色盲和绿色盲，红色盲也称为甲型色盲，绿色盲也称为乙型色盲。蓝黄色盲又称为丙型色盲，这种色盲仅对红绿产生色觉，对黄蓝不产生色觉。图 1 - 22 所示为正常色觉与色盲患者对颜色辨别的特点。如下所述：

①正常色觉者看到的可见光谱带包含红、橙、黄、绿、青、蓝、紫各种颜色，光谱上感觉最亮的地方在 555 nm 处（图 1 - 22 中"✿"所示）。

②甲型色盲者看光谱的红端缩短到 650 nm 处，650 nm 以上的光谱几乎看不见，如将光强度增大可延长至 700 nm 处。光谱带上最亮的地方在 540 nm 处，比正常人向短波方向偏移

了 15 nm。其将光谱上蓝和黄之间（约在 493 nm）看成没有彩色的地带，称为中性点，表现为在整个光谱带上只看到黄和蓝两种色彩，将光谱上所有的红、橙、黄、绿部分都看成饱和度不同的黄色，将光谱上青、蓝、紫等各部分看成饱和度不同的蓝色，由中性点向光谱两端过渡，两种颜色的饱和度逐渐增加。甲型色盲者的主要特征是将亮红和暗绿看成相同的颜色。英国著名化学家和物理学家道尔顿（Dalton）是一个甲型色盲患者，他是第一个描述这种色觉异常的人，故红绿色盲又称为道尔顿氏色盲。

③乙型色盲者看整个光谱带也只有黄和蓝两种颜色，光谱上最亮的地方与正常人相比略微移向橙色区，大约在 560 nm 处，中性点在497 nm 处。乙型色盲者的主要特征是区分不出亮绿和暗红，都将它们看成黄白色。

④丙型色盲者看整个光谱带只有红、绿两种颜色，光谱的蓝紫端缩短，光谱最亮之处在黄色区（约 560 nm 处）。光谱上有两个中性点，一个在黄色区（580 nm 处），另一个在蓝色区（470 nm 处）。有的丙型色盲者在光谱中只看到一个中性点，且在黄色区（570 nm 处）。丙型色盲者的特征是黄和绿、蓝和绿分不清，紫和橙红分不清，都被看成灰色。红色盲和绿色盲二者分别约占男性人口的 1%，蓝黄色盲者约占男性人口的 0.002%，且多数是由视网膜疾病造成的。

⑤全色盲者只有明亮感觉而无颜色感觉，就如同正常颜色视觉的人用黑白电视机接收彩色电视节目一样，看不到颜色，只看到不同的明度和对比。全色盲者的视网膜缺锥体细胞或锥体细胞功能丧失，主要靠杆体细胞起作用。全色盲一般是先天性的，由于视网膜中缺乏锥体细胞，故缺乏视网膜中央区的中央视觉，所以全色盲者的视锐度都很低。这种色盲者比较罕见，只占全部人口的 0.002% ~ 0.003%。

图 1-22　正常色觉与色盲患者对颜色辨别的特点

7. 波长分辨力

对亮度相同但波长不同的单色光的波长分辨力可以用专门装置测量。试验结果表明，光谱两端的分辨力最差，特别在红端 680 nm 以上，几乎不能分辨出差别，看起来都是同一红色。光谱中部的分辨力较高，尤其在蓝绿色 490 nm 和黄色 590 nm 左右，分辨力最强。其中，590 nm 附近约为 1 nm，如图 1-23 所示。人眼的波长分辨力随光亮度变化有所改变，光亮度提高时，分辨力相应提高，当视网膜照度增到 3 000 Td 时，580 nm 处分辨力可达 0.4 nm。但继续提高，分辨力又会下降，例如在耀眼的 4 000 Td 照度下，580 nm 附近两种光的波长必须差 3 nm 才能被人眼辨认为两种不同的颜色。如果色纯度降低，波长分辨力一般随之降低，只是蓝紫端随纯度变化与其他部分有些不同。波长分辨力随

图 1-23　人眼对光谱颜色差别的感受性

视场的增大而升高，10°视场的波长分辨力比 2°视场高三倍。2°视场时，整个可见光谱上人眼能分辨出约 150 种颜色；而在 10°视场时，可以分辨出 400~500 种颜色。

8. 色纯度分辨力

研究人眼对色纯度变化的分辨力也可以通过试验进行。要测定色纯度为零的白光（$P_c=0$，有关 P_c 的意义见第 5 章第 5.5.1 节）加色光后的分辨力，也就是低色纯度时的纯度分辨力，可用色光亮度 L 和 $L-\Delta L$ 分别照射在色度计的两半视场中，然后在 $L-\Delta L$ 一边加单色光亮度 ΔL，使两边亮度相等。如果两边恰可分辨为不同的色光，此时所测定的就是在白光时的色纯度分辨力，$\Delta P_c=\Delta L/L$。试验证明，色纯度分辨力以短波端为最好。在波长为 400 nm 时，$\Delta P_c=0.001$，能为人眼所分辨，即白光中加入 0.1% 亮度的色光，就可被认为不是白光。黄波段以 570 nm 为最差，$\Delta P_c=0.05$，即需要将 5% 的黄光加在白光内才能分辨出不同于白光的黄光。图 1-24 所示为布里克韦德（Brickwedde）的测量结果，可看出低色纯度时的色纯度分辨力随波长变化的规律。

图 1-24　低色纯度时的色纯度分辨力随波长变化的规律

近单色光时（$\Delta P_c=1$）的色纯度分辨力很有规律，几乎所有单色光中只需加 2% 左右的白光，人眼就能分辨出颜色变化。所以冲淡单色光时的 ΔP_c 总是大致等于 0.02。其他色纯

度的分辨力也有人做过试验，结论是色纯度分辨力最差的是黄绿色（570nm），最佳的是在光谱两端，尤其是紫蓝端。

1.3.4 颜色视觉理论

人眼能辨别不同颜色的机理一直是人们研究的课题，不同的学者提出了各种论点来解释颜色视觉的机理，长期争论不决。现代颜色视觉理论主要有两大类，它们分别是从扬－赫姆霍尔兹的三色学说和赫林的"对立"颜色学说这两个比较古老的理论发展起来的，这两个学说都能解释大量事实，但也都有不足之处。

1. 扬－赫姆霍尔兹的三色学说

三色学说由19世纪的扬和赫姆霍尔兹提出。根据红、绿、蓝三原色可混合出各种不同色彩颜色的混合规律，假设人眼视网膜上有三种神经纤维，每种神经纤维的兴奋都引起一种原色的感觉。光作用于视网膜上能同时引起三种纤维的兴奋，但波长不同，引起三种纤维的兴奋程度不同，人眼产生的颜色感觉也不同。例如，长波端的光同时刺激"红""绿""蓝"三种纤维，但"红"纤维的兴奋最强烈，因此有红色感觉。光刺激同时引起三种纤维的兴奋程度相同，产生白色感觉。图1－25所示为扬和赫姆霍尔兹对三色学说作的图解。图中给出三种神经纤维的兴奋曲线，对光谱的每一波长，三种纤维都有其特有的兴奋水平，三种纤维不同程度地同时活动就产生了相应的颜色感觉。总亮度感觉为三种纤维中每种纤维提供的亮度感觉之和。

试验结果证明，人眼视网膜上确实含有三种不同视色素的锥体细胞。不同的学者采用眼底反射分光光度法、显微分光光度法等试验方法，测得这三种不同光谱敏感性的视色素原光谱吸收峰值分别在440~450 nm、530~540 nm和560~570 nm处，分别为亲蓝、亲绿、亲红视色素。视色素的吸收光谱曲线见图1－26。外界光辐射进入人眼时被三种锥体细胞按各自的吸收特性吸收，细胞色素吸收光子后引起光化学反应，视色素被分解漂白，同时触发生物能，引起神经活动，将视觉信息通过双极细胞和神经节细胞传至神经中枢。视色素的漂白程度以及产生的生物能大小与此类锥体细胞吸收的光子数量有关，光子数越多，漂白程度越高。人们对各种色彩的感觉就是不同的光辐射对三种色素不同程度漂白的综合结果，人眼的明亮感觉是三种锥体细胞提供的亮度之和。

图1－25 扬和赫姆霍尔兹对三色学说作的图解

图1－26 视色素的吸收光谱曲线

试验证明，杆体细胞只含有一种视紫红色素，并已提取测定了其吸收曲线，如图1－27所示，吸收峰值在500 nm左右，曲线形状与人的暗视觉光谱光视效率曲线十分相似。暗视觉只有杆体细胞起作用，仅由视紫红色素吸收光子，所以暗视觉不能分辨颜色，只有明亮感觉。

三色学说能够很好地说明各种颜色的混合现象，但是对有些现象不能给出满意的解释，如色盲现象。

2. 赫林的"对立"颜色学说

赫林的"对立"颜色学说又叫作四色学说，假设视网膜中有白—黑视素、红—绿视素、黄—蓝视素三对视素，其代谢作用包括建设（同化）和破坏（异化）两种对立过程。光刺激破坏白—黑视素，引起神经冲动产生白色感觉。无光刺激时，白—黑视素被重新建设起来，产生黑色感觉；对红—绿视素，红光起破坏作用，绿光起建设作用，色素破坏时感觉为红色，建设时感觉为绿色；对黄—蓝视素，黄光起破坏作用，蓝光起建设作用，色素破坏时感觉为黄色，建设时感觉为蓝色。因为各种视素都有一定的明亮度，所以每一种颜色不仅影响其本身视素的活动，也影响黑—白视素的活动。三对视素的代谢作用如图1-28所示，图中 x—x 线上/下分别表示破坏/建设作用；曲线 a 是白—黑视素的代谢作用，曲线 b 是黄—蓝视素的代谢作用，曲线 c 是红—绿视素的代谢作用。曲线 a 的形状表明光谱色的明度成分在黄、绿处最高。三种视素对立过程的组合产生各种颜色感觉和各种颜色混合现象，四色学说能很好地解释色盲现象，但对三原色能混合出各种颜色这一现象没有给予说明，而这正是近代色度学的基础。

图1-27　视紫红色素的吸收曲线

图1-28　三对视素的代谢作用

3. 颜色视觉理论的发展

三色学说和四色学说长期以来一直处于对立状态，目前人们对这两种学说有了新的认识，证明二者并不是不可调和的。事实上，每一种学说都只是对问题的一个方面获得了正确的认识，而必须通过二者的相互补充才能对颜色视觉获得较为全面的认识。

现代有些学者提出了"阶段"学说，认为颜色视觉过程可以分成两个阶段（见图1-29）：第一阶段是在视网膜内有三种独立的锥体感色物质（R、

图1-29　"阶段"学说模型

G、B），它们有选择地吸收光谱不同波长的辐射，同时每一物质又可单独产生白和黑的反应，在强光作用下产生白的反应，无刺激时是黑的反应；第二阶段是在兴奋时由锥体细胞向视觉中枢传导的过程中，这三种反应又重新组合，最后形成三对对立性的神经反应：红—绿、黄—蓝、白—黑。"阶段"学说将两个古老的对立学说统一起来，能够更完满地解释颜色视觉现象。

1.4　朗伯辐射体及其辐射特性

对于磨得很光或镀得很亮的反射镜，当一束光入射到它上面时，反射光具有很好的方向性，即当恰好逆着反射光线的方向观察时，会感到十分耀眼，而在偏离不大的角度观察时，就看不到反射光。对于一个表面粗糙的反射体或漫反射体，就观察不到上述现象。除了漫反射体以外，对于某些自身发射辐射的辐射源，其辐亮度与方向无关，即辐射源各方向的辐亮度不变，这类辐射源称为朗伯辐射体。

绝对黑体和理想漫反射体是两种典型的朗伯辐射体。在实际问题的分析中，常采用朗伯辐射体作为理想的模型。

1.4.1　朗伯余弦定律

朗伯辐射体反射或发射辐射的空间分布可表示为

$$\mathrm{d}^2 P = L\cos \alpha \mathrm{d}A\mathrm{d}\Omega \qquad (1-23)$$

按照朗伯辐射体亮度不随角度 α 变化的定义，得

$$L = \frac{I_0}{\mathrm{d}A} = \frac{I_\alpha}{\mathrm{d}A\cos \alpha}$$

即

$$I_\alpha = I_0\cos \alpha \qquad (1-24)$$

即在理想的情况下，朗伯辐射体单位表面面积向空间规定方向单位立体角内发射（或反射）的辐射通量和该方向与表面法线方向的夹角 α 的余弦成正比——朗伯余弦定律。朗伯辐射体的辐射强度按余弦规律变化，因此，朗伯辐射体又被称为余弦辐射体。

1.4.2　朗伯辐射体辐射出射度与辐亮度的关系

如图 1-30 所示，极坐标对应球面上微面元 $\mathrm{d}A$ 的立体角 $\mathrm{d}\Omega$ 为

$$\mathrm{d}\Omega = \frac{\mathrm{d}A}{r^2} = \sin \alpha \mathrm{d}\alpha \mathrm{d}\varphi$$

设朗伯微面元 $\mathrm{d}S$ 亮度为 L，则辐射到 $\mathrm{d}A$ 上的辐射通量为

$$\mathrm{d}^2 P = L\cos \alpha \sin \alpha \mathrm{d}S\mathrm{d}\alpha \mathrm{d}\varphi$$

在半球内发射的总通量 P 为

$$P = L\mathrm{d}S \int_0^{2\pi} \mathrm{d}\varphi \int_0^{\pi/2} \cos \alpha \sin \alpha \mathrm{d}\alpha = \pi L\mathrm{d}S \quad (1-25)$$

按照出射度的定义得

$$M = \frac{P}{\mathrm{d}S} = \pi L \quad \text{或} \quad L = \frac{M}{\pi} \qquad (1-26)$$

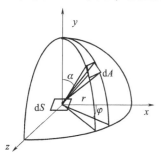

图 1-30　朗伯辐射体空间坐标

对于处在辐射场中反射率为 ρ 的朗伯漫反射体（$\rho = 1$ 为理想漫反射体），不论辐射从何方向入射，它除吸收 $(1 - \rho)$ 的入射辐射通量外，其他全部按朗伯余弦定律反射出去。因此，反射单位表面面积发射的辐射通量等于入射到单位表面面积上辐射通量的 ρ 倍，即 $M = \rho E$，故

$$L = \rho \frac{E}{\pi} \qquad (1 - 27)$$

例 已知太阳辐亮度 L_0 为 2×10^7 W/(sr·m²)，太阳的半径 r_0 为 6.957×10^8 m，地球的半径 r_e 为 6.374×10^6 m，太阳到地球的年平均距离 l 为 1.496×10^{11} m，求太阳的辐射出射度 M_0、辐射通量 Φ_0、辐射强度 I_0 以及地球接收到太阳的辐射通量 Φ_e、地球大气层边沿的辐照度 E_e。

解 太阳可假定为朗伯光源，则太阳的辐射出射度为

$$M_0 = \pi L_0 = 6.283\ 2 \times 10^7 \text{ W/m}^2$$

若认为太阳是一均匀发光体，则太阳的辐射通量为

$$\Phi_0 = 4\pi r_0^2 M_0 = 3.821 \times 10^{26} \text{ W}$$

太阳的辐射强度：

$$I_0 = \Phi_0 / 4\pi = 3.041 \times 10^{25} \text{ W/sr}$$

地球对太阳的立体角：

$$\Omega = \pi r_e^2 / l^2 = 5.703 \times 10^{-9} \text{ sr}$$

也就是说，地球只接收了太阳总辐射能的 $5.703 \times 10^{-9} / 4\pi = 4.54 \times 10^{-10}$。

地球接收到太阳的辐射通量：

$$\Phi_e = I_0 \Omega = 1.734 \times 10^{17} \text{ W}$$

地球大气层边沿的辐照度：

$$E_e = I_0 / l^2 = 1\ 358.79 \text{ W/m}^2$$

1.5 典型光辐射量的计算公式

1.5.1 点源对微面元的照度

如图 1 – 31 所示，设 O 为点源，受照微面元 dA 与点源的距离为 l，其平面法线 n 与辐射方向的夹角为 α，dA 对点源 O 所张立体角为

$$d\omega = \frac{dA\cos\alpha}{l^2}$$

若点源在该方向的辐射强度为 I，则向立体角 $d\omega$ 发射的通量 dP 为

$$dP = Id\omega = \frac{IdA\cos\alpha}{l^2}$$

如果不考虑传播中的能量损失，则微面元的照度为

$$E = \frac{dP}{dA} = \frac{I\cos\alpha}{l^2} \qquad (1 - 28)$$

即点源对微面元的照度与点源的发光强度成正比，与距离的平

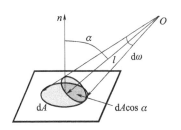

图 1 – 31 点源对微面元的照度

方成反比，并与面元对辐射方向的倾角有关。当点源在微面元法线上时，式（1－28）变为

$$E = \frac{I}{l^2} \quad\quad\quad (1-29)$$

这就是距离平方反比定律。

应该指出，点源的实际尺寸不一定很小，甚至成为一个点，而是按辐射源线度尺寸与接收面距离的比例来区分点源和面源。距地面遥远的一颗星的实际尺寸很大，但观察者看到的却是一个"点"。同一辐射源在不同场合，既可是点源，又可是面源，例如飞机的尾喷管，在 1 km 以上的距离测量时是点源，而在 3 m 的距离测量时，则表现为一个面源。通常认为，当距离比辐射源线度尺寸大 10 倍以上时，辐射源就可以被看成点源。

1.5.2 点源向圆盘发射的辐射通量

分析点源向圆盘发射的辐射通量可用于计算距点源一定距离的光学系统或接收器接收的辐射通量。如图 1－32 所示，点源 O 发出光辐射，距点源 l_0 处有一与辐射方向垂直的半径为 R 的圆盘。由于圆盘有一定大小，由点源至圆盘上各点的距离不等，所以圆盘辐照度不均匀。

圆盘上微面元 $\mathrm{d}A$ 接收的辐射通量为

$$\mathrm{d}P = E\mathrm{d}A = \frac{I\cos\alpha}{l^2}\mathrm{d}A \quad\quad\quad (1-30)$$

由于 $\mathrm{d}A = \rho\mathrm{d}\theta\mathrm{d}\rho$，$\cos\alpha = l_0/l = l_0/\sqrt{\rho^2 + l_0^2}$，代入式（1－30），并对 ρ 和 θ 积分，得到半径为 R 的圆盘接收的全部辐射通量为

$$P = \int\mathrm{d}P = Il_0\int_0^{2\pi}\mathrm{d}\theta\int_0^R\frac{\rho}{(\rho^2 + l_0^2)^{3/2}}\mathrm{d}\rho = 2\pi I\left\{1 - \left[1 + \left(\frac{R}{l_0}\right)^2\right]^{-1/2}\right\} \quad (1-31)$$

当圆盘距点源足够远时，即 $l_0 \gg R$，$l \approx l_0$，$\cos\alpha \approx 1$，则圆盘接收的通量为

$$P = \frac{I}{l_0^2}\pi R^2 = \frac{I}{l_0^2}S \quad\quad\quad (1-32)$$

即圆盘可认为是微面元，圆盘上各点辐照度相等。

1.5.3 面辐射在微面元上的辐照度

如图 1－33 所示，设 A 为面辐射源，Q 为受照面，$\boldsymbol{n}_1$ 为微面元 $\mathrm{d}A$ 的法线，与辐射方向的夹角为 β，$\boldsymbol{n}_2$ 为 Q 平面 O 点处的法线，与入射辐射方向的夹角为 α，$\mathrm{d}A$ 到 O 点的距离为 l。对面源 A 上微面元 $\mathrm{d}A$，运用距离平方反比定律得 O 点形成的辐照度 $\mathrm{d}E$ 为

图 1－32 点源向圆盘发射的辐射通量

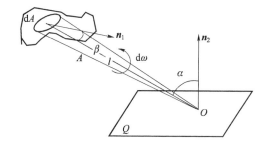

图 1－33 面辐射在微面元上的辐照度

$$dE = \frac{I_\beta \cos \alpha}{l^2} \tag{1-33}$$

式中，I_β 为微面元 dA 在 β 方向上的发光强度，与该方向上发光亮度 L_β 间有如下关系：

$$I_\beta = L_\beta dA \cos \beta$$

将上式代入式（1-33）可得

$$dE = \frac{L_\beta dA \cos \beta \cos \alpha}{l^2} = L_\beta \cos \alpha d\omega \tag{1-34}$$

面辐射源 A 对 O 点处微面元所形成的照度值为

$$E = \int_A dE = \int_A L_\beta \cos \alpha d\omega \tag{1-35}$$

一般情况下，面辐射源在各个方向上的亮度是不等的，用式（1-34）求照度较困难。但对各方向亮度相等的朗伯辐射源，式（1-35）可简化为

$$E = L \int_A \cos \alpha d\omega = L\omega_s \tag{1-36}$$

式中，$\omega_s = \int_A \cos \alpha d\omega$，是立体角 $d\omega$ 在 Q 平面的投影。式（1-36）称为立体角投影定律。

1.5.4　朗伯辐射体产生的辐照度

如图 1-34 所示，朗伯扩展源是半径为 R 的圆盘 A，取圆环状微面元 $dA_1 = rdrd\varphi$，由式（1-35），由于 $\beta = \alpha$，则环状面元上发射的辐射在距圆盘为 l_0 的某点 A_d 处的辐照度为

$$dE = L\frac{\cos^2 \beta}{l^2} rdrd\varphi \tag{1-37}$$

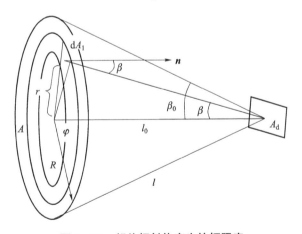

图 1-34　朗伯辐射体产生的辐照度

由图 1-34 中的几何关系得

$$l = \frac{l_0}{\cos \beta}, \quad r = l_0 \tan \beta,$$

$$dr = \frac{l_0}{\cos^2 \beta} d\beta, \quad dE = L \sin \beta \cos \beta d\beta d\varphi$$

则圆盘扩展源在轴上点产生的辐照度为

$$E = L \int_0^{2\pi} \mathrm{d}\varphi \int_0^{\beta_0} \sin\beta\cos\beta\mathrm{d}\beta = \pi L\sin^2\beta_0 = M\sin^2\beta_0 \qquad (1-38)$$

进一步讨论扩展源近似为点源的条件。由图 1 - 34 可得

$$\sin^2\beta_0 = \frac{R^2}{R^2 + l_0^2} = \frac{R^2}{l_0^2}\frac{1}{1 + (R/l_0)^2}$$

因为圆盘的面积 A 为 πR^2，故式（1 - 38）可改写为

$$E = \frac{LA}{l_0^2}\frac{1}{1 + (R/l_0)^2} \qquad (1-39)$$

若圆盘可近似作为点源，则其在同一点产生的辐照度为

$$E_0 = \frac{LA}{l_0^2} \qquad (1-40)$$

于是，由式（1 - 39）精确计算的辐照度与式（1 - 40）点源近似计算的辐照度的相对误差为

$$\frac{E - E_0}{E} = \left(\frac{R}{l_0}\right)^2 = \tan^2\beta_0 \qquad (1-41)$$

显然，如果 $R/l_0 \leqslant 1/10$，即当 $l_0 > 10R$ 或 $\beta_0 \leqslant 5.7°$ 时，相对误差 $<1\%$。物理意义：目标点与圆盘朗伯辐射体的距离大于 10 倍圆盘半径时，按点源测量的辐照度，相对误差小于 1%。

1.5.5 成像系统像平面的辐照度

如图 1 - 35 所示，物空间亮度 L_0 的微面元 $\mathrm{d}s_0$ 经过物镜成像在像空间 $\mathrm{d}s_1$ 微面元上，确定 $\mathrm{d}s_1$ 上的照度。微面元向透镜口径 D 所张立体角发射的辐射通量为

$$\mathrm{d}\Phi = \pi L_0 \mathrm{d}s_0 \sin^2 u_0 \qquad (1-42)$$

式中，u_0 为物点对成像系统的张角。

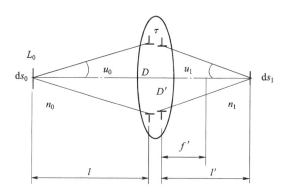

图 1 - 35 成像系统像平面的辐照度

$\mathrm{d}\Phi$ 经过透过率 τ 的物镜后照射在微面元 $\mathrm{d}s_1$ 上的照度为

$$E = \frac{\tau\mathrm{d}\Phi}{\mathrm{d}s_1} = \pi L_0\tau\frac{\mathrm{d}s_0}{\mathrm{d}s_1}\sin^2 u_0 \qquad (1-43)$$

利用光学拉—亥不变式 $n_0 r_0\sin u_0 = n_1 r_1\sin u_1$，可将式（1 - 43）改写为

$$E = \pi L_0 \tau \frac{n_1^2}{n_0^2} \sin^2 u_1 \tag{1-44}$$

在一般光电成像系统中，由于 $n_0 = n_1 \approx 1$，且光瞳放大率 $\beta_p = D'/D = 1$。其中，D 和 D' 为物镜物方和像方孔径。于是有

$$E = \pi L_0 \tau \left(\frac{D}{2}\right)^2 \bigg/ \left[\left(\frac{D}{2}\right)^2 + l'^2\right] = \frac{1}{4}\pi L_0 \tau \left(\frac{D}{l}\right)^2 \bigg/ \left[1 + \left(\frac{D}{2l'}\right)^2\right]$$

$$= \frac{1}{4}\pi L_0 \tau \left(\frac{D}{f'}\right)^2 \left(\frac{l-f'}{l}\right)^2 \bigg/ \left[1 + \frac{1}{4}\left(\frac{D}{f'}\right)^2 \left(\frac{l-f'}{l}\right)^2\right] \tag{1-45}$$

式中，l 和 l' 分别为物距和像距。对于大多数摄像系统的应用，基本满足 $l \gg f'$，即物距远大于光学系统的焦距，则

$$E = \frac{1}{4}\pi L_0 \tau \left(\frac{D}{f'}\right)^2 \bigg/ \left[1 + \frac{1}{4}\left(\frac{D}{f'}\right)^2\right] \tag{1-46}$$

需要指出，在一般应用中，光学系统的数值孔径 D/f' 较小，因此，常采用如下简化式：

$$E_0 = \frac{1}{4}\pi L_0 \tau \left(\frac{D}{f'}\right)^2 \tag{1-47}$$

对于夜视系统的光学系统，由于属于低信噪比系统，往往需要加大光学系统的孔径，通常要求光学系统的 F 数（$F_N = f'/D$）尽量小，$F_N \rightarrow 1$，则采用式（1-47）导致的相对误差为

$$\left|\frac{E - E_0}{E}\right| = \frac{1}{4F_N^2} = \frac{1}{4}\left(\frac{D}{f'}\right)^2 \tag{1-48}$$

显然，当 $F_N \rightarrow 1$ 时，相对误差将达到 25%。

习题与思考题

1. 通常光辐射的波长范围可分为哪几个波段？

2. 简述发光强度、亮度、光出射度、照度等的定义及单位。

3. 试述辐射度量与光度量的联系和区别。

4. 人眼视觉分为哪三种响应？明暗和色彩适应各指什么？

5. 总结目前社会中人眼中间视觉应用的领域及其特点。

6. 何为人眼的绝对视觉阈、阈值对比度和光谱灵敏度？

7. 试述人眼分辨力的定义及特点。

8. 简述人眼对间断光的响应特性，举例说明利用此特性的应用。

9. 人眼及人眼—脑的调制传递函数具有什么特点？

10. 描述彩色的明度、色调和饱和度是怎样定义的，如何用空间纺锤体进行表示？

11. 什么是颜色的恒常性、色对比、明度加法定理和色觉缺陷？

12. 简述扬和赫姆霍尔兹的三色学说和赫林的对立颜色学说。

13. 朗伯辐射体是怎样定义的？其主要特性有哪些？

14. 太阳的亮度 $L = 1.9 \times 10^9 \, \text{cd/m}^2$，光视效能 $K = 100$，试求太阳表面的温度。

15. 已知太阳常数（大气层外的辐照度）$E = 1.95 \, \text{cal}/(\text{min} \cdot \text{cm}^2)$，求太阳的表面温度（已知太阳半径 $R_s = 6.955 \times 10^5 \, \text{km}$，日地平均距离 $L = 1.495 \times 10^9 \, \text{km}$）。

16. 某一具有良好散射透射特性的球形灯，它的直径是 20 cm，光通量为 2 000 lm，该球形灯在其中心下方 $l = 2$ m 处 A 点的水平面上产生的照度 E 等于 40 lx。试用下述两种方法确定这个球形灯的亮度。

（1）用球形灯的发光强度；

（2）用该灯在 A 点产生的照度和对 A 点所张的立体角。

17. 假定一个功率（辐射通量）为 60 W 的钨丝充气灯泡在各方向均匀发光，求其发光强度。

18. 有一直径 $d = 50$ mm 的标准白板，在与板面法线成 45°处测得发光强度为 0.5 cd，试分别计算该板的光出射度 M_v、亮度 L_v 和光通量 Φ_v。

19. 一束光通量为 620 lm，波长为 460 nm 的蓝光照在一个白色屏幕上，问屏幕上 1 min 内能接收多少能量？

20. 一个 25 W 的小灯泡离另一个 100 W 的小灯泡 1 m，将陆末—布洛洪光度计置于两者之间，为使光度计内漫射"白板"T 的两表面有相等的光照度，问该漫射板 T 应放在何处？

21. 氦氖激光器发射出波长为 632 nm 的激光束 3 mW，此光束的光通量为多少？若激光束的发散半角为 1 mrad，放电毛细管的直径为 1 mm，并且人眼只能观看 1 cd/cm 的亮度，问所戴保护眼镜的透射比应为多少？

22. 在离发光强度为 55 cd 的某光源 2.2 m 处有一屏幕，假定屏幕的法线通过该光源，试求屏幕上的光照度。

第2章
热辐射定律及辐射源

物体因温度而辐射能量的现象叫热辐射。热辐射是自然界中普遍存在的现象，一切物体，只要其温度高于绝对零度 0 K（ -273. 15 ℃ ），就会产生辐射。

黑体（或称绝对黑体）是一个能完全吸收入射在它上面的电磁辐射的理想物体，其在辐射度学中占有十分重要的地位。黑体光谱辐射量和温度之间存在精确的定量关系。光辐射度量的绝对值是无法直接测量的，人们常常将它们转换成其他可测物理量（如电量、热量等）进行测量。因此，黑体温度的测量起到了确定辐射度量的作用，即黑体辐射在辐射度学中起到了基准的作用。

黑体本身也不是一个抽象的概念。现实世界中，许多光源可被认为或近似被认为是黑体，如太阳、地球等。许多光源和辐射体，虽然它们的辐射特性与黑体相差较大，甚至还有吸收带（线），但人们常常也用与黑体相当的某些特性来近似地表征它们。

2.1 黑体辐射的基本定律

2.1.1 基尔霍夫定律

通常，一个物体在向周围发射辐射能的同时，也吸收周围物体所放出的辐射能。如果某物体吸收的辐射能多于同一时间放出的辐射能，则其总能量增加，温度升高；反之，能量减少，温度下降。

当辐射能入射到一个物体表面时，第一部分能量被物体吸收，第二部分能量从物体表面反射出去，第三部分透射。对于不透明物体，一部分能量被吸收，另一部分能量从表面反射出去。被吸收的能量与入射总能量之比，称为物体的吸收本领 a_λ；被反射的能量与入射总能量之比，称为物体的反射本领 ρ_λ。显然，对于不透明物体，物体的吸收本领与反射本领之和为 1，即

$$a_\lambda + \rho_\lambda = 1 \qquad (2-1)$$

试验指出，物体的发射本领 e_λ（即辐射出射度）和吸收本领之间有一定关系。如图 2-1 所示，把物体 A 和物体 B 放在恒温 T 的真空密闭容器内，则物体与容器之间及物体与物体之间只能通过光的辐射和吸收来交换能量。试验证明，经过一定时间后，系统达到热平

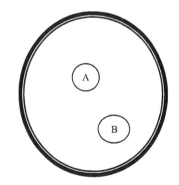

图 2-1 真空密闭容器内的物体 A 和 B

衡，容器内的物体与容器温度相等，均为同一温度 T。由于 A 和 B 的表面状况不一样，它们辐射的能量也不一样，因此，只有当辐射能量多的物体吸收的能量也多时，才能和其他物体一样保持温度 T 不变，即物体的发射本领和吸收本领之间有确定的比例关系。

1859 年，基尔霍夫（Kirchhoff）指出，物体的辐射出射度 M 和吸收本领 a 的比值 M/a 与物体的性质无关，都等于同一温度下绝对黑体（$a=1$）的辐射出射度 M_0——基尔霍夫定律，即

$$\frac{M_1}{a_1} = \frac{M_2}{a_2} = \cdots = M_0 = f(T) \qquad (2-2)$$

基尔霍夫定律不但对所有波长的全辐射是正确的，而且对波长为 λ 的任何单色辐射都是正确的，即

$$\frac{M_{1\lambda}}{a_{1\lambda}} = \frac{M_{2\lambda}}{a_{2\lambda}} = \cdots = M_{0\lambda} = f(\lambda, T) \qquad (2-3)$$

基尔霍夫定律是一切物体热辐射的普遍定律。该定律表明，吸收本领大的物体，其发射本领也大，如果物体不能发射某波长的辐射能，则也不能吸收该波长的辐射能，反之亦然。绝对黑体对于任何波长在单位时间、单位面积上发出或吸收的辐射能都比同温度下的其他物体要多。

自然界中并不存在绝对黑体，但是根据对黑体的要求，可制造出一定波长范围的实际黑体。按照基尔霍夫定律，非黑体的发射本领 $e_\lambda = a_\lambda e_{0\lambda}$。式中，非黑体的吸收本领 a_λ 是波长和温度的函数，其值小于 1。为了描述非黑体的辐射，引入"辐射发射率"的概念。辐射发射率或比辐射发射率 ε_λ 定义为在相同温度下，辐射体的辐射出射度与黑体的辐射出射度之比，即

$$\varepsilon_\lambda = \frac{e_\lambda}{e_{0\lambda}} = \frac{M_\lambda}{M_{0\lambda}} \qquad (2-4)$$

式中，ε_λ 为波长 λ 和温度 T 的函数，它也与辐射体的表面性质有关，数值在 $0\sim1$ 变化。按照 ε_λ 的不同，一般将辐射体分为三种（见图 2-2）：

（1）黑体（Blackbody）：$\varepsilon_\lambda = 1$。

（2）灰体（Greybody）：$\varepsilon_\lambda = \varepsilon < 1$，与波长无关。

（3）选择体（Selective Radiator）：$\varepsilon_\lambda < 1$ 且随波长和温度的变化而变化。

图 2-2　三种辐射体的光谱辐射曲线

一般地，任意物体的辐射可以表示为

$$M_\lambda(T) = \varepsilon_\lambda(T) M_{0\lambda}(T) \qquad (2-5)$$

自然界的物体在一定的温度下可以近似为灰体，表 2-1 所示为一些常用材料和地面覆盖物的辐射发射率。

表 2-1　一些常用材料和地面覆盖物的辐射发射率

材料	温度/℃	ε_λ	材料	温度/℃	ε_λ
毛面铝	26	0.55	平滑的冰	20	0.92
氧化的铁面	125~525	0.78~0.82	黄土	20	0.85
磨光的钢板	940~1 100	0.55~0.61	雪	-10	0.85
铁锈	500~1 200	0.85~0.95	皮肤·人体	32	0.98
无光泽黄铜板	50~350	0.22	水	0~100	0.95~0.96
非常纯的水银	0~100	0.09~0.12	毛面红砖	20	0.93
混凝土	20	0.92	无光黑漆	40~95	0.96~0.98
干的土壤	20	0.90	白色瓷漆	23	0.90
麦地	20	0.93	光滑玻璃	22	0.94
			牧草	20	0.98

2.1.2　黑体辐射定律

1. 普朗克黑体辐射定律

基尔霍夫定律说明了黑体辐射出射度是波长和温度的函数，使寻找黑体辐射出射度的具体表达式成为研究热辐射理论的最基本问题之一。虽然曾作了很长时间的理论与试验研究，但用经典理论得到的公式始终不能完全解释试验事实。直到 1900 年，普朗克（Planck）提出一种与经典理论完全不同的学说，才建立了与试验完全符合的辐射出射度公式。

普朗克对黑体作了如下两点假设：

（1）黑体是由无穷多个各种固有频率的简谐振子构成的发射体，而每个频率的简谐振子的能量只能取最小能量 $E = h\nu$ 的整数倍：E，$2E$，$3E$，$\cdots$，nE。其中，h 为普朗克常数，ν 为简谐振子的频率。

（2）简谐振子不能连续发射或吸收能量，只能以 $E = h\nu$ 为单位一份一份地跳跃式进行。因此，简谐振子只能从一个能级跃迁到另一个能级，而不能处于两个能级间的某一能量状态，简谐振子跃迁时伴随着辐射的发射或吸收。

根据普朗克量子假说以及热平衡时简谐振子能量分布满足麦克斯韦—玻尔兹曼统计，可推导出描述黑体辐射出射度随波长和温度的函数关系——普朗克公式的几种表示形式。

（1）普朗克黑体辐射定律最常用的是以波长表示的形式：

$$M_0(\lambda, T) = \frac{c_1}{\lambda^5} \frac{1}{\exp(c_2/\lambda T) - 1} \qquad (2-6)$$

式中，第一辐射常数 $c_1 = 2\pi hc^2 = 3.741\,8 \times 10^{-16}\ \mathrm{W \cdot m^2}$；第二辐射常数 $c_2 = hc/k = 1.438\,8 \times 10^{-2}\ \mathrm{m \cdot K}$，$k$ 为玻尔兹曼常数，c 为光速。

（2）由于光波的波长与频率 ν 可通过光速进行转换，因此普朗克黑体辐射定律也可用频率表示：

$$M_0(\nu, T) = \frac{2\pi}{c} \frac{h\nu^3}{\exp(h\nu/\lambda T) - 1} \qquad (2-7)$$

（3）由于黑体是朗伯辐射体，故也可得到辐亮度公式：

$$L_0(\lambda, T) = \frac{c_1}{\pi \lambda^5} \frac{1}{\exp(c_2/\lambda T) - 1} \qquad (2-8)$$

（4）如果 $\exp(c_2/\lambda T) \gg 1$，则式（2-6）可改写为维恩近似式：

$$M_0(\lambda, T) \approx \frac{c_1}{\lambda^5} \exp(-c_2/\lambda T) \qquad (2-9)$$

普朗克黑体辐射定律描述了黑体辐射的光谱分布规律，揭示了辐射与物质相互作用过程中和辐射波长及黑体温度的依赖关系，是黑体辐射理论的基础。图 2-3 所示为根据式（2-8）得到的绘制于双对数坐标中的 200～6 000 K 黑体辐射曲线。

图 2-3　200～6 000 K 黑体辐射曲线

2. 斯蒂芬—玻尔兹曼定律

在全波长内进行普朗克定律积分，得到黑体辐射出射度与温度之间的关系——斯蒂芬—玻尔兹曼（Stefan - Boltzmann）定律：

$$M_0(T) = \int_0^\infty M_0(\lambda, T)\, d\lambda = \frac{c_1 \pi^4}{15 c_2^4} T^4 = \sigma T^4 \quad (\text{W/m}^2) \qquad (2-10)$$

式中，$\sigma = c_1 \pi^4 / 15 c_2^4 = 5.669\ 6 \times 10^{-8}\ (\text{W} \cdot \text{m}^{-2} \cdot \text{K}^{-4})$，称为斯蒂芬—玻尔兹曼常数。斯蒂芬—玻尔兹曼定律表明，黑体在单位面积、单位时间内辐射的总能量与黑体温度 T^4 成正比。

3. 维恩位移定律

黑体辐射是单峰函数，利用极值条件 $\partial M_0(\lambda, T)/\partial \lambda = 0$ 可求得峰值波长 λ_m 满足维恩（Wien）位移定律：

$$\lambda_m T = b \qquad (2-11)$$

式中，常数 $b = c_2/4.965\ 1 = 2\ 898\ \mu m \cdot K$。维恩位移定律指出，当黑体的温度升高时，其光

谱辐射的峰值波长向短波方向移动。

表 2 - 2 所示为黑体辐射光谱分布特征波长的能量。

表 2 - 2　黑体辐射光谱分布特征波长的能量

波长	关系式	能量分布
峰值波长	$\lambda_m T = 2\,898$	$0 \sim \lambda_m$，25%
		$\lambda_m \sim \infty$，75%
半功率（3 dB）波长	$\lambda_1 T = 1\,728$ $\lambda_2 T = 5\,270$	$0 \sim \lambda_1$，4%
		$\lambda_1 \sim \lambda_2$，67%
		$\lambda_2 \sim \infty$，29%
中心波长	$\lambda_3 T = 4\,110$	$0 \sim \lambda_3$，50%
		$\lambda_3 \sim \infty$，50%

4. 最大辐射定律

将峰值波长 λ_m 代入普朗克定律，得到最大辐射出射度：

$$M_{0m} = M_0(\lambda_m, T) = BT^5 \tag{2-12}$$

式中，$B = c_1 b^{-5} / (e^{c_2/b} - 1) = 1.286\,2 \times 10^{-11}$（$\text{W} \cdot \text{m}^{-2} \cdot \mu\text{m}^{-1} \cdot \text{K}^{-5}$）。最大辐射定律指出，黑体最大辐射出射度与 T^5 成正比。

2.2　黑体辐射的计算

普朗克黑体辐射定律给出了黑体辐射出射度随温度及波长变化的函数关系，但用于实际的黑体辐射计算仍较为烦琐。工程实践中，常通过简化处理和查表等方式，实现简便的计算。

1. 光谱辐射的计算

由普朗克黑体辐射定律式（2 - 6）和最大辐射定律式（2 - 12）可以得到

$$\frac{M_0(\lambda, T)}{M_0(\lambda_m, T)} = \frac{M_0(\lambda, T)}{BT^5} = \left(\frac{\lambda}{\lambda_m}\right)^5 \left[\frac{\exp(c_2/\lambda T) - 1}{\exp(c_2/\lambda_m T) - 1}\right]^{-1} \tag{2-13}$$

令 $y = M_0(\lambda, T) / [M_0(\lambda_m, T)]$，由 $x = \lambda / \lambda_m$ 得 $\lambda = x\lambda_m$，将维恩位移定律 $\lambda_m T = 2\,898$ 代入式（2 - 13）得

$$y = f(x) = 142.32 \frac{x^{-5}}{\exp(4.965\,1/x) - 1} \tag{2-14}$$

即普朗克黑体辐射定律的简化形式为

$$M_0(\lambda, T) = BT^5 f(x) \tag{2-15}$$

由于 $y = f(x)$ 是单变量 x 的函数，形式简单，计算量较小，故适合编程和制表计算。附表 1 - 1 给出了编制的黑体函数 $y = f(x)$，由其可方便地计算给定温度 T 下黑体辐射的光谱分布：

（1）由 $\lambda_m = 2\,898/T$ 确定 λ_m，并确定 $M_0(\lambda_m, T) = BT^5$；

（2）由要求的波段选择相应的波长 λ_i，确定 $x_i = \lambda_i / \lambda_m$；

（3）从黑体函数表确定 $y_i = f(x_i)$，并由式（2-15）确定 $M_0(\lambda_i, T)$；

（4）重复（2）和（3），直至求出各个波长处的单色辐射出射度 $M_0(\lambda, T)$；

（5）绘制温度为 T 黑体的光谱辐射 $\lambda \sim M_0(\lambda, T)$ 曲线。

2. 波段辐射的计算

由于大多数探测器都是在一个或多个波段内工作，因此计算某一波段内的总辐射出射度具有实际意义。利用普朗克黑体辐射定律公式的简化形式，可得出另一黑体函数 $z(x)$，用于计算给定温度 T 下黑体在规定波段 $[\lambda_1, \lambda_2]$ 内的辐射出射度。引入相同的 x 和 y，有

$$g = \frac{\int_{\lambda_1}^{\lambda_2} M_0(\lambda, T)\,\mathrm{d}\lambda}{\int_0^{\infty} M_0(\lambda, T)\,\mathrm{d}\lambda} = \frac{\int_{\lambda_1}^{\lambda_2} M_0(\lambda, T)\,\mathrm{d}\lambda}{\sigma T^4} = \frac{\int_0^{x_2} f(x)\,\mathrm{d}x - \int_0^{x_1} f(x)\,\mathrm{d}x}{\int_0^{\infty} f(x)\,\mathrm{d}x} = z(x_2) - z(x_1)$$

$$(2-16)$$

式中，$z(x) = \int_0^x f(x)\,\mathrm{d}\lambda \big/ \left[\int_0^{\infty} f(x)\,\mathrm{d}\lambda \right]$。编制黑体表 $z(x)$，见附表 1-2，则黑体在 $[\lambda_1, \lambda_2]$ 波段内的辐射出射度为

$$M(T) = \int_{\lambda_1}^{\lambda_2} M_0(\lambda, T)\,\mathrm{d}\lambda = [z(x_2) - z(x_1)]\sigma T^4 \qquad (2-17)$$

具体计算步骤如下：

（1）由 $\lambda_m = 2\,898/T$ 确定 λ_m；

（2）求出 $x_1 = \lambda_1/\lambda_m$ 和 $x_2 = \lambda_2/\lambda_m$，并查表得到 $z(x_1)$ 和 $z(x_2)$；

（3）利用式（2-17）计算出黑体在 $[\lambda_1, \lambda_2]$ 波段的辐射出射度。

例 2-1 已知太阳峰值辐射波长 $\lambda_m = 0.48\ \mu m$，日地平均距离 $L = 1.495 \times 10^8\ km$，太阳半径 $R_s = 6.955 \times 10^5\ km$，如将太阳和地球均近似看作黑体，求太阳和地球的表面温度。

解 因为太阳可近似为黑体，故 $\lambda_m T_s = 2\,898$，即太阳的表面温度 $T_s = 6\,037.5\ K$。太阳发射的辐射强度为

$$I_0 = \frac{\Phi_s}{4\pi} = \frac{M_s 4\pi R_s^2}{4\pi} = M_s R_s^2 = \sigma T_s^4 R_s^2$$

地球吸收太阳的辐射通量为

$$\Phi_{ea} = E S_e = \frac{I_0}{L^2}\pi R_e^2 = \frac{\sigma T_s^4 R_s^2}{L^2}\pi R_e^2$$

同时，地球向外的辐射通量为

$$\Phi_{ee} = M_e \times 4\pi R_e^2 = 4\sigma T_e^4 \pi R_e^2$$

达到平衡时，$\Phi_{ea} = \Phi_{ee}$，温度保持平衡，得到

$$T_e = T_s \sqrt{\frac{R_s}{2L}} \Rightarrow T_e = 291.19\ K = 18.04\ ℃$$

2.3 辐射体的温度

一般地，各种发射辐射能的物体表面在不同的温度下可能具有不同的光谱辐射特性，其发射的辐射能比黑体发射的辐射能小，且发射率是波长、温度的函数。在辐射度学和光度学

及其应用中，常常需要像黑体那样，用温度描述光源、辐射体等的某些辐射特性。常用的有分布温度、色温（相关色温）、辐亮度温度和辐射温度。

下面介绍这些温度的概念及其与发射体真实温度之间的关系。

2.3.1　分布温度

光源的分布温度是在一定谱段范围内光源光谱辐亮度曲线和黑体的光谱辐亮度曲线成比例或近似成比例时的黑体温度，因而分布温度可描述光源的光谱能量分布特性。

在一定温度下，发射和黑体光谱辐亮度分布成比例的光谱辐射能的发射体叫作灰体。换句话说，灰体就是发射率与波长无关但小于 1 的辐射体。图 2 - 4 所示为水的光谱辐射特性（$T = 300$ K），可以看到，水具有与黑体近似的光谱能量分布特性，发射率 $\varepsilon \approx 0.98$。

与黑体光谱能量分布近似的发射体可用分布温度的概念，例如白炽灯在可见谱段内的光谱辐射特性与黑体的近似。

测出了光源的光谱能量分布曲线 $M(\lambda)$，可按以下方法得到光源的分布温度：

$$\int_{\lambda_1}^{\lambda_2} \left\{ 1 - \frac{M(\lambda)}{a M_0(\lambda, T_b)} \right\}^2 \mathrm{d}\lambda \Rightarrow \min \tag{2-18}$$

式中，a 为一比例常数；$M_0(\lambda, T_b)$ 为黑体在温度 T_b 的光谱辐射出射度；$[\lambda_1, \lambda_2]$ 为波长范围，在光度学上，$[\lambda_1, \lambda_2]$ 是可见谱段两端的波长值，为 $[0.38\ \mu m, 0.76\ \mu m]$。

调整常数 a 和温度 T_b 使积分值最小，即 $M(\lambda)$ 与 $a M_0(\lambda, T_b)$ 最接近，则黑体的温度 T_b 就是具有光谱能量分布为 $M(\lambda)$ 光源的分布温度。

并非所有的光源都可求其分布温度，例如，线状或带状的不连续光谱光源，其光谱辐射特性与黑体相差很大，虽然可用式（2 - 18）求对应的分布温度值，但求出的分布温度已没有实际意义。故式（2 - 18）的使用一般仅限于光源光谱能量分布和黑体的相差不大于 5% 的情况。

灰体的分布温度就是其真实温度，但是对于发射率是波长的函数的发射体，分布温度和其真实温度有所差别。例如白炽灯（见图 2 - 5），由于钨的发射率在短波部分比在长波部分高，因此

$$L(\lambda, T) = \varepsilon(\lambda, T) L_0(\lambda, T) \tag{2-19}$$

图 2 - 4　水的光谱辐射特性

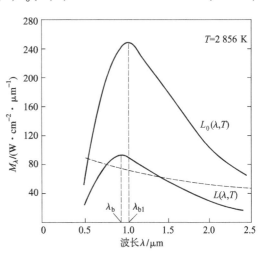

图 2 - 5　白炽灯的分布温度大于真实温度

式中，$L(\lambda, T)$ 为光源在温度 T 时的光谱辐亮度；$L_0(\lambda, T)$ 为在温度 T 下的黑体光谱辐亮度；$\varepsilon(\lambda, T)$ 为在温度 T 时光源的光谱发射率。由于 $\varepsilon(\lambda, T)$ 随波长的增大而下降（图 2-5 中虚线），所以 $L(\lambda, T)$ 的峰值波长 λ_m 要比 $L_0(\lambda, T)$ 的峰值波长 λ_{m0} 小。由维恩位移定律可知，$L(\lambda, T)$ 的光谱辐亮度曲线与峰值波长为 λ_m、温度为 $T_1(>T)$ 的黑体光谱辐射出射度成比例，即白炽灯的分布温度 T_1 将大于它的真实温度 T。

2.3.2 色温和相关色温

色温是颜色温度的简称，有几种定义方法。在可见谱段内，当发射体和某温度的黑体有相同的颜色时，那么黑体温度就称为发射体的色温，即色温是把光源用于人眼主观色度感觉一致的黑体温度描述的方式。然而，色温的概念也不仅限于人眼色觉上的一致，还可扩展到任意波长。色的概念就是光谱能量分布。

根据色度学，色具有同色异谱的性质，即相同的颜色可由具有不同的光谱能量分布特性的光构成。因此，色温不能像分布温度那样近似地说明光源的光谱能量分布特性，但对于具有不连续光谱的发射体或具有连续光谱但其光谱能量分布特性与黑体相差甚大的发射体，可用色温来描述。

严格地说，任意光源的色只能说与某一温度黑体的色相近，不可能完全相同，所以更多的是用相关色温的概念。相关色温就是发射体和某温度的黑体有最相近的色时黑体的温度。相关色温提供了用黑体色近似地描述光源色的可能性。

图 2-6 所示为 CIE 1960-UCS 均匀色品图。图中，(u,v) 坐标系中的一个点与一种色对应。两种色在色品图上坐标相距越远，其间的色差异就越大。图中画出了由不同黑体温度对应的色坐标点所连成的曲线——普朗克轨迹。只要发射体的色坐标落在普朗克轨迹上，这一点对应的黑体温度就是发射体的色温。

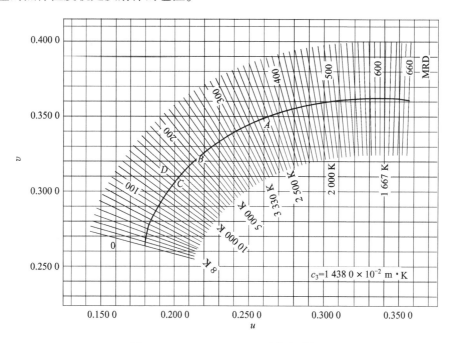

图 2-6　CIE 1960-UCS 均匀色品图

与普朗克轨迹正交的一组直线簇称为等相关色温线。线上标出的数值是麦尔德（Mired）值，简写成 MRD（Micro Reciprocal Degrees）。MRD 和 T 的关系为

$$\text{MRD} = \frac{1}{T} \times 10^6 \tag{2-20}$$

MRD 在色温变换中是十分方便的参量。此外，人眼的色感差异和 MRD 刻度的间隔距离基本一致，即 MRD 的差值能够反映人眼主观感差异的大小。

光源色在均匀色品图上的坐标点可在等相关色温线间用距离内插法找到相关色温值。例如图 2-6 中 B 点的等相关色温线 MRD 在 200～210 之间，则其相关色温为

$$T = \frac{10^6}{\text{MRD}} \approx \frac{10^6}{205} = 4\ 878(\text{K})$$

需要指出：

①所谓"和黑体有相近色"并不严格，"相近"可表示很接近，也可表示相差甚远但却能找到一个与某温度黑体的色最近似的相关色温值，因此图 2-6 中直线簇的长度是有限度的，约与 ±15 麦克亚当（MacAdam）阈值单位（表示人眼恰能分辨色差异阈值的一种单位）相当。

②"色差异多大就不能用相关色温表示"不完全准确，等相关色温线提供了衡量待测色和黑体色之间近似差异程度的可能，任意发射体的色坐标离普朗克轨迹越远，用黑体色来描述发射体色的可能性就越小，因为很难说它与某个温度黑体发射能量的色"相关"。

分布温度实际上是色温的一个特例。当光源的光谱能量分布与黑体相近时，光源的色温就与其分布温度一致。大多数金属在可见光谱范围内的发射率随波长的增加而下降，其色温要比其真实温度稍高；相反，大多数非金属在可见光谱范围内的发射率随波长的增加而增大，其色温比其真实温度稍低。

2.3.3　辐亮度温度

实际发射体在某一波长（窄谱段范围内）的光谱辐亮度和黑体在某一温度同一波长下的光谱辐亮度相等时，黑体温度称为发射体的辐亮度温度。如果波长在可见光谱范围内用人眼（或具有人眼光谱光视效率响应的探测器）来判断其间亮度相等时，则称为亮度温度，简称亮温。

如图 2-7 所示，在波长 λ 处，温度为 T_b 的黑体辐亮度 $L_0(\lambda, T_b)$ 与温度为 T 的辐射物体辐亮度 $L(\lambda, T)$ 相等，则 T_b 就是辐射物体的辐亮度温度。

由辐亮度温度的定义可得

$$L(\lambda, T) = \varepsilon(\lambda, T)L_0(\lambda, T) = L_0(\lambda, T_b) \tag{2-21}$$

用维恩近似公式，有

$$\varepsilon(\lambda, T) \frac{c_1}{\lambda^5} \exp\left(-\frac{c_2}{\lambda T}\right) = \frac{c_1}{\lambda^5} \exp\left(-\frac{c_2}{\lambda T_b}\right)$$

即

$$\frac{1}{T_b} - \frac{1}{T} = \frac{\lambda}{c_2} \ln\left[\frac{1}{\varepsilon(\lambda, T)}\right] \tag{2-22}$$

若已知辐射体选定波长的发射率 $\varepsilon(\lambda, T)$，则由测得的辐亮度温度 T_b 可求出辐射体的真实温度 T。式（2-22）是辐射测温学中的基本公式。

图 2-7　辐亮度温度的定义

利用以上结果，可以对辐射测温进行一些分析。

1. 测温灵敏度

为了分析辐射测温的灵敏度，由普朗克黑体辐射定律式（2-8）对 T 求导，可得到

$$\frac{\mathrm{d}L_0(\lambda,T)}{L_0(\lambda,T)}\bigg/\frac{\mathrm{d}T}{T} = \frac{c_2}{\lambda T}\frac{\exp(c_2/\lambda T)}{\exp(c_2/\lambda T)-1}$$

当 $c_2/\lambda T \gg 1$ 时，利用维恩近似公式，有

$$\frac{\mathrm{d}L_0(\lambda,T)}{L_0(\lambda,T)} \approx \frac{c_2}{\lambda T}\frac{\mathrm{d}T}{T} \tag{2-23}$$

式中，$c_2/\lambda T$ 表示辐射体单位相对温度变化引起相对辐亮度变化的比例，表征了辐射测温的灵敏度。

2. 真实温度与辐亮度温度

由于辐射体的发射率 $\varepsilon(\lambda,T)$ 总小于1，故 $T > T_b$，即辐射体的真实温度高于辐亮度温度。在实际应用中，对具有确定工作波长的测温仪，可通过预先标定的温度修正表，对测得的辐亮度温度和辐射体的发射率进行查表，得到实际温度的修正值。

3. 环境辐射的影响

由于待测辐射体的温度是客观的，若取不同的测量波长值，则辐亮度温度值可能随之改变。因此，工业光学高温计常用中心波长为 0.65 μm 的一个窄谱段来测温。在测量中，由于 $\varepsilon(\lambda,T) < 1$，环境温度辐射也作为一个辐射源在待测物体表面反射而进入测量系统，因此环境温度的影响必须考虑。假定辐射体为朗伯辐射体，则

$$\varepsilon_\lambda L(\lambda,T) + (1-\varepsilon_\lambda)L(\lambda,T_a) = L(\lambda,T_b) \tag{2-24}$$

当环境温度 $T_a = T$ 时，$T_a = T = T_b$，即测得的辐亮度温度就是辐射体的真实温度，与其发射率无关；反之，当 $T_a \neq T$ 时，环境温度对 T 的测量产生影响。ε_λ 越小，环境的影响就越大。

2.3.4 辐射温度

辐射体的辐射温度是在整个光辐射的谱段范围内的辐亮度与某温度黑体辐亮度相等时黑体的温度，即 $\varepsilon(T)\sigma T^4 = \sigma T_b^4$，解之得

$$T = T_b\big/\sqrt[4]{\varepsilon(T)} \tag{2-25}$$

式中，$\varepsilon(T)$ 为材料的平均发射率。

同样，因为 $\varepsilon(T)$ 总小于1，故 $T > T_b$。$\varepsilon(T)$ 越接近1，T 和 T_b 在数值上越接近。

2.4 辐射源

2.4.1 人工标准黑体辐射源

虽然自然界中并不存在能够在任何温度下全部吸收所有波长辐射的绝对黑体，但是用人工方法可制成尽可能接近绝对黑体的可控辐射源。

1. 腔型黑体辐射源

腔型黑体辐射源（简称腔型黑体源）是一种黑体模型器，其辐射发射率非常接近1。典

型的腔型黑体辐射源如图 2 – 8 所示。它主要由包容腔体的黑体芯子、加热绕组、测量与控制腔体温度的温度计和温度控制器等组成。图 2 – 9 所示为两款实用的腔型黑体辐射源。

图 2 – 8　典型的腔型黑体辐射源

图 2 – 9　两款实用的腔型黑体辐射源

腔体的形态一般有球形、柱形和锥形三种。图 2 – 10 所示为三种腔体结构断面示意。其中，L 为腔体长度，$2R$ 为腔的圆形开口直径。

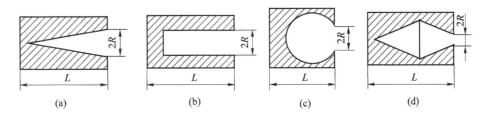

图 2 – 10　三种腔体结构断面示意

（a）锥形腔；（b）柱形腔；（c）球形腔；（d）倒置锥形腔

腔体结构选择主要考虑腔口有效发射率、腔体加工和等温加热的难易。为使腔壁有高的热导率、好的抗氧化能力和大的辐射发射率，芯子材料的选择很重要。通常对于 1 400 K 以上的黑体腔，选用石墨或陶瓷；对于 1 400 K 以下的黑体腔，选用镍铬钢；低于 600 K 的腔体芯子可用铜制成。空腔的有效发射率 ε 为

$$\varepsilon = \frac{\varepsilon_0 \left[1 + (1 - \varepsilon_0)(\Delta S/S - \Delta\Omega/\pi) \right]}{\varepsilon_0 (1 - \Delta S/S) + \Delta S/S} \qquad (2 - 26)$$

式中，ε_0 和 S 分别为腔内壁的材料发射率和面积（包括开孔面积）；ΔS 为开孔面积；$\Delta\Omega$ 为

黑体开孔面积 ΔS 所对应腔底的立体角。

加热绕组常用镍铬丝线圈。为了保障腔体均匀加热，可适当改变芯子的外形轮廓或线圈密度，使每一圈加热的芯子体积相等。

为了测量腔体温度，常用插入腔体的铂电阻温度计。另一插入芯子的温度计接温度控制器来控制芯子的温度，温度控制的稳定性取决于对黑体源辐射的精度要求。因为黑体源的辐射出射度 $M = \varepsilon \sigma T^4$。其中，$\varepsilon$ 为黑体源的有效辐射发射率，一般在 0.99 以上。所以，当黑体工作温度改变 dT 时，腔型黑体辐射出射度的相对变化为 $dM/M = 4dT/T$，即如果要求黑体源辐射出射度变化小于 1%，则腔型黑体源的温度变化应不超过 0.25%。

通常腔型黑体源按使用要求可分为高温黑体源、中温黑体源和低温黑体源。

2. 面型差分黑体辐射源

红外热成像系统的校准和红外辐射计量需要采用大面积的面型黑体辐射源（简称面型黑体源）。面型黑体源主要用于均匀性和系统响应等的测量或标定。此外，常采用差分黑体源（Differential Blackbody）方式作为热成像系统信号响应和性能测量的辐射源（见图 2 - 11）。黑体源通常采用高导热性的材料制作面型黑体面，并在其表面涂高辐射率的涂料，采用半导体帕尔帖效应实现黑体温度的控制；同样，靶标采用高导热性的金属制作，上面掏出相应的靶标形状；靶标处于环境温度中，通过靶标温度传感器测得靶标温度后，可以根据设定的黑体温差设置黑体温度。由于测量靶标可以有各种形状（见图 2 - 12）或参量，因此，实际应用中常采用在靶标轮上安置多种靶标，实现多种靶标的快速调整或选择。

图 2 - 11　面型差分黑体源

图 2 - 12　差分黑体源的靶标形状

在黑体源的实际应用中，往往需要通过红外平行光管将黑体目标投射到无穷远，红外平行光管一般采用离轴抛物面反射镜（见图 2 - 13）。对于图 2 - 11 和图 2 - 13 中的差分黑体源，由于靶标与环境温度一致，环境温度的波动将影响测试结果，因此，只适用于实验室等环境温度可控或波动不大的环境。对于更高精度的测量或野外测量，一般采用双黑体源技术（见图 2 - 14）实现稳定的温差辐射。

图 2 - 13　差分黑体源与红外平行光管　　**图 2 - 14　双黑体源技术**

2.4.2　自然辐射源

自然辐射源是指太阳、地球、月球、星球、大气辉光和夜天空辐射。这类辐射源既可能形成对观察目标的照射，也可能形成干扰背景。

1. 太阳

大气层外太阳辐射的光谱分布大致与 5 900 K 绝对黑体的光谱分布相似。图 2 - 15 所示为在平均地—日距离上太阳辐射的光谱分布曲线。图中阴影部分表示在海平面上由大气所产生的吸收。

图 2 - 15　在平均地—日距离上太阳辐射的光谱分布曲线

太阳辐射通过大气时，受到大气吸收和散射照射至地球表面的辐射大多集中在 0.3 ～ 3.0 μm 的波段。其中，大部分集中于 0.38 ～ 0.76 μm 的可见光波段。射至地球表面的太阳辐射功率、光谱分布与太阳高度、大气状态的关系很大。随着季节、昼夜时间、辐照地域的地理坐标、天空云量及大气状态的不同，太阳对地球表面形成的照度变化范围很宽。表 2－3 所示为上述诸因素对地面照度的影响。在天空晴朗且太阳位于天顶时，地面照度高达 1.24×10^5 lx。

表 2－3　太阳对地球表面的照度

太阳中心的实际高度角/（°）	地球表面的照度/（10^3 lx）			阴影处和太阳下之比	阴天和太阳下之比
	无云太阳下	无云阴影处	密云阴天		
5	4	3	2	0.75	0.50
10	9	4	3	0.44	0.33
15	15	6	4	0.40	0.27
20	23	7	6	0.30	0.26
30	39	9	9	0.22	0.23
40	58	12	12	0.21	0.21
50	76	14	15	0.18	0.20
55	85	15	16	0.18	0.19
60	102	—	—	—	—
70	113	—	—	—	—
80	120	—	—	—	—
90	124	—	—	—	—

2. 地球

白天，地球表面的辐射主要由反射和散射的太阳光以及自身热辐射组成。因此，光谱辐射有两个峰值：一是位于 0.5 μm 处由太阳辐射产生；二是位于 10 μm 处由自身热辐射产生。夜间，太阳的反射辐射观察不到，地球辐射光谱分布是其本身热辐射的光谱分布。图 2－16 所示为地面某些物体的光谱辐亮度，并与 35 ℃黑体辐射作比较。

地球辐射主要处于波长为 8～14 μm 的大气窗口，这一波段大气吸收很小，成为热成像系统的主要工作波段。地球表面的热辐射取决于它的温度和辐射发射率。表 2－1 所示为某些地面覆盖物的辐射发射率的平均值，地球表面的温度根据不同的自然条件而变化，大致范围是 －40～40 ℃。

地球表面有相当广阔的水面，水面辐射取决于温度和表面状态。无波浪时的水面，反射良好，辐射很小；只有当出现波浪时，水面才成为良好的辐射体。

3. 月球

月球辐射主要包括两部分（见图 2－17）：一是反射的太阳辐射；二是月球自身的辐射。月球的辐射近似于 400 K 的绝对黑体辐射，峰值波长为 7.24 μm。

月球对地面形成的照度受月球的位相（月相）、地—月距离、月球表面反射率、月球在地平线上的高度角以及大气层的影响，在很大范围内变化。表 2－4 所示为月球产生的地面照度值。所谓距角，就是月球、太阳对地球的角距离，用来表示月相。以地球为观察点（见图 2－18），新月时，$\Phi_e = 0°$；上弦月时，$\Phi_e = 90°$；满月时，$\Phi_e = 180°$；下弦月时，$\Phi_e = 270°$。显然，不同月相下，月光形成的地面照度不同。

4. 星球

星球的辐射随时间和在天空的位置等因素的变化而变化，但在任何时刻，它对地球表面的辐射量都是很小的。在晴朗的夜晚，星对地面的照度约为 2.2×10^{-4} lx，相当于无月夜空实际光量的 1/4 左右。

图 2-16 地面某些物体的光谱辐亮度

图 2-17 月球自身辐射及反射辐射的光谱分布

图 2-18 月相的变化

表 2-4 月球产生的地面照度值

月球中心的实际高度角/（°）	不同距角 Φ_e 下地平面照度 E /lx			
	$\Phi_e = 180°$（满月）	$\Phi_e = 120°$	$\Phi_e = 90°$（上弦月）	$\Phi_e = 60°$
−0.8（月出或月落）	9.74×10^{-4}	2.73×10^{-4}	1.17×10^{-4}	3.12×10^{-5}
0	1.57×10^{-3}	4.40×10^{-4}	1.88×10^{-4}	5.02×10^{-5}
10	2.34×10^{-2}	6.55×10^{-3}	2.81×10^{-3}	7.49×10^{-4}
20	5.87×10^{-2}	1.64×10^{-2}	7.04×10^{-3}	1.88×10^{-3}
30	0.101	2.83×10^{-2}	1.21×10^{-2}	3.23×10^{-3}
40	0.143	4.00×10^{-2}	1.72×10^{-2}	4.58×10^{-3}
50	0.183	5.12×10^{-2}	2.20×10^{-2}	5.86×10^{-3}
60	0.219	6.13×10^{-2}	2.63×10^{-2}	—
70	0.243	6.80×10^{-2}	2.92×10^{-2}	—
80	0.258	7.22×10^{-2}	3.10×10^{-2}	—
90	0.267	7.48×10^{-2}	—	—

星的明亮用星等表示，以在地球大气层外所接收的星光辐射产生的照度来衡量，规定星等相差五等的照度比刚好为 100 倍，所以，相邻的两星等的照度比为 $\sqrt[5]{100} \approx 2.512$ 倍。星等的数值越大，照度越弱。作为确定各星等照度的基准，规定零等星的照度为 2.65×10^{-4} lx，比零等星亮的星，星等是负的，且星等不一定是整数。

若有一颗 m 等星和一颗 n 等星，且 $n > m$，则两颗星的照度比为

$$E_m / E_n = 2.512^{n-m} \tag{2-27}$$

或者 $\lg E_m - \lg E_n = 0.4(n-m)$。根据零等星照度值，用式（2-27）可求出其他星等的照度值。

5. 大气辉光

大气辉光产生在 70 km 以上的大气层中，是夜天空辐射的重要组成部分。不能到达地球表面的太阳紫外辐射在高层大气中激发原子并与分子发生低概率碰撞，是大气辉光产生的主要原因。

大气辉光由原子钠、原子氧、分子氧、氢氧根离子以及其他连续发射物构成（大气辉光的光谱分布如图 2-19 所示）。0.75 ~ 2.50 μm 的红外辐射主要是氢氧根离子的辐射。大气辉光的强度变化受纬度、地磁场情况和太阳骚动的影响。

由于 1 ~ 3 μm 短波红外波段具有较高的大气辉光，加之处于大气窗口以及 1.54 μm 激光器的使用，因此 1 ~ 3 μm 称为新的夜视成像波段。

6. 夜天空辐射

夜天空辐射由上述各种自然辐射源共同形成。夜天空辐射除可见光辐射外，还包含丰富的近红外辐射，是微光夜视系统所利用的波段。夜天空辐射的光谱分布在有月和无月时差别很大。有月夜天空辐射的光谱分布与太阳辐射的光谱相似，无月夜天空辐射的各种来源所占百分比如下：

①星光及其散射光：30%；

②银河光：5%；

③黄道光：15%；

④大气辉光：40%；

⑤后三项的散射光：10%。

夜天空辐射的光谱分布如图 2-20 所示。无月夜天空的近红外辐射急剧增加，比可见光

图 2-19　大气辉光的光谱分布

图 2-20　夜天空辐射的光谱分布

辐射强得多，这就要求像增强器和微光摄像管的光谱响应向近红外延伸，以便充分利用直至波长为 1.3 μm 的近红外辐射。在夜天空辐射且不同天气条件下的地面景物照度见表 2 – 5。

表 2 – 5　在夜天空辐射且不同天气条件下的地面景物照度

天气条件	景物照度/lx	天气条件	景物照度/lx
无月浓云	2×10^{-4}	满月晴朗	2×10^{-1}
无月中等云	5×10^{-4}	微明	1
无月晴朗（星光）	1×10^{-3}	黎明	10
1/4 月晴朗	1×10^{-2}	黄昏	1×10^{2}
半月晴朗	1×10^{-1}	阴天	1×10^{3}
满月浓云	$(2 \sim 8) \times 10^{-2}$	晴天	1×10^{4}
满月薄云	$(7 \sim 15) \times 10^{-2}$	—	—

2.4.3　人工辐射源

光辐射测量中所使用的光源种类繁多，除了黑体辐射源外，常用的还有白炽灯、气体放电灯、发光二极管、激光光源等辐射源。它们除用作光源外，也作为辐射度量测量和量值传递的标准，用来测量或标定测量系统的性能参数。发射已知光谱的线谱光源，常常用作波长标定的标准源，因而，光源在光辐射测量中占有很重要的地位。

1. 白炽灯

白炽灯是光辐射测量中最普遍的光源之一。白炽灯发射连续光谱，在可见光谱段中部与黑体辐射分布约相差 0.5%，而在整个可见谱段内与黑体辐射分布平均相差 2%。然而白炽灯在使用和量值传递上十分方便，且其发射特性稳定，寿命长，因而被广泛用作各种辐射度量的标准光源。

常用作光源和标准光源的白炽灯有真空钨丝白炽灯、充气钨丝白炽灯（见图 2 – 21）和各种卤钨灯。由于钨的熔点约为 3 680 K，故真空钨丝白炽灯的工作温度可达 2 400 ~ 2 600 K，光效约为 10 lm/W。进一步提高钨的工作温度会导致钨的蒸发率急剧上升，寿命骤减。如果在灯泡中充入与钨不发生化学反应的氩、氮等惰性气体，使从灯丝蒸发出来的钨原子在和惰性气体原子碰撞时能部分返回灯丝，则可有效地抑制钨的蒸发，使白炽灯的工作温度提高到 2 700 ~ 3 000 K，相应的光效提高到 17 lm/W。

充气灯中一般充入约一个标准大气压的惰性气体，在 2 000 ~ 2 900 K 色温下工作。不推荐在更低的色温环境下使用，因为充气灯在低电压下，大部分电功率将消耗在封入气体的热传导和对流损失上，且灯发射的辐射通量更容易受到周围空气的流动及环境工作温度的影响。

若在灯泡内充入卤钨循环剂（如氮化碘、溴化硼等），在一定的高温下可形成卤钨循环，即蒸发的钨和在玻璃壳（简称玻壳）附近的卤化物化合生成新的卤钨化合物，并扩散到温度较高的灯丝周围时，又分解成卤素和钨。于是，钨又重新沉积在灯丝上，而卤素再扩散到玻壳上。为了使玻壳区的卤化物呈气态，而不至凝结在它上面，

图 2 – 21　典型的白炽灯

玻壳的温度应高于 500 K，所以卤钨灯的玻壳做得较小，其材料用耐高温的石英玻璃。卤钨循环进一步提高了灯的寿命，故工作色温可达 3 200 K，光效相应地提高到 30 lm/W。

图 2 – 22 所示为溴钨灯及其装在冷反光膜椭圆反射镜内的结构。冷反光膜透过波长为 0.9 μm 以上的辐射能，反射波长小于 0.9 μm 的光能，以提高出射光通量，而受光侧的温度却增加很少。

溴钨灯

椭球反光镜(内镀冷反光膜)

图 2 – 22　溴钨灯及其装在冷反光膜椭圆反射镜内的结构

钨的光谱辐射发射率 $\varepsilon(\lambda, T)$ 是随波长变化的（见表 2 – 6），利用其可求得白炽灯的光谱辐亮度。当然，实际灯泡的光谱辐亮度还受制造工艺的影响。当玻壳为普通玻璃时，大部分紫外辐射被吸收，故用作紫外辐射标准的钨带灯常在玻壳上镶一块石英出射窗。玻壳材料也限制白炽灯作为中、远红外的标准光源。白炽灯实际只用作 0.25 ~ 2.60 μm 的紫外、可见和近红外的光谱辐照度，光谱辐亮度的标准灯以及光度标准灯。

在光辐射测量中，白炽灯作为光度量和辐射度量测量常用的标准灯，要注意以下方面的问题。

表 2 – 6　钨的光谱辐射发射率 $\varepsilon(\lambda, T)$

ε \ T/K \ $\lambda/\mu m$	1 600	1 800	2 000	2 200	2 400	2 600	2 800
0.25	0.447	0.441	0.435	0.428	0.423	0.417	0.411
0.30	0.482	0.478	0.474	0.470	0.465	0.460	0.456
0.35	0.479	0.476	0.473	0.470	0.467	0.465	0.461
0.40	0.481	0.477	0.474	0.471	0.467	0.464	0.461
0.45	0.474	0.471	0.467	0.464	0.460	0.457	0.454
0.50	0.469	0.465	0.462	0.458	0.455	0.451	0.448
0.55	0.464	0.460	0.456	0.453	0.450	0.446	0.443
0.60	0.455	0.451	0.448	0.444	0.441	0.437	0.434
0.65	0.449	0.446	0.442	0.438	0.434	0.430	0.437
0.70	0.444	0.440	0.436	0.432	0.427	0.423	0.419
0.75	0.438	0.433	0.428	0.423	0.418	0.414	0.410
0.80	0.431	0.425	0.420	0.414	0.409	0.404	0.402
0.90	0.413	0.407	0.401	0.395	0.391	0.387	0.383
1.00	0.390	0.386	0.381	0.377	0.373	0.370	0.367
1.10	0.367	0.364	0.361	0.358	0.356	0.354	0.352
1.20	0.337	0.333	0.331	0.330	0.329	0.328	0.328

续表

$\lambda/\mu m$ ＼ ε ＼ T/K	1 600	1 800	2 000	2 200	2 400	2 600	2 800
1.30	0.322	0.322	0.323	0.323	0.324	0.324	0.325
1.40	0.300	0.303	0.305	0.307	0.310	0.311	0.313
1.50	0.281	0.284	0.288	0.291	0.296	0.299	0.302
1.60	0.264	0.268	0.273	0.278	0.284	0.288	0.292
1.80	0.234	0.241	0.247	0.255	0.262	0.268	0.275
2.00	0.210	0.219	0.227	0.235	0.243	0.251	0.259
2.20	0.190	0.201	0.210	0.218	0.228	0.236	0.244
2.40	0.176	0.187	0.196	0.206	0.215	0.224	0.234
2.60	0.164	0.175	0.185	0.195	0.205	0.214	0.224

（1）保持灯丝电压或电流的稳定。灯丝电压尤其是电流的少量变化将引起光辐射特性较大的变化。由于一般电压变化 0.1% 或者电流变化 0.05%，辐射通量约变化 0.4%，色温变化 1 K，故应采用高稳定度的直流稳压或稳流装置。其中，高电压小电流时，常用稳压电源；而低电压大电流时，常用稳流电源，甚至可采用蓄电池作为电源，以防止供电电路受外界干扰的影响。灯泡点亮时，灯丝电压应缓缓上升；而熄灭时，应缓缓下降至零。应保持直流供电的正负极性，不宜随意改变。

（2）灯泡在规定电压下点亮后，应当等待一段时间，使它的发光特性稳定下来再进行测量。一般真空钨丝灯要等待 3 min 以上，充气灯等待的时间要长一点，需 5 min 以上。

（3）新的灯泡在最初点亮的数小时内辐射通量较大，但变化也较剧烈。原因是部分钨的蒸发将附着在玻壳上，使辐射通量下降。此外，新的灯丝在高温下被点燃时，其外表面会变得粗糙，颜色发灰，使辐射的光谱能量分布有所变化，故应对灯泡进行老化处理（即在规定的工作电流下点亮数小时，一般已在生产厂进行）。例如，BW - 1400 真空钨带灯规定在 1 600 ℃老化 20 h，性能差的灯泡在筛选时被淘汰掉，合格的灯泡由计量部门标定。标定后，辐射性能在相当长的时间内是相当稳定的。

灯泡在使用过程中，玻壳上还会积累钨的蒸发物而发黑（卤钨灯玻壳不发黑），钨的发射率也会有所变化。所以，一般光辐射测量实验室应至少同时保存三个相同的、经过标定的标准灯，其中一个常用，其他两个灯泡作比对测量。两个备用灯泡应定期到计量部门进行标定。

（4）灯泡并非朗伯辐射体，其辐射特性与观测方向有关，因而灯泡的精确定位十分重要。尤其是充气灯，其玻壳内气体对流的变化还会进一步影响灯的方向辐射特性。螺旋钨丝灯倾斜安置时，在观测方向甚至可以看到螺旋丝的内侧表面，会引起在观测方向上辐强度的变化。

（5）环境温度的影响。白炽灯具有正的温度系数，即辐亮度温度随环境温度的升高而升高。当环境温度升高时，灯丝两端的温度随之变化，使灯丝的电阻发生变化，在相同的电压或电流下，灯的辐射度量将随之变化。因此，测量室内温度需要保持恒温 [如（20 ± 2）℃]，灯应工作在通风良好但没有剧烈气流的环境里。

（6）灯泡选型取决于使用要求。用作点光源常选用密绕灯丝的灯泡，以便根据平方反比定律得到平行性良好的辐照明。作为辐亮度标准灯泡，因为平带灯丝可提供辐亮度均匀性良好的表面，所以应选用带状而不是螺旋状的灯丝。螺旋状灯丝由于在距灯丝一定距离上能得到稳定的光谱辐照度，故常用作光谱辐照度标准灯。表2-7所示为几种用作测光标准灯的牌号和工作参数。

表2-7 几种用作测光标准灯的牌号和工作参数

种类	型号	电压/V	电流/A	功率/W	光强度/cd	充气否	色温/K
光强 标准灯	BZ 2	10	1.4	14	10	真空	2 356
	BZ 5	107	1.38	148	100	真空	2 356
	BZ 6	107	3.36	360	500	充气	2 859
光通量 标准灯	BZ 9	107	0.584	62.5	500	真空	2 356
	BZ 11	107	1.17	125	1 500	充气	2 793
	BZ 12	107	2.34	250	3 500	充气	2 793

种类	型号	带长/mm	带宽/mm	带厚/mm	最大电流/A	充气否	温度范围/℃
钨带灯	BW - 1400	47	1.60 ~ 1.65	0.05 ~ 0.06	10	真空	900 ~ 1 400
	BW - 2000	32	1.60 ~ 1.65	0.055 ~ 0.065	20	充气	1 400 ~ 2 000
	BW - 2500	20	1.60 ~ 1.62	0.055 ~ 0.065	28	充气	2 000 ~ 2 500

虽然把灯泡的泡壳去掉可以作为发射中、远红外连续光谱的炽热光源，但由于炽热表面的蒸发过大，实际能使用的温度是有限的。实验室中常用硅碳棒和能斯特（Nernst）灯作为中、远红外光源。

①硅碳棒（见图2-23）的两端有金属帽作为电极，当电流通过时，其温度可达1 300 K以上。为了减少由工作温度高所造成的表面升华，工作时要求水冷电极，这是使用上的不方便之处。

②能斯特灯是另一种由高温材料［如锆（Zr）、钇（Y）、钍（Th）、铍（Be）等］做成的杆状或管状的中、远红外光源，常用于红外分光光度计。在室温下，其电阻率很高，正常工作电压往往不足以使它炽热工作，而一旦炽热时，其电阻率又急剧下降。所以工作时，电路中应当加镇流器，也可以用副电极加热，直到炽热辐射为止。

从硅碳棒和能斯特灯的输出能量分布曲线（见图2-24）可以看到，在波长小于15 μm时，辐射能量较大；而波长大于20 μm时，与900 ℃黑体辐射能基本一致。它们常作为照亮狭缝的红外光源用在红外光谱仪器上。

图2-23 硅碳棒

图2-24 硅碳棒和能斯特灯的输出能量分布曲线

2. 气体放电灯

气体放电灯也是一种用途十分广泛的光源，尤其是近二三十年里，各种新型气体放电灯相继问世，且发展很快。

气体在正常大气压下是不导电的，但当气压降至 $10^{-2} \sim 10^2$ Pa 时，其密度很小，在几百伏外加电压的作用下，电子在从放电灯阴极向阳极加速运动的行程中与气体原子发生碰撞，且电子的碰撞次数很多，致使电子向阳极的运动路程可增加数百倍。当气体原子在碰撞中所得到的能量大于其电离能时，则受激电离，部分气体原子被激发到能级较高但又十分不稳定的激发态，并在很短的时间内又从激发态自发地返回基态，发射出一定波长的光辐射能。

气体分子受激比气体原子受激要复杂得多，受激能量除了电子具有的能量外，还有核振动能和核转动能。分子内电子跃迁使这些能量发生变化，发射光谱变成在某波长附近由许多谱线所构成的谱线系，且由于气体分子之间的作用以及分子和原子之间热运动速度的差异等，谱线还有一定的宽度。

进一步增大气体压力，电子的自由程缩短，两次碰撞之间由外电场所补充并积累的能量变小，电子不足以使气体电离，而是以弹性碰撞的形式把能量传给气体原子，使气体温度大大升高，甚至高达数千甚至上万开（尔文）。高温气体的热激发和热电离成了气体发光的主要机理。在高气压下，电离产生的高浓度电子和正离子的复合率很高，导致以光辐射的形式放出能量，复合发光的光谱是连续光谱。

在气体放电灯中加入一定量的惰性气体，其气压比气体蒸气压大上千倍。由于蒸气和惰性气体几乎呈弹性碰撞，进一步减少了电子的自由路程，增加了气体原子碰撞的可能性。惰性气体还使灯易于启动并减小正离子对阴极的冲击速度，可以延长阴极寿命。

表 2-8 所示为常用气体放电灯的种类、工作原理及性能、主要应用领域。

表 2-8　常用气体放电灯的种类、工作原理及性能、主要应用领域

种类	工作原理及性能	主要应用领域
1. 汞灯 （1）低压汞灯 ①冷阴极弧光放电灯 ②热阴极弧光放电灯	在一定电压下，汞蒸气放电而发光。在紫外有大量辐射，主要是 253.7 nm 的线光谱。管内加不同种类的荧光粉后，呈不同的颜色	紫光杀菌、霓虹灯照明、日光模拟
（2）高压汞灯	0.5 ~ 8.0 标准大气压。除紫外辐射外，在 404.7 nm、453.8 nm、546.1 nm、577.0 ~ 577.9 nm 有 5 根亮谱线	照明、晒蓝图、日光浴、荧光分析、化学合成
（3）超高压汞灯 ①球形 ②毛细管形	紫外辐射强，亮度高 10 ~ 50 标准大气压 50 ~ 200 标准大气压	投影灯、荧光显微镜

种类	工作原理及性能	主要应用领域
2. 钠灯 （1）低压钠灯 （2）高压钠灯	589.0～589.6 nm 谱线最强，818.3～819.5 nm 谱线占总辐射的13%左右	光谱灯、照明
3. 金属卤化物灯 （1）碘化钠（铊铟灯） （2）镝灯 （3）超高压铟灯	在高压汞灯中加入金属卤化物，以提高光效，改善光色。其中，金属卤化物在一定温度下蒸发，在高温下分解出金属原子，参与放电，并产生光辐射。卤原子作为循环剂	照明、投影灯、照相制板、电影放映、投影仪

根据工作气压的不同，可把气体放电灯分成低压、高压和超高压三大类。

（1）低压气体放电灯。在光辐射测量中，由于低压气体放电灯属于原子发光，发射线光谱，故其主要用作波长标准灯和单色灯。按照充气和金属蒸气压的不同，有发射出各种单色谱线的灯，如低压汞灯（图 2 – 25 所示为典型低压汞灯及其辐射谱线）、低压钠灯、氦灯、镉灯等。常用作波长标准灯的谱线波长值如表 2 – 9 所示。

（a）

（b）

图 2 – 25　典型低压汞灯及其辐射谱线

表 2 – 9　常用作波长标准灯的谱线波长值

名称	谱线波长值/nm			
低压汞灯（石英泡壳）	253.7	275.3	296.7	302.2
	312.6	313.2	334.1	365.0
	366.3	404.7	407.8	435.8
	546.1	577.0	579.1	623.4
	671.6	690.7	1 014.0	1 128.7

名称	谱线波长值/nm			
氦灯（玻璃泡壳）	318.8	361.4	363.4	370.5
	382.0	388.9	396.5	402.6
	412.1	414.4	438.8	443.8
	447.2	471.3	492.2	501.6
	504.8	587.6	667.8	706.5
	728.1	1 083.0		
镉灯（玻璃泡壳）	298.1	313.3	326.1	340.4
	346.6	361.1	467.8	480.0
	508.6	643.8	—	—
低压钠灯（玻璃泡壳）	589.0	818.3	—	—

①传统型荧光灯（Fluorescent Lamp）利用低气压的汞蒸气在通电后释放紫外线，使荧光粉发出可见光，属于低气压弧光放电光源（见图 2 - 26）。1974 年，荷兰皇家飞利浦公司首先研制成功能够发出红、绿、蓝三色光的荧光粉——氧化钇（发红光，峰值波长为611 nm）、多铝酸镁（发绿光，峰值波长为 541 nm）和多铝酸镁钡

图 2 - 26　各类形状的荧光灯

（发蓝光，峰值波长为 450 nm）。将三色光的荧光粉按一定比例混合成三基色荧光粉，发光效率高（平均光效在80 lm/W以上，约为白炽灯的 5 倍），色温为 2 500 ~ 6 500 K，显色指数在 85 左右，可大大节省能源。三基色（又称三原色）荧光粉的开发与应用是荧光灯发展史上的一个重要里程碑。

②节能灯又称为省电灯泡、电子灯泡、紧凑型荧光灯及一体式荧光灯（见图 2 - 27）。其正常工作环境通常为低压，是指将荧光灯与镇流器组合成一个整体的照明设备。外形主要有 U 形管、螺旋管、直管形，还有莲花形、梅花形、佛手形等结构。2008 年，我国启动"绿色照明"工程，极大地推广了节能灯。然而，废旧节能灯对环境的危害也

（a）

（b）

图 2 - 27　节能灯

引起了关注。尽管如此，人们对于节能灯的需求仍然在不断增长。

③无极灯（Induction Lighting）属于低压气体放电灯，是一种磁能灯。飞利浦公司称这种灯为 QL - Lamp。它是综合应用光学、功率电子学、等离子体学、磁性材料学等领域最新科技成果研制开发出来的高新技术产品，是一种代表照明技术高光效、长寿命、高显色性未

来发展方向的新型光源。无极灯由高频发生器、耦合器和灯泡三部分组成（见图 2 – 28），通过高频发生器的电磁场以感应方式耦合到灯内，使灯泡内的气体雪崩电离，形成等离子体；等离子受激原子返回基态时辐射出紫外线，灯泡内壁的荧光粉受到紫外线激发产生可见光。

图 2 – 28　无极灯的组成及工作原理

无极灯大致分为以球泡形为主的高频无极灯（2.65 MHz，光效约为 80 lm/W，10 ~ 200 W）和以环形、矩形为主的低频无极灯（250 kHz 和 140 kHz，光效约为 85 lm/W，20 ~ 400 W），显色指数 $R_a = 80$，可通过电磁干扰 EMI 检测。无极灯适用于工厂车间、学校教室、图书馆、温室蔬菜植物棚、礼堂大厅、会议室、大型商场天花板、很高的厂房、运动场、隧道、交通复杂地带（路灯、标志灯、桥梁灯）、地铁站、火车站危险地域或照明下水灯、城市亮化泛光照明、景观绿化照明等，特别适用于高危和换灯困难且维护费用昂贵的重要场所。

（2）高压气体放电灯和超高压气体放电灯。在高压气体放电灯中，高压钠灯（见图 2 – 29）在使用时发出金白色光，具有发光效率高、耗电少、寿命长、透雾能力强和不锈蚀等优点，广泛应用于道路、高速公路、机场、码头、船坞、车站、广场、街道交汇处、工矿企业、公园、庭院照明及植物栽培等场所。高显色高压钠灯主要应用于体育馆、展览厅、娱乐

图 2 – 29　高压钠灯

场、百货商店和宾馆等场所的照明。在高压钠灯的工作电路中，与灯泡配套使用的镇流器有电感式镇流器和电子式镇流器两种。

白炽灯泡显色性极佳（显色指数 $R_a = 100$），虽然使用高压钠灯有许多优点，但其显色性较差（$R_a = 30$）。为了保持高压钠灯的长寿命、高发光效率和暖色调气氛，人们通过采用提高钠蒸气压和增大电弧管管径，同时在电弧管两端裹上一层铌箔，以提高冷端温度等措施来改善显色性；另外，提高充入电弧管内氙气的压力，使电弧中心部分温度升高，而其余放电部分温度降低，通过改变电弧温度分布的途径来改善显色性。现研制出的高显色高压钠灯（又称白光高压钠灯）的显色指数已提高到 $R_a = 70 \sim 80$，发光效率可达 80 lm/W 以上，可拓宽应用领域，使高显色高压钠灯取代白炽灯泡成为现实。

高压和超高压氙灯是利用氙气放电而发光的电光源。它们具有以下特点：

①辐射光谱能量分布与日光相接近，色温约为 6 000 K。

②连续光谱部分的光谱分布几乎与灯输入功率变化无关，在寿命期内，光谱能量分布也几乎不变，在经过修正后，可作 D65 标准照明体或日光的模拟光源。

③灯的光、电参数一致性好，工作状态受外界条件变化的影响小。

④灯一经点亮，几乎瞬时即可达到稳定的光输出；灯灭后，可瞬时再点亮。

⑤灯的光效较高（发光效率为 40 lm/W），电位梯度较小，是用途十分广泛的气体放电光源。

常用的高压和超高压氙灯有长弧氙灯、短弧氙灯（又称球形氙灯，是一种具有极高亮度的光源，色温为 6 000 K 左右，光色接近太阳光，是目前气体放电灯中显色性最好的一种光源，适用于电影放映、探照、火车车头以及模拟日光等方面）和脉冲氙灯三类。由于强烈的热电离可使灯玻壳的温度升至几百摄氏度，故大功率的氙灯往往要风冷或水冷。在超高压下工作的短弧氙灯，为增大管壁能承受的压力，常把石英玻壳做成球形（见图 2 – 30）。在从紫外到近红外的较宽谱段范围内，氙灯的发射光谱带有少量线光谱痕迹的连续光谱，且在可见谱段相当强，通常称之为小太阳，在 0.8 ~ 1.0 μm 内的辐射比黑体强。氙灯光谱能量分布几乎不受电流变化的影响，在使用寿命期间也是相当稳定的。

（a）　　　　　　　　　　（b）　　　　　　　　　　（c）

图 2 – 30　氙灯结构、辐射光谱及汽车照明氙灯

3. 发光二极管

发光二极管（Light Emitting Diode，LED）是一种能够将电能转化为可见光/近红外的固态半导体器件。LED 的心脏是一个由 P 型和 N 型半导体组合成的二极管晶片（见图 2 – 31），使整个晶片被环氧树脂封装起来。当电流通过导线和晶片时，电子被推向 P 区，在 P 区里电子跟空穴复合，以光子的形式发出能量。光的颜色（波长）由形成 P – N 结的材料决定。

(a)

(b)

图 2 - 31　LED 的结构及工作原理

LED 光源具有节能（光效可高达 80 lm/W，比传统白炽灯节电 80% 以上）、寿命长（50 000 h 以上，是传统钨丝灯的 50 倍以上）、环保（不含铅、汞等污染元素，对环境没有污染）、无频闪（消除了传统光源由频闪引起的视觉疲劳）等特点；在低热电压工作，85～264 V AC全电压范围恒流，保证寿命及亮度不受电压波动的影响；属于固态封装的冷光源类型，便于运输和安装，耐冲击，抗雷能力强，无紫外线（UV）和红外线（IR）辐射；透镜与灯罩一体化设计，透镜同时具备聚光与防护作用，避免了光的重复浪费，让产品更加简洁美观；大功率 LED 平面集群封装，散热器与灯座一体化设计；降低线路损耗，对电网无污染。功率因数大于或等于0.9，谐波失真小于或等于20%，EMI 符合全球指标，降低了供电线路的电能损耗并避免了对电网的高频干扰污染。

最初 LED 用作仪器仪表的指示光源，后来各种光色的 LED 在交通信号灯和大屏幕显示中得到了广泛应用，产生了很好的经济效益和社会效益（以 12 in① 的红色交通信号灯为例，原设计采用长寿命140 W 白炽灯作为光源产生 2 000 lm 的白光，经红色滤光片后，光损失90%，剩下 200 lm 的红光；而采用 LED 新设计灯中采用 18 个红色 LED 光源，包括电路损

失在内，共耗电 14 W，即可产生同样的光效）。

20 世纪 60 年代，人们利用半导体 P – N 结发光的原理，研制成了 LED。当时的 LED 材料是 GaAsP，其发光颜色为红色（$\lambda_p = 650$ nm），在驱动电流为 20 mA 时，光通量只有千分之几个流明，相应的光视效能约 0.1 lm/W。20 世纪 70 年代中期，引入元素铟（In）和氮（N），使 LED 产生绿光（$\lambda_p = 555$ nm）、黄光（$\lambda_p = 590$ nm）和橙光（$\lambda_p = 610$ nm），光视效能也提高到 1 lm/W。到了 20 世纪 80 年代初，出现了 GaAlAs 的 LED 光源，使得红色 LED 的光视效能达到 10 lm/W。20 世纪 90 年代初，发红光、黄光的 GaAlInP 和发绿光、蓝光的 GaInN 两种新材料的开发成功，使 LED 的光视效能得到大幅度的提高。在 2000 年，由前者做成的 LED 在红、橙区（$\lambda_p = 615$ nm）的光视效能达到 100 lm/W，而由后者制成的 LED 在绿色区域（$\lambda_p = 530$ nm）的光视效能可以达到 50 lm/W。

要把 LED 用于照明，必须发明蓝光 LED，因为有了红、绿、蓝三原色后，才能产生照亮世界的白色光源。20 世纪 80 年代，日本名古屋大学的赤崎勇和天野浩选择氮化镓（GaN）材料，向蓝光 LED 这个世界难题发起挑战。1986 年，首次制成高质量的 GaN 晶体；1989 年首次研发成功蓝光 LED；从 1988 年起，当时在日亚化学公司的中村修二也开始研发蓝光 LED。与两位日本同行一样，他选择的也是氮化镓材料，但在技术路线上有所不同。20 世纪 90 年代初，中村修二也研制出了蓝光 LED。与名古屋大学团队相比，他发明的技术更简单，成本也更低。至此，将 LED 用于照明的最大技术障碍被扫除，被誉为"人类历史上第四代照明"的 LED 灯呼之欲出。

1998 年，白光 LED 开发成功，这种 LED 是将 GaN 芯片和钇铝石榴石（YAG）封装在一起做成的。GaN 芯片发蓝光（$\lambda_p = 465$ nm，$W_d = 30$ nm），高温烧结制成的含 Ce^{3+} 的 YAG 荧光粉受此蓝光激发后发出黄色光射（峰值 550 nm）。蓝光 LED 基片安装在碗形反射腔中，覆盖以混有 YAG 的树脂薄层（200～500 nm）。LED 基片发出的蓝光部分被荧光粉吸收，另一部分蓝光与荧光粉发出的黄光混合得到白光。对于 InGaN/YAG 白色 LED，通过改变 YAG 荧光粉的化学组成和调节荧光粉层的厚度，可以获得色温在 3 500～10 000 K 的各色白光。这种通过蓝光 LED 得到白光的方法，构造简单，成本低廉，技术成熟度高。

2014 年，诺贝尔物理学奖揭晓，因发明"高亮度蓝色发光二极管"，日本科学家赤崎勇、天野浩和美籍日裔科学家中村修二共获此殊荣。因为这种用全新方式创造的白色光源"让我们所有人受益""他们的发明具有革命性""白炽灯点亮了 20 世纪，而 21 世纪将由 LED 灯点亮"。

目前，LED 光源已被广泛应用于建筑物外观照明、景观照明、标识与指示性照明、室内空间展示照明、娱乐场所及舞台照明、视频屏幕和车辆指示灯照明等领域（见图 2 – 32）。

图 2 –32　各种典型的 LED 照明光源

在夜视技术领域常需要近红外照明，大功率红外发光二极管（IR – LED）是目前常用的照明近红外光源，其主要材料有砷化镓（GaAs）和镓铝砷（GaAlAs）等。IR – LED 是一种非相干 P – N 结光源，在结上加正向电压时，P – N 结区产生强的近红外辐射。GaAs 发光二极管的发光效率较高。反向耐压约 – 5 V，正向突变电压约 1.2 V，发射近红外光，中心波长为0.94 μm，带宽为 0.04 μm。当温度升高时，辐射波长向长波方向移动。这种发光二极管的最大优点是脉冲响应快，时间常数约为几十毫微秒，能产生高频调制的光束，因此应用面十分广泛，如用于光纤通信、红外夜视等多个领域。

GaAlAs 大功率 IR – LED 可设计为多种中心波长（常用的有 810 nm、880 nm、910 nm、940 nm 等），外形结构也有许多种形式。表 2 – 10 所示为某种 910 nm 的大功率 IR – LED 的主要参数。

表 2 – 10　某种 910 nm 的大功率 IR – LED 的主要参数

项目	额定值	工作条件	项目	额定值	工作条件
功耗	160 mW	T_a = 25 ℃	峰值波长	910 nm	50 mA
正向电流	100 mA	T_a = 25 ℃	半宽度	60 nm	50 mA
脉冲正向电流	500 mA	T_a = 25 ℃	上升时间	1 000 ns	50 mA
正向电压	1. 45 V	T_a = 25 ℃	下降时间	400 ns	50 mA
反向电压	5 V	T_a = 25 ℃	发射角 2ω/(°)	±6，±10，±40，±55	—
反向电流	10 μA	T_a = 25 ℃	工作温度/℃	– 30 ~ 90	—

4. 激光光源

激光光源是利用激发态粒子在受激辐射作用下发光的一种相干光源。自从 1960 年美国的 T. H. 梅曼制成红宝石激光器以来，各类激光光源的品种已达数百种，输出波长范围从短波紫外直到远红外。激光光源具有下列特点：

（1）单色性好。激光的颜色很纯，其单色性比普通光源的光高 10 倍以上。因此，激光光源是一种优良的相干光源，可广泛用于光通信。

（2）方向性强。激光束的发散立体角很小，为毫弧度量级，比普通光或微波的发散角小 2 ~ 3 数量级。

（3）光亮度高。激光焦点处的辐亮度比普通光高 10 ~ 100 倍。

由于激光光源的这些特点，故它的出现成为光学划时代的标志。激光作为光源已应用于许多科技及生产领域中，促进了技术的新发展，已成为十分重要的光源。

除自由电子激光器外，各种激光器的基本工作原理均相同。产生激光必不可少的条件是粒子数反转和增益大于损耗，所以装置中必不可少的组成部分有激励（或抽运）源和具有亚稳态能级的工作介质两个部分。激励是工作介质吸收外来能量后激发到激发态，为实现并维持粒子数反转创造条件。激励方式有光学激励、电激励、化学激励和核能激励等。工作介质具有亚稳态能级时受激辐射占主导地位，从而实现光放大。激光器中常见的组成部分还有谐振腔（但并非必不可少），可使腔内的光子有一致的频率、相位和运行方向，从而使激光具有良好的方向性和相干性，且可有效地缩短工作物质的长度，还能通过改变谐振腔长度来调节所产生激光的模式（即选模），所以一般激光器都具有谐振腔。

激光光源可按其工作物质（也称激活物质）分为气体激光器、固体激光器、液体激光器、半导体激光器和光纤激光器。

（1）气体激光器（包括原子、离子、分子、准分子）。

气体激光器是指介质是气体的激光器，通过放电得到激发。

①氦氖激光器：最重要的红光放射源（632.8 nm）。

②二氧化碳激光器：波长约 10.6 μm（红外线），重要的工业激光。

③一氧化碳激光器：波长为 6 ~ 8 μm（红外线），只在冷却的条件下工作。

④氮气激光器：波长约 337.1 nm（紫外线）。

⑤氩离子激光器：具有多个波长，包括 457.9 nm（8%）、476.5 nm（12%）、488.0 nm（20%）、496.5 nm（12%）、501.7 nm（5%）、514.5 nm（43%）（由蓝光到绿光）。

⑥氦镉激光器：最重要的蓝光（442 nm）和近紫外激光源（325 nm）。

⑦氪离子激光器：具有多个波长，包括 350.7 nm、356.4 nm、476.2 nm、482.5 nm、520.6 nm、530.9 nm、586.2 nm、647.1 nm（最强）、676.4 nm、752.5 nm、799.3 nm（从蓝光到深红光）。

⑧氧离子激光器。

⑨氙离子激光器。

⑩混合气体激光器：不含纯气体，而是几种气体的混合物（一般为氩、氪等）。

⑪准分子激光器：如 KrF（248 nm）、XeF（351 ~ 353 nm）、ArF（193 nm）、XeCl（308 nm）、F2（157 nm）（均为紫外线）。

⑫金属/金属卤化物蒸气激光器：如铜蒸气激光器/溴化铜激光器，波长介于 510.6 nm 与 578.2 nm 之间。由于具有很好的加强性，可以不用谐振镜。

化学激发激光器是一种特殊形式的激光器，激发通过媒介中的化学反应来进行。媒介是一次性的，使用后就被消耗掉了，对于高功率的条件及军事领域是非常理想的。

（2）固体激光器（晶体和钕玻璃）。

固体激光器是指介质是固体的激光器，通过灯、半导体激光器阵列、其他激光器光照泵浦得到激发。热透镜效应是大多数固体激光器的一项缺陷。

①红宝石激光器：世界上第一台激光器，1960 年 7 月 7 日，美国科学家梅曼宣布世界上第一台激光器诞生，这台激光器就是红宝石激光器，工作波长一般为 694.3 nm，工作状态是单次脉冲式，每脉冲在 1 ms 量级，输出能量为焦耳数量级。

②Nd:YAG（掺钕钇铝石榴石）：最常用的固体激光器，工作波长一般为 1 064 nm，这一波长为四能级系统，还有其他能级可以输出其他波长的激光。

③Nd:YVO4（掺钕钒酸钇）：低功率应用最广的固体激光器，工作波长一般为1 064 nm，可通过 KTP、LBO 非线性晶体倍频后产生 532 nm 绿光的激光器。

④Yb:YAG（掺镱钇铝石榴石）：适用于高功率输出，碟片激光器在激光工业加工领域有很强的优势。

⑤钛蓝宝石激光器：具有较宽的波长调节范围（670 ~ 1 200 nm）。

（3）液体激光器。

液体激光器的工作物质分为两类：一类为有机化合物液体（染料），另一类为无机化合物液体。其包括有机染料、无机液体、螯合物。其中，染料激光器是液体激光器的典型代表。

常用的有机染料有吐吨类染料、香豆素类激光染料、花菁类染料。

染料激光器多采用光泵浦，主要有激光泵浦和闪光灯泵浦两种形式。

液体激光器的波长覆盖范围为紫外到红外波段（321 nm～1.168 μm），通过倍频技术还可以将波长范围扩展至真空紫外波段。激光波长连续可调是染料激光器最重要的输出特性。器件特点是结构简单、价格低廉。染料溶液的稳定性比较差，是这类器件的不足之处。

染料激光器主要用于科学研究、医学等领域，如激光光谱光、光化学、同位素分离、光生物学等方面。

（4）半导体激光器。

半导体激光器也称为半导体激光二极管，或简称为激光二极管（Laser Diode，LD）。由于半导体材料本身物质结构的特殊性以及半导体材料中电子运动规律的特殊性，半导体激光器的工作特性具有其特殊性。

半导体激光器是以一定的半导体材料作为工作物质而产生受激发射作用的器件。其通过一定的激励方式，在半导体物质的能带（导带与价带）之间，或者半导体物质的能带与杂质（受主或施主）能级之间，实现非平衡载流子的粒子数反转，当处于粒子数反转状态的大量电子与空穴复合时，便产生受激发射作用。半导体激光器的激励方式主要有电注入式、光泵式和高能电子束激励式三种。其中，电注入式半导体激光器一般是由砷化镓（GaAs）、硫化镉（CdS）、磷化铟（InP）、硫化锌（ZnS）等材料制成的半导体面结型二极管，沿正向偏压注入电流进行激励，在结平面区域产生受激发射；光泵式半导体激光器一般用N型或P型半导体单晶（如GaAs、InAs、InSb等）作为工作物质，以其他激光器发出的激光作为光泵激励；高能电子束激励式半导体激光器一般也用N型或者P型半导体单晶（如PbS、CdS、ZnO等）作为工作物质，通过由外部注入高能电子束进行激励。

半导体激光器波长覆盖范围为紫外至红外波段（300 nm至十几微米）。其中，1.3 μm与1.55 μm为光纤传输的两个窗口。半导体激光器具有能量转换效率高、易于进行高速电流调制、超小型化、结构简单、使用寿命长等突出特点，使其成为最重要、最具应用价值的一类激光器。由于波长范围宽、制作简单、成本低、易于大量生产，且体积和质量小、寿命长，因此，品种发展快（已超过300种），应用范围广，半导体激光器已成为当今光电子科学的核心技术。半导体激光器在激光测距、激光雷达、激光通信、激光模拟武器、激光警戒、激光制导跟踪、引燃引爆、自动控制、检测仪器等方面获得了广泛的应用，形成了广阔的市场。1978年，半导体激光器开始应用于光纤通信系统，可作为光纤通信的光源和指示器以及通过大规模集成电路平面工艺组成光电子系统，在光通信、光变换、光互连、并行光波系统、光信息处理和光存储、光计算机外部设备的光耦合等方面有重要用途，极大地推动了信息光电子技术的发展，是当前光通信领域中发展最快、最为重要的激光光纤通信光源。

（5）光纤激光器。

光纤激光器（Fiber Laser）是指用掺稀土元素玻璃光纤作为增益介质的激光器。其可在光纤放大器的基础上开发出来。在泵浦光的作用下，光纤内极易形成高功率密度，造成激光工作物质的激光能级"粒子数反转"，适当加入正反馈回路（构成谐振腔）便可形成激光振荡输出。

光纤激光器的应用范围非常广泛，包括激光光纤通信、激光空间远距离通信、工业造船、汽车制造、激光雕刻/打标/切割、印刷制辊、金属/非金属钻孔/切割/焊接（铜焊、淬水、包层以及深度焊接）、军事国防安全、医疗器械仪器设备、大型基础建设，作为其他激光器的泵浦源等。

1）光纤激光器的分类。

光纤激光器的分类方法有很多，按照光纤材料的种类，光纤激光器可分为：

①晶体光纤激光器。工作物质是激光晶体光纤，主要有红宝石单晶光纤激光器和 Nd3 +:YAG 单晶光纤激光器等。

②非线性光学型光纤激光器。其主要有受激拉曼散射光纤激光器和受激布里渊散射光纤激光器。

③稀土类掺杂光纤激光器。光纤的基质材料是玻璃，向光纤中掺杂稀土类元素离子使之激活而制成光纤激光器。

④塑料光纤激光器。向塑料光纤芯部或包层内掺入激光染料而制成光纤激光器。

2）光纤激光器的优势。

光纤激光器作为第三代激光技术的代表，具有以下优势：

①玻璃光纤制造成本低、技术成熟及其光纤的可挠性所带来的小型化、集约化优势。

②玻璃光纤对入射泵浦光不需要像晶体那样严格的相位匹配，这是因为玻璃基质 Stark 分裂引起的非均匀展宽造成吸收带较宽。

③玻璃材料具有极低的体积面积比，散热快、损耗低，所以转换效率较高，激光阈值低。

④输出激光波长多，这是因为稀土离子能级非常丰富及其稀土离子种类多。

⑤可调谐性，这是由于稀土离子能级宽和玻璃光纤的荧光谱较宽。

⑥由于光纤激光器的谐振腔内无光学镜片，故其具有免调节、免维护、高稳定性的优点，这是传统激光器无法比拟的。

⑦光纤导出使得激光器能轻易胜任各种多维任意空间加工应用，使机械系统设计变得非常简单。

⑧能胜任恶劣的工作环境，对灰尘、振荡、冲击、湿度、温度等具有很高的容忍度。

⑨无须热电制冷和水冷，只需简单的风冷。

⑩电光效率高。综合电光效率高达 20% 以上，可大幅度节约工作时的耗电，从而节约运行成本。

⑪功率高。商用化的光纤激光器的功率是 6 000 W。

3）光纤激光器的应用。

由于激光器具备的种种突出特点，它很快被应用于工业、农业、精密测量和探测、通信与信息处理、医疗、军事等各领域，并在许多领域引起了革命性的突破。激光除在军事上用于通信、夜视、预警、测距、激光武器和激光制导等外，也广泛应用于其他工业和民用领域（见图 2 - 33）。

①激光用作热源。激光光束细小，且带有巨大的功率，如用透镜聚焦，可将能量集中到微小的面积上，产生巨大的热量。例如，人们利用激光集中而极高的能量，可以对各种材料进行加工，能够做到在一个针头上钻 200 个孔；激光作为一种在生物机体上引起刺激、变异、烧灼、汽化等效应的手段，已在医疗、农业的实际应用上取得了良好效果。

(a)　　　　　　　　(b)　　　　　　　　(c)　　　　　　　　(d)

图 2 - 33　典型的激光器

（a）CO_2 激光器；（b）半导体泵浦固体激光器；（c）半导体激光器；（d）光纤激光器

②激光测距。激光作为测距光源，由于方向性好、功率大，可测很远的距离，且精度很高。

③激光通信。在通信领域，一条用激光柱传送信号的光导电缆可以携带相当于 2 万根电话铜线所携带的信息量。

④受控核聚变中的应用。将激光射到氘与氚混合体中，利用激光带给它们巨大的能量，产生高压与高温，促使两种原子核聚合为氦和中子，并同时放出巨大的辐射能量。由于激光能量可控制，所以该过程称为受控核聚变。

下面介绍激光对人眼的伤害。

由于激光光源是能量密度很高的光源，所以在使用中需要注意其对人眼的损伤。

①波长大于 1.4 μm 的中、远红外激光和小于 0.4 μm 的紫激光（近紫外激光）基本不能透过眼球进入眼底，波长更小的激光（$\lambda < 0.315$ μm 的激光，如 X 射线激光等）虽然穿透整个眼球（包括视网膜），但不会被眼球吸收，通常认为对人眼安全。但当能量超过损伤阈值时，仍将对照射部位产生影响。

②波长在 0.4 ~ 1.4 μm 内的激光对人眼损伤严重，尤其在 0.53 μm 处的激光对人眼的损伤最为严重。测试表明，人眼屈光介质对 0.53 μm 激光的透过率约为 88%，视网膜的吸收率为 74%，因此，射到人眼上的激光能量有 65% 被视网膜吸收，若视网膜处的激光能量密度达到 150 mJ/cm²，角膜处只需达到 0.5 ~ 5.0 μJ/cm² 就足以将其烧伤。

③当视网膜轻度损伤时，将出现凝固水肿斑；在稍重时，凝固水肿斑中有点状和片状出血斑或圆形、菊花形出血斑；在严重损伤时，视网膜爆裂，眼底大面积出血进入玻璃体内。若视网膜黄斑区受伤，哪怕是最轻微的损伤，也会使视力严重下降。

④激光对人眼的危害程度由激光特征因素和实际应用的环境因素决定。其中，激光波长、脉冲能量、脉冲宽度、光束发射角和光斑尺寸等激光特征因素最重要；其次是观察激光的方式，还有距离、照射时间、地形特点、大气中的水分含量、扰动和污染情况等实际应用的环境因素。

2.4.4　标准照明体和标准光源

标准照明体和标准光源是为使光辐射测量标准化而引入的概念。在纺织、印刷、摄影、造纸、食品等许多光辐射测量的应用部门，需要进行定量的辐射测量且结果可相互比较。然而，由于大多数光辐射探测器（人眼、光敏材料和光电探测元件）的光谱响应是波长的函数，故不同光谱辐射特性的光源或在其照射下表面的反射/透射光都会使光辐射探测器的响应值、人眼的主观色感或者光敏材料的响应大小随之变化，例如日光下和灯光下人眼观看同一块色布的色感不同，灯光型彩色胶卷拍摄日光照射下的景物颜色失真，光辐射探测器接收辐射度量相同而光谱能量分布不同的景物反射光输出信号不同等。因此，为避免使用不同光源所造成的变化，CIE 推荐了光辐射度量和光度量测量上使用的标准照明体和标准光源。

标准照明体和标准光源不同，前者是规定光谱能量分布；后者是一种实在的光源，只是规定了这种光源的基本特性以及光源的光谱能量分布与什么标准照明体匹配。一种标准照明体有可能只用一种光源就可实现，也有可能要用一种光源的若干标准滤光器的组合才能实现，甚至只能近似地实现。标准照明体应当有良好的现实代表性，即是现有大量光源辐照特性的典型代表。

1. CIE 推荐的标准照明体 A、B、C 和 E

标准照明体 A：代表绝对温度为 2 856 K（1968 年国际实用温标）的完全辐射体的辐射。它的色品坐标落在 CIE 1931 色品图的黑体轨迹上。

标准照明体 B：代表相关色温大约为 4 874 K 的直射日光。它的光色相当于中午的日光，其色品坐标紧靠黑体轨迹。

标准照明体 C：代表相关色温约为 6 774 K 的平均昼光。其光色近似于阴天的天空光，其色品坐标位于黑体轨迹的下方。

标准照明体 E：将在可见光波段内光谱功率为恒定值的光刺激定义为标准照明体 E，也称为等能光谱或等能白光。这是一种人为规定的光谱分布，实际不存在这种光谱分布的光源。

由于标准照明体 B 和 C 不能正确地代表相应时相的日光，所以已被 CIE 废除而用标准照明体 D 代表日光。图 2-34 中 A、B、C 三曲线为标准照明体 A、B、C 的相对光谱功率分布曲线。附表 2-4 列出了 CIE 标准照明体 A、B、C 的相对光谱功率分布。

图 2-34 标准照明体 A、B、C 的相对光谱功率分布曲线

2. CIE 规定的标准光源 A、B、C

标准光源 A：分布温度为 2 856 K 的充气钨丝灯。如果要求更准确地实现标准照明体的紫外辐射的相对光谱分布，推荐使用熔融石英壳或玻璃壳带石英窗口的灯。

标准光源 B：A 光源加一组特定的戴维斯·吉伯逊（Davis Gibson）流体滤光器（又称 DG 滤光器），以产生相关色温为 4 874 K 的辐射，代表中午直射阳光的光谱能量分布特性。

标准光源 C：A 光源加另一组特定的戴维斯·吉伯逊流体滤光器，以产生分布温度为 6 774 K 的辐射，代表平均阴天天空光的光谱能量分布特性。

3. CIE 规定的标准照明体 D

标准照明体 D 代表各时相日光的相对光谱功率分布，也叫作典型日光或重组日光。

在 1963 年，相关学者进行了两类试验：

①对不同地区、不同时相的太阳光和天空光进行了 622 例光谱测定，测出了它们的光谱分布；

②对日光进行视觉色度测量。

综合分析两类试验数据，可确定标准照明体 D 的色品轨迹，其位于黑体轨迹的上方（图 2-35 的 D 线部分）。在 CIE $x-y$ 色品图上，标准照明体 D 的色品坐标有以下关系式：

$$y_D = -3.000x_D^2 + 2.870x_D - 0.275 \tag{2-28}$$

式中，x_D 的有效范围为 $0.250 \sim 0.380$。

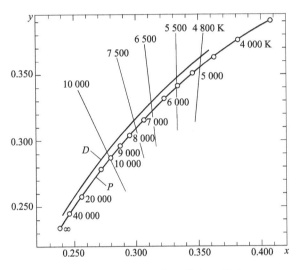

图 2-35　标准照明体 D 的色品轨迹

在相关色温 T_{cp} 已知的情况下，可通过计算得出标准照明体 D 的色品坐标 x_D：

$$x_D = \begin{cases} -4.6070\dfrac{10^9}{T_{cp}^3} + 2.9678\dfrac{10^6}{T_{cp}^2} + 0.09911\dfrac{10^3}{T_{cp}} + 0.244063, & 4\,000\,\text{K} \leqslant T_{cp} \leqslant 7\,000\,\text{K} \\ -2.0064\dfrac{10^9}{T_{cp}^3} + 1.9018\dfrac{10^6}{T_{cp}^2} + 0.24748\dfrac{10^3}{T_{cp}} + 0.237040, & 7\,000\,\text{K} \leqslant T_{cp} \leqslant 25\,000\,\text{K} \end{cases}$$

$$\tag{2-29}$$

对实际光谱分布测量结果进行的特征矢量统计分析得出了一个数学模型，可用来计算已知相关色温标准照明体 D 的相对光谱功率分布，这就是"重组日光"的含义。

采用主成分分析方法，可将标准照明体 D 的相对光谱功率分布表示为

$$S(\lambda) = S_0(\lambda) + M_1 S_1(\lambda) + M_2 S_2(\lambda) \tag{2-30}$$

式中，$S_0(\lambda)$，$S_1(\lambda)$，$S_2(\lambda)$ 为特征矢量（图 2-36，数值见附表 2-5）；S_0 为从实测的不同相关色温的 622 例日光光谱分布曲线计算出的一条平均曲线；S_1 作为第 1 特征矢量，由实测的不同曲线与平均曲线偏离情况进行分析后，找出各条曲线偏离曲线的最突出特征；S_2 作为第 2 特征矢量，为偏离平均曲线的第二突出特征。同理还可分析第 3、第 4、……特征矢量，但影响小，故在式（2-30）中未考虑。

图 2-36　$S_0(\lambda)$，$S_1(\lambda)$，$S_2(\lambda)$ 光谱分布

在已知标准照明体 D 的色品坐标的情况下，M_1 和 M_2 可由下式确定：

$$\left.\begin{aligned}
M_1 &= \frac{-1.351\,5 - 1.770\,3x_{\mathrm{D}} + 5.911\,4y_{\mathrm{D}}}{0.024\,1 + 0.256\,2x_{\mathrm{D}} - 0.734\,1y_{\mathrm{D}}} \\[2mm]
M_2 &= \frac{0.030\,0 - 31.442\,4x_{\mathrm{D}} + 30.071\,7y_{\mathrm{D}}}{0.024\,1 + 0.256\,2x_{\mathrm{D}} - 0.734\,1y_{\mathrm{D}}}
\end{aligned}\right\} \tag{2-31}$$

式中，x_{D} 和 y_{D} 可用式（2-28）和式（2-29）求得。

特征矢量 S_1 在光谱的紫外、紫和蓝段有较高的值，而在红波段又规律下降至较低的数值，将 S_1 和乘数 M_1 之积加至 S_0 曲线，可描述相关色温的日光光谱分布，即日光光色由黄色向蓝色相当于天空中有云到无云的变化，或是相当于测量时有直射阳光到无直射阳光的变化。特征矢量 S_2 在 400 ~ 580 nm 波段有比较低的数值，而在紫外和红波段有较高的数值，与 M_2 乘积加在曲线 S_0 上，随着 M_2 由大变小，可得到从偏粉红色到偏绿色的光色，这种变化相当于大气中水分的变化，即 S_2 是与大气中水分多少相联系的。

由于典型日光与实际日光具有近似的相对光谱功率分布，比标准照明体 B 和 C 更符合实际日光的色品。虽然对于任意相关色温的照明体 D 都可由公式求得，但是 CIE 优先推荐相当于相关色温为 5 503 K、6 504 K 和 7 504 K 的照明体 D55、D65 和 D75 作为代表日光的标准照明体（见图 2-37）。为了促进色度学的标准化，CIE 建议尽量应用 D65 代表日光，在不能应用照明体 D65 时就尽量应用照明体 D55 和 D75。照明体 D55、D65、D75 的光谱分布数值见附表 2-7。

图 2-37　照明体 D55、D65 和 D75 的相对光谱功率分布曲线

对应于标准照明体 D，CIE 尚未推荐出相应的标准光源。但是由于工业生产中精细辨色与荧光材料的颜色测量都需要日光中的紫外成分，而标准光源 B 和 C 都缺少这部分成分，故 D 照明体的模拟成为当前光源研究的重要课题之一。因为日光具有锯齿形光谱分布，加上校正滤光器也只能在一定程度上近似模拟日光的光谱分布，精确模拟较困难。现在正在研制的模拟 D65 的人工光源有分别带滤光器的高压氙弧灯、白炽灯和荧光灯三种。其中带滤光器的高压氙弧灯具有最好的模拟效果，图 2-38 所示为带滤光器高压氙弧灯的 D65 光源相对光谱功率分布曲线，图 2-39 所示为带滤光器白炽灯的 D65 光源相对光谱功率分布曲线。

图 2-38　带滤光器高压氙弧灯的 D65 光源相对光谱功率分布曲线

图 2-39　带滤光器白炽灯的 D65 光源相对光谱功率分布曲线

2.4.5　色温变换及光谱能量分布特性的改变

在光辐射测量中，常常需要改变光源的色温或者其光谱能量分布，以满足实际测量的要求。除了用液体滤光器来精确改变 A 光源的光谱能量分布特性外，还可用其他配方的溶液或者玻璃滤光片来实现。

1. 光源近似黑体分布时的色温变换

当光源有近似黑体的光谱能量分布时，如钨丝白炽灯，色温的变换比较简单。由色温

T_1 变换到 T_2 所需的滤光器（片）的光谱透射比 $\tau(\lambda)$ 为

$$\tau(\lambda) = \frac{M_0(\lambda, T_2)}{M_0(\lambda, T_1)}$$

当 λ，T_1 和 T_2 较小时，用维恩近似代入上式，则有

$$\tau(\lambda) = \exp\left[\frac{14\,388}{\lambda}\left(\frac{1}{T_1} - \frac{1}{T_2}\right)\right] \qquad (2-32)$$

式中，λ 的单位是 μm；T_1 和 T_2 的单位是 K。

用麦尔德值（MRD）来表示色温，则

$$\tau(\lambda) = \exp\left[\frac{1.438\,8 \times 10^{-2}}{\lambda}(\text{MRD}_1 - \text{MRD}_2)\right] = \exp\left[\frac{1.438\,8 \times 10^{-2}}{\lambda}\Delta\text{MRD}\right]$$

$$(2-33)$$

即只要知道需要变换色温的麦尔德值，就可求得变换滤光片的光谱透射比。

这里要注意的是 ΔMRD 的正负号。当由高色温变换到低色温时，$T_1 > T_2$，MRD$_1$ < MRD$_2$，ΔMRD 为负值；反之，ΔMRD 为正值。由于式（2-33）仅是给出光谱透射比的相对分布，因此，实际光谱透射比曲线应该对由制作材料和工艺所决定的最大光谱透射比作归一化处理。典型的几种色温变换滤光片的光谱透射比曲线如图 2-40 所示。图中，SJB 表示色温降低玻璃滤光片，SSB 表示色温升高玻璃滤光片，其后的数字为 MRD 值。例如，SSB130 表示可使色温升高 130MRD 的滤光片。

图 2-40　几种色温变换滤光片的光谱透射比曲线

我国生产的若干种色温变换滤光片分为提高色温的滤光片和降低色温的滤光片两类。每一类中又有数种给定 ΔMRD 值的滤光片。例如，要把温度为 3 333 K（300MRD）的黑体光谱能量分布降低到 3 125 K（320MRD），则所需的色温降低滤光片的 ΔMRD = 20。如果要改变 60MRD 的色温，就要用三块这样的滤光片叠合起来（ΔMRD 相加），最终的透过率为三个滤光片对应的 $\tau(\lambda)$ 相乘。

式（2-33）由维恩近似导出，故一般用在 $T_1 < 4\,000$ K，$\lambda < 0.7$ μm 的情况下。对于更高色温的变换，应当用普朗克公式来导出变换关系。实用上有一组曲线可供查阅，图 2-41 所示的曲线用来修正用普朗克公式和用维恩公式计算色温的差别。其中，色温大于 250MRD（$T < 4\,000$ K）时不必修正。

这里通过两个例子来说明这组曲线的使用方法。

图 2-41 高色温变换时用维恩公式的修正曲线

例 2-2 要把 2 500 K 的白炽灯的色温提高到 6 000 K，求所需色温变换滤光片的 MRD 值。

解 列表计算如下：

色温/K	P 式 MRD 值	修正值	W 式 MRD 值
2 500	$10^6/2\,500 = 400 \Rightarrow$	$0 \Rightarrow$	400
6 000	$10^6/6\,000 = 167 \Rightarrow$	$+2 \Rightarrow$	169
		ΔMRD	231

即用色温升高滤光片，其 MRD 值为 231。注意，图 2-41 中由普朗克公式计算的 MRD 值变到维恩公式的 MRD 值，即图中 P→W，修正值取正号；反之，图中由 W→P，即由维恩近似式的 MRD 值变到普朗克公式计算的 MRD 值时，取负号。

例 2-3 用与上例相同的色温变换滤光片能把 3 200 K 色温的白炽灯变换成多少色温的光源？

解 列表计算如下：

色温/K	P 式 MRD 值	修正值	W 式 MRD 值
3 200	$10^6/3\,200 = 312.5 \Rightarrow$	$0 \Rightarrow$	312.5
14 286	$\Leftarrow 81.5 - 11.5 = 70$	$\Leftarrow -11.5$	$\Leftarrow 312.5 - 231 = 81.5$
		ΔMRD	231

即用 MRD = 231 的色温变换滤光片后，可将 3 200 K 色温提高到 14 286 K。

2. 光源偏离黑体分布时的色温变换

当光源光谱能量分布与黑体不同，而又要求能较精确地修正成满足需要的输出光谱能量分布特性时，不能用现成的色温变换滤光片。

这里讨论的方法不仅用于可见光谱段的修正，也用于其他光学谱段；不仅可用于改变光源的光谱能量分布，也可用于修正探测器或系统的光谱响应。例如，把光电元件的光谱响应曲线修正成近似人眼光谱光视效率曲线，以便用光电元件代替人眼进行光度量的客观测量或把光电元件在一定工作谱段内的响应修正成近似平的响应，以便进行辐射量的测量等。

基本的方法是用多块组合滤光片实现光谱分布的变换。多块滤光片组合的方式可有两种：串接布置和并接布置（图 2 – 42）。其中，串接布置把滤光片叠合起来，将光谱能量分布 $s(\lambda)$ 变换成所需要的相对光谱能量分布 $s^*(\lambda)$；并接布置是把不同厚度、宽度，不同种类的滤光片拼接起来，使 $s(\lambda)$ 变成 $s^*(\lambda)$。注意，滤光片都放在平行光路中。

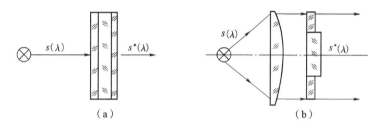

图 2 – 42　多块滤光片组合的方式

（a）串接布置；（b）并接布置

以串接组合滤光片为例，光谱透射比为

$$\tau(\lambda) = \frac{s^*(\lambda)}{s(\lambda)} \tag{2 – 34}$$

根据所需的 $\tau(\lambda)$，可由色光学玻璃手册查不同牌号的滤光片及其在给定厚度 H 下的滤光片光谱透射比曲线或数值。图 2 – 43 所示为几种滤光片的光谱透射比曲线。其中，曲线 1 是吸热玻璃 XRBI（$H=3\ \mathrm{mm}$）；曲线 2 是中性灰玻璃 AB70（$H=2\ \mathrm{mm}$）；曲线 3 是透红外玻璃 HWBI（$H=1\ \mathrm{mm}$）；曲线 4 是橙色截止型玻璃 CB580（$H=2\ \mathrm{mm}$）；曲线 5 是绿色玻璃 LB17（$H=2\ \mathrm{mm}$）。根据这些玻璃的光谱透射比曲线，可以估计用哪几种滤光片的组合实现所要求的 $\tau(\lambda)$，初步选定第一块滤光片 [$\tau_1(\lambda)$ 和 $H_1(\lambda)$]，第二块滤光片 [$\tau_2(\lambda)$ 和 $H_2(\lambda)$]，……

图 2 – 43　几种滤光片的光谱透射比曲线

为得到 $\tau(\lambda)$，需要在初选滤光片牌号的基础上求出每块滤光片的最佳厚度，使这些最佳厚度滤光片的组合能精确复现 $\tau(\lambda)$。值得注意的是，所查到的滤光片光谱透射比 $\tau_1(\lambda)$，$\tau_2(\lambda)$，…是在厚度为 $H_1(\lambda)$，$H_2(\lambda)$ …条件下测得的，测量值中还包含了光能在滤光片界面上两次反射损失的值，而朗伯—比尔定律只适用于光学材料内光学传输一定厚度的衰减规律，即通过手册查得的是光谱透射比，而用朗伯—比尔定律时，应当不包括界面反射的内透射比。

光能垂直入射时，界面反射比可由菲涅尔公式确定，例如，玻璃折射率 $n = 1.5$，则 $\rho = (n-1)^2/(n+1)^2 \approx 0.04$，两次界面反射比 2ρ 为 0.08，故第 n 块滤光片单位厚度的内透射比 $\tau_{in}(\lambda)$ 和厚度为 H_n 时，透射比为 $\tau_n(\lambda)$ 的关系为

$$\tau_n(\lambda) = \tau_{in}^{H_n}(\lambda)[1 - \rho(\lambda)]^2 \approx \tau_{in}^{H_n}(\lambda)[1 - 2\rho_n(\lambda)] \tag{2-35}$$

式中，$2\rho_n(\lambda)$ 是第 n 块滤光片两次界面的反射损失。

因此，厚度为 h_n 的 n 块滤光片和光源函数 $s(\lambda)$ 组合后，实际的光谱能量分布为

$$aF(\lambda) = s(\lambda) \prod_{n=1}^{N} [1 - 2\rho_n(\lambda)][\tau_{in}(\lambda)]^{h_n} \tag{2-36}$$

式中，a 为考虑相对值的一个常数。

要使 $F(\lambda)$ 很好地逼近要求的 $s^*(\lambda)$，优化设计准则为

$$\int_{\lambda_1}^{\lambda_2} [s^*(\lambda) - aF(\lambda)]^2 \Rightarrow \min \tag{2-37}$$

这里，$[\lambda_1, \lambda_2]$ 是所需考虑的光谱谱段范围。利用多变量优化方法，就可求得最佳的 $h_n(n = 1, 2, \cdots, N)$。

并接的优化参数比串接的多，可使用改变滤光片厚度和宽度的方法来实现变换，式（2-36）需改为

$$aF(\lambda) = s(\lambda) \prod_{n=1}^{N} \Delta_n [1 - 2\rho_n(\lambda)][\tau_{in}(\lambda)]^{h_n} = s(\lambda) \prod_{n=1}^{N} \Delta_n [1 - 2\rho_n(\lambda)][\tau_R(\lambda)]^{h_n/H_n} \tag{2-38}$$

式中，Δ_n 为各条滤光片所截光瞳的面积。

这种并接方式的优点是在少量移动滤光片组时，由于可微量位移滤光片组，使 Δ_n 发生少量变化，从而可微调输出光谱能量分布，但要求在光瞳面积内的光能量均匀分布。当光瞳直径不大时，这一点不难做到，而串接布置却没有这一要求。

采用滤光片作为光谱变换元件时，需要注意：

（1）产品目录所给滤光片光谱透射比曲线只是典型值，在实际生产中会因工艺条件变化而有所改变，因此，对滤光片的光谱透射特性有较严格要求时，应对滤光片的光谱透射特性进行实测。

（2）滤光片在吸收光辐射能时会发热，尤其在光源附近，一些滤光片（如干涉滤光片等）的光谱透射特性与温度有关（如透射曲线沿波长坐标有所移动）。此外，滤光片过热会使有胶合的玻璃层之间开胶，形成条纹，甚至损坏，故滤光片的使用温度一般不应超过 60 ℃。

（3）在使用一段时间后，滤光片光谱透射比会发生一些变化。紫外辐射还会使滤光片褪色以及使介质辐射荧光。滤去不必要的短波辐射，定期测量滤光片的光谱透射特性，在精确光辐射测量中十分必要。

习题与思考题

1. 根据物体的辐射发射率可将物体分为哪几种类型？

2. 试简述黑体辐射的几个定律，并讨论其物理意义。

3. 已知太阳最大辐射波长为 0.47 μm，日地平均距离 $L = 1.495 \times 10^8$ km，太阳半径 $R_s = 6.955 \times 10^5$ km，如将太阳和地球均近似看作黑体，求太阳和地球的表面温度。

4. $T = 5\,000$ K 的绝对黑体在光谱的红色末端（$= 0.76$ μm）和光谱中央黄绿部分（$= 0.58$ μm）辐射出射度变化了多少倍？

5. 已知人体皮肤温度 $t = 32$ ℃，人体表面面积 $S = 1.52$ m^2，皮肤的辐射发射率 $= 0.98$，试求人体的总辐射能通量和光谱分布曲线。

6. 黑体目标和背景的温度分别为 30 ℃ 和 15 ℃，试在 3 ~ 5 μm 和 8 ~ 14 μm 大气窗口分别计算辐射信号的对比度。

7. 简述辐射体的分布温度、色温（相关色温）、亮温和辐射温度的定义，它们的适应性以及与真实温度的关系如何？

8. 麦尔德（MRD）量是怎么定义的？

9. 为什么双黑体红外平行光管的环境适应性更强？

10. 试归纳常见自然辐射源和人工辐射源及其特点。

11. 为什么要引入标准照明体和标准光源，它们之间的关系是怎样的？

12. 标准照明体 A、B、C、D 和 E 是怎样定义的？

13. 在相关色温已知的条件下，怎样确定标准照明体 D 在色品图上的色品坐标？并进一步确定辐射光谱功率分布。

14. 要把 2\,000 K 的白炽灯色温提高到 6\,000 K，求所需色温变换滤光片的 MRD 值，并画出滤光片在 $[0.2\ \mu m,\ 1.1\ \mu m]$ 的透过率曲线。

15. 用与第 14 题相同的色温滤光片可把 2\,500 K 色温的白炽灯变换为多少色温的光源？

16. 求把 6\,000 K 色温的光源变换为 A 光源所需要的色温变换滤光片 MRD 值，并画出滤光片在 $[0.2\ \mu m,\ 1.1\ \mu m]$ 的透射率曲线。

第3章
光辐射探测器

光辐射量的测量通常采用各种探测器把光辐射能变换成一种可测的量，因而光辐射探测器是光辐射量测量系统中的关键组成部分，其性能往往直接影响到光辐射度量测量的可行性及精确性。

人眼是一种光辐射探测器。在目视光度量测量中，人眼是一种极好的探测器件，但由于人眼瞳孔的调节、亮暗适应等一系列生理特点，很难用作光度量绝对量的测量，只能作为光度比较测量时高灵敏度的光度平衡判别器。人眼的窄光谱范围及其响应速度缓慢，使人眼在光辐射测量中所起的作用受到很大的限制。

随着光学和光电技术的迅速发展以及对光辐射探测与精确定量、高灵敏度测量的需要，光辐射探测器的品种和数量迅速发展，可对光辐射客观物理量进行精确的定量测量，具有光谱响应范围宽（可包括整个光辐射谱段）、响应速度快（可达纳秒、微秒级）、响应度高等优点，使光辐射量的探测和测量能力大大提高。

从广义上讲，只要能指示光辐射存在，并可确定其大小都应包含在光辐射探测器的范畴内（如使照相底片变黑；使某一元件产生机械位移；等等）。这里，主要讨论应用最为广泛的光电探测器与热探测器。常见光辐射探测器的分类如图 3 - 1 所示。

图 3 - 1 常见光辐射探测器的分类

1. 光电探测器

光电探测器利用光电效应，把入射到物体表面的辐射能变换成可测量的电量。

（1）外光电效应。

当光子入射到探测器阴极表面（一般是金属或金属氧化物）时，探测器把吸收的入射光子能量（$h\nu = hc/\lambda$）转换成自由电子的动能，当电子动能大于电子从材料表面逸出所需的能量时，自由电子逸出探测器表面，并在外电场的作用下形成流向阳极的电子流，从而在外电路产生光电流。基于外光电效应的光电探测器有真空光电管、充气光电管、光电倍增管、像增强器等。

（2）光伏效应。

半导体 P – N 结在吸收具有足够能量的入射光子后，产生电子—空穴对，在 P – N 结电场的作用下，两者以相反的方向流过结区，从而在外电路产生光电流。基于这类效应的探测器，有以硒、硅、锗、砷化镓等材料做成的光电池、光电二极管和光电三极管等。

（3）光导效应。

半导体材料在没有光照下具有一定的电阻，在接收入射光辐射能时，半导体释放出更多的载流子，表现为电导率增加（电阻值下降）。这类光电探测器有由各种半导体材料制成的光敏电阻等。

2. 热探测器

热探测器利用热电效应，即探测器接收光辐射能后，引起物体自身温度升高，温度的变化使探测器的电阻值或电容值发生变化（测辐射热计），或表面电荷发生变化（热释电探测器），或产生电动势（热电偶、热偶堆）等，通过这些探测器参量的变化，反映入射光辐射量。

3.1　光辐射探测器的性能参数

对于光辐射探测器的应用，人们较关注的性能是：

（1）探测器的输出信号值定量地表示多大的光辐射度量，即探测器的响应度大小。

（2）对某种探测器，需要多大的辐射度量才能使探测器产生可区别于噪声的信号量，即与噪声相当的辐射功率大小。

（3）探测器的光谱响应范围、响应速度、线性动态范围等。与光辐射测量有关的还有表面响应度的均匀性、视场角响应特性、偏振响应特性等。

这里主要讨论前两方面的性能，后一方面问题在讨论具体探测器类型时介绍。

3.1.1　响应度

响应度定义为单位辐射度量产生的电信号量，记作 R，电信号可以是电流，称为电流响应度；也可以是电压，称为电压响应度。对应不同辐射度量的响应度用下标来表示，例如：

（1）对辐射通量的电流响应度 $R_\Phi = I/\Phi$（A/W）；

（2）对辐照度的电流响应度 $R_E = I/E$（$\text{A} \cdot \text{m}^2/\text{W}$）；

（3）对辐亮度的电流响应度 $R_L = I/L$（$\text{A} \cdot \text{sr} \cdot \text{m}^2/\text{W}$）。

探测器的响应度描述光信号转换成电信号大小的能力。在辐射度量测量中，测不同的辐射度量应当用不同的响应度。

探测器的响应度一般是波长的函数。与上面定义的积分响应度对应的光谱响应度为

$$R_\Phi(\lambda) = \frac{I(\lambda)}{\Phi(\lambda)}; \quad R_E(\lambda) = \frac{I(\lambda)}{E(\lambda)}; \quad R_L(\lambda) = \frac{I(\lambda)}{L(\lambda)} \qquad (3-1)$$

积分响应度和光谱响应度的关系为

$$R_{\Phi} = \frac{I}{\Phi} = \frac{\int_{\lambda} R_{\Phi}(\lambda)\Phi(\lambda)\,\mathrm{d}\lambda}{\int_{\lambda} \Phi(\lambda)\,\mathrm{d}\lambda}; \quad R_E = \frac{\int_{\lambda} R_E(\lambda)E(\lambda)\,\mathrm{d}\lambda}{\int_{\lambda} E(\lambda)\,\mathrm{d}\lambda}; \quad R_L = \frac{\int_{\lambda} R_L(\lambda)L(\lambda)\,\mathrm{d}\lambda}{\int_{\lambda} L(\lambda)\,\mathrm{d}\lambda}$$

$$(3-2)$$

式中，积分域 λ 为积分波长范围。

可以看到，积分响应度不仅与探测器的光谱响应度有关，也与入射辐射的光谱特性有关，因而，在说明积分响应度时，通常要求指出测量所用的光源特性。

光辐射探测器响应度可简单地推导自普朗克量子理论，单个光子的入射能量为 $h\nu$（h 为普朗克常数，$\nu = c/\lambda$，为入射光的频率），则单位时间内入射到探测器表面的光子数为

$$\frac{\Phi(\lambda)}{h\nu} = \frac{\Phi(\lambda)\lambda}{hc}$$

探测器的量子效率 $\eta(\lambda)$ 为

$$\eta(\lambda) = \frac{\text{输出信号电子数}}{\text{探测器接收的光子数}} = [1 - \rho(\lambda)]\eta_i(\lambda) \qquad (3-3)$$

式中，$\rho(\lambda)$ 为探测器表面的光谱反射比；$\eta_i(\lambda)$ 为探测器的内量子效率（等于输出信号电子数除以探测器吸收的光子数）。故单位时间内探测器的输出信号电子数为

$$Q(\lambda) = [1 - \rho(\lambda)]\eta_i(\lambda)\frac{\Phi(\lambda)\lambda}{hc} \qquad (3-4)$$

于是，探测器的辐射通量光谱电流响应度为

$$R_{\Phi}(\lambda) = \frac{I(\lambda)}{\Phi(\lambda)} = \frac{\eta(\lambda)\lambda q}{hc} = \frac{\eta(\lambda)\lambda}{1\,239.8} \quad (\mathrm{A/W}) \qquad (3-5)$$

式中，q 为一个电子的电量（$1.602\,2 \times 10^{-9}$ 库仑）；波长 λ 的单位是 nm。

对于光辐射探测器，由于受到材料能带之间的间隙——禁带宽度 E_g——的限制，响应波长具有长波限，最大响应波长为

$$\lambda_{\max} = \begin{cases} 1.24/E_g & \text{内光电效应} \\ 1.24/(E_g + E_A) & \text{外光电效应} \end{cases} \qquad (3-6)$$

式中，E_A 为光电子逸出探测器表面所需的表面势垒。表 3-1 所示为常见的半导体及掺杂半导体材料的 E_g 值及最大响应波长 $\lambda_{\max}$。表中掺杂半导体材料如锗掺汞，记作 Ge：Hg 等。

表 3-1　常见的半导体及掺杂半导体材料的 E_g 值及最大响应波长 $\lambda_{\max}$

材料	E_g/eV	$\lambda_{\max}/\mu\mathrm{m}$	材料	E_g/eV	$\lambda_{\max}/\mu\mathrm{m}$
InSb	0.22	5.5	Ge：Hg	0.09	13.8
PbS	0.42	3.0	Ge：Cu	0.041	30.2
Ge	0.67	1.9	Ge：Cd	0.06	20.7
Si	1/12	1.1	Si：As	0.053 7	23.1
CdSe	1.8	0.69	Si：Bi	0.070 6	16.3
CdS	2.4	0.52	Si：P	0.045	27.6
PbSe	0.23	5.4	Si：In	0.165	7.5
			Si：Mg	0.087	14.3

在理想情况下，由于一个光量子在本征材料中能产生一个电子—空穴对，即盈子效率为常数，且等于 1，所以光电探测器的光谱响应度曲线如图 3 - 2（a）中实线所示。实际上，由于探测器抛光表面的镜面反射损失（菲涅尔反射、波长的函数）、探测器表面的电子陷阱以及电子在扩散中与空穴的复合、探测器材料的吸收等因素，探测器的量子效率常小于 1，且在长波部分下降较快。因此，实际探测器的光谱响应曲线偏离其理想形状，如图 3 - 2（a）中虚线所示。

图 3 - 2　光辐射探测器的光谱响应曲线
（a）光电探测器；（b）热探测器

对于热探测器，为提高响应度，一般其表面都涂有一层吸收比很高的黑色涂层（炭黑、金黑等），吸收层的吸收比几乎与波长无关。此外，探测器探测的表面温度变化只与吸收辐射能的大小有关。因此，热探测器的响应度曲线近似为均匀的，且响应谱段包括几乎整个光辐射测量段 ［见图 3 - 2（b）］，这使得热探测器被广泛用于光辐射测量中。

光辐射探测器本身也是一种阻抗元件，故在光电信号转换中有一定的时间常数。当入射光信号的调制频率 f 较高时，探测器可能难以响应。尤其是热探测器，入射光辐射信号使光敏层的温度上升与下降都需要一定的时间，因此与光电探测器相比，热探测器的时间常数较大（频率响应较差）。

可以用频率响应来描述探测器的频率响应特性，典型的探测器频率响应特性如图 3 - 3 所示。探测器的特征响应频率 f_c 定义为 $R(f_c) = 0.707R_{max}$ 对应的频率。若 R、C 分别为探测器和负载电阻所构成等效电路的电阻和电容值，则

$$f_c = 1/(2\pi RC) \qquad (3 - 7)$$

因此，实用上可用改变探测器的负载电阻 R 或等效电容 C 的方法来改变频率响应特性。

图 3 - 3　探测器频率响应特性

3.1.2　噪声及其评价参数

1. 噪声

在系统中，任何虚假的或不需要的信号统称为噪声。噪声的存在干扰了有用信息，影响了系统信号的探测或传输极限。研究噪声的目的是探讨系统探测信息的极限以及在系统设计中如何抑制噪声以提高探测本领。

系统的噪声可分为来自外部的干扰噪声和内部噪声。来自外部的干扰噪声又可分为人为干扰噪声和自然干扰噪声。人为干扰噪声通常来自电气设备，如高频炉、无线电发射、电火

花和气体放电等，其会辐射出不同频率的电磁干扰。自然干扰噪声主要来自大气和宇宙间的干扰，如雷电、太阳、星球的辐射等。外部干扰的噪声可采用适当的屏蔽、滤波等方法进行减小或消除。系统内部噪声也可分为人为噪声和固有噪声。内部人为噪声主要指工频（50 Hz/60 Hz）干扰和寄生反馈造成的自激干扰等，可以通过合理的设计和调整将其消除或降到允许的范围内。内部固有噪声是由于光电探测器中光子和带电粒子不规则运动的起伏所造成的，主要有散粒噪声、热噪声、产生—复合噪声、$1/f$噪声和温度噪声等。这些噪声对实际器件是固有的，不可能消除，并表现为随机起伏过程。下面主要分析这些噪声源的性质。

（1）散粒噪声。

由于光子流以间断入射的形式投射到探测器表面，以及探测器内部光子转换成电子动能而产生的电子流具有统计涨落的特性，形成散粒噪声。这种噪声与入射信号的大小有关，例如来自待测光源、背景光产生的噪声以及暗电流的散粒噪声等，在测量中无法消除。

假设入射光子服从泊松（Poisson）概率密度分布，则可导出

$$\overline{I_n^2} = 2q\,\overline{I_p}\Delta f \tag{3-8}$$

式中，$\overline{I_n^2}$ 为散粒噪声电流均方值（A）；q 为电子电量；$\overline{I_p}$ 为平均电流（A）；$\Delta f = \int_0^\infty R^2(f)\mathrm{d}f/R_{max}^2$，为测量系统的噪声等效带宽（1/s），$R^2(f)$ 为探测器响应度的频率响应。

在没有入射光信号时，平均电流$\overline{I_p}$等于暗电流值。当暗电流较小时，$\overline{I_p}$基本与光信号成正比，故散粒噪声的均方值$\overline{I_n^2}$与信号电流成正比，信号越大，散粒噪声也随之增大。

散粒噪声属于白噪声，其频带宽度为无限大。实际上，通过系统的噪声电流与测量系统的频带宽度（由探测器的频带宽度和测量系统的频带宽度所决定的）成正比。这样，在满足测量系统工作性能的前提下，Δf应当尽可能窄。

在实验室进行光辐射测量时，可用一固定频率对信号进行调制。这样，系统的工作频带宽度可减小。锁频技术可使系统工作在一个很窄的通频带范围内，这有利于减小系统噪声。

增加信号的积分时间，缩小测量系统的频带，也可以减小散粒噪声。

（2）产生—复合（G-R）噪声。

光导型探测器的G-R噪声是由半导体内的载流子在产生和复合过程中自由电子和空穴数随机起伏所形成的，也属于白噪声，相当于光伏型探测器中单向导电P-N结内的散粒噪声，只是这类双向电导元件的G-R噪声比散粒噪声大$\sqrt{2}$倍。G-R噪声电流的均方值：

$$\overline{I_{G-R}^2} = 4q\,\overline{I_p}\Delta f = 4q^2 G^2 \eta_i E_p A_d \Delta f \tag{3-9}$$

式中，E_p为入射光在探测器表面产生的辐照度；A_d为探测器的工作面积；η_i为探测器的内量子效率；G为光导器件的增益。

（3）热噪声或Johnson噪声。

热噪声是由电阻材料中离散的载流子（主要是电子）的热运动造成的。只要电阻材料的温度大于绝对零度，则不管材料中有无电流通过，都存在着热噪声。热噪声电流的均方值为

$$\overline{I_T^2} = 4kT\Delta f/R \tag{3-10}$$

式中，k为玻尔兹曼常数；T为元件的温度（K）；R为探测器的电阻值。

使探测器制冷或者探测器及前置放大器一起制冷，可以减小热噪声电流。

（4）$1/f$ 噪声。

$1/f$ 噪声的产生机制还不是很清楚。一般认为，它与半导体的接触、表面、内部存在的势垒有关，所以有时叫作 "接触噪声"，其值随信号调制频率的增加而减小，即

$$\overline{I_f^2} = KI^\alpha \Delta f / f^\beta \qquad (3-11)$$

式中，I 为通过探测器的直流电流；K 为比例系数；系数 α 为 1.5~4.0，一般 $\alpha = 2.0$；系数 β 为 0.8~1.5，一般 $\beta = 1.0$。则式（3-11）可写成

$$\overline{I_f^2} \approx KI^2 \Delta f / f \qquad (3-12)$$

减小 $1/f$ 噪声的方法是使测量系统工作在较高的光调制频率下，这样 $\overline{I_f^2}$ 就会下降到可忽略不计的程度。

典型的光导型探测器的噪声均方值频谱如图 3-4 所示。当工作频率较低时，$1/f$ 噪声起着主要作用；增加光信号调制频率，$1/f$ 噪声迅速衰减，G-R 噪声成为主要的噪声源；当工作频率过高时，探测器工作在频率响应曲线的截止状态，这时探测器只有热噪声。很明显，探测器应当工作在 $1/f$ 噪声小、G-R 噪声为主要噪声的频段上。

图 3-4 典型的光导型探测器的噪声均方值频谱

（5）温度噪声。

由热探测器和背景之间的能量交换所造成的探测器自身的温度起伏，称为温度噪声。

探测器的总噪声电流的均方值 $\overline{I_N^2}$ 等于各项互不相关噪声电流均方值 $\overline{I_k^2}$ 之和，即

$$\overline{I_N^2} = \sum_{k=1}^{K} \overline{I_k^2} \qquad (3-13)$$

只有信号电流足够强时，才能与噪声电流区别开来。于是，用信号电流与噪声电流的均方根值之比——信噪比作为表征探测系统探测能力和精度的一个十分重要的指标，记作 SNR，即

$$\mathrm{SNR} = I_s / \sqrt{\overline{I_N^2}} \qquad (3-14)$$

例如，当测量系统的信噪比为 100 时，系统的测量精度就不会高于 1%。

2. 噪声等效功率

噪声等效功率（NEP）是探测器产生与其均方根噪声电压相等的信号所需入射到探测器的辐射功率，即信噪比等于 1 时所需要的最小输入光信号的功率为

$$\mathrm{NEP} = \frac{\Phi}{\mathrm{SNR}} = \frac{\sqrt{\overline{I_N^2}}}{R_\Phi} \quad (\mathrm{W}) \qquad (3-15)$$

它是反映探测器的理论探测能力的一个十分重要的指标。一般情况下，入射光功率应大于 NEP 若干倍，即信噪比要大于一定的值（如 3~5），信号才能被检测出来。如果信号刚好等于噪声（SNR = 1），那么信号将被淹没在噪声之中。采用一般方法难以将信号与噪声区分开来，但采用一些特殊的信号处理技术（如强度相关检测技术等），则有可能把小于 NEP 的入射光功率信号检测出来。

用 NEP 描述探测器的探测能力的一个不方便之处：数值越小，表示探测器的探测能力越

强，相对缺乏直观性。为此一般引入 NEP 的倒数——探测率 D 来表示探测器的探测能力：

$$D = 1/\mathrm{NEP} \tag{3-16}$$

由于探测率与探测器面积和测量系统的带宽有关，对于比较不同类型、不同工作状态探测器的探测性能存在不便，为此，更常用的是采用比探测率 D^*（叫作 D 星），其计算式如下：

$$D^* = \sqrt{A_\mathrm{d}\Delta f}\, D = \frac{R_\Phi}{\sqrt{\overline{I_\mathrm{N}^2}/(A_\mathrm{d}\Delta f)}} \quad (\mathrm{cm} \cdot \mathrm{Hz}^{1/2}/\mathrm{W}) \tag{3-17}$$

即用单位测量系统带宽和单位探测器面积的噪声电流来衡量探测器的探测能力。

需要注意的是，探测器的比探测率不是一个固有常量。首先，它与响应度成正比，随波长变化的规律与响应度的相同（参看后面图 3-12）。其次，它与各种影响响应度和噪声电流的因素（如测量时光源的光谱能量分布、测量立体角、信号调制频率、探测器的温度等）都有关系，所以在给出探测器的比探测率时一般注明测量的条件，例如，$D^*(500\ \mathrm{K}, 90\ \mathrm{Hz}) = 1.8 \times 10^9\ (\mathrm{cm} \cdot \mathrm{Hz}^{1/2}/\mathrm{W})$，表示 D^* 是在以 500 K 黑体为光源，调制频率为 90 Hz 的情况下测得的。一些不在圆括号内说明的可另加注释，例如，在探测器温度为 77 K，环境温度为 300 K，视场角为 60° 的条件下，$D^*(\lambda, 1\,000, 1)$ 表示测量的调制频率为 1 kHz，频带宽度为 1 Hz，测的是 D^* 随波长 λ 的变化曲线。

3. 三维噪声

采用二维阵列探测器进行成像探测时，由于探测器单元之间信号和噪声在时间、空间上的独立性，图像噪声在时间和空间上各具特点，且各方向互相独立，通常采用三维噪声模型进行描述。

三维噪声分析的实验数据是以一个有均匀恒定的背景为目标，成像系统连续采集的数字化图像组成噪声数据组，则三维噪声随机响应模型为

$$s(t,v,h) = \overline{s} + N_T + N_V + N_H + N_{TV} + N_{TH} + N_{VH} + N_{TVH} = \overline{s} + N \tag{3-18}$$

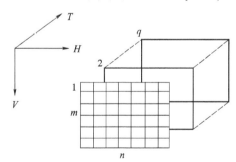

式中，$s(t,v,h)$ 代表获得的实验数据，是帧、垂直方向和水平方向的函数；$\overline{s}$ 为三维数据组所有点的总平均值，与信号输入的响应有关；其余 7 项用以表征沿三维方向即随时间 T、空间垂直 V 和空间水平 H 波动的噪声，这 7 项噪声总称为三维噪声；N 为总噪声项，且其均方根为总输出噪声。图 3-5 所示为三维噪声模型的几何坐标示意。假设 m、n 为成像传感器 V 方向和 H 方向的像元数，q 为采集的帧数，则 q 帧输出图像的各像素信号总平均值为

图 3-5 三维噪声模型的几何坐标示意

$$\overline{s} = \frac{1}{mnq} \sum_{t=1}^{q} \sum_{v=1}^{m} \sum_{h=1}^{n} s(t,v,h) \tag{3-19}$$

为了计算上述 7 项噪声的大小，定义三维噪声的 7 个方向因子为 D_T、D_V、D_H、D_{TV}、D_{TH}、D_{VH}、D_{TVH}。其物理意义：D_T 表示某一像元 (v,h) 各帧信号的平均值；D_V 表示某一帧中某一列 (t,v) 所有像元信号的平均值；D_H 表示某一帧中某一行 (t,h) 所有像元信号的平均值；D_{TV} 表示第 v 行 $q \times m$ 个像元信号的平均值；D_{TH} 表示第 h 行 $q \times n$ 个像元信号的平均

值；D_{VH} 表示第 t 帧 $m \times n$ 个像元信号的平均值；D_{TVH} 表示所有像元信号的平均值。图 3 – 6 所示为三维噪声模型中方向因子的几何示意。

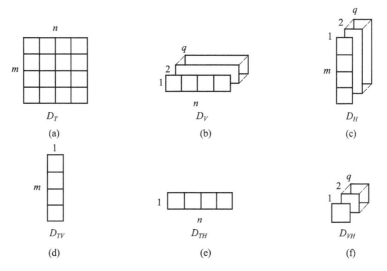

$$D_T \qquad D_V \qquad D_H$$

$$D_{TV} \qquad D_{TH} \qquad D_{VH}$$

图 3 – 6　三维噪声模型中方向因子的几何示意

根据方向因子的定义，下面分别给出其计算方法：

$$D_T(v,h) = \frac{1}{q}\sum_{t=1}^{q} s(t,v,h) \tag{3 – 20}$$

$$D_V(t,v) = \frac{1}{m}\sum_{v=1}^{m} s(t,v,h) \tag{3 – 21}$$

$$D_H(t,h) = \frac{1}{n}\sum_{h=1}^{n} s(t,v,h) \tag{3 – 22}$$

$$D_{TV}(v) = \frac{1}{qm}\sum_{t=1}^{q}\sum_{v=1}^{m} s(t,v,h) \tag{3 – 23}$$

$$D_{TH}(h) = \frac{1}{qn}\sum_{t=1}^{q}\sum_{h=1}^{n} s(t,v,h) \tag{3 – 24}$$

$$D_{VH}(t) = \frac{1}{mn}\sum_{v=1}^{m}\sum_{h=1}^{n} s(t,v,h) \tag{3 – 25}$$

所有像元信号平均值 D_{TVH} 的计算方法为

$$D_{TVH} = \frac{1}{qmn}\sum_{t=1}^{q}\sum_{v=1}^{m}\sum_{h=1}^{n} s(t,v,h) \tag{3 – 26}$$

利用三维噪声方向因子可计算系统总的噪声均方值 σ_{TOTAL}^2 为

$$\sigma_{\text{TOTAL}}^2 = \frac{1}{qmn}\sum_{t=1}^{q}\sum_{v=1}^{m}\sum_{h=1}^{n} \left| s(t,v,h) - D_{TVH} \right|^2$$

$$= \frac{1}{qmn}\sum_{t=1}^{q}\sum_{v=1}^{m}\sum_{h=1}^{n} \left(\begin{array}{l} (D_{VH} - D_{TVH}) + (D_{TV} - D_{TVH}) + (D_{TH} - D_{TVH}) + \\ (D_T - D_{TV} - D_{TH} + D_{TVH}) + (D_H - D_{TH} - D_{VH} + D_{TVH}) + \\ (D_V - D_{TV} - D_{VH} + D_{TVH}) + \\ [s(t,v,h) - D_T - D_V - D_H + D_{TV} + D_{TH} + D_{VH} - D_{TVH}] \end{array} \right)^2$$

$$\tag{3 – 27}$$

由于7个方向上线性无关，因此系统总的噪声均方值可表示为

$$\sigma_{\text{TOTAL}}^2 = \sigma_T^2 + \sigma_V^2 + \sigma_H^2 + \sigma_{VH}^2 + \sigma_{TH}^2 + \sigma_{TV}^2 + \sigma_{TVH}^2 \tag{3-28}$$

式中，σ_T 为帧间噪声；σ_V 为列间噪声；σ_H 为行间噪声；σ_{TV} 为随帧变化行噪声；σ_{TH} 为随帧变化列噪声；σ_{VH} 为空间噪声，不随帧变化；σ_{TVH} 为随机三维噪声。

3.2 光电探测器

光辐射探测器中的光电探测器主要有光电管、光电倍增管、光伏型（PV）探测器、光导型（PC）探测器等。目前应用最广泛的是固体 CCD、CMOS 线阵或面阵成像探测器。

3.2.1 光电管和光电倍增管

光电管和光电倍增管的结构分别如图 3-7 和图 3-8 所示。真空光电管是在真空的玻璃或石英玻璃玻壳内装有阳极和阴极，它们分别与外电路的正、负极相连。在光照下，阴极表面激发出的电子在电场作用下打向阳极，在外电路形成光电流。

图 3-7　光电管的结构

图 3-8　光电倍增管的结构

1~9—倍增极；10—阳极

光电倍增管除了有阴极、阳极外，在阴极和阳极之间还有多个打拿极（倍增极）。后一极打拿极的电位高于前一极，故后一极打拿极可看成是前一极的阳极，前一极打拿产生的电子，在静电场作用下加速打在后一极打拿极上，打拿出数量更多的二次电子；整个光电倍增管就相当于多级串联的光电管，使电子逐级增多并流向阳极。

设每一打拿极的平均二次电子发射系数为 δ，则 N 极打拿极的光电倍增管，其电流放大的倍数为 $G = \delta^N$，如果 $\delta = 6$，$N = 9$，$G \approx 10^7$，故光电倍增管具有很高的电流增益。

光电管和光电倍增管的光谱响应度和量子效率等主要取决于光电阴极。光电阴极主要有两类：

（1）不透明的反射式阴极。

一层蒸镀在基底层上的不透明碱金属薄膜，电子由被光照射的阴极表面产生。

（2）半透明的透射式阴极。

在真空玻壳的内表面蒸镀若干层极薄的金属氧化物，光辐射照射在玻壳外表面，电子由金属氧化物表面发射出来。

由于电子从光电阴极材料表面逸出功的限制，光电管和光电倍增管主要工作在紫外和可见光谱段，个别光电阴极材料可工作在近红外光谱段（0.9~1.1 μm）。典型光电阴极的相对光谱灵敏度已由美国电子工业协会（EIA）标准化。图 3-9 所示为几种典型光电阴极的

相对光谱响应度曲线。

图 3 – 9　几种典型光电阴极的相对光谱响应度曲线

光电管和光电倍增管的主要性能参数有以下四个。

1. 光谱响应度

当需要精确知道光谱响应度时，需要在与应用相同的条件下进行测量。由于光电阴极制作工艺等的限制，同一种光电阴极材料，即使同一工厂生产的同一批号管子，其光谱响应度也会有所不同。所以，产品说明书给出的光谱响应度曲线只能用作参考。

光谱响应度还受以下因素的影响：

（1）温度。用温度系数来描述光谱响应度随温度变化的特性，可写成

$$R(\lambda, T) = R(\lambda, T_0)[1 + C_\lambda(T - T_0)] \tag{3 – 29}$$

式中，T_0 为光谱响应度测量时的温度；T 为使用温度；C_λ 为光谱响应度的温度系数。可能在某一温度下，对某一光谱段 C_λ 是正值，而在另一光谱段 C_λ 却是负值；但在另一温度下，可能 C_λ 在整个工作谱段内都是正值。图 3 – 10 所示为 CsSb 光电阴极的温度系数和使用温度、波长的关系曲线。推荐的使用环境温度稳定在 ±1 ℃ 范围内。

（2）入射光斑在光电阴极表面的位置。光电阴极的光谱响应度在沿阴极表面的分布是不均匀的，图 3 – 11 所示为一种光电阴极测量光点离阴极面中心不同距离处测得的光谱响应度。可以看到，响应度的不均匀性是相当明显的。使用上，常常不是把待测光束汇聚在光电阴极表面上，而是把光电管（光电倍增管）和一积分球一起使用（见图 3 – 12）。积分球将光能均匀地照射在光电阴极表面，这样就避免了由光束位置变化而引起的测量误差。

（3）管子的疲劳、磁场使电子在运动途径中离焦与偏转、外加电压的波动等。

图 3 – 10　CsSb 光电阴极的温度系数和使用温度、波长的关系曲线

图3-11 一种光电阴极测量光点离阴极面中心不同距离处测得的光谱响应度

图3-12 光电管和一积分球
一起使用示意

2. 噪声特性

光电阴极到打拿极的热电子发射是光电（倍增）管的主要噪声源，形成的暗电流、噪声电流随工作温度的平方而变化。制冷可大大降低暗电流，使光电（倍增）管接近理想光子探测器的特性。但若制冷过度，则噪声特性不会有多大的改善，而响应度却会大大下降。对S-11光电阴极的测量表明，制冷至液氮温度（77 K）时，响应度将下降到室温的10%。此外，过低的使用温度还会使线性性变坏，故一般除S-1光电阴极外，制冷至-20 ℃就足够。

3. 外加电压的稳定性

和其他外加电压的光电器件一样，电压的稳定是管子稳定工作的基本保证。一般来说，电压的稳定度应比要求的测量精度高10倍左右。光电倍增管在一定极间电压范围内，二次电子发射倍率δ随打拿极间电压的增高而增加，尤其是阴极和第一打拿极、最后一极打拿极和阳极之间的电压。

4. 偏振响应度

光电（倍增）管对从不同线偏振方向入射的偏振光有不同的响应。设在某一线偏振方向（α角时）的响应达最小值R_{min}，而在α+90°时，响应达最大值R_{max}，则响应的偏振度为

$$P = \frac{R_{max} - R_{min}}{R_{max} + R_{min}} \tag{3-30}$$

式（3-30）表示了器件的偏振响应程度及估计光辐射测量中偏振响应度可能引起的最大测量误差。

光电倍增管以其响应度高、性能稳定、线性动态范围大（可达 $10^4 \sim 10^6$）、响应快（可达 ns 级）而成为一种理想的光电探测器，获得广泛的应用。由于响应度高，平时应将其保存在暗处，即使没有外加电压，也应避免光照，以免光电阴极疲劳或在强光照射下被破坏。

3.2.2　光伏探测器

图 3-13 所示为典型的 P-N 型半导体硅光电二极管的结构。重掺杂质的 P 型材料扩散到掺杂质 N 型的硅片上，在 P^+ 和 N 的界面形成 P-N 结，在 N 型硅片下面再扩散一附加层，以增大 N 型杂质的浓度，再由金属电极引出。除 P-N 型外，还有 N-P 型或 P-N 型之间加无杂质的 P-I-N 型等。

当光子照射在探测器光敏面上时，若其能量 $h\nu$ 大于禁带宽度，则 P 型区每吸收一个光子的能量就产生一个电子—空穴对。电子扩散到 N 型区，在外电路形成电流。

不同的 P-N 结材料的禁带宽度 E_g 是不同的。图 3-14 所示为典型光电探测器的光谱比探测率曲线，图中虚线是理想光伏探测器的峰值 D^* 曲线。

图 3-13　P-N 型半导体硅光电二极管的结构

(a)

(b)

图 3-14　典型光电探测器的光谱比探测率曲线

为了防止热激发产生过大的噪声，探测器还存在工作温度限制，工作温度不应超过一定值，即

$$kT \leqslant E_g \qquad (3-31)$$

式中，k 为玻尔兹曼常数；E_g 为禁带宽度。禁带宽度越小，由温度造成的热噪声就越大，故探测器应工作在更低的温度下。例如，锑化铟的 $E_g = 0.22$ eV，则 $T \leqslant 255$ K。

对于近紫外到近红外谱段范围的光伏探测器，最常用的是硅光电二极管，其制造工艺成

熟，具有性能稳定、响应度高、线性动态范围宽（$10^5 \sim 10^9$）、响应速度快（比光导型探测器高一个数量级）等一系列优点。

硅光电二极管的光谱响应度曲线如图 3 – 15 所示。其最大响应波长在 0.8 μm，在蓝紫谱段响应较低。具有以下主要工作特性。

图 3 – 15　硅光电二极管的光谱响应度曲线

（1）温度系数。

图 3 – 16 所示为硅光电二极管的温度系数随波长变化的曲线。由图可知，响应波段的两侧，响应度随温度变化较大，而在 0.5 ~ 0.85 nm，温度系数相当小。

图 3 – 16　硅光电二极管的温度系数随波长变化的曲线

（2）入射角的影响。

由于表面是抛光镜面，材料本身的折射率较高（$n = 3.45$），因而表面反射比相当大，尤其是入射角较大时。图 3 – 17 所示为在 $\lambda = 0.55$ μm 和 $\lambda = 0.90$ μm 时硅光电二极管响应度误差随入射角变化的曲线。当测量立体角较大时（如在半球立体角测辐照度），应考虑响应度随入射角变化的特性。

（3）偏振响应度。

用不同入射角的线偏振光照射在硅光电二极管上，当偏振光的偏振方位角 φ 变化时，其输出的偏振响应特性曲线如图 3 – 18 所示。入射角越大，响应度受偏振的影响也越大。

（4）硅光电二极管光敏面的响应均匀性较好。不均匀性在 2% ~ 6%，主要是边缘部分响应度变化稍大。

图 3 - 17　在 λ = 0.55 μm 和 λ = 0.90 μm 时，硅光电二极管响应度误差随入射角变化的曲线

图 3 - 18　硅光电二极管的偏振响应特性曲线

（5）硅光电二极管有无偏压和反向偏压两种工作状态。无偏压状态［见图 3 - 19（a）］就是光电池，即光照下探测器两端输出一定的电压值。常用的太阳电池就是工作在这种状态的硅光电二极管或蓝硅光电二极管。其特点是面积较大，要求有尽可能高的电流转换效率。反向偏压状态是最常用的工作状态［见图 3 - 19（b）］。由硅光电二极管的伏安特性曲线（见图 3 - 20）可知，在反向偏压状态下，探测器有良好的线性工作特性；此外，从整体性能来说，噪声电流较小，探测率较高。

图 3 - 19　硅光电二极管的两种工作状态
（a）无偏压状态；（b）反向偏压状态

红外波段的光伏探测器遇到的问题之一是其工作温度。由于长波光子的能量（$h\nu$）较小，甚至有可能和原子的平均热能相当（近似等于 kT），若在常温下工作，其热噪声可能把探测器接收的弱光信号淹没，故工作波长大于 3 μm 时，一般要求探测器制冷，以减小热噪声，提高探测器的探测能力。

图 3 –21 所示为安装探测器的杜瓦瓶结构，瓶的夹层为真空，以减少与外界温度的交换。在杜瓦瓶内芯加入各种制冷剂（常用探测器的制冷剂及其制冷温度如表 3 – 2 所示），利用液体相变吸热，实现探测器的制冷。除此之外，目前常用的制冷方式还有基于珀耳帖效应的半导体 TE 制冷器、基于气体节流膨胀焦汤效应的节流制冷器、基于气体等熵膨胀的斯特林制冷器等。

图 3 –20   硅光电二极管的伏安特性曲线

图 3 –21   安装探测器的杜瓦瓶结构

表 3 – 2   常用探测器的制冷剂及其制冷温度

制冷剂	制冷温度/K	制冷剂	制冷温度/K
液氦	4.2	液氩	87.2
液氢	20.3	液氧	90.2
液氖	27.1	干冰	195
液氮	77.3	—	—

减小背景辐射影响同样是减小探测器噪声的重要途径，尤其是探测器窗、滤光片、光学系统、探测器的前置放大级。探测器的工作视场角应采用冷屏蔽罩。图 3 –22 所示为探测器及其相邻元件制冷对提高探测器比探测率的影响。由于都在探测器附近，所张的立体角大（角系数大），其温度（背景）辐射对探测器的噪声影响也较大。由图 3 –22 可见，比探测率随探测器窗、光学元件制冷程度的提高而明显地得到改善。

3.2.3   光导探测器

光导探测器的半导体材料与光伏探测器的相同；不同的是，光导探测器只采用了一整块半导体材料构成 P – N 结，而光伏探测器由两种或两种以上半导体材料构成 P – N 结。在光照下，光导探测器的电导率发生变化，引起所在电路中电流或输出电阻上电压的变化。由于在电路中相当于一个电阻值随光照而变化的"电阻"，故也称为光敏电阻。

可见波段常用的光电导探测器有硫化镉探测器和硒化镉探测器，其光敏层形状呈盘丝状（见图 3 –23），图中黑色部分是光敏层，白色部分是蒸镀的金属电极。做成盘丝状的目的在于增大电阻率，进而增大探测器的响应度，但存在响应度沿探测器表面的均匀性问题。

图 3 - 22　制冷对探测器比探测率的影响

图 3 - 24 所示为峰值在 0.50 ~ 0.75 μm 的硫化镉探测器和硒光镉探测器的相对光谱响应度曲线。硫化镉探测器的突出优点是响应峰值在 0.55 μm 附近，与人眼光谱光视效率的峰值波长一致，故常用在普通照度计、曝光表、光电计数、计算机卡片读入等中。

图 3 - 23　硫化镉探测器和硒化镉探测器的
光敏层形状

图 3 - 24　硫化镉探测器和硒化镉探测器的
相对光谱响应度曲线

硫化镉探测器的阻值随照度变化曲线（见图 3 - 25）的线性性并不好，引入 γ 值表示非线性性为

$$\gamma = \frac{\log R_1 - \log R_2}{\log E_2 - \log E_1} \qquad (3-32)$$

式中，R_1，R_2 分别为照度 E_1 和 E_2 时的电阻值，即

$$\frac{R_1}{R_2} = \left(\frac{E_2}{E_1}\right)^{\gamma} \qquad (3-33)$$

通常采用 $E_1 = 10$ lx，$E_2 = 100$ lx 对应的电阻值表示 γ 值：

$$\gamma = \log (R_{10}/R_{100}) \qquad (3-34)$$

该值常在表示元件的性能参数时使用。

硫化镉探测器和硒化镉探测器的响应度受温度的影响较大，不同照度值下的温度系数也不同。图 3 - 26 所示为硫化镉探测器在不同照度下的相对电阻值随温度变化的曲线。光照越强，相对电阻值变化越小。

图 3-25 硫化镉探测器的
阻值随照度变化的曲线

图 3-26 硫化镉探测器在不同照度下的相对
电阻值随温度变化的曲线

硫化镉、硒化镉具有"光照记忆"效应，即在相同的光照下，光照前放在暗处要比光照前放在亮处的电阻值小，所以，工作前最好先在一定光照下或暗处放一定时间，直到稳定后再工作。这也是这类探测器很少在精确光辐射测量中应用的原因。

常用的红外光电导探测器的响应谱段、峰值波长及典型的探测率如图 3-14 所示，响应波长范围受温度影响很大，例如硫化铅在室温（295 K）下的响应波长达 3.4 μm，而制冷到77 K 时，响应波长可延伸至 4.3 μm 左右。由于红外光电导探测器的电阻具有负的温度系数，在一定的偏置电压下，温度下降使探测器的电阻增大，进而使其电流减小，故电流响应度减少。温度下降将使探测器的响应时间增长，例如硫化铅等工作温度由 300 K 制冷到230 K 时，时间常数约增加一个数量级。

图 3-27 所示为光电导探测器工作在调制光条件下的电路原理。直流电压 V_b 加在串联的负载电阻和光电导探测器两端。光信号引起光电导探测器 R_C 的阻值变化，从而在外电路产生交变的电压信号。

与光伏探测器一样，直流偏置电压对测量电路的性能至关重要。当偏量电流较大时，测量电路中电流的直流分量较大，外来光信号产生的交流输出信号也较大，响应度就较大，探测器的热噪声也随之增大，比探测率 D^* 基本不变，进一步增大偏置电流，响应度不再增加，而探测器的温度却随电流的增大而上升，使热噪声增加更快，比探测率 D^* 反而下降。偏置电流的设置应使探测器有高的响应度和比探测率 D^*（见图 3-28）。

图 3-27 光电导探测器工作在调制光
条件下的电路原理

图 3-28 光电导探测器的响应度、
噪声及比探测率

3.2.4　典型光电成像探测器

1. 电荷耦合器件成像探测器

电荷耦合器件（Charge – Coupled Device，CCD）也称为 CCD 图像传感器。它能够把光学影像转化为模拟或数字图像信号，具有体积小，质量小，功耗小，坚固可靠，低压供电，价格低廉等特点，是当前广泛应用的成像传感器。

常见的面阵 CCD 成像器件有两种结构：行间转移结构和帧/场转移结构。

（1）行间转移结构（ILT – CCD）。

行间转移结构成像器件如图 3 – 29 所示。在行间转移结构中，采用了光敏区与转移区相间排列方式，相当于将若干个单边传输的线阵 CCD 按垂直方向并排，再在垂直列阵的尽头（上方）增加一条水平 CCD 而构成。水平 CCD 的每一位与垂直 CCD 一一对应，相互衔接。

图 3 – 29　行间转移结构成像器件

当器件工作时，水平 CCD 的传输速率为垂直 CCD 的 N_h 倍（N_h 为垂直列数）。每当水平 CCD 驱动 N_h 次，表示一行信息读完，就进入行消隐。在行消隐期间，垂直 CCD 向上传输一次，即向水平 CCD 转移一行信息电荷，水平 CCD 又开始新的一行信号读出。依此循环，直到将整个一场信号读完，进入场消隐。在场消隐期间，又将新的一场光信号电荷从光敏区转移到各自对应的垂直 CCD 中。而后，又开始新一场的信号逐行读出。这里信号从光敏区转移到垂直 CCD 的过程与线阵 CCD 相同。

为实现交替场隔行"扫描"显示，每个光敏元分为 A、B 两部分。在结构上，每个光敏单元的 A 部分对应垂直 CCD 的第一相；B 部分对应第二相。只要在时钟脉冲设定好 A、B 场的不同相位，就能实现光敏元 A、B 交替积分，从而得到 A、B 场的隔行"扫描"显示。

（2）帧/场转移结构（FT – CCD）。

帧/场转移结构成像器件如图 3 – 30 所示。其主要由三部分组成：光敏区、存储区和输出端。在存储区及输出端上面均由铝层覆盖，以实现光屏蔽。光敏区与存储区 CCD 的列数及位数均相同，而且每一列是相互衔接的；不同之处是光敏区面积略大于存储区。

工作时，当光积分时间到后，时钟 A 与 B 均以同一速度快速驱动，将光敏区的一场信息转移到存储区。光敏区重新开始另一场积分，即时钟 A 停止驱动，一相停在高电平，另一相停在低电平。与此同时，转移到存储区的光信号逐行向水平 CCD 转移，再由水平 CCD 快速读出。光信号由存储区到水平 CCD 的转移过程又与行间转移结构相同。

2. CMOS 型成像器件

CMOS（互补金属—氧化物—半导体）型成像器件是早期开发的一类器件，目前已普遍应用于各类数码相机和摄像机产品中，成为 CCD 成像器件的一个有力的竞争者。如图 3 – 31 所示，CMOS 型成像器件由水平移位寄存器、垂直移位寄存器和 CMOS 像元阵列组成，MOS 晶体管在水平和垂直扫描电路的脉冲驱动下起开关作用；水平移位寄存器从左至右顺次地接通起水平扫描作用的 MOS 晶体管，即寻址列的作用，垂直移位寄存器顺次地寻址阵列的各行；每个像元由光敏二极管和起垂直开关作用的 MOS 晶体管组成，在水平移位寄存器产生的脉冲作用下顺次接通水平开关，在垂直移位寄存器产生的脉冲作用下接通垂直开关，于是顺次给像元的光敏二极管加上参考电压（偏压）。被光照的二极管产生载流子使结电容放电，这就是积分期间信号的积累过程。接通偏压的过程同时也是信号读出的过程。在负载上形成的视频信号大小正比于该像元上的光照强弱。

图 3 – 30　帧/场转移结构成像器件

图 3 – 31　CMOS 型成像器件的原理示意

CMOS 型成像器件具有低耗电、大面阵、单一电源驱动、系统集成电路化简单等特点，成为当前应用最广泛的光电成像传感器类型之一。

3.3　热探测器

为提高热探测器的探测能力，应最大限度地吸收各种波长的入射辐射能，所以热探测器表面常用煤黑、黑色金属氧化物或黑色无定形金属等做成黑色的。热探测器是各种探测器中唯一能得到无选择性响应的探测器。

按照能量守恒定律，热探测器吸收入射辐射能与探测器表面温度升高之间的关系可写成：吸收的辐射热能 = 探测器的热传导损失 + 探测器表面的温升所需的能量。如图 3 – 32 所

示，热探测器的工作模型可写成

$$C \frac{\mathrm{d}(\Delta T)}{\mathrm{d}t} + G\Delta T = a\Phi, \quad \Delta T\big|_{t=0} = 0 \qquad (3-35)$$

式中，a 为探测器表面的吸收比；Φ 为入射光辐射通量（W）；C 为探测器的热容，即单位温升所需辐射能，可表示为 $\mathrm{d}Q/\mathrm{d}(\Delta T)$，单位是 J/K；$G$ 为热导，单位为 W/K。

图 3-32　热探测器的工作模型

式（3-35）表示探测器表面吸收的辐射能，其中一部分消耗在热导损失上（探测器温升 ΔT 损失的热辐射功率），另一部分使表面温度升高。

设入射辐射通量 $\Phi = \Phi_0 + \Phi_\omega \exp(\mathrm{i}\omega t)$，即频率 ω 的调制光信号，则解式（3-35），可得探测器表面温度变化的幅度为

$$T_\omega = \frac{a\Phi_\omega}{G\sqrt{1 + \omega^2\tau^2}} \qquad (3-36)$$

式中，$\tau = C/G$，为热探测器的时间常数。

要提高热探测器响应度（正比于 T_ω/Φ_ω），应减小探测器的热导和热容。为此，热探测器常常做成薄条或薄片状，以减小热容；探测器表面的支撑部分要尽可能小，引线要短且细，以减小热导。这样热探测器在结构上较脆弱，且热导和热容的减小还受到工艺等的限制，故热探测器的时间常数比光电探测器大得多，一般为毫秒级。

为了减小外界温度、空气流动等对热探测器信号探测的影响（温度噪声），常常把探测片封装在密封的真空容器内。真空封装的热探测器响应度为非真空封装状态的两倍以上，但是真空封装后与外界的热交换也变差，时间常数将会增大。

虽然平坦的光谱响应十分重要，但实际上由于探测器表面黑色层的吸收比不可能是理想、平坦的，探测器外面的窗材料不仅限制透过辐射能的波长范围，且在透射谱段的光谱透射比也不完全平坦，故热探测器并不具有完全理想、平坦的光谱响应。图 3-33 所示为热探测器表面层材料的光谱反射比曲线。

图 3-33　热探测器表面层材料的光谱反射比曲线

在绝大多数情况下，热探测器响应度的不平坦可忽略不计，只是在精确光谱量标定时才需考虑。

3.3.1 热电偶和热偶堆

热电偶是基于两种不同金属在其连接点有温差时会产生热电动势的塞贝克效应（见图3-34）而制作的。当一个连接点受光辐照时升温；而另一连接点不受辐照时，在回路中就会产生电流。

图3-34 塞贝克效应

把多个热电偶串接构成热偶堆（见图3-35），可提高响应度（N个串联热电偶的热偶堆，其响应度为单个热电偶的N倍）。

由于两连接点相距不远，所以当接在桥式回路中时，环境温度变化的影响可自动补偿，故一般工作在常温下。

热电偶产生的温差电动势V和温度$T(\mathrm{K})$之间的关系可写成

$$V = a + bT + cT^2 \tag{3-37}$$

式中，a，b，c为常数。

对式（3-37）求导，得到塞贝克系数（见图3-36）为

$$a'(T) = \frac{\mathrm{d}V}{\mathrm{d}T} = b + 2cT \tag{3-38}$$

图3-35 热偶堆的构成

图3-36 常用热电偶材料的塞贝克系数与温度的关系曲线

由式（3-36）及式（3-37）可得热电偶的响应度为

$$R_\Phi = \frac{V}{\Phi} = \frac{a'(T)a}{\sqrt{G^2 + \omega^2 C^2}} \tag{3-39}$$

在频率很低时，$G \gg \omega C$，则 $R_\Phi = a'(T)a/G$，即用高吸收比的表面层、高塞贝克系数且性能稳定的热电偶金属、低热导的结构可使热电偶有较高的响应度。

热噪声和温度噪声是热电偶的主要噪声源。常用的热电偶材料有镍铬—镍铝、镍铬—康铜、铜—康铜、铁—康铜、铂 15 铱—钯等。

3.3.2　测辐射热计

测辐射热计的机理是材料吸收光辐射能引起的温度变化，进而使材料电阻值发生变化，主要有金属测辐射热器、热敏电阻、半导体测辐射热器和超导辐射热器等种类。这里简单介绍热敏电阻。

图 3 – 37 所示为典型热敏电阻的结构。探测片和半球（或超半球）透镜贴在一起，以增加辐射能的汇聚能力。探测片常用锰、钴、氧化镍烧结而成；透镜材料多用锗或蓝宝石；补偿片与探测片相同，但有挡片使它不受辐射的照射，其作用是补偿环境温度变化对测量的影响。

图 3 – 38 所示为使用热敏电阻测辐射通量的桥式电路，这种桥式线路可使测量的动态范围达 10^6。

图 3 – 37　典型热敏电阻的结构

图 3 – 38　使用热敏电阻测辐射能量的桥式电路

3.3.3　热释电探测器

热释电探测器是一种性能较好的热探测器，具有光谱响应范围（大于 100 μm）平而宽、性能稳定、时间常数小（纳秒级）等优点。

热释电探测器是基于某些铁电材料吸收辐射能后温度的变化导致其表面电荷变化，从而在外电路产生信号电流为

$$I = \alpha_0 S \frac{dT}{dt} \tag{3 – 40}$$

式中，α_0 为热释电系数，即单位表面面积温度升高 1 ℃时在外电路产生的电流值；S 为探测器的表面面积。

热释电探测器需要工作在调制光中，因为不调制的辐射能虽然使元件表面产生一定的温度变化，但表面电荷很快就会中和完毕，在外电路难以产生持续的信号电流。

热释电材料的表面温度超过某一规定温度（居里温度 T_g）时，材料电极化将消失，热释电性能也不复存在，故热释电探测器只能在一定工作温度范围。常用的热释电探测器材料

图 3 – 39　聚偏二氟乙烯热释
电探测器的结构示意

有硫酸三甘肽（TGS）（$T_g = 49 \text{ ℃}$）、聚偏二氟乙烯（PVF$_2$）、肽酸锂（LiTaO$_3$）（$T_g = 600 \text{ ℃}$）等，其中，以 TGS 的响应度最高。当表面温度超过 T_g 而无法正常工作时，在加外电场的同时，器件由高温缓慢冷却至室温，探测器的功能仍能恢复。

图 3 – 39 所示为一种厚 6 μm 聚偏二氟乙烯热释电探测器的结构示意。其两侧淀积有 0.01 μm 厚的镍膜，通过金属环引出。聚偏二氟乙烯膜的表面是金黑吸收层。

由于热释电探测器的性能受负载电路的影响甚大，所以常和放大器封装在一个壳里，图 3 – 40 所示为其内部接线图。其中除了热释电探测器 C_D 外，还有高输入阻抗的场效应管 FET 以及负载电阻 R_L。采用场效应管输出器是为了与探测器的阻抗匹配。

图 3 – 40　热释电探测器组件与外电路的连接

3.3.4　非制冷红外焦平面探测器

非制冷红外焦平面探测器主要是以微机电技术（MEMS）制备的热传感器为基础，大致可分为微测辐射热计、热电堆/热电偶、热释电、微光机械等几种类型。其中，微测辐射热计的技术发展非常迅猛（见图 3 – 41），所占市场份额也最大。近年来，非制冷红外焦平面探测器的阵列规模不断增大，像元尺寸不断减小，且在探测器单元结构及其优化设计、读出电路设计、封装形式等方面出现了不少新的技术发展趋势。

非制冷红外焦平面探测器从设计到制造可分成微测辐射热计、读出电路和真空封装三大技术模块。

图 3 – 42 所示为单个微测辐射热计的结构示意。在硅衬底上通过 MEMS 技术生长出与桥面结构非常相似的像元，也称为微桥。桥面通常由多层材料组成，包括用于吸收红外辐射能量的吸收层和将温度变化转换成电压（或电流）变化的热敏层，桥臂和桥墩起到支撑桥面并实现电连接的作用。微测辐射热计的工作原理：来自目标的热辐射通过红外光学系统聚焦到探测器焦平面阵列上，各个微桥的红外吸收层吸收红外能量后温度发生变化，不同微桥接收到不同能量的热辐射，其自身的温度变化就不同，从而引起各微桥的热敏层电阻值发生相应的改变，这种变化经由探测器内部的读出电路转换成电信号输出，经过探测器外部的信号采集和数据处理电路最终得到反映目标温度分布情况的可视化电子图像。

图 3 – 41　典型的非制冷红外焦平面探测器机芯及其成像效果

为了获得更好的性能，需要在微测辐射热计的结构设计上做精心的考虑与参数折中。主要的设计参数及要求包括微测辐射热计与其周围环境之间的热导要尽量小；对红外辐射的有效吸收区域面积尽量大，以获得较高的红外辐射吸收率；选用的热敏材料需要具有较高的电阻温度系数（TCR）、尽量低的 $1/f$ 噪声和尽量小的热时间常数。

1. 热导

如图 3 – 42 所示，为使微测辐射热计与其衬底间的热导尽量小，微桥的桥臂设计需要用低热导材料，并采用长桥臂小截面面积的设计。此外，需将微测辐射热计探测器阵列封装在一个真空的管壳内部，以减小其与周围空气之间的热导。

2. 吸收率

要使微测辐射热计对红外辐射的吸收率尽量高，可从提高探测器填充系数、光学谐振腔设计优化等方面进行考虑。由于有相当一部分入射的红外

图 3 – 42　单个微测辐射热计的结构示意

辐射能量会穿透微桥结构的红外吸收层，所以通常在微桥下方制作一层红外反射面，将从上方透射来的红外辐射能量反射回红外吸收层进行二次吸收。吸收层与反射面之间的距离对于二次吸收的效果有较大影响，如果设计为红外辐射波长的 1/4，就可增加吸收层对反射回来的红外能量的吸收。对于 $8 \sim 14\ \mu m$ 的长波红外辐射，该距离为 $2.0 \sim 2.5\ \mu m$。

图 3 – 43（a）所示为一种类型的谐振腔结构示意，反射面位于读出电路的硅衬底表面，所以微桥的桥面与硅衬底的距离是 1/4 辐射波长；图 3 – 43（b）所示为另一种类型的谐振腔结构示意，反射面位于微桥的下表面，所以微桥的厚度要做成 1/4 辐射波长。

3. 热敏材料

热敏材料的选取对于微测辐射热计的灵敏度（NETD）有非常大的影响，优选具有高温度电阻系数（TCR）和低 $1/f$ 噪声的材料，同时还要考虑到所选材料与读出电路的集成工艺是否方便、高效。目前最为常用的热敏材料包括氧化钒（VO_x）、多晶硅（$\alpha - Si$）、硅二极管等。微测辐射热计的 NETD 主要受限于热敏材料的 $1/f$ 噪声，这种噪声与材料特性密切相关，不同材料的 $1/f$ 噪声可能会相差几个数量级，甚至对材料复合态的细微调整也会带来 $1/f$ 噪声的显著变化。

图3-43　红外光学谐振腔结构示意

习题与思考题

1．何谓白噪声？何谓$1/f$噪声？要降低电阻的热噪声，应采取什么措施？

2．P-N结加正向偏压，不利于结区光生电子—空穴对的分离，光电效应不明显，为什么？

3．依据光照产生光电子是否逸出材料表面，光电效应可以分为内光电效应和外光电效应。所学过的光电效应中，哪些属于内光电效应？哪些属于外光电效应？为什么外光电效应对应的截止波长较短？

4．探测器的$D^* = 10^{11}\ \mathrm{cm \cdot Hz^{1/2}/W}$，探测器光敏面的直径为$0.5\ \mathrm{cm}$，用于$\Delta f = 5 \times 10^3\ \mathrm{Hz}$的光电仪器中，它能探测的最小辐射功率为多少？

第4章

辐射能在空间中的传输

辐射能的传输一般是指辐射能由光源（光源的自发射或者物体表面反射、透射、散射辐射能）经过传输介质而投射到接收系统或探测器上的投射。在辐射能的传输路径上，会遇到传输介质和接收系统的折射、反射、散射、吸收、干涉等，使辐射能在到达接收系统前，在空间分布、波谱分布、偏振程度、相干性等方面发生变化。光辐射能在空间传输的一般过程可用图 4 - 1 来表示。

图 4 - 1   光辐射能在空间传输的一般过程

本章不讨论辐射能由于干涉、衍射等在空间、时间、强度等方面引起的变化，主要从几何光学的基本定律出发，讨论辐射能的传输。在许多实用情况下，几何光学能够相当精确地描述光辐射能的传输。

4.1   光辐射能在空间中传输的基本定律

4.1.1   辐亮度和基本辐亮度守恒

在光束传输路径上任取两个面元：面元 1 和面元 2，面积分别为 dA_1 和 dA_2（见图 4 - 2）。取这两个面元时，使通过面元 1 的光束也都通过面元 2。设两面元相距 r，面元法线与传输方向的夹角分别为 θ_1 和 θ_2，则

$$d\Omega_1 = \frac{dA_2 \cos \theta_2}{r^2}, \quad d\Omega_2 = \frac{dA_1 \cos \theta_1}{r^2}$$

设面元 1 的辐亮度为 L_1，当把面元 1 看作子光源，面元 2 看作接收表面时，由面元 1 发出、面元 2 接收的辐射通量为

图 4 - 2　辐亮度守恒关系

$$\mathrm{d}^2 \varPhi_{12} = L_1 \cos \theta_1 \mathrm{d}A_1 \mathrm{d}\varOmega_1 = L_1 \cos \theta_1 \mathrm{d}A_1 \frac{\mathrm{d}A_2 \cos \theta_2}{r^2}$$

再由辐亮度的定义可得面元 2 的辐亮度为

$$L_2 = \frac{\mathrm{d}^2 \varPhi_{12}}{\mathrm{d}A_2 \mathrm{d}\varOmega_2 \cos \theta_2} = \frac{\mathrm{d}^2 \varPhi_{12}}{\mathrm{d}A_2 \cos \theta_2 \mathrm{d}A_1 \cos \theta_1 / r^2}$$

比较以上两式可得

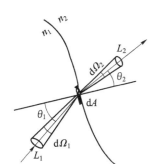

图 4 - 3　辐射在介质边界的传输

$$L_1 = L_2 \qquad\qquad (4 - 1)$$

即当辐射能在传输介质中没有损失时，面元 2 和面元 1 的辐亮度相等——辐亮度守恒。

如果面元 1 和面元 2 在不同介质中（见图 4 - 3），辐射通量在介质边界上无反射、吸收等损失，则

$$\mathrm{d}^2 \varPhi_{12} = L_1 \mathrm{d}A \mathrm{d}\varOmega_1 \cos \theta_1 = L_2 \mathrm{d}A \mathrm{d}\varOmega_2 \cos \theta_2$$

由式（4 - 1）得

$$\mathrm{d}^2 \varPhi_{12} = L_1 \mathrm{d}A \sin \theta_1 \cos \theta_1 \mathrm{d}\theta_1 \mathrm{d}\varphi = L_2 \mathrm{d}A \sin \theta_2 \cos \theta_2 \mathrm{d}\theta_2 \mathrm{d}\varphi$$

再由折射定律 $n_2 \sin \theta_2 = n_1 \sin \theta_1$，有

$$\sin \theta_1 \cos \theta_1 \mathrm{d}\theta_1 = \sin \theta_1 \mathrm{d}(\sin \theta_1) = \left(\frac{n_2}{n_1}\right)^2 \sin \theta_2 \cos \theta_2 \mathrm{d}\theta_2$$

代入上式得

$$\frac{L_1}{n_1^2} = \frac{L_2}{n_2^2} \qquad\qquad (4 - 2)$$

若将 L/n^2 叫作基本辐亮度，则基本辐亮度守恒既可用在光辐射能在同一均匀介质中的传输，也可用在不同介质中光辐射能传输的分析描述。

在光密介质中，辐亮度增大是由光束汇聚的立体角减小所致。在光辐射测量中，将接收器表面紧贴在平凸透镜的一侧，利用这一性质，可提高探测点的辐亮度。

4.1.2　辐射换热角系数

光辐射能在空间传输的计算，对分析辐射能空间分布、辐射测量系统的工作性能、辐射热交换等都是十分重要的。在计算中常常需要作与实际情况近似的假定，简化分析问题。

如图 4 - 4 所示，由面元 1 面积 $\mathrm{d}A_1$ 传输到面元 2 面积 $\mathrm{d}A_2$ 的辐射通量可写成

图 4 - 4　空间表面之间辐射能的传输

$$\mathrm{d}\varPhi_{12} = L_1 \mathrm{d}A_1 \mathrm{d}\varOmega_1 \cos\theta_1 = L_1 \frac{\cos\theta_1\cos\theta_2}{r_{12}^2}\mathrm{d}A_1\mathrm{d}A_2 \qquad (4-3)$$

于是，面元 1 传输到面元 2 的总辐射通量为

$$\varPhi_{12} = \int_{A_1}\int_{A_2} L_1 \frac{\cos\theta_1\cos\theta_2}{r_{12}^2}\mathrm{d}A_1\mathrm{d}A_2 \qquad (4-4)$$

式中，L_1 为面元 1 的辐亮度；θ_1，θ_2 为面元 $\mathrm{d}A_1$ 和 $\mathrm{d}A_2$ 的法线与传输方向的夹角；r_{12} 为面元 $\mathrm{d}A_1$ 到面元 $\mathrm{d}A_2$ 的距离；A_1，A_2 分别为表面 1 和表面 2 的面积。

一般地，L_1 是位置 $\mathrm{d}A_1$ 的函数。若假设表面 1 是朗伯表面，则 L_1 与 $\mathrm{d}A_1$ 的位置无关，且有 $L_1 = M_1/\pi$，M_1 是表面 1 的辐射出射度，则

$$\varPhi_{12} = \frac{M_1}{\pi}\int_{A_1}\int_{A_2} \frac{\cos\theta_1\cos\theta_2}{r_{12}^2}\mathrm{d}A_1\mathrm{d}A_2$$

由表面 1 发出的总辐射通量 $\varPhi_1 = M_1 A_1$，可得表面 2 接收的辐射通量占光源表面 1 发出辐射通量的比值为

$$F_{12} = \frac{\varPhi_{12}}{\varPhi_1} = \frac{1}{\pi A_1}\int_{A_1}\int_{A_2} \frac{\cos\theta_1\cos\theta_2}{r_{12}^2}\mathrm{d}A_1\mathrm{d}A_2 \qquad (4-5)$$

式中，F_{12} 是只与表面 1 和表面 2 的形状、位置、大小、方向有关的无量纲的量，称为辐射换热角系数或角系数。当两个表面的空间几何参数确定后，F_{12} 就已确定，因此，若已知表面 1 发出的总辐射通量 $\varPhi_1$，则可方便地求得表面 2 上接收的辐射通量 $\varPhi_{12} = F_{12}\varPhi_1$。

需要指出，角系数计算的前提是光源为朗伯表面。许多表面的漫射性虽然和朗伯特性不尽相同，但这种假设在进行分析中常常是可借鉴的。然而，对准直光、汇聚光、镜面反射表面等就不能用这种假设。

虽然 F_{12} 的形式简单，但其中二重积分求解却绝非易事。目前，计算简单形状之间的角系数有不少可供查阅的公式和表格。附表 3-1 中列出了一些常用表面之间角系数的计算公式。

利用角系数的一些基本性质，常常可以使计算大为简化，把复杂表面的计算变成简单角系数的计算，这些性质包括等值性、可加性、互易性和完整性。

1. 等值性

等值性来自立体角的基本性质，即接收表面 $\mathrm{d}A_2$ 不论离辐射源表面 $\mathrm{d}A_1$ 有多远，形状如何以及传输方向的夹角是多少，只要它对 $\mathrm{d}A_1$ 的立体角不变，角系数 F_{12} 就不变（见图 4-5）。

2. 可加性

可加性来自光的独立作用原理，即两个光源传输到同一接收表面的辐射通量等于各光源传输到该表面辐射通量之和。同样，对于接收表面，多个接收表面接收到的总辐射通量等于它们各自接收到的辐射通量之和。

3. 互易性

若已知表面 2 对光源表面 1 的角系数 F_{12}，则在把表面 1 看成接收表面，表面 2 看作光源表面时，表面 1 对光源表面 2 的角系数 F_{21} 可由 F_{12} 及表面 1、2 的面积比来求得：

$$A_1 F_{12} = A_2 F_{21} \qquad (4-6)$$

如图 4-6 所示，表面 1 大于表面 2，这样光源表面 1 发出的 2π 立体角的辐射通量被表面 2 接收到的比例部分 F_{12} ［见图 4-6（a）］，要比设光源表面为 2 时发出的 2π 立体角的辐

射通量被表面 1 所接收到的比例部分 F_{21} ［见图 4 - 6（b）］ 小，而 F_{12} 和 F_{21} 之间的关系就是通过它们两个的面积之比联系起来的。

图 4 - 5　角系数的等值性

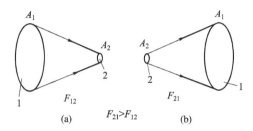

$F_{21} > F_{12}$

（a）　　　　　　　　　　（b）

图 4 - 6　角系数的互易性

4. 完整性

假如接收表面包容了发射表面 dA_1 周围的整个空间，即 dA_1 发出的全部辐射能都被接收表面所接收，那么 $F_{12} = 1$。

下面举几个例子来说明利用这些基本性质计算角系数的方法。

例 4 - 1　在积分球（见图 4 - 7）规则的球内层涂以具有近似朗伯漫射特性的涂料。求半径为 R 的球内任一面元 1 （辐亮度为 L_1，表面面积为 dA_1） 发出的辐射通量 Φ_1 在球内任一面元 2 （表面积为 dA_2） 形成的直射辐照度 E_2。

解　由几何关系 $\theta_1 = \theta_2 = \theta$，$r_{12} = 2R\cos\theta$，得

$$F_{12} = \frac{1}{\pi dA_1}\int_{dA_1}\int_{dA_2}\frac{\cos^2\theta}{4R^2\cos^2\theta}dA_1 dA_2 = \frac{dA_2}{4\pi R^2}$$

即

$$\Phi_{12} = F_{12}\Phi_1 = \pi L_1 dA_1 \frac{dA_2}{4\pi R^2}$$

故

$$E_2 = \frac{\Phi_{12}}{dA_2} = \frac{L_1 dA_1}{4R^2} \qquad\qquad (4 - 7)$$

式（4 - 7）说明，E_2 与面元 2 在球内的位置无关，即球内任一面元发出的辐通量在球内各内表面形成的辐照度值正好等于该辐射通量除以球的内表面面积。积分球的这一特性广泛地被应用在光辐射测量中。

例 4 - 2　求图 4 - 8 所示圆环 2 到圆环 4 的角系数 F_{24}。

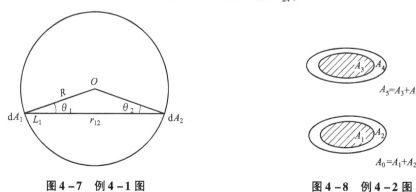

图 4 - 7　例 4 - 1 图

$A_5 = A_3 + A_4$

$A_0 = A_1 + A_2$

图 4 - 8　例 4 - 2 图

解　利用附表 3 – 1 中两个圆盘之间的角系数公式，通过可加性和互易性来求解，即 $F_{24} = F_{25} - F_{23}$。

因为　$A_2 F_{25} = A_5 F_{52} = (A_3 + A_4)(F_{50} - F_{51})$，$A_2 F_{23} = A_3 F_{32} = A_3(F_{30} - F_{31})$

所以　$F_{24} = \dfrac{A_3 + A_4}{A_2}(F_{50} - F_{51}) - \dfrac{A_3}{A_2}(F_{30} - F_{31})$

由于 F_{50}、F_{51}、F_{30}、F_{31} 都可根据附表 3 – 1 算出来，因此可求得 F_{24}。

例 4 – 3　求图 4 – 9 所示圆柱筒侧壁（面积为 A_3）到接收器（面积为 A_1）的角系数 F_{31}。

解　如果按照角系数的积分公式，则应在圆柱筒壁上取一个面元，由几何位置关系求出面元对接收器的角系数，然后在整个侧壁进行积分。显然，这样的计算很繁复。

设接收器是光源表面，则

$$F_{12} = F_{13} + F_{14}$$

则

$$F_{31} = \frac{A_1}{A_3} F_{13} = \frac{A_1}{A_3}(F_{12} - F_{14})$$

由于 F_{12} 和 F_{14} 可以用附表 3 – 1 求得，因此可简单地求出角系数 F_{31}。

图 4 – 9　例 4 – 3 图

4.1.3　光辐射在光学系统内的传输

由于光学系统将发散或汇聚光束，因此，在光学系统中不能直接用上面的方法。这里，仍假定光学系统对光辐射能没有表面反射、吸收、散射等损失，且光源是朗伯体，则按照立体角投影定律式 (1 – 37)，表面 2 接收辐照度为 L_1 的光源表面 1 投射的辐射通量为

$$\Phi_2 = L_1 A_1 \int_{\Omega_1} \cos\theta_1 \mathrm{d}\Omega_1 = L_1 A_1 \Omega_T = L_1 G \tag{4 – 8}$$

式中，$G = A_1 \Omega_T$，称为光学系统的几何度。几何度是光源表面面积 A_1 与接收光学系统对光源所张投影立体角的乘积，只与光源几何尺寸、光源到光学系统的距离、光学系统的入瞳尺寸以及系统结构等有关，与光源的辐射量无关。

式 (4 – 8) 表明，当光源辐亮度一定时，光学系统接收辐射通量取决于其几何度。因此，几何度成为光学系统接收和传输辐射能力的度量，几何度大的光学系统，其传输或接收的辐射通量也多。在没有光能损失的光学系统中，光学系统只改变辐射能的汇聚和发散程度，而辐射通量不变。

在相同的均匀介质中，由于辐亮度守恒，因此光学系统的几何度也不变，即光辐射在光学系统中传输时，如果中间没有其他辐射能加入或者分光，则任一截面上的几何度都是不变的。当光束的截面面积变小时，其投影立体角必然增大；反之亦然。

在有吸收等损失的光学系统中，辐射通量和辐亮度都在传输过程中减小了，但几何度仍是不变的。

在不同的介质内，由基本辐亮度守恒，得

$$G = \frac{\Phi_2}{L_1} = \frac{\Phi_2}{L'/n^2} = n^2 A_1 \Omega_T \tag{4 – 9}$$

式中，n 为介质的相对折射率；$n^2 A_1 \Omega_T$ 称为基本几何度。于是，可以把几何度的概念延伸到不同折射率介质的光学系统中，即光学系统的基本几何度是不变的。

几何度不变的概念在分析和近似计算光辐射能在光学系统中的传输问题时是很有用的。

例 4 – 4 图 4 – 10 所示为一投影光学系统。S 是物，I 表示物经过光学系统投影在像方的像。物方和像方的面积分别为 A_S 和 A_I。试写出物方立体角和像方立体角的关系式。

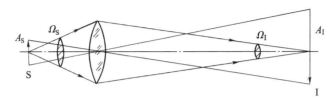

图 4 – 10 例 4 – 4 图

解 由几何度不变的关系可直接写出

$$A_S \Omega_S = A_I \Omega_I$$

故

$$\Omega_I = \frac{A_S}{A_I} \Omega_S$$

式中，Ω_S 和 Ω_I 分别为物方和像方投影立体角（对轴上物点来说，其投影立体角就等于物方立体角）。这一关系可由近轴光学公式直接求得。

用入瞳和出瞳表示的光学系统如图 4 – 11（a）所示，由几何度不变的概念可写出

$$A_S \Omega_S = A_e \Omega_e = A_x \Omega_x = A_I \Omega_I \tag{4 – 10}$$

光源   入瞳   出瞳 探测器

光学系统

(a)

入瞳   出瞳

光源   光学系统 探测器

(b)

图 4 – 11 用入瞳和出瞳表示的光学系统

注意 A_S 和 A_I 之间存在的物像关系，如果 I 处放置探测器，其面积为 A_I'（$< A_I$），那么实际上 A_S 的一部分像将成在探测器外，对应的部分光辐射能不能被探测器所接收，所以这时光学系统的几何度计算应当用 A_I'（探测器的工作面积）在物方的像 A_S'（$< A_S$）[见图 4 – 11（b）]，对应有

$$A'_S \Omega_S = A_e \Omega'_e = A_x \Omega'_x = A'_I \Omega'_I$$

例 4 - 5　推导光学系统像面照度式（见图 4 - 12）。

物平面　　　　　　　　　　　　　　　像平面

出瞳直径 D

图 4 - 12　例 4 - 5 图

（1）光能无损失的光学系统像面中心的辐照度。

由 $\Phi = L A_I \Omega_I$，得到

$$E = \frac{\Phi}{A_I} = L \Omega_I$$

$$= L \frac{\pi D^2}{4 l^2} = \frac{\pi}{4} L \left(\frac{D}{f'}\right)^2 \left(\frac{f'}{l}\right)^2 = \frac{\pi}{4} L \left(\frac{D}{f'}\right)^2 \frac{1}{(1 - \beta)^2}$$

式中，β 为光学系统的纵向放大率。

（2）视场角为 θ 处像平面上的辐照度。

比较物方侧物点 l 和轴上点 O 所对应立体角的大小。对于物点 l，入瞳所对应的立体角为

$$\Omega_I = A_e \frac{\cos \theta}{(l / \cos \theta)^2} = \frac{A_e}{l^2} \cos^3 \theta = \Omega_0 \cos^3 \theta$$

式中，Ω_0 为入瞳对轴上点 O 所张的立体角，故可写出轴外点像平面的辐照度公式为

$$E = \frac{\pi}{4} L \cos \theta \tau \left(\frac{D}{f'}\right)^2 \frac{1}{(1 - \beta)^2} \cos^3 \theta = \frac{\pi}{4} L \tau \left(\frac{D}{f'}\right)^2 \frac{1}{(1 - \beta)^2} \cos^4 \theta \qquad (4 - 11)$$

式中，τ 为光学系统的透射比。

4.2　光辐射在传输介质界面的反射与透射

在光辐射能传输的计算和测量中，必须考虑其在传输路径上的反射、散射和吸收损失，其计算或测量的准确程度直接影响到光辐射测量的精度。

当入射光投射到某介质层时，一般可分成三部分：第一部分入射辐射通量在介质界面反射，第二部分进入介质而在穿过介质层中被介质所吸收，第三部分则透过介质而出射。

根据能量守恒定律，这三部分辐射通量之和应该等于入射辐射通量，即

$$\frac{\Phi_r}{\Phi_i} + \frac{\Phi_a}{\Phi_i} + \frac{\Phi_t}{\Phi_i} = 1$$

或记作 　　　　　　　　　　　　　$\rho + \alpha + \tau = 1$ 　　　　　　　　　　　　（4 - 12）

式中，Φ_r，Φ_a，Φ_t 分别为反射、吸收和透射的辐射通量；ρ，α，τ 分别为反射比、吸收比

和透射比。

反射比、吸收比和透射比都是波长的函数，故有

$$\rho(\lambda) + \alpha(\lambda) + \tau(\lambda) = 1 \qquad (4-13)$$

光谱量和总量之间的关系为

$$\rho = \frac{\int_\lambda \Phi_i(\lambda)\rho(\lambda)\mathrm{d}\lambda}{\int_\lambda \Phi_i(\lambda)\mathrm{d}\lambda}; \quad \alpha = \frac{\int_\lambda \Phi_i(\lambda)\alpha(\lambda)\mathrm{d}\lambda}{\int_\lambda \Phi_i(\lambda)\mathrm{d}\lambda}; \quad \tau = \frac{\int_\lambda \Phi_i(\lambda)\tau(\lambda)\mathrm{d}\lambda}{\int_\lambda \Phi_i(\lambda)\mathrm{d}\lambda} \qquad (4-14)$$

由于总量 ρ，α 和 τ 与光源入射光谱分布以及积分的谱段有关，而其光谱量只与介质性质有关，因此，对于总量的反射比，应说明所用光源的光谱分布及在什么谱段内的反射比（吸收比、透射比），但光谱量没有这些条件。实际中，在不同光源下（如灯光下和阳光下）观看同一材料的反射色时，可发现其色泽不同，且肉眼感觉到的亮暗也不同，原因就在于此。

4.2.1 在光滑界面上的反射和透射

根据电磁场理论的菲涅尔公式，可以精确地计算光辐射能在光滑无吸收的透明介质界面的反射和透射。

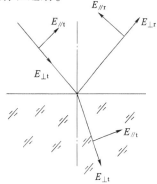

图 4 – 13 辐射在界面的反射和透射

将入射辐射能的电场矢量 E 分解成垂直入射平面的分量 $E_\perp$ 和平行入射平面的分量 $E_{//}$（对于自然光，$E_\perp = E_{//}$）。在界面上，入射辐射能一部分按反射定律反射，另一部分按折射定律由折射率 n 的介质进入折射率 n' 的介质。反射和透射电场矢量类似地分解成 $E_{\perp r}$、$E_{//r}$、$E_{\perp t}$、$E_{//t}$。下标 r 和 t 分别表示反射分量和透射分量（见图 4 – 13）。反射比的垂直分量 $\rho_\perp$ 与平行分量 $\rho_{//}$ 分别为

$$\begin{cases} \rho_\perp = \left(\dfrac{E_{\perp r}}{E_{\perp i}}\right)^2 = \dfrac{\sin^2(\theta - \theta')}{\sin^2(\theta + \theta')} \\[3mm] \rho_{//} = \left(\dfrac{E_{\perp r}}{E_{//i}}\right)^2 = \dfrac{\tan^2(\theta - \theta')}{\tan^2(\theta + \theta')} \end{cases} \qquad (4-15)$$

式中，θ 和 θ' 满足折射定律 $n\sin\theta = n'\sin\theta'$。

在介质没有吸收时，有

$$\begin{cases} \tau_\perp = \left(\dfrac{E_{\perp t}}{E_{\perp i}}\right)^2 = 1 - \rho_\perp = \dfrac{\sin 2\theta \sin 2\theta'}{\sin^2(\theta + \theta')} \\[3mm] \tau_{//} = \left(\dfrac{E_{\perp t}}{E_{//i}}\right)^2 = 1 - \rho_{//} = \dfrac{\sin 2\theta \sin 2\theta'}{\sin^2(\theta + \theta')\cos^2(\theta - \theta')} \end{cases} \qquad (4-16)$$

对于无偏振的入射光，有

$$\rho = \frac{\rho_\perp + \rho_{//}}{2}; \quad \tau = \frac{\tau_\perp + \tau_{//}}{2} \qquad (4-17)$$

当垂直入射时，$\theta = 0$，有

$$\rho = \rho_\perp = \rho_{//} = \left(\frac{n' - n}{n' + n}\right)^2; \quad \tau = \tau_\perp = \tau_{//} = \frac{4n'n}{(n' + n)^2} \qquad (4-18)$$

图 4 – 14 所示为辐射能由空气进入折射率为 $n' = 1.52$ 和 $n' = 4$ 的介质时，反射比的两个

分量 $\rho_\perp$ 和 $\rho_{//}$ 随入射角 θ 变化的曲线，而透射比的两个分量 $\tau_\perp$（ $=1-\rho_\perp$ ）和 $\tau_{//}$（ $=1-\rho_{//}$ ）则可间接求得。

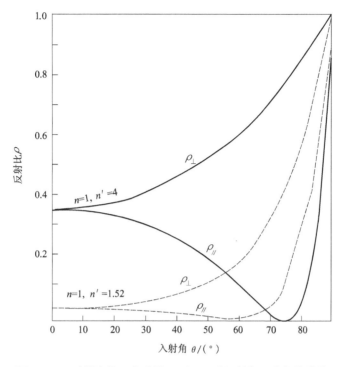

图 4 – 14　反射比的两个分量 $\rho_\perp$ 和 $\rho_{//}$ 随入射角 θ 变化的曲线

　　由于介质对不同振动方向电矢量的各向异性，反射比的两个分量不相等，它们是辐射能入射角 θ 及两种介质折射率 n 和 n' 的函数，而折射率通常是波长的函数，故反射比随波长和折射率而变化。当入射角 $\theta = 0$ 时，反射和透射均不引起偏振。当折射率增加时，反射比也随之增加。例如垂直入射时，对于冕玻璃，$n' = 1.52$，$\rho \approx 0.042\ 5$；而对于锗，$n' = 4$，$\rho \approx 0.36$。

　　由式（4 – 15）可得，当 $\theta + \theta' = \pi/2$ 时，$\rho_{//} = 0$，反射辐射通量中只有振动与入射平面相垂直的分量，即反射辐射能是完全线偏振光。利用折射定律，可求得对应的入射角为

$$\theta_{\mathrm{p}} = \arctan\ (n'/n) \tag{4 – 19}$$

式（4 – 19）称为布儒斯特角。

　　当入射光本身具有不同偏振特性时，它在同一种介质表面的反射比和透射比都会有所变化。例如，当入射光是线偏振光，且振动电矢量与入射平面垂直，则介质的反射比就要用 $\rho_\perp$；而当该振动电矢量转过 $\pi/2$，即与入射平面平行时，则介质反射比就应当用 $\rho_{//}$。一般情况下，先将入射光分解成两个振动方向的电矢量，分别计算它们的反射辐射通量。在光辐射测量中，介质的这种各向异性对测量结果会有影响。

　　辐射能在不透明的光滑金属表面上的反射与上述在介质界面的反射情况有所不同。这时，反射比的表达式应在介质反射比表达式的分子和分母上再增加一项与金属吸收比有关的项 χ，即当入射光与表面法线呈 θ 角入射时，有

$$\rho_\perp = \frac{(n - \cos\theta)^2 + \chi^2}{(n + \cos\theta)^2 + \chi^2};\quad \rho_{//} = \frac{(n - 1/\cos\theta)^2 + \chi^2}{(n + 1/\cos\theta)^2 + \chi^2} \tag{4 – 20}$$

式中，n 为金属的折射率。

当入射光垂直入射时，有

$$\rho = \rho_\perp = \rho_{//} = \frac{(n-1)^2 + \chi^2}{(n+1)^2 + \chi^2} \tag{4-21}$$

表 4-1 所示为几种常用作反射表面的金属的 χ 和 n 值。表 4-2 所示为几种金属的光谱反射比值。需要注意，金属的反射比与其是纯金属或是真空镀膜以及镀制条件等有关。图 4-15 所示为几种金属的光谱反射比曲线。

表 4-1 几种常用作反射表面的金属的 χ 和 n 值

参量 \ 名称数值	铝	水银	锑	铂	银	金	铜	镍
χ	5.23	4.80	4.94	4.26	3.67	2.82	2.62	3.42
n	1.44	1.60	3.04	2.06	0.18	0.37	0.64	1.58

表 4-2 几种金属的光谱反射比值

波长 $\lambda/\mu m$	0.76	1.0	2.0	3.0	4.0	5.0	10.0
化学镀银	0.960	0.975	0.978	0.984	0.985	0.985	0.987
抛光纯铜	0.830	0.901	0.955	0.971	0.973	0.968	0.985
化学镀金	0.920	0.947	0.965	0.967	0.969	0.969	0.977
抛光铝	0.720	0.750	0.860	0.910	0.920	—	0.980
镍	0.680	0.725	0.835	0.884	0.918	0.940	0.955
铬	0.560	0.570	0.630	0.700	0.760	0.810	0.930
钢	0.570	0.630	0.770	0.830	0.880	0.890	0.930

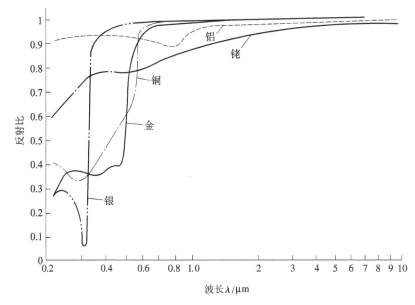

图 4-15 几种金属的光谱反射比曲线

与介质比较，金属的反射特性具有以下特点：

（1）金属的反射比 $\rho_{\perp}$ 和 $\rho_{//}$ 随入射角变化的规律和介质的大致相似，即 $\rho_{\perp}$ 随入射角的增加而增加。$\rho_{//}$ 在入射角等于起偏振角时达到最小，之后又增加。但由于金属的 χ 值较大，

故整个曲线向上移。对于 χ 大的金属，反射比高，反射比随入射角的变化而变化得不明显，尤其在红外谱段。图4－16 所示为银的反射比随入射角变化的曲线。银的 χ 值大，而 n 值小，这样 $\rho_{\perp}$ 和 $\rho_{//}$ 的差别相当小。总之，金属的反射没有介质表面的反射对偏振程度的贡献大，高反射比的金属对偏振的贡献常常可忽略不计。

图 4－16　银的反射比随入射角变化的曲线

（2）在可见谱段，反射比随波长变化较明显，这是金属呈现各种颜色的原因；而在红外谱段，反射比的变化很小。金属在中、远红外谱段具有高而恒定的反射特性，这是红外系统中广泛使用反射系统的主要原因之一。

4.2.2　光辐射能在粗糙表面的漫反射

光滑和粗糙都是相对的。一般常把表面粗糙度远小于入射光波长的表面叫作光滑表面；把粗糙度比入射光波长大得多的表面叫作粗糙表面。同一种表面状况，对长波来说是光滑的，而对短波来说有可能就是粗糙的。

光辐射能在光滑表面上的反射是或者基本是镜面反射；而在粗糙表面的反射则呈现不同程度的漫反射，即存在镜面反射方向以外其他方向的漫射。从本质上讲，漫反射和镜面反射是一样的，只是漫反射是许多个不同角度方向镜面反射元的宏观表现。因而漫反射在很大程度上取决于表面粗糙度状况（颗粒尺寸及分布等）。图 4－17 所示为镜面反射、既有镜面反射又有漫反射成分的混合反射以及理想漫反射三种情况。

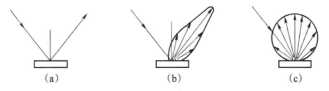

图 4－17　镜面反射、混合反射和理想漫反射
（a）镜面反射；（b）混合反射；（c）理想漫反射

漫反射特性的描述要比镜面反射复杂，一般用包括镜面反射成分或不包括镜面反射成分来表示。

漫反射的反射比也是波长的函数。此外，反射比还和光的入射方式、入射角大小有关，都会引起反射辐射通量及其空间分布的变化。反射光在空间分布得不均匀，导致反射比也和观测反射光的方式和观测角大小有关。

光入射的方式和观测方式可概括为图 4－18 所示的九种基本形式，即漫射（d）、锥角（θ,φ）和定向（θ_0,φ_0）入射以及漫射（d'）、锥角（θ',φ'）和定向（θ_0',φ_0'）观测的几种组合情况，反射比为漫射—漫射 $\rho(d;d')$；锥角—漫射 $\rho(\theta,\varphi;d')$；定向—漫射 $\rho(\theta_0,\varphi_0;d')$；漫射—锥角 $\rho(d;\theta',\varphi')$；锥角—锥角 $\rho(\theta,\varphi;\theta',\varphi')$；定向—锥角 $\rho(\theta_0,\varphi_0;\theta',\varphi')$；漫射—定向 $\rho(d;\theta_0',\varphi_0')$；锥角—定向 $\rho(\theta,\varphi;\theta_0',\varphi_0')$；定向—定向 $\rho(\theta_0,$

$\varphi_0;\theta_0',\varphi_0'$）。其中，$\theta$ 表示入射角；φ 表示方位角；d 表示漫射。当然还可以有更复杂的情况，例如在户外用肉眼观看一漫射材料（如布、纸张等），则入射光中既有太阳的直射光，又有天空向下的散射光，因此，入射方式可以被认为是图中（d）和（f）的组合，而接收方式可被认为是锥角观测。

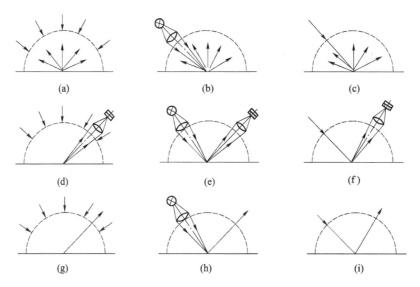

图 4-18　九种基本的入射方式和观测方式

（a）$\rho(d;d')$；（b）$\rho(\theta,\varphi;d')$；（c）$\rho(\theta_0,\varphi_0;d')$；（d）$\rho(d;\theta',\varphi')$；（e）$\rho(\theta,\varphi;\theta',\varphi')$；

（f）$\rho(\theta_0,\varphi_0;\theta',\varphi')$；（g）$\rho(d;\theta_0',\varphi_0')$；（h）$\rho(\theta,\varphi;\theta_0',\varphi_0')$；（i）$\rho(\theta_0,\varphi_0;\theta_0',\varphi_0')$

用观测辐射通量和入射辐射通量之比表示反射比 ρ，其参考量是入射量。由于观测值只能小于或近似等于入射值，故反射比总小于1。

由图 4-18 可知，对于图（d）、（e）和（f），其观测辐射通量与接收系统的立体角大小有关。接收立体角越大，观测辐射通量就越多，反射比也越大，即

$$\rho(\theta,\varphi;\theta',\varphi') = \frac{\mathrm{d}\Phi'}{\mathrm{d}\Phi} = \frac{L'(\theta',\varphi')\cos\theta'\mathrm{d}\Omega'\mathrm{d}s}{E(\theta,\varphi)\mathrm{d}s} = \frac{L'(\theta',\varphi')\cos\theta'\mathrm{d}\Omega'}{E(\theta,\varphi)} \quad (4-22)$$

这样在测反射比时，必须说明观测时接收系统的立体角大小，这是颇为不便的，所以锥角观测的反射比（也叫方向反射比）一般不使用。

另一种表示反射值的方法是将待测材料和理想朗伯表面在相同的入射和观测条件下由测得的读数之比来表示。所谓理想朗伯表面，就是指反射比等于1而具有朗伯漫射特性的表面，以它作为各种表面反射特性的比较基准（参考量），由此测得的值叫反射因数 R：

$$R(\theta,\varphi;\theta',\varphi') = \frac{\mathrm{d}\Phi'}{\mathrm{d}\Phi'_{\text{朗伯}}} = \frac{L'(\theta',\varphi')\cos\theta'\mathrm{d}\Omega'\mathrm{d}s}{\dfrac{E(\theta,\varphi)}{\pi}\cos\theta'\mathrm{d}\Omega'\mathrm{d}s} = \pi\frac{L'(\theta',\varphi')}{E(\theta,\varphi)} \quad (4-23)$$

与式（4-22）相比，反射因数与观测立体角的大小无关，仅取决于材料表面的反射特性。

在光照下，我们通过物体的色调和亮暗来区分它们时，虽然它们所接收的照度 $E(\theta,\varphi)$ 是相同的，但观察到的反射亮度的色和强弱不同。这是由它们的反射特性各异所导致的。

用反射辐亮度和入射辐照度的比值来描述材料表面的反射特性具有唯一性，即所确定的表面反射特性只取决于材料表面本身的特性，而和接收立体角等测量因素无关，并称为双向

反射分布函数 BRDF（Bidirectional Reflectance Distribution Function）：

$$\text{BRDF}(\theta,\varphi;\theta',\varphi') = \frac{L'(\theta',\varphi')}{E(\theta,\varphi)} = \frac{R(\theta,\varphi;\theta',\varphi')}{\pi} \qquad (4-24)$$

它表示不同入射角条件下物体表面在任意观测角的反射特性。与无量纲的反射因数 R 不同，BRDF 的量纲为 sr^{-1}。

4.3　光辐射能在介质中传输时的吸收和散射

光辐射能在传输路径上，除了在界面光能被反射外，在介质中还会因介质吸收和散射，使光能不能或者只有部分能通过介质层而到达接收表面。

从经典电磁论角度看，构成物质的原子或分子内的带电粒子被准弹性力保持在其平衡位置附近，并具有一定的固有振动频率。在入射辐射作用下，原子或分子发生极化并依入射光频率做强迫振动，此时可能产生两种形式的能量转换过程。

（1）入射辐射转换为原子或分子的次波辐射能。在均匀介质中，这些次波叠加的结果使光只在折射方向上继续传播下去，在其他方向上因次波的干涉而相互抵消，所以没有消光现象；在非均匀介质中，由于不均匀质点破坏了次波的相干性，使其他方向出现散射光。在散射情况下，原波的辐射能不会变成其他形式的能量，只是由于辐射能向各方向的散射，使沿原方向传播的辐射能减少。

（2）入射辐射能转换为原子碰撞的平动能，即热能。当共振子发生受迫振动时，即入射辐射频率等于共振子固有频率时（$\omega = \omega_0$），会吸收特别多的能量，入射辐射被吸收而变为原子或分子的热能，从而使原方向传播的辐射能减少。

散射光能有可能受到其他散射质点的再散射或多次散射，而其中有一部分又回到原入射光的传输路径里而到达接收表面，加上介质的不均匀和各向异性等，这常常会使实际衰减的研究变得十分复杂。

虽然可以用介质传输模式等来详细地分析吸收和散射，但限于本书的篇幅和范围，这里只能作简单的讨论。假定介质均匀且各向同性，介质没有吸收后再发射辐射能及辐射能经多次散射再回到传输路径的情况。

4.3.1　光辐射能在介质中传输的一般规律

如图 4-19 所示，辐射通过介质的消光作用与入射辐射能量 $\Phi(\lambda,s)$、衰减介质密度 $\rho(s)$（g/m^3）及所经过的路径 $\text{d}s$ 成正比：

$$\text{d}\Phi(\lambda,s) = -k(\lambda,s)\Phi(\lambda,s)\rho(s)\text{d}s \qquad (4-25)$$

式中，$k(\lambda,s)$ 为光谱质量消光系数（$\text{g}^{-1}\cdot\text{m}^{-2}$）。

由式（4-25）解得辐射衰减规律为

$$\Phi(\lambda,s) = \Phi(\lambda,0)\exp\left[-\int_0^s k(\lambda,s)\rho(s)\text{d}s\right]$$
$$(4-26)$$

式中，$\Phi(\lambda,0)$ 为 $s=0$ 的初始光谱辐射通量。

若介质具有均匀的光学性质，$\rho(s)=\rho$，$k(\lambda,s)=k(\lambda)$，则可简化得到

图 4-19　光辐射能在介质中的衰减

$$\Phi(\lambda,s) = \Phi(\lambda,0)\exp[-k(\lambda)\rho s] = \Phi(\lambda,0)\exp[-k(\lambda)w]$$
$$= \Phi(\lambda,0)\exp[-\beta(\lambda)] \tag{4-27}$$

式中，$w = \rho s$，为光程上单位截面的介质质量；$\beta(\lambda) = k(\lambda)s\rho$，为介质的光学厚度。式 （4-27） 称为波盖尔 （Bouggner） 定律。

为了描述辐射通过介质时的透射特性，定义介质的光谱透射比 $\tau(\lambda,s)$，为

$$\tau(\lambda,s) = \frac{\Phi(\lambda,s)}{\Phi(\lambda,0)} = \exp\left[-\int_0^s k(\lambda,s)\rho(s)\,\mathrm{d}s\right] = \exp[-k(\lambda)\rho s] \tag{4-28}$$

为描述在某一波段 $[\lambda_1,\lambda_2]$ 内的介质透射性质，引入平均透射比 $\bar{\tau}(s)$，为

$$\bar{\tau}(s) = \frac{1}{\lambda_2-\lambda_1}\int_{\lambda_1}^{\lambda_2}\tau(\lambda,s)\,\mathrm{d}\lambda = \frac{1}{\lambda_2-\lambda_1}\int_{\lambda_1}^{\lambda_2}\exp[-k(\lambda)\rho s]\,\mathrm{d}\lambda \tag{4-29}$$

表示介质衰减特性的方法有很多，其中常用的有以下两种。

（1） 平均穿透距离 $l_{\mathrm{m}}(\lambda)$：介质中辐亮度减少到入射辐亮度的 $1/e$ 时，光辐射能所传输的距离。

在式 （4-28） 中，令 $\tau(\lambda,l_{\mathrm{m}}) = 1/e$，得平均穿透距离

$$l_{\mathrm{m}}(\lambda) = 1/\mu(\lambda) \tag{4-30}$$

即平均穿透距离是介质线性消光系数的倒数。

（2） 透射光学密度 $D(\lambda)$：透射比倒数的对数值，为

$$D(\lambda) = \log[1/\tau(\lambda)] \tag{4-31}$$

光辐射能通过 n 块透射比为 $\tau_1(\lambda)$，$\tau_2(\lambda)$，$\cdots$，$\tau_n(\lambda)$ 的介质时，总透射比为 $\tau(\lambda) = \prod_{i=1}^{n}\tau_i(\lambda)$，而对应的总透射光学密度为 $D(\lambda) = \sum_{i=1}^{n}D_i(\lambda)$，即等于 n 块透明介质透射光学密度之和。

4.3.2 辐射在大气中传输的消光

1. 大气消光及大气窗口

大气消光的基本特点是：

（1） 在干洁的大气中，大气消光取决于空气密度和辐射通过的大气层厚度。

（2） 在大气中有气溶胶粒子及云雾粒子群时，其消光作用增强。

（3） 在地面基本观测不到波长 $\lambda < 0.3$ μm 的短波太阳紫外辐射。

（4） 地面观测到的太阳光谱辐射中有明显的气体吸收带结构。

大气消光作用主要由大气中各种气体成分及气溶胶粒子对辐射的吸收与散射造成。在辐射的传输过程中，辐射与气体分子和气溶胶粒子相互作用。

对于辐射在大气中的传输问题，由理论与实践表明，大气不同成分与不同物理过程造成的消光效应具有线性叠加特性，即总消光特征量可以写成各分量之和：

$$k(\lambda,s) = \alpha_{\mathrm{m}}(\lambda,s) + \beta_{\mathrm{m}}(\lambda,s) + \alpha_{\mathrm{p}}(\lambda,s) + \beta_{\mathrm{p}}(\lambda,s) \tag{4-32}$$

式中，α，β 分别表示吸收和散射；下标 m，p 分别表示分子和气溶胶粒子。

将式 （4-32） 代入式 （4-28），可得

$$\tau(\lambda,s) = \tau_{\mathrm{m}}^{\alpha}(\lambda,s)\tau_{\mathrm{m}}^{\beta}(\lambda,s)\tau_{\mathrm{p}}^{\alpha}(\lambda,s)\tau_{\mathrm{p}}^{\beta}(\lambda,s) \tag{4-33}$$

即总透射比为各单项透射比之积。若各单项透射比可进一步分解，例如大气吸收可分解为 H_2O、CO_2、O_3 的吸收等，则在分别求出各因素的大气衰减后，相乘就得到整体透射比。

式（4 –33）仅适合于光谱透射比的计算，而不能用于计算平均透射比。

使用波盖尔定律时应注意以下两点：

（1）定律假定消光系数与入射辐射强度、吸收介质浓度无关。一般情况下，吸收比与辐射强度无关，但当辐射功率密度大到某一阈值（10^7 W/cm^2）时，会出现"饱和吸收"。

（2）假定粒子之间彼此独立地散射电磁辐射，即不考虑多次散射的影响。

对于准直光束，当光束发散角小于 6′，光束直径 $d \leqslant 100$ cm，接收视场与光束发射角相当时，在可见光谱区，波盖尔定律适用于 $\beta(\lambda) \leqslant 25$ 的情况；在红外光谱区，波盖尔定律适用的范围更宽。在能见度为 1.6 km 的雾霾天气下，10 km 以内的传输距离可不考虑多次散射；对于云、雾和降水天气，$l(\lambda) > 8$ 时，需要考虑多次散射。

大气的消光作用与波长相关，且具有明显的选择性。图 4 – 20 所示为典型的大气透射谱图，除可见光（0.38 ~ 0.76 μm 波段）外，在 0.76 ~ 1.10 μm、1.2 ~ 1.3 μm、1.60 ~ 1.75 μm、2.1 ~ 2.4 μm、3.4 ~ 4.2 μm、4.4 ~ 5.4 μm、8 ~ 14 μm 等波段也有较大的透射比，犹如光谱波段上辐射透射的窗口，故称为"大气窗口"。有效地利用大气窗口可增大光电成像系统的作用距离，目前常用的大气窗口除可见光外，还有近红外（0.76 ~ 1.10 μm）、短波红外（1 ~ 2 μm）、中红外（3 ~ 5 μm）和远红外（8 ~ 14 μm）。

图 4 – 20　典型的大气透射谱图

2. 大气吸收的计算

对辐射能吸收起主要作用的成分是水蒸气（H_2O）、二氧化碳（CO_2）和臭氧（O_3）。其中，O_3 在高层空间含量较高；CO_2 含量较为稳定；H_2O 含量随气象条件变化较大。

H_2O 的吸收通常用截面面积为 1 cm^2、长度为 1 km 海平面水平辐射路程的空气柱中所含水蒸气凝结成液态水后的水柱长度（cm/km）（可降水分 ω_0）来表示，即

$$\omega_0 = 10^{-1} H_r H_a / d \tag{4 – 34}$$

式中，d 为水密度（g/cm^3），在 4 ℃时，$d = 1$ g/cm^3。

附表 3 – 2 所示为海平面上不同温度下的可降水量。对于给定的温度和相对湿度，首先由式（4 – 34）确定 ω_0，并由传输路径长度 L 确定路径可降水分 $\omega = \omega_0 L$，然后由附表 3 – 3 所示的海平面水平路径水蒸气（H_2O）的含量得到对应的光谱透射比。

CO_2 的主要吸收带位于 2.7 μm、4.3 μm、10 μm 和 14.7 μm 处。由于 CO_2 在大气中的浓度随时间和地点的变化很小，因此，由 CO_2 吸收造成的辐射衰减可认为与气象条件无关。

附表 3 – 3 所示为 CO_2 在海平面水平路径上水蒸气的光谱透射比（0.3 ~ 13.9 μm），表中以路径长度为参量。

3. 大气散射的计算

散射可以用电磁波理论和物质的电子理论分析，当粒子是各向同性时，散射光的强度是粒子尺度、粒子相对折射比和入射光波长的函数。

由波盖尔定律，路程 L 的散射透射比为

$$\tau_\beta(\lambda, L) = \exp[-\beta(\lambda)L] \tag{4-35}$$

式中，$\beta(\lambda)$ 为散射系数，描述了在 L 点向全空间的散射总数。设散射辐射与入射辐射方向的夹角（散射角）为 θ，则向单位立体角内的散射数称为角散射系数 $\beta(\lambda, \theta)$，且满足

$$\beta(\lambda) = \int_0^{4\pi} \beta(\lambda, \theta) \, d\omega \tag{4-36}$$

式中，$d\omega$ 为立体角元。

实验证明，散射系数 $\beta(\lambda)$ 与散射粒子浓度 N 成正比，即 $\beta(\lambda) = \sigma(\lambda)N$，$\sigma(\lambda)$ 为单个粒子的散射系数，称为散射截面（cm^2/粒子数）。当大气中含有 m 种不同类型的粒子群时，有

$$\beta(\lambda) = \sum_{i=1}^m \sigma_i(\lambda)N_i \tag{4-37}$$

在辐射传输中还经常用到散射相函数 $F(\theta)$ 的概念，它描述 θ 方向上单位立体角内散射辐射的相对大小。通常确定散射系数的模型有以下三类。

（1）瑞利散射。当散射粒子半径 r 远小于辐射波长（$r \ll \lambda$）时，散射服从瑞利散射规则：

$$\beta(\lambda, \theta) = \frac{\beta(\lambda)}{4\pi} F(\theta) \tag{4-38}$$

式中，总散射系数 $\beta(\lambda)$ 和相函数 $F(\theta)$ 分别为

$$\beta(\lambda) = \frac{8\pi^3}{3} \frac{(n^2-1)^2}{N\lambda^4} \tag{4-39}$$

$$F(\theta) = \frac{3}{4}(1 + \cos^2\theta) \tag{4-40}$$

式中，n 为散射介质折射比。瑞利散射的相函数如图 4 – 21 所示。

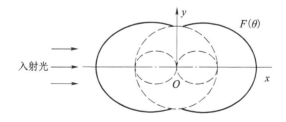

图 4 – 21 瑞利散射的相函数

在实际应用中还常用到后向散射系数，体积后向散射系数可由式（4 – 38）确定：

$$\beta(\lambda, \pi) = \frac{\beta(\lambda)}{4\pi} F(\pi) \tag{4-41}$$

在标准大气条件下，海平面的体积散射系数和后向散射系数约为（$\lambda = 0.55\ \mu m$）

$$\beta_0(0.55) = 1.162 \times 10^{-2}\ km^{-1};\quad \beta_0(0.55,\pi) = 1.329\ 6 \times 10^{-3}\ km^{-1}$$

瑞利散射粒子主要为气体分子，故称为分子散射。分子散射与 λ^4 成反比，即短波散射比长波散射强，故天空呈蓝色。对中远红外波段，瑞利散射可以忽略。

（2）迈（Mie）散射。当粒子尺度 $\alpha = 2\pi r/\lambda$ 较大时，瑞利公式不再适用，要用描述球形气溶胶粒子散射的迈散射理论来描述。迈散射的计算方法可归结为确定散射效率因子 $Q_s(\alpha,m)$、吸收效率因子 $Q_a(\alpha,m)$ 和衰减效率因子 $Q_e(\alpha,m)$，相应的截面与效率因子的关系为

$$\sigma_i(r,\lambda,m) = \pi r^2 Q_i(\alpha,m) \qquad (i = s,a,e) \qquad (4-42)$$

式中，m 为复折射率。从图 4-22 中小水滴的 $Q_s(\alpha,m)$ 曲线可见，在 $\alpha = 6.2$ 处，$Q_s \to \max$，即当 $r \approx \lambda$ 时，产生最大散射；当 $\alpha > 25$ 时，$Q_s \to 2$，散射与波长几乎无关。迈散射的散射相函数 $F(\lambda,\theta,m)$ 在前向和后向不对称，主要集中在前面。

（3）无选择性散射。当散射粒子半径远大于辐射波长时，粒子对入射辐射的反射和折射占主要地位，在宏观上形成散射，这种散射与波长无关，故称为无选择性散射。散射系数 β 等于单位体积内所含半径 r_i 的 N 个粒子的截面面积的总和：

图 4-22　小水滴散射的 $Q_s(\alpha,m)$ 曲线

$$\beta = \pi \sum_{i=1}^{N} r_i^2 \qquad (4-43)$$

雾滴半径为 $1 \sim 60\ \mu m$，比可见光波长大得多，雾对可见光各波长光散射相同，故雾呈白色。

4. 利用气象学距离处理消光的方法

（1）气象学的透明度和能见距离。在气象学上，把白光通过 1 km 水平路程的大气透射比称为大气透明度。在一定大气透明度下，人眼能发现以地平天空为背景视角大于 $30'$ 的黑色目标物的最大距离 R_v 称为能见度或能见距离。

在一定距离 R 处的目标物和背景所发出的光（自身或反射和散射辐射），经过一段空气柱的衰减，同时空气柱对各种自然辐射及散射辐射进行多次散射而产生一附加的气柱亮度 L_0。若观察者实际接收到的目标和背景的表观亮度为 $L_t(R)$ 和 $L_b(R)$，则表观对比度为

$$C_R = \left| \frac{L_t(R) - L_b(R)}{L_b(R)} \right| \qquad (4-44)$$

在考虑散射时，辐射亮度 $L(\lambda,s)$ 的传输方程为

$$\frac{dL(\lambda,s)}{ds} = -k(\lambda,s)\rho(s)[L(\lambda,s) - J_v(\lambda,s)] \qquad (4-45)$$

式中，$J_v(\lambda,s)$ 为附加源函数；λ 为波长；$k(\lambda,s)$ 为消光系数；s 为路径长度。

对于 $s = 0$ 处的目标 $L_t(\lambda,0)$ 和背景 $L_b(\lambda,0)$，求解方程（4-45），得 $s = R$ 处的表观亮度 L_i（$i = t,b$）为

$$L_i(\lambda,R) = L_i(\lambda,0)\exp\left(-\int_0^R k\rho \mathrm{d}s\right) + \left[\int_0^R k\rho J_v \exp\left(\int_0^s k\rho \mathrm{d}s\right)\mathrm{d}s\right]\exp\left(-\int_0^R k\rho \mathrm{d}s\right) \quad (4-46)$$

代入式 (4-44)，得表观对比度 C_R 为

$$C_R = \left| \frac{L_t(\lambda,0) - L_b(\lambda,0)}{L_b(\lambda,0) + L_v(\lambda,R)\exp\left(\int_0^R k\rho \mathrm{d}s\right)} \right| \quad (4-47)$$

$$= C_0 \frac{1}{1 + L_v(\lambda,R)/\tau(R)/L_b(\lambda,0)} = C_0 T_C$$

式中，$C_0 = |L_t(\lambda,0) - L_b(\lambda,0)|/[L_b(\lambda,0)]$，为目标和背景的固有对比度；$\tau(R) = \exp\left(-\int_0^R k\rho \mathrm{d}s\right)$，为大气透射比；$L_v(\lambda,R) = \left[\int_0^R k\rho J_v \exp\left(\int_0^s k\rho \mathrm{d}s\right)\mathrm{d}s\right]\exp\left(-\int_0^R k\rho \mathrm{d}s\right)$，为路程的气柱亮度；$T_C$ 为大气对比传递函数。

对于水平路径，可认为大气消光系数 k、散射系数 $\beta(\theta)$ 及气柱所受到的自然照明强度 J_v 不随路程 s 变化，$\tau(R) = \exp(-k\rho R)$，则

$$L_i(\lambda,R) = L_i(\lambda,0)\exp(-k\rho R) + L_v(\lambda,R)$$
$$= L_i(\lambda,0)\tau(R) + L_v(\lambda,R) \quad (4-48)$$

$$L_v(\lambda,R) = J_v[1 - \exp(-k\rho R)] = L_v(\lambda,\infty)[1 - \exp(-k\rho R)]$$
$$= L_v(\lambda,\infty)[1 - \tau(R)] \quad (4-49)$$

如果假设路径气柱亮度与背景亮度之比 $L_v(\lambda,\infty)/[L_b(\lambda,0)] = K$，则由式 (4-47) 可得到大气对比度传递函数为

$$T_C(R) = \frac{1}{1 + K[1 - \tau(R)]/\tau(R)} \quad (4-50)$$

对于能见度的测量，由于以天空为背景，$L_b(\lambda,0) = L_v(\lambda,\infty)$，则由式 (4-47) 得到

$$\frac{C_R}{C_0} = T_C(R) = \frac{1}{1 + [1 - \tau(R)]/\tau(R)} = \exp(-k\rho R) = \tau(R) \quad (4-51)$$

按照白光或 $\lambda_0 = 0.55\ \mu m$ 的单色光能见距离的定义，$C_0 = 1$，人眼发现目标的阈值对比度为 $C_R = 0.02$，则对应的距离 R_v 即能见距离为

$$R_v = -\frac{1}{k\rho}\ln(0.02) = \frac{3.912}{k\rho} \quad (4-52)$$

按定义，k 包含大气分子和气溶胶粒子的吸收和散射。

作为气象学参量，能见距离一般在主要的气象站均有测量和记录。如果已知大气能见距离 R_v（km），则可将大气透射比 $\tau(R)$ 和大气透明度 τ_I 表示为

$$\tau(R) = \exp\left(-\frac{3.912}{R_v}R\right) = \tau_I^R, \quad \tau_I = \exp\left(-\frac{3.912}{R_v}\right) \quad (4-53)$$

表 4-3 所示为能见距离的国际十级制。

表 4-3　能见距离的国际十级制

等级	大气状况	能见距离 R_v/m	τ_I	$k\rho$
0	密雾（最浓的雾）	< 50	$< 10^{-34}$	> 78
1	浓雾	200	$10^{-8.5}$	19.5

续表

等级	大气状况	能见距离 R_v/m	τ_I	$k\rho$
2	中雾（可见雾）	500	$10^{-3.4}$	7.8
3	薄雾	1 000	0.02	3.9
4	烟或最浓的霾	2 000	0.14	1.95
5	不良可见度（浓霾）	4 000	0.38	0.98
6	中等可见度（可见霾）	10 000	0.68	0.39
7	良好可见度（薄霾）	20 000	0.82	0.195
8	优等可见度	50 000	0.92	0.078
9	特等可见度	>50 000	>0.92	<0.078

（2）气溶胶粒子衰减的经验模式。大气中的霾、雾、云、雨、雪等天气现象都是辐射传输的衰减因素，虽然可用已有的散射理论进行分析计算，但是利用经验模式可简化计算步骤，提高计算速度。

①霾的衰减。常用下面经验模式估计霾的衰减系数：

$$\beta(\lambda) = \frac{3.912}{R_v}\left(\frac{\lambda_0}{\lambda}\right)^q; \quad q = \begin{cases} 0.585R_v^{1/3} & R_v < 6 \text{ km} \\ 1.3 & R_v \approx 10 \text{ km} \\ 1.6 & R_v > 50 \text{ km} \end{cases} \tag{4-54}$$

通常取 $\lambda_0 = 0.55$ μm 或 $\lambda_0 = 0.61$ μm。

对应的大气光谱透射比可以表示为

$$\tau(\lambda) = \exp\left[-\frac{3.912}{R_v}\left(\frac{\lambda_0}{\lambda}\right)^q R\right] \tag{4-55}$$

该模型在可见光与近红外波段具有足够的计算精度，可满足一般性的应用要求。

②雾的衰减。雾的衰减可用雾中含水量 ω 来描述衰减系数，为

$$\beta = 1.5 \times 10^{-3} \pi c \frac{\omega}{\lambda} \tag{4-56}$$

式中，ω 以 g/m³ 计；λ 以 μm 计；c 为修正因子。表 4-4 所示为某些波长上的 c 值。

表 4-4　某些波长上的 c 值

λ/μm	0.5	1.2	3.8	5.3	10	11	12
c	0.61	0.61	0.68	0.58	0.35	0.3	0.35

习题与思考题

1. 试导出辐亮度守恒定律和基本辐亮度守恒定律，并分析其物理意义。

2. 辐射换热角系数是怎样定义的？其具有什么性质？

3. 如图 4-23 所示，试求圆环 1 到圆环 2 的角系数 F_{12}。如果圆环 1 是温度为 800 K 的黑体，其内、外半径分别为 30 mm 和 40 mm，圆环 2 的内、外半径分别为 20 mm 和 25 mm，两环间距为 100 mm。求圆环 2 接收的辐射通量。

4. 如图 4-24 所示，试求矩形环 1 到矩形环 2 的角系数 F_{12}。

图 4-23 题 3 图   图 4-24 题 4 图

5. 求图 4-25 所示圆柱筒侧壁（面积为 A_3）到接收器（面积为 A_1）的角系数 F_{31}。

6. 什么是光学系统的几何度和基本几何度？试证明在光学系统中几何度不变。

7. 光学系统在像面边缘与像面中心的辐照度按什么规律变化？

8. 辐射在传输界面的反射、透射以及吸收之间存在怎样的关系？

9. 什么是光滑表面和粗糙表面？为什么说这是相对的概念？

10. 在辐射测量中，按照光入射的方式和观测方式应怎样表示反射比？

11. 反射因数和双向反射分布函数是怎么定义的？

图 4-25 题 5 图

第 5 章
色度学的技术基础

物体颜色的度量涉及颜色现象的形成过程，即由于外界光刺激引起视觉响应的过程。通过建立模型来定量描述和探测这个过程是困难的，因为它涉及光学、光化学、视觉生理学和视觉心理学等许多方面的复杂因素。如果采用心理物理学的研究方法，避开这一过程，直接研究进入人眼的光刺激（物理量）与最终颜色感知（心理量）之间的对应关系，即用进入人眼的光刺激量来表示不同物体的颜色感知结果，就能够使度量颜色感知的问题简化。色光混合实验表明，看到的每一种颜色基本上都可以用三种选定的原色光按适当比例混合匹配而成。也就是说，三原色光的不同强度的比例值能够对应表示一种颜色的感知量，这一结果也为此提供了度量的基础。基于三原色匹配的表示方法，同时为了得到一致的度量效果，CIE 规定了一套标准色度系统，称为 CIE 标准色度系统，构成了近代色度学的基本。色度学的发展可以归为三个主要阶段：CIE XYZ 色度系统、CIE LAB 均匀颜色空间和 CIE CAM 色貌模型。本章将以颜色匹配实验为出发点，介绍 CIE 标准色度学系统、均匀颜色空间及色差公式、同色异谱程度的评价方法及色序系统，最后概要介绍色貌现象和色貌模型。

5.1 颜色匹配

5.1.1 色光匹配实验

色光混合是指将两种或几种颜色光同时或先后快速刺激人的视觉器官时，产生不同于原来颜色的新颜色感觉的过程。在这个混合光刺激和视觉响应的基本过程中，光刺激的物理本质是各个色光能量的叠加，而视觉响应的心理感知则是颜色趋于更明亮的属性，故称之为颜色相加混合方法（也称为包光加色法）。在色光混合实验中，用选定的几种色光，通过调整各强度比例使其匹配得到给出的某种目标色光的实验称为色光匹配实验。

一个典型的色光匹配实验系统如图 5 - 1 所示。实验系统基本包括三部分：三原色混合部分（可分别调整光强）、目标色光部分（可改变）及视场评估部分。在图 5 - 1 中，从人眼 2°视场观察的方向看过去，经过背景屏的观察孔，视场被黑色挡片分为两部分，上半部分为可调强度的三原色光投射到白屏后的混合颜色，下半部分为目标色光投射到白屏后的待匹配颜色。在人眼上方，还有一个可调强度和颜色的背景灯，其光束投射到观察孔背景的白板上，使得视场周围有一圈灰色的背景。调整三原色光的强度，使其和目标色的光色调相同时，视场中分界线感觉消失，两部分合为同一视场，目标色和三原色混合光色达到颜色匹配。改变目标色，则需重新调整三原色光的强度，以使其达到匹配，故不同的目标色达到匹配时，三原色光强度不同。当视场两部分光色达到匹配后，改变背景光的明暗程度，视场中颜色会起变化，但视场两部分仍匹配。例如，在暗背景光照明下，视场感知的是饱和的橘红色；在亮背景光照明下，视场颜色将成为暗棕色。这个实验结果证明了颜色匹配的基本定律——恒常律：两个相互匹配的颜色即使处在不同环境条件下，颜色始终保持匹配，即不管颜色周围环境的变化或者人眼已对其他色光适应后再来观察，视场中两种颜色始终保持匹配。

图 5 - 1 色光匹配实验系统

5.1.2 格拉斯曼定律

基于各种颜色光的相加混合实验，1854 年，格拉斯曼（H. Grassmann）总结出颜色混合的定性规律——格拉斯曼定律，为现代色度学的建立奠定了基础。

（1）人的视觉只能分辨颜色的三种变化（如明度、色调、饱和度）。

（2）在由两个成分组成的混合色中，如果一个成分连续变化，混合色外貌也连续变化。

若两个成分互为补色，以适当比例混合，便产生白色或灰色，若按其他比例混合，便产生近似比例大的颜色成分的非饱和色；若任何两个非补色调混合，便产生中间色。中间色的色调及饱和度随这两种颜色的色调及相对数量的不同而不同。

（3）颜色外貌相同的光，不管它们的光谱组成是否一样，在颜色混合中具有相同的效果，即凡是在视觉上相同的颜色都是等效的。

颜色的代替律：

①若两个相同的颜色各自与另外两个颜色相同，$A \equiv B$，$C \equiv D$，则相加或相减混合后的颜色仍相同，即 $A + C \equiv B + D$，$A - C \equiv B - D$。其中，符号"$\equiv$"代表颜色相互匹配。

②如果一个单位量的颜色与另一个单位量的颜色相同，如 $A \equiv B$，那么这两种颜色数量同时扩大或缩小相同倍数，两颜色仍为相同，即 $nA \equiv nB$。

根据代替律，只要在感觉上颜色相同，便可互相代替，所得的视觉效果是相同的，因而可利用颜色混合方法来产生或代替所需要的颜色。如设 $A + B \equiv C$，如果没有 B 种颜色，但 $X + Y \equiv B$，那么 $A + (X + Y) \equiv C$。由代替而产生的混合色与原混合色具有相同的效果。

（4）混合色的总亮度等于组成混合色的各种颜色光的亮度总和——亮度相加定律。

格拉斯曼定律仅适用于各种颜色光的相加混合过程。

5.1.3　颜色匹配方程

图 5 - 1 的颜色匹配实验的结果可用格拉斯曼定律来阐述，也可用代数式和几何图形来表示。

若以（C）代表被匹配颜色的单位；（R）、（G）、（B）代表产生混合色的红、绿、蓝三原色的单位；R、G、B、C 分别代表红、绿、蓝和被匹配色的数量，当实验达到两半视场匹配时，可用颜色方程表示为

$$C(C) \equiv R(R) + G(G) + B(B) \qquad\qquad (5 - 1)$$

式中，"$\equiv$" 表示视觉上相等，即颜色匹配；R、G、B 为代数量，可为负值。

颜色匹配矢量也可用几何方式来表示。如图 5 - 2 所示，三原色 R、G、B 构成了三维坐标系的坐标轴，被匹配的某一颜色可以用三维颜色空间中的坐标点 S 来表示，也可以用 S 矢量表示，S 在各坐标轴上的数量 R、G、B 则代表颜色 S 相应于三坐标轴的分量。S 矢量的长度表示颜色的亮度属性，矢量的方向表示颜色的色调和彩度的色度属性。

只要三个坐标轴有一个公共的交点 O，且三个轴不在一个平面内，则其空间方向可任意。每个坐标轴上的单位长度（R）、（G）、（B）的选择也是任意的，图 5 - 3 所示为一种常用的选择方式，即相等数量的 R、G、B 混合后产生中性色 N，使代表中性的 N 矢量与 $R + G + B = 1$ 的单位平面相交于三角形的重心处，则三角形与各坐标轴的交点处为 $R = 1$，$G = 1$，$B = 1$，由此确定了各坐标轴的单位长度。在单位平面上，每个颜色矢量与它只能有一交点，交点位置是固定的，各交点与原点 O 的连线的长度为各种颜色矢量的单位长度。

图 5 - 2　颜色匹配矢量

图 5 - 3　常用的颜色匹配方式

5.1.4　三刺激值和色品图

1. 三刺激值

颜色匹配实验中选取三种颜色，由它们相加混合能产生任意颜色，这三种颜色称为三原色，也称为参照色刺激。三原色的选择是任意的，只要它们相互独立，即三原色中任何一种颜色不能由其余两种原色相加混合得到。通常选择红、绿、蓝三原色，它们能与人眼视网膜锥细胞的光谱响应曲线匹配，能够增大匹配系统表示的色域。

在颜色匹配实验中，用来匹配某一特定颜色所需的三原色数量，称为三刺激值，即颜色

匹配方程式（5 – 1）的 R、G、B 值。一种颜色与一组 R、G、B 数值相对应，颜色感觉可通过三刺激值来定量表示。任意两种颜色只要 R、G、B 数值相同，颜色感觉就相同。

三刺激值单位（R）、（G）、（B）不用物理量为单位，而是选用色度学单位（也称三 T 单位）。其确定方法：选一特定白光（W）作为标准，用颜色匹配实验选定的三原色光（红、绿、蓝）相加混合与此白光（W）匹配；如达到匹配时，测得的三原色光通量值（R）为 l_R 流明、（G）为 l_G 流明、（B）为 l_B 流明，则比值 $l_R : l_G : l_B$ 定义为色度学单位（即三刺激值的相对亮度单位）。若匹配 F_C 流明的（C）光需要 F_R 流明的（R）、F_G 流明的（G）和 F_B 流明的（B），则颜色方程为

$$F_C(C) \equiv F_R(R) + F_G(G) + F_B(B) \tag{5 – 2}$$

式中，各单位以 1 lm 表示。若用色度学单位来表示，则方程为

$$C(C) \equiv R(R) + G(G) + B(B) \tag{5 – 3}$$

式中，$C = R + G + B$；$R = F_R / l_R$；$G = F_G / l_G$；$B = F_B / l_B$。

2. 光谱三刺激值

在图 5 – 1 所示的颜色匹配实验中，如果目标色光为某一种波长的单色光（也称为光谱色），则对应一种波长的单色光可得到一组三刺激值（R，G，B）。对不同波长的单色光做一系列类似的匹配实验，可得到对应于各种波长单色光的三刺激值。

如果将各单色光的辐射能量值都保持为相同（对应的光谱分布称为等能光谱），则得到的三刺激值称为光谱三刺激值，用 $\overline{r}$、$\overline{g}$、$\overline{b}$ 表示。光谱三刺激值又称为颜色匹配函数，数值只取决于人眼的视觉特性，可表示为

$$C_\lambda \equiv \overline{r}(R) + \overline{g}(G) + \overline{b}(B) \tag{5 – 4}$$

任何颜色的光都可看成是不同单色光的混合，故光谱三刺激值可作为颜色色度的基础。

3. 颜色三刺激值

CIE 色度学系统用三刺激值来定量描述颜色，但每种颜色的三刺激值不可能都用匹配实验来测得。

根据格拉斯曼颜色混合的代替律，如果有两种颜色光（R_1，G_1，B_1）和（R_2，G_2，B_2）相加混合后，则混合色的三刺激值为

$$R = R_1 + R_2; \quad G = G_1 + G_2; \quad B = B_1 + B_2 \tag{5 – 5}$$

任意色光都由单色光组成。如果单色光的光谱三刺激值预先测得，则能计算出相应的三刺激值。

设某一种颜色进入人眼的光刺激的光谱分布函数为 $\varphi(\lambda)$，而每个波长单色光视觉感知的光谱三刺激值为 $\overline{r}$、$\overline{g}$、$\overline{b}$，因此将 $\varphi(\lambda)$ 按波长加权光谱三刺激值，就可以得到每一波长的三刺激值，再进行积分，就可得到该颜色的三刺激值为

$$R = \int_\lambda k\varphi(\lambda)\overline{r}(\lambda)\mathrm{d}\lambda; \quad G = \int_\lambda k\varphi(\lambda)\overline{g}(\lambda)\mathrm{d}\lambda; \quad B = \int_\lambda k\varphi(\lambda)\overline{b}(\lambda)\mathrm{d}\lambda \tag{5 – 6}$$

积分的波长范围为可见光波段，一般为 380 ~ 760 nm。

4. 色品坐标和色品图

图 5 – 3 中方程为 $R + G + B = 1$ 的单位平面，是与三个坐标轴平面的交线构成的一个等边三角形。如果将颜色空间中的颜色点投影到此单位平面，将三刺激值的三维坐标系统转换为二维平面坐标时，就构成了色品图。色品图上颜色点的二维坐标称为色品坐标，仅表征颜色

点的色度属性，而与亮度无关。

将颜色匹配方程式（5-1）中的 $C(C)=1$ 写成单位方程为

$$C(C) \equiv \frac{R}{R+G+B}(R) + \frac{G}{R+G+B}(G) + \frac{B}{R+G+B}(B) \qquad (5-7)$$

即一个单位颜色（C）的色品只取决于三原色的刺激值各自在 $R+G+B$ 总量中的相对比例，即色品坐标，用符号 r、g、b 表示。色度坐标与三刺激值之间的关系如下：

$$r = \frac{R}{R+G+B}; \quad g = \frac{G}{R+G+B}; \quad b = \frac{B}{R+G+B} \qquad (5-8)$$

且 $r+g+b=1$。于是式（5-7）可写成

$$C(C) \equiv r(R) + g(G) + b(B) \qquad (5-9)$$

色品坐标的三个量（r, g, b）中只有两个独立量。

标准白光（W）的三刺激值为 $R=G=B=1$，故色品坐标为 $r=g=0.333$。

以色品坐标表示的平面图称为色品图（见图 5-4）。三角形的三个顶点对应三原色（R）、（G）、（B），纵坐标为色品 g，横坐标为色品 r。标准白光的位置是 $r=0.333$，$g=0.333$。只需给出 r 和 g 坐标就可确定颜色在色品图上的位置。由图 5-4 三刺激值色空间可知，色品图是单位平面 $R+G+B=1$，只是将三维空间的三个坐标轴按一定规则分布，使单位平面成为一个等边直角三角形。图 5-4 的色品图上表示了 $C(C)=1$ 各颜色量的色品。

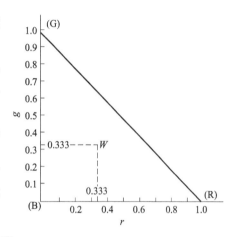

图 5-4　三刺激值色空间

5.2　CIE 1931 标准色度系统

用三刺激值定量描述颜色是一种可行的方法。为了测得物体颜色的三刺激值，首先必须研究人眼的颜色视觉特性，测出光谱三刺激值。1931 年，CIE 提出了 CIE 标准色度观察者和色品坐标系统，并规定三种标准光源（A,B,C）；对测量反射面的照明观测条件进行了标准化。建立的 CIE 1931 标准色度系统奠定了现代色度学的基础。

5.2.1　CIE 1931 RGB 系统

莱特（W. D. Wright）在 2° 圆形视场范围内，选择 650 nm（红）、530 nm（绿）、460 nm（蓝）三单色光作为三原色匹配等能光谱的各种颜色。三刺激值的单位为相等数量的绿和蓝原色匹配 494 nm 的蓝绿色；相等数量的红和绿原色匹配 582.5 nm 的黄色。由此得出相对亮度单位为 $l_R:l_G:l_B$。对 10 名观察者在其目视色度计上进行实验，测得一套光谱三刺激值数据。

吉尔德（J. Guild）在其目视测色计上对 7 名观察者做了类似的匹配实验。观察视场也是 2°，选用三原色波长为 630 nm、542 nm 和 460 nm，三刺激值单位以三原色相加匹配 NPL（英国国家物理实验室的缩写）白色光源，认为三原色的刺激值相等并定出相对亮度单位为

$l_R:l_G:l_B$，测得一套光谱三刺激值数据。

CIE 将三原色转换成 700 nm（R）、546.1 nm（G）、435.8 nm（B），以相等数量的三原色刺激值匹配等能白光（又称为 E 光源）确定三刺激值单位，发现将两个实验结果经坐标变换后绘制在新色品图上的结果很一致。因此，在 1931 年，CIE 采用两实验的平均值定出匹配等能光谱色的 RGB 三刺激值，用 $\bar{r}$、$\bar{g}$、$\bar{b}$ 表示，称为 "CIE 1931 RGB 系统标准色度观察者光谱三刺激值"，简称 "CIE 1931 RGB 系统标准色度观察者"（数据见附表 2 – 1），代表人眼 2° 视场的平均颜色视觉特性，这一系统叫作 CIE 1931 RGB 色度系统。

选 700 nm、546.1 nm 和 435.8 nm 三单色光作为三原色，是因为 700 nm 是可见光谱的红色末端，516.1 nm 和 435.8 nm 为明显的汞谱线，三者都能比较精确地产生出来。经实验和计算确定，匹配等能白光的（R）、（G）、（B）三原色单位的亮度比率为 1.000 0:4.590 7:0.060 1，辐亮度比率为 72.096 2:1.379 1:1.000 0。

光谱三刺激值与光谱色色品坐标的关系为

$$r = \frac{\bar{r}}{\bar{r} + \bar{g} + \bar{b}}; \quad g = \frac{\bar{g}}{\bar{r} + \bar{g} + \bar{b}} \tag{5-10}$$

图 5 – 5 所示为根据 CIE 1931 RGB 系统标准色度观察者三刺激值绘出的色品图，在色品图中，偏马蹄形曲线是所有光谱色色品点连接起来的轨迹，称为光谱轨迹。图 5 – 6 所示为以三刺激值为纵坐标、波长为横坐标绘出的光谱三刺激值曲线图。

图 5 – 5　根据 CIE 1931 RGB 系统标准色度观察者三刺激值绘出的色品图

由图 5-5 可以看到，$\bar{r}$、$\bar{g}$、$\bar{b}$ 光谱三刺激值和光谱轨迹的色品坐标有很大一部分出现负值，其物理意义可从匹配实验来理解，当投射到半视场的某些光谱色用另一半视场的三原色来匹配时，不管三原色如何调节都不能使两视场颜色达到匹配，只有在光谱色半视场加入原色能达到匹配，即出现负的色品坐标值。色品图（见图 5-5）的三角形顶部表示红（R）、绿（G）、蓝（B）三原色。在色品图上，负的色品坐标落在原色三角形之外。在原色三角形以内的各色品点的坐标为正值。

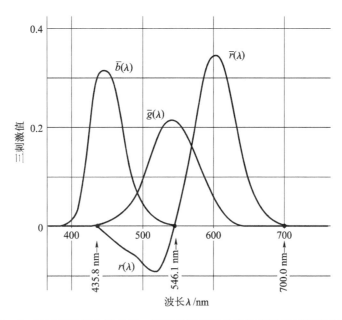

图 5-6 以三刺激值为纵坐标、波长为横坐标绘出的光谱三刺激值曲线图

5.2.2 CIE 1931 XYZ 标准色度系统

CIE 1931 RGB 系统的 $\bar{r}$、$\bar{g}$、$\bar{b}$ 是从实验得出的，可以用于色度学计算，但计算中会出现负值，用起来不方便，又不易理解，所以在 1931 年，CIE 推荐了一个新的国际通用的色度系统。CIE 1931 XYZ 标准色度系统是用了三个假想的原色 [X]、[Y]、[Z] 代替了 CIE 1931 RGB 系统的三个原色 [R]、[G]、[B]，并选择匹配等能白光，确定三刺激值的单位。由 CIE 1931 RGB 系统的光谱三刺激值 $\bar{r}$、$\bar{g}$、$\bar{b}$ 通过计算得到 CIE 1931 XYZ 系统的标准色度观察者光谱三刺激值。将它定名为"CIE 1931 XYZ 标准色度观察者光谱三刺激值"，或称为"CIE 1931 XYZ 标准色度观察者颜色匹配函数"，简称为"CIE 1931 XYZ 标准色度观察者"。这一系统叫作"CIE 1931 XYZ 标准色度系统"，或称为 2° 视场 XYZ 系统。

1. CIE 1931 XYZ 标准色度观察者光谱三刺激值

CIE 1931 XYZ 标准色度系统是由 RGB 系统推导来的。主要考虑下面八个问题。

（1）XZ 线方程的确定。规定 X、Z 只代表色度，没有亮度，光度量只与三刺激值 Y 成比例。XZ 线称为无亮度线，它在 $r-g$ 色品图上的方程应满足零亮度线的条件。

前面提到 [R]、[G]、[B] 三原色的相对亮度比是 $l_R : l_G : l_B = 1.000\ 0 : 4.590\ 7 :$

0.060 1，在色品图上，某一颜色的色品坐标为 r，g，b，则它的亮度方程可写成

$$l(C) = r + 4.590\ 7g + 0.060\ 1b$$

如果此颜色在无亮度线上，则 $l(C) = 0$，所以

$$r + 4.590\ 7g + 0.060\ 1b = 0$$

代入 $b = 1 - r - g$，则得

$$r + 4.590\ 7g + 0.060\ 1 - 0.060\ 1r - 0.060\ 1g = 0$$

整理后得 XZ 线的方程为

$$0.939\ 9r + 4.530\ 6g + 0.060\ 1 = 0 \tag{5-11}$$

（2）XY 线方程的确定。在此系统中，光谱三刺激值全为正值。要达到此目的，在选择三原色时，必须使三原色所形成的颜色三角形能包括整个光谱轨迹。在图 5-5 上，整个光谱轨迹完全落在 X、Y、Z 所形成的虚线三角形内。

一段光谱轨迹从 540~700 nm，在 RGB 色品图上基本是直线，用这段线上的两个颜色相混合可以得到两色之间的各种光谱色，新的 XYZ 三角形的 XY 边应与这段直线重合，这样能使计算简便，因为在这段线上，光谱轨迹只涉及［X］原色和［Y］原色的变化，不涉及［Z］原色。

光谱轨迹从 540~700 nm 这段直线的方程为

$$r + 0.99g - 1 = 0 \tag{5-12}$$

这就是 XY 线的方程。

（3）YZ 线方程的确定。YZ 边取与光谱轨迹波长 503 nm 点相切的直线，其方程为

$$1.45r + 0.55g + 1 = 0 \tag{5-13}$$

（4）［X］、［Y］、［Z］三原色点的确定。求 XY、YZ、XZ 三条直线的交点，就能得到［X］、［Y］、［Z］三原色点在 RGB 系统色品图中的坐标值（见图 5-5），它们是：

$$［X］: r = 1.275\ 0, \qquad g = -0.277\ 8, \qquad b = 0.002\ 8$$
$$［Y］: r = -1.739\ 2, \qquad g = 2.767\ 1, \qquad b = -0.027\ 9$$
$$［Z］: r = -0.743\ 1, \qquad g = 0.140\ 9, \qquad b = 1.602\ 2$$

它们在 $x-y$ 图中的坐标应是：

$$［X］: x = 1, y = 0, z = 0$$
$$［Y］: x = 0, y = 1, z = 0$$
$$［Z］: x = 0, y = 0, z = 1$$

（5）标准白点的确定。确定了三原色坐标之后，还必须选择一种标准白，以确定三刺激值的单位。XYZ 系统是用相等数量的三原色刺激值匹配出等能白光 E 来定各原色刺激值单位的。等能白光在 $r-g$ 坐标系内为

$$r = 0.333\ 3, \qquad g = 0.333\ 3$$

在 $x-y$ 坐标系内也为

$$x = 0.333\ 3, \qquad y = 0.333\ 3$$

知道了三原色和等能白光在 $r-g$ 坐标系和 $x-y$ 坐标系中的位置后，经过坐标转换，可求得 XYZ 系统和 RGB 系统三刺激值之间的转换公式。

（6）三原色之间的关系式。XYZ 系统中参照刺激 ［X］、［Y］、［Z］ 与 RGB 系统中的参照刺激值 ［R］、［G］、［B］ 之间的相互关系为

$$\begin{cases} [X] = 0.418\,455[R] - 0.091\,165[G] + 0.000\,921[B] \\ [Y] = -0.158\,657[R] + 0.252\,426[G] - 0.002\,550[B] \\ [Z] = -0.082\,832[R] + 0.015\,705[G] + 0.178\,595[B] \end{cases} \quad (5-14)$$

式中，［X］、［Y］、［Z］ 为 XYZ 系统中的参照刺激；［R］、［G］、［B］ 为 RGB 系统中的参照刺激。

（7）三刺激值之间的相互关系式。XYZ 系统中，三刺激值 X、Y、Z 与 RGB 系统中的三刺激值 R、G、B 之间的相互关系为

$$\begin{cases} X = 2.768\,892R + 1.751\,748G + 1.130\,160B \\ Y = 1.000\,000R + 4.590\,700G + 0.060\,100B \\ Z = 0.000\,000R + 0.056\,508G + 5.594\,292B \end{cases} \quad (5-15)$$

式（5-14）和式（5-15）不是独立的，它们可以在数学上互相推导。式（5-14）是基础，它是新三原色与旧三原色之间的转换公式；式（5-15）是任意一种颜色新旧三刺激值之间的转换公式，更适合实际应用。因为光谱三刺激值是一种特殊三刺激值。所以应用方程组（5-15）可以由 $\bar{r}(\lambda)$、$\bar{g}(\lambda)$、$\bar{b}(\lambda)$ 求得 XYZ 系统的光谱三刺激值 $\bar{x}(\lambda)$、$\bar{y}(\lambda)$、$\bar{z}(\lambda)$。

（8）CIE 1931 XYZ 标准色度系统。经过上述步骤，就将 CIE 1931 RGB 系统转换成为 CIE 1931 XYZ 标准色度系统。从 RGB 系统的光谱三刺激值 $\bar{r}(\lambda)$、$\bar{g}(\lambda)$、$\bar{b}(\lambda)$ 转换成为 XYZ 系统的光谱三刺激值 $\bar{x}(\lambda)$、$\bar{y}(\lambda)$、$\bar{z}(\lambda)$。光谱三刺激值 $\bar{x}(\lambda)$、$\bar{y}(\lambda)$、$\bar{z}(\lambda)$ 这组表格数据称为 CIE 1931 XYZ 标准色度观察者光谱三刺激值，也称 CIE 1931 XYZ 标准色度观察者颜色匹配函数，简称 CIE 1931 XYZ 标准色度观察者。这套数据适用于当观测或匹配颜色样品时视场角在1°~4°。数据的波长范围是 380~780 nm，波长间隔为 5 nm，数据列在附表 2-2 中。如果需要比附表 2-2 更小的波长间隔，即波长间隔小于 5 nm 时，可用附表 2-2 的值线性插值后得到。

XYZ 系统给色度学的计算带来极大方便，它的特点是 $\bar{x}$、$\bar{y}$、$\bar{z}$ 的数值全部为正值。

由于在 XYZ 选择原色时就考虑到只有 Y 值既代表色品又代表亮度，而 X、Z 只代表色品，所以 $\bar{y}(\lambda)$ 函数曲线与明视觉光谱光视效率 $V(\lambda)$ 一致，即 $\bar{y}(\lambda) = V(\lambda)$。图 5-7 所示为 CIE 1931 XYZ 标准色度观察者光谱三刺激值曲线图。

CIE 1931 XYZ 标准色度观察者的数据适用于 2°视场的中央视觉观察条件（视场在 1°~4°范围内），主要由中央窝锥体细胞起作用。对极小面积颜色的观察，此数据不再有效，对大于 4°视场的观察面积，另有 10°视场的 CIE 1964 XYZ 标准色度观察者数据。在今后的色度学计算中，都以此两组数据作为观察者颜色特性的代表，从而避免了由于单个观察者视觉上的差异而造成的混乱。

2. CIE 1931 XYZ 标准色度系统色品图

光谱色的色品坐标的计算式：

$$\begin{cases} x(\lambda) = \dfrac{\overline{x}(\lambda)}{\overline{x}(\lambda) + \overline{y}(\lambda) + \overline{z}(\lambda)} \\[2ex] y(\lambda) = \dfrac{\overline{y}(\lambda)}{\overline{x}(\lambda) + \overline{y}(\lambda) + \overline{z}(\lambda)} \\[2ex] z(\lambda) = \dfrac{\overline{z}(\lambda)}{\overline{x}(\lambda) + \overline{y}(\lambda) + \overline{z}(\lambda)} \end{cases} \qquad (5-16)$$

将光谱色的坐标点连成马蹄形曲线，此曲线称为 CIE x-y 色品图的光谱轨迹，如图 5-8 所示。

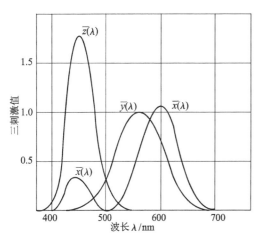

图 5-7 CIE 1931 XYZ 标准色度观察者
光谱三刺激值曲线图

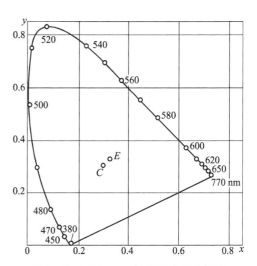

图 5-8 CIE x-y 色品图的光谱轨迹

[X] 为红原色，[Y] 为绿原色，[Z] 为蓝原色，它们都落在光谱轨迹的外面，在光谱轨迹外面的所有颜色都是物理上不能实现的。光谱轨迹曲线以及连接光谱两端点的直线所构成的马蹄形内包括了一切物理上能实现的颜色。

在 CIE x-y 色品图上，光谱轨迹还表现有如下的颜色视觉特点：

（1）靠近波长末端 700～780 nm 的光谱波段具有一个恒定的色品值，都是 $x = 0.73469$，$y = 0.26531$，$z = 0$，所以在色品图上只用一个点来代表。

（2）光谱轨迹为 540～700 nm 的是一条与 XY 边基本重合的直线。在这段光谱范围内的任何光谱色都可通过 540 nm 和 700 nm 两种波长的光以一定比例相加混合产生。

（3）光谱轨迹为 380～540 nm 的曲线，在此范围内的一对光谱色的混合不能产生二者之间位于光谱轨迹上的颜色，而只能产生光谱轨迹所包围面积内的混合色。光谱轨迹上的颜色饱和度最高。图 5-8 上的 E 代表的是等能白光，等能白光 E 位于 XYZ 颜色三角形的中心处。图上越靠近 E 点的颜色，饱和度越低。E 的色坐标是：$x_E = 0.333334$；$y_E = 0.333331$；$z_E = 0.333335$。

（4）连接色度点 400 nm 和 700 nm 的直线称为紫红轨迹，也称为紫线。因为将 400 nm 的蓝色刺激与 700 nm 的红色刺激混合后会产生紫色。

（5）$y = 0$ 的直线（XZ）（见图 5-8）与亮度没有关系，即无亮度线。光谱轨迹的短波段紧靠这条线，意味着虽然短波端的光能够引起标准色度观察者的反应，但 380~420 nm 波长的辐通量在视觉上引起的亮度感觉很低。

5.2.3　颜色空间及色度系统的转换

三原色的选择以及三原色刺激值单位规定的方法不同，则构成了不同的色度系统，对应着不同的颜色度量空间。从莱特和吉尔德的实验数据到 CIE 1931 RGB 系统，RGB 系统到 XYZ 系统都遇到了系统和空间的转换问题，转换的实质是一个坐标转换的问题。

令（X）、（Y）、（Z）代表新系统的三原色，（R）、（G）、（B）代表旧系统的三原色。据格拉斯曼定律可知，每单位新的原色可以由旧的三原色相加混合得到，可用下列方程组表示：

$$\begin{cases} (X) = R_x(R) + G_x(G) + B_x(B) \\ (Y) = R_y(R) + G_y(G) + B_y(B) \\ (Z) = R_z(R) + G_z(G) + B_z(B) \end{cases} \tag{5-17}$$

式中，R_i，G_i，B_i（$i = x$，y，z）为匹配单位（I）原色所需要的旧三原色三刺激值。

某一颜色（C）在新系统中的颜色方程为

$$C(C) \equiv X(X) + Y(Y) + Z(Z) \tag{5-18}$$

将式（5-17）代入式（5-18），整理后得

$$C(C) \equiv (R_x X + R_y Y + R_z Z)(R) + (G_x X + G_y Y + G_z Z)(G) + (B_x X + B_y Y + B_z Z)(B) \tag{5-19}$$

旧系统与新系统三刺激之间的矩阵形式关系为

$$\begin{pmatrix} \boldsymbol{R} \\ \boldsymbol{G} \\ \boldsymbol{B} \end{pmatrix} = \begin{pmatrix} R_x & R_y & R_z \\ G_x & G_y & G_z \\ B_x & B_y & B_z \end{pmatrix} \begin{pmatrix} X \\ Y \\ Z \end{pmatrix} \tag{5-20}$$

只要求得 R_x，G_x，B_x，$\cdots$，B_z 9 个系数，则两系统三刺激值的转换关系式（5-20）就可确定。

通常，往往知道新系统三原色在旧坐标系中的色品坐标为 r_x，g_x，b_x，r_y，g_y，b_y，r_z，g_z，b_z，则式（5-20）可写成

$$\begin{pmatrix} \boldsymbol{R} \\ \boldsymbol{G} \\ \boldsymbol{B} \end{pmatrix} = \begin{pmatrix} C_x r_x & C_y r_y & C_z r_z \\ C_x g_x & C_y g_y & C_z g_z \\ C_x b_x & C_y b_y & C_z b_z \end{pmatrix} \begin{pmatrix} X \\ Y \\ Z \end{pmatrix} \tag{5-21}$$

式中，$C_x = R_x + G_x + B_x$，$C_y = R_y + G_y + B_y$，$C_z = R_z + G_z + B_z$。

只要求出式（5-21）的 C_x，C_y，C_z 三个值，就确定了两系统之间三刺激值的转换式。如果知道一种颜色（如参照白）在新旧坐标系中的三刺激值 R_0，G_0，B_0 和 X_0，Y_0，Z_0，代入式（5-21）就可求得 C_x，C_y，C_z。

求出式（5-20）或式（5-21）的逆矩阵，则得到 X，Y，Z 的矩阵表达式为

$$\begin{pmatrix} \boldsymbol{X} \\ \boldsymbol{Y} \\ \boldsymbol{Z} \end{pmatrix} = \begin{pmatrix} b_{11} & b_{12} & b_{13} \\ b_{21} & b_{22} & b_{23} \\ b_{31} & b_{32} & b_{33} \end{pmatrix} \begin{pmatrix} R \\ G \\ B \end{pmatrix} \tag{5-22}$$

式中，b_{11}，b_{12}，$\cdots$，b_{33} 是由式（5-20）或式（5-21）求逆得到的。可以看出，新旧三刺激值之间的转换式是线性齐次变换。

欲求得新旧色度坐标之间的转换式，就根据

$$x = \frac{X}{X+Y+Z}, \quad y = \frac{Y}{X+Y+Z}, \quad z = \frac{Z}{X+Y+Z}$$

$$r = \frac{R}{R+G+B}, \quad g = \frac{G}{R+G+B}, \quad b = \frac{B}{R+G+B}$$

将式（5-22）代入 x，y，z 等式中，得

$$\begin{cases} x = \dfrac{b_{11}r + b_{12}g + b_{13}b}{(b_{11}+b_{21}+b_{31})r + (b_{12}+b_{22}+b_{32})g + (b_{13}+b_{23}+b_{33})b} \\[3mm] y = \dfrac{b_{21}r + b_{22}g + b_{23}b}{(b_{11}+b_{21}+b_{31})r + (b_{12}+b_{22}+b_{32})g + (b_{13}+b_{23}+b_{33})b} \\[3mm] z = \dfrac{b_{31}r + b_{32}g + b_{33}b}{(b_{11}+b_{21}+b_{31})r + (b_{12}+b_{22}+b_{32})g + (b_{13}+b_{23}+b_{33})b} \end{cases} \qquad (5-23)$$

因为 $r+g+b=1$，$x+y+z=1$，将式（5-23）简化成

$$x = \frac{\beta_{11}r + \beta_{12}g + \beta_{13}}{\beta_{31}r + \beta_{32}g + \beta_{33}}, \quad y = \frac{\beta_{21}r + \beta_{22}g + \beta_{23}}{\beta_{31}r + \beta_{32}g + \beta_{33}} \qquad (5-24)$$

逆变换式为

$$r = \frac{\begin{vmatrix} x & \beta_{12} & \beta_{13} \\ y & \beta_{22} & \beta_{23} \\ 1 & \beta_{32} & \beta_{33} \end{vmatrix}}{\begin{vmatrix} \beta_{11} & \beta_{12} & x \\ \beta_{21} & \beta_{22} & y \\ \beta_{31} & \beta_{32} & 1 \end{vmatrix}}, \quad g = -\frac{\begin{vmatrix} \beta_{11} & x & \beta_{13} \\ \beta_{21} & y & \beta_{23} \\ \beta_{31} & 1 & \beta_{33} \end{vmatrix}}{\begin{vmatrix} \beta_{11} & \beta_{12} & x \\ \beta_{21} & \beta_{22} & y \\ \beta_{31} & \beta_{32} & 1 \end{vmatrix}} \qquad (5-25)$$

式中，$\beta_{11} = b_{11} - b_{13}$，$\beta_{12} = b_{12} - b_{13}$，$\beta_{13} = b_{13}$，$\beta_{21} = b_{21} - b_{23}$，$\beta_{22} = b_{22} - b_{23}$，$\beta_{23} = b_{23}$，$\beta_{31} = (b_{11} - b_{13}) + (b_{21} - b_{23}) + (b_{31} - b_{33})$，$\beta_{32} = (b_{12} - b_{13}) + (b_{22} - b_{23}) + (b_{32} - b_{33})$，$\beta_{33} = b_{13} + b_{23} + b_{33}$。

式（5-24）和式（5-25）表达了新坐标系 x，y 与旧坐标系 r，g 之间的转换关系。在式（5-24）中，x 和 y 具有相同的分母，且分子、分母均为线性函数。在数学上，将具有这一特点的转换形式称为平面的影射变换，其逆变换也为影射变换，但它不同于三刺激值空间的线性变换。综上所述，三刺激值空间的转换是线性变换，色品坐标的转换是平面的影射变换。

由式（5-24）和式（5-25）可知，确定变换关系式必须确定 β_{11}，β_{12}，$\cdots$，β_{33} 9 个系数，9 个系数中 8 个是独立的，计算时可指定任一个系数为某一常量，其余 8 个系数随此常量大小同时扩大或缩小，不影响颜色的色品。两个方程有 8 个未知量，故必须找到 4 个已知点在新旧坐标系中的对应坐标值，联立求解 8 个方程。一般地，4 个已知点选 3 个原色点及参照白点。

5.3　CIE 1964 补充标准色度系统

经过多年实践证明，CIE 1931 XYZ 标准色度观察者的数据描述了人眼 2°视场的色觉平均特性。但实验发现，当观察视场增大到 4°以上时，$\bar{x}(\lambda)$，$\bar{y}(\lambda)$，$\bar{z}(\lambda)$ 在波长为 380～460 nm 区间内数值偏低。这是由于在大面积视场观察时，杆状细胞的参与以及受中央凹黄色素的影响，所以颜色视觉会发生一定的变化。在日常观察物体时，视野经常超过 2°范围，故为适应大视场颜色测量的需要，1964 年，CIE 规定了一组 10°视场的 "CIE 1964 补充标准色度观察者光谱三刺激值"，简称为 "CIE 1964 补充标准色度系统"，也叫作 10°视场 $X_{10}Y_{10}Z_{10}$ 色度系统。

"CIE 1964 补充标准色度观察者光谱三刺激值" 是建立在斯泰尔斯（W. S. Stiles）与伯奇（J. M. Burch）、斯伯林斯卡娅（N. I. Speranskaya）的两项颜色匹配实验的基础上的。

斯泰尔斯和伯奇用 49 名观察者在 10°视场角的目视色度计上进行匹配实验。使用的三原色分别为 645.2 nm（R）、526.3 nm（G）、444.4 nm（B）的单色光。为了避免杆状细胞的参与，实验中使用高亮度的颜色刺激。实验测出了补充标准色度观察者大视场匹配等能光谱的三刺激值。

斯伯林斯卡娅用 18 名观察者（后增加到 27 名），10°视场角度，但为消除麦克斯韦圆斑的影响，将视场中心部分（2°范围）遮住。实验所用的亮度较低，为前者亮度的 1/30～1/40，没有排除杆状细胞的作用。使用的三原色分别是 640 nm（R）、545 nm（G）、465 nm（B）的单色光。实验测出大视场的光谱三刺激值，并将实验数据转换成三原色波长为 645.2 nm（R）、526.3 nm（G）、444.4 nm（B）的数据。

贾德（Judd）将两项实验结果进行了加权处理，按观察者人数给前者的结果以加权量（3:1），并对后者的结果作了杆状细胞参与的修正，从而确定了 1964 年 CIE $R_{10}G_{10}B_{10}$ 系统的补充标准色度观察者光谱三刺激值 $\bar{r}_{10}(\lambda)$，$\bar{g}_{10}(\lambda)$，$\bar{b}_{10}(\lambda)$（见图5 -9）。

图 5 - 9　CIE 1964 $R_{10}G_{10}B_{10}$ 系统的补充标准色度观察者光谱三刺激值

可以看出，CIE 1964 $R_{10}G_{10}B_{10}$ 系统的光谱三刺激值曲线中有一部分负值。类似 CIE 1931 XYZ 标准色度系统，将 CIE $R_{10}G_{10}B_{10}$ 系统向 CIE 1964 补充标准色度系统进行坐标转换。可将三刺激值 $\bar{r}_{10}(\lambda)$，$\bar{g}_{10}(\lambda)$，$\bar{b}_{10}(\lambda)$ 转换成 CIE 1964 补充标准色度系统的补充标准色度观察者光谱三刺激值 $\bar{x}_{10}(\lambda)$，$\bar{y}_{10}(\lambda)$，$\bar{z}_{10}(\lambda)$，其间的转换关系式如下：

$$\begin{cases} \bar{x}_{10}(\lambda) = 0.341\,427\bar{r}_{10}(\lambda) + 0.188\,273\bar{g}_{10}(\lambda) + 0.390\,202\bar{b}_{10}(\lambda) \\ \bar{y}_{10}(\lambda) = 0.138\,972\bar{r}_{10}(\lambda) + 0.837\,182\bar{g}_{10}(\lambda) + 0.073\,588\bar{b}_{10}(\lambda) \quad (5-26) \\ \bar{z}_{10}(\lambda) = 0.000\,000\bar{r}_{10}(\lambda) + 0.037\,515\,4\bar{g}_{10}(\lambda) + 2.088\,78\bar{b}_{10}(\lambda) \end{cases}$$

附表 2 - 3 列出了 CIE 1964 补充标准色度观察者光谱三刺激值 $\bar{x}_{10}(\lambda)$，$\bar{y}_{10}(\lambda)$，$\bar{z}_{10}(\lambda)$，波长间隔为 5 nm。当观测或匹配颜色样品的视场角度在 4°~10°时，需采用这套数据，当观测或匹配颜色样品的视场角度在 2°~4°时，仍采用"CIE 1931 XYZ 标准色度观察者"数据。

CIE 1964 补充标准色度观察者光谱三刺激值的函数曲线如图 5 - 10 所示。

图 5 - 10　CIE 1964 补充标准色度观察者光谱三刺激值的函数曲线

根据色品坐标与三刺激值的关系，可由 $\bar{x}_{10}(\lambda)$，$\bar{y}_{10}(\lambda)$，$\bar{z}_{10}(\lambda)$ 计算得到 $x_{10}(\lambda)$，$y_{10}(\lambda)$，将数值绘在 $x_{10}-y_{10}$ 平面上得出 CIE 1964 补充标准色度系统色品图。与 CIE 1931 XYZ 标准色品系统色品图相比较（见图 5 - 11），二者的光谱轨迹在形状上很相似，但相同波长的光谱色在各自的光谱轨迹上的位置有相当大的差异。例如，在 490~500 nm 一段，两张图上的坐标值在波长上相差达 50 nm 以上，其他相同波长的坐标值也都有差异，只在 600 nm 处的光谱色坐标值大致相近。两张色品图上唯一重合的色品点是等能白点。

如果将两者光谱三刺激值的曲线绘在同一坐标中（见图 5 - 12），就能清楚地看到它们的差异，$\bar{y}_{10}(\lambda)$ 曲线在 400~500 nm 高于 2°视场的 $\bar{y}(\lambda)$，表明视网膜上中央凹以外的区域对短波光谱有更高的感受性。

研究还表明，人眼用小视场观察颜色时，辨别颜色差异的能力较低。当观察视场从 2°增大至 10°时，颜色匹配的精度随之提高。若视场再进一步增大，颜色匹配精度就难以再提高了。

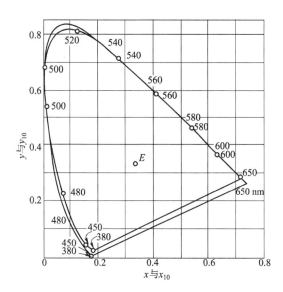

图 5 –11　CIE 1931 XYZ 与 1964 补充
标准色度系统色品图比较示意

图 5 –12　CIE 1931/1964 的光谱三刺激值的曲线

5.4　CIE 色度计算方法

5.4.1　三刺激值及色品坐标的计算

1. 三刺激值的计算公式

要计算颜色的色品坐标，必须先求得颜色的三刺激值。CIE 色度系统三刺激值的计算公式为

$$X = k \int_{\lambda} \varphi(\lambda) \overline{x}(\lambda) \mathrm{d}\lambda, X_{10} = k_{10} \int_{\lambda} \varphi(\lambda) \overline{x}_{10}(\lambda) \mathrm{d}\lambda$$

$$Y = k \int_{\lambda} \varphi(\lambda) \overline{y}(\lambda) \mathrm{d}\lambda, Y_{10} = k_{10} \int_{\lambda} \varphi(\lambda) \overline{y}_{10}(\lambda) \mathrm{d}\lambda$$

$$Z = k \int_{\lambda} \varphi(\lambda) \overline{z}(\lambda) \mathrm{d}\lambda, Z_{10} = k_{10} \int_{\lambda} \varphi(\lambda) \overline{z}_{10}(\lambda) \mathrm{d}\lambda$$

式中，积分的范围在可见光波段内。

实际计算中用求和来近似积分：

$$\begin{cases} X = k \sum_{\lambda} \varphi(\lambda) \overline{x}(\lambda) \Delta\lambda, X_{10} = k_{10} \sum_{\lambda} \varphi(\lambda) \overline{x}_{10}(\lambda) \Delta\lambda \\ Y = k \sum_{\lambda} \varphi(\lambda) \overline{y}(\lambda) \Delta\lambda, Y_{10} = k_{10} \sum_{\lambda} \varphi(\lambda) \overline{y}_{10}(\lambda) \Delta\lambda \\ Z = k \sum_{\lambda} \varphi(\lambda) \overline{z}(\lambda) \Delta\lambda, Z_{10} = k_{10} \sum_{\lambda} \varphi(\lambda) \overline{z}_{10}(\lambda) \Delta\lambda \end{cases} \quad (5-27)$$

式中，各符号的说明和它们的选取原则如下：

（1）$\varphi(\lambda)$ 称为颜色刺激函数，即进入人眼产生颜色感觉的光能量。

①被测物体是自发光体时，$\varphi(\lambda)$ 为发光物体辐射的相对光谱功率分布：

$$\varphi(\lambda) = S(\lambda)$$

②被测物体是非自发光物体时，透明体或不透明体的颜色刺激函数 $\varphi(\lambda)$ 分别为

$$\varphi(\lambda) = \tau(\lambda)S(\lambda) \tag{5-28}$$

$$\varphi(\lambda) = \beta(\lambda)S(\lambda) \tag{5-29}$$

$$\varphi(\lambda) = \rho(\lambda)S(\lambda) \tag{5-30}$$

式中，$\tau(\lambda)$ 为物体的光谱透射比；$\beta(\lambda)$ 为物体的光谱辐亮度因数；$\rho(\lambda)$ 为物体的光谱反射比；$S(\lambda)$ 为照明光源的相对光谱功率分布。

被测物体是透明物体时，采用式（5-28），反射物体可针对测量时的几何条件情况采用式（5-29）或式（5-30）。$S(\lambda)$ 一般采用 CIE 规定的标准照明体，具体采用哪种照明体，则由被测物体的具体情况而定。例如，物体在日光下观察时，可用照明体 D65 或 C，或其他 D 照明体；而在灯光下观察时，可用 A 照明体。

（2）$\bar{x}$，$\bar{y}$，$\bar{z}$，$\bar{x}_{10}$，$\bar{y}_{10}$，$\bar{z}_{10}$ 是 CIE 规定的标准色度观察的光谱三刺激值。计算时，是采用 $\bar{x}$，$\bar{y}$，$\bar{z}$ 还是 $\bar{x}_{10}$，$\bar{y}_{10}$，$\bar{z}_{10}$，完全由被测物体要求人眼观察的视角所决定，当要求人眼观察的视角为 $1° \sim 4°$ 时，就采用 $\bar{x}$，$\bar{y}$，$\bar{z}$；当要求人眼观察的视角为 $4° \sim 10°$ 时，就采用 $\bar{x}_{10}$，$\bar{y}_{10}$，$\bar{z}_{10}$。

（3）k 和 k_{10} 叫作归一化系数。

①对于自发光物体，一般是先将光源的 Y 值调整到 100，再求系数 k 和 k_{10}。这样求得的三刺激值是色度单位。

②如果在 CIE 1931 XYZ 标准色度系统中，Y 值要求用绝对光度量表示时，对自发光物体三刺激值的计算，通常不将 Y 归一化为 100，而是使归一化系数 $k = 683$ lm/W，即用最大光谱光视效率 K_m 代替 k。三刺激值 Y 的单位可以是 lm/m^2（流明/米^2）或 cd/m^2（坎德拉/米^2），这时是用光度单位表示，即

$$
\begin{aligned}
X &= 683 \\
Y &= 683 \\
Z &= 683
\end{aligned}
\left\{
\begin{aligned}
&\sum_{\lambda} L_{\lambda}\bar{x}_{\lambda}\Delta\lambda \\
&\sum_{\lambda} L_{\lambda}\bar{y}_{\lambda}\Delta\lambda \\
&\sum_{\lambda} L_{\lambda}\bar{z}_{\lambda}\Delta\lambda
\end{aligned}
\right.
$$

或者

$$
\begin{aligned}
X &= 683 \\
Y &= 683 \\
Z &= 683
\end{aligned}
\left\{
\begin{aligned}
&\sum_{\lambda} E_{\lambda}\bar{x}_{\lambda}\Delta\lambda \\
&\sum_{\lambda} E_{\lambda}\bar{y}_{\lambda}\Delta\lambda \\
&\sum_{\lambda} E_{\lambda}\bar{z}_{\lambda}\Delta\lambda
\end{aligned}
\right.
$$

当按光谱辐亮度 L_{λ} 定义三刺激值公式时，三刺激值单位是亮度单位（cd/m^2）；当按光谱照度 E_{λ} 定义三刺激值计算公式时，三刺激值单位是照度单位（lx 或 lm/m^2）。

③对于非自发光物体，先将所选标准照明体的 Y 值调整到 100，也就是将完全漫反射体 $[\beta(\lambda) = 1]$ 和理想透射物体 $[\tau(\lambda) = 1]$ 的 Y 值调整到 100，再求系数 k 和 k_1。k 和 k_{10} 可由下式求得

$$\begin{cases} k = \dfrac{100}{\sum\limits_{\lambda} S(\lambda)\,\overline{y}(\lambda)\,\Delta\lambda} \\[3mm] k_{10} = \dfrac{100}{\sum\limits_{\lambda} S(\lambda)\,\overline{y}_{10}(\lambda)\,\Delta\lambda} \end{cases} \qquad (5-31)$$

式（5 - 27）中，关于波长范围和波长间隔的选取，后面将详细说明。

2. 色品坐标计算公式

由式（5 - 27）计算出物体颜色的三刺激值后，由下式计算出物体的色品坐标：

$$\begin{cases} x = \dfrac{X}{X+Y+Z}, & x_{10} = \dfrac{X_{10}}{X_{10}+Y_{10}+Z_{10}} \\[3mm] y = \dfrac{Y}{X+Y+Z}, & y_{10} = \dfrac{Y_{10}}{X_{10}+Y_{10}+Z_{10}} \\[3mm] z = \dfrac{Z}{X+Y+Z}, & z_{10} = \dfrac{Z_{10}}{X_{10}+Y_{10}+Z_{10}} \end{cases} \qquad (5-32)$$

三刺激值和色品坐标在计算之前，首先必须用光谱辐射计测得光源的相对光谱功率分布（对自发光体）；或用分光光度计测得物体的光谱反射比或光谱透射比（对非自发光物体），再根据 CIE 推荐的标准照明体数据和标准色度观察者的光谱三刺激值数据，才能进行计算。三刺激值和色品坐标的计算工作量较大，可使用编写计算程序的方式，就可十分方便地在计算机上进行。

5.4.2　三刺激值计算中波长范围及波长间隔的选择

式（5 - 27）中波长范围和波长间隔 $\Delta\lambda$ 的选择，视被测物体的光谱特性和计算精度要求的不同而不同。

CIE 15:2004 推荐：精确计算波长范围应取 360 ~ 830 nm，波长间隔 $\Delta\lambda$ 取 1 nm，采用的标准色度观察者的光谱三刺激值数据和标准照明体的数据，可从附表 2 - 3、附表 2 - 5 和附表 2 -7 中取值；对大多数实用目的的计算，波长范围可取 380 ~ 780 nm，波长间隔 $\Delta\lambda = 5$ nm，不会产生明显的计算误差。相应的光谱三刺激值和标准照明体的数值，可以从附表 2 - 2、附表 2 - 4 和附表 2 - 6 中取值。

在实际应用中，根据精度要求和条件也可适当变化。例如，计算机配色计算中常采用波长间隔 $\Delta\lambda = 20$ nm，波长范围为 400 ~ 700 nm，这是因为配色计算中要进行大量的计算，波长间隔越小，波长范围越大，数据量就越大，况且实用中认为计算精度也基本与理论和工艺条件相适应。

在三刺激值计算中对数字位数的处理，应该采用 CIE 色度标准出版的表格中提供的有效数字位数，计算得到结果后，再四舍五入至要求的有效位数，不能事先将表格中的数值进行四舍五入处理，否则会造成计算误差。

5.4.3　颜色刺激函数 $\varphi(\lambda)$ 的测量波长范围和波长间隔的选择和处理

在计算三刺激值时，当选择了波长范围和波长间隔后，色刺激函数 $\varphi(\lambda)$ 测量的波长范围和测量的波长间隔必须与其相同。但在实际应用中所要求的数据不可能全部从测量中取得。因为在实际测量中，波长间隔常会大于 1 nm，或者用不等的波长间隔测得的；或者将波长范围缩短，将两端数据省略。尤其在短波范围内，使用分光仪器测量会有困难。所以对那些计算中需要的测量数据但又没有测量到数据的，就需要从已知的测量到的数据中通过计算求出来。这样处理的结果，对光谱测量来说是不精确的，但是对三刺激值计算来说，经调查认为可以得到满意的结果，准确度可以被认可。常用的处理方法有以下两种。

1. 删节处理

用更大的采样波长间隔，例如采用 10 nm 或 20 nm，删节后会导致三刺激值计算误差。是否能采用，是在确实证明它引起的三刺激值误差小到可以忽略时才可以采用。如果误差不可忽略，可推荐采用已测量到的色刺激函数的值，用内插值的方法得到未经测量的值。当然是在这些曲线 $[\beta(\lambda)、\rho(\lambda)、\tau(\lambda)]$ 足够平滑和连续时才允许插值。对于自发光物体的 $S(\lambda)$，由于经常不是连续光谱，例如气体放电灯的 $S(\lambda)$，若用内插法插值，则会造成巨大的误差，所以不适合采用插值法。CIE 15:2004 推荐采用下列一些方法进行内插值。

（1）三次多项式插值法（拉格朗日插值法），从围绕着被插值点邻近的四点来内插。

（2）三次样条插值法。

（3）五次多项式插值公式，从围绕被插值点邻近的六点数值内插。

（4）斯善拉格内插法。

2. 截短处理

当颜色刺激函数 $\varphi(\lambda)$ 测量光谱范围小于三刺激值计算中的实际光谱范围时，例如 380 ~ 780 nm，删去的两端值将会引入计算三刺激值的误差。因此采用截短处理时，必须证明这样造成的三刺激值误差是小到可忽略时才能采用。如果限制的测量范围造成的误差不可忽略，对于没有的数据，必须外插出来，将光谱范围达到求和计算要求的范围。外插法一般不推荐采用，但可以用一个粗略的近似来得到未测量的值：将未测量的值等于最接近被截短的端点测量的值。例如，短波段 360 ~ 380 nm 被截短至 380 nm，380 nm 点的值已被测量，那么将 360 ~ 380 nm 各点的值都等于 380 nm 点的值，再进行求和计算。

计算三刺激值的方法除上述方法外，在早期还常用加权坐标法和选定波长法，尤其是加权坐标法，许多标准（例如 ASTM 1999）均描述了此方法，还给出了一系列针对不同 CIE 标准色度观察者和常用的 CIE 标准照明体的加权值。关于这些方法，可参考相应的标准和色度学书籍，这里不再叙述。

5.4.4 颜色相加的计算

当两种已知色品坐标和亮度值的颜色相加混合后，混合色的色品坐标可用计算法和作图法求得。

1. 计算法

混合色与已知色的色品坐标之间没有线性叠加的关系，而混合色与已知色的三刺激值之间存在着线性叠加的关系。故在颜色相加混合计算时先算三刺激值，再求色品坐标。

混合色的三刺激值为

$$X = X_1 + X_2, \quad Y = Y_1 + Y_2, \quad Z = Z_1 + Z_2 \qquad (5-33)$$

式中，X_1，Y_1，Z_1；X_2，Y_2，Z_2 为用于混合的两种已知颜色的三刺激值。

式（5 – 33）可推广至更多种颜色相加混合，即只要已知各个颜色的三刺激值，就可求得混合色的三刺激值。

当已知颜色的色品坐标 x，y 及亮度 Y 时，也可用下式求得颜色的三刺激值：

$$X = \frac{x}{y}Y, \quad Y = Y, \quad Z = \frac{z}{y}Y = \frac{1 - x - y}{y}Y \tag{5 – 34}$$

求出的混合色的三刺激值和色品坐标代表了混合色的色度特性。在其他计算中，混合色又可作为一个单独颜色处理。

2. 作图法

除了计算法外，还可以在色品图上应用重心原理，通过作图法求出混合色的色品坐标。作图法的根据：在 CIE $x – y$ 色品图上，两种颜色相加产生的第三种颜色总是位于连接此两种颜色的直线上。新颜色在直线上的位置取决于这两种颜色的三刺激值总和的比例。按重心定理，混合色的色品坐标被拉向比例大的颜色那一侧。

图 5 – 13 中，P 为颜色 1，Q 为颜色 2，M 为 $P + Q$ 的混合色。C_1 和 C_2 分别为颜色 1 和颜色 2 的三刺激值之和，即 $C_1 = X_1 + Y_1 + Z_1$，$C_2 = X_2 + Y_2 + Z_2$，则根据重心 $\overline{P}$ 定理有

$$\frac{QM}{MP} = \frac{C_1}{C_2} = \frac{X_1 + Y_1 + Z_1}{X_2 + Y_2 + Z_2}$$

式中，QM 的距离与 C_2 成反比，即在混合色中，C_2 所占的比例越大，QM 的距离越短。

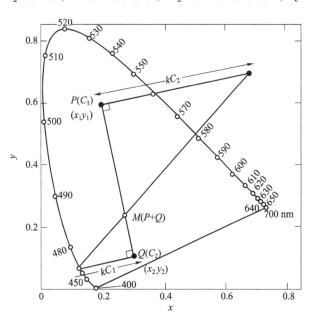

图 5 – 13　颜色相加的作图法

用作图法求混合色的色品坐标的具体方法：在 $x – y$ 色品图上将两点 Q、P 连成直线，在 P 点画一条与 PQ 垂直的直线，其长度与 C_2 成比例，等于 kC_2；同时在 PQ 的对侧，由 Q 点画一条垂直于 PQ 的直线，其长度为 kC_1，k 为任意选定值。连接这两条垂线末端的直线与 PQ 的交叉点就是所求的混合色的色品坐标点 M。

5.4.5　主波长和色纯度

颜色的色品除用色品坐标表示外，CIE 还推荐用主波长和色纯度来表示。

1. 主波长

颜色 S_1 的主波长是指波长 λ_d 的光谱色按一定比例与一种确定的参照光源相加混合，能匹配出颜色 S_1。并不是所有的颜色都有主波长，色品图中连接白点和光谱轨迹两端点所形成的三角形区域内的各色品点都没有主波长。为此，引入补色波长概念，即一种颜色 S_2 的补色波长，其是指 λ_c 的波长光谱色与适当比例的颜色 S_2 相加混合，能匹配出某一种确定的参照白光。

如果已知样品的色品坐标 $x-y$ 和特定白光的色品坐标为 x_w，y_w，就可用下述两种方法决定样品的主波长和补色波长。

（1）作图法。在色品图（见图 5-14）上标出样品点 S_1 和白点（O 点），由 O 点向 S_1 引一直线，延长直线与光谱轨迹相交于 L 点，L 点的光谱色波长就是样品的主波长 λ_d（S_1 的主波长为 $\lambda_d = 583$ nm）。

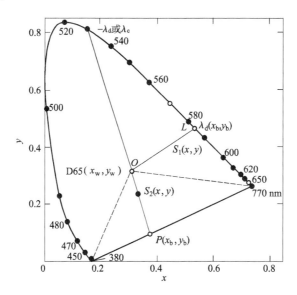

图 5-14　色品图上的主波长

在色品图上标出样品 S_2 的位置，由 S_2 点向 O 点引一直线，延长与光谱轨迹相交，交点处的光谱色波长就是样品的补色波长 λ_c（S_2 的 $\lambda_c = 530$ nm）。

（2）计算法。根据色品图上连接白点与样品点的直线斜率，查表读出样品的主波长。附表 2-11 列出了光谱色相应于 CIE 1931 色品图标准光源 A，B，C，E 恒定主波长线的斜率。

连接白点（x_w，y_w）与样品点（x，y）的直线斜率可表示为

$$\text{斜率} = \frac{x - x_w}{y - y_w} \quad \text{或者} \quad \text{斜率} = \frac{y - y_w}{x - x_w} \qquad (5-35)$$

在这两个斜率中选较小的绝对值，查附表 2-11 求得样品的主波长或补色波长。

颜色的主波长大致相当于颜色知觉中的颜色色调，但又不完全等同。

2. 色纯度

色纯度是指样品的颜色同主波长光谱色接近的程度。色纯度有兴奋纯度和色度纯度两种表示法。

（1）兴奋纯度。兴奋纯度用 CIE $x-y$ 色品图上两个线段的长度比来表示。第一条线段是白点到样品点的距离 OS_1（见图 5-14），第二条线段是白点到主波长点的距离 OL。如果以符号 P_e 表示兴奋纯度，则 $P_e = OS_1/OL$；对补色波长的点，$P_e = OS_2/OP$。颜色的兴奋纯度表示主波长的光谱色被白光冲淡的程度，实质上也是表示主波长光谱色的三刺激值在样品三刺激值中所占的比例。可表示为

$$P_e = \frac{X_\lambda + Y_\lambda + Z_\lambda}{X + Y + Z}$$

式中，X_λ，Y_λ，Z_λ 为主波长光谱色的三刺激值；X，Y，Z 为样品色的三刺激值。

P_e 也可用色品坐标来计算：

$$P_e = \frac{x - x_w}{x_\lambda - x_w} \quad \text{或} \quad P_e = \frac{y - y_w}{y_\lambda - y_w} \tag{5-36}$$

式中，x_λ，y_λ 代表光谱轨迹（主波长时）或连接光谱两端的直线紫红轨迹上（补色波长时）的色品坐标。

在计算自发光体主波长和兴奋纯度时，通常选用等能白光（E 点）作为白点；对于非发光体的物体色，则用 CIE 标准照明体作为参照白光（如 A，B，C，D65），样品的主波长和兴奋纯度随所选用的白点不同而出现不同的结果。式（5-36）中的 P_e 两个计算式的计算结果相同，但当样品与主波长点连线（或补色波长线）趋向平行于色品图 x 轴时，也就是 y，y_λ 和 y_w 的 3 个值接近时，则 y 式误差较大，宜采用 x 式；反之，当连线趋向平行于色品图 y 轴时，宜采用 y 式。

（2）色度纯度。当样品颜色的纯度用亮度的比例表示时，称为色度纯度 P_c。其表示主波长光谱色的亮度在样品色中所占亮度的比例：

$$P_c = Y_\lambda/Y \tag{5-37}$$

式中，Y_λ 为主波长光谱色的亮度；Y 为样品色的亮度。

P_c 也可用色品坐标来表示：

$$P_c = \frac{y_\lambda}{y}P_e = \frac{y_\lambda(x - x_w)}{y(x_\lambda - x_w)} = \frac{y_\lambda(y - y_w)}{y(y_\lambda - y_w)} \tag{5-38}$$

色纯度大致相当于颜色知觉中的色饱和度，但并不完全相同，因为色品图上的色纯度相等点的色知觉并不完全对应于饱和度相等点的色知觉。

用主波长和色纯度来表示颜色色度，比只用色品坐标表示颜色色度的优点在于能给人以具体的印象，能表明一种颜色的色调及饱和度的大致情况。

5.5　均匀颜色空间

CIE 1931 XYZ 标准色度系统能够定量描述和度量颜色的感知，其感知量可以用三刺激值空间中一个点的空间坐标和色品图中的平面坐标来表示，即若两个颜色看上去相同，则对

应相同的颜色坐标；而若颜色的三刺激值不同，则颜色的外貌看上去也不同。

如果用空间中的距离表示颜色的差异，那么当两种颜色的三刺激值差 ΔX，ΔY，ΔZ 相同，是否表示人感觉到的色知觉差异也相同呢？例如，在蓝色区域的一对颜色（深蓝和浅蓝）和在绿色区域的一对颜色（深绿和浅绿）的三刺激值的差相同，是否感知差异也一样呢？实验表明，绿色的感知差异远小于蓝色的感知差异。大量实验表明，三刺激值差相同的两对颜色由于位于颜色空间或色品图上的不同位置，所以其感觉到的差异是完全不同的。同样的三刺激值差对某两种颜色会感到差异较大，但同样的三刺激值差对另外两种颜色可能会感到色知觉差异很小。也就是说，在 CIE 1931 XYZ 标准色度系统中，相同的距离不能表示相同的颜色感知差异。因此，需要寻找一个均匀颜色空间，在这个三维空间中，每个点代表一种颜色，空间中两点之间的距离代表两种颜色的色差，空间中相等的距离能代表相同的色差。为了解决这个问题，CIE 对人眼的辨色能力做了大量的研究工作，得到了几种不同的均匀颜色空间。

5.5.1 颜色分辨力

要定量确定色差，必须对人眼的颜色分辨能力进行研究。颜色知觉特性包括明度、色调、彩度（饱和度）三方面，后两方面合称为色度。

1. 光亮度分辨力

色度相同但光亮度稍有差异的两种色光亮度分别为 L、$L + \Delta L$，分别照射在实验装置的两半视场内，人眼恰能分辨出两个半视场光亮度不同时的 ΔL 值称为光亮度差阈，也就是人眼的光亮度分辨力。如果 $L = 0$，则 ΔL 为刚能从黑暗中分辨出环境的最小光亮度，称为光亮度绝对阈，是能感知光亮度的最低极限值。对中央凹锥状细胞的光亮度，绝对阈约为 10^{-3} cd/m²，而对杆状细胞可达到 10^{-6} cd/m²。

$\Delta L/L$ 与 L 的关系已在 1.3.3 节的 9 中描述。

2. 波长和色纯度分辨力

对亮度相同但波长不同的单色光波长，分辨力可用专门装置测量。实验结果表明，光谱两端的分辨力最差，特别在红端 680 nm 以上，几乎不能分辨出差别；光谱中部的分辨力较高，尤其在蓝绿色波长为 490 nm 和黄色波长为 590 nm 左右分辨力最强，590 nm 附近约为 1 nm。

人眼的波长分辨力已在 1.3.3 节的 8 中描述。

如果色纯度降低，波长分辨力一般随之降低，只是蓝紫端随纯度变化与其他部分有些不同。波长分辨力随视场的增大而升高，10°视场的波长分辨力比 2°视场高 3 倍。在 2°视场时，整个可见光谱上人眼能分辨出约 150 种颜色；而在 10°视场时，可分辨出 400～500 种颜色。

人眼的色纯度分辨力可通过实验进行测量。要测定白光（$P_e = 0$）加色光后的分辨力（即低色纯度时的纯度分辨力），可用色光亮度 L 和 $L - \Delta L$ 分别照射在色度计的两半视场中，然后在 $L - \Delta L$ 一边加单色光亮度 ΔL，使两边亮度相等，如果两边恰可分辨出不同的色光，所测定的即在白光时的色纯度分辨力 $\Delta P_e = \Delta L/L$。实验证明，短波端的色纯度分辨力最好，400 nm 时，$\Delta P_e = 0.001$ 就能被人眼所分辨，即白光中加入 1/1 000 亮度的色光，就可被认为是不是白光；黄波段以 570 nm 为最差，$\Delta P_e = 0.05$，即需要将 1/20 的黄光加在白光内才能分辨出不同于白光的黄光。图 5 - 15 所示为布里克韦德（Brickwedde）的测量结果，可看出低色纯度时的色纯度分辨力随波长变化的情形。

图 5 - 15　布里克韦德测量的色纯度分辨力

近单色光时 ($P_c = 1$) 的色纯度分辨力很有规则，几乎所有单色光中只需加 1/50 左右的白光，人眼就能分辨出颜色变化。所以冲淡单色光时的 ΔP_c 总是大致等于 0.02。其他色纯度的分辨力也有人做过实验，结论是色纯度分辨力最差的是黄绿色 (570 nm)，最佳的是在光谱两端，尤其是紫蓝端。

3. 色度分辨力

前面虽然对颜色的三种特性 (明度、色调、饱和度) 各自的分辨力进行了讨论，但是颜色之间的差异是它们三者变化的综合结果，故需研究综合分辨能力，尤其是颜色的色度分辨力。在 CIE $x - y$ 色品图上，每一个点对应着一定的色度 (包括色调和饱和度)，代表一种颜色。如果每一种颜色在色品图上的位置变化很小，则人眼感觉不出其变化，仍认为是原来的颜色，只有当坐标位置变化到一定范围时，人眼才能感觉出颜色的变化。把人眼感觉不出颜色变化的范围称为颜色的宽容量 (或称恰可察觉差，简写为 j. n. d)，宽容量反映出人眼的色度分辨力。

莱特和麦克亚当在这方面做了大量实验。图 5 - 16 所示为莱特的实验结果，图上各个线段代表不同位置上颜色的宽容量 (为制图方便，图中线段长度比实际宽容量放大 3 倍)。麦克亚当专门设计了仪器来确定颜色分辨的恰可察觉差，在 CIE $x - y$ 色品图上不同位置选择了 25 个色品点，以色品点为中心，测定 5 ~ 9 个方向上的颜色匹配范围，并用各方向上颜色匹配的标准偏差定出颜色的宽容量 (在不同方向上大小不一致)，连成一个代表颜色宽容量的近似椭圆，椭圆的大小表示了色度的分辨力。色品图上 25 个位置点的椭圆大小不一样 (如图 5 - 17 所示，图中各个椭圆形宽容量按实验结果放大 10 倍绘制)，其长轴也位于不同方向上。

莱特与麦克亚当的实验结果基本相似。在色品图的不同位置上，颜色的宽容量不一样，蓝色部分宽容量最小，绿色部分则最大，即在色品图上蓝色部分的同样空间内，人眼能看出更多种类的蓝色；而在绿色部分的同样空间内，人眼只能看出较少种类的绿色。按视觉恰可分辨的颜色数量，色品图光谱轨迹蓝色端的颜色密度大于轨迹顶部绿色的密度 300 ~ 400 倍。

图 5－16　莱特实验的颜色宽容量

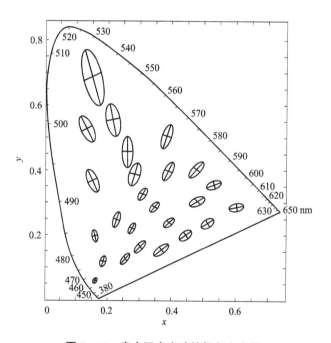

图 5－17　麦克亚当实验的颜色宽容量

　　最完备的颜色分辨力应包括色度分辨力和光亮度分辨力两部分，即对明度、饱和度、色调三特性变化的综合分辨能力。有研究类似色度分辨力椭圆作出了颜色综合分辨力椭球，椭球范围代表人眼分辨力的宽容量。宽容量除对于不同明度、不同色度的颜色不相同外，还受外界因素的影响，极其复杂。要解决色差测定问题，必须使人眼的辨色能力与色度学计算结果一致，为此，必须选择理想的颜色空间，使任意两颜色量的空间差距代表人眼的颜色知觉差异。这样由均匀明度标尺和均匀色度标尺组成的空间称为均匀颜色空间。

5.5.2 均匀明度标尺

均匀明度标尺的建立是基于两种视觉实验方法，研究对象是从黑到白的一系列中性色样品，实验方法将在后面孟塞尔系统中详述。按照观察者知觉将从黑到白的明度标尺均匀等距地分成 0 ~ 10 共 11 个等级，称为明度值 V。数值越大，表示视知觉的明亮度越高。10 为理想白色，0 为理想黑色。明度值 V 与样品的亮度因数 Y 不是线性关系。所谓亮度因数，就是在规定的光照条件下，给定的方向上，物体表面的亮度与同一光照下完全反射漫射体的亮度之比。不同研究者给出的 V 与 Y 之间的函数关系不同。

1. 平方根公式

平方根公式为

$$L_{\mathrm{H}} = 10Y^{\frac{1}{2}} \tag{5-39}$$

式中，L_{H} 为亨特色差公式中的明度。

2. 孟塞尔明度值函数

孟塞尔明度值函数为

$$Y = 1.221\,9V - 0.231\,11V^2 + 0.239\,51V^3 - 0.021\,009V^4 + 0.000\,840\,4V^5 \tag{5-40}$$

式中，V 为孟塞尔明度值。

3. CIE 明度指数函数

CIE 明度指数函数为

$$W^* = 25Y^{\frac{1}{3}} - 17 \qquad (1 \leqslant Y \leqslant 100) \tag{5-41}$$

式中，W^* 为 CIE 1964 色差公式的明度值。

4. 德国 DIN 系统的明度标尺

德国 DIN 系统的明度标尺为

$$V = 6.172\,3\,\lg\left(40.7\frac{Y}{Y_0} + 1\right) \tag{5-42}$$

5. 对数模型

对数模型为

$$V = 0.25 + 5\lg Y \tag{5-43}$$

图 5-18 所示为以亮度因数 Y 为横坐标、明度值 V 为纵坐标绘制的曲线。作图时，$L_{\mathrm{H}} = 10V$，$W^* = 10V$。孟塞尔明度标尺是经过大量实验得到的，在知觉上是很好的均匀明度标尺，但关系式较复杂。CIE 1964 均匀颜色空间的明度标尺较简单，便于使用。从图 5-18 可看出，CIE 1964 均匀颜色空间的明度标尺与孟塞尔明度标尺基本重合，也是很均匀的明度标尺。

图 5-18 明度 V 与亮度因素 Y 的关系曲线

5.5.3 均匀色度标尺——CIE 1960 UCS 均匀色品图

比较亮度相同的两个颜色的色差时，希望色品图上两个色品点的距离真正代表人眼对比两个颜色知觉的差异大小。由于 CIE $x-y$ 色品图不能满足此要求，人们希望探求一种新的色品图，使每一种颜色的宽容量都近似圆形，且大小一致。许多研究者做了大量工作，但找到一种理想的色品图很困难，因为理想的均匀色品图不是一个平面，而是一个曲面，且不能用欧氏几何空间来描述，一般假定具有黎曼几何形式，在平面上只能找到近似均匀的色品图。不同研究者用坐标变换的方式，得到了一些近似均匀的色品图。

根据式（5-24），色度系统转换式为

$$u = \frac{\beta_{11}x + \beta_{12}y + \beta_{13}}{\beta_{31}x + \beta_{32}y + \beta_{33}}, \quad v = \frac{\beta_{21}x + \beta_{22}y + \beta_{23}}{\beta_{31}x + \beta_{32}y + \beta_{33}}$$

只要确定 β_{11}，β_{12}，$\cdots$，β_{33} 9 个系数，就可由一个系统转换成另一个新的系统。

由 CIE $x-y$ 色品图转换成均匀色品图，较为成功的方法有很多种，吉尔德、亨特（Hunter）、麦克亚当等都建立了自己的均匀色品图。其中，亨特 1942 年的均匀色品图的转换系数为

$$\begin{pmatrix} \beta_{11} & \beta_{12} & \beta_{13} \\ \beta_{21} & \beta_{22} & \beta_{23} \\ \beta_{31} & \beta_{32} & \beta_{33} \end{pmatrix} = \begin{pmatrix} 2.426\,6 & -1.363\,1 & -0.321\,4 \\ 0.571\,0 & 1.244\,7 & -0.570\,8 \\ 1.000\,0 & 2.263\,3 & 1.105\,4 \end{pmatrix}$$

麦克亚当的均匀色品图的转换系数为

$$\begin{pmatrix} \beta_{11} & \beta_{12} & \beta_{13} \\ \beta_{21} & \beta_{22} & \beta_{23} \\ \beta_{31} & \beta_{32} & \beta_{33} \end{pmatrix} = \begin{pmatrix} 4.0 & 0 & 0 \\ 0 & 6.0 & 0 \\ -2.0 & 12.0 & 3.0 \end{pmatrix}$$

CIE 1960 年根据麦克亚当的工作制定了均匀色品标尺图，称为 CIE 1960 UCS 均匀色品图，简称 CIE 1960 UCS 图。其以 u，v 作为新色品图的色品坐标。转换公式为

$$u = \frac{4x}{-2x + 12y + 3}, \quad v = \frac{6y}{-2x + 12y + 3} \tag{5-44}$$

用三刺激值表示 u，v 的关系式为

$$u = \frac{4X}{X + 15Y + 3Z}, \quad v = \frac{6Y}{X + 15Y + 3Z} \tag{5-45}$$

1960 年的均匀色度系统与 1931 年的 XYZ 系统光谱三刺激值之间的关系式为

$$\bar{u}(\lambda) = \frac{2}{3}\bar{x}(\lambda), \quad \bar{v}(\lambda) = \bar{y}(\lambda), \quad \bar{w}(\lambda) = \frac{1}{2}\left[-\bar{x}(\lambda) + 3\bar{y}(\lambda) + \bar{z}(\lambda)\right]$$

$$\tag{5-46}$$

附表 2-12 和附表 2-13 给出 CIE 1960 UCS 均匀色品图标准色度观察者光谱三刺激值 $\bar{u}(\lambda)$，$\bar{v}(\lambda)$，$\bar{w}(\lambda)$ 及 $\bar{u}_{10}(\lambda)$，$\bar{v}_{10}(\lambda)$，$\bar{w}_{10}(\lambda)$，三刺激值曲线如图 5-19 所示。

式（5-44）~式（5-46）对大小视场观察者都适用，但计算时应选用相应视场的标准色度观察者数据。小/大视场不加/加下标，例如 u_{10}，v_{10}，w_{10}，$\bar{u}_{10}(\lambda)$，$\bar{v}_{10}(\lambda)$，$\bar{w}_{10}(\lambda)$。

将 CIE $x-y$ 色品图的光谱轨迹色品坐标转换成 CIE 1960 UCS 均匀色品图的光谱轨迹如图 5-20 所示。将图 5-16 中莱特的颜色宽容量线段绘在 CIE 1960 UCS 均匀色品图上得到图 5-21，可以看出，各线段的长度较一致。同样，将图 5-17 麦克亚当的椭圆绘制在 CIE 1960 UCS 均匀色品图上得到图 5-22，可以看出，虽不是完全相等的圆，但已是在一个平面上所能做到的均匀转换。人眼视觉差异相同的不同颜色，在 CIE 1960 UCS 均匀色品图上大致是等距的，因此，从图上两个颜色点的相对距离可直观地看出两颜色色度差的大小。

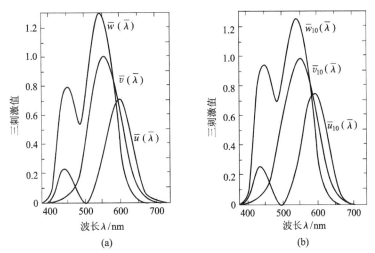

图 5-19　CIE 1960 UCS 均匀色品图标准色度观察者光谱三刺激值曲线

（a）2°观察视场；（b）10°观察视场

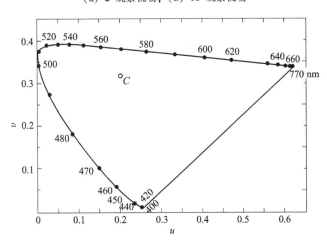

图 5-20　CIE 1960 UCS 均匀色品图的光谱轨迹

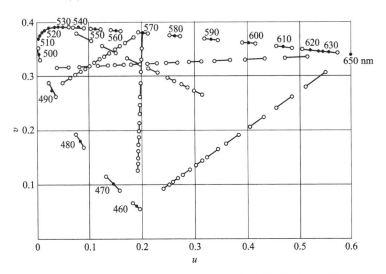

图 5-21　CIE 1960 UCS 均匀色品图上莱特的颜色宽容量

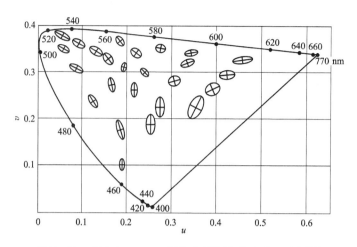

图 5 - 22　CIE 1960 UCS 均匀色品图上的麦克亚当椭圆

5.5.4　CIE 1964 $W^*U^*V^*$ 均匀色空间及色差公式

将均匀明度标尺和均匀色度标尺组合起来，就可以形成一个均匀的三维颜色空间。1964 年，CIE 推荐了一个均匀三维颜色空间并给出相应的色差公式。

CIE 1964 $W^*U^*V^*$ 均匀色空间用明度指数 W^*、色度指数 U^*、V^* 三维坐标系来表示：

$$\begin{cases} W^* = 25Y^{1/3} - 17 & (1 \leqslant Y \leqslant 100) \\ U^* = 13W^*(u - u_0) \\ V^* = 13W^*(v - v_0) \end{cases} \tag{5-47}$$

式中，$u = \dfrac{4X}{X + 15Y + 3Z}$，$v = \dfrac{6Y}{X + 15Y + 3Z}$，是颜色样品的色品坐标；$u_0$ 和 v_0 是照明光源的色品坐标。

明度指数 W^* 和三刺激值 Y 是立方根的关系。明度指数标尺在知觉上是均匀的，每一个单位量的差别代表相等的知觉差异，故更能准确地表达颜色明度的变化。

色度指数 U^*，V^* 的计算式是基于 CIE 1960 UCS 图上 u 和 v 色品坐标，同时又将明度指数 W^* 对色品坐标的影响考虑进去而得到的。当明度指数 W^* 变化时，色度指数也随之变化。

两个颜色 W_1^*，U_1^*，V_1^* 和 W_2^*，U_2^*，V_2^* 之间的色差计算公式为

$$\Delta E = \sqrt{(W_1^* - W_2^*)^2 + (U_1^* - U_2^*)^2 + (V_1^* - V_2^*)^2} = \sqrt{(\Delta W^*)^2 + (\Delta U^*)^2 + (\Delta V^*)^2} \tag{5-48}$$

式中，ΔE 表示位于 W^*，U^*，V^* 三维空间两颜色点之间的距离。理论上，当观察者适应平均日光，在白色或中灰背景上看同样尺寸和相同外形的一对颜色样品时，式（5 - 48）能够准确地表达两样品颜色的视觉差异。根据物体视场 1°~4°或大于 4°，选择 CIE 1931 RGB 或 CIE 1964 XYZ 补充标准色度观察者光谱三刺激值计算 W^*，U^*，V^*。

色差 $\Delta E = 1$ 时，为一个 NBS 色差单位。NBS（美国国家标准局）色差单位原是由 1942 年亨特的均匀色空间的色差公式所导出，CIE 1964 均匀色空间的色差公式导出的色差单位正好与其一致，故也以其作为单位。不同的色差公式导出的色差单位不同，有的

与 NBS 单位有较大的差异，故用不同色差公式计算的结果会有较大的差异，在计算色差时必须注明是按什么色差公式计算。一个 NBS 色差单位大约相当于在最优实验条件下人眼能知觉的恰可察觉差的 5 倍。在 CIE $x-y$ 色品图的中心，一个 NBS 色差单位相当于 $(0.0015 \sim 0.0025)x$ 或 y 的色品坐标变化。至于产品的颜色差异应允许多大范围，则需根据具体情况而定。例如，对于涂料，颜色稍有差别就较明显，色差可定为小于一个 NBS 单位；纺织品定为小于两个 NBS 单位，彩色电视可以取 4~5 个 NBS 单位。表 5-1 所示为 NBS 单位的感觉值。

表 5-1　NBS 单位的感觉值

NBS 单位	色差的感觉值	NBS 单位	色差的感觉值
0~0.5	痕迹	3.0~6.0	可识别
0.5~1.5	轻微	6.0~12.0	大
1.5~3.0	可觉察	12.0 以上	非常大

5.5.5　CIE 1976 均匀色空间及色差公式

1976 年，CIE 推出了 CIE 1976 $L^*u^*v^*$ 均匀色空间和 CIE 1976 $L^*a^*b^*$ 均匀色空间及其色差公式。

1. CIE 1976 $L^*u^*v^*$ 均匀色空间及其色差公式

CIE 改进了原有 CIE $W^*U^*V^*$ 均匀色空间及其色差公式，提出了采用 $L^*u^*v^*$ 均匀色空间。计算式为

$$\begin{cases} L^* = \begin{cases} 116\left[\left(\dfrac{Y}{Y_0}\right)^{1/3} - \dfrac{16}{116}\right] & \dfrac{Y}{Y_0} > \left(\dfrac{24}{116}\right)^3 \\ 903.3\left(\dfrac{Y}{Y_0}\right) & \dfrac{Y}{Y_0} \le \left(\dfrac{24}{116}\right)^3 \end{cases} \\ u^* = 13L^*(u' - u_0') \\ v^* = 13L^*(v' - v_0') \end{cases} \tag{5-49}$$

式中，L^* 称为米制明度；u^*，v^* 称为米制色度；$u' = \dfrac{4X}{X+15Y+3Z}$，$v' = \dfrac{9Y}{X+15Y+3Z}$；$u'$，$v'$ 为颜色样品的色品坐标；u_0'，v_0' 为光源的色品坐标；(X,Y,Z) 为样品的三刺激值；(X_0,Y_0,Z_0) 为 CIE 标准照明体照射在全漫反射体上，反射到观察者眼中的白色三刺激值，其中 $Y_0 = 100$；(Y/Y_0) 的分界点为 $(24/116)^3 \approx 0.008856$。

$L^*u^*v^*$ 均匀色空间中两个颜色色差为

$$\Delta E_{uv}^* = \sqrt{(\Delta L^*)^2 + (\Delta u^*)^2 + (\Delta v^*)^2} \tag{5-50}$$

比较 CIE $L^*u^*v^*$ 和 CIE $W^*U^*V^*$ 两个色空间可以看出，CIE 1976 $L^*u^*v^*$ 均匀色空间对 CIE 1964 $W^*U^*V^*$ 均匀色空间做了三方面的修正：

（1）CIE 1964 $W^*U^*V^*$ 均匀色空间的明度 W^* 未包括完全反射漫射体白色刺激的亮度因数 Y_n，因为 $Y_n = 100$，故这种修正不影响色差的计算。

（2）明度式中将常数 17 改为 16，目的是当 $Y = 100$ 时可使米制明度 $L^* = 100$；而在 W^*

式中，只有 $Y = 102$ 时，才使 $W^* = 100$。

（3）对 CIE 1964 $W^* U^* V^*$ 均匀色空间的主要修正在于改变了 $u - v$ 色品图中的 v 坐标，$v' = 1.5v$，u 坐标保持不变。

在 CIE 1976 $L^* u^* v^*$ 均匀色空间中，还定义了几个颜色参量：

（1）颜色的彩度 C_{uv}^*：$C_{uv}^* = (u^{*2} + v^{*2})^{1/2}$；

（2）颜色的饱和度 S_{uv}：$S_{uv} = 13 \left[(u' - u_n')^2 + (v' - v_n')^2 \right]^{1/2}$；

（3）颜色的色调角 h_{uv}：$h_{uv} = \arctan \left[(v' - v_n') / (u' - u_n') \right] = \arctan (v^* / u^*)$；

（4）两颜色的色调差 ΔH_{uv}^*：$\Delta H_{uv}^* = \left[(\Delta E_{uv}^*)^2 - (\Delta L^*)^2 - (\Delta C_{uv}^*)^2 \right]^{1/2}$。

2. CIE 1976 $L^* a^* b^*$ 均匀色空间及色差公式

CIE 1976 $L^* a^* b^*$ 均匀色空间的明度 L^* 变换同 $L^* u^* v^*$ 均匀色空间，但针对红绿轴 a^* 和黄蓝轴 b^* 做了进一步的均匀化变换：

$$L^* = 116 \left[f\left(\frac{Y}{Y_0}\right) - \frac{16}{116} \right], a^* = 500 \left[f\left(\frac{X}{X_0}\right) - f\left(\frac{Y}{Y_0}\right) \right], b^* = 200 \left[f\left(\frac{Y}{Y_0}\right) - f\left(\frac{Z}{Z_0}\right) \right]$$

$$(5 - 51)$$

式中，$f(\omega) = \begin{cases} \omega^{1/3} & \omega > (24/116)^3 \\ 7.787\omega + \dfrac{16}{116} & \omega \leqslant (24/116)^3 \end{cases}$；$(X, Y, Z)$ 为颜色样品的三刺激值；(X_0, Y_0, Z_0) 为 CIE 标准照明体照射在全漫反射体上，反射到观察者眼中的白色三刺激值，其中 $Y_0 = 100$；L^* 为明度坐标；a^*，b^* 为色品坐标。

当 $\omega = Y/Y_0 \leqslant 0.008\,856$ 时，$f(Y/Y_0) = 7.787(Y/Y_0) + 16/116$，由式（5 - 51）得到：

$$L^* = 116 \left[f\left(\frac{Y}{Y_0}\right) - \frac{16}{116} \right] \approx 903.3 \left(\frac{Y}{Y_0}\right)$$

$L^* a^* b^*$ 均匀色空间中求色差的公式为

$$\Delta E_{ab}^* = \left[(\Delta L^*)^2 + (\Delta a^*)^2 + (\Delta b^*)^2 \right]^{1/2} \tag{5 - 52}$$

式中，ΔL^* 称为明度差；Δa^* 称为红绿色度差（a^* 轴为红绿轴）；Δb^* 称为黄蓝色度差（b^* 轴为黄蓝轴）。

实际使用中，除了由样品的三刺激值 (X, Y, Z) 求出 L^*，a^*，b^* 之外，常常要用到相反的逆过程，即由样品的 L^*，a^*，b^* 坐标，求样品的三刺激值 (X, Y, Z)：

$$X = X_0 \left[g\left(\frac{L^* + 16}{116} + \frac{a^*}{500}\right) \right], \quad Y = Y_0 \left[g\left(\frac{L^* + 16}{116}\right) \right], \quad Z = Z_0 \left[g\left(\frac{L^* + 16}{116} - \frac{b^*}{200}\right) \right]$$

$$(5 - 53)$$

式中，$g(\omega_{inv}) = \begin{cases} \omega_{inv}^3 & \omega_{inv} > 24/116 \\ 0.128\,4\left(\omega_{inv} - \dfrac{16}{116}\right) & \omega_{inv} \leqslant 24/116 \end{cases}$。

同样，在 CIE 1976 $L^* a^* b^*$ 均匀色空间中：

（1）颜色的彩度 C_{ab}^*：$C_{ab}^* = (a^{*2} + b^{*2})^{1/2}$；

（2）颜色的色调角 h_{ab}：$h_{ab} = \arctan (b^* / a^*)$；

（3）两颜色的色调差 ΔH_{ab}^*：$\Delta H_{ab}^* = \left[(\Delta E_{ab}^*)^2 - (\Delta L^*)^2 - (\Delta C_{ab}^*)^2 \right]^{1/2}$。

5.5.6　色差公式

1. CMC（*l*:*c*）色差公式

CMC 色差公式是在 CIELAB 公式的基础上修改并推导出的，先后被英、美两国作为各自的国家标准采用，并于 1995 年被 ISO 接受成为国际标准。

$$\Delta E = \left[\left(\frac{\Delta L^*}{l \cdot S_L}\right)^2 + \left(\frac{\Delta C_{ab}^*}{c \cdot S_C}\right)^2 + \left(\frac{\Delta H_{ab}^*}{S_H}\right)^2\right]^{1/2} \tag{5-54}$$

式中，ΔL^*，ΔC_{ab}^*，ΔH_{ab}^* 由 CIE 1976 $L^*a^*b^*$ 色差公式计算；S_L，S_C 和 S_H 分别为明度、彩度和色调加权函数，用于调整不同明度、不同彩度和不同色调对色差的贡献大小。l 和 c 为参数因子，用于调整不同的观察条件对色差的影响大小。其中

$$S_L = \begin{cases} \dfrac{0.040\,975 L_{std}^*}{1+0.017\,65 L_{std}^*} & L_{std}^* \geq 16 \\ 0.511 & L_{std}^* < 16 \end{cases}, \quad S_C = \frac{0.063\,8 C_{ab,std}^*}{1+0.013\,1 C_{ab,std}^*} + 0.638$$

$$S_H = S_C(Tf + 1 - f), \quad f = \left[\frac{(C_{ab,std}^*)^4}{(C_{ab,std}^*)^4 + 1\,900}\right]^{1/2}$$

$$T = \begin{cases} 0.36 + |0.4\cos(h_{ab,std} + 35)| & h_{ab,std} < 164° \text{ 或 } h_{ab,std} > 345° \\ 0.56 + |0.2\cos(h_{ab,std} + 168)| & 164° \leq h_{ab,std} \leq 345° \end{cases}$$

对于 l 和 c 值的选取，对色差的"可觉察性"目光鉴定资料，可取 $l = c = 1$；而对于色差的"可接受性"目光鉴定资料，则可取 $l = 2$，$c = 1$。下标"std"表示此量是标样的。

2. CIE 94 色差公式

CIE 94 色差公式是由 CIE 于 1995 年推荐的工业界测试的色差公式：

$$\Delta E_{94}^* = \sqrt{\left(\frac{\Delta L^*}{k_L S_L}\right)^2 + \left(\frac{\Delta C_{ab}^*}{k_C S_C}\right)^2 + \left(\frac{\Delta H_{ab}^*}{k_H S_H}\right)^2} \tag{5-55}$$

式中，S_L，S_C 和 S_H 的意义与 CMC 公式相同，分别为明度、彩度和色调加权函数；k_L，k_C 和 k_H 与 CMC 公式中的 l 和 c 相似，称为参数因子，且有

$$S_L = 1, \quad S_C = 1 + 0.045 C_{ab}^*, \quad S_H = 1 + 0.015 C_{ab}^*$$

一般情况下，$k_L = k_C = k_H = 1$。在计算加权函数时，如能确定标准色样，则 C_{ab}^* 取标准色样的彩度值，否则用两色样彩度值的几何平均值，即 $C_{ab}^* = \sqrt{C_{ab,1}^* C_{ab,2}^*}$。

3. BFD 色差公式

BFD 色差公式是 1986 年由 M. R. Luo 和 B. Rigg 推出的一套色差公式，与其他色差公式最大的不同在于，BFD 公式除考虑明度差、彩度差和色调差对色差大小的影响之外，还加入一个有关彩度差和色调差的交叉项，以改善对蓝色区域颜色色差的预测能力。该公式为

$$\Delta E_{BFD} = \sqrt{\left(\frac{\Delta L_{BFD}^*}{l}\right)^2 + \left(\frac{\Delta C_{ab}^*}{cD_C}\right)^2 + \left(\frac{\Delta H_{ab}^*}{D_H}\right)^2 + R_T\left(\frac{\Delta C_{ab}^* \Delta H_{ab}^*}{D_C D_H}\right)} \tag{5-56}$$

式中，

$$D_C = \frac{0.035 \overline{C_{ab}^*}}{1 + 0.003\,65 \overline{C_{ab}^*}} + 0.521; \quad D_H = D_C(GT' + 1 - G), \quad G = \{(\overline{C_{ab}^*})^4 / [(\overline{C_{ab}^*})^4 + 14\,000]\}^{1/2},$$

$T' = 0.627 + 0.055\cos(\overline{h} - 254°) - 0.040\cos(2\overline{h} - 136°) + 0.070\cos(3\overline{h} - 32°) + 0.049 \cdot$
$\cos(4\overline{h} + 114°) - 0.015\cos(5\overline{h} - 103°)$;

$R_T = R_H R_C, R_C = \{(\overline{C_{ab}^*})^6 / [(\overline{C_{ab}^*})^6 + 7 \times 10^7]\}^{1/2}, R_H = -0.260\cos(\overline{h} - 308°) - 0.379 \cdot$
$\cos(2\overline{h} - 160°) - 0.636\cos(3\overline{h} + 254°) + 0.226\cos(4\overline{h} + 140°) - 0.194\cos(5\overline{h} + 280°)$;

$L_{BFD}^* = 54.6\log(Y + 1.5) - 9.6$

式中，$\overline{C_{ab}^*}$ 和 $\overline{h}$ 分别为两色样的彩度和色调角的算术平均值；L_{BFD}^* 是 BFD 明度。

4. CIE DE 2000 色差公式

CIE DE 2000 色差公式是 CIE 最新推荐的国际标准色差公式，不仅包含明度、彩度和色调加权函数，还加入了功能与 BFD 公式相似的交叉项和改善中性灰色色差预测能力的函数项。CIE DE 2000 色差公式和计算步骤如下：

第一步，按照 CIE 1976 $L^* a^* b^*$ 计算 CIE LAB L^*，a^*，b^* 和 C_{ab}^*。

第二步，计算

$$a' = (1 + G)a^*, C' = \sqrt{(a')^2 + (b^*)^2}, h' = \arctan(b^*/a') \qquad (5-57)$$

式中，$G = 0.5\{1 - \{(\overline{C_{ab}^*})^7 / [(\overline{C_{ab}^*})^7 + 25^7]\}^{1/2}\}$，$\overline{C_{ab}^*}$ 是两色样彩度值的算术平均值。

第三步，计算

$$\Delta L^* = L_1^* - L_2^*, \quad \Delta C' = C_1' - C_2', \quad \Delta h' = h_1' - h_2', \quad \Delta H' = 2\sin\left(\frac{\Delta h'}{2}\right)\sqrt{C_1' C_2'} \qquad (5-58)$$

第四步，计算色差 ΔE_{00}：

$$\Delta E_{00} = \sqrt{\left(\frac{\Delta L^*}{k_L S_L}\right)^2 + \left(\frac{\Delta C'}{k_C S_C}\right)^2 + \left(\frac{\Delta H'}{k_H S_H}\right)^2 + R_T \frac{\Delta C'}{k_C S_C}\frac{\Delta H'}{k_H S_H}} \qquad (5-59)$$

$$S_L = 1 + \frac{0.015(\overline{L^*} - 50)^2}{\sqrt{20 + (\overline{L^*} - 50)^2}}, S_C = 1 + 0.045\overline{C'}, S_H = 1 + 0.015\overline{C'}T$$

$$T = 1 - 0.17\cos(\overline{h'} - 30°) + 0.24\cos(2\overline{h'}) + 0.32\cos(3\overline{h'} + 6°) - 0.20\cos(\overline{h'} - 63°)$$

$$R_T = -\sin(2\Delta\theta)R_C, \quad \Delta\theta = 30°\exp\left[-\left(\frac{\overline{h'} - 275°}{25}\right)\right], \quad R_C = 2\sqrt{\frac{(\overline{C'})^7}{(\overline{C'})^7 + 25^7}}$$

式中，k_L，k_C 和 k_H 的意义和作用与其他色差公式中的相同；$\overline{L^*}$，$\overline{C'}$ 和 $\overline{h'}$ 分别为两色样的明度（L^*）、彩度（C'）和色调角（h'）的算术平均值。如果两色样处于不同的象限中，则在计算 $\overline{h'}$ 时要特别注意平均值的计算方法。例如，如果两色样的色调角分别为 30° 和 340°，分别处在第一和第四象限，直接计算的平均值为 185°，但实际两色样之间的色调角 h' 应为 5°。正确计算 h' 的方法是先检查两色调角差的绝对值，如果小于 180°，则直接计算算术平均值；否则，要先将大的色调角减去 360°，再求算术平均值。本例中，h' 应为（30° + 340° - 360°）/2 = 5°。

5. 其他色差公式

除了上述 CIE 推荐的几种色差公式外，还有各种各样的色差公式，下面再介绍两种世界上某些行业内较常用的公式。

（1）亨特色差公式。亨特色差公式于 1948 年建立，色度计中常用此公式来计算色差，适用于不同照明体和不同的观察者条件下，公式如下：

$$\Delta E_H = \left[(\Delta L_H)^2 + (\Delta a_H)^2 + (\Delta b_H)^2 \right]^{1/2} \quad\quad (5-60)$$

式中，$L_H = 10Y^{1/2}$，$a_H = 17.5 \left[X / (f_{XA} + f_{XB}) - Y \right] / Y^{1/2}$，$b_H = 7.0 (Y - Z/f_{ZB}) / Y^{1/2}$，$L_H$，$a_H$，$b_H$ 为亨特色空间的明度和色彩指数；(X, Y, Z) 为样品的三刺激值；f_{XA}，f_{XB}，f_{ZB} 为常数，随选用的标准色度观察者和标准照明体不同而改变。

常见的是对于 2° 视场的标准色度观察者和 C 照明体的亨特公式：

$$L_H = 10Y^{1/2}, \quad a_H = 17.5(1.02X - Y)/Y^{1/2}, \quad b_H = 7.0(Y - 0.847Z)/Y^{1/2}$$

（2）FMC Ⅱ 色差公式

$$\Delta E_{(FMC\ Ⅱ)} = \left[(\Delta C)^2 + (\Delta L)^2 \right]^{1/2} \quad\quad (5-61)$$

式中，$\Delta C = K_1 \Delta C_1$，$\Delta L = K_2 \Delta L_2$。其中，$\Delta C_1 = \left[\left(\dfrac{\Delta C_{rg}}{a} \right)^2 + \left(\dfrac{\Delta C_{yb}}{b} \right)^2 \right]^{1/2}$，$\Delta L_1 = \dfrac{P\Delta P + Q\Delta Q}{(P^2 + Q^2)^{1/2}}$，

$\Delta C_{rg} = \dfrac{Q\Delta P - P\Delta Q}{(P^2 + Q^2)^{1/2}}$，$\Delta C_{yb} = \dfrac{S\Delta L_1}{(P^2 + Q^2)^{1/2}} - \Delta S$，$\Delta L_2 = \dfrac{0.279\Delta L_1}{a}$，$K_1 = 0.556\,69 + 0.049\,434Y$

$- 0.825\,75 \times 10^{-3}Y^2 + 0.791\,72 \times 10^{-5}Y^3 - 0.300\,87 \times 10^{-7}Y^4$，$K_2 = 0.175\,48 + 0.028\,556Y -$

$0.572\,62 \times 10^{-3}Y^2 + 0.638\,93 \times 10^{-5}Y^3 - 0.267\,31 \times 10^{-7}Y^4$，$a^2 = \dfrac{17.3 \times 10^{-6}(P^2 + Q^2)}{[1 + 2.73P^2Q^2/(P^4 + Q^4)]}$，

$b^2 = 3.098 \times 10^{-4}(S^2 + 0.201\,5Y^2)$，$P = 0.724X + 0.382Y - 0.098Z$，$Q = -0.48X + 1.37Y +$

$0.127\,6Z$，$S = 0.686Z$，(X, Y, Z) 为求色差的两个颜色样品中一个样品的三刺激值；ΔP，

ΔQ，ΔS 是两个颜色样品求得的 P，Q，S 值之差。

虽然求 FMC Ⅱ 色差的公式较复杂，但它同样是在已求得样品三刺激值的情况下一步一步求得的。FMC Ⅱ 公式在纺织、印染等行业里应用较广。

这里介绍的是国际上使用较多的公式，尤其是 CIE 推荐的 CIE DE 2000 公式是近几年来国际上认为较好的色差公式。

5.6　同色异谱程度的评价

视觉上颜色相同但光谱成分不同的现象称为同色异谱现象。格拉斯曼定律指出，凡是在视觉上相同的颜色都是等效的，无论其光谱组成成分是否一样。也就是说，当两种光谱组成成分不同的颜色但看上去外貌相同时，可认为是视觉匹配的颜色，称这样的颜色为同色异谱色。

白光可以由各波长能量接近均匀分布的光源实现，也可以由红、绿、蓝三个单色光匹配得到，但这两种白光的光谱分布是不同的。在图 5-1 中的色光匹配实验中，单色光的颜色可以由红、绿、蓝三原色光按不同比例混合匹配得到，光谱三刺激值实验则是将一系列单波长色光的颜色与三原色光的混合色达到视觉上的匹配，而其对应色的光谱组成则完全不同，因此是典型的同色异谱色的匹配过程。

同色异谱现象是色度学的一个重要问题，也是颜色再现和复制的基础，不仅应用在传统的印刷、印染、涂料、摄影、电视等行业中，更是现代数字彩色图像领域的主要研究问题之一。例如，如何在打印机上采用黄、品红、青及黑四种色墨再现显示器上由红、绿、蓝三色光显示出的颜色？显然打印色和显示色也是对应的同色异谱色。

在相关应用领域中，由于颜色再现的原理不同，颜色复制和保真很难做到颜色的光谱特性完全匹配，同时以视觉体验为目标的大多数应用不会考虑光谱特性的异同（特殊要求除外），因此采用视觉上的同色异谱匹配即可满足要求。

5.6.1 同色异谱色

同色异谱色是指颜色外貌看起来相同，但光谱组成并不相同的颜色；互相匹配的颜色外貌相同，则在色品图上是同一个色品点，即有相同的三刺激值。因此，一对光谱组成分别为 $\varphi^{(1)}(\lambda)$ 和 $\varphi^{(2)}(\lambda)$（又称颜色刺激函数）的同色异谱色，满足以下条件：

$$\begin{cases} X = \int_\lambda \varphi^{(1)}(\lambda)\overline{x}(\lambda)\mathrm{d}\lambda = \int_\lambda \varphi^{(2)}(\lambda)\overline{x}(\lambda)\mathrm{d}\lambda \\ Y = \int_\lambda \varphi^{(1)}(\lambda)\overline{y}(\lambda)\mathrm{d}\lambda = \int_\lambda \varphi^{(2)}(\lambda)\overline{y}(\lambda)\mathrm{d}\lambda \\ Z = \int_\lambda \varphi^{(1)}(\lambda)\overline{z}(\lambda)\mathrm{d}\lambda = \int_\lambda \varphi^{(2)}(\lambda)\overline{z}(\lambda)\mathrm{d}\lambda \end{cases} \quad (5-62)$$

式中，$\overline{x}(\lambda)$，$\overline{y}(\lambda)$，$\overline{z}(\lambda)$ 是光谱三刺激值。

如果按照发光体颜色和物体色的分类，颜色刺激函数 $\varphi^{(1)}(\lambda)$ 和 $\varphi^{(2)}(\lambda)$ 可以有以下三种情况：

（1）当两个颜色是自发光体颜色，其相对光谱功率分布分别为 $S^{(1)}(\lambda)$ 和 $S^{(2)}(\lambda)$：

$$\varphi^{(1)}(\lambda) = S^{(1)}(\lambda), \quad \varphi^{(2)}(\lambda) = S^{(2)}(\lambda) \quad (5-63)$$

（2）当两个颜色是物体色，其光谱辐亮度因数分别为 $\beta^{(1)}(\lambda)$ 和 $\beta^{(2)}(\lambda)$，且在同一照明体 $S(\lambda)$ 下，有

$$\varphi^{(1)}(\lambda) = \beta^{(1)}(\lambda)S(\lambda), \varphi^{(2)}(\lambda) = \beta^{(2)}(\lambda)S(\lambda) \quad (5-64)$$

（3）当两个颜色是物体色，其光谱辐亮度因数分别为 $\beta^{(1)}(\lambda)$ 和 $\beta^{(2)}(\lambda)$，但在不同照明体 $S^{(1)}(\lambda)$ 和 $S^{(2)}(\lambda)$ 下，有

$$\varphi^{(1)}(\lambda) = \beta^{(1)}(\lambda)S_1(\lambda), \varphi^{(2)}(\lambda) = \beta^{(2)}(\lambda)S_2(\lambda) \quad (5-65)$$

应用中，大多数的同色异谱色是第（2）种，即同一照明光源下的两个外貌相同的颜色，具有不同的颜色刺激函数，与照明光源和物体的发射特性的关系用式（5-64）表示。

1. 同色异谱与标准色度观察者和照明光源的关系

在什么条件下，两个具有不同颜色刺激函数的物体颜色在同一照明光源下的外貌看上去才能相同呢？在什么条件下，这两个颜色又会不同呢？

针对上述的第二种情况，当两个光谱辐亮度因数分别为 $\beta^{(1)}(\lambda)$ 和 $\beta^{(2)}(\lambda)$ 的物体色，且在同一照明体 $S(\lambda)$ 下表现出相同的颜色外貌，其颜色刺激函数表达式为式（5-62），将此式代入式（5-62），可以看出，三刺激值与两个因素有关：光谱三刺激值 $\overline{x}(\lambda)$，$\overline{y}(\lambda)$，$\overline{z}(\lambda)$ 和照明体 $S(\lambda)$。也就是说，三刺激值相等的条件是针对特定的标准色度观察者和特定的照明体的，如果改变观察者或改变照明体，三刺激值不等，颜色的外貌就会不同，同色异谱现象就消失。

一组 4 个物体色样品的不同光谱辐亮度因数曲线如图 5-23 所示。其中，1 号样品的曲线是平直的，说明是灰色的中性刺激。在标准照明体 D65 照明下，在 2° 小视场标准观察时，按照式（5-62）计算得到它们的三刺激值相等，故 4 个颜色样品是外貌相同的匹配色；将

三刺激值转换为色品坐标，如图 5 - 24（a）所示，在 CIE x-y 色品图上是一个点。

图 5 - 23　一组 4 个物体色样品的不同光谱辐亮度因数曲线

在不改变照明条件，而将观察者视场变换为 10°视场（CIE 1964 XYZ 补充标准色度观察者）时，计算得到的 4 个样品的三刺激值不再相同，4 个颜色样品看上去不再一致，产生了颜色差异；转换为色品坐标后，如图 5 - 24（b）所示，在 CIE x_{10}-y_{10} 色品图有 4 个对应不同的色品点，出现了色差。如果同色异谱色的样品足够多，则在 CIE x-y 色品图上的色品坐标为同一点的样品，在 CIE x_{10}-y_{10} 色品图上都将分布在一个椭圆内，如图 5 - 24（b）所示。椭圆形的大小和方向则表示 2°视场和 10°视场观察者之间的颜色差异程度。

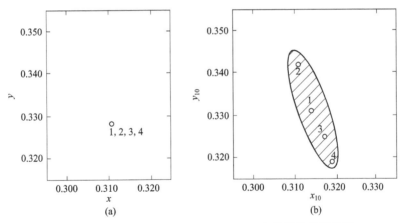

图 5 - 24　异谱样品在 CIE x-y/x_{10}-y_{10} 色品图的位置差异
（a）CIE x-y；（b）CIE x_{10}-y_{10}

上述实验条件中，若不改变 2°小视场标准色度观察者，将标准照明体 D65 换成照明体 A，则计算得到的 4 个样品不再具有相同的三刺激值，而 4 个颜色样品看上去也不再一致。转换为色品坐标，如图 5 - 25 所示，可以看到，在色品图上 D65 条件下的一个坐标点成为 A 光源下的 4 个不同的色品点。很多在 D65 照明下是同色异谱色的样品，在 A 光源照明下，它们的色品点也分散在一个椭圆内，椭圆形的大小和方向表示两种照明体之间的差异程度。

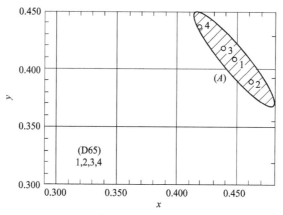

图 5 – 25   同色异谱在不同光源下的色品图

更复杂的情况是，原来在特定观察者和特定照明体下的同色异谱色，当观察者和照明体两者同时改变时，颜色的同色异谱性质被破坏的情况更为复杂。

综上所述，物体色刺激的同色异谱性质是有条件的，对于特定的照明体和观察者才能成立，当改变照明体或改变观察者，或者两者都改变时，都将破坏原来的同色异谱性质。

2. 同色异谱与光谱辐亮度因数的关系

同色异谱色样品，在照明体或观察者条件改变后，会失去匹配，出现色差，差异越大，同色异谱程度越高；反之，色差越小，同色异谱程度也越低。

史泰鲁斯和威泽斯基研究发现，若要两个异谱的颜色刺激同色，则在可见光谱中至少在3个不同波长上必须具有相同的数值，即两者的光谱辐亮度因数曲线至少在3处相交。

两个样品的光谱辐亮度因数曲线交叉点越多，能使两者的颜色匹配的照明光源数目也越多，同色异谱程度越低。如果交叉点无穷多，两者的光谱辐亮度因数曲线重合，则两者为同色同谱色。例如，图 5 – 26 所示的两种样品对 CIE 1931 标准色度观察者，无论是在日光下还是在白炽灯下，都具有相同颜色。

图 5 – 26   对日光和白炽灯同色的样品

如果已知两同色异谱样品的光谱特性曲线，就可以根据其曲线形状和峰值位置定性地判断样品的同色异谱程度。如果两者光谱特性曲线形状差异很大或交叉点很少，同色异谱程度就高；反之，形状相似或者交叉点很多，同色异谱程度就低。

工业生产中进行配色时，希望配出的颜色与要求的颜色在不同观察者观察时都认为是同色的，希望样品在日光下和灯光下都是同色的，因此，同色异谱程度越低越好。

5.6.2　CIE 同色异谱程度的评价方法

前面已说过两个同色异谱的样品，在观察者和光源改变或两者之一改变时，同色异谱的性质会被破坏。同时由于样品的光谱反射比不同，失匹配程度也不同。所以就可以用改变观察者或改变照明光源后造成的色差大小来度量两样品同色异谱的程度。CIE 正是用照明体改变或者观察者改变后造成的色差大小来度量样品的同色异谱程度。

为了给颜色的同色异谱程度作定量评价，CIE NO. 15.2（1986）中推荐了"特殊同色异谱指数：改变照明体"的评价方法；CIE 15:2004 又增加"特殊同色异谱指数：改变观察者"的评价方法。

1. 特殊同色异谱指数：改变照明体法

这一方法的原理是，对于特定参照照明体和观察者具有相同的三刺激值（$X_1 = X_2$，$Y_1 = Y_2$，$Z_1 = X_2$）的两个同色异谱样品，用具有不同相对光谱功率分布的测试照明体所造成的两样品间的色差（ΔE）作为特殊同色异谱指数 M_{ilm}。

CIE 推荐优先选用标准照明体 D65 作为参照照明体，如果选用其他照明体作为参照照明体，则必须加以说明。

推荐测试照明体选用标准照明体 A 或是各种典型荧光灯和典型高压放电灯。根据不同目的，可选择最合适的测试照明体计算同色异谱指数 M_{ilm}。

计算步骤如下：

（1）计算参照照明体下的三刺激值：

$$\begin{cases} X_{m,i} = k \sum_{\lambda} \rho_i(\lambda) S(\lambda) \overline{x}(\lambda) \Delta\lambda \\ Y_{m,i} = k \sum_{\lambda} \rho_i(\lambda) S(\lambda) \overline{y}(\lambda) \Delta\lambda \\ Z_{m,i} = k \sum_{\lambda} \rho_i(\lambda) S(\lambda) \overline{z}(\lambda) \Delta\lambda \end{cases} \tag{5-66}$$

式中，参照照明体下的三刺激值下标 $m = r$；$i = 1$，2，分别对应样品 1 和样品 2；$S(\lambda)$ 为选定的参照照明体的相对光谱功率分布，计算式为

$$k = \frac{100}{\sum_{\lambda} S(\lambda) \overline{y}(\lambda) \Delta\lambda}$$

对于标准色度观察者，可以选择 $\overline{x}(\lambda)$，$\overline{y}(\lambda)$，$\overline{z}(\lambda)$ 或 $\overline{x}_{10}(\lambda)$，$\overline{y}_{10}(\lambda)$，$\overline{z}_{10}(\lambda)$，视观察样品的视场角大小来选定。

（2）测试照明体下的三刺激值。用式（5-66）进行测试照明体下三刺激值计算时，下标 $m = t$；下标 $i = 1$，2，分别对应样品 1 和样品 2。计算时，式中的 $S(\lambda)$ 为测试照明体的

相对光谱功率分布。适合的测试照明体包括 CIE 标准照明体 A、典型的荧光灯（FL 系列）和典型的高压放电灯（HP 系列）照明体。这些灯的相对光谱功率分布数值可由附表 2 – 11 ~ 附表 2 – 14 查得。FL 系列照明体代表了典型的荧光灯，其中，FL2，FL7，FL11 应该优先选择；FL3.15 是模拟 D65 照明体的商业性的荧光灯；FL3.7 ~ FL3.11 为三窄带型荧光灯，三个谱带分别发射在红、绿、蓝区域内，称为三带型的荧光灯；HP 系列照明体是典型的高压放电灯。这些灯的色度数据可参看附表 2 – 15 ~ 附表 2 – 17，数据包括色度坐标、相关色温和显色指数。

（3）色差和同色异谱指数 M_{ilm}。色差 ΔE_{ab}^* 是在 $X_{t,1}$，$Y_{t,1}$，$Z_{t,1}$ 和 $X_{t,2}$，$Y_{t,2}$，$Z_{t,2}$ 两物体之间计算的。

同色异谱指数 M_{ilm}：

$$M_{ilm} = \Delta E_{ab}^* \qquad (5 - 67)$$

式中，色差（ΔE_{ab}^*）计算公式一般采用 CIE 1976 Lab 公式，如果用其他色差公式计算，必须在括号内加以注明，例如，$M_{FL11,ilm}$（u^*v^*）说明是用 CIE Luv 公式来计算的色差。

（4）校正计算。相乘校正法：如果 $X_{r,1} \neq X_{r,2}$，$Y_{r,1} \neq Y_{r,2}$，$Z_{r,1} \neq Z_{r,2}$，则必须对 $X_{t,2}$，$Y_{t,2}$，$Z_{t,2}$ 进行校正。相乘校正用下列公式计算：

$$\begin{cases} X'_{t,2} = X_{t,2}(X_{r,1}/X_{r,2}) \\ Y'_{t,2} = Y_{t,2}(Y_{r,1}/Y_{r,2}) \\ Z'_{t,2} = Z_{t,2}(Z_{r,1}/Z_{r,2}) \end{cases} \qquad (5 - 68)$$

在计算色差时用 $X_{t,1}$，$Y_{t,1}$，$Z_{t,1}$ 与相乘校正法校正后的 $X'_{t,2}$，$Y'_{t,2}$，$Z'_{t,2}$ 进行计算。

2. 特殊同色异谱指数：改变观察者法

CIE 15:2004 给出了特殊同色异谱指数计算的另一种方法，就是改变观察者的方法。

为了计算的标准化，CIE 15:2004 也给出了观察者改变后的新观察者数表，供给计算同色异谱指数使用。不过它给的数据只是与 CIE 1931 和 CIE 1964 标准色度观察者的差值（$\Delta\bar{x}$，$\Delta\bar{y}$，$\Delta\bar{z}$），此差值称为第一偏离函数。只要与 CIE 标准色度观察者相加即可得到新观察者的全部数据。这个用于计算同色异谱指数的新观察者可被称为测试标准色度观察者，又称为标准偏差色度观察者。在图 5 – 27 中，实线代表标准色度观察者（10°视场），虚线代表标准偏差色度观察者。从中可看出它们之间的差异。

对参照的观察者（标准色度观察者）认为是同色异谱的一对颜色，而对标准偏差观察者（测试观察者）就会产生色差，色差的大小表示出由于改变观察者后，颜色样品对之间的同色异谱的程度，这种同色异谱指数称为改变观察者的同色异谱指数。用 M_{obs} 符号表示。具体计算步骤如下：

（1）用参照色度观察者计算三刺激值。三刺激值可用式（5 – 66）计算，式中（$m = r$），得到 $X_{r,i}$，$Y_{r,i}$，$Z_{r,i}$（其中 $i = 1, 2$）；$\bar{x}(\lambda)$，$\bar{y}(\lambda)$，$\bar{z}(\lambda)$ 可选用 CIE 1931 和 CIE 1964 标准色度观察者的数值，随视场大小而定。对于大视场（>4°），应选用 CIE 1964 标准色度观察者；对于小视场（1° ~ 4°），应选用 CIE 1931 标准色度观察者。选定的标准色度观察者称为参照色度观察者。

在参照色度观察者下，颜色为相同时，有 $X_{r,1} = X_{r,2}$ $Y_{r,1} = Y_{r,2}$ $Z_{r,1} = Z_{r,2}$。

$z_{10}(\lambda)$

标准色度观察者
标准偏差色度观察者

$x_{10}(\lambda)$

$y_{10}(\lambda)$

三刺激值

波长 λ/nm

图 5 - 27　标准色度观察者和标准偏差色度观察者的光谱三刺激值曲线

如果不相等，则按特殊同色异谱指数：改变照明体中，所叙述的相乘校正法对 $X_{t,2}$，$Y_{t,2}$，$Z_{t,2}$ 进行校正；计算中，标准照明体 $S(\lambda)$ 原则上选用 D65。

（2）用标准偏差色度观察者计算三刺激值。

三刺激值可用式（5 - 66）计算。下标 $m = t$，得到 $X_{t,i}$，$Y_{t,i}$，$Z_{t,i}$，$i = 1,2$。

式中的 $\overline{x}(\lambda)$，$\overline{y}(\lambda)$，$\overline{z}(\lambda)$ 用标准偏差色度观察者 $\overline{x}_d(\lambda)$，$\overline{y}_d(\lambda)$，$\overline{z}_d(\lambda)$ 代替，即

$$\begin{cases} \overline{x}_d(\lambda) = \overline{x}(\lambda) + \Delta\overline{x}(\lambda) \\ \overline{y}_d(\lambda) = \overline{y}(\lambda) + \Delta\overline{y}(\lambda) \\ \overline{z}_d(\lambda) = \overline{z}(\lambda) + \Delta\overline{z}(\lambda) \end{cases} \qquad (5 - 69)$$

式中，$\overline{x}(\lambda)$，$\overline{y}(\lambda)$，$\overline{z}(\lambda)$ 可选用 CIE 1931 和 CIE 1964 标准色度观察者的数值，随视场大小而定。对于大视场（$>4°$），应选用 CIE 1964 标准色度观察者；对于小视场（$1° \sim 4°$），应选用 CIE 1931 标准色度观察者。

（3）色差与同色异谱指数 M_{obs}。

色差 ΔE_{ab}^{*}：由样品 1（$X_{t,1}$，$Y_{t,1}$，$Z_{t,1}$）和样品 2（$X_{t,2}$，$Y_{t,2}$，$Z_{t,2}$）来计算；

如果 $X_{r,1} \neq X_{r,2}$，$Y_{r,1} \neq Y_{r,2}$，$Z_{r,1} \neq Z_{r,2}$，则必须对 $X_{t,2}$，$Y_{t,2}$，$Z_{t,2}$ 进行校正。用式（5 - 68）校正后的 $X'_{t,2}$，$Y'_{t,2}$，$Z'_{t,2}$ 来计算，有

$$M_{obs} = \Delta E_{ab}^{*} \qquad (5 - 70)$$

如果用 CIELAB 以外的其他色差公式来计算，必须在括号内加以标注，[例如 $M_{obs}(u^{*}v^{*})$]。

大部分的观察者所呈现的色差中约有 95% 都在两个色差单位之内。表 5 - 2 所示为观察者同色异谱指数的等级划分。

表 5－2　观察者同色异谱指数的等级划分

观察者同色异谱指数	等级
≤0.2 时	A
0.2～0.5 时	B
≥0.5 时	C
注：表中计算同色异谱指数时用的是 CIE 1976 Lab 表色系公式。	

5.7　CIE 光源显色指数

　　光源的颜色特性是指光源本身的颜色和在这个光源下物体所呈现的颜色。光源本身的颜色可以用三刺激值和相关色温来描述。而作为照明光源，物体在此光源照明下所呈现的颜色特性与光源的相对光谱功率分布（即其本身的颜色）密切相关。一个物体色在不同光源照明下看上去的颜色也不同。因此，照明光源对物体颜色的这种影响用光源显色性来描述和评价。

5.7.1　光源的显色性

　　自然界的物体颜色是在太阳光照明下所表现出来的，而人眼颜色的视觉也是在自然环境中所进化形成的，因此，对物体颜色的命名和识别通常是指在日光照明下的颜色，如桃红、橘黄及柳绿等。日光是各个波段光谱功率分布较为平均的连续光谱。

　　自连续光谱的白炽灯（钨丝灯）的出现，人造光源的发展历经了荧光灯、高压钠灯、高压汞灯、氙灯等阶段，到目前各种 LED 新型光源的涌现，不仅发光效率大幅提高，而且发光机理和光谱成分也有较大的差异。光谱分布不再完全是连续光谱，有线谱、带谱，更多的是混合光谱。如果一个物体色在这些人造光源的照明下，看到的颜色和日光照明下的颜色会有很大的差异。

　　例如，如果将一个鲜红色的苹果放置在荧光灯 F 的照明环境下，鲜红色就会变为暗红色，饱和度降低。这里的鲜红色是指日光照射下苹果的颜色。图 5－28 所示为具有同样光色的两个相对辐射功率光谱分布曲线，F 为荧光灯，D65 照明体曲线代表日光。比较其相对辐射功率光谱分布，可以看出，在 600～700 nm 的红光部分，荧光灯 F 的曲线陡然下降，远远低于 D65 的辐射强度。也就是说，荧光灯 F 照射在苹果上的红光能量较少，使苹果的颜色成为暗红色。

　　由此可知，人眼在不同光谱的光源照明下看到的物体色会改变，会感到物体颜色失真，这种影响物体颜色的照明光源特性称为光源显色性。显色性好的光源，物体色失真小。如果

图 5－28　D65 与某荧光灯的照明光谱分布曲线

不加以说明，通常颜色失真是指和日光照明下相比的颜色差异。显色性的好坏是评价光源性能的一个重要方面。

光源的光谱分布决定光源的显色性，日光、白炽灯等具有连续光谱分布的光源均有较好的显色性。除连续光谱的光源外，由几个特定颜色光组成的混合光源也可以有很好的显色性。例如，光谱为 450 nm（蓝）、540 nm（绿）、640 nm（橘红）波长区的辐射对提高光源的显色性具有特殊的效果，用这三种颜色光以适当的比例混合所产生的白光与连续光谱的日光或白炽灯具有同样优良的显色性。而 500 nm 和 580 nm 波长附近的光谱成分对颜色显现有不利影响，被称为干扰波长。

光源的色温和显色性之间没有必然的联系，如图 5 - 28 所示，荧光灯 F 与 D65 光色接近，色温几乎相等，但荧光灯 F 的红色显色性却很差，故具有不同光谱分布的光源可能有相同的色温，但显色性可能差别很大。

光源的显色性影响人眼观察的物体颜色。在纺织、印染、涂料、印刷及彩色摄影、彩色电视等处理物体表面色的工业技术部门，必须考虑由光源显色性带来的影响。对光源显色性进行定量评价是光源制造部门评价光源质量的一个重要方面。

5.7.2　CIE 光源显色指数计算方法

CIE 推荐定量评价光源显色性的"测验色"法规定，用黑体（待测光源的相关色温低于 5 000 K）或标准照明体 D（待测光源的相关色温高于 5 000 K 时）作为参照光源，将其显色指数定为 100；并规定了若干测试用的标准颜色样品（附表 2 - 14 所示为 1 ~ 15 号色样的光谱幅亮度系数）；通过在参照光源下和待测光源下对标准样品形成的色差评定待测光源的显色性，用显色指数值来表示。

光源对某一种标准样品（附表 2 - 14 中的任一样品）的显色指数称为特殊显色指数 R_i：

$$R_i = 100 - 4.6\Delta E_i \tag{5 - 71}$$

式中，ΔE_i 为在参照光源下和待测光源下样品的色差。

光源对特定 8 个颜色样品（附表 2 - 14 中的 1 ~ 8 试样）的平均显色指数称为一般显色指数 R_a：

$$R_a = \frac{1}{8} \sum_{i=1}^{8} R_i \tag{5 - 72}$$

光源的一般显色指数越高，其显色性就越好。

上述显色指数的计算需要附加说明以下四点。

1. 参照照明体的选择

参照光源（黑体或标准照明体 D）的色温要根据待测光源的相关色温来选取，待测光源的相关色温可以在色品图上采用内插法求得。

根据待测光源的相对辐射功率分布，计算得到待测光源的色品坐标 x，y 以及 u，v。如图 5 - 29 所示，若色品坐标点位于以麦尔德（MRD）为单位的两条相邻等温线 M_1 和 M_2 之间，d_1 为光源坐标点到等温线 M_1 的距离，d_2 为光源坐标点到等温线 M_2 的

图 5 - 29　色温和相关色温的确定

距离，则光源的相关色温近似值由下式计算：

$$T_c \approx \frac{10^6}{M_1 + \dfrac{(M_2 - M_1)d_1}{d_1 + d_2}}$$
(5 - 73)

根据计算得到的待测光源的相关色温选取参照光源（黑体或标准照明体 D）的色温，为简化计算，CIE 给出各种色温的黑体及标准照明体 D 的色品坐标以及在它们照明下 14 种样品的 W^*，U^*，V^* 值，可直接查表确定数据。

待测光源与参照照明体应具有相同或近似相同的色品坐标，计算的色品差 ΔC 应小于 5.4×10^{-3}：

$$\Delta C = [(u_k - u_r)^2 + (v_k - v_r)^2]^{1/2}$$
(5 - 74)

式中，(u_k, v_k) 和 (u_r, v_r) 分别为待测光源和参照照明体的色品坐标。

2. 颜色样品

CIE 提供了 14 种颜色样品，1 ~ 8 号样品是中等饱和度、中等明度的有代表性色调的样品，9 ~ 14 号样品是饱和度较高的红、黄、绿、蓝以及欧美人的皮肤色和树叶绿色。考虑到第 13 号样品是欧美女性的面部肤色，1984 年，在我国制定的光源显色性评价方法的国家标准中，增加了我国女性面部的色样，作为第 15 种试样列入附表 2 - 14 中。

3. 色适应色度位移的修正

由于待测光源和参照照明体的色度不完全相同，而使视觉在两种不同光源照明下受到颜色适应的影响。为了处理两种光源照明下的色适应，必须将待测光源的色品坐标 (u_k, v_k) 调整为参照照明体的色品坐标 (u_r, v_r)，即 $u_k' = u_r$，$v_k' = v_r$。这时各颜色样品的色品坐标 (u_{ki}, v_{ki}) 也要作相应的调整，成为 (u_{ki}', v_{ki}')。这种色品坐标的调整叫作色适应色度位移，修正关系如下：

$$u_{ki}' = \frac{10.872 + 0.404 \dfrac{c_r}{c_k}c_{ki} - 4\dfrac{d_r}{d_k}d_{ki}}{16.518 + 1.481 \dfrac{c_r}{c_k}c_{ki} - \dfrac{d_r}{d_k}d_{ki}}, \quad v_{ki}' = \frac{5.520}{16.518 + 1.481 \dfrac{c_r}{c_k}c_{ki} - \dfrac{d_r}{d_k}d_{ki}}$$
(5 - 75)

$$c = \frac{1}{v}(4 - u - 10v), \quad d = \frac{1}{v}(1.708v + 0.404 - 1.481u)$$
(5 - 76)

式中，下标 "r" 代表参照照明体；"k" 代表待测光源；"ki" 代表待测光源照明下第 i 种标准样品。在计算显色指数时，用调整后的色品坐标来计算。

4. 色差 ΔE_i 的计算

CIE 规定以 CIE 1964 $W^* U^* V^*$ 色差公式来计算：

$$\Delta E_i = \sqrt{(U_{ri}^* - U_{ki}^*)^2 + (V_{ri}^* - V_{ki}^*)^2 + (W_{ri}^* - W_{ki}^*)^2}$$
$$= \sqrt{(\Delta U_i^*)^2 + (\Delta (\Delta U_i^*)_i^{2*}) + (\Delta W_i^*)^2}$$
(5 - 77)

式中，$W_{ri}^* = 25(Y_{ri})^{1/3} - 17$，$W_{ki}^* = 25(Y_{ki})^{1/3} - 17$，$U_{ri}^* = 13W_{ri}^*(u_{ri} - u_r)$，$U_{ki}^* = 13W_{ki}^* \cdot (u_{ki}' - u_k')$，$V_{ri}^* = 13W_{ri}^*(v_{ri} - v_r)$，$V_{ki}^* = 13W_{ki}^*(v_{ri} - v_k)$；$u_k' = u_r$，$v_k' = v_r$；"ri" 代表参照照明体照明下第 i 种标准样品。

ΔE_i 的单位为 NBS 色差单位。显色指数用整数表示（四舍五入）。特殊显色指数 R_i 的 1 分（1%）等于 0.22 NBS 色差单位，R_i 的 5 分大约为 1 个 NBS 色差单位。例如一个光源的 $R_i = 90$ 时，表明在该光源与参照照明体下，第 i 种颜色样品的颜色改变量约为两个 NBS 色差单位（$R_i = 100$ 时，改变量为零）。

5.7.3　常用光源的一般显色指数

结合我国实际情况，可将光源的一般显色指数划分为优、一般和劣三个范围（见表 5-3）。

表 5-3　光源显色性的质量分差

照明光源	相关色温/K	一般显色指数 R_a	分类
日光（D65）	6 500	100	优
卤钨灯	3 000	95	
氙灯	5 290	93	
三带型荧光灯	4 000	85	
冷白型荧光灯	4 200	58	一般
暖白型荧光灯	3 000	51	
高压汞灯	5 500	35	劣
高压钠灯	2 000	25	

日光（D65）、卤钨灯、氙灯、三带型荧光灯等几种光源的一般显色指数 R_a 均大于或等于 85，适用于辨色要求较高的视觉工作，如彩色电影、彩色电视剧的拍摄和放映，以及染料、彩色印刷、纺织、食品工业等领域。荧光灯的显色指数在 70~80，显色性较好，用于一般辨别颜色的视觉工作。高压汞灯、高压钠灯的显色指数低于 50，显色效果较差，其中高压钠灯最差，R_a 为 20~25。

由于显色指数只表示待测光源下标准样品产生色位移的大小，未指出色位移的方向，故即使两个具有相同 R_a 的光源，只要色位移的方向不同，在视觉上样品的颜色也会不相同。不同的光源可能具有相同的显色指数，但并不表明各种灯之间一定可互相代替使用。

5.8　色序系统

颜色信息的表示和交流也可以用语言和样品排序的方式来实现，若按照颜色感知的色貌特性（如色调、彩度和明度等感知心理属性）来有序排列颜色的表示系统，则称之为色序系统（Color - Order System）。色序系统一般用各种颜料混合制成颜色样品卡片，按照一定原则依次排列编码，通过卡片的字符和数码传递颜色信息，如孟塞尔系统、瑞典的自然色系统、美国光学学会均匀颜色标尺委员会研究的 OSA - UCS 系统、奥斯特瓦尔德系统等。由样品色构成的色序系统能够非常直观地表达颜色信息的视觉结果，因此在相关应用领域中被广泛采用；同时也在近代色度学的前沿研究中（如色差、颜色空间及色貌模型等）发挥着重要的作用。

5.8.1　孟塞尔系统

孟塞尔系统是由美国画家孟塞尔（A. H. Munsell，1858—1918）在 1905 年建立的一种表色系统，该系统将物体表面色的色调、明度和彩度作为颜色空间的坐标，按目视颜色感觉的等间隔（相邻两个色样）排列方式，将颜色按色调、明度和彩度的次序排列在三维颜色空间，并给出一个特定的颜色标号。各标号的颜色制成颜色卡片，按标号次序排列起来，汇编成颜色图册。自 1915 年"颜色图册"出版以来，经过多年的研究和改进，尤其在 1943 年美国光学学会对孟塞尔系统进行重新编排和系统测量后，制定出的《孟塞尔新标系统》更加符合视觉上等距的原则。孟塞尔图册分有光泽和无光泽两类。其中，有光泽本共有颜色卡 1 488 块，中性色 37 块；无光泽本有颜色卡 1 277 块，中性色 32 块。每一颜色卡的尺寸大约是 1.8 cm×2.1 cm。1978 年出版的"新日本颜色体系"共有 5 000 块颜色卡，是国际上具有颜色卡片最多的颜色图册。孟塞尔系统是目前国际上广泛采用的作为分类和标定物体表面色的方法（如颜料、染料、涂料、彩色油墨及印刷品等）。

1. 孟塞尔色立体

孟塞尔色立体（见图 5-30）由孟塞尔色调、明度值和彩度组成。孟塞尔色立体以中央轴表示由黑到白系列的明度，在其水平截面的等亮度平面上，以极坐标形式表示的角坐标为颜色的色调，半径距离为彩度。

图 5-30　孟塞尔色立体

（1）孟塞尔色调 H（Hue）。颜色的色调 H 用围绕孟塞尔色立体中央轴的角位置来表示。以中心轴为中心，将圆周分为相等的 10 个部分（图 5-31），包括 5 个主要色调红（R）、黄（Y）、绿（G）、蓝（B）、紫（P）和 5 个中间色调黄红（YR）、绿黄（GY）、蓝绿（BG）、紫蓝（PB）、红紫（RP）。每一种色调再细分成 10 个等级，从 1~10，并规定每种主要色调和中间色调的标号为 5。孟塞尔色调有 100 种。在《孟塞尔颜色图册》中一般给出每种色调的 2.5，5，7.5，10 四个等级，全图册包括 40 种色调的颜色卡片。

（2）孟塞尔明度 V（Value）。如图 5-31 所示，孟塞尔色立体的中心轴代表从底部的黑色到顶部白色的白黑系列中性色的明度值等级，称为孟塞尔明度 V。孟塞尔明度由 0~10 共分 11 个等级，每一个等级的明度值都对应于在日光下颜色样卡的一定亮度因数，将亮度因数 Y 为"102%"的理想白色定为明度值"10"，而将亮度因数为"0"的理想黑色定为

"0"。实际应用中只用到 1 ~ 9 级，所以在《孟塞尔颜色图册》中只给出明度值从 1.75（$Y = 2.5\%$）~ 9.5（$Y = 90\%$）各级中性颜色样卡。彩色的（非灰色）明度值在颜色立体中以离开基底平面的高度代表，并用与其相等明度的灰色来度量。

（3）孟塞尔彩度 C（Chroma）。颜色的彩度在孟塞尔色立体中以离开中央轴的距离来代表，称为孟塞尔彩度 C，表示离相同孟塞尔明度中性灰色的程度。彩度被分成若干视觉上相等的等级，中央轴上中性色的彩度为 "0"，离开中央轴越远彩度越大。在《孟塞尔颜色图册》中以每两个彩度等级为间隔制出颜色样卡，各种颜色的最大彩度并不相同。图 5 – 32 所示为孟塞尔色立体的某一色调面，图 5 – 33 所示为 $V = 5$ 时的孟塞尔色立体彩度的水平截面。

图 5 – 31　孟塞尔色立体的色调

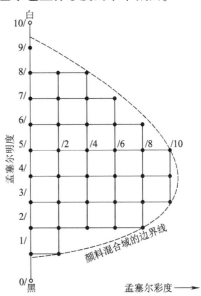

图 5 – 32　孟塞尔色立体的某一色调面

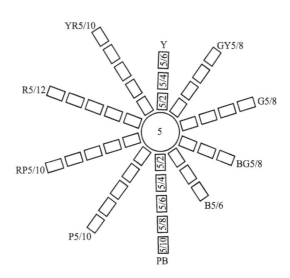

图 5 – 33　$V = 5$ 时的孟塞尔色立体彩度的水平截面

（4）孟塞尔颜色标号。孟塞尔色立体中的颜色采用孟塞尔颜色标号表示，为 HV/C（色调、明度/彩度）。例如，孟塞尔标号是 5GY 6/8 的颜色，其中，色调为 5GY，说明颜色是中间色调的黄绿色；明度 6 是中等亮度；彩度 8 是较饱和的黄绿色。

非彩色的白黑系列中性色标号为 $NV/$（中性色的明度/）。例如，明度值为 4 的中性灰色，记为 $N4/$。通常彩度低于 0.3 的黑、灰、白色可标记为中性色。如果需要对彩度低于 0.3 的中性色作精确的标定，则写为 $NV/(H,C)$ = 中性色明度/（色调，彩度）。此时，只用 5 种主要色调和 5 种中间色调中的一种而不再细致区分。例如，对一个略带黄色的浅灰色写成 $N8/(Y,0.2)$。

在《孟塞尔颜色图册》中，孟塞尔色立体的垂直剖面内的颜色样品（即同一色调的颜色）列入图册的一页，如图 5 – 32 所示，故每页包括同一色调的不同明度和不同彩度的颜色卡片。

2. 孟塞尔新标系统

一个理想的颜色立体应该在任何方向上、任何位置上，各颜色之间均具有相同的距离，在视觉上差异是相等的，即无论在色调、明度值或彩度的任何方向上，相同距离的变化应代表相同的视觉差异。但实际任何表示颜色的立体或系统都很难完全满足这一要求，孟塞尔系统同样也存在这一问题。

为解决孟塞尔系统颜色样卡在编排上不完全符合视觉上等距的问题，1937 年，美国光学学会均匀颜色标尺委员会成立了一个专门研究孟塞尔系统的分会，经过 6 年的实验研究，进行光谱光度测定、观察、判断几百万人次，重新编排并增补了图册中的色卡，使修正后的色卡在编排上更接近视觉上等距的原则，于 1943 年制定出《孟塞尔新标系统》。新标系统不仅给出了建立在大量实验基础上颜色样卡的明度及色调、彩度，且给出了相应的 CIE 1931 标准色度系统的色品坐标。值得说明的是，新标系统的颜色样卡代表在 CIE 标准光源 C 照明下可制出的所有表面色（非荧光材料）。

（1）明度值。孟塞尔新标系统的明度值等级是通过视觉实验得到的。视觉实验可以采用两分法和单边法来进行。

①两分法：实验者先在一系列明度不同的中性灰色卡中选出一块样卡，要求其正好在视觉上居于黑、白系列的正中间，将黑白系列二等分；再在黑与灰、白与灰卡的中间各选一个灰卡，在视觉上将白、黑系列再分出四个等距；如此继续等分下去，就得到一个由黑到白多等级的均匀灰度系列。

②单边法：以黑卡为参照，选出一块在明度上恰可觉察出区别的灰卡；再以此灰卡为参照，挑选刚可看出明亮不同的第二块灰卡，如此一直挑选至白卡为止。

用上述方法将明度 V 分为 11 个等级，并用光谱光度法测出各明度等级样卡的亮度因数 Y。若实验观察条件以中灰色（$Y=20\%$）为背景，以 $V=10$ 代表理想漫反射体的明度值，则 V 与 Y 的关系可用以下多项式表示：

$$\frac{100Y}{Y_{MGO}} = 1.221\,9V - 0.231\,11V^2 + 0.239\,51V^3 -$$
$$0.021\,009V^4 + 0.000\,840\,4V^5 \tag{5-78}$$

图 5 – 34 表明，视觉明度 V 与测量亮度因数 Y 值之间的关系是非线性的。由于当时实际测量的 Y 值都是以氧化镁为标准进行测量的，规定氧化镁的亮度因数为 100%，而实际氧化

镁的反射比只为 97.5% 左右，因此出现 $V=10$ 时，$Y=102.57\%$ 的情况。

由于式（5 – 73）过于繁杂，不便应用，1964 年，CIE 采用威泽斯基的立方根模型代替，即

$$W^* = 25Y^{1/3} - 17 \qquad (5-79)$$

式中，W^* 是 CIE 1964 均匀颜色空间的明度指数。$W^*/10$ 在亮度因数 Y 为 1 ~ 100 时与前述五次多项式的 V 值很一致，即 $W^* = 10V$。1976 年，CIE 修改立方根模型为

$$L^* = 116 \left(\frac{Y}{Y_0}\right)^{1/3} - 16 \qquad (5-80)$$

式中，L^* 是 CIE 1976 均匀颜色空间的米制明度；$Y_0 = 100$，为理想漫反射体的亮度因数。

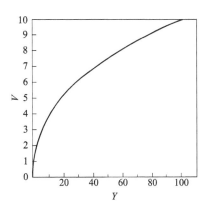

图 5 – 34　视觉明度 V 与测量
亮度因数 Y 值的关系曲线

（2）色调和彩度。在新孟塞尔系统中，等明度平面上的样卡之间有色调和彩度的差异。若在等明度的色卡中选取同一彩度等级但具有各种色调的样卡，将其排列为一个等彩度的色卡圈，则视觉观察的每两个相邻色块的色调仍然不是等距的。

为此，在等彩度的色卡圈上，选出在视觉上具有相等差距的几个主要色调［如红（R）、黄（Y）、绿（G）、蓝（B）、紫（P）］，将它们保留在圈上，进而在各主要色调之间，采用二分法找出中间色调，得到 10 个视觉上等距的色调；依此继续下去，直到得出视觉上等距的各种色调。

当每个等彩度的色调确定后，再根据色调调整等明度平面上色卡的彩度位置：将具有各种彩度的色卡按等色调分组，每组色卡中选定某一色卡，以此色卡离中央灰的彩度差作为标准，评定出彩度大于（或小于）这个差别一倍、两倍和更大倍数的色卡，直到将同一色调的色卡都排列进去为止。因此以视觉上等距的原则，就可将同明度的色卡按色调和彩度顺序排列。

按以上方法对不同明度等级的其他色卡进行排列，可实现每一个明度值按色调和彩度视觉等距的色卡排列图。

测量每个色卡的光谱反射特性曲线，计算得到在 C 光源照明下 CIE 标准色度系统的 Y，x，y 值。按等明度将这些数值标志在 CIE 色品图上，明度 1 ~ 9 分别对应九张色品图。在色品图上，连接相同色调的色卡坐标点所形成的轨迹称为恒定色调轨迹；连接相同彩度的坐标点所形成的轨迹称为恒定彩度圈。图 5 – 35 所示为孟塞尔表面色在 CIE 1931 年色品图上的恒定色调轨迹与恒定彩度轨迹圈（注意，不是同心圆，说明 CIE 色品图不是视觉上等距的颜色系统）。根据上述实验，经过调整后的色卡在等明度的 9 个色品图上，其恒定色调和恒定彩度轨迹曲线更接近于平滑曲线。

孟塞尔新标系统的颜色标号与 CIE 标准色度系统的色品坐标 Y，x，y 值的对应关系表见附录 4，表中的 Y，x，y 值是对应在 CIE 的 C 光源照明下孟塞尔色卡的值。

在孟塞尔新标系统中，具有较大彩度的表面色大多集中在中等明度值 4/ ~ 6/ 之间（亮度因数 $Y = 12\%$ ~ 30%），因此在这个明度范围中，各个色调的恒定彩度轨迹圈的数量较多，颜色饱和度可以达到较高。在明度值 9/ 时（亮度因数 $Y = 79\%$），几乎没有较高彩度的表面色，特别是蓝、紫、红部分色调，饱和度都较低。而当明度值降低时，每一恒定彩度轨迹圈

图 5-35 孟塞尔表面色在 CIE 1931 年色品图上的恒定色调轨迹与恒定彩度轨迹圈

急剧增大，数量减少，意味着人眼分辨颜色彩度或饱和度的能力随明度的降低而降低，当明度值 1/ 或 2/ 时，色品图黄、绿部分只剩下很少几个恒定彩度轨迹圈，表明在低明度时，黄、绿色没有很大的饱和度。同时低明度的表面色虽然在黄绿部分的色品坐标上有较大变化，但饱和度的变化却很小。

3. 孟塞尔颜色图册的用途

（1）确定表面色的孟塞尔颜色标号。视觉直接观察孟塞尔色卡与待测样品，照明和观察条件按 CIE 规定，光线从样品表面法线的 45° 方向照射，观察者从样品表面的上方（大约垂直于样品表面）进行观察；或垂直照明，45° 方向观察。照明光源用来自北方的间接日光或标准人工日光。在北半球地区，一般在室内北面窗口自然光下进行匹配，找出在色调、明度和彩度上与待测样品相同的孟塞尔色卡，从而给出待测样品的孟塞尔颜色标号。当两者之间不完全匹配而只是近似时，则找出两张最接近的色卡与样品比较，通过线性内插方法得到样品的孟塞尔标号。用目视匹配方法确定颜色样品孟塞尔标号的误差不大于 0.5 色调等级、0.1 明度等级和 0.4 彩度等级。

（2）用于 CIE 标准色度系统与孟塞尔系统的相互转换。在制作孟塞尔颜色图册中的色卡时，每张色卡既有孟塞尔标号，又有 Y，y，x 的对应数值，因此可以进行互相转换。

（3）评价颜色的表色系统与视觉特性之间的关系。以 CIE 颜色系统为例，在作恒定色调轨迹图时，看到恒定色调轨迹中大部分为曲线，偏离了 CIE 色品图上为直线的恒定主波长线。同一色调各颜色的主波长随着彩度的变化而变化，说明虽然主波长与色调是紧密联系的，但恒定主波长并不等于恒定色调，主波长不能准确代表视知觉量——色调。同样，在色品图上，不同颜色具有相同的兴奋纯度并不对应于具有相同的饱和度。孟塞尔新标系统中各个恒定彩度轨迹圈随明度的增大而趋于缩小，即一个在视觉彩度固定的颜色，在明度高的色品图上的位置更接近中性色品点，所以具有较低的兴奋纯度，而这一颜色在明度低的色品图上就有较高的兴奋纯度。所以颜色的兴奋纯度不能准确地表示颜色饱和度的视知觉特性。

综上所述，孟塞尔新标系统是用目视评价方法确立的系统，其色调、明度和彩度反映了物体颜色的心理规律，可分别代表颜色的色调、明度和饱和度的色知觉特性；而 CIE 色度系统是基于混色试验，其主波长、亮度因数和兴奋纯度则更多地反映颜色物体的物理特性，不能准确地代表视觉特性。

由于孟塞尔系统的颜色卡片在视觉上的差异是均匀的，因此经常被用来检验与某一色差公式有关的颜色空间是否均匀。例如，CIE 1976 $L^*a^*b^*$ 颜色空间和 CIE 1976 $L^*u^*v^*$ 颜色空间，将孟塞尔新标系统明度值 5 的恒定色调轨迹和恒定彩度轨迹分别画在图 5 - 36 的 a^*b^* 图上和图 5 - 37 的 u^*v^* 图上，可以看出，哪一颜色空间更符合视觉观察的颜色差异。在视觉上完全均匀的色品图上，每一恒定色调的轨迹都应是直线，各主要恒定色调轨迹之间应是相等角度的辐射线，而各恒定彩度轨迹圈应是一些半径按等距离增大的同心圆，且这种色品图还不是完全理想的均匀颜色空间，但 a^*b^* 图略优于 u^*v^* 图。

图 5 - 36 a^*b^* 图上的恒定色调/彩度轨迹

图 5 - 37 u^*v^* 图上的恒定色调/彩度轨迹

5.8.2 自然色系统

20 世纪 30 年代，瑞典的物理学家 T. 约翰森对赫林的色视觉理论进行整理和解释，于 1937 年提出了自然色系统。赫塞尔格伦进行了大量的视觉试验，收集了 507 种颜色样品，于 1952 年出版了《赫塞尔格伦颜色图册》，验证了约翰森的自然色系统。但图册在视觉上有不规则之处，1964 年成立的瑞典色彩中心基金会（Swedish Color Center Foundation）进行了一系列新的视觉心理物理试验，引入了新的仪器和专家，对赫塞尔格伦的图册进行了系统的修改，开始了新图册的研究。经过十五年的研究与发展，自然色系统于 1979 年成为瑞典的国家颜色标准，并正式出版了自然色系统的色谱。

1. 自然色系统的基本指导思想。

自然色系统（Natural Color System，NCS）的指导思想完全不同于孟塞尔系统，它起源于赫林的基本概念，按照赫林的想法认为，白（W）、黑（B）、红（R）、绿（G）、黄（Y）、蓝（S）六个基本色之间没有相似之处，这六种颜色称为独立色。而其他的颜色中都会感知到这六种基本色中的两种、三种或四种的颜色成分。例如，灰色会使人们同时想起白与黑，暗的灰色相似于黑色而大于白色。NCS 就是基于对六种独立色的相似程度的度量来识别颜色的。每一种独立色中不包含其他独立色成分，红和绿，黄和蓝，黑和白是三组对抗的颜色，它们之间不存在相似性。自然色系统是一种用心理主观感觉法来描述颜色，并加以排序的系统，描述颜色时可以不需要图册中的色卡来比较，而直接以人的知觉体验来描述。

2. NCS 色立体的组成和标号方法

（1）NCS 色立体的组成。色立体为以黑白轴为一边的等边三角形，围绕黑白轴旋转形成的双圆锥体。沿双锥体最大直径横切，即得到圆，如图 5 – 38（a）所示，此圆与黑白轴的交点为 0，此圆称为色调圆。由四个独立色 R、Y、G、B 将圆分成四等份，四个象限：第一象限为 Y—R；第二象限为 G—Y；第三象限为 B—G；第四象限为 R—B。每个象限等分为十份，故整个圆周有 40 种色调，也可分得更细。要决定颜色的色调，必须先确定在哪个象限，每个象限内的颜色的色调都是由临近的两个独立色组成的。例如第一象限 Y—R，在第一象限内颜色的色调一定是部分相似的黄色调，部分相似的红色调。例如橙色，它在第一象限内，它与红色有 30% 的相似性，与黄色有 70% 的相似性，那么橙色调表示为 Y30R，色调可以通过观察者主观评判来确定。

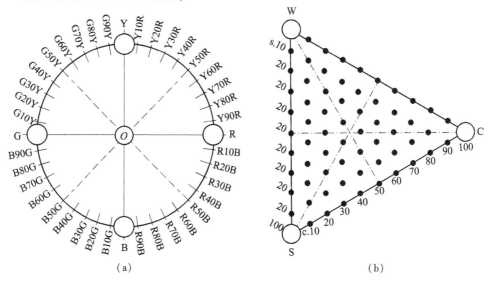

图 5 – 38　NCS 水平剖面和某一色调的纵剖面

（a）NCS 水平剖面；（b）某一色调的纵剖面

色立体某一色调面（即色立体纵剖面的一半）的纵向剖面如图 5 – 38（b）所示的三角形，每一种色调可得到这样一个三角形，三角形的三个顶点为 W、S、C，用大写字母表示。其中，W 为白色；S 为黑色；C 为彩色（全彩色的点）。三角形内各点代表由不同的黑色、白色及彩色组成的颜色。

（2）NCS 色立体的标号方法。根据 NCS 的指导思想认为，任何颜色都会感觉到与某些独立色的相似程度，程度不同，颜色就不同，因此 NCS 的基本特性用小写字母表示：白度（whiteness）用 w 表示；黑度（blackness）用 s 表示；黄度（yellowness）用 y 表示；红度（redness）用 r 表示；蓝度（blueness）用 b 表示，绿度（greenness）用 g 表示，这些特性代表它们与相应的独立色相似的程度。这些量越大，表示越相似，可用百分数来表示。

颜色（F）：白度量 w 加黑度量 s 加彩度量 c 应为 100：

$$F = w + s + (y \text{ 或 } b) + (r \text{ 或 } g) = 100 \tag{5-81}$$

彩度（Chromaticness）c 可用下式表示：

$$c = (y \text{ 或 } b) + (r \text{ 或 } g) \tag{5-82}$$

如果颜色中缺少黑度或白度，那么此颜色为纯彩色；用小写字母 c 表示彩度（彩度为 100）：

$$F = w + s + c = 100 \qquad (5-83)$$

颜色的色调可以根据下式来计算：

$$\begin{cases} \varphi_{yr} = \dfrac{100r}{y+r} = \dfrac{100r}{c} \\[2mm] \varphi_{rb} = \dfrac{100b}{r+b} = \dfrac{100b}{c} \\[2mm] \varphi_{bg} = \dfrac{100g}{b+g} = \dfrac{100g}{c} \\[2mm] \varphi_{gy} = \dfrac{100y}{g+y} = \dfrac{100y}{c} \end{cases} \qquad (5-84)$$

式中，φ_{yr} 为红黄色调颜色中红色调占的百分比；φ_{rb} 为蓝红色调颜色中蓝色调占的百分比；φ_{bg} 为绿蓝色调颜色中绿色调占的百分比；φ_{gy} 为黄绿色调颜色中黄色调占的百分比；r 表示红度；b 表示蓝度；g 表示绿度；y 表示黄度；c 表示彩度。

色调表示法：用 $-Y\varphi_{yr}R$，$-R\varphi_{rb}B$，$-B\varphi_{bg}G$，$-G\varphi_{gy}Y$ 来表示。

例如：若红占 20%，黄占 80%，则记为 Y20R；若绿占 75%，蓝占 25%，则记为 B75G。

（3）NCS 标号的表示方法。在 NCS 色立体中，每个点代表唯一的一种颜色，颜色可用三个变量来表示：黑度、彩度和色调。

标号由四位数字和色调表示法联合表示。第一个两位数表示黑度量；第二个两位数表示彩度量；后面跟随的字母表示色调。

例如，NCS 标号 1560 - Y80R，15 代表黑度，$s = 15$，60 代表彩度，$c = 60$，色调是 Y80R，指红色的色调，由标号 1560 - Y80R 可以计算出此颜色的基本特性。

从 1560 中可计算出白度量 w，计算式为

$$w = 100 - s - c = 100 - 15 - 60 = 25$$

在知道白度量后就可以计算出颜色的饱和度 m 为

$$m = c/(c+w) \qquad (5-85)$$

标号 1560 - Y80R 颜色的基本特性如下：

$$\text{黑度 } s = 15\% \qquad \text{白度 } w = 25\% \qquad \text{彩度 } c = 60\%$$

$$\text{饱和度 } m = 60/(60+25) = 71\%$$

$$\text{红度 } r = 80 \times 60\% = 48\% \qquad \text{黄度 } y = 20 \times 60\% = 12\%$$

从这些特性可以知道该颜色与独立色相似的程度。

NCS 使用方便，即使那些在色彩方面没有什么专门知识，从未接触过颜色标定和颜色测量的人，稍加训练即可运用心理测试法判定出黑度量、白度量和彩度量的大小以及判定出颜色色调，而无须借助各种色卡。瑞典色彩中心基金会于 1979 年出版了一本含有 1412 个色卡的 NCS 色彩图册。虽然用 NCS 鉴定颜色时并不需要这个图册，但如果想在知觉上对颜色进行精确的标定，这本图册是极其有用的。1995 年，瑞典色彩中心基金会又完成了对 NCS 图册的修订，调整了某些标称值，精度和准确度更高。瑞典国家标准 SS019103 给出了与 SS019102（1982 年）NCS 颜色样卡相应的 CIE 三刺激值和色品坐标（对照表因篇幅很大，本书从略），需要时可查阅相关资料。在色度理论研究、色貌模型的推出和改进中，NCS 都是一个有用的工具。

5.8.3 OSA 均匀色标

从颜色的心理属性而言，孟塞尔系统和自然色系统都是以柱坐标的形式来表现颜色的色调、明度和彩度的，而且希望相邻颜色具有相等的视觉间距，但上述两个系统的相邻色调间距都随彩度的增高而增大。为此，美国光学学会（OSA）均匀颜色标尺委员会历经1947—1974年的研究，创立了一种新的色序系统，称为美国光学学会均匀颜色标尺系统（Optical Society of America Uniform Color Scales，OSA – UCS），简称 OSA 均匀色标，并在1977年出版了一套共558张实用的丙烯光泽色卡。

与孟塞尔系统和自然色系统不同的是，OSA 均匀色标没有包括与色调、彩度或饱和度有关的变量，而是致力于解决颜色空间中任意两点的间距代表它们相应的两个色样之间的感知色差的问题。因此在 OSA 均匀色标色卡中的每种颜色都有12个（位于边缘上的少数颜色除外）。12个邻近色与该颜色之间在感觉上具有同样的差别。OSA 均匀色标的颜色空间是由13个点组成的点群构成，类似晶体的晶格。这13个点在 OSA 颜色空间中的排列情况

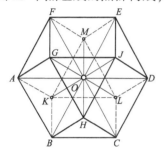

图 5 – 39　13 个点在 OSA 颜色空间中的排列情况

如图 5 – 39 所示，包括几何形体中心处的 O 点以及在12个角上的12个点。该几何形体是将立方体的8个角切去得到的14面体，切去角后留下的截面是8个面积相等的三角形，其中任何一个三角形的3个顶点都正好与其他三角形的顶点相衔接，在这些三角形之间又夹着6块正方形，它们是原立方体的6个面切割后剩下的部分。从图 5 – 39 中可以看出，包围 O 点的12个点中的每个点又被其各自对应的12个邻近点等距离包围着。因此，这样形式的点群扩展成为整个 OSA 颜色空间，不论选取哪一个点，均可在其周围找到12个最邻近的点，它们与选定点之间的距离相等。

在 OSA 均匀色标的颜色空间中，所有色样点都处在一些等间隔平面的方网格上，其排列情况如图 5 – 40 所示。不同的水平面代表不同的明度级别，由 $L = 0$ 的中间平面开始，由此向上，明度依次为 $L = 1$，2，3，…；由此向下，明度依次为 $L = -1$，-2，-3，…。不论在哪一个明度等级上，确定色样点在方网络中的具体位置需要知道另外两个量：黄度 j 和绿度 g。在 L 为奇数时和 L 为偶数时，点阵在空间排列不同，其情况如图 5 – 41 所示。图中，"○"为 $L = 0$（偶数）的点，"+"为 $L = 1$（奇数）的点。

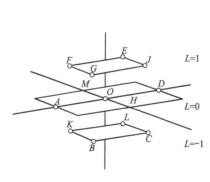

图 5 – 40　OSA 均匀色标中色样点的排列情况

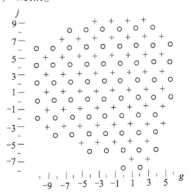

图 5 – 41　L 奇偶数点阵排列情况

在 OSA 均匀色标的颜色空间中，每个点都由明度 L、黄度 j、绿度 g 三个量确定。$j=0$，$g=0$，$L=0$，2，4，$\cdots$ 和 $L=-2$，-4，$\cdots$ 的点，给出所有中性灰色样。L 增加，灰色就变亮。在 $L=0$ 的中间明度平面上，灰色的明度程度适中，其亮度因数 $Y=0.30$。OSA 均匀色标色样的明度范围在 $L=5$ 和 $L=-7$ 之间（在中性轴 $j=0$，$g=0$，前者相应的孟塞尔明度值是 8.7，后者为 2.3）。

OSA 均匀色标的色卡在以中性灰色为背景，以 CIE 照明体 D65 为照明光源和 10° 视场的条件下，具有感觉上等间隔的特性。OSA 均匀色标的颜色空间可用不同的截面来截取，从而产生各种各样的颜色排列。由水平截面得到等明度的均匀颜色排列，在任一明度值下，颜色图都是一个具有许多行和列的方格阵列，沿行方向，黄度 j 发生变化，沿列方向，绿度 g 发生变化。也可以通过垂直截面或斜截面来截取此颜色空间，得到不同种类的颜色排列。

OSA 均匀色标被认为是目前最均匀的颜色空间，其色卡在艺术和设计领域中很有价值。但是，由于该系统几何结构复杂，色卡数目较少，同时不能在恒定的色调或彩度条件下抽取色样，所以其应用受到一定的限制。

5.8.4　表色系统小结

本章所介绍的表色系统都是按照一定的定义和思路来排序的，是一个连续的有次序的排列，它们都具有各自的标号方法，用数字和符号来表示颜色，并且提供相应的实物样品（色卡和图册）来表示颜色样品的色貌，因此得到国际上的认可，在颜色研究、制造、交流、教学中都发挥了很大的作用，尤其近几十年来在色貌模型的研究中，色序系统已成为重要工具。虽然在 20 世纪末也曾想建立一个国际上统一的色序系统。但是讨论的结果是认为目前时机尚不成熟。因为各种表色系统有不同的指导思想，不同的变量组合，不同的空间，不同的物理样本，并在经过长时间的应用后，历史长久，因此统一起来较困难。

1. 色序系统的主要用途

（1）色序系统在视觉实验中的应用。在色貌研究中需要进行视觉实验，需要观察和匹配一些颜色刺激在各种不同观察条件下的情况，色序系统可以提供实验用的样品源。这些样品有已知的颜色特性，在研究报告中只要发表它们的标号，就可提供他人重复此实验的可能性。但必须要用该系统中实际标准样卡而不是用具有相同标号的任意样品。色序系统可以教会观察者，并要求他们用指定标号的样卡，在不同观察条件下观察样卡的状况，并可用色度参数来表示它们在每种观察条件下的情况。

（2）色序系统在颜色通信中的应用。虽然 CIE 色度参数可以准确地表示颜色，并互相交流，但仅是从这些数据上，用户还是在知觉上难以真正感受到此颜色。而色序系统就成为易接收的通信工具，手中即使没有该系统的图册，只要熟悉此系统，就可以用它来进行通信；只要双方在专门控制的观察环境下对所说的色卡进行观察，就能准确地感知到对方所说的颜色。

（3）色序系统在教学中的应用。例如孟塞尔系统，可以认识到色貌的特性：明度、彩度、色调。NCS 可以认识到对立色理论，特别是它们对色调的表示更接近于颜色的生理编码。

（4）色序系统可以统一评估色貌模型。因为色序系统，例如孟塞尔系统和自然色系统都是基于色貌的色知觉标尺建成的，它们可以提供有效的数据，用于色貌数学模型优劣的评估。例如孟塞尔系统包括了常明度面、常色调面和圆柱形的常彩度面，而且孟塞尔系统每个色卡都有相应的 CIE 三刺激值，它可以用来对色貌模型中的色貌进行预测。在 CIE 色品图上预测出恒定色调、恒定彩度的等值线，提供各种色貌模型的性能比较。

（5）色序系统和图像系统。色序系统可以用作图像系统的实验目标源，例如 Macbeth 公司的颜色检验色卡是一个通用的实验目标源，可用于图像系统中。色卡中所用的这些颜色就是从孟塞尔系统中选出的。虽然还只是少量的颜色样品，是对颜色空间中不完全的采样。但它们可以试验出图像系统颜色的正确与否。

2. 色序系统的优点和局限性

（1）色序系统的优点。

①色序系统容易了解，因为有实际的样卡，能够直观地看到。

②色序系统容易采用，在大多数环境中可以与待测样品并排进行目视比较，不需要任何仪器。不同的场合、不同的行业可以选用合适的色序系统。

③大多数色序系统的样卡都被 CIE 色度系统校正过。大多数色序系统都有相应的对照表。例如附表 4 – 1 列出的就是孟塞尔系统与 CIE 色度系统 Y, x, y 的对照表。因此只要知道孟塞尔的标号即可查到对应的 Y, x, y 值；反之，也能查到相应的孟塞尔标号。

（2）色序系统的缺点和局限性。

①色序系统有若干种，而不是一种。没有一个简单的方法能将结果从一个系统转换至另一个系统。

②色序系统中各样卡之间有间隙，需用内插法来匹配一个待测样品与标准色卡，从而确定相应的标号，较麻烦。

待测样品与标准样卡之间目视比较时必须遵守当初建立该系统时采用的照明光源与几何条件相一致。在大多数情况下，用典型的室内日光照明不会产生太大误差，但是如果用钨丝灯或荧光灯照明，就会产生较严重的误差。用来照明的光源必须进行校正，在专用灯箱内进行更好。还要考虑到待测样品的光谱组成和光泽特性，当待测样品与标准样卡有差异时，会造成误差。所以尽可能采用与被测试颜色样品相似的样卡更好。但是做到这一点是很困难的。尽管有的色序系统分有光泽和无光泽两种。

③不同观察者会产生轻微不同的结果，但一定要排除色觉异常者。

④由于各色序系统的制造工艺要求严格，因此价格很贵，需要非常仔细地保管。但即使精心保管，长期使用会磨损和褪色，而且制造时也会有制造公差。这些都会造成误差。所以使色序系统保持高度的一致性和耐久性，是色序系统制造者努力的方向。

⑤被比较的颜色样品可能会超出色序系统的色域，例如有荧光材料的待测样品常属于这种情况。

⑥大多数色序系统不能用于自发光的颜色评价中，例如光源，除非有辅助设备。色序系统主要用于物体色的评价中。

虽然色序系统用途很多，但是它不能代替一个色貌模型，有以下两大主要的限制。

第一，色序系统与物理测量值没有特定的数学关系，尽管几个主要的色序系统的样卡有 CIE 三刺激值的对照表，但是没有找到 CIE 三刺激值与系统中各个知觉量的相互关系的方程式。近似的方程可以由统计学拟合或神经网络模式来推导，但是从 CIE 色度参数到色序系统坐标之间的转换仍旧停留在用查找表和查找后插值的方法，缺少数学定义，阻碍了要求反向模式计算时分析的可能性。

第二，色序系统建立的色貌的知觉标尺只对应一种观察条件，例如孟塞尔系统仅在 C 照明体照明下，在中灰背景上观察。没有提供改变观察条件下的色貌改变的数据。

3. 色序系统之间的相互转换

各个色序系统建立时的指导思想不同，系统变量选择也不同，因此很难找到它们之间的数学转换方法，最常用的还是首先建立起色序系统各个变量与 CIE 色度系统的色度参数之间的对照表，然后用查表法查找后，进行插值的方法。很多学者在这方面做了很多工作，目的是提高搜寻的速度。寻找快速搜寻的方法，尽量减少搜寻的范围，他们编制了相应的计算机程序，有兴趣的可参考相应的文献。转换过程是先将一个色序系统转换成 CIE 色度系统的色度参数，再将 CIE 色度参数转换成另一个新的色序系统的坐标变量，这样就可以完成从一个色序系统转换成另一个色序系统。但必须记住，各色序系统与 CIE 色度参数的对照表中的色度参数是在一定的条件下测量和计算得到的。例如，孟塞尔系统的色度参数是在采用 CIE 1931 标准色度观察者、C 照明体、测量时用排除镜面反射的几何条件下得到的。由于不同色序系统选择的照明光源和几何条件可能不同，所以色序系统相互转换时应加以注意。

5.9　色适应模型

5.9.1　色适应

色适应（Chromatic Adaptation）是一种关键的色貌现象，是建立色貌模型的核心基础。色适应是人的视觉系统在观察条件发生变化时，自动调节视网膜三种锥体细胞的相对灵敏度，以尽量保持对一定物理目标表面的颜色感知即色貌保持不变的现象。它用于连接两个媒体和两种不同照明观察条件。

如图 5 - 42 所示，若观察者注视右边的适应图像 30 s，就会暂时改变观察者的视觉系统在这些区域的色响应；如果改为注视左边水果篮的图像，就会出现两个不同的适应区域。人眼对某一色光适应后，观察另一物体的颜色时，不能立即获得客观的颜色印象；而带有原适应色光的补色成分需经过一段时间适应后才会获得客观的颜色感觉，这过程就是色适应的过程。假定视觉系统已经适应于白炽灯照明（黄色光比较丰富）下对一张白纸的观察，现在如果把白纸移往室外，由日光照明（蓝光成分比较丰富），则开始时会感觉到纸张有些偏蓝色，但经过一段时间后，又感觉到纸张是白色的；反之，如果改用 A 光源（红光比较丰富）照明，则感觉到的颜色从偏红并逐渐恢复成白色。这里的颜色变化过程都是色适应的过程。前一过程的机理可以用人眼视蓝锥细胞的灵敏度被逐渐降低，以抵消日光中多余蓝光的影响来解释；后一过程可以用视红锥细胞的灵敏度降低以抵消 A 光源中多余红光的影响来解释。

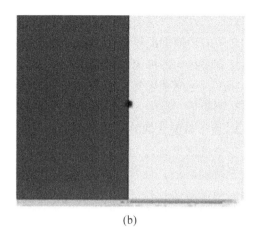

(a)   (b)

图 5 – 42　色适应现象

一般地，对某一颜色光预先适应后再观察其他颜色，则其他颜色的明度和饱和度都会降低。在一个白色或灰色背景上注视一块颜色纸片一段时间，当拿走颜色纸片后，仍继续注视背景的同一地点，背景上就会出现原来颜色的补色，这一诱导出的补色时隐时现，直至最后完全消失，这种现象称为负后像现象，也是色适应现象的一种。因此，在颜色视觉实验中，如果先后在两种光源下观察颜色，就必须考虑视觉对前一光源色适应的影响。

在色适应的基础上可以获得大量的"对应色"视觉数据。对应色就是在不同观察条件下色貌匹配的两个刺激。例如，如果在一组观察条件下的一个刺激 (X_1, Y_1, Z_1) 与另一组观察条件下的另一个刺激 (X_2, Y_2, Z_2) 的色貌相匹配，那么 (X_1, Y_1, Z_1)、(X_2, Y_2, Z_2) 和它们的观察条件一起就组成了一对对应色，所以也可以说色适应是预测对应色的一种能力。对于一些与颜色有关的工业来说，色适应是很重要的。例如，注重于光源的显色性的光源工业和进行一系列不同光源下颜色复制的颜色复制工业等。

5.9.2　色适应变换

通过视觉实验来获得不同观察条件下的对应色数据是有限的，所以期望有一个基于数学模型的色适应变换来预测每个 (X_1, Y_1, Z_1) 所对应的 (X_2, Y_2, Z_2)。描述色适应的数学模型就被称为色适应变换（Chromatic Adaptation Transform，CAT），我们用它来预测每个 (X_1, Y_1, Z_1) 所对应的 (X_2, Y_2, Z_2)。

色适应变换或者叫作色适应模型，不包括明度、彩度和色调等色貌属性，它仅仅提供从一个观察条件下的三刺激值到另一个观察条件下匹配的三刺激值的变换公式。色适应变换是在大量视觉匹配实验的基础上，通过归纳演绎后总结出的一个模拟人的视觉感知适应变换过程的数学模型。

为了更精确地模拟色适应的生理机制，色适应变换被设计为预测对三个初始锥体信号 L，M，S（红、绿、蓝或长、中、短波锥体响应，它们与物理目标的三刺激值 X、Y、Z 有确定的线性关系）的适应结果 L_a，M_a，S_a。一个色适应变换包括正变换和逆变换。正变换是把一个观察条件下物理目标的三刺激值 X_1，Y_1，Z_1 变换为三个锥体信号 L_a，M_a，S_a。逆变换是把 L_a，M_a，S_a 变换到另一个观察条件下的 X_2，Y_2，Z_2（见图 5 – 43）。Fairchild（1997）对色适应变换进行了详细的归纳。

图 5 - 43　色适应变换计算对应色流程图

完整的色适应变换步骤如下：

①从 CIE 三刺激值 X_1，Y_1，Z_1 开始。

②用一个 3×3 矩阵将 X_1，Y_1，Z_1 变换成锥体细胞的响应 L_1，M_1，S_1。

③加入第一个观察条件的信息，使用正变换预测适应的锥体响应信号 L_a，M_a，S_a。

④加入第二个观察条件的信息，用逆变换确定对应色的锥体响应 L_2，M_2，S_2，最后用另一个 3×3 矩阵计算 CIE 三刺激值 X_2，Y_2，Z_2。

1. Von Kries 模型

所有的现代色适应变换不论从概念上还是数学上，都可归结到 1902 年德国学者 Von Kries 提出的假设，这个假设把色适应表示为

$$L_a = k_L L, \quad M_a = k_M M, \quad S_a = k_S S \tag{5-86}$$

式中，L，M 和 S 是初始的锥体响应；L_a，M_a，S_a 是预测的锥体响应；k_L，k_M，k_S 是初始锥体信号缩放系数。式（5-86）表示一个简单的色适应增益模型。其中，三种锥体细胞都有各自独立的增益系数。该模型的关键是如何获取这三个独立的系数。在大部分现代的 Von Kries 模型中，这三个系数由场景的白点（最大刺激）的 L，M，S 导出：

$$k_L = \frac{1}{L_{\max}} \text{ 或 } k_L = \frac{1}{L_{\text{white}}}$$

$$k_M = \frac{1}{M_{\max}} \text{ 或 } k_M = \frac{1}{M_{\text{white}}} \tag{5-87}$$

$$k_S = \frac{1}{S_{\max}} \text{ 或 } k_S = \frac{1}{S_{\text{white}}}$$

即 k_L，k_M，k_S 与参考白成反比。

式（5-87）假定 L_a，M_a，S_a 分别与 L，M，S 呈简单的线性关系，这与实际情况符合得不是很好。但 Von Kries 假设的关键是在色适应中，三个系数是可以分别独立调节的。因此式（5-82）可推广成 L_a，M_a，S_a 分别是 L，M，S 的函数：$L_a = f_L(L)$；$M_a = f_M(M)$；$S_a = f_s(S)$，后人提出的色适应变换都是这种函数关系的具体化。

2. Nayatani 模型

对 Von Kries 假设的一个重大改进是 Nayatani 等于 1980 年提出的非线性色适应变换，该

模型是由 1961 年的 MacAdam 模型发展而来。这一非线性色适应变换借用了 J. C. Stevens 和 S. S. Stevens 的能量函数概念，将锥体细胞响应表示成为依赖于适应场照度的能量函数的指数。另外，还引入了噪声项。计算式为

$$\begin{cases} L_a = a_L \left(\dfrac{L + L_n}{L_0 + L_n} \right)^{\beta_L} \\[2ex] M_a = a_M \left(\dfrac{M + M_n}{M_0 + M_n} \right)^{\beta_M} \\[2ex] S_a = a_S \left(\dfrac{S + S_n}{S_0 + S_n} \right)^{\beta_S} \end{cases} \qquad (5-88)$$

式中，L，M 和 S 是锥体细胞获得的刺激；L_a，M_a 和 S_a 是适应后的锥体细胞信号；L_n，M_n 和 S_n 是噪声项；L_0，M_0 和 S_0 是适应场的锥体细胞响应；β_L，β_M 和 β_S 是各锥体响应对适应场的单增函数；a_L，a_M 和 a_S 是由适应背景决定的系数。对于以上公式中的指数，可以在本章的参考文献中获得。

Nayatani 非线性模型之所以重要，是因为通过对 Von Kries 假设相对简单的扩充，提供了预测一些附加效果的能力。它对 CIE 的色适应和色貌模型的工作产生了历史性的影响（1987 年版本的 Nayatani 模型被 CIE 接受）：CIE 以此为基础，产生了一些完整的色貌模型。

3. Guth 模型

Guth 模型是从视觉科学而不是颜色科学发展起来的色适应变换，它是 ATD 视觉模型（A、T、D 分别是 Achromatic、Tritanopic、Deuteranopic 三字的字头，分别决定颜色的视明度、红绿度和黄蓝度）的一部分。与 Nayatani 模型相似，也是对 Von Kries 提出的假设做了一些变化。由于 Guth 模型的锥体响应没有使用 CIE 颜色匹配函数的线性变换，所以与 CIE 三刺激值没有直接的关系。因而，在实际应用中存在一些困难，但并不影响对锥体响应的预测。计算式为

$$L_a = (0.66L^{0.7} + 0.002)\left[1 - L_{r_0}/(\sigma + L_{r_0}) \right] \qquad (5-89)$$

$$M_a = (1.0M^{0.7} + 0.003)\left[1 - M_{r_0}/(\sigma + M_{r_0}) \right] \qquad (5-90)$$

$$S_a = (0.45S^{0.7} + 0.001\,35)\left[1 - S_{r_0}/(\sigma + S_{r_0}) \right] \qquad (5-91)$$

$$L_{r_0} = 0.66L_0^{0.7} + 0.002; M_{r_0} = 1.0M_0^{0.7} + 0.003; S_{r_0} = 0.45S_0^{0.7} + 0.001\,35 \qquad (5-92)$$

式中，σ 是一个常数，通常取为 300，用来描述噪声。

4. Fairchild 色适应模型

Fairchild 模型与 Nayatani 模型一样，与 CIE 色度保持一致。但是它更加侧重于图像科学领域，而不是照明工程。模型在设计上有一个相对简单的形式，包括了照明体折扣（Discounting – the – illuminant）、Hunt 效应和不完全色适应现象的预测，其色适应变换的具体步骤如下。

第一步，从 CIE 三刺激值 $X_1 Y_1 Z_1$ 到初始刺激值 $L_1 M_1 S_1$（在第一个观察条件下）：

$$\begin{bmatrix} L_1 \\ M_1 \\ S_1 \end{bmatrix} = M \begin{bmatrix} X_1 \\ Y_1 \\ Z_1 \end{bmatrix} \qquad (5-93)$$

$$M = \begin{bmatrix} 0.400\,2 & 0.707\,6 & -0.080\,8 \\ -0.226\,3 & 1.165\,3 & 0.045\,7 \\ 0.000\,0 & 0.000\,0 & 0.918\,2 \end{bmatrix} \qquad (5-94)$$

第二步，考虑了不完全色适应的 Von Kries 色适应转换的修正形式：

$$\boldsymbol{A}_1 = \boldsymbol{A}_2 = \begin{bmatrix} a_L & 0.0 & 0.0 \\ 0.0 & a_M & 0.0 \\ 0.0 & 0.0 & a_S \end{bmatrix} \tag{5-95}$$

$$a_M = \frac{p_M}{M_\mathrm{n}} \tag{5-96}$$

$$p_M = \frac{(1 + Y_\mathrm{n}^v + m_\mathrm{E})}{(1 + Y_\mathrm{n}^v + 1/m_\mathrm{E})} \tag{5-97}$$

$$m_\mathrm{E} = \frac{3(M_\mathrm{n}/M_\mathrm{E})}{L_\mathrm{n}/L_\mathrm{E} + M_\mathrm{n}/M_\mathrm{E} + S_\mathrm{n}/S_\mathrm{E}} \tag{5-98}$$

式中，带下标 E 的项代表等能照明体；带下标 n 的项代表适应场的刺激值；Y_n 是适应场刺激的亮度，单位是 cd/m^2；p 和 a 的短波（S）和长波（L）的形式与式（5-97）和式（5-96）相同；指数 $v = 1/3$；a 是修正的 Von Kries 系数；p 描述完全 Von Kries 适应的比例，当 p 不等于 1.0 时，为不完全适应。

第三步，三种锥体细胞之间亮度依赖的交互转换：

$$\begin{bmatrix} L_\mathrm{a} \\ M_\mathrm{a} \\ S_\mathrm{a} \end{bmatrix} = \boldsymbol{C}_1 \begin{bmatrix} L'_\mathrm{a} \\ M'_\mathrm{a} \\ S'_\mathrm{a} \end{bmatrix} \tag{5-99}$$

$$C_1 = C_2 = \begin{bmatrix} 1.0 & c & c \\ c & 1.0 & c \\ c & c & 1.0 \end{bmatrix} \tag{5-100}$$

$$c = 0.219 - 0.078\lg(Y_\mathrm{n}) \tag{5-101}$$

为了确定第二个适应条件下的对应色度，必须得到 A 和 C 矩阵的逆矩阵，应用于下面的式子中：

$$\begin{bmatrix} L'_2 \\ M'_2 \\ S'_2 \end{bmatrix} = \boldsymbol{C}_2^{-1} \begin{bmatrix} L_\mathrm{a} \\ M_\mathrm{a} \\ S_\mathrm{a} \end{bmatrix} \tag{5-102}$$

$$\begin{bmatrix} L_\mathrm{a} \\ M_\mathrm{a} \\ S_\mathrm{a} \end{bmatrix} = \boldsymbol{A}_2^{-1} \begin{bmatrix} L'_2 \\ M'_2 \\ S'_2 \end{bmatrix} \tag{5-103}$$

$$\begin{bmatrix} X_2 \\ Y_2 \\ Z_2 \end{bmatrix} = \boldsymbol{M}_2^{-1} \begin{bmatrix} L_2 \\ M_2 \\ S_2 \end{bmatrix} \tag{5-104}$$

整个模型可以用一个单一矩阵来表示：

$$\begin{bmatrix} X_2 \\ Y_2 \\ Z_2 \end{bmatrix} = \boldsymbol{M}_2^{-1} \boldsymbol{A}_2^{-1} \boldsymbol{C}_2^{-1} \boldsymbol{C}_1 \boldsymbol{A}_1 \boldsymbol{M}_1 \begin{bmatrix} X_1 \\ Y_1 \\ Z_1 \end{bmatrix} \tag{5-105}$$

5. 混合色适应

大部分色貌模型中所用到的色适应变换都假定观察者已完全适应给定的观察条件。但是，在实际的应用中，完全色适应的条件常常不能被满足。而且，使用者常常会使用快速的观察来比较软硬拷贝，这时考虑混合和不完全色适应将更为准确。

根据 CIE TC8 - 04 的技术报告对不完全色适应（Incomplete Chromatic Adaptation，ICA）和混合色适应（Mixed Chromatic Adaptation，MCA）概念的定义如下：

（1）不完全色适应：在所给定的观察条件下，观察者对参考白的感觉不为白色的状态。不完全色适应也被称作"照明体折扣"或"部分色适应"。一个较为熟悉的例子就是在报刊印刷中，彩色图像感觉到略带"微黄色"，而在视频显示器上感觉到略带"微蓝色"。

（2）混合色适应：观察者对来自不同色度的光处于适应的状态。例如，在环境照明下，当观察者在 CRT 屏幕上察看图像并与硬拷贝相对比时，人类视觉系统的色适应并没有固定。在 1994 年 Katoh 和 1997 年 Katoh、Nakabayashi 的实验工作中，将 CRT 屏幕上的软拷贝图像与在 F6 照明下的硬拷贝图像相比较后发现，当在 CRT 屏幕上观察软拷贝图像时，人类视觉系统有 60% 与显示器的白点相适应，40% 与环境光照明相适应。这个现象被称为混合色适应。可以认为，观察者对一个白点相适应，这个白点是显示器和环境白点的混合物。由于混合色适应与实际应用时的状态接近，对混合适应应进行测试和深入的研究，这是 CIE TC8 - 04 技术报告提议的关键内容。

5.10　色貌模型

颜色的度量起源于颜色匹配实验，从 CIE 1931 XYZ 标准色度系统发展到 CIE 1976 Lab 均匀色标的颜色空间的色差公式，实现了采用三刺激值 (X, Y, Z) 定量描述颜色的外貌，采用 ΔE_{ab} 来比较颜色外貌的差异，基本解决了在一定的观察条件和环境背景下颜色的定量描述和色差的定量评价问题，在颜色信息的交流和通信等相关工业领域得到了广泛的应用，特别是颜色再现和彩色复制领域，如彩色电视、彩色印刷及印染等行业，也都基于此建立了各种工业应用颜色标准。

但是，感知颜色的外貌与观察条件、背景及环境等因素密切相关，当其中的一个因素改变时，感知的颜色外貌也会随之改变，产生视觉上的颜色差异。例如，①当增加一个波长大约为 520 nm 绿光的亮度时，其色调会越来越偏向黄色，类似于波长为 535 nm 的黄绿光的颜色（Bezold - Brucke 的色调漂移现象）；②一幅彩色图像在明亮的灯光下看上去非常亮丽，而在灰暗的灯光下则较为暗淡（Stevens 效应）；③观察分别放置在灰色背景和蓝色背景下的一个黄色块，视觉会感到两个不同背景下的黄颜色外貌有很大差异：在蓝色背景下，黄色更加饱和鲜艳（Hunt 效应）。在上述三个例子中，看到的颜色外貌会随着亮度的增大、照明的不同及背景的改变而发生变化，这种引起主观感受上颜色外貌的改变现象，称为色貌现象。在色貌现象中，同样三刺激值的色块有可能看上去是不同的，因此，采用 CIE 1931 XYZ 标准色度观察者光谱三刺激值系统已经不能满足要求，需要新的色貌模型来描述和度量颜色感知的色貌变化属性。

随着计算机技术的迅速发展，数字彩色图像越来越广泛地应用于各个领域，而多媒体技术上的数字图像则更多的是在不同的照明条件、背景和环境下进行采集、显示、输出和通信，其中颜色信息的交流、观察和评价与色貌现象密切相关，随之而来的颜色失真问题也成为工业上亟待解决的重要问题。因此，自 1994 年，对于色貌现象、色貌属性和色貌模型的建立等研究进入了一个系统深入的研究阶段，为适应应用的需求，CIE 在 2002 年推出了 CAM02 色貌模型（Color Apperence Model 02）。

5.10.1　色貌属性和色貌现象

1. 色貌属性

所谓色貌，是与色刺激和材料质地有关的颜色的主观表现。色貌模型就是对色貌属性作定量计算的数学模型，其中色貌属性包括视明度、明度、视彩度、彩度、色饱和度和色调等。其定义如下。

（1）视明度。视明度（Brightness）是指观察者对所观察颜色刺激在明亮程度上的感受强度，或认为是刺激色辐射出光亮的多少。视明度也曾被称为主观亮度。

视明度是一绝对量，其大小变化对应于颜色刺激表现为从亮（Bright or Dazzling）变为暗（Dim or Dark）或从暗变为亮。

（2）明度。明度（Lightness）是指观察者对所观察颜色刺激所感知到的视明度相对于同一照明条件下完全漫反射体视明度的比值。明度是一个相对量。

（3）视彩度。视彩度（Colourfulness）是英国的 Hunt 教授在 1977 年正式提出并作出说明的概念，现在也被 CIE 所采用。它是指某一颜色刺激所呈现色彩量的多少或人眼对色彩刺激的绝对响应量。一般情况下，照度增加，物体变得更明亮，人眼对其的色彩知觉也相应变得更强烈，即视彩度增加。如果某颜色为没有色彩刺激的中性颜色，则其视彩度为 0。

（4）彩度。彩度（Chroma）是相对量，等于视彩度与同样照明条件下的白色物体的视明度之比。

（5）色饱和度。色饱和度（Saturation）也是一种相对量，等于色刺激的视彩度与视明度之比。

（6）色调。色调（Hue）是颜色的三属性之一，该视觉属性表示所感觉到的物体所具有的颜色特征，如红、黄、绿或蓝；或者是它们任意两种的混合色。其严格的定义见第 2 章的相关内容。

在色貌研究中经常会提到相关色和非相关色的概念，色貌模型也由此而分为了相关色色貌模型和非相关色色貌模型。其中，相关色（Related Color）是指与背景相关的颜色；非相关色（Unrelated Color）是指与背景无关的颜色。

2. 色貌现象

如果将两个具有相同三刺激值的灰色色块置于相同的观察条件下（如光源和背景相同），这两个色块对于大多数的观察者将具有相同的颜色视觉，但若将其中一个色块置于白背景，另一个色块置于黑背景，在视觉感知上，黑的背景导致灰色块显得更亮一些，而白背景使得灰色块显得较暗。这就是同时对比（色诱导）的色貌现象。由于任何刺激受其自身物理条件包括空间特性（如大小、形状、位置、表面纹理结构）、时间特性（静态、动态、闪烁态）、光辐亮度分布和观察者对颜色刺激的注意程度、记忆、动机、情感等主观因素的影响，颜色刺激的外貌——色貌的表现是非常丰富的，产生的机理也相当复杂。下面简单介绍常见的一些色貌现象。

（1）同时对比或称色诱导（Simultaneous Contrast/Induction）现象。图 5 – 44 的（a）和（b）说明了同时对比的色貌现象：①两个具有相同色度值的灰色色块在同样的灰色背景下的视觉感知是一样的（左上图），但是在不同的背景下则有差异：在黑色背景下的灰色块看起来亮一些，而在白色背景下则显得暗一些（左中图）。同样，两个有相同色度值的红色色块在黑色背景下要亮一些，鲜艳一些；而在白色背景下要暗一些，色彩也不够鲜亮（左下图）。②相同色度值的两个绿色块在红色背景下看起来更绿一些（右中图）；同样的两个色块在黄色背景下略带蓝色，而在蓝色背景下则略带黄色（右下图）。当改变了某个颜色的背景，同时对比或色诱导现象会引起这个刺激在色貌上的漂移。这些明显的色漂移遵循颜色视觉的对立（Opponent – Colors）理论，即在对比的意义上是沿着对立色的方向漂移的。也就是说，一个亮的背景会诱导一个刺激显得暗一些，一个暗的背景会诱导一个亮的色貌；红的诱导绿的，绿的诱导红的，黄的诱导蓝的，蓝的诱导黄的。

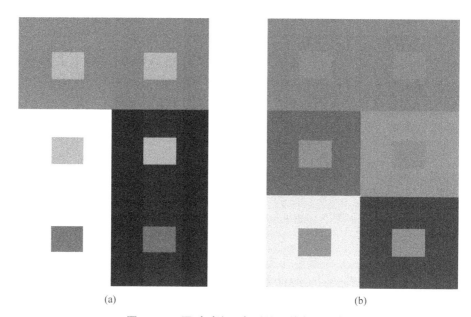

(a)　　　　　　　　　　　　　　(b)

图 5 – 44　同时对比（色诱导）的色貌现象

（a）明度随背景变化；（b）色调随背景变化色差增强（Crispening）现象

色差增强这一色貌现象是指，当我们在看一个统一背景上的两个颜色相近的刺激时，若背景的颜色与刺激的颜色也相近时，则感觉到两个刺激的色差比较大；反之，若背景与刺激的色差较大，则感觉到两个刺激色差较小。图 5 – 45 所示为一对灰色样的色差增强现象。在灰色背景上的这一对灰色样本比在白色或黑色背景上的亮度差更大一些。对于有色刺激也有同样的效果。

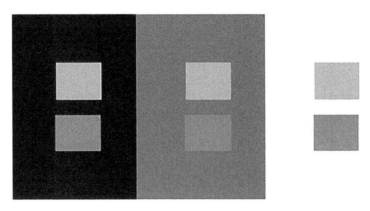

图 5 – 45　一对灰色样的色差增强现象

（2）扩散效应（Spreading）现象。当刺激在空间频率上增加或刺激的尺寸变小时，同时对比效应会随之消失，替代的是扩散效应。扩散效应是一个刺激与它周边环境在表观上的混合。图 5 – 46 所示为同时对比和沿一个颜色方向的扩散现象。不同空间频率的无彩色色块展现在一个红色的背景上。对于低频（大）的色块，发生同时对比而使色块略显绿色；而对于高频（小）的色块，则发生扩散现象，即无彩色条带与它们之间的红色背景发生混合，结果呈现淡淡的粉红色。改变对此图的观察距离（例如由近到远，即空间频率由小到大），可以看到从同时对比到扩散的转变。

图 5 – 46　同时对比和沿一个颜色方向的扩散现象

（3）Bezold – Brücke 色调漂移现象。当一个光谱色的亮度发生变化时，感觉到它的色调也随之产生漂移。这一现象启示我们人眼的视觉细胞对于所接收的能量与产生的色视觉之间是一种非线性的信息处理过程。但是对于相关色，有学者经研究后证实不会产生这一色貌现象。图 5 – 47 所示为亮度变化后，要保持色调不变，波长将随之发生偏移。

（4）Hunt 效应。Hunt 效应是视彩度随亮度的增大而增大的现象。例如，物体的色貌在夏天的下午显得更加鲜艳和明亮，而在傍晚则显得柔和。又如，一幅彩色图像在灰暗的灯光下观察时，色彩显得非常暗淡；但在明亮的灯光下观察时，就会显得非常亮丽。这一现象强调了绝对亮度水平对于色貌的影响，在色貌模型中应对其进行估计。在基础色度学中对此未加考虑。

图 5 - 47　色调随亮度漂移的现象

图 5 - 48　Stevens 效应随亮度适应
变化的实验结果

（5）Stevens 效应。与 Hunt 效应类似，Stevens 效应是指相对视明度（Relative Brightness）或相对明度（Relative Lightness）随亮度的增大而增大的现象。在这里可以理解为图像中对比度的概念。图 5 - 48 所示为 Stevens 效应随亮度适应变化的实验结果，由图中可见，随着亮度的增加，黑色会显得更加黑，彩色会显得更加艳丽，既对比度是增加的。在图 5 - 48 中表现为随着亮度适应的增加，直线的斜率是在增大的。

（6）照明体折扣（Discounting - the Illuminant）现象。这种现象是观察者根据对物体照明和观察条件的知识而产生的一种认知能力，这种能力使得观察者能够辨别不同照明环境下的物体的颜色，并保持一定的恒常性。例如，不论照明光是否有颜色，观察者常常把看到的纸张当作是白色的。也就是说，照明体的色调影响被打了"折扣"。这对于反射体（有 Discounting - the Illuminant）和自发光体（无 Discounting - the Illuminant）的色貌模型的建立是非常重要的。例如在讨论印刷品的色貌时，就应该考虑照明体折扣的想象；而对于 CRT 上的图像，因没有照明的条件，因此也就不必考虑照明体折扣的问题了。

（7）Abney 效应（色调随着色纯度的变化而变化的现象）。当一束给定波长的单色光与白光混合后，其彩度将被改变。根据 Bezold - Brücke 色调漂移效应，对于不同亮度的单色光，其色调也将发生变化，于是混合光的色调将随彩度的改变而改变。这一现象被称为 Abney 效应。图 5 - 49 所示为 CIE $x - y$ 色品图上恒定的色调曲线，由图可见，恒定的色调是曲线形式的，而非直线状的。这一点在 Munsell 色立体的恒定的色调曲线中反映得也是非常清楚的。

（8）Helmholtz - Kohlrausch 效应。Helmholtz - Kohlrausch 效应就是视明度取决于亮度和彩度。在 CIE 色度系统中，Y 刺激值定义了某一颜色刺激的亮度或亮度因数，这给人一个错觉：由 Y 值可以直接估算所感受到的视亮度。但事实上，当亮度恒定时，视亮度是随彩度的增加而增加的，此外也和色调的变化有关，这就是 Helmholtz - Kohlrausch 效应。

（9）Helson - Judd 效应。Helson - Judd 效应是指在高彩度光源照明下，当一个无彩度（中性）的色样比其背景亮时，将呈现光源的色调；反之，当色样比背景暗时，将呈现光源补色的色调。这种现象并不是常见的现象，但是有一些色貌模型如 Hunter 色貌模型等却对此现象有很好的预测结果。

（10）Bartleson - Breneman 效应。1967 年，Bartleson 和 Breneman 发现当一个复杂刺激（图像）的周围环境从黑到暗到亮发生变化时，图像的明度对比度也随之增大。图 5 - 50 所示为明度对比度随周围亮度变化的结果。

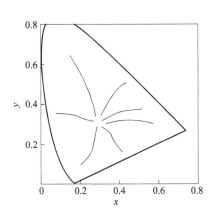

图 5 - 49　CIE 1931 色品图上
恒定的色调曲线

图 5 - 50　明度对比度随周围
亮度变化的结果

5.10.2　CAM02 色貌模型

根据色貌现象和色适应，在人眼感知颜色的过程中，具有给定 (X, Y, Z) 三刺激值的一个颜色刺激，在不同的背景、环境等观察条件下，其颜色外貌看上去是不同的（即色貌不同）。也就是说，在这种情况下，采用 (X, Y, Z) 三刺激值不足以描述和度量这种颜色色貌的变化情况，且色调、明度和彩度的三个基本颜色属性也不能更准确地描述色貌现象，应采用视明度、视彩度及对比度等色貌属性。针对这一问题，色适应变换模型已经研究了视觉在不同观察条件下对应色的三刺激值之间的关系，在此基础上，需要进一步基于视觉颜色评价实验，研究包括背景、环境等观察条件参数的色貌模型，建立颜色刺激量和最终人眼色貌感知量的关系，最终实现以色貌属性来定量描述某一观察条件下看到的颜色外貌。因此，色貌模型的目标是将测试观察条件下的目标颜色三刺激值 (X, Y, Z) 转换为包含背景和周边环境影响参数的色貌属性值，即色调 H、明度 J、视明度 Q、彩度 C、视彩度 M 及饱和度 s 等，也即给出一个观察条件下目标颜色的三刺激值，能够通过色貌模型计算出其相应的色貌属性，从而预测在这种观察条件下目标颜色的色貌。

自 1902 年提出的基于 Johannes Von Kries 假设的色适应模型后，色貌模型的研究经历了 Hunt（1982）模型、Nayatani（1986）模型、RLAB（1993）模型和 LLAB（1996）模型等主要研究阶段。1997 年，CIE TC34 综合比较了上述模型，提出了 CIE CAM97 色貌模型。2004 年，基于 CIE CAM97 色貌模型的进一步改进，CIE TC8 - 01 向工业界推荐了计算可逆的 CIE CAM02 色貌模型。

CIE CAM02 色貌模型主要通过将背景和环境等观察条件对色貌的影响用评价参数来表示，采用线性变换的色适应模型和双曲线形式的动态响应函数来拟合心理物理学实验数据，使计算得到的色貌属性参数能够定量表示视觉的色貌感知量。

CIE CAM02 模型的计算包括以下步骤。

1. 观察视野及观察条件评价的参数确定

如图 5 - 51 所示，目标颜色与其周边的环境构成了观察视野。按照 CIE 1931 XYZ 系统标准，采用 2° 视场作为目标颜色的观察范围，将目标刺激以外的视野范围按照其相邻远近及对色貌的影响分为背景和周边环境两个区域。背景指从色刺激边界再向外扩展视场大约 10°，主要用来描述同时对比及色诱导对色貌属性的影响；背景以外区域称为周边环境，主要描述观察环境的相对亮度对目标颜色的影响。

图 5 - 51　目标颜色的观察视野

在选定参考标准照明光源的测试条件下，以三刺激值 (X, Y, Z)、(X_w, Y_w, Z_w) 和 (X_b, Y_b, Z_b) 表示观察的目标颜色、白场及背景的色刺激参数；适应场亮度 L_A 表示人眼对照明环境的亮度适应性，通常取参考白绝对亮度的 1/5。

周边环境参数主要包括周边环境因子 c、色诱导因子 N_c 和色适应度因子 F 等，表示观察环境对颜色感觉的影响，其取值随着环境亮度的变化而变化。典型的周边环境分为平均（Average）、昏暗（Dim）和黑暗（Dark）三类不同亮度的观察环境。其中，平均是指周边环境亮度与观察目标的平均亮度接近，如观察表面色；昏暗是指周边环境亮度明显比观察目标平均亮度低，如观看电视；黑暗环境则指周边环境亮度比观察目标平均亮度低很多甚至完全黑暗，如在电影院中观看电影。周边环境对应的观察条件参数如表 5 - 4 所示。

表 5 - 4　周边环境对应的观察条件参数

周边环境	环境因子 c	色诱导因子 N_c	适应度因子 F
平均	0.69	1.0	1.0
昏暗	0.59	0.9	0.9
黑暗	0.525	0.8	0.8

2. 色适应变换

（1）信号转换。将目标颜色及白点的三刺激值 (X, Y, Z)、(X_w, Y_w, Z_w) 线性变换转换为人眼视锥响应信号 (R, G, B)、(R_w, G_w, B_w)：

$$\begin{bmatrix} R \\ G \\ B \end{bmatrix} = \boldsymbol{M}_{\mathrm{CAM02}} \begin{bmatrix} X \\ Y \\ Z \end{bmatrix} = \begin{bmatrix} 0.732\ 8 & 0.429\ 6 & -0.162\ 4 \\ -0.703\ 6 & 1.697\ 5 & 0.006\ 1 \\ 0.003\ 0 & 0.013\ 6 & 0.983\ 4 \end{bmatrix} \begin{bmatrix} X \\ Y \\ Z \end{bmatrix} \tag{5-106}$$

式中，$\boldsymbol{M}_{\mathrm{CAM02}}$ 是 CIE CAM02 色适应变换的空间变换矩阵。

（2）计算色适应度因子 D。

色适应度因子 D 表征视觉的颜色感知与人眼对参考白场适应状态的关系。计算公式如下：

$$D = F\left[1 - \frac{1}{3.6}\exp\left(-\frac{L_{\mathrm{A}} + 42}{92}\right)\right] \tag{5-107}$$

式中，F 为周边环境的色适应度因子；L_{A} 为适应场亮度，单位为 $\mathrm{cd/m^2}$；D 的范围是 $0 \sim 1$，表示适应度因子。当人眼对参考白场完全适应时，$D = 1$；完全没有适应时，$D = 0$；通常取 0.6 左右。

（3）色适应变换。根据适应度因子 D 对人眼视锥响应信号值进行加权色适应变换，即

$$R_{\mathrm{c}} = \left[D(Y_{\mathrm{w}}/R_{\mathrm{w}}) + (1 - D)\right]R, \quad G_{\mathrm{c}} = \left[D(Y_{\mathrm{w}}/G_{\mathrm{w}}) + (1 - D)\right]G,$$
$$B_{\mathrm{c}} = \left[D(Y_{\mathrm{w}}/B_{\mathrm{w}}) + (1 - D)\right]B \tag{5-108}$$

式中，Y_{w} 为白点刺激值；R、G、B 和 R_{w}、G_{w}、B_{w} 为颜色刺激和白点的视锥响应值。

3. 非线性响应压缩

（1）将适应色变换转换到 HPE（Hunt – Pointer – Estevez）颜色空间，即

$$\begin{bmatrix} R' \\ G' \\ B' \end{bmatrix} = \boldsymbol{M}_{\mathrm{HPE}}\,\boldsymbol{M}_{\mathrm{CAT02}}^{-1} \begin{bmatrix} R_{\mathrm{c}} \\ G_{\mathrm{c}} \\ B_{\mathrm{c}} \end{bmatrix} = \begin{bmatrix} 0.389\ 71 & 0.688\ 98 & -0.078\ 68 \\ -0.229\ 81 & 1.183\ 40 & 0.046\ 41 \\ 0.000\ 00 & 0.000\ 00 & 1.000\ 00 \end{bmatrix} \boldsymbol{M}_{\mathrm{CAT02}}^{-1} \begin{bmatrix} R_{\mathrm{c}} \\ G_{\mathrm{c}} \\ B_{\mathrm{c}} \end{bmatrix}$$
$$\tag{5-109}$$

式中，$\boldsymbol{M}_{\mathrm{HPE}}$ 是从 XYZ 颜色空间变换到 HPE 颜色空间的变换矩阵；$\boldsymbol{M}_{\mathrm{CAT02}}^{-1}$ 是从 CAT02 颜色空间变换到 XYZ 颜色空间的逆矩阵，可表示为

$$\boldsymbol{M}_{\mathrm{CAT02}}^{-1} = \begin{bmatrix} 1.096\ 124 & -0.278\ 869 & 0.182\ 745 \\ 0.454\ 369 & 0.473\ 533 & 0.072\ 098 \\ -0.009\ 628 & -0.005\ 698 & 1.015\ 526 \end{bmatrix} \tag{5-110}$$

（2）计算亮度适应因子 F_{L}，即

$$k = \frac{1}{5L_{\mathrm{A}} + 1}, F_{\mathrm{L}} = 0.2k^4(5L_{\mathrm{A}}) + 0.1(1 - k^4)^2(5L_{\mathrm{A}})^{1/3}, n = \frac{Y_{\mathrm{b}}}{Y_{\mathrm{w}}}, N_{\mathrm{bb}} = N_{\mathrm{cb}} = 0.725(1/n)^{0.2}$$
$$\tag{5-111}$$

式中，L_{A} 为适应场亮度；N_{bb} 和 N_{cb} 分别为背景亮度诱导因子和彩度诱导因子。

（3）在 HPE 空间中考虑亮度水平适应因子 F_{L} 进行修正的双曲线函数压缩处理，计算得到后适应的视锥细胞响应 $(R_{\mathrm{a}}',G_{\mathrm{a}}',B_{\mathrm{a}}')$，即

$$R'_a = \frac{400 (F_L R'/100)^{0.42}}{27.13 + (F_L R'/100)^{0.42}} + 0.1$$

$$G'_a = \frac{400 (F_L G'/100)^{0.42}}{27.13 + (F_L G'/100)^{0.42}} + 0.1 \qquad (5-112)$$

$$B'_a = \frac{400 (F_L B'/100)^{0.42}}{27.13 + (F_L B'/100)^{0.42}} + 0.1$$

式中，F_L 为亮度适应因子，单位为 cd/m^2。

4. 色貌属性的计算

在后适应的锥细胞响应空间，可以得到形式类似 CIELAB 的对立色响应值，即

$$\begin{cases} A = [2R'_a + G'_a + (1+20)B'_a - 0.305] N_{bb} \\ a = R'_a - 12G'_a/11 + B'_a/11 \\ b = (1/9)(R'_a + G'_a - 2B'_a) \end{cases} \qquad (5-113)$$

式中，N_{bb} 为背景亮度诱导因子。

色貌属性包括色调 H、明度 J、视明度 Q、彩度 C、视彩度 M 及饱和度 s。

(1) 色调 H。

色调角 $\qquad\qquad\qquad h = \cot^{-1}(b/a) \qquad\qquad\qquad (5-114)$

偏心因子 $\qquad\qquad e_i = 1/4 \left[\cos\left(h\frac{\pi}{180} + 2\right) + 3.8 \right] \qquad (5-115)$

色调 H $\qquad\qquad H = H_i + \frac{100(h - h_i)/e_i}{(h - h_i)/e_i + (h_{i+1} - h)/e_{i+1}} \qquad (5-116)$

色调计算的参数取值如表 5-5 所示。

表 5-5　色调计算的参数取值

色调	红	黄	绿	蓝	红
i	1	2	3	4	5
h_i	20.14	90	164.25	237.53	380.14
e_i	0.8	0.7	1	1.2	0.8
H_i	0	100	200	300	400

(2) 明度 J 和视明度 Q。

①明度 J 是视觉亮度感知的相对量，指人眼视觉系统对颜色刺激的亮度感知相对于周围白场亮度感知的相对亮度，计算公式为

$$J = 100 (A/A_w)^{cz} \qquad (5-117)$$

式中，A 按式（5-113）计算；A_w（参考白）是将白点的值代入计算得到的值。

②视明度 Q 是视觉亮度感知的绝对量，指人眼视觉系统对颜色刺激所感知到的绝对亮度，计算公式为

$$Q = (4/c)\sqrt{J/100} [(A_w + 4) F_L^{0.25}] \qquad (5-118)$$

需要注意，视明度和光度学中的亮度不同，视明度是描述人眼在复杂环境下对颜色的明暗视觉感知；而亮度主要描述颜色刺激所发出的光谱辐射能量经人眼光视效能函数调制后的亮度感觉。

（3）彩度 C 和视彩度 M。

①彩度 C 属于视觉颜色鲜艳度感知的相对量，是指人眼视觉系统对颜色刺激在某一色调上所感知到的绝对彩色信号强度相对于周围白场绝对亮度的彩色信号感知量。其计算公式为

$$C = t^{0.9} \sqrt{J/100} \, (164 - 0.29^n)^{0.73} \tag{5-119}$$

$$t = \frac{(50\,000/13) N_c N_{cb} e_t \sqrt{a^2 + b^2}}{R'_a + G'_a + (21/20) B'_a} \tag{5-120}$$

②视彩度 M 属于视觉颜色鲜艳度感知的绝对量，指人眼视觉系统对颜色刺激在某一色调上所感知到的绝对彩色信号强度。其计算公式为

$$M = C F_L^{0.25} \tag{5-121}$$

（4）饱和度 s。饱和度 s 是指人眼视觉系统对颜色刺激的视彩度相对于其视明度的视觉感知，它并不是一个色貌的独立属性，因此也属于视觉彩色信号感知的相对量。其计算式为

$$s = 100 \sqrt{M/Q} \tag{5-122}$$

对于彩度、视彩度和饱和度，有时需要计算相应的笛卡儿坐标：

$$\begin{cases} a_C = C\cos(h) & a_M = M\cos(h) & a_s = s\cos(h) \\ b_C = C\sin(h) & b_M = M\sin(h) & b_s = s\sin(h) \end{cases} \tag{5-123}$$

至此，CAM02 色貌模型完成了颜色的色貌属性的计算过程，即色调 H、明度 J、视明度 Q、彩度 C、视彩度 M 及饱和度 s 等，基本反映了一个目标颜色刺激值 (X, Y, Z) 的色貌属性随观察条件（如背景、环境等因素）变化而变化的关系。

色貌模型是基于颜色视觉理论的发展和大量颜色视觉实验数据而发展建立的，是采用数学变换方法模拟颜色视觉过程，将一个观察条件下一种媒体的色貌参数映射到不同观察条件下的另一个媒体上，从而实现跨媒体的颜色真实再现，因此成为彩色图像跨媒体颜色复制等工业应用领域中的重要研究问题。但以数学模型来全面而准确地模拟视觉过程是较为困难的，作为 CIE 推荐的 CAM02 色貌模型也存在一定的局限性，目前大量的相关研究在不断地改进和完善；同时，考虑图像空间颜色特性的图像色貌模型 iCAM（image Color Appearance Model）也在进一步地研究和发展中。

习题与思考题

1. 简述颜色视觉的形成过程和影响因素。
2. 人眼的视细胞有哪几类？各有什么特点？
3. 光谱光视效率函数的含义是什么？人眼有几种光谱光视效率函数？
4. 什么是明适应？什么是暗适应？什么是色适应？
5. 简述颜色视觉理论各学说的内容。

6. 色光匹配实验是如何实现的？色光混合的规律是什么？什么是颜色代替律？

7. 为什么颜色要用三维空间坐标系统来描述？颜色矢量如何表示颜色的特征？

8. 颜色有哪些基本属性？各自的含义是什么？颜色立体是怎样表示颜色的三属性的？

9. 光的亮度和光的能量有什么关系？

10. 什么是三刺激值？什么是光谱三刺激值？光谱三刺激值有什么意义？

11. 在 CIE 1931 RGB 系统中，$\lambda = 500$ nm 和 $\lambda = 600$ nm 的色光颜色，其光谱三刺激值及色品坐标各是多少？匹配这两个颜色时所需三原色光的辐射能之比是多少？亮度之比是多少？

12. 什么是 CIE 标准色度系统？其三刺激值的单位是如何确定的？三刺激值和色品坐标的关系是什么？

13. CIE $x-y$ 色品图上的光谱轨迹是如何得到的？其直线和曲线部分各代表什么意义？如何表示 CIE 1931 RGB 系统的三原色光的色域？一个混合色光的颜色在色品图中如何表示其色调和纯度？

14. CIE 标准色度系统规定了几种标准色度观察者的光谱三刺激值？各适用于什么情况？

15. 仅当波长为 700 nm 的光照射到一个蓝色物体上时，该物体呈现什么颜色？物体色的三刺激值与哪些因素有关系？如何计算？

16. 求在日光下观察一块棕褐色塑料板的色品坐标、主波长及色纯度。棕褐色塑料板的光谱辐亮度因数已由分光光度计测出，数值列于表 5 - 6 中。

表 5 - 6   题 16 表

波长 λ/nm	样品 $\beta(\lambda)$	波长 λ/nm	样品 $\beta(\lambda)$	波长 λ/nm	样品 $\beta(\lambda)$	波长 λ/nm	样品 $\beta(\lambda)$	波长 λ/nm	样品 $\beta(\lambda)$
380	0.102	470	0.455	560	0.691	650	0.853	740	0.790
390	0.245	480	0.454	570	0.680	660	0.853	750	0.750
400	0.348	490	0.459	580	0.693	670	0.853	760	0.712
410	0.419	500	0.478	590	0.741	680	0.853	770	0.680
420	0.460	510	0.517	600	0.790	690	0.853	780	0.625
430	0.477	520	0.564	610	0.825	700	0.852	—	—
440	0.475	530	0.616	620	0.845	710	0.851	—	—
450	0.470	540	0.663	630	0.852	720	0.849	—	—
460	0.462	550	0.692	640	0.853	730	0.828	—	—

17. 若某种颜色的光反射率为 0.1，色品坐标 $x = 0.44$，$y = 0.11$，求该颜色的三刺激值。该颜色与 $Y = 42$，$x = 0.25$，$y = 0.60$ 的色混合，求混合色的色品坐标。

18. 为什么说 CIE XYZ 系统不能描述色差？

19. 什么是颜色的宽容量？CIE 1964 $W^* U^* V^*$ 均匀颜色空间色差的单位是什么？它是

如何确定的？

20．已知两色样的参数为 $L_1^* = 70$，$a_1^* = 14$，$b_1^* = 30$；$L_2^* = 72$，$a_2^* = 15$，$b_2^* = 28$。求两色样的三刺激值、彩度差、色调差和色差。

21．为什么基于 CIE Lab 均匀颜色空间还有各种形式的色差公式？这些色差公式的基本形式是什么？

22．在标准光源箱中的一个标准色卡，在 D65 光源和 A 光源照明环境下，采用分光辐射计测量。

D65 光源照明下：

CIE 1931：$X = 70.782$，$Y = 61.477$，$Z = 107.13$；$x = 0.2957$，$y = 0.2568$，$z = 0.4475$；

CIE/UCS 1976：$u' = 0.2154$，$v' = 0.4210$。

A 光源照明下：

CIE 1931：$X = 82.661$，$Y = 62.706$，$Z = 42.5143$；$x = 0.4400$，$y = 0.3338$，$z = 0.2263$；

CIE/UCS 1976：$u' = 0.2873$，$v' = 0.4904$。

请完成以下计算和分析：

（1）计算样品在两种照明光下色品坐标的变化，并用 CIE 1976 $L^*u^*v^*$ 均匀颜色空间的明度差、彩度差、饱和度差、色调差和总色差表示。

（2）在 CIE 1976 $L^*u^*v^*$ 均匀颜色空间的 $u'-v'$ 色品图上用矢量表示由 D65 光源照明变为 A 光源照明时，样品色品坐标的变化（色品图上要画出光谱轨迹和紫红线，$\Delta\lambda = 20$ nm 即可）。

23．两个具有不同光谱辐亮度分布的样品要具有相同的颜色，则其光谱分布函数间应满足什么样的条件？

24．CIE 对于同色异谱程度的评价方法和评价的指标是什么？

25．什么是特殊显色指数和一般显色指数？显色指数有什么用途？简述光源显色指数的计算步骤。

26．色序系统与 CIE 色度系统的差异是什么？其颜色三属性是如何表示的？孟塞尔新标系统的明度是如何划分的？

27．孟塞尔系统和自然色系统的颜色表示原理有什么不同？分别以何种形式标记颜色？

28．什么是色貌现象？试举出两个例子说明。描述色貌属性的参数有哪些？

29．什么是颜色的恒常性？为什么要进行色适应变换？CAM02 色貌模型的输入参数和输出参数分别是什么？

30．色度学的三个主要发展阶段的研究问题是什么？其对应的应用领域有哪些？

第二篇

仪器与实验篇

第6章
辐射测量的基本仪器

本章介绍光辐射测量实验室中一些常用的设备，有些设备已在有关章节讲到，这里主要介绍光度导轨、积分球、单色仪、分光光度计、光谱辐射计和傅里叶变换光谱仪。

6.1　光度导轨

光辐射测量中，在光度导轨上用标准光源来标定待测光源、探测器和光辐射测量系统，仍是最常用而且精确、可靠的装置之一。

光度导轨和一般导轨的主要区别在于有精确的轴向距离刻度和标尺。其主要功能如下：

（1）使两个或多个部件之间轴向的相对位置对准，并在其相对移动时保持对准关系。

（2）精确地确定测量部件之间的轴向距离，以便用辐照度平方反比定律连续、精确地改变某一平面处的辐照度（照度）。

（3）用光源加上相距一定距离的透射—漫射屏，可得到透射、漫射特性近似朗伯体的均匀辐亮度源。改变光源至屏的距离，光源的辐亮度值可连续、精确地变化。

光度导轨的特点是其他方法（如通过加入中性密度滤光片来改变光阑孔径等）不能实现或不能精确实现的。由于在光度导轨上调节的参数是距离，不会改变光源的光谱分布（不考虑中间大气的影响），而一般加入光阑等很难同时做到精确又连续可调。

导轨上装有数个带距离精细刻度的滑动架或滑动车，以便和导轨上的距离刻尺对准，提高距离读数的精度。为了增加垂直测量平面上辐照度等的变化范围，减少距离误差对测量的影响，光度导轨应尽可能长。例如，有效工作长度为 3 m 的光度导轨，若其最近工作距离为 0.3 m，则辐照度可连续变化 100 倍；而 6 m 有效工作长度的光度导轨则可使辐照度等连续变化 400 倍。由于辐照度和距离的平方成反比例，所以距离精度将直接影响辐照度的测量精度。

在光度导轨上测量时，光源至待测平面的最近工作距离取决于用平方反比定律计算辐照度的允许误差，可根据允许的相对距离误差 ε 和光源的尺寸确定最近工作距离。

要使距离引起的辐照度测量误差小于 0.2%，由辐照度和距离的平方关系，理论上距离测量误差就应小于 0.1%，实际距离测量精度就应高于 0.05%，即 1 m 测量距离的距离误差小于 0.5 mm。更近的测量距离要求距离精度更高，故建议实际使用上测量距离至少应大于 0.5 m。

要保持待测表面的距离指标在同一垂直平面内，或者有一已知的精确距离，一般可用一专用的距离规（见图 6 - 1）。图 6 - 1 中，l 是两孔垂直细丝的连线到尖端 A 的距离，可精确

图 6-1　距离规

测定。当两细丝的连线和灯丝工作表面（如钨带灯）共线时，可由 A 点作为灯丝位置距离测量的基准。此外，灯丝平面、待测表面应垂直于测量光学系统的光轴，微量的不垂直有时会因光源的非朗伯辐射特性而造成一定距离处辐照度的测量误差。

图 6-2 所示为在光度导轨上用标准光源标定待测光源的装置。标准光源和待测光源分别装在左、右滑车上，光度导轨中间的滑车上装有目视光度计。通过调节它们的高低、方向，使两光源灯丝表面与目视光度计测量光轴垂直，这样，来自两光源的光从目视光度计两侧进入，并在其观测视场内合一。

图 6-2　光度导轨上用标准光源标定待测光源的装置

应用最广泛的是陆末 – 布洛洪（Lummer – Brodhun）目视光度计，其结构如图 6-3 所示。图中 H 两侧的反射比相等，为具有朗伯漫射特性的白板。M_1、M_2 是反射镜。P 是由两个直角棱镜胶合而成的陆末立方体，其中左棱镜的斜边上刻有一些凹槽，来自左侧的光透过未被刻槽的部分而进入左侧光度视场；而来自右侧的光，因左棱镜刻槽处所造成的空气隙，在右棱镜斜面上形成全反射而进入右侧光度视场。合成视场如图 6-3（b）中阴影线和没有阴影线的部分，各代表由一侧进入现场的部分。AB 面和 BD 面上分别附加了一块透射比为 92% 的薄玻璃片，其位置分别对应两梯形部分的视场，这样，R_2 梯形部分要比左半侧视场略暗，而 R_1 梯形部分比右半侧视场略暗。

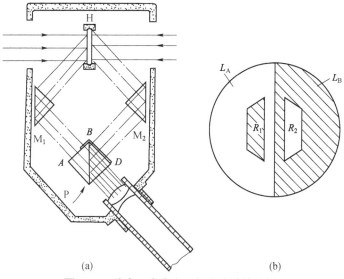

（a）　　　　　　　　　　　　（b）

图 6-3　陆末 – 布洛洪目视光度计的结构

向左或向右移动光度计或者改变一侧光源到光度计的距离，使进入光度计两侧的光在视场内平衡时，两半视场的中心界线消失，但 R_1、R_2 仍分别比它们所在的背景暗 8%，在视场中人眼将看到它们和所在的背景有相同的反差。图 6-4 所示为当左右侧视场亮度不同时，由于 L_A/L_B 值的变化而引起左右两半视场反差变化的曲线，当两侧视场亮度 L_A、L_B 不等时，一侧反差减小，另一侧反差增大。这样来判断亮度不平衡要比仅用两半视场中线消失来判断更为灵敏。

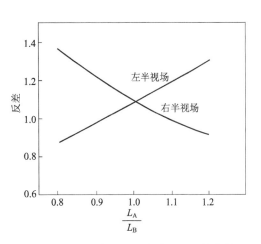

图 6-4　光度计两侧反差随 L_A/L_B 的曲线

进入光度计的是来自光源的直射光，在光度计滑车两侧装有一系列挡光片，其作用是只使直射光进入光度头，而把来自四周侧壁、设备等反射和散射的非测量光挡去。挡光片的位置可沿水平方向移动。从光源处看光度计入射光孔时，只应看到光孔本身。此外，导轨上要覆盖黑色丝绒等，以防止光由导轨表面反射而进入光度计。

将光度计和一侧待测光源拿去，滑车上装上支架，支架上再安装探测器，由探测器表面到标准光源的距离可确定探测器表面的辐照度值，以此作为探测器辐照度标定的依据。

测量中还要注意的问题：导轨要置平，以免实际距离和距离刻尺示数不一致；导轨不应有不平的接头，以免光源在测量过程中受振动。

6.2　积分球

和光度导轨一样，积分球（见图 6-5）并非一个单独的测量设备，它常常和光源、探测器装在一起，作为理想漫射光源和匀光器，广泛地用于光辐射测量中。

图 6-5　实际应用的积分球

积分球的基本结构是由铝或塑料等做成的一个内部空心球。球内壁上均匀喷涂多层中性漫射材料，如氧化镁、硫酸钡、聚四氟乙烯等。球上开有多个孔，作为入射光孔、安装探测器、光源等用。为了防止入射光直接射到探测器上，球内还装有遮挡屏，如

图 6 - 6 所示。

当积分球是中空的完整球体时，球内任一面元发出的辐射通量能使球内各点有相同的直射辐照度。对于球内多次漫射的情况分析则较复杂。

设有一束入射辐射通量照在积分球内表面 A 上（见图 6 - 7），这里分析不在 A 处的某一表面元 $\mathrm{d}A'$ 上的辐照度值 E_Σ。当积分球内壁涂以反射比为 ρ 且具有朗伯漫射特性的涂料时，表面 A 上某一面元 $\mathrm{d}A$ 的反射辐亮度 L_A 和它的辐照度 E_A 之间存在着关系：

$$L_A = \rho E_A / \pi$$

图 6 - 6　积分球的基本结构

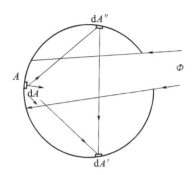

图 6 - 7　积分球内任一点的辐照度

球内表面某一面元 $\mathrm{d}A'$ 上的辐照度 $\mathrm{d}E_0$ 为

$$\mathrm{d}E_0 = \frac{\mathrm{d}A}{4R^2}L_A = \frac{\mathrm{d}A}{4R^2}\frac{\rho}{\pi}\frac{\mathrm{d}\Phi}{\mathrm{d}A} = \frac{\rho\mathrm{d}\Phi}{4\pi R^2}$$

入射辐射通量 Φ 经表面 A 漫射在 $\mathrm{d}A'$ 上的一次漫射辐照度为

$$E_0 = \int\mathrm{d}E_0 = \int_\Phi\frac{\rho}{4\pi R^2}\mathrm{d}\Phi = \frac{\rho\Phi}{4\pi R^2} \tag{6 - 1}$$

$\mathrm{d}A'$ 上的总辐照度除由表面 A 直接漫射光对它的辐照度贡献外，还由表面 A 照到球内其他部分（如图 6 - 7 中 $\mathrm{d}A''$ 等），再由其部分漫射到 $\mathrm{d}A'$ 的二次漫射辐照度 $\mathrm{d}E_0'$ 为

$$\mathrm{d}E_0' = \frac{\mathrm{d}A''}{4R^2}L'' = \frac{\rho E_0}{4\pi R^2}\mathrm{d}A'' \tag{6 - 2}$$

式中，L'' 是面元 $\mathrm{d}A''$ 的反射辐亮度；表面 A 对 $\mathrm{d}A''$ 的一次漫射辐照度贡献也是 E_0，故 $L'' = \rho E_0 / \pi$。

考虑到积分球可能有几个样品、探测器等的开孔，第 i 个孔的反射比为 ρ_i，开口面积和球内表面积之比称为开口系数 f_i。故积分球壁的平均反射比 $\bar{\rho}$ 为

$$\bar{\rho} = \rho\left(1 - \sum_{i=0}^{n}f_i\right) + \sum_{i=0}^{n}\rho_i f_i \tag{6 - 3}$$

于是

$$E_0' = \int\mathrm{d}E_0' = \frac{E_0}{4\pi R^2}\int_S\rho\mathrm{d}A'' = \frac{E_0}{4\pi R^2}\bar{\rho}4\pi R^2 = \bar{\rho}E_0 \tag{6 - 4}$$

式中，S 为积分球内表面面积的总和。

比较式（6 - 1）和式（6 - 4）中 $\mathrm{d}A'$ 上一次和二次漫射辐照度的贡献，可写出由表面 A 的反射辐亮度经球内 3 次、4 次、…、N 次（$N\to\infty$）对 $\mathrm{d}A'$ 辐照度的贡献分别为 $\bar{\rho}^2E_0$、

$\overline{\rho}^3 E_0$、…，故 dA' 上的总辐照度为

$$E_\Sigma = E_0 + \overline{\rho} E_0 + \overline{\rho}^2 E_0 + \cdots = \frac{E_0}{1 - \overline{\rho}} = \frac{\rho \Phi}{4\pi R^2} \frac{1}{1 - \overline{\rho}} \qquad (6-5)$$

当光源在积分球内，积分球是一个完整漫射球表面时，$\sum\limits_{i=0}^{n} f_i = 0, \overline{\rho} = \rho$，则

$$E_\Sigma = \frac{\Phi}{4\pi R^2} \frac{\rho}{1 - \rho} \qquad (6-6)$$

由于光辐射探测器是对辐照度的响应，当它放在球内某一表面处时，其输出信号值就能表示入射到积分球内的辐射通量值；而当光源在球内时，该信号值表示光源在 4π 立体角内的总辐射通量。

在积分球用于分光光度计时，由测量中待测样品透射或反射特性的不均匀造成的测量光束内光能分布不均匀，在经积分球多次漫射后可均匀化。安装在积分球内的探测器，由接收表面响应的不均匀可能会产生的测量误差，也可因探测器接收均匀的照射而消除。积分球还是理想的消偏振部件，可避免探测器响应受入射光偏振特性的影响。

实际使用的积分球要考虑以下方面的问题：

（1）球内的遮挡屏与物：球内有遮挡屏和物（如光源等），会使积分球实际工作状况偏离理想球。增大球的尺寸，可相对地减少遮蔽屏和物的影响。遮蔽屏应当涂上与积分球内表面相同的涂层材料。如果球内有吸收光的表面，如灯泡泡壳，则应当满足：

$$\frac{积分球内表面面积}{有吸收物体的表面面积} > \frac{吸收表面的吸收比}{积分球涂层的吸收比}$$

（2）涂层：涂层的光谱反射比值对积分球出射光的光谱特性有很大的影响，式（6-6）光谱辐照度应写成

$$E_\Sigma(\lambda) = \frac{\Phi(\lambda)}{4\pi R^2} \frac{\rho(\lambda)}{1 - \rho(\lambda)} \qquad (6-7)$$

式中，$E_\Sigma(\lambda)$ 对反射比 $\rho(\lambda)$ 的变化率 $\frac{\partial E_\Sigma(\lambda)}{E_\Sigma(\lambda)} = \frac{1}{1 - \rho(\lambda)} \frac{\partial \rho(\lambda)}{\rho(\lambda)}$，若设 $\rho(\lambda) = 0.98$，照度的相对变化率约为反射比相对变化的 50 倍，即涂层材料光谱反射比的少量变化会引起出射辐照度相当大的变化。为此，应当选用光谱反射比近似平坦且朗伯漫射特性好的材料作为涂层。常用的有硫酸钡、氧化镁、海伦（聚四氟乙烯）等，其光谱反射特性在可见光和近红外相当平坦，漫射特性以小于 60° 为好，反射比高达 0.98 以上。

积分球和探测器与光源一起工作时，应作为一个整体来考虑其光谱特性。

要求高的涂层反射比主要是为了增加出射窗处的辐亮度值，因为积分球出射窗处的辐照度值和球半径的平方成正比，球较大时，辐照度值将相当低。

当出射窗的辐照度要求不强，而要求辐照度的时间稳定性好时，可用反射比较低的涂层。这时涂层反射比的变化和球内脏物对辐照度值的影响就较小。

当积分球工作在中远红外谱段时，由于硫酸钡等在波长大于 2.5 μm 时反射比下降很快，因此用作涂层材料性能较差。硫是一种较理想的红外漫射材料，在 3 ~ 12 μm 的平均反射比高达 0.94，只是在 11.8 μm 处有一吸收带，其朗伯漫射特性和硫酸钡等相近（见图 6-8）。

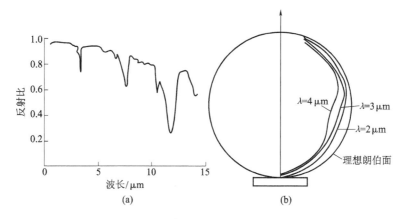

图6-8 硫的光谱反射比及漫射特性

（a）光谱反射比曲线；（b）漫射特性

（3）出射窗口：出射窗口应当选用无选择性的透明材料。窗口的位置离开球表面（见图6-9）会使部分球面积的光不能进入出射窗口。因为实际积分球的工作特性并非理想，出射窗口处的辐照度也不是完全均匀的，因此，出射窗口的尺寸和积分球应当有一定的比例。经验表明，要保证出射窗口辐照度均匀性在1%左右，则出射窗口的直径最好不大于球直径的1/10。图6-10所示为用作定标源的积分球在出射窗口的辐亮度相对分布（积分球的直径为0.76 m，出射窗口直径是0.3 m）。由图可以看出，相对辐亮度分布差异可达2.6%。

图6-9 窗的位置及影响

0.976 0.979 0.979
0.974 0.919 0.984 0.978 0.984
0.975 0.978 0.978 0.978 0.983 0.979 0.980
0.976 0.987 0.989 1.000 0.999 0.997 0.988
0.974 0.975 0.984 0.974 0.980 0.976 0.980
0.983 0.980 0.975 0.984 0.985
0.976 0.972 0.960

图6-10 用作定标源的积分球在出射窗口的辐亮度相对分布

6.3 单色仪

单色仪用来将具有宽谱段辐射的光源分成一系列谱线很窄的单色光，因而它既可作为一个可调波长的单色光源，也可作为分光器。

单色仪是利用色散元件（棱镜、光栅等）对不同波长的光具有不同色散角的原理，将光辐射能的光谱在空间分开，并由入射狭缝和出射狭缝的配合，在出射狭缝处得到所要求的窄谱段光谱辐射。

6.3.1　棱镜单色仪

图 6 - 11 所示为一棱镜单色仪（Prism Monochromator）的结构简图。光源通过光学系统或直接照射位于第一物镜的焦平面上缝宽可调的入射狭缝，这样由物镜出射的一束平行光照射在用色散较大的透明材料做成的棱镜上，由棱镜出射的平行光，对不同波长有不同的出射方向；通过第二物镜（其焦距一般和第一物镜相同）汇聚后，在位于其焦平面上的出射狭缝平面上得到横向展开的连续光谱像，出射狭缝只使很窄谱段的光出射。转动棱镜，使光谱像在出射狭缝上扫描，于是得到不同波长（窄谱段）单色光的输出。

图 6 - 11　棱镜单色仪的结构

由于镜头本身有色差，实际入射狭缝的光谱像不会严格在一个平面内，故许多单色仪采用凹面反射镜，其优点是没有色差。此外，反射镜不像透射透镜那样限制光的透过谱段。

单色仪工作的谱段范围主要取决于棱镜所用材料及其色散值，棱镜的色散值应尽可能大，常用作色散棱镜的材料及其性能如表 6 - 1 所示。图 6 - 12 和图 6 - 13 所示分别为用于可见谱段和红外谱段的色散棱镜材料的色散曲线。在可见谱段，玻璃的色散值随波长 λ 的增大而减小；在红外谱段材料的工作谱段内，色散值随波长的增大而增大。当单色仪工作在相当宽谱段范围内时，需更换不同材料的棱镜。

表 6 - 1　常用色散棱镜的材料及其性能

材料名称	工作谱段/μm	特　点
玻璃	0.35 ~ 2.00	适合可见光
石英玻璃	0.22 ~ 3.50	0.24 μm 和 2.75 μm 有吸收带
石英晶体	0.2 ~ 3.8	2.9 μm 有吸收带
氟化钙（CaF_2）	5 ~ 9	不潮解
氟化锂（LiF_2）	2.5 ~ 6.0	2.8 μm 有吸收带，不潮解
岩盐（NaCl）	8 ~ 16	易潮解，最适合红外，折射率高
KRS_5	25 ~ 40	很软，易得到均匀材料
溴化钾（KBr）	15 ~ 30	适合红外，易潮解

单色仪中棱镜以最小偏向角状态工作。所谓最小偏向角，即由入射狭缝出来的单色光入射到棱镜与由棱镜射出的光与棱镜两棱边具有相同（或近似相同）的夹角。虽然在最小偏向角时的棱镜色散角小，但单色仪的整体工作性能（像质）较好。

单色仪的主要性能指标有角色散、线色散和光谱分辨率。

图 6 – 12　可见谱段的色散棱镜材料的色散曲线　　**图 6 – 13**　红外谱段的色散棱镜材料的色散曲线

角色散表示色散元件分开不同波长辐射能的能力。对于棱镜，角色散为

$$\frac{d\theta}{d\lambda} = \frac{t}{a_0}\frac{dn}{d\lambda} \qquad (6 - 8)$$

式中，t 为三角形棱镜底边尺寸；a_0 为沿缝高方向光束的口径（见图 6 – 11）；$dn/d\lambda$ 为棱镜材料的色散值。

线色散表示在出射狭缝平面上相邻波长分开的程度。由几何关系不难写出

$$\frac{dl}{d\lambda} = f_2'\frac{d\theta}{d\lambda} \qquad (6 - 9)$$

式中，f_2' 为第二物镜的焦距。

光谱分辨率定义为 $\lambda/d\lambda$，表示波长为 λ 和波长为 $\lambda + d\lambda$ 的色光刚能分开的能力。对于某一波长 λ，其与相邻色光刚能分开的 $d\lambda$ 越小，说明棱镜的光谱分辨能力越高。

根据方孔衍射极限角分辨率 $d\theta = \lambda/a_0$，棱镜的最大理论分辨率为

$$R_{\max} = \frac{\lambda}{d\lambda} = a_0\frac{d\theta}{d\lambda} = t\frac{dn}{d\lambda} \qquad (6 - 10)$$

即对应狭缝宽度趋近于零时，棱镜的最大理论分辨率和棱镜的尺寸以及棱镜材料的色散成正比。实际上，由于物镜有一定的像差以及要得到一定出射光能量，狭缝需要有一定的宽度，加上杂散光等的影响，实际单色仪的分辨率比 $R_{\max}$ 小。

入射狭缝和出射狭缝的宽度对光谱分辨率和出射辐射通量影响很大。设某光源有两条相邻的谱线，在一定入射狭缝宽时，它们在出射狭缝平面上的辐照度分布如图 6 – 14（a）所示。当入射狭缝宽增大时，两谱线在出射狭缝平面上的像宽度也增大，入射狭缝宽增大到一定程度时，两光谱线的像互相重叠而不能区分［见图 6 – 14（b）］。如果把入射狭缝宽逐渐减小，两谱线在出射狭缝平面上的像宽度也减小，但由于最小像宽由两个物镜的衍射限及狭缝的衍射限所决定［见图 6 – 14（c）］，若进一步减小入射狭缝宽，只能使像的辐照度降低，而不能使像宽减小［图 6 – 14（d）］，所以要获得最大分辨率，使谱线有满意的辐照度，入射狭缝宽应使谱线如图 6 – 14（c）所示。关于出射狭缝宽变化的影响如图 6 – 15 所示，图中分别给出出射狭缝宽 a' 等于、大于和小于入射狭缝宽的像 a 的情况。

当 $a' = a$［见图 6 – 15（a）］时，波长 λ_0、入射狭缝宽的像为 a 的光谱能量能全部透过出射狭缝，而波长 $\lambda_0 + d\lambda_0$（设在 $d\lambda_0$ 内色散值不变）的光谱能量完全不能由出射狭缝射出，出射狭缝的光谱能量相对透射值为三角形（即单色仪出射光谱能量是入射狭缝像光谱能量与出射狭缝的卷积）。

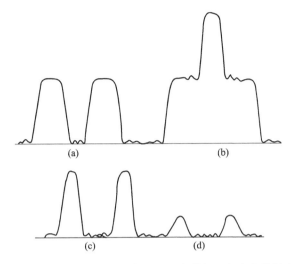

图 6 - 14　入射狭缝宽对像平面上光谱辐照度分布的影响

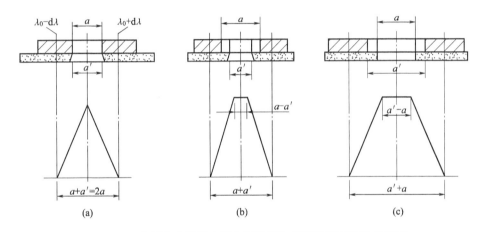

图 6 - 15　出射光谱辐照度随入射狭缝和出射狭缝宽变化的情况

同理，当 $a' < a$ 时 ［见图 6 - 15 （b）］，出射光谱能量的谱段变窄，同时辐照度减弱；而当 $a' > a$ 时 ［见图 6 - 15 （c）］，谱段变宽，辐照度增大。

一般认为，单色仪出射的平均光谱宽度 $\overline{\Delta\lambda}$ 是相对透射值为最大值的一半时所对应的光谱宽度。故当 $a' \geqslant a$ 时，平均光谱宽度 $\overline{\Delta\lambda}$ 不变；而只有 $a' < a$ 时，$\overline{\Delta\lambda}$ 才加宽。

因此，在单色仪中，理想情况下要获得最大的光谱分辨率和较大的辐照度，应使入射狭缝宽的像等于出射狭缝宽。此外，一般单色仪中，两个准直物镜的焦距 f 相同，因此，入射狭缝宽与其像尺寸相同，即 a 就是入射狭缝的宽度。

由光源射入单色仪的光谱辐射通量为

$$\mathrm{d}\Phi(\lambda) = L(\lambda) s_1 \Omega \mathrm{d}\lambda_i \tag{6 - 11}$$

式中，s_1 为第一物镜的通光面积；Ω 为由第一物镜所对入射狭缝面积的立体角，等于入射狭缝高 h 和入射狭缝宽 a 的乘积除以 f_1 的平方；λ_i 为入射波长。

设出射狭缝宽 a' 允许入射狭缝处缝宽为 $\mathrm{d}\lambda_i$ 的光通过，则 $\mathrm{d}\lambda_i = a'/(\mathrm{d}l/\mathrm{d}\lambda)$，由此得单

色仪的出射辐射通量为

$$\mathrm{d}\Phi'(\lambda) = \mathrm{d}\Phi(\lambda)\tau(\lambda) = L(\lambda)\tau(\lambda)\frac{aa'hs_1}{f_1^2}\frac{\mathrm{d}\lambda}{\mathrm{d}l} \tag{6-12}$$

对于线光谱，出射光谱辐射通量与狭缝宽无关（狭缝要大于该谱线像的宽度），则

$$\mathrm{d}\Phi'(\lambda) = L(\lambda)\tau(\lambda)\frac{ahs_1}{f_1^2} \tag{6-13}$$

6.3.2　光栅单色仪

光栅已广泛地被用作单色仪的色散元件。光栅单色仪的基本结构与棱镜单色仪相同，只是色散元件是光栅。光栅的放大截面如图 6-16 所示，有透射型和反射型两种。

图 6-16　光栅的放大截面

由物理光学可知，当两束单色光的光程差满足

$$P_1 - P_2 = b(\sin i - \sin\theta) = \pm m\lambda \tag{6-14}$$

时，光束空间相干，并产生第 m 级亮条纹。式（6-14）也称为光栅方程。式中正负号取决于入射角和出射角的关系（图 6-17 所示为出射缝平面上各色光的分布）。中央零级产生在 $P_1 - P_2 = 0$ 处，此时各色光重叠在一起，不能被利用；一级光谱在零级光谱侧为短波色光，远处为长波色光；二级光谱分得更开，等等。光谱级之间的重叠发生在

$$m\lambda = (m+1)\lambda' \tag{6-15}$$

处，例如，一级光谱 $\lambda = 0.9\ \mu m$ 与二级光谱 $\lambda' = 0.45\ \mu m$、三级光谱 $\lambda'' = 0.3\ \mu m$ 重叠。

图 6-17　出射缝平面上各色光的分布

对光栅方程求导可得：

光栅的角色散

$$\frac{\mathrm{d}\theta}{\mathrm{d}\lambda} = \frac{m}{b\cos\theta} = \frac{1}{\lambda}\frac{\sin i - \sin\theta}{\cos\theta} \tag{6-16}$$

线色散

$$\frac{\mathrm{d}l}{\mathrm{d}\lambda} = f\frac{\mathrm{d}\theta}{\mathrm{d}\lambda} = \frac{mf}{b\cos\theta} \tag{6-17}$$

光谱分辨率

$$R = \frac{\lambda}{\mathrm{d}\lambda} = mN \tag{6-18}$$

式中，b 为光栅相邻刻线之间的距离；N 为光栅的总刻线数。

如果对应某一波长，使 $i = \theta$（列德洛自准直式安装），且使 $i \approx 0$，则式（6-16）简化为 $\mathrm{d}\theta/\mathrm{d}\lambda \approx m/b$，即在相当宽的光谱范围内角色散近似均匀——光栅单色仪的优点（棱镜单色仪由于角色散是波长的函数，导致色散小的小谱区因其光谱分辨率低而难以被应用）。

光栅各级光谱能量的分布如图 6 – 18 所示。由于通过光栅的能量大部分集中在无法使用的零级光谱，而其他谱级的能量迅速减弱。为了最大限度地提高光能利用的可能性，炫耀光栅得到了广泛的应用。

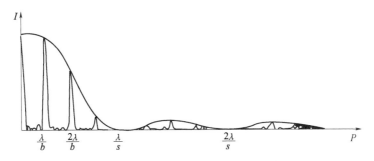

图 6 – 18　光栅各级光谱能量的分布

炫耀光栅的放大截面如图 6 – 19 所示，ϕ 为刻槽的法线和光栅平面法线的夹角（叫作炫耀角），s 为狭缝宽，b 为光栅刻线之间的间隔，则在光栅方程中，对于单缝衍射，有

$$\sin i - \sin \theta = \pm \frac{n\lambda}{s} \tag{6 – 19}$$

对于多缝衍射，有

$$\sin(\phi - i) + \sin(\phi + \theta) = \pm \frac{m\lambda}{b} \tag{6 – 20}$$

可以看到，单缝衍射的零级位置不一定是多缝衍射的零级所在位置。适当选择炫耀角 ϕ，可使当 $\sin i - \sin \theta = 0$ 时式（6 – 20）不为零，波长为 λ 的光能都集中在第 m 级光谱上，且由于 b 近似等于 s，其他级光谱的能量相当少（见图 6 – 20）。与炫耀角 ϕ 对应的在 m 级光谱能量有最大值的波长称为炫耀波长，记为 λ_B。

图 6 – 19　炫耀光栅的放大截面

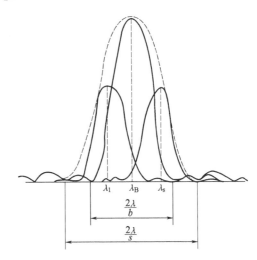

图 6 – 20　炫耀光栅中的光谱能量分布

光栅中光谱不重叠的区域叫作自由光谱范围。由 $m(\lambda + \Delta\lambda) = (m + 1)\lambda$ 解得自由光谱区

$$\Delta\lambda = \lambda/m \tag{6 – 21}$$

例如，一级 $m = 1$，当 $\lambda = 0.7\ \mu m$ 时，自由光谱区 $\Delta\lambda$ 也等于 0.7 μm。

对于炫耀波长 λ_B，能得到最大的能量，而对于 λ_B 附近的波长，其能量就较低（不考虑入射光光谱能量的影响）。由理论可知，若规定能量下降到炫耀波长对应能量的一半时，两侧的 λ 所确定的波长范围作为可用光谱区，则对于第 m 级炫耀光谱，可用光谱区的 λ_{min} 和 λ_{max} 分别为

$$\lambda_{min} = \frac{\lambda_B}{m + 1/2}, \quad \lambda_{max} = \frac{\lambda_B}{m - 1/2} \tag{6-22}$$

对于 $m = 1$，则可用光谱区为 $2\lambda_B/3 \sim 2\lambda_B$。

若用波长的倒数——波数 σ 来表示，有

$$\sigma_{max} = \left(m + \frac{1}{2}\right)\sigma_B, \quad \sigma_{min} = \left(m - \frac{1}{2}\right)\sigma_B \tag{6-23}$$

同样，用波数表示的自由光谱区为

$$\Delta\sigma = m\sigma_B \tag{6-24}$$

例 6 – 1 要测量 $0.4 \sim 1.1 \ \mu m$ 谱段的辐射通量，应选什么样的光栅参数？

解 选 $m = 1$，则

$$\sigma_{max} = \frac{3}{2}\sigma_B, \quad \sigma_{min} = \frac{1}{2}\sigma_B, \quad \sigma_B = \frac{\sigma_{max} + \sigma_{min}}{2}$$

而 $0.4 \ \mu m$ 和 $1.1 \ \mu m$ 的波数分别为 $25\ 000 \ cm^{-1}$ 和 $9\ 090 \ cm^{-1}$，则

$$\sigma_B = \frac{25\ 000 \ cm^{-1} + 9\ 090 \ cm^{-1}}{2} = 17\ 045 \ cm^{-1}, \quad \lambda_B = 0.586\ 7 \ \mu m$$

$$\sigma_{max} = \frac{3}{2}\sigma_B = 25\ 567.5 \ cm^{-1}, \quad \lambda_{max} = 1.17 \ \mu m$$

$$\sigma_{min} = \frac{1}{2}\sigma_B = 8\ 522.5 \ cm^{-1}, \quad \lambda_{min} = 0.39 \ \mu m$$

即选择炫耀波长为 $0.586\ 7 \ \mu m$ 时，在工作谱段内都能有较大的输出辐射通量。

选光栅 $N = 600$ 线/mm，则 $b = 1/N = 1.667 \ \mu m/$线，$2\sin\phi = \lambda_B/b = 0.351\ 9$，光栅刻线倾角 $\phi = 10°8'$。

为消除光谱级间的重叠，常使用分级元件（如滤光片、附加棱镜等）。由式（6 – 21），$m = 1$ 及 $\lambda = 0.4 \ \mu m$，只有 $0.4 \sim 0.8 \ \mu m$ 为自由光谱范围，在 $0.8 \sim 1.1 \ \mu m$ 出现一、二级光谱重叠现象。为此，在光路中（见图 6 – 21）先插入以 $0.4 \ \mu m$ 为截止波长的长波透射滤光片。转动光栅，在出射狭缝处可得到明亮的 $0.40 \sim 0.75 \ \mu m$ 单色光，这时再将 $0.4 \ \mu m$ 的长波透射滤光片拿去，更换一块 $0.7 \ \mu m$ 左右的长波透射滤光片，则单色仪自由光谱范围为 $0.7 \sim 1.4 \ \mu m$。转动光栅可在出射狭缝得到 $0.75 \sim 1.1 \ \mu m$ 的单色光。图 6 – 22 所示为加入滤光片后一到三级谱的相对位置。

例 6 – 2 用单色仪得到光谱范围为 $0.6 \sim 14.0 \ \mu m$ 的单色光，求所需光栅块数及它们的光栅参数。

图 6 – 21 例 6 – 1 图

图 6 – 22　加入滤光片后一到三级谱的相对位置

解　先由满足一定输出能量且不致损失过大出发，由式（6 – 23）确定用一级谱时所需的光栅块数及其可用光谱区（见表 6 – 2）。

表 6 – 2　光栅块对应的光谱范围

波长/μm	$\lambda_{\min}$	λ_B	$\lambda_{\max}$
第一块光栅	0.6	0.9	1.8
第二块光栅	1.8	2.7	5.4
第三块光栅	5.4	8.1	16.2

为消除光谱级的重叠，仍可用例 6 – 1 中所说的适时加滤光片的方法。第一块光栅选 $N_1 = 500$ 线/mm，故 $b = 2$ μm/线。有

$$\sin \phi = \frac{\lambda_{B1}}{2b} = 0.225$$

若用光栅炫耀角 ϕ 相同的第二、三块光栅，则它们的光栅参数为

$$b_2 = \frac{\lambda_{B2}}{2\sin \phi} = \frac{2.7}{2 \times 0.225} = 6 \text{ μm/线}, \quad N_2 = 167 \text{ 线/mm}$$

$$b_3 = \frac{\lambda_{B3}}{2\sin \phi} = \frac{8.1}{2 \times 0.225} = 18 \text{ μm/线}, \quad N_3 = 56 \text{ 线/mm}$$

需要注意，测量时应当更换光源，例如，可见区至近红外区可用石英玻壳的卤钨灯，大于 2.5 μm 时，应当用能斯特灯或硅碳棒，以保证出射狭缝处有足够的出射辐射通量。

随着多通道检测器件以及与之相配合的色散元件——平场凹面全息光栅的发展，设计小型化、固态化色散系统就成为可能。图 6 – 23 所示为微型光栅光谱仪结构示意。其中，平场凹面全息光栅是在凹面全息光栅的基础上对原来球面的光栅表面进行调整，以非球面代替原来的球面，从而对原来出射谱面为罗兰圆的光谱带进行调整，保证其中一部分出射光谱面为平面，以便与接收面为平面的固态多通道检测器件配合使用。

图 6 – 23　微型光栅光谱仪结构示意

6.3.3　使用单色仪应考虑的问题

使用单色仪进行光辐射测量时，应考虑以下四个问题。

1. 入射狭缝像的弯曲

在棱镜单色仪中，由于入射狭缝有一定的长度，不在狭缝中心的光斜向通过棱镜。与中央光束相比，它相当于通过顶角较大的棱镜，从而使角色散增大，入射狭缝像发生弯曲。弯曲方向为短波侧，如图 6 – 24 所示。弯曲狭缝像的曲率半径为

$$r = \frac{n^2 f_2}{2(n-1)} \cot i$$

式中，n 为棱镜材料的折射率；f_2 为第二物镜的焦距；i 为狭缝长度方向的边缘中点和第一物镜中心连线与光轴的夹角。同理，对光栅单色仪也有此情况，狭缝边缘的入射光相对中央主光线相当于入射角增大，但与棱镜不同，其入射狭缝像弯向长波侧。

图 6 – 24　狭缝像的弯曲示意

若使出射狭缝和入射狭缝等宽，则出射狭缝上的光谱辐亮度不均匀。当要求出射狭缝光谱辐亮度均匀时，出射狭缝应开得比入射狭缝窄（如图 6 – 24 中 A—A′ 限定的宽度）。

有些单色仪的入射狭缝本身做成弯曲的形状，其目的也是使入射狭缝像和出射狭缝重合。

2. 杂散光的影响

单色仪不可避免地会有内部反射及由于色散元件等表面上的灰尘、光学零件缺陷等造成的散射，使一部分光能不经色散元件而投射在出射狭缝上；色散元件表面的不平，刻线宽度周期性变化等，都会使一部分其他波长的光能散射到出射狭缝上。图 6 – 25 所示为一种单色仪的理想光谱透射及其实测曲线。

用双单色仪可大大提高出射光谱的纯度。图 6 – 26 所示的双单色仪是两个单色仪的串接，第一单色仪的出射狭缝是第二单色仪的入射狭缝，于是散射到第一单色仪出射狭缝的非工作波长的光能在经过第二单色仪时，被色散元件偏向第二出射狭缝以外的位置，从而提高出射光光谱的纯度。

使用相同系统的双单色仪，其光谱分辨率可提高一倍，只是光能经过两级单色仪后，损失增大，故使用时光源应足够强。

3. 波长的标定

单色仪经过一段时间的使用，由于温度影响、机械结构松动、固有的结构间隙等，单色仪的波长刻度往往与实际出射光的波长不能准确地吻合，所以定期进行波长标定十分必要。

红外单色仪波长标定，常用已知波长的线光谱灯或一些吸收谱线作为标定源。在近红外、中红外、远红外还用氧化钬等玻璃、聚乙烯或大气水汽、二氧化碳等吸收谱线作为标定波长，激光光源也是很好的标定光源。

图 6 – 25　单色仪的理想光谱透射及其实测曲线

图 6 – 26　双单色仪的工作原理示意

当单色仪波长手轮上的分度不是波长值而是任意数列时，可用以下插值公式来求得刻值与波长之间的对应关系为

$$N = C + \frac{B}{\lambda - A} \qquad (6-25)$$

式中，N 为刻度值；A，B，C 均为特定常数。用三条谱线标定单色仪，即记录已知谱线波长值 λ_i 对应的刻度读数 $N_i = f(\lambda_i)$（$i = 1, 2, 3$），由式（6 – 25）可求出

$$\begin{cases} C = \dfrac{(\lambda_2 - \lambda_3)(N_2 - N_1)N_3 - (\lambda_1 - \lambda_2)(N_3 - N_2)N_1}{(\lambda_2 - \lambda_3)(N_2 - N_1) - (\lambda_1 - \lambda_2)(N_3 - N_2)} \\[2mm] B = \dfrac{(\lambda_1 - \lambda_2)(N_1 - C)(N_2 - C)}{N_2 - N_1} \\[2mm] A = \lambda_1 - \dfrac{B}{N_1 - C} = \lambda_2 - \dfrac{B}{N_2 - C} = \lambda_3 - \dfrac{B}{N_3 - C} \end{cases} \qquad (6-26)$$

利用求得的系数 A，B，C，可求出在 $\lambda_1 \sim \lambda_3$ 内任意刻度读数 N 对应的波长值。$\lambda_3 - \lambda_1$ 越小，用式（6-26）求得的关系越准确。

标定可见谱段的波长时，由于一般谱线较亮，狭缝应尽可能窄（如 0.1 mm）。而红外谱段波长的标定，其谱线不可见，一般用红外探测器接收。当谱线进入出射狭缝时，测得信号最大的位置（图 6-27 的位置 N_2），然后移出。重新将谱线进入出射狭缝，先读得信号为 $1/2 V_{\max}$ 处的值 N_1；转动鼓轮，过 $V_{\max}$ 位置后，再使信号到 $1/2 V_{\max}$（对应 N_3 处），以 $N_2' = (N_1 + N_3)/2$ 作为线光源波长 λ_2 的波长值。一般红外光源谱线不够强，标定时出射狭缝应开得较大（如 1 mm）。

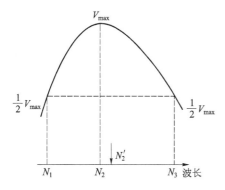

图 6-27 红外谱段波长的标定

4. 温度对测量的影响

温度使材料的折射率发生变化，故仪器工作所在环境温度的变化应控制在 ±10 ℃ 以内。尤其是红外分光棱镜，色散小，光谱分辨率低，温度变化引起的波长标定误差就更大。

6.4　分光光度计和光谱辐射计

6.4.1　分光光度计

在光辐射测量中，分光光度计主要用于测量材料光谱反射比或光谱透射比。

图 6-28 所示为典型的一种由双单色仪系统和工作在零读数下的偏光光度计组成的分光光度计的结构。光源发出的光束，经聚光镜汇聚在第一色散系统的入射狭缝 1 上，经色散棱镜在狭缝 2 上产生一连续光谱；轴向移动反射镜和狭缝 2 组成的狭缝，可改变由狭缝 2 出射的单色光波长；再经第二色散棱镜，由狭缝 3 出射单色辐射能。由双单色仪出射的光，进入由罗雄棱镜和沃拉斯顿棱镜组成的偏光系统，光线经罗雄棱镜，光束传输方向不变，但光线成为线偏振；再经过与入射偏振方向成一夹角 α 的沃拉斯顿棱镜，将光束分成两路偏振方向相互垂直的偏振光，一束光的出射辐射通量与 $\sin^2 \alpha$ 成正比，另一束与 $\cos^2 \alpha$ 成正比；两路光束经调制，交替地射向积分球的入射孔。

测反射比时，透射样品盒不放样品，在一束光照射的积分球侧壁孔处安放一块标准反射块，这时探测器的输出信号正比于 $\rho_{\lambda_s} \sin^2 \alpha$（$\rho_{\lambda_s}$ 是标准反射块的定向—半球光谱反射比），而在另一束光照射的积分球侧壁孔处安放一待测反射比的样品，探测器的输出信号正比于 $\rho_{\lambda_a} \cos^2 \alpha$（$\rho_{\lambda_a}$ 是样品的定向—半球光谱反射比）。转动沃拉斯顿棱镜，使为某一夹角 α_1 时，有 $\rho_{\lambda_a} \cos^2 \alpha_1 = \rho_{\lambda_s} \sin^2 \alpha_1$，即

$$\rho_{\lambda_a} / \rho_{\lambda_s} = \tan^2 \alpha_1$$

图 6-28 中，由电动机带动沃拉斯顿棱镜转动的转角 α，通过机械装置与记录笔相连，从而确定 $\tan^2 \alpha_1$ 值。当已知标准反射块的光谱反射比 ρ_{λ_s}，即可算出样品的光谱反射比 ρ_{λ_a}。

波长电动机带动记录鼓转动，记录纸水平方向表示波长值。同时，记录鼓经波长凸轮使中央狭缝 2 进行扫描，使双单色仪出射光的波长与记录鼓波长值吻合。

图 6 - 28   典型的分光光度计的结构示意

在测透射比时，在测反射比时置放标准样品的位置上放上具有相同反射比的中性漫反射块（如硫酸钡等），而透射样品盒内一侧放上待测样品，另一侧放标准透射样品（标准配方的溶液，标定了光谱透射比的有色玻璃或以空气作为透射比为 1 的标准等），这样，记录纸上的纵坐标就是待测样品光谱透射比和标准样品光谱透射比之比。

仪器最大的特点是零信号检测。因为探测器只起到零信号平衡检测的作用，这样测量系统的动态范围很小、探测器的非线性响应对测量没有影响。

仪器主要工作在可见光范围内。2 min 内可自动记录波长由 0.40 ~ 0.75 μm 的待测样品相对标准样品的光谱反射或透射比的比值。仪器备有一块钕谱滤光片和一块反射瓷板，分别用作波长、光谱透射比及光谱反射比读数的快速标定标准。

需要指出，图 6 - 28 的测量输出仍属于早期的模拟输出方式，其具有很高的设计技巧。近年来，随着数字信号处理技术的发展，直接通过 A/D 转换为数字信号，进一步通过计算机处理能够更方便地进行处理和应用。

商品化的分光光度计很多，一般可测 0.4 ~ 1.1 μm（或到 2.5 μm）的光谱反射（透射）比。红外分光光度计一般可测 1 ~ 14 μm（或更宽）的光谱反射（透射）比。

分光光度计的类型很多，但可归纳为三种类型：单光束分光光度计、双光束分光光度计和双波长分光光度计，如图 6 - 29 所示。

1. 单光束分光光度计

经单色器分光后的一束平行光，轮流通过参比溶液和样品溶液，以进行吸光度的测定。这种类型的分光光度计结构简单，操作方便，维修容易，适用于常规分析。

2. 双光束分光光度计

其光路示意如图 6 - 30 所示，经单色器分光后再经反射镜分解为弧度相等的两束光，一束通过参比池，另一束通过样品池。光度计能自动比较两束光的强度，此比值即试样的透射比，经对数变换将它转换成吸光度并作为波长的函数记录下来。双光束分光光度计一般都能自动记录吸收光谱曲线。由于两束光同时分别通过参比池和样品池，还能自动消除由光源强度变化所引起的误差。

图 6 - 29　三种分光光度计测量模式

图 6 - 30　双光束分光光度计的光路示意

3. 双波长分光光度计

其光路示意如图 6 - 31 所示，由同一光源发出的光被分成两束，分别经过两个单色器，得到两束不同波长的单色光，再利用切光器使两束光以一定的频率交替照射同一吸收池，然后经过光电倍增管和电子控制系统，最后由显示器显示出两个波长处的吸光度差值。

双波长分光光度计的优点：对于多组分混合物、混浊试样（如生物组织液）的分析，以及存在背景干扰或共存组分吸收干扰的情况下，利用双波长分光光度法，往往能提高方法的灵敏度和选择性。利用双波长分光光度计，能获得导数光谱。通过光学系统转换，双波长分光光度计能很方便地转化为单波长工作方式。如果能在两波长处分别记录吸光度随时间变化的曲线，还能进行化学反应动力学研究。

图 6 – 31　双波长分光光度计的光路示意

6.4.2　光谱辐射计

光谱辐射计用于测定辐射源的光谱分布，能够同时建立目标或背景的强度、光谱特性，可对导弹羽烟光谱、强度及大气透射比进行测量。光谱辐射计一般由收集光学系统、光谱元件、探测器和电子部件等组成。其中，光谱元件类型包括傅里叶变换光谱仪、棱镜或光栅单色仪和低光谱分辨率渐变滤光镜等。图 6 – 32 所示为一种典型的光谱辐射计的结构示意，标准光源和待测光源分别放在两个灯室中，它们发出的光分别经过一石英漫射片（注意：球只是用于固定漫射器，其本身不是积分球），再经摆动反射镜照在摆动反射镜上；摆动反射镜交替地将来自标准/待测光源的光能引入单色仪；在单色仪的出射狭缝处安装探测器，探测器输出信号的大小与待测光源和标准光源光谱辐强度之比成正比。仪器测量精度在 3% 以内。

图 6 – 32　一种典型的光谱辐射计的结构示意

6.5　傅里叶变换光谱仪

随着光谱技术应用领域的迅速扩大，各种光谱仪器得到越来越广泛的应用。提高光谱分辨率常受到光谱谱段变窄使光谱信号减弱、测量时间延长等的限制，增加精细光谱测量的困难。尤其是红外谱段，近年来发展起来的傅里叶变换光谱辐射计（简记作 FT 辐射计）、哈达玛变换光谱仪等，以光谱分辨率高、信噪比大、测量时间短等一系列优点得到日益广泛的应用。新型光辐射探测器、信号处理技术以及计算机技术的发展，使傅里叶光谱仪器的应用前景更为广阔，不仅在实验室，而且被广泛用于航空航天的光谱测量仪器。

图 6 - 33 所示为迈克尔逊干涉仪的光学系统，单色光源发出的光经反射镜（或抛物镜）变为平行光束，射到分束镜 SP 上。分束镜将光束分成两路：一路透过 SP 射到平面反射镜 M_1 上，并返回到分束镜 SP 上表面，向图中右侧反射；另一路由分束镜 SP 下表面反射至平面镜 M_2 上，再由 M_2 反射回并透过分束镜 SP，与前一路光束叠加，经反射镜聚集至探测器上。由于两束光是相干的，在探测器平面上得到某一干涉级条纹，条纹的级数由两路光的光程差决定。

图 6 - 33　迈克尔逊干涉仪的光学系统

设光源发出的光电矢量振幅为 A_0，两路光的光程差为 x，对应的相位差 $\beta = 2\pi x/\lambda$，再设两路光的强度相同，则经分束镜叠加后的合振幅为

$$A = \frac{1}{2}A_0\exp(\mathrm{i}\omega t) + \frac{1}{2}A_0\exp(\mathrm{i}\omega t + \mathrm{i}\beta) = \frac{1}{2}A_0\exp(\mathrm{i}\omega t)[1 + \exp(\mathrm{i}\beta)]$$

A 的共轭复振幅 $A^* = \frac{1}{2}A_0\exp(-\mathrm{i}\omega t)[1 + \exp(-\mathrm{i}\beta)]$，因合成光束的辐亮度 $L(\lambda)$ 与 AA^* 成正比，故

$$L(\lambda) = K\frac{A_0^2}{4}[2 + \exp(\mathrm{i}\beta) + \exp(-\mathrm{i}\beta)] = \frac{1}{2}L_0(\lambda)\left(1 + \cos\frac{2\pi x}{\lambda}\right) \quad (6-27)$$

式中，$L_0(\lambda)$ 为 $x = 0$ 时的 $L(\lambda)$，即两路光没有光程差时 0 级亮斑的辐亮度；K 为比例常数。

FT 光谱辐射计和迈克尔逊干涉仪的差别在于：

①平面镜 M_2 以一恒速 v 运动，位移量 $x = vt$；

②光源不只是单色光，可以是连续光谱。

于是，由于探测器上接收的是光源各个波长干涉条纹中央环能量的叠加，所以由活动镜运动时，将对各个波长以调制频率 $f = v/\lambda$ 进行调制。探测器上的光谱辐照度为

$$E(x) = \frac{1}{2}\int_{\lambda_1}^{\lambda_2} L_0(\lambda)\Omega\tau_0(\lambda)\left(1 + \cos\frac{2\pi x}{\lambda}\right)\mathrm{d}\lambda \quad (6-28)$$

式中，Ω 为探测器的受光立体角；τ_0 为位相 $\beta = 0$ 时仪器的光谱透射比；$[\lambda_1, \lambda_2]$ 为仪器光谱响应波段。

探测器的输出电压信号为

$$U(x) = \int_{\lambda_1}^{\lambda_2} R_E(\lambda) E(\lambda) \mathrm{d}\lambda = U_0 + \int_{\lambda_1}^{\lambda_2} W(\lambda) \cos\left(\frac{2\pi x}{\lambda}\right)\mathrm{d}\lambda \qquad (6-29)$$

式中，$W(\lambda) = \frac{1}{2} R_E(\lambda) L_0(\lambda)\Omega\tau_0(\lambda)$；$U_0 = \int_{\lambda_1}^{\lambda_2} W(\lambda)\,\mathrm{d}\lambda$，是与 x 无关的直流分量；$R_E(\lambda)$ 为探测器响应率。

活动镜扫描时，各光谱能量干涉条纹在探测器上产生变化的电压信号 $U(x)$ 与 $W(\lambda)$ 之间是傅里叶余弦变换的关系。由 $U(x)$ 信号求光源光谱辐亮度 $W(\lambda)$，需要对 $U(x)$ 进行傅里叶反变换。

①测得 $x=0$ 时探测器输出电压值 U_0；

②对测得的 $U(x) - U_0$ 信号进行傅里叶反变换，变换结果得到：

$$W(\lambda) = \int_{-\infty}^{\infty} [U(x) - U_0] \cos\left(\frac{2\pi x}{\lambda}\right)\mathrm{d}x \qquad (6-30)$$

③由仪器标定值 $R_E(\lambda)\tau_0(\lambda)\Omega$，求得：

$$L_0(\lambda) = \frac{2W(\lambda)}{R_E(\lambda)\tau_0(\lambda)\Omega} \qquad (6-31)$$

图 6-34 所示为 $U(x)$ 信号及其傅里叶反变换的信号。

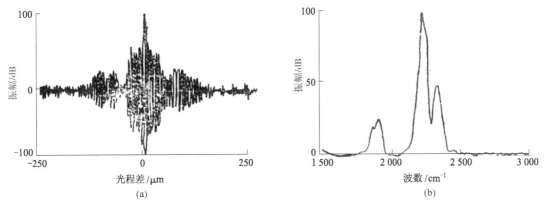

图 6-34　$U(x)$ 信号及其傅里叶反变换的信号

与棱镜、光栅单色仪相比，FT 光谱辐射计的主要优点如下：

（1）高的能量传输。普通光谱仪（单色仪）采用狭缝，为了提高光谱分辨率，狭缝常常很窄（例如，一般狭缝面积不会超过 $1\ \mathrm{cm}^2$）；而 FT 光谱辐射计采用整个光束口径，没有普通光谱仪的狭缝遮挡使光能损失，故 FT 光谱辐射计比普通光谱仪的信噪比大得多。这对于光谱仪器十分重要，在许多光谱辐射度量的测量中，常常由于光谱仪输出窄谱段光信号强度不足而损失光谱分辨率，尤其是红外光谱，信号本身就相当弱。这一优点首先被用作远红外光谱仪器。例如，可工作在 $100\ \mu\mathrm{m}$ 长波区且性能优异，制冷探测器可使其工作谱段扩展至更长。

（2）高的信噪比。普通光谱仪用色散元件转动而在狭缝处获得光谱能量，在时间 t 内要分别测 m 个不同的单色辐射能，而 FT 光谱辐射计是活动镜一次移动对各个波长的光能同时进行调制（波长不同，调制频率也不同），如果测量时间和普通光谱仪相同，那么 FT 光谱辐射计的信号积分时间就增加 m 倍，相当于把探测器的噪声减少了 $\sqrt{m}$ 倍。或者说，在相同的测量时间内，FT 光谱辐射计比普通光谱仪的信噪比增加了 $\sqrt{m}$ 倍。反过来说，FT 光谱辐射计的测量时间大为缩短，一般其测量时间比普通光谱仪缩短几个数量级。

（3）高的分辨率。普通光谱仪色散元件的光谱分辨率 $R_{棱} = t\mathrm{d}n/\mathrm{d}\lambda$，$R_{光栅} = mN$，即与色散元件的尺寸（$t$ 和 N）成正比。FT 光谱辐射计的理论分辨率与活动镜的位移量成正比，即 $R_{FTS} = 2x/\lambda$，增加活动镜子位移量 x，可提高光谱分辨率。如 $x = 1\ \mathrm{cm}$，$\lambda = 10\ \mathrm{\mu m}$，则 $R_{FTS} = 10^4$。如果用光栅，则在同样的光谱分辨率时，要求 $N = 10\ 000$（当 $m = 1$ 时）。

FT 光谱辐射计还有工作谱段宽、杂散光很小等优点。

注意，式（6 - 30）的积分限为（$-\infty \sim \infty$），而活动镜 $\mathrm{M_2}$ 的移动距离不可能无限长，只能在有限长度 $[-x_0, x_0]$ 之间，有限区间的积分相当于在（$-\infty \sim \infty$）区间引入一窗口函数 rect (x/x_0)，则实际采集的光谱分布为

$$W'(\lambda) = \int_{-\infty}^{\infty} [U(x) - U_0]\mathrm{rect}\left(\frac{x}{x_0}\right)\cos\left(\frac{2\pi x}{\lambda}\right)\mathrm{d}x = 2x_0 W(\lambda) * \mathrm{sinc}\left(\frac{2\pi x_0}{\lambda}\right) \quad (6 - 32)$$

由于窗口函数的影响，每一光频率将引起一连串的 sinc( ) 分布的波动，而且存在负瓣（见图 6 - 35），特别是负瓣的出现，易与附近的弱光谱能量混淆而造成光谱分解的困难，产生信号失真。

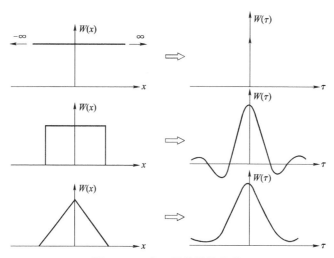

图 6 - 35　窗口函数及其频谱

为减小或消除负瓣的影响，可以用变化缓慢的窗口函数（如三角形函数）代替突变的窗口函数。消除负瓣后恢复的信号可明显提高精度。光学上实现无瓣化的方法是引入三角形分布的透射比，如用菱形光阑，使其通光面积与 x 联动；也有用多块偏振轴不同的偏振片叠合，以减缓滤光片的透射比变化。

图 6 - 36 所示为一种红外棱镜补偿干涉仪——光谱仪的结构示意。待测光源由无霜冷窗射入，信号由杜瓦瓶制冷的探测器读出。由于活动镜沿光轴位移精度不高，所以用光楔沿垂直光的方向移动，光楔移动量为 4.7 cm。电磁驱动电动机带动安放在空气支撑的导轨平台移动，平台一侧是双光路迈克尔逊干涉仪。一条光路用氦氖激光作光源，由相应探测器上干涉条纹引起信号变化的频率检测导轨平台的精确位移量 x 值；另一条光路用白光作光源，以指示每次扫描的起始位置。反射镜 1 抬起时，用定标光源标定仪器。

图 6-36　红外棱镜补偿干涉仪——光谱仪的结构示意

图 6-37 所示为近年来一些新型 FT 辐射计或 FT 光谱仪的光路原理。

图 6-37　新型 FT 辐射计或 FT 光谱仪的光路原理

（a）机械旋转法；（b）扭摆式干涉仪；（c）角镜式干涉仪；（d）楔式干涉仪

习题与思考题

1. 光度导轨的主要功能是什么？

2. 什么是理想的积分球条件？简述使用积分球的主要注意事项。

3. 设计一个采用 Si CCD 成像器件和衍射光栅的快速光谱测量仪器，要求光谱分辨率为 1 nm。说明光谱仪的结构、测量原理和信号处理方法，进行仪器设计精度和测量精度的分析。（已知 CCD 的像元数为 512×512，最低工作照度为 0.02 lx。）

4. 简述傅里叶光谱光度计的工作原理和仪器特点。

5. 采用衍射光栅分光会产生假谱线，说明假谱线产生的原因和消除方法。

6. 为了提高单色仪的光谱分辨本领，可以采取哪几种措施？为什么？

7. 选择一个色散率较大的光学玻璃作棱镜，在 $\lambda = 600$ nm 处的色散率为 120 mm^{-1}。问为获得 6×10^4 的分辨率量，此棱镜的底边该有多大？

第7章
光辐射测量系统的性能及其测量

　　了解光辐射测量系统的性能是正确地进行光辐射度量测量的基本保证，否则常会在实际测量中忽略一些对测量结果有影响的因素，或者用同一个系统在不同测量条件下（不同的光源、环境和时间特性等）测同一个量，得到不同甚至差异甚大的结果，却不能判断造成差异的原因，也难以分析测量结果的可用性，从而导致测量的失败。

　　光辐射度量是一个场量，其光谱量值在空间、时间、偏振等特性的分布相当复杂。作为光辐射测量系统，除光谱响应特性外，还应了解系统的空间、时间、偏振的测量特性。

　　光辐射测量系统性能的测量常称为仪器的标定。标定工作常常是一项十分困难和复杂的任务，与用于标定该仪器的光源以及环境背景辐射在光谱、空间、时间、偏振特性的多变性相联系。仪器的标定值应与标定光以及用它进行测量的待测光源等的特性无关，只是其自身各种响应特性的客观度量，但度量的客观性会受到标定光源、环境特性的影响。

　　光辐射能测量系统框图如图 7-1 所示，从待测光源（自发射或反射、透射辐射能的表面）发出的光能经过传输介质进入测量系统。测量头一般由光学系统、分光系统及探测器等组成，探测器接收光辐射后输出的电信号，经过放大、变换等信号处理系统，记录或显示出测量结果。测量头和后续信号处理系统共同组成测量系统。

图 7-1　光辐射能测量系统框图

　　理想的光辐射测量系统应当具有以下性能：

　　（1）在所测量的光谱范围 $[\lambda_1, \lambda_2]$ 内，系统具有均匀的光谱响应，在响应光谱范围以外的光谱响应等于零，即测量系统具有理想的光谱带宽响应。

　　（2）在所要求测量的动态范围内，系统具有线性响应，即输出信号和待测辐射度量之间呈正比关系。

　　（3）光学系统没有渐晕和像差。在测量视场内，各视场角能接收等量的光辐射能，而在测量视场外，射入系统的杂散光不能到达探测器表面，即系统具有理想的视场响应。

　　（4）测量系统的响应不受入射光偏振程度的影响。

　　用这种理想的测量系统去测量光辐射度量，不会因待测量的光谱特性、量值大小、视场内的空间分布和偏振特性的变化而引起测量误差。

此外还可提出其他的一些要求，例如，系统具有理想的频率响应，即响应度与待测光辐射度量的调制频率无关。在许多测量条件下，频率响应的要求不是十分苛刻，例如，在实验室条件下，只要调制频率低于探测器和电路测量系统的时间常数所决定的最高频率，则光源就可在该调制频率下进行测量。

通过精心设计和制造，实际光辐射测量系统可近似地达到上述理想响应的要求。接近这些要求的程度，往往是衡量光辐射测量系统性能优劣的重要标志。

下面对光辐射测量系统的响应度、光谱响应、视场响应、线性响应和偏振响应的标定分别进行讨论。

7.1 测量系统的响应度

光辐射度量测量系统的响应度是系统性能最重要的参数之一。

根据仪器输出电压对应入射辐射度量的不同，响应度可分成辐射通量响应度、辐亮度响应度、辐照度响应度。计算式如下：

$$\begin{cases} \text{辐射通量响应度}: R_{\Phi} = V/\Phi \\ \text{辐亮度响应度}: R_{L} = V/L \\ \text{辐照度响应度}: R_{E} = V/E \end{cases} \tag{7-1}$$

式中，V 为测量系统输出电压（或电流）；Φ，L，E 分别为测量系统入瞳处的辐射通量、辐亮度和辐照度。响应度的标定就是建立测量系统入瞳处辐射度量和输出信号之间的定量关系。

一般用标准光源作为标定源，但由于标定源到仪器入瞳之间有一定的距离，因此标定源辐射度量值并不是对应仪器入瞳处的辐射度量。在传输路径上，辐射度量的变化必须考虑进去。只有在传输距离不大且介质吸收等的影响可忽略不计时，才能忽略传输路径的影响。当介质吸收的影响较大时，也可把标定源和测量系统放在真空室内进行标定。如果介质的影响已知，则可在考虑了介质的吸收后，确定测量系统入瞳处的标定光辐射度量。

采用何种响应度取决于仪器测量的要求以及标定源在仪器视场中的大小。如果光源不能充满仪器视场，则由辐射计输出电压信号就不能正确地反映仪器的辐亮度响应（见图 7-2），光源只占仪器测量视场很小的一部分，由探测器和光学系统决定的仪器视场比仪器对光源所张的视场角大得多，探测器接收的辐射通量除来自标定光源外，还有来自光源周围相当视场范围内的背景辐射能，即仪器输出信号是光源和背景辐亮度贡献的总和。仪器入瞳处不是标定光源的辐亮度值，而是仪器视场内标定光源辐亮度和背景辐亮度的权重平均辐亮度，故简单地标定光源的辐亮度值求响应度必然产生错误。此时，如果标定光源距仪器足够远，则在仪器入瞳处的辐照度是均匀的，因此，可用测量仪器的辐照度（或辐射通量）响应来表征，但要求探测器响应度沿表面分布是均匀的，若响应不均匀，则需采用匀光器。

图 7-2 标定光源未充满仪器测量视场示意

　　辐照度值可由标定光源的辐亮度、尺寸、仪器入瞳尺寸及光源到仪器的距离确定，或者用已知标定光源的辐强度和光源到仪器的距离来求得。当标定光源尺寸变化时，进入仪器视场的辐射通量或仪器入瞳处的辐照度也按比例变化，仪器输出电压信号随之变化。由式（7-1）确定的仪器辐射通量响应度或辐照度响应度将和光源的几何尺寸无关，从而唯一地确定仪器输出电压信号与入瞳处辐照度或辐射通量的关系。

　　反之，当标定光源充满仪器视场时（见图7-3），光源尺寸的增加不会对仪器输出信号有贡献（不考虑杂散光的影响），仪器测量的是在其响应视场内光源的平均辐亮度。因此，用辐亮度响应度能够正确地建立标定光源在仪器视场内平均辐亮度和输出电压信号之间的关系；而用辐照度响应度则是没有意义的，因为标定光源尺寸增大，虽然仪器入瞳处的辐照度值将增大，但探测器上物像尺寸的增大并不能使探测器输出信号增大，即尺寸增大的部分处于探测器有效探测面积之外，故仪器的输出信号将不改变。

图 7-3　标定光源为面光源且充满仪器测量视场示意

　　在光源可正好充满仪器视场的标定条件下，三种响应度之间存在着简单的关系。设辐射计的辐亮度响应度 $R_L = V/L$，则对应的辐照度响应度和辐射通量响应度分别为

$$R_E = V/E = V/L\omega = R_L/\omega, \quad R_\Phi = V/\Phi = V/EA_p = R_E/A_p$$

即
$$R_L = \omega R_E = \omega A_p R_\Phi \tag{7-2}$$

式中，ω 为辐射计的视场角；A_p 为辐射计入瞳的面积（见图7-3）。

　　响应度的标定方法按照光源的大小及其相对待标定仪器的位置，可以分为远距离小光源法、远距离面光源法、近距离面光源法和近距离小光源法。标定时仪器调焦至无限远。

7.1.1　远距离小光源法

　　标定光源放在离待标定辐射计一定距离上，光源像不能充满辐射计视场。由上面的讨论可知，应当标定仪器的辐照度响应 R_E。

　　设标定光源到辐射计入瞳的距离为 l（见图7-4），传输路径上介质的透射比为 $\tau(\lambda)$，则辐射计入瞳处的辐照度为

$$E = \frac{A}{l^2} \int_0^\infty L(\lambda)\tau(\lambda)\,\mathrm{d}\lambda \tag{7-3}$$

式中，A 为标定光源的有效发光面积；$L(\lambda)$ 为标定光源的光谱辐亮度。

　　精确计算辐照度 E 的困难在于要知道传输介质（如大气）的光谱透射比 $\tau(\lambda)$。由于在水汽吸收谱段内，辐射衰减相当大，故可在真空或充有无吸收的惰性气体（如氮气）的密闭室内进行标定。

　　如果采用准直系统，则标定光源相当于处于无限远

图 7-4　远距离小光源法标定辐照度响应度

图 7 - 5　用准直系统作标定光源

处，而实际待标定辐射计相当于靠近标定光源，$\tau(\lambda)$ 可忽略不计。图 7 - 5 中，准直系统用离轴抛物面镜，设其焦距为 f，则待标定辐射计入瞳处的辐照度为

$$E = I\rho/f^2 \qquad (7-4)$$

式中，I 为标定光源的辐射强度；ρ 为包括物镜、反射镜的总反射比。

测量焦距 f 比测量距离 l 简单。在标定时，当准直系统输出光平行性良好时，对待标定仪器到准直系统的距离没有过多要求。由于准直系统边缘光束的辐照度往往不太均匀，其口径应当比待标定仪器的口径大。

在远距离小光源法中，由于仪器视场大于标定光源对应的视场，仪器视场还接收部分来自光源周围的背景辐射能。为消除背景光对标定的影响，可调制标定光源的光输出信号，即

$$R_E = \frac{V - V_a}{E - E_a} = \frac{\Delta V}{\Delta E}$$

式中，E 为光源和背景一起在仪器入瞳处产生的辐照度；E_a 为光源输出光能被遮挡时背景在待标定仪器入瞳处产生的辐照度，相应产生的电压信号为 V 和 V_a；ΔE 为标定光源本身在仪器入瞳处产生的辐照度；ΔV 为调制光信号产生的交变输出电压信号的幅度。调制电压信号还可消除探测器的暗电流对测量的影响。

7.1.2　远距离面光源法

在标定时，面光源对仪器的张角一般应大于仪器视场的 4 倍。仪器调焦在无限远，面光源可用积分球光源或大面积低温黑体，并放在有限远距离上（见图 7 - 6）。

设面光源的光谱辐亮度为 $L_0(\lambda)$，传输介质的光谱透射比为 $\tau(\lambda)$，被标定辐射计输出电压信号为 V，则仪器的辐亮度响应度为

$$R_L = \frac{V}{L} = \frac{V}{\int_0^\infty L_0(\lambda)\tau(\lambda)\mathrm{d}\lambda} \qquad (7-5)$$

图 7-6　远距离面光源法

该标定方法不必知道待标定仪器的视场角 ω 及入瞳面积 A_p。

7.1.3　近距离面光源法

近距离面光源法与远距离面光源法类似。由于待标定仪器距面光源较近，面光源可较小，且 $\tau(\lambda) \approx 1$，所以应用得较多。

7.1.4　近距离小光源法

近距离小光源法也叫琼斯法。标定光源放在待标定仪器入瞳附近，而标定光源的尺寸要比仪器入瞳口径小得多。为使探测器上得到均匀的辐照度，标定光源应当放在图 7 - 7 的阴影线区域内。

标定光源从对应仪器半视场角 θ 的立体角内发出的辐射能恰都能为探测器所接收，则进入待标定辐射计的辐射通量为

$$\varPhi = LA_c\varOmega = LA_c\frac{A_s}{f^2}$$

式中，L 和 A_c 分别为标定光源的辐亮度和有效发光面积；$\varOmega = A_s/f^2$（A_s 为探测器的面积；f 为辐射计的焦距）。

图 7 - 7　琼斯法（近距离小光源法）

设有一辐亮度为 L_s 的面光源使辐射计同样接收辐射通量为 $\varPhi$ 的光能，则

$$\varPhi = L_s A_c\frac{A_p}{f^2}$$

式中，A_p 为辐射计的入瞳面积。

将辐亮度为 L 的近距离小光源看成辐亮度为 L_s 的近距离面光源，则对应的辐亮度为

$$L_s = \frac{f^2\varPhi}{A_s A_p} = L\frac{A_c A_s}{f^2}\frac{f^2}{A_s A_p} = L\frac{A_c}{A_p} \qquad (7-6)$$

辐射计的辐亮度响应度为

$$R_L = \frac{V}{L}\frac{A_p}{A_c} \qquad (7-7)$$

由于 $A_c < A_p$，故 $L > L_s$，即小光源被看作辐亮度减弱了 A_p/A_c 倍的面光源。

近距离小光源和面光源是在探测器接收均匀且同样大小辐照度的意义上等效的。

当辐射计标定用的光源很暗（接近背景光平）时，用这种方法很有效，因为这时光源相当于辐亮度减弱了 A_p/A_c 倍；但这种方法的缺点是背景辐亮度对信号的贡献难以消除。在用调制光进行标定时，由于光源距待标定仪器很近，在光源前的调制板对应仪器的立体角相当大，还同时调制了相当一部分背景辐射，所以难以消除背景辐射对标定信号的贡献。

标定仪器响应度后，如果测出仪器的相对光谱响应，就可求得仪器的光谱响应度为

$$R_L = \int_0^\infty R_L(\lambda)L(\lambda)\mathrm{d}\lambda \Big/\left(\int_0^\infty L(\lambda)\mathrm{d}\lambda\right)$$

令 $R_L(\lambda) = R_{max}R(\lambda)$，这里 R_{max} 是峰值响应波长的光谱辐亮度响应度，$R(\lambda)$ 是归一化光谱响应或叫相对光谱响应，则 $R_L = R_{max}\int_0^\infty R(\lambda)L(\lambda)\mathrm{d}\lambda\Big/\left(\int_0^\infty L(\lambda)\mathrm{d}\lambda\right)$，即有

$$R_L(\lambda) = \frac{R_L R(\lambda)\int_0^\infty L(\lambda)\mathrm{d}\lambda}{\int_0^\infty R(\lambda)L(\lambda)\mathrm{d}\lambda} \qquad (7-8)$$

由于 $R(\lambda)$ 和 $L(\lambda)$ 是已知的，故确定 R_L 后即可得到仪器的光谱辐亮度响应度。

7.2 测量系统的光谱响应

与光度、色度测量仪器不同，客观测量光辐射度量的仪器要求在所测量的谱段内有近似平坦的光谱响应。由于待测光辐射度量具有各不相同的光谱特性，测量系统的非理想光谱响应将在不同程度上给测量带来误差，因而测量系统的光谱响应在响应谱段内应尽量接近平坦。

图 7-8 测量系统的光谱响应度曲线

测量系统的光谱响应是系统中光学和色散元件的光谱透射、反射、色散特性和探测器光谱响应的乘积，很难使系统的光谱响应接近理想响应。图 7-8 所示为一种典型的测量系统的光谱响应度曲线，在系统工作谱段 $[\lambda_1, \lambda_2]$ 内并不像理想响应那样具有明显的波长限，且在 $[\lambda_1, \lambda_2]$ 谱段内的响应也不均匀，在离工作谱段较远的波长区，甚至还可能出现次响应谱段，并可延伸到相当宽的波长范围，这种工作谱段以外的响应称为光谱泄漏。

在没有光谱泄漏的情况下，较简单的测量系统响应谱段的方法是把具有 1/2 峰值响应对应波长所包容的范围定义为系统响应谱段 $[\lambda_1', \lambda_2']$（见图 7-8）。这种方法的谱段只给出系统的近似响应谱段，在测量上不能认为测量系统具有 $[\lambda_1', \lambda_2']$ 谱段的理想光谱响应。

用等效理想矩形带宽代替系统实际光谱响应称为带宽归一化法，表示在一定条件下，使用理想响应在测量结果上等效于实际测量系统的响应。该方法的基本出发点是：当待测光源的光谱能量分布曲线可用一个二次函数来表示时（在许多窄谱段测量中，在一定光谱范围内，光源的光谱能量分布没有突变，可用二次函数来逼近；对于具有连续光谱的光源，即使谱段较宽，也可用二次函数近似逼近），系统的等效理想响应可通过精确计算确定。

设待测光源的光谱能量分布特性为 $S(\lambda)$，则系统的输出电压信号为

$$V = \int_0^\infty S(\lambda) R(\lambda) \mathrm{d}\lambda = \bar{R} \int_0^\infty S(\lambda) \mathrm{d}\lambda \qquad (7-9)$$

若 $S(\lambda)$ 可表示成二次函数，即

$$S(\lambda) = A + B\lambda + C\lambda^2 \qquad (7-10)$$

代入式（7-9），有

$$V = A \int_0^\infty R(\lambda) \mathrm{d}\lambda + B \int_0^\infty \lambda R(\lambda) \mathrm{d}\lambda + C \int_0^\infty \lambda^2 R(\lambda) \mathrm{d}\lambda \qquad (7-11)$$

对式（7-10）的光源函数在 $[\lambda_1, \lambda_2]$ 范围内积分，则

$$V = \bar{R} \int_0^\infty S(\lambda) \mathrm{d}\lambda = \bar{R} \left[A(\lambda_2 - \lambda_1) + \frac{B}{2}(\lambda_2^2 - \lambda_1^2) + \frac{C}{3}(\lambda_2^3 - \lambda_1^3) \right]$$

$$= \bar{R} \left[A + \frac{B}{2}(\lambda_2 + \lambda_1) + \frac{C}{3}(\lambda_2^2 + \lambda_1\lambda_2 + \lambda_1^3) \right] (\lambda_2 - \lambda_1) \qquad (7-12)$$

比较式（7-11）和式（7-12），有

$$\bar{R} = \int_0^\infty R(\lambda) \mathrm{d}\lambda / (\lambda_2 - \lambda_1) \qquad (7-13)$$

且　　　$$\frac{\lambda_2 + \lambda_1}{2} = \frac{\int_0^\infty \lambda R(\lambda)\,d\lambda}{\int_0^\infty R(\lambda)\,d\lambda} = F, \quad \frac{\lambda_2^2 + \lambda_1\lambda_2 + \lambda_1^2}{3} = \frac{\int_0^\infty \lambda^2 R(\lambda)\,d\lambda}{\int_0^\infty R(\lambda)\,d\lambda} = G \quad (7-14)$$

联立解式（7-14），得

$$\lambda_1 = F - \sqrt{3(G - F^2)}, \quad \lambda_2 = F + \sqrt{3(G + F^2)} \quad (7-15)$$

确定等效理想响应的方法：由系统响应 $R(\lambda)$，求 $\int_0^\infty R(\lambda)\,d\lambda$，$\int_0^\infty \lambda R(\lambda)\,d\lambda$ 和 $\int_0^\infty \lambda^2 R(\lambda)\,d\lambda$，由式（7-14）可求得 F 和 G 的值，并由式（7-15）求得 λ_1 和 λ_2，进而由式（7-13）求得 $\overline{R}$。

图 7-9 和图 7-10 所示为硅光电探测器和碲镉汞光电探测器的响应曲线和等效理想响应曲线。为了评价方法的有效性，在图 7-9 中还给出 3 000 K 和 6 000 K 的黑体光谱能量分布，在图 7-10 中给出 300 K 和 500 K 的黑体光谱能量分布。虽然这几种温度的黑体曲线与二次函数有所不同，但这里仍假定其在探测器整个响应谱段内为二次函数。显然，这种假定会给用理想等效响应曲线代替实际光辐射探测器带来一定的误差。

图 7-9　硅光电探测器的响应曲线和
　　　　　等效理想响应曲线

图 7-10　碲镉汞光电探测器的响应
　　　　　曲线和等效理想响应曲线

表 7-1 所示为用等效理想响应曲线计算的输出信号 I_c 和实际系统输出信号 I 的比值为

$$\frac{I_c}{I} = \frac{\overline{R} \int_{\lambda_1}^{\lambda_2} M(\lambda, T)\,d\lambda}{R_{\max} \int_{\lambda_1}^{\lambda_2} M(\lambda, T) R(\lambda)\,d\lambda} \quad (7-16)$$

式中，$M(\lambda, T)$ 为黑体的光谱能量分布。

由表 7-1 可见，只有对应 500 K 的计算输出信号与实际输出信号相差较大（约10%），其他情况下的误差均在 2.5% 以内。

表 7-1　两种探测器用等效理想响应曲线计算的输出信号 I_c 和实际系统输出信号 I 的比值

探测器	硅光电探测器		碲镉汞光电探测器	
光源（黑体）温度/K	6 000	3 000	500	300
I_c/I	0.990	1.007	0.901	1.024

光谱泄漏是引起光辐射测量系统测量误差的重要来源之一，主要是由于：

（1）大多数光学材料具有较好的短波截止性能，但长波的截止性能较差（图7-11所示为几种常用的红外光学材料的光谱透射特性曲线），因而长波泄漏更容易出现。

图7-11　几种常用的红外光学材料的光谱透射特性曲线

（2）用以分隔谱段的薄膜干涉滤光片、分光元件光栅等利用干涉现象的元件存在干涉级。干涉滤光片在其窄带透射谱段的两侧还有一系列的次透射峰，多层镀膜虽可大大减弱次峰，但不可能做到在主窄带透射谱段以外的谱段完全无透过。从图7-12可看到，在波长大于1 μm的谱段还有一系列小的透射峰。图7-13所示为不同层数的硫化锌-氟化镁λ/4波片膜系的光谱反射比曲线。

图7-12　多层镀膜分色片的光谱透过率曲线

光栅干涉级之间重叠所限制的自由光谱区也是有限的，只限于通过波长值不到两倍的范围内。

（3）单色仪中由于棱镜和光栅表面的自身缺陷及小角度散射、系统像差及衍射等，透射谱线加宽。杂散光不经色散元件或经过色散元件，由出射狭缝出射，使依靠单色仪分隔谱段的效能减弱。

（4）光学元件吸收短波辐射而在较长波长处受激发射荧光，则当紫外测量仪器中探测器在可见谱段未能有效地截止而有响应时，就会产生光谱泄漏。

图 7 – 13　不同层数的硫化锌 – 氟化镁 λ/4 波片膜系的光谱反射比曲线

　　为此，对测量系统进行光谱响应测量的一个重要工作是检查系统光谱泄漏的程度。

　　①由于短波截止滤光片的短波截止性能较好，因此可用来检查长波泄漏。检查时，将滤光片插入光路，如果系统仍有信号输出（不是暗电流），则说明系统有长波泄漏，而信号的大小可确定长波泄漏的程度。图 7 – 14 所示将两块短波截止滤光片先后插入光路，可发现长波泄漏的谱段位置，滤光片的透射谱段的透射比应大于 0.8 ~ 0.9，而截止谱段的透射比则不应大于 10^{-4}。由于

图 7 – 14　用短波透过滤光片和截止滤光片检查谱段泄漏

检测整个长波泄漏的总响应，因而可期望得到较大的信号。若用窄带滤光片来检查长波泄漏的位置和大小，往往信号很小，甚至难以察觉；反之，用短波透过滤光片（图 7 – 14 中的虚线）可检查系统短波泄漏的程度。

　　②检查长波泄漏还可用变温度的黑体作为光源，由于黑体温度变化时，辐射能的峰值也随之变化，所以可引入一个变发射谱段的光源作为长波泄漏的检查手段。

　　图 7 – 15（a）所示为不同温度黑体的辐射出射度曲线。当系统有长波泄漏和没有长波泄漏时，由黑体光谱辐射出射度曲线和测量系统的光谱响应曲线相乘，可得到如图 7 – 15（b）所示的曲线，图中斜直线表示没有长波泄漏时，系统输出信号随黑体光谱辐亮度变化；有长波泄漏时，随着黑体温度的降低，黑体光谱辐射出射度曲线峰值向长波方向位移，长波泄漏对系统的输出信号贡献更加显著，这时，实测值偏离斜直线越来越远。信号经过处理可确定长波泄漏的谱段位置及响应大小。

图 7-15　不同温度黑体的辐射出射度曲线和用黑体检查长波泄漏曲线

（a）不同温度黑体的辐射出射度曲线；（b）用黑体检查长波泄漏曲线

7.3　测量系统的视场响应

视场响应是测量系统性能的重要指标之一。严重的视场外响应会给测量系统带来很大的误差，一个极端的例子是用辐射计测量太阳的日冕，如果系统能有效地把来自太阳的直射辐射阻挡掉，就不必等到日全食才可以对日冕进行测量。

实际测量系统对视场外进入的光能总会在不同程度上散射到探测器表面，使系统有一定的视场外响应。原因：一是测量系统本身没有明显的视场大小；二是系统不可能把杂散光完全阻挡掉。

设待测辐射通量在空间的分布为 $\Phi(\theta,\varphi)$。θ 为某面元与测量系统入瞳中心的连线与系统光轴的夹角（见图7-16）；φ 为该连线在空间所处的方位角；Ω 为系统立体视场角。测量系统的视场响应为 $R_{a}(\theta,\varphi)$，则待测辐射通量 $\Phi_{t}=\int_{\Omega}\Phi(\theta,\varphi)\mathrm{d}\Omega$，系统的输出电压信号为

$$V=\int_{\Omega'}\Phi(\theta,\varphi)R_{a}(\theta,\varphi)\mathrm{d}\Omega=R_{a}\int_{\Omega'}\Phi(\theta,\varphi)R(\theta,\varphi)\mathrm{d}\Omega \qquad (7-17)$$

式中，$R(\theta,\varphi)$ 为系统相对光轴的视场响应；R_{a} 为光轴上视场响应峰值。

由输出信号求得的待测辐射通量为

图 7-16　测量系统的视场

$$\Phi_{m}=\frac{V}{R_{a}}=\int_{\Omega'}\Phi(\theta,\varphi)R(\theta,\varphi)\mathrm{d}\Omega \qquad (7-18)$$

要使测量的辐射通量 Φ_{m} 等于实际辐射通量 Φ_{t}，即输出电压信号能准确表示辐射通量，则需

$$\int_{\Omega'}\Phi(\theta,\varphi)R(\theta,\varphi)\mathrm{d}\Omega=\int_{\Omega}\Phi(\theta,\varphi)\mathrm{d}\Omega \qquad (7-19)$$

即必须满足下列条件之一：

（1）系统具有理想视场响应。在视场角 Ω 内，$R(\theta,\varphi)=1$；在视场角 Ω 外，$R(\theta,\varphi)=0$。

（2）被测辐射度量在空间的分布是均匀的，即 $\Phi(\theta,\varphi)=$ 常数，使

$$\int_{\Omega'} R(\theta,\varphi)\mathrm{d}\Omega = \int_{\Omega} \mathrm{d}\Omega \tag{7-20}$$

式中，等式左边是非理想视场响应；等式右边是其等效理想视场响应，即非理想视场响应可用一等效理想视场响应代替而不产生测量误差。

（3）待测光源尺寸很小，对系统的张角小于视场光阑对应的空间视场角。因在光轴附近，视场响应近似理想。

通常，条件（1）很难实现，条件（2）和条件（3）都要限制光源的特性和尺寸，也是不合理的，故测量系统应当最大限度地减少视场外响应。

图 7-17 所示为一个典型光辐射测量系统的视场响应曲线。系统的视场角为 5°；纵坐标是对数坐标，以便清楚地表示视场外与视场内响应之间的数量级关系；曲线不是光滑的，大致有两个台阶，这是由于系统内有消杂光的挡光片，而部分杂散光在挡光片内边缘直接散射后投射到探测器。

一般测量系统的相对视场响应与正态分布相近。若不考虑视场响应在方位上的变化，则可表示为

$$R(\theta) = \exp\left[-\frac{\theta^2}{1.288\sigma^2}\right] \tag{7-21}$$

即视场响应可用视角 2σ 的等效理想视场响应代替，且 $R(\theta=\sigma)=\exp(-1/1.288)=0.46$。

相对视场响应为 0.46 处对应的角即系统的半视场角（见图 7-18）。实际上常把 $R(\theta)=0.5$ 处所作的矩形作为测量系统的等效理想视场响应，而矩形的宽度即系统的等效视场角（图 7-18 中的虚线），用以定义系统的名义视场角。

图 7-17　典型光辐射测量系统的视场响应曲线

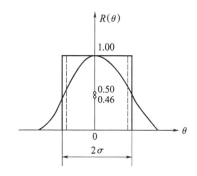

图 7-18　系统的半视场角

图 7-19 所示为测量系统视场响应的一种装置。准直管安装在导轨上，准直管口径应使其发出的平行光束足以充满待测系统的入射孔径。待测系统安置在一可绕直轴转动的支架上，旋转支架可使待测系统相对准直管有不同的视场角与方位角。支架回转轴应通过待测系

统入射孔径的中心，这样系统绕支架垂直轴转动时，进入系统的光束口径不会被切掉。在零度视场，待测系统的光轴和准直管光轴大致重合，这可通过调节使待测系统俯仰和升降的装置来实现。

图 7 - 19　测量系统视场响应的一种装置

测量前，首先要确定系统的光轴（零视场角），它不一定是光学元件的中心和探测器中心的连线。测量时，使待测系统在光轴附近得到最大的非饱和输出信号，在一定的方位角 φ，通过改变视场角 θ，找到对应最大输出信号一半时的 θ_1 和 θ_2。在数个方位角处找到一系列的 θ_1 和 θ_2 值，并求出对应的中点平均值 $\theta_0 = (\theta_1 + \theta_2)/2$。同理，对应一系列 θ 角，找到对应最大输出信号一半时的一系列 φ_1 和 φ_2 及其中点平均值 φ_0，(θ_0, φ_0) 可确定出待测系统的光轴。

使待测系统处于不同的视场角，记录系统的输出，得到如图 7 - 17 所示的系统视场响应曲线。

视场外的响应与视场内的响应相比，前者属于杂散光，其输出信号比视场内响应的输出信号小几个甚至十几个数量级，因而测量相当困难。有两点必须特别注意：

（1）测量环境的影响。该影响主要是部分通过准直管照射到待测系统的光或者照到待测系统以外部分的光被散射而照到测量暗室内。虽然室内墙壁或其他测试设备可涂以黑漆或盖以黑布等来防止更多的光散射到待测系统，但散射光有一部分是待测系统的视场内光束（见图 7 - 20），再加上其来自待测系统所对应的整个半球空间，所产生的噪声信号不能低估，噪声信号甚至会把待测系统视场外响应信号覆盖，以致难以测得真实的杂散光水平。

测量室内空气不清洁，待测系统视场内大颗粒灰尘对光的散射（甚至镜面反射）影响也需考虑，因而保持测量室内空气清洁是十分必要的。

图 7 - 20　背景辐射对视场外响应的影响

一种减少室内散射光对测量影响的方法如图 7 - 21 所示。首先在测量室内的一角单独建立一个与测量室隔开的封闭灯室，可大大改善测量室内的散射水平；其次在待测系统后面设陷光器，使未能射入系统的直射光为陷光器所吸收；最后在待测系统周围设置双圆心反射壁，壁为抛光金属表面，使由待测系统散射到壁上的光不能直接射回。

（2）测量系统响应线性度的影响。由于测量要求系统有较大的动态响应范围，所以系统响应线性度直接影响到测量的精确性。

改变积分球出射光孔到待测系统的距离是一种简单、快速检查待测系统视场外响应的方法（见图 7 - 22）。待测系统沿积分球出射光孔轴向移动，当系统为理想响应时，系统从 O 移到 A 时，其输出电压信号不变；而当系统为非理想视场响应时，在位置 O 有相当大的视场外强光进入系统，非理想视场响应使输出电压信号较大；随着系统由 O 向 A 移动时进入系统的视场外强光范围逐渐缩小，输出电压信号也随之减小。当系统移至位置 A 时，系统视场恰被来自积分球的强光充满，输出电压信号减至 V_0。

图 7 - 21　减少室内散射光对测量影响的方法　　　图 7 - 22　检查待测系统视场外响应的方法

用这种方法检测系统的总杂散光水平，能得到较大的杂散光信号。测量中，探测器接收的辐照度变化不大，因此，对系统的动态范围要求不严。

7.4　测量系统的线性响应

线性响应定义为测量系统的输出电压与入瞳处的辐射度量之比。

具有线性响应的系统应用最为广泛，其输入信号和输出信号值之间存在如下关系：

$$V = R_\Phi \Phi + b \qquad (7 - 22)$$

式中，R_Φ 为系统的辐射通量响应度，与入射量的大小无关，也称为系统增益；b 为偏置电压，即输入信号为零时的输出值。

在光辐射测量系统中，为在完全相同或接近条件下进行测量，广泛使用比较测量法。线性响应使测量信号的处理大为简化，尤其是复杂系统的信号处理，因为只要最少的参数就可表征线性响应系统的输入/输出特性。

在实际测量系统中，由于决定系统总响应度的各参数（如探测器的响应度、放大器的增益、显示系统的特性等）都只能在一定的动态范围内是常数，因此，系统的非线性响应是不可避免的。输入信号过大时，系统的响应出现饱和现象；反之，输入信号过小时，系统

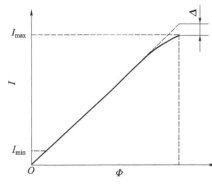

图 7 – 23 线性动态范围的确定

响应淹没在噪声中，难以反映输入信号的变化。

表示待测系统线性动态范围的方法很多，较方便的是用响应度增益不偏度允许误差的范围来规定系统的线性工作范围（见图 7 – 23），线性动态范围上限 I_{max} 由输出信号偏离理论线性值的误差 Δ 确定，Δ 的大小取决于所允许的测量误差；下限 I_{min} 往往由系统的噪声电平确定。一般信号甚小时，系统具有较好的线性响应，影响信号的输出主要是噪声把信号淹没。

线性动态范围一般用数量级 M 来表示：

$$M = \lg\left(\frac{I_{max}}{I_{min}}\right)$$

例如，$M = 6$，则系统的线性动态范围为 10^6。

表 7 – 2 所示为某光谱仪的孔径面积和输出电压的测量值。通过改变系统入射孔径的面积，配合不同放大器的增益，测得一系列对应的输出电压（见图 7 – 24）。

表 7 – 2 某光谱仪的孔径面积和输出电压的测量值

孔径面积/ cm^2	信号增益				输出电压/ mV
	1 ×	10 ×	100 ×	1 000 ×	
2.93×10^{-4}	1.3				1.3
6.30×10^{-4}	2.3				2.3
1.24×10^{-3}	4.6				4.6
2.43×10^{-3}		1.23			12.3
5.08×10^{-3}		2.15			21.5
9.85×10^{-3}		3.85			38.5
2.05×10^{-2}			0.80		80.0
3.99×10^{-2}			1.60		160
8.17×10^{-2}			3.40		340
1.63×10^{-1}				0.65	650
3.27×10^{-1}				1.05	1 050
6.54×10^{-1}				2.20	2 200
1.31				3.05	3 050

更精确地，可用二次或三次函数来表示孔径面积和输出电压，例如二次函数：

$$V = V_0 + a\Phi + b\Phi^2$$

利用实际测得的孔径面积和输出电压值，建立最佳逼近的回归方程，由最优逼近求得参数 a、b。

系统线性响应特性的标定需要在待测系统的入瞳处给定一系列已知的辐射度，并测得对应的系统输出信号值。由于系统的线性响应可能达几个数量级，故要在相当宽的动态范围内建立一系列已知的辐射度量是比较困难的。常用的方法是下列方法或其组合。

（1）在导轨上改变光源到测量系统的距离。

（2）用一组透射比经过标定的中性密度滤光片插入或移出光路的方法。这里主要是要求滤光片的透射比与波长无关，因为中性密度滤光片的光谱透射比只可在一定的波长范围内认为是不变的［见图 7－25（a）］，用涂黑的金属筛网或透光网格玻璃片［见图 7－25（b）］能较好地满足要求，一般不推荐使用几块中性密度滤光片的叠合来得到不同的透射比，因玻璃片之间的多次反射会使叠合后的透射比不是几块滤光片透射比的简单乘积。

图 7－24　孔径面积—输出电压的关系曲线

图 7－25　两种中性密度的滤光片

（a）中性密度滤光片；（b）局部透光筛网

图 7－26 所示为一种典型的标定探测器线性响应的测量装置原理示意。图中 W_1、W_2、W_3 是中性密度滤光片轮，每一轮上装有四块透射比不同的中性密度滤光片。第五个位置不通光光源由 S 发出，经过平面反射镜 M_1 和凹面反射镜 M_2 成平行光，再由分束片 BS_1 分成两路，分别经 M_3 和 M_4，在分束片 BS_2 处两束光合一，再经过 W_3 和反射镜 M_5、M_6，聚集在探测器 P 上。

五个 W_1 位置和五个 W_2 位置，共有 25 种组合，去掉 W_1 和 W_2 同时切断光源的状态，共计 24 种组合。W_3 有四个位置，所以三个滤光片轮的不同位置构成 $4 \times 24 = 96$ 挡透射比值。所用的滤光片经严格的挑选，材料散射大的不宜应用，安装时与光轴稍倾一个角度，以防止测量系统中元件之间的多次反射，滤光片透射比在其工作位置上应事先标定。

（3）用一系列固定孔径的光阑插入光路作为光衰减器（见图 7 − 27）。相邻挡光阑孔的面积相差一倍。如有 9 挡，则可改变辐射通量 $2^9 = 512$ 倍。孔径的形状不必很规则，一个孔可用多个小孔替代，但孔径的面积要精确标定，且放在最大光阑孔一挡时，要求孔径各处的辐照度均匀。这种方法对光谱特性没有影响。

图 7 − 26　一种典型的标定探测器线性响应的测量装置原理示意　　图 7 − 27　用孔径光阑测量线性响应

（4）用偏振片组。如果一对偏振片的偏振轴之间的夹角为 α，则光通过它们后光振幅衰减 $\cos \alpha$，辐射通量变化 $\cos^2 \alpha$。

若光源是一自然光，经过第一片偏振片后，辐射通量衰减 50%。设两片偏振片的偏振轴重合时的透射比为 τ_0，则光通过偏振轴夹角为 α 的一对偏振片时，总的透射比为

$$\tau = 0.5\tau_0 \cos^2 \alpha \qquad (7 − 23)$$

这种方法的缺点是转动偏振片 B 时 [见图 7 − 28（a）]，出射光的偏振方向也随之变化。用 A、B、C 三片偏振片 [见图 7 − 28（b）]，将 A、C 的偏振轴重合，转动 B 片，则出射光偏振方向就不会发生变化了，且

$$\tau = 0.5\tau_0' \cos^4 \alpha \qquad (7 − 24)$$

式中，τ_0' 为三片偏振片偏振轴重合时的总透射比。

α 从 $0 \sim \pi/2$ 变化时，τ 在 $0.5\tau_0' \sim 0$ 之间变化。注意到式（7 − 24）的非线性，当 α 较小时，τ 变化较大；而 α 较大时，τ 变化甚微，尤其是 α 在 $60° \sim 90°$ 变化时，τ 在 3% ~0 之间变化，因此，精确地确定和装定 α 角十分重要，否则少量的分度误差会引起较大的辐射通量标定误差。

由于出射光是偏振光，所以应估计偏振光对后续测量的影响。

（5）可变开口角的扇形调制板。将两片相对可

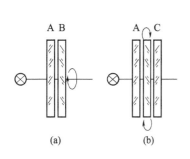

图 7 − 28　偏振片组

（a）一对偏振片；（b）三片偏振片

调节位置以改变开口角 α 的旋转调制板加入光路（见图 7 − 29），使光只在一部分时间内可通过。在一个时间周期 T 内的通光时间随 α 变化，从而也可改变调制板在 T 内的"平均透射比"。

一个周期内通光量的平均值可由通光孔在调制板平面投影面积的半径 r、圆面积到调制板中心的距离 R 以及开口角 α 精确计算求得。

直边调制板圆形光束的相对通光面积为

$$S = \frac{A}{\pi r^2} = \frac{1}{180}\arccos\left[p\sin(\alpha_1 - \delta)\right] - \frac{p\sin(\alpha_1 - \delta)\left[1 - p^2\sin^2(\alpha_1 - \delta)\right]^{1/2}}{\pi}$$

$$(7 - 25)$$

式中，$p = R/r$；$\alpha_1 = \arcsin(r/R)$；δ 为光束切割角（$0 \leqslant \delta \leqslant 2\alpha_1$）。

在光度测量中，对调制板的频率有一定的要求，即在此频率下，人眼感觉不到调制光的闪烁，而是感觉到调制光在开始变暗。在标定辐射度量时，要考虑调制信号非正弦特性对后续信号处理的影响。若在信号处理时，只提取交变信号中的基频信号，则引入波形系数，即在一个周期内，实际基频信号的积分值是交变信号积分值的倍数（<1），可由对交变信号进行傅里叶分析得到。

（6）加光法。在一积分球内用一系列灯泡，通过灯泡点亮的多少改变积分球出射孔的辐亮度（见图 7 − 30）。由于每一灯泡之间的辐射特性有所差异，故每一挡都要事先标定。使用时应按顺序灭灯，而不应按顺序点灯或忽亮忽灭，因为从灯泡点亮至达到稳定的光输出特性需要一段时间（视灯的功率大小而定，一般为 10 ~ 15 min）。

图 7 − 29　扇形开口调制板作为光衰减器

10个灯泡沿圆周均布

图 7 − 30　积分球光源线性响应测量装置

7.5　测量系统的偏振响应

光辐射测量的偏振响应是测量系统对具有不同偏振特性的入射待测量的响应。由于待测辐射源的偏振特性非常复杂，因而测量系统的偏振响应会使测量产生误差。

1. 光辐射测量中的偏振源

（1）光源。自然光中太阳可认为无偏振，而大气对阳光的散射光、自然景物的反射光、样品的反射光和透射光等是偏振光的主要来源。人工光源中黑体模拟器、积分球和某些无光泽的钨带灯可认为无偏振，而多数人工光源都具有一定的偏振度。实验发现，白炽灯灯丝的边缘发出的光偏振度较大，有人测得螺旋钨丝灯的偏振度约为15%，钨带灯的为2%～8%，荧光灯的为8%～26%。

（2）光学和色散元件。反射、透射的偏振度取决于入射角和介质的折射率。分色片及分束片一般都呈45°安置在光路中，光入射的角度和布儒斯特角相差不大，因此由透过和反射引起的偏振度相当大。同理，棱镜、光栅等色散元件的透射、反射也会引起偏振。例如，一些棱镜单色仪的偏振度可高达50%～60%（仪器的结构不同可相差甚远），偏振度随波长的变化在10%～20%；光栅单色仪的偏振度约为20%，但随波长的变化，偏振度变化更大。图7-31所示为Cary 14分光光度计的偏振度随波长变化的曲线。

（3）当待测样品有旋光性且有线偏振光通过时，偏振面会发生转动。当测量系统的透射比和探测器响应度是偏振方向的函数时，将使仪器测量值发生变化。双折射样品还会使测量系统的偏振度增大。

（4）探测器。探测器本身会引入偏振，如光电倍增管引入的偏振度可达1%～12%。硅光电二极管、光电管等的响应随偏振方向、入射光的入射角以及偏振程度而变化。

2. 减小偏振对测量影响的方法

（1）减小待测光的入射角，尽量使光在每一介质表面的入射角趋近零。图7-32所示为一种近零入射角的成像光谱仪的光学系统，其采用近零入射角系统，可大大减少系统的偏振响应。

图7-31　Cary 14分光光度计的偏振度
随波长变化的曲线

图7-32　一种近零入射角的成像
光谱仪的光学系统

（2）透射比、反射比测定中，在两个正交方向（$\rho_\perp$和$\rho_{//}$，$\tau_\perp$和$\tau_{//}$）分别进行样品测量，取读数值的算术平均值作为样品读数。

（3）使用理想朗伯漫射材料及漫射系统（积分球、锥腔等）。因为漫射性能越近似朗伯特性，漫射器的消偏振率就越高。表7-3所示为硫酸钡漫射板和积分球的消偏振率。由表可知，硫酸钡漫射板的消偏振率平均达84%，而积分球由于光在其内部多次漫射，消偏振率平均可达96%。

表7-3　硫酸钡漫射板和积分球的消偏振率

消偏振率 /% ＼ 波长 λ/μm ＼ 名称	0.40	0.45	0.50	0.55	0.60	0.65	0.70	0.76
硫酸钡漫射板	83.3	85.8	87.7	86.3	88.9	80.9	79.0	83.8
积分球	90.9	97.0	96.9	95.8	96.8	100	—	—

（4）用 $\lambda/4$ 波片。测出系统椭圆偏振的长短轴方向，使 $\lambda/4$ 波片的快轴与其中一根轴重合，则椭圆偏振光成为圆偏振光，对光辐射测量，其效果与自然光一样。

非相干辐射的偏振特性可用四个斯托克斯参数来完整地描述：

$$S_0 = I \qquad\qquad S_1 = IP\cos 2\chi\cos 2\phi$$
$$S_2 = IP\cos 2\chi\sin 2\phi \qquad S_3 = IP\sin 2\chi \qquad (7-26)$$
$$I = S_0 \qquad\qquad P = \sqrt{S_1^2 + S_2^2 + S_3^2}/S_0$$

或

$$\phi = \frac{1}{2}\arctan(S_2/S_1) \qquad \chi = \frac{1}{2}\arctan\left(S_3/\sqrt{S_1^2+S_2^2}\right) \qquad (7-27)$$

式中，I 为光的强度；P 为偏振度；ϕ 为方位角；χ 为椭圆率（见图 7-33）。

当光源通过测量系统后，出射光同样可用四个斯托克斯参数 S_0'，S_1'，S_2'，S_3' 描述，即系统的偏振响应特性可用 4×4 米勒矩阵表示：

$$\begin{bmatrix} S_0' \\ S_1' \\ S_2' \\ S_3' \end{bmatrix} = \begin{bmatrix} M_{00} & M_{01} & M_{02} & M_{03} \\ M_{10} & M_{11} & M_{12} & M_{13} \\ M_{20} & M_{21} & M_{22} & M_{23} \\ M_{30} & M_{31} & M_{32} & M_{33} \end{bmatrix}\begin{bmatrix} S_0 \\ S_1 \\ S_2 \\ S_3 \end{bmatrix} \qquad (7-28)$$

偏振光通过补偿片和检偏器时（见图 7-34），其光强度可表示成矩阵积，为

$$I = [M]I_0 = [P][R(A-C)][\delta][R(C)]I_0 \qquad (7-29)$$

图 7-33　椭圆偏振光的参数

图 7-34　通过补偿片和检偏器后的偏振光

式中，$[P]$ 为偏振光的米勒矩阵；$[R(C)]$ 为方位角为 C 的补偿片米勒矩阵；$[\delta]$ 为补偿片的相位差米勒矩阵；$[R(A-C)]$ 为检偏器（方位角为 A）与补偿片呈 $(A-C)$ 角的米勒矩阵，分别为

$$[P] = \frac{1}{2}\begin{bmatrix} 1 & 1 & 0 & 0 \\ 1 & 1 & 0 & 0 \\ 0 & 1 & 0 & 0 \\ 0 & 1 & 0 & 0 \end{bmatrix}, [R(C)] = \begin{bmatrix} 1 & 0 & 0 & 0 \\ 0 & \cos 2C & \sin 2C & 0 \\ 0 & -\sin 2C & \cos 2C & 0 \\ 0 & 0 & 0 & 1 \end{bmatrix}, [\delta] = \begin{bmatrix} 1 & 0 & 0 & 0 \\ 0 & 1 & 0 & 0 \\ 0 & 0 & \cos\delta & \sin\delta \\ 0 & 0 & -\sin\delta & \cos\delta \end{bmatrix}$$

$$(7-30)$$

代入式（7-29），得

$$I = \frac{1}{2}\big[S_0 + (S_1\cos 2C + S_2\sin 2C)\cos 2(A-C) +$$

$$(S_2\cos 2C - S_1\sin 2C)\cos 2(A-C)\cos\delta + S_3\sin 2(A-C)\sin\delta\big] \quad (7-31)$$

式中，C 为补偿片快轴与 x' 轴的夹角；A 为检偏器透射轴和 x'' 轴的夹角；δ 为补偿片的时延。

测量时，要求得四个斯托克斯参数，只要将补偿片和检偏器置于不同角度，测得四个透射光的强度信号，即可由四个方程的联立解出入射光的偏振参数。

例 7-1 只转动检偏器［图 7-35（a）］：

使 $C=\delta=0°$，有

$$I(A) = 0.5[S_0 + S_1\cos 2A + S_2\sin 2A]$$

使 $C=0°$，有

$$I(A) = 0.5[S_0 + S_1\cos 2A + S_2\sin 2A\cos\delta + S_3\sin 2A\sin\delta]$$

取两个 A 角，有四个强度信号值，可解得 S_0，S_1，S_2，S_3，确定测量系统出射的偏振特性。测量时，转动检偏器要注意使后续信号接收器对偏振不灵敏，可将接收器和检偏器一起转动。

图 7-35 测量系统偏振响应的测量

例 7-2 加电场或加应力在补偿片上，使 δ 变化［见图 7-35（b）］：

使 $C=-45°$，$A=0°$，有

$$I(0) = 0.5[S_0 - S_1\cos\delta - S_3\sin\delta]$$

使 $C=0°$，$A=45°$，有

$$I(0) = 0.5[S_0 + S_1\cos\delta + S_3\sin\delta]$$

同样，取两个 δ 值，可测得四个 I 值并求出斯托克斯参数。

如果使 $\delta=\omega t$（t 为时间，ω 为角频率），则可在一系列采样后得到一组强度信号值，经信号处理，得到斯托克斯参数的回归值，这就是椭偏仪的工作原理。

若只需检查偏振度，则可用自然光照明测量系统，系统绕其自身光轴转动。在某处，信号最大 $I=I_{max}$，而在与其呈 90°处，信号最小 $I=I_{min}$，从而求得系统的偏振度为

$$P = \frac{I_{max} - I_{min}}{I_{max} + I_{min}}$$

为了避免所用光源自身偏振对测量的影响，可以用遮挡钨带灯的边缘而只留中间部分作

为光源等方法，以减小光源偏振的影响。

习题与思考题

1. 理想的光辐射测量系统应当具有哪些性能？

2. 在辐射测量系统响应度的标定中，简述一种标定源未充满仪器测量视场条件下辐射测量系统响应度标定原理。

3. 用远距离面光源法标定仪器的响应度。设面光源的光谱辐亮度为 $L_0(\lambda)$，设传输介质的光谱透射比为 $\tau(\lambda)$，被标定辐射计输出电压信号为 V。请根据上述条件写出响应度的标定公式。

4. 什么是光辐射测量系统的光谱泄漏？引起光谱泄漏的主要因素是什么？如何检查系统的光谱泄漏程度？

5. 简述测量光辐射测量系统视场响应的基本原理。

6. 简述一种标定光辐射测量系统线性响应的方法。

7. 如何减小偏振对光辐射测量的影响？

第8章
光度量的测量

    光度量是平均人眼接收辐射能引起视觉神经刺激程度的度量。光度量的测量主要包括光通量、发光强度、照度和亮度的测量，这些光度量是在可见光范围内平均人眼受到光刺激程度的度量，是可见光范围内各波长光对人眼刺激的积分值。

    在光度量的测量中，根据接收器的不同（用人眼接收或物理探测器接收），可分为两种测量方法：以人眼作为接收器的称为目视光度法；以物理探测器，如光敏元件、照相底片等作为接收器的称为客观光度法。在客观光度法中，物理探测器光谱响应曲线与 CIE 推荐的平均人眼光谱光视效率曲线的吻合程度决定了光度测量的精度。

    目前在光度测量领域，目视光度法有被客观光度法取代的趋势。由于光度测量原则上是使用平均人眼作为评价标准的，因此掌握光度量的目视光度测量方法仍是很重要的。目前常用的四种光度量测量仪器分别是光强计、光通量计、照度计和亮度计。

8.1 发光强度的测量

    发光强度既可用目视光度法测量，也可用客观光度法测量。测量可在光度导轨上运用平方反比定律来进行。

8.1.1 在光度导轨上测量发光强度

    测量发光强度的装置如图 8-1 所示，在滑轨上装有三个可滑动的小车，两边小车上安装进行比较的光源，中间小车安装陆末–布洛洪光度计（见6.1节）。利用这种装置测量发光强度的简单方法是直接比较法。在一端的小车上装上光强标准灯（s 灯），另一端的小车上装上待测灯（c 灯）。水平移动光度计或任一安装光源的小车，直到光度计视场的两个不同部分亮度相等为止，即 $L_s = L_c$。于是，根据平方反比定律，有

图 8-1 测量发光强度的装置

$$\frac{I_\mathrm{s}}{r_\mathrm{s}^2}\rho_\mathrm{s} = \frac{I_\mathrm{c}}{r_\mathrm{c}^2}\rho_\mathrm{c} \tag{8-1}$$

式中，I_s 和 I_c 分别表示光源 s 灯和 c 灯的发光强度；ρ_s 和 ρ_c 为漫射屏两面的反射比；r_s 和 r_c 代表漫射屏两平面中线与相应灯泡灯丝平面的距离（见图 8-2）。

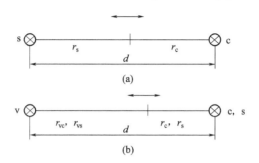

图 8-2　光强度测量法

（a）直接法测光强度；（b）比较法测光强度

实际上漫射屏总有一定的厚度，设屏厚度为 $2t$，则有

$$\frac{I_\mathrm{s}}{(r_\mathrm{s}-t)^2}\rho_\mathrm{s} = \frac{I_\mathrm{c}}{(r_\mathrm{c}-t)^2}\rho_\mathrm{c}$$

即

$$I_\mathrm{c} = I_\mathrm{s}\frac{\rho_\mathrm{s}}{\rho_\mathrm{c}}\frac{(r_\mathrm{c}-t)^2}{(r_\mathrm{s}-t)^2} \approx I_\mathrm{s}\frac{\rho_\mathrm{s}}{\rho_\mathrm{c}}\frac{r_\mathrm{c}^2}{r_\mathrm{s}^2}\Big[1+2t\Big(\frac{1}{r_\mathrm{c}}-\frac{1}{r_\mathrm{s}}\Big)\Big] \tag{8-2}$$

为了方便起见，实际上往往使用式（8-1）计算 I_c。这样由于反射屏厚度的影响，将引入测量误差。若要使一误差小于 0.1%，即

$$\Big|2t\Big(\frac{1}{r_\mathrm{c}}-\frac{1}{r_\mathrm{s}}\Big)\Big| < 0.001$$

例如，$2t=2$ mm，则有 $|r_\mathrm{c}-r_\mathrm{s}| < 0.25r_\mathrm{c}r_\mathrm{s}$（m），如果 $r_\mathrm{s}=1.5$ m，则可解得 $1.1 < r_\mathrm{c} < 2.4$。

当测量精度要求较高，而测量时实际 r_s 和 r_c 相差较大时，应用式（8-2）把反射屏厚度的影响考虑进去。

在制作白色漫射屏时，使其两平面反射比相同，则式（8-1）变为

$$I_\mathrm{c} = I_\mathrm{s}\frac{r_\mathrm{c}^2}{r_\mathrm{s}^2} \tag{8-3}$$

式中，r_s 和 r_c 可由导轨刻度读出；I_s 为已知标准灯的发光强度，由式（8-3）可求得待测光源的发光强度 I_c。

在测量时，如果光度计内两条光路系统不对称或者漫射屏两平面的反射比不一样，将会引起附加的测量误差。为消除这种误差，可采用比较测量法，此时除了用标准灯及待测灯外，还要使用一只比较灯（v 灯）。对于比较灯，只要求光强度在一定时间内保持稳定，不必预先知道其数值。

测量时，将 v 灯放在一端的小车上，并将 v 灯和光度计用连杆连接，保持它们之间的距离不变。在另一端的小车上先装上标准 s 灯［见图 8-2（b）］。移动 s 灯达到光度计视场两部分的光度平衡，记下 s 灯与光度计的距离 r_s。用待测 c 灯换下 s 灯，水平移动 c 灯，使光度计视场再次出现光度平衡，记录下距离 r_c。待测灯的光强度 I_c 仍可由式（8-3）求得。

由于使用人眼判断视场两侧亮度是否达到平衡时，人眼很难精确判断两个色温（或光

谱分布）相差较大的光源照明视场的光度平衡，所以进行测量时，要求所使用的光源色温必须一致或十分接近（色温相差小于100 K）。

当待测光源与标准光源色温相差较大时，可采用以下两种方法减小测量误差。

（1）将滤光片或色溶液加在待测光源一侧，使光度计中待测光路视场的光色与标准光路视场的光色相一致。这样式（8-3）可写成

$$\tau_v I_c = I_s \frac{r_c^2}{r_s^2} \tag{8-4}$$

式中，τ_v 为滤光片或色溶液的目视透射比，定义为

$$\tau_v = \frac{\int_{380}^{760} \Phi(\lambda)\tau(\lambda)V(\lambda)\mathrm{d}\lambda}{\int_{380}^{760} \Phi(\lambda)V(\lambda)\mathrm{d}\lambda} \tag{8-5}$$

式中，$\Phi(\lambda)$ 为待测光源的光谱辐射通量；$\tau(\lambda)$ 为滤光片或色溶液的光谱透射比；$V(\lambda)$ 为标准人眼光谱光视效率。计算 I_c 时要除去 τ_v 的影响。

在加滤光片进行色温校正时，应保证有色玻璃两平面的平行性，避免产生透镜效应。滤光片的楔角会使测量光路产生偏折，给测量带来影响。为了尽量减小滤光片或色溶液对光线的散射作用，不要在光路中随意改变滤光片或色溶液的位置，以免散射对测量的影响难以估计。另外，还要考虑到滤光片和其他测量部件之间的多次反射问题。最后，引入滤光片后，待测光源到光度计的有效距离增加了 $(n-1)d/n$（n 和 d 分别是滤光片的折射率和厚度）。例如 $n=1.5$，$d=3$ mm 时，有效距离增加 1 mm。

（2）闪烁法可用于测量与标准光源色调相差较大的待测光源的光强度，是根据人眼对间断光的响应特性而设计的。如果使用闪烁法测量发光强度，就要使用闪烁光度计。图 8-3 所示为艾夫斯-布里德（Ives-Brady）闪烁光度计的测量光学系统。

图 8-3 艾夫斯-布里德闪烁光度计的测量光学系统

用光强度标准灯照亮漫反射表面 M。被测灯 L 发出的光线通过中性滤光片 V 照亮乳白玻璃屏 O。棱镜 L-B 由上、下两块直角棱镜胶合而成，在胶接面上，部分面积涂有银反射层（如小图所示）；涂银层部分将来自被测灯 L 的光反射进入观察视场，挡住标准灯光的进入，而透明部分则只透射来自标准灯的光，使其进入观察视场。两束光以一定的倾斜角入射

到 10° 楔形镜 P 上。当 P 以一定的速度转动时，来自标准灯的光和来自被测灯的光交替地照亮观察视场，楔形镜 P 的转动速度可方便地控制。加入中性滤光片 V，可以扩大仪器光强度的测量范围。

通过目镜 E，人眼可观察到由标准光源和待测光源交替照亮的视场。如果两个光源的光色不同，在交替频率较低时，人眼察觉到的是有色的闪光。随着交替频率的增高，直至超过一定频率时，人眼不再感觉出颜色的变化，看到的是一个亮度闪烁的视场。水平移动标准光源，使视场中亮度闪烁消失，得到光度平衡位置。利用平方反比定律可求得待测光源的发光强度 I_c。

用闪烁法测量发光强度时，使用较低的交替频率可提高测量精度（最好使用彩色闪烁现象正好消失时的频率）。在不同的测量中，这一频率的取值往往不同，它取决于相比较光源的色差和视场的亮度，两者越大，异色闪烁消失频率就越高。如果过分地提高闪烁频率，则人眼比较视场内的亮度差感觉也会消失，将无法进行发光强度测量，所以正确地使用闪烁频率很重要。

艾夫斯认为，对异色光来说，闪烁法在所有比较测量法中精度最高，重复性最好。当用作比较的光源之间色差不很大时，由熟练的观察者操纵闪烁光度计，测量的相对精度可达 0.5% ~1.0%。使用闪烁光度计时，很快会导致人眼疲劳，因此，测量时间一般不应超过 1 h。

8.1.2　用偏光光度计测量发光强度

测量方法操作简单，无须在光度导轨上移动测量部件。马丁斯（Martens）偏光光度头的工作原理如图 8-4 所示。设 a、b 分别为两个比较光源，由 a 发出的光经过平凸透镜和沃拉斯顿棱镜时被分成两束光（图中分别用实线和虚线表示），它们的偏振方向是正交的；再经过双棱镜，又把每一束光分成向不同方向折转的两束，这样通过望远系统观察时就可看到 4 个分开的点。现在用光阑挡去三束，只留下图中 a_1' 部分；由 b 光源来的光也一样被遮挡三束，预先设计好双棱镜的角度，使得来自 b 光源的光束 b_2 和 a_1' 正好在观察者眼中重合，这时 b_2 和 a_1' 的偏振方向刚好正交。

马丁斯偏光光度计的结构如图 8-5 所示。在测量发光强度时，使待测光源 C 垂直照亮漫射屏 P，再经两块棱镜的折转照亮漫射屏 W_1，参考光源 V 直接照亮漫射屏 W_2，W_1 和 W_2 相当于图 8-4 中的光源 a 和 b。仪器中尼科尔（Nical）棱镜起检偏的作用。设它的检偏角相对零位为 θ，则通过它后，W_1 的亮度减为 $L_{W_1}\cos^2\theta$，W_2 的亮度减为 $L_{W_2}\sin^2\theta$。仪器可绕 ZZ'、LL' 轴转动，保证待测光源 C 可垂直照亮漫射屏 P。

在仪器使用之前，要用标准光源 s 进行标定。用已知光强度 I_s 的灯放在测量光路中，并已知标准光源 s 到漫射屏 P 的距离 r_s。转动尼科尔棱镜，直到观察视场出现光度平衡，则有

$$k_1\frac{I_s}{r_s^2}\cos^2\theta_0 = k_2 E_v\sin^2\theta_0$$

式中，k_1，k_2 分别为两侧光路光度特性参数；θ_0 为尼科尔棱镜的转角。

图 8-4　马丁斯偏光光度头的工作原理

图 8 - 5 马丁斯偏光光度计的结构

仪器的标定常数

$$C = E_v \frac{k_2}{k_1} = \frac{I_s}{r_s^2} \cot^2 \theta_0 \tag{8 - 6}$$

用仪器测待测光源的光强度时，测出待测光源 C 到漫射屏 P 的距离 r_c，则

$$\frac{I_c}{r_c^2} \cot^2 \theta = C$$

即
$$I_c = C r_c^2 \tan^2 \theta \tag{8 - 7}$$

式中，θ 为待测光源 C 与参照光源 V 的视场亮度达到光度平衡时尼科尔棱镜的转角。

8.1.3 用客观光度法测量光强度

用客观光度法测量光强度时，所使用的光接收器是光辐射探测器，即对标准光源和待测光源在接收器全部有效面积上的照度进行比较，判断出待测光源光强度。

如果探测器位置固定，保持光源座与光辐射探测器的距离不变，先将标准光源 s 放在光源座上，测得光电流为 i_s，再用待测光源 C 替换光源 s，测得光电流 i_c，则可求得待测光强度为

$$I_{\mathrm{c}} = I_{\mathrm{s}} \frac{i_{\mathrm{c}}}{i_{\mathrm{s}}} \tag{8-8}$$

这种方法要求探测器上的照度必须在探测器线性工作范围内。

如果将光接收器固定，在距光接收器的一定距离 r_{s} 上测得标准灯的光电流 i_{s}，用待测灯替换标准灯，并做水平移动，使待测产生的光电流与标准灯的相同，记下此时待测灯的距离 r_{c}，则可求得待测光强度 I_{c} 为

$$I_{\mathrm{c}} = I_{\mathrm{s}} \frac{r_{\mathrm{c}}^2}{r_{\mathrm{s}}^2} \tag{8-9}$$

这种方法对探测器没有线性工作要求。

用客观法测量发光强度时，如果标准光源和待测光源有相同的光谱能量分布，那么探测器的光谱响应只要求在相应光谱范围内有足够的灵敏度；如果两光源光谱能量分布不同，就必须使探测器的相对光谱响应和人眼光谱光视效率 $V(\lambda)$ 相一致，才能正确地进行测量。

光强度测量与待测光源强度分布、测量方向、测量立体角等因素有关，对于光源不是呈空间均匀发光的情况，必须考虑测量方向和测量立体角。

8.1.4　光强度测量中应注意的问题

1. 杂散光造成的误差

进行光强测量时，要严防外来光线射到探测器上，尤其要防止周围物体的一次反射光线。避开干扰光的最有效办法是使用挡屏，如图 8-6 所示。装上挡屏后，从探测器表面各点都应能看到整个光源，而除光源外，室内各个位置都应被挡屏遮挡。光源的背景应该是全黑色的，通常采取在光源后边放置一个内外表面涂黑的空腔，或在一定距离之外挂一幅黑色天鹅绒幕。

黑色空腔　　　　　挡屏

光源　　　　　　　接收器(光度计漫射屏)

图 8-6　光强度测量的挡屏配置

2. 导轨距离读数的精度

根据给定的光强度测量精度，从描述光强度、照度和距离的关系可得到所需要的距离读数精度。由于距离是平方值，故相对误差为

$$\left| \frac{\mathrm{d}I}{I} \right| = 2 \left| \frac{\mathrm{d}r}{r} \right| \tag{8-10}$$

如果光强度测量时允许相对测量误差为 0.5%，则最大相对距离精度允许误差为 0.25%。

3. 保证光源工作稳定

为保证所测发光强度数值的精度要求，对光源的工作电压和电流必须有较高精度的控制。例如，对于某种真空低压灯泡，发光强度 I 随光源工作电压 V 或电流 i 变化的关系分别为

$$\left| \frac{\mathrm{d}I}{I} \right| = 3.37 \left| \frac{\mathrm{d}V}{V} \right|, \quad \left| \frac{\mathrm{d}I}{I} \right| = 6.09 \left| \frac{\mathrm{d}i}{i} \right| \tag{8-11}$$

如果要求光源的发光强度变化不超过 0.5%，则工作电压的相对精度要求为 0.15%，工作电流的相对精度要求为 0.08%，即要保证发光强度稳定在一定的精度范围内，对工作电流的精度要求高于对电压的要求。

4. 光度平衡判别中人的主观误差

为减小主观误差，应由有经验的光度测量人员进行测量。每次测量要测取多次读数（如 5 ~ 10 次），这样测量精度可达 0.2%。此外，对测量环境也有一定的要求，仪器视场的亮度应在 3 ~ 30 cd/m²，视场要均匀，没有污斑、颗粒结构等，环境亮度不应低于 15 cd/m²。

8.2 光通量的测量

光源的发光强度是光度学的基本参数，由其可导出光度学其他各基本量。因为发光强度不足以表征光源的完整特性，通常需要使用光通量来表征它，光通量的单位从发光强度单位导出，对各向同性的点光源来讲，其光通量 $\Phi = 4\pi I$，故只要测定点光源的发光强度乘以 4π 就可求得光通量。然而，实际光源总有一定大小，其光源发光强度在空间也非均匀分布，故必须采用相应的方法进行测量。最常用的是用分布光度计和积分球来测量光通量。

8.2.1 用分布光度计测量光通量

用分布光度计测量光源的光通量具有测量精度高的优点，但测量方法较复杂，一般在国家计量部门和一些研究单位中使用。

1. 测量原理

由发光强度 I 和光通量 Φ 的定义，可得到

$$\Phi = \int_0^\pi \int_0^{2\pi} I(\theta, \varphi) \sin\theta \mathrm{d}\theta \mathrm{d}\varphi \tag{8-12}$$

如果在不同的空间位置上测得发光强度 $I(\theta, \varphi)$，就可求出光源的光通量。但对不同方位，发光强度的测量是比较麻烦的。

根据多数光源的灯丝结构形状，可近似地认为光源的光分布是轴对称的，即沿各个方位角都有同样的空间光分布（见图 8 - 7），因此式（8 - 12）可简化成

$$\Phi = 2\pi \int_0^\pi I(\theta) \sin\theta \mathrm{d}\theta \tag{8-13}$$

函数 $I(\theta)$ 的确定也是不容易的。但是，当光源的材料是朗伯辐射体时，对于几种几何形状简单的物体，可求得其光分布函数。

（1）对于发光圆片 [见图 8 - 8（a）]：

$$I_\theta = I_{\max} \cos\theta, \quad \Phi = \pi I_{\max} \tag{8-14}$$

发光圆片的光强分布为一球体，直径等于 $I_{\max}$ 的球与圆片中心相切。

（2）对于球面光源 [见图 8 - 8（b）]：

$$I_\theta = I_{\max}, \quad \Phi = 4\pi I_{\max} \tag{8-15}$$

球面光源的光强分布也是一个球体，光源位于球体的中心，$I_{\max}$ 为球体的半径。

图 8 - 7　轴对称的空间光分布

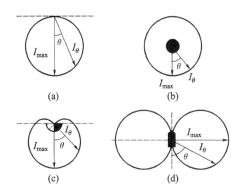

图 8 - 8　几种简单物体的光分布

（3）对于半球面光源［见图 8 - 8（c），顶面不发光］：

$$I_\theta = (1 + \cos \theta)I_{\max}/2, \quad \Phi = 2\pi I_{\max} \tag{8-16}$$

即光源的光强分布是绕极轴旋转的心脏线。

（4）对于底面和顶面不发光的圆柱面光源［见图 8 - 8（d）］：

$$I_\theta = I_{\max} \sin \theta, \quad \Phi = \pi^2 I_{\max} \tag{8-17}$$

光源的光强分布是一个圆环面，它由一个直径为 $I_{\max}$ 的圆绕圆柱光源轴线旋转而成。

对于上述几种特定的光源，只要测出它们的发光强度 $I_{\max}$，就可以分别求出其光通量 Φ。虽然实际生活中的光源很难完全是漫反射体，但对于几何形状类似的光源，可借助以上近似求得相应的光强分布和光通量。

对于实际存在的多数光源，很难找到其光强空间分布的关系式，往往采用测量照度的办法确定其光通量。光通量可由光源周围任一封闭面积上的照度分布求出，如果选用半径为 r 的任一球体表面作为被测面，则光通量为

$$\Phi = \iint_\Omega I \mathrm{d}\Omega = r^2 \int_0^{2\pi} \int_0^\pi E(\theta,\varphi) \sin \theta \mathrm{d}\theta \mathrm{d}\varphi \tag{8-18}$$

式中，$E(\theta,\varphi)$ 表示半径为 r 球面上的照度。

当光源具有轴对称特性时，式（8 - 18）可简化为

$$\Phi = 2\pi r^2 \int_0^\pi E(\theta) \sin \theta \mathrm{d}\theta \tag{8-19}$$

实际计算时，用求和近似代替积分：

$$\Phi = 2\pi r^2 \sum_{i=0}^N E(\theta_i) \sin \theta_i \Delta \theta_i = \sum_{i=0}^N E_i \Delta f_i$$

采用等角度法和等立体角法划分球表面环带，如图 8 - 9 所示。

2．分布光度计的结构

图 8 - 10 所示为一种分布光度计的结构示意，接收器 P_h 是可沿圆弧 S 滑动的光电池，测量各仰角处光源的照度。圆弧 S 又能绕垂直轴 A 转动，从而可测量光源在不同方位角时的光通量。由于受结构尺寸限制，这种仪器一般只能用于测量小或中等尺寸的光源。

在测量大尺寸光源时，要求增加光电探测器到光源的距离。为此可使用反射镜组合结构，增大测量距离。图 8 - 11 所示为三种分布光度计的反射镜结构示意。

图 8-9　球面环带的划分

图 8-10　一种分布光度计的结构示意

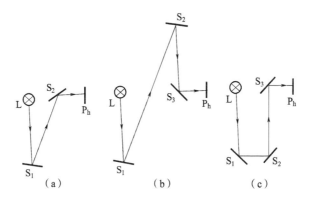

图 8-11　三种分布光度计的反射镜结构示意

8.2.2　用积分球测量光通量

测量光通量更方便、更常用的方法是利用积分球。将光通量标准光源与待测光源相比较而得到待测光源的光通量。积分球的照度由式（6-6）表示（K 称为积分球常数）为

$$E = \frac{\Phi}{4\pi R^2} \frac{\rho}{1-\rho} = K\Phi$$

在测得了球壁处出射窗口的照度 E 后，可得到光通量 Φ。

在实际测量时，由于需要在积分球内安置待测光源，且为了不让光线直射探测器，必须加设遮挡屏，起到对光线吸收和阻挡作用，故上式只能近似成立。遮挡屏和光源尺寸越大，引起的误差也越大。图 8-12 所示为遮挡屏的作用示意，遮挡屏 S 阻碍光源 L 的光到达 AB 区域（包括测量窗口），而测量窗口又不能接收从 CD 区域反射的光线。遮挡屏的位置和大小决定了 AB 和 CD 区域的面积。理想的情况应使 AB、CD 区域最小。实验和理论证明，遮挡屏放在离待测光源 $R/3$ 的距离上最为合理。有人认为，遮挡屏的直径为 $2R/3$，但更合适

的办法是由待测光源尺寸及测量窗口的大小来确定。图 8 – 13 中，设光源的最大尺寸为 $2l$，测量窗口直径为 $2h$，挡屏半径为 r，由图可得

$$r = h + \frac{2}{3}(l - h) \tag{8-20}$$

图 8 – 12　遮挡屏的作用示意　　　图 8 – 13　遮挡屏的计算

　　选择直径较大的积分球，可使光源和遮挡屏的尺寸的影响相对减小，从而减小吸收误差和遮挡屏误差。一般积分球直径至少应取灯最大尺寸的 6 ~ 10 倍。

　　对于具有轴对称光强度分布的光源，应使光源的光辐射能尽量直接照射到积分球内壁，可采用图 8 – 14 的安置方式。

　　要有效减小由光源及遮挡屏引起的光通量测量误差，可选用代替法测量光通量。这种方法需要一只光通量标准光源（可由分布光度计标定），已知其光通量为 $\varPhi_s$。测量时，先将标准光源放在积分球中心 L 处（见图 8 – 12），通电后，在测量窗口测得照度为

$$E_s = \frac{\varPhi_s}{4\pi R^2}\frac{\rho}{1-\rho}$$

用待测光源替换标准光源，并测量照度 E_c，比较两式得

$$\varPhi_c = \frac{E_c}{E_s}\varPhi_s \tag{8-21}$$

　　测量方法要求标准光源与待测光源有类似的外形尺寸，否则由于两个光源外形对光线的吸收作用不同，仍会引起误差。

　　当标准光源与待测光源的外形尺寸相差较大时，可以采用辅助灯代替法测光通量，有

$$\varPhi_c = \varPhi_s \frac{E_c}{E_s}\frac{K_s}{K_c} \tag{8-22}$$

引入辅助灯即可求出 K_s/K_c。

　　在积分球中放一盏辅助灯 V（见图 8 – 15），将待测光源放入积分球，点燃辅助光源，而待测光源不工作，测得照度为

$$E_{vc} = K_c\varPhi_v \tag{8-23}$$

移出待测光源，换为标准光源（也不工作），点燃辅助光源再测得照度为

$$E_{vs} = K_s\varPhi_v \tag{8-24}$$

由此可得

$$\frac{E_{vs}}{E_{vc}} = \frac{K_s}{K_c} \tag{8-25}$$

将式（8 – 25）代入式（8 – 22），得

$$\varPhi_c = \varPhi_s \frac{E_c}{E_s}\frac{E_{vs}}{E_{vc}} \tag{8-26}$$

图 8 - 14 对称分布光源在积分球内的安置方式

图 8 - 15 辅助光源代替法测量光通量

用代替法测光通量时，还应当估计待测光源和标准光源光谱辐射特性差异对测量的影响。设标准光源的光谱通量为 $\Phi_s(\lambda)$，待测光源的为 $\Phi_c(\lambda)$，则其光通量之比为

$$\frac{\Phi_c}{\Phi_s} = \frac{\int_\lambda \Phi_c(\lambda) V(\lambda) \mathrm{d}\lambda}{\int_\lambda \Phi_s(\lambda) V(\lambda) \mathrm{d}\lambda}$$

在积分球出口处的亮度之比为

$$\frac{L_c}{L_s} = \frac{E_c}{E_s} = \frac{\int_\lambda \Phi_c(\lambda) \{\rho(\lambda)/[1-\rho(\lambda)]\} V(\lambda) \mathrm{d}\lambda}{\int_\lambda \Phi_s(\lambda) \{\rho(\lambda)/[1-\rho(\lambda)]\} V(\lambda) \mathrm{d}\lambda}$$

$$= \frac{\Phi_c}{\Phi_s} \frac{\int_\lambda \Phi_s(\lambda) V(\lambda) \mathrm{d}\lambda}{\int_\lambda \Phi_c(\lambda) V(\lambda) \mathrm{d}\lambda} \frac{\int_\lambda \Phi_c(\lambda) \{\rho(\lambda)/[1-\rho(\lambda)]\} V(\lambda) \mathrm{d}\lambda}{\int_\lambda \Phi_s(\lambda) \{\rho(\lambda)/[1-\rho(\lambda)]\} V(\lambda) \mathrm{d}\lambda} \qquad (8-27)$$

在光度导轨上由两个光源在积分球出口处产生的亮度比来确定其光通量比值时，只有满足下列条件之一才不会产生测量误差：

（1）两光源有相同的光谱能量分布；

（2）在可见谱段内，积分球涂层具有中性的光谱反射特性，这时 $\rho(\lambda)$ 等于常数。硫酸钡、氧化镁等涂层材料满足此条件。

按式（8-27）引入括号内的修正系数十分复杂，实际上不采用。

8.3 照度的测量

光强度、光通量的测量往往是通过测量照度来实现的，照度的测量比其他光度量的测量应用更广泛。照度的测量虽然也可分成目视法和客观法，但随着各种方便和可靠的照度计的出现，目前在实际工作中目视法已完全被客观法所取代。以下只论述如何应用客观法测量照度。

用客观法测量空间某一平面的照度由照度计完成，照度计的测量原理较简单，整个探测器所接收的光通量除以探测器的受光面积，即得所测照度。将照度计的光电探测器放在待测平面，光照引起探测器的光电流，放大后通过仪表或数字读出。对于标定过的照度计，读出的数据代表了所测平面的照度值。照度计的基本结构是光电测量头及其示数装置（见图 8 - 16）。光电测量头包括光电探测器、光谱校正滤光片以及扩大测量量程的光衰减器（如中性密度滤光片等）。

漫射光器　光衰减器　光谱校正滤光片

图 8 – 16　照度计基本结构组成

为了可靠地测量照度，照度计必须满足以下条件。

1. 照度计光电探测器的光谱响应应符合照度测量的要求

由于照度计通常用硒光电池或硅光电池、光电倍增管等作为测光部件，其光谱响应和人眼光谱光视效率有较大差别。当进行同色温光源下照度测量时，只要这种光源的色温和种类与照度计标定时所用标准光源的色温、种类一致，就不会产生测量误差。但当待测光源色温或种类与标定光源的不同时，由于测光部件光谱响应和人眼光谱光视效率之间的差异，就会成为引入照度测量误差的重要因素。为了使测光部件的光谱响应符合照度测量的精度要求，可以采用以下的方法。

（1）引入修正系数。设 $E_e(\lambda)$ 和 $E'_e(\lambda)$ 分别为标定用光源和测量时光源的光谱辐照度。$R_e(\lambda)$ 是照度计测光部件的光谱辐照度响应，则照度计标定时总响应度为

$$R_E = \frac{I}{E} = \frac{\int_0^\infty E_e(\lambda)R_e(\lambda)\mathrm{d}\lambda}{K_m\int_0^\infty E_e(\lambda)V(\lambda)\mathrm{d}\lambda} \qquad (8-28)$$

式中，I 为输出电流量。

用标定过的照度计测量某一待测照度 E' 时，有

$$E' = \frac{I'}{R_E} = \frac{\int_0^\infty E'_e(\lambda)R_e(\lambda)\mathrm{d}\lambda}{\int_0^\infty E_e(\lambda)R_e(\lambda)\mathrm{d}\lambda}K_m\int_0^\infty E_e(\lambda)V(\lambda)\mathrm{d}\lambda$$

由照度的定义可知，待测照度的实际数值为 $E'_e = K_m\int_0^\infty E'_e(\lambda)V(\lambda)\mathrm{d}\lambda$，因此，引入照度计的修正系数为 P，使 $E'P = E'_e$，即

$$P = \frac{E'_e}{E'} = \frac{\int_0^\infty E_e(\lambda)R_e(\lambda)\mathrm{d}\lambda}{\int_0^\infty E'_e(\lambda)R_e(\lambda)\mathrm{d}\lambda}\frac{\int_0^\infty E'_e(\lambda)V(\lambda)\mathrm{d}\lambda}{\int_0^\infty E_e(\lambda)V(\lambda)\mathrm{d}\lambda} = \frac{\int_0^\infty e_e(\lambda)r_e(\lambda)\mathrm{d}\lambda}{\int_0^\infty e'_e(\lambda)r_e(\lambda)\mathrm{d}\lambda}\frac{\int_0^\infty e'_e(\lambda)V(\lambda)\mathrm{d}\lambda}{\int_0^\infty e_e(\lambda)V(\lambda)\mathrm{d}\lambda}$$

$$(8-29)$$

式中，$e'_e(\lambda)$，$e_e(\lambda)$ 和 $r_e(\lambda)$ 分别为 $E'_e(\lambda)$，$E_e(\lambda)$ 和 $R_e(\lambda)$ 的归一化值，代表相对光谱辐照度分布和探测器的相对光谱响应。

表 8 – 1 所示为经 2 856 K 色温光源标定的硒光电池照度计测量 2 360 ~ 5 800 K 色温光源照射下的照度值时，必须引入的修正系数。可以看出，若不修正，则测量误差会相当大（如测 5 800 K 昼间光的照度，测量误差可达 22% 左右）。

表 8 - 1　不同色温条件下照度计的修正系数（标定时色温为 2 856 K）

色温/K	2 360	2 856	3 100	3 250	3 400	4 800	5 800
P	1. 003	1. 000	0. 990	0. 975	0. 973	0. 843	0. 783

（2）用滤光片与光电探测器的组合匹配人眼光谱光视效率 $V(\lambda)$。要消除由于光电探测器的光谱响应与人眼光谱光视效率的差异而引起照度测量误差，最根本的办法是选用合适的滤光片，修正照度计的光谱响应，使两者组合后的光谱响应尽量接近人眼光谱光视效率。对于硒光电池和硅光电池的光电探测器，用现有玻璃滤光片进行 $V(\lambda)$ 匹配，其理论计算的误差可在 1% 以内。

使用匹配滤光片必须注意，倾斜入射光线在滤光片内经过的路程要比垂直入射光线经过的路程长。所以只有在光线垂直入射时，测得的结果才是正确的。

滤光片与光电探测器组合后的光谱响应与人眼光谱光视效率 $V(\lambda)$ 的不一致，将引起照度测量的误差为

$$S = 100 - \frac{\int_0^\infty E'_e(\lambda)F(\lambda)\mathrm{d}\lambda \int_0^\infty E_e(\lambda)V(\lambda)\mathrm{d}\lambda}{\int_0^\infty E_e(\lambda)F(\lambda)\mathrm{d}\lambda \int_0^\infty E'_e(\lambda)V(\lambda)\mathrm{d}\lambda} \times 100 \qquad (8-30)$$

式中，$F(\lambda)$ 为滤光片和探测器组合后的光谱响应。

2. 探测器的余弦校正

根据余弦定理，使用同一光源照射某一表面，表面上的照度随光线入射角而改变。设光线垂直入射时，表面照度为 E_0；当光线与表面法线夹角为 α 时，表面上的照度为

$$E_\alpha = E_0 \cos\alpha$$

使用照度计测量某一表面上的照度时，光线以不同的角度入射，探测器产生的光电流或者说照度计的读数也应随入射角的不同呈余弦比例关系（见图 8 - 17）。但是由于测量仪器并不能达到理想状态，探测器的这种非余弦响应主要是由于菲涅尔反射所至，若在光电探测器上加光谱校正滤光片进行 $V(\lambda)$ 匹配后，测光部件的非余弦响应将更加明显。图 8 - 18 所示为一种光电探测器不加和加了光谱校正滤光片后，对不同入射角照度响应变化的曲线，当入射角为 60°时，不加光谱校正滤光片的照度响应下降 4%，而在加了光谱校正滤光片后的照度响应下降 20% 。

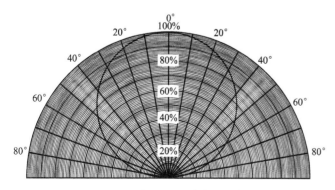

图 8 - 17　理想照度计的余弦响应曲线

图 8 - 18　不同入射角照度响应变化的曲线

为消除或减小探测器的非余弦响应给照度测量带来的误差，设计了几种余弦校正器，如图 8 – 19 所示。余弦校正器的基本原理是利用光电探测器的透镜或漫透玻璃，改变光滑平面的菲涅尔反射作用，从而克服探测器的非余弦响应。表 8 – 2 所示为常用余弦校正器的校正效果。

图 8 – 19　几种余弦校正器

表 8 – 2　常用余弦校正器的校正效果

角特性	0°	10°	30°	50°	60°	70°	80°
平板状	0	– 2.5%	– 10%	– 15%		– 55%	
皿状	0		– 3%		– 10%		
截球状	0		– 1%	– 3%		– 20%	
球壳状	0	0	0	0	0	0	
球环状	0		±2%		±7%		±25%

图 8 – 20 所示为一种精度较高的余弦校正器的结构示意和误差曲线。图中的误差曲线的测量方法：将均匀的平行光束入射到余弦校正器的表面，随入射角的不同，读得一系列的照度值 E_θ，入射角为 θ 时，余弦校正器的误差为

$$\varepsilon(\theta) = \left[\frac{E_\theta}{E_0\cos\theta} - 1\right] \times 100\% \qquad (8 - 31)$$

式中，E_0 为光束垂直入射时的读值。

积分球是一种理想的余弦校正器，图 8 – 21 所示为其两种结构示意。为避免入射直接照到光电倍增管表面，采用环形入射窗。图 8 – 21 （b）所示为光电阴极只接收进入积分球又从挡板 B_1 漫射回来的光，$\varepsilon(60°) = 0.6\%$，$\varepsilon(80°) = 1.5\%$。

用积分球作余弦校正器主要用于实验室。积分球使入射光能大大衰减。在图 8 – 21 （b）所示的结构中，光电阴极接收的光能量只占入射光能量的 0.01% 左右。

图 8 - 20　精度较高的余弦校正器的结构示意和误差曲线

图 8 - 21　两种积分球余弦校正器的结构示意

目前的照度计在 ± 85° 的入射角范围内，余弦校正的积分误差小于 1.5%。

3. 照度示值与所测照度有正确的比例关系

要求照度计光电探测器的光电流应与所接收的照度呈线性关系。目前精度较高的照度计，在 $0.01 \times 10^5 \sim 2 \times 10^5$ lx 内的线性误差小于 0.5%。有些照度计在测光部件上还可加一些光衰减器（如中性密度滤光片等）或在信号输出读数显示上加一些固定倍率的衰减，以扩大照度计照度测量范围。

4. 照度计要定期进行精确标定

使用一段时间后，光电探测器会发生老化，即灵敏度发生永久性改变。故照度计应定期进行标定，确定测光部件表面照度与输出光电流或照度计读数之间的关系。

照度计的标定装置如图 8 - 22 所示，标定工作在光度导轨上的几个不同的距离上进行，距离以 $2^{1/2}$ 为公比的等比级数来选取，以使每个照度值为前一个值的一半。

图 8 - 22　照度计的标定装置

5. 照度计要有较强的环境适应性

环境温度的变化会影响到光电探测器的响应度。为避免受温度变化的影响，在精密测量时，应保持 25 ℃ 左右的恒温。

8.4　亮度的测量

亮度是经常要测量的发光体光度特性之一。发光体表面的亮度与其表面状况、发光特性的均匀性、观察方向等有关，因而亮度的测量颇为复杂，且测量的往往是一个小发光面积内亮度的平均值。亮度测量时，可采用目视法，也可采用客观法。测量亮度可采取与已知亮度直接比较的方式，也可以通过先测定其他光度量而间接计算得出。

8.4.1　目视法测量亮度

所有目视法的光度量测量都以亮度比较作为基础，目视法测量亮度的原理也是其他光度量目视测量的依据。

图 8 - 23 所示为亮度目视测量系统示意。测量时，首先，使待测亮度 L_c 与比较亮度 L_v 各自照亮光度计的一半视场，调节减光盘开口，观察光度计两半视场的亮度，直到相等为止。其次，用已知标准亮度 L_s 代替待测亮度 L_c，按同样方法建立起两半视场的光度平衡。最后根据前后两次减光盘的开口 φ_c 和 φ_s，计算出待测亮度为

$$L_c = \frac{\varphi_s}{\varphi_c} L_s \qquad (8-32)$$

待测亮度源和已知标准亮度源应有较小的表面面积，并要求这两个小面元相等。所测的亮度 L_c 是待测面积内亮度的平均值。

使用目视法测定亮度需要亮度标准或光强度标准，一般只适用于实验室内亮度的测量。

图 8 - 23　亮度目视测量系统示意

8.4.2 客观法测量亮度

1. 经测量照度确定发光面的亮度

图 8-24 所示为一种采用照度计测量发光面亮度的方法示意。在发光面前加一透光面积为 A 的光阑，发光面经光阑透光孔发出半辐射，在 S 处用照度计测得照度值为 E。如果光阑开口孔径比光阑与待测面间的距离 r 小得多，则根据照度的定义可得

$$L = \frac{Er^2}{A} \qquad (8-33)$$

根据测得的照度值 E，可求出代表了面积 A 内亮度的平均值 L。

当光源为带状（或线状）时，光阑的作用主要是限制发光体的高度（见图 8-25），亮度为

$$L = \frac{Er^2}{hd} \qquad (8-34)$$

式中，h 为光阑的高度；d 为发光体的宽度。

图 8-24　采用照度计测量发光面亮度的方法示意　　**图 8-25　带状光源亮度的测量**

在许多情况下，要把一固定光阑直接和光源接触是困难的（如测量灯丝或熔炼中金属的亮度），为此，可用一透镜将待测光源成像，由测量光源像的照度确定光源的亮度。

图 8-26 所示为利用透镜测量光源亮度的方法示意。图中 A_1 为待测发光面面积，经透镜 B 成像后像面面积为 A_2；l_1 和 l_2 分别是 A_1 和 A_2 与透镜 B 的距离；透镜通光面积为 S。若 A_1 和 A_2 的直径远小于 l_1 和 l_2，则光源向透镜 B 对应立体角发出的光通量为

$$\varPhi = LA_1 \frac{S}{l_1^2}$$

式中，L 为光源的亮度。

像面 A_2 上的照度（τ 为透镜的透射比）：

$$E = \frac{\varPhi}{A_2} = LA_1 \frac{S}{l_1^2} \frac{\tau}{A_2} \qquad (8-35)$$

利用应用光学的物像关系式 $A_1/A_2 = l_1^2/l_2^2$，得

$$L = \frac{1}{\tau} \frac{El_2^2}{S} \qquad (8-36)$$

式中，E 为由照度计测出的像面照度值；其余均为可测参数。

图 8-26　利用透镜测量光源亮度的方法示意

2. 用亮度计进行亮度测量

常用的亮度计用一个光学系统把待测光源表面成像在放置光电探测器的平面上。图 8-27 所示为亮度

计的结构示意，亮度计的测光系统由物镜 B、光阑 P、视场光阑 C、漫射器和探测器等组成。光阑 P 与探测器的距离固定，紧靠物镜安置；视场光阑 C 和漫射器位于探测器平面上；视场光阑 C 限制待测发光面的面积。对于不同物距的待测发光面，通过对物镜进行调焦，使待测发光面成像在探测器受光面上。

图 8 − 27　亮度计的结构示意

设待测发光面的亮度为 L，物镜的透射比为 τ，若不考虑亮度在待测表面到物镜之间介质中的损失（物距太长时应考虑），则在光阑 P 平面上的亮度为 τL，像平面上的照度为

$$E = \tau L \frac{S}{r^2} \qquad (8-37)$$

式中，S 为光阑 P 的透光面积；r 为光阑 P 到像平面的距离（该距离不随测量距离的不同而不同）。

设已知探测器的照度响应度为 R_E，则输出信号 $V = R_E E$，亮度计的亮度响应度为

$$R_L = \frac{V}{L} = \tau \frac{S}{r^2} R_E \qquad (8-38)$$

光阑 P 的设置非常重要，因为如果只用物镜框来限制通光孔面积，那么在测量物距不同的发光表面时，物镜框到像平面的位置将随着对物镜的调焦而改变，结果对应不同的物距就有不同的亮度响应度；若对物距的变化不加修正，则会引起亮度测量误差。例如，一种物镜焦距为 180 mm 的亮度计，仪器对 2 m 物距进行标定，当用它测量 10 m 物距的发光面时，会产生 17% 的误差。

图 8 − 28 所示为一种用途广泛的亮度计的结构示意。物镜将待测表面成像在倾斜 45° 的反射镜上；反射镜上有一系列尺寸不等的圆孔，转动反射镜，将其上直径不同的圆孔导入测

图 8 − 28　一种用途广泛的亮度计的结构示意

量光路，从而改变亮度计测量视场角的大小。目标上待测部分的面积也就由小孔的直径决定。来自目标的光线经物镜成像，穿过小孔和滤光片转轮上的滤光片，照到光电倍增管上。光电倍增管的光谱响应已进行校正，经标定产生的信号代表了待测亮度值。

待测表面在反射镜上的像向上进入上部取景器，取景器起到取景与调焦的功能。取景器的视场比光电倍增管的测量视场大，人眼通过取景器可看到中央有一黑斑，黑斑的大小即亮度计的测量视场。当测量不同距离的目标时，调节物镜前后移动，可使取景器视场内待测表面清晰可见，这时待测表面经物镜成的像正好落在反射镜位于光轴上孔径中心所在的垂直平面上。

为满足测量要求，亮度计允许更换物镜。使用焦距为 17.78 cm 的标准物镜，视场角约为 6′，在 1.5 m 处可测量 0.25 cm 直径面积内的平均亮度。亮度测量范围为 3.426×10^{-4} ~ 3.426×10^{8} cd/m²。

为了测量更远的目标，可换长焦距物镜。如果物镜的焦距为 200 cm，视场角为 0.17′，在距离为 1.6 km 时，测量面积为直径约 7.6 cm 的圆。用这种物镜测量亮度，可测目标的最近距离约为 10 m。物镜焦距长，视场角度小，亮度计测量灵敏度降低，可测的最低亮度值变大。

亮度计的最大误差源由其光学系统各表面产生的反射、漫射和杂散光所引起，它们使探测器对仪器视场外的亮度源产生响应。在待测目标的背景较亮时，亮度计必须加上挡光环或使用遮光性能良好的伸缩套。

亮度是人眼对光亮感觉产生刺激大小的度量。人眼视觉视场为 2°，为与人眼明视觉的观察一致，应使亮度计的视场角不超过 2°。亮度计视场的减小受到探测器灵敏度的限制。

由于亮度是具有方向性的，绝大多数待测表面不是朗伯体，在测量时，必须明确仪器的测量角、测量区域和测量几何结构。通常亮度计得到的是平均亮度，故测量时待测部分应亮度均匀。如果在测量方向上有明显的镜面反射成分，即待测表面的反射和透射特性不均匀，则不同视场角测得的平均亮度将会有明显的差异。若待测亮度表面不能充满亮度计视场，如测量小尺寸点光源或线光源时，则应当把光源投影到一块屏上，光源像应有足够大的尺寸。先测得光源像的亮度，再计算出光源的实际亮度。

3. 亮度计的标定方法

为保证亮度测量读数的正确性，在开始使用之前或使用一段时间后，需要对亮度计进行标定。标定方法如下：

（1）用高精度照度计进行标定。图 8 – 29 所示为标定系统示意，取一稳定的光源照亮乳白玻璃，紧贴乳白玻璃放一光阑，其开孔直径为 D；光阑与光源的距离 r_1 应大于 10 倍光阑口径。乳白玻璃为一均匀面光源，在相距 r_2 处用高精度照度计测得照度为 E。由亮度与照度的关系可得

$$L = \frac{4Er^2}{\pi D^2} \tag{8 – 39}$$

用待标定的亮度计替换照度计，并保证亮度计光轴垂直于乳白玻璃，调整亮度计，使读数符合式（8 – 39）计算的数值，标定完毕。

图 8 - 29　标定系统示意

（2）用光强度标准灯和理想漫反射板进行标定。亮度计的标定方法示意如图 8 - 30 所示，漫反射板是反射比为 ρ 的朗伯反射体，板的照度 $E = I_0/r^2$。其中，I_0 为标准灯的发光强度；r 为光源到漫反射板的距离。漫反射板的亮度为

$$L = \frac{\rho E}{\pi} = \frac{\rho I_0}{\pi r^2} \tag{8-40}$$

通过改变 r 获得不同的亮度值，从而标定亮度计的读数。

（3）用已知发光强度的标准灯标定。由式（8 - 38）可知，标定要确定 τ 和 R_E 才能得到 R_L，只要得到亮度计亮度响应度 R_L，就可确定光电探测器的输出电压与实际亮度的对应关系。

确定照度响应度 R_E 的方法示意如图 8 - 31 所示，发光强度为 I_0 的标准灯放在距测光部件 l_0 的位置，则

$$R_E = \frac{V'}{E} = \frac{V'l_0^2}{I_0} \tag{8-41}$$

图 8 - 30　亮度计的标定方法示意

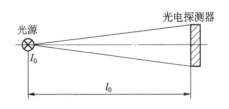

图 8 - 31　确定照度响应度 R_E 的方法示意

物镜透射比的测量方法示意如图 8 - 32 所示，将一光源放在乳白玻璃屏后面，屏上加一通孔面积为 S_0 的光阑，再把探测器放在距光阑 r_0 的距离上 ［见图 8 - 32（a）］，测得输出电压 V_0。再把亮度计的物镜加上，物镜的通光口径面积为 S。把物镜调焦到使光阑像落在测光部件上 ［见图 8 - 32（b）］，测得输出电压 V，则物镜的透射比

$$\tau = \frac{V}{V_0} \frac{S_0 r^2}{S r_0^2} \tag{8 - 42}$$

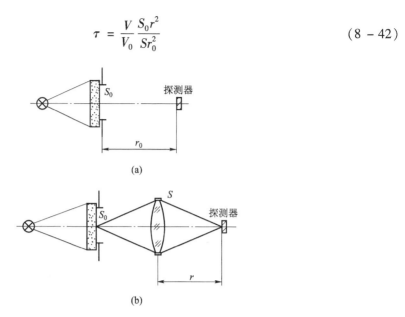

(a)

(b)

图 8 - 32　物镜透射比的测量方法示意

（a）加物镜前；（b）加物镜后

（4）用已知亮度的标准灯标定。先后将标准灯和待测表面移入亮度计的测量视场，测得标准灯亮度读数 V_0 和待测表面亮度读数 V，可得待测表面的亮度为

$$L = \frac{V}{V_0} L_0 \tag{8 - 43}$$

式中，L_0 为已知标准灯的亮度。

习题与思考题

1．简述光度量单位的建立过程与体系。

2．在光度导轨上测量发光强度，光度计内两条光路系统不对称或者漫反射屏两平面的反射比不一样，如何消除附加测量误差？当待测光源与标准光源色温相差较大时，如何减小测量误差？

3．用客观光度法测量光强度时，如果标准光源和待测光源有不同的光谱能量分布，如何修正探测器？为什么？

4．在光度计的标定中对标准光源的色温有无要求？怎样选择标准光源才能使光度计在使用中减小误差？

5．两辐射强度相等的单色光源，其峰值波长分别为 500 mm 和 550 mm，用人眼去观测谁比较亮？为什么？

6．简述积分球测量光通量的基本原理，并说明提高测量精度的方法。

7．给出光照度计的基本结构和各部分的作用，并以此为依据说明在光照度计校准中必须采取的步骤与方法。设计一个照度计的校准程序。

8．把照度计放在一个直径为 2 cm 的小孔后测得照度计读数为 300 lx，照度计探头有效直径为 4 cm。试问照度计所在位置的光照度是多少？

9. 设计一个测量照度计上余弦校正效果的实验过程。

10. 设计一个采用光强标准灯 BDQ - 8 标定的照度计校正常规白炽灯光强的实验，并给出实验步骤。

11. 某个照度计在标定时采用的是光强标准灯 BDQ - 8，计量站在对照度计的光谱响应测量后发现该照度计的光谱响应与 $V(\lambda)$ 有一定差异，为此给出了该照度计在白天阳光下使用的色校正系数 K_{ij}。现把该照度计用于室内照度测量，问对测量结果是否需要进行相同的色校正？如果把它用于夜间室外照度测量，校正结果是否有效？请解释原因。

12. 在常规照度计的基础上，采用简单的方法设计一个测量朗伯反射体光亮度的亮度计，并给出设计的依据。

第 9 章

辐射度量的测量

与光度量的测量相似，辐射度量的测量也可用经过标准光源或者具有已知响应度的探测器进行，我们称之为辐射计。一种广泛使用的测量方法是把光谱辐射度量的测量过程分成两步，先测出待测光源的相对光谱能量分布，然后采用下述方法之一确定其绝对量，即光谱辐射度量。

1. 单波长测量法

只要精确测量一个波长 λ 的光谱辐射度量，其他波长的辐射度量也就随之确定（见图 9-1）。测量波长 λ 的辐射度量起到了确定相对光谱能量分布比例尺的作用。一旦确定了比例尺，其他波长的辐射度量自然能够得到。由于 λ 处窄谱段的辐射度量测量至关重要，所以需要在精心考虑测量方法和估算测量误差的前提下进行反复的测量。

图 9-1　辐射度量的测量

有时也在几个波长处精确测量辐射度量，其目的是增加测量的准确性。

2. 总辐射度量测量法

测得图 9-1 中的总辐射度量，也就确定了相对光谱曲线和横坐标轴所包容的面积所代表的辐射度量。由于横坐标的波长值是确定的，所以辐射度量的比例尺也随之确定。

总辐射度量测量法有许多优点。因为总辐射量在探测器上产生的信号比光谱量产生的信号大得多，故可获得足够大的信噪比。

辐射计在工业上的应用，主要包括辐亮度测量和辐照度测量。本章主要阐述辐射度量的测量和辐射温度的测量。

9.1　辐射源光谱辐射度量的测量

光谱辐射计用于测定辐射源的光谱分布，能够同时建立目标或背景的亮度或强度光谱特性，一般由收集光学系统、光谱元件、探测器和电子部件等组成。按照分光装置的类型分类，主要包括傅里叶变换光谱辐射计（FTS）、多探测器色散（棱镜和光栅）型光谱辐射计、渐变滤光器（CVF）低光谱分辨率光谱辐射计和滤光片型光谱辐射计。其中，渐变滤光器低光谱分辨率光谱辐射计在探测器前面设置一个光谱可变的渐变滤光器，其优点是简单、成本低，缺点是光谱分辨率较低；傅里叶变换光谱辐射计具有高分辨率、宽光谱覆盖、高灵敏度和操作快速等优点，但价格昂贵、便携性差；多探测器色散（棱镜和光栅）型光谱辐射计通常使用探测器阵列，相比机械扫描系统，在机械稳定性和快速响应性方面更具优势，但探测器在每一个子波段内接收的能量非常小，若需长时间积分，则信噪比恶化。采用窄带滤光器的分光测量，由于只涉及几个有限的波长，一般均为特殊的测量目的而设定。

光谱辐射计既能测总能量，又能测各个波长的分光量值，但由于每测量一次所需时间较长，所以较难实现连续测量。

9.1.1 分光装置

常用作分光的装置有单色仪、滤光片等。由于单色仪具有较高的光谱分辨率，能十分方便地连续改变输出光的波长，所以在测量光谱能量分布变化较大、光源光谱分布有明显的吸收带或者发射谱线时，常用它作为分光装置。

待测光源有多种照亮单色仪入射狭缝的方式，图 9-2 所示为四种照射方式。对于尺寸较大的面光源，可不用光学元件而直接照亮单色仪的入射狭缝 ［见图 9-2（a）］，待测光源离入射狭缝越远，要求的最小光源面积就越大，进入单色仪的杂散光较少。由于入射狭缝是限制光束的光阑，故系统有渐晕，即待测光源表面上不同点投射到物镜的光束立体角不同，且它们通过系统的不同部位，虽然缝的照明是均匀的，但待测光源表面外侧进入单色仪的辐射通量小于中央部位。使用图 9-2（b）的照射方式可克服上述缺点，在入射狭缝处加一场镜，使入射狭缝的辐照度均匀，系统无渐晕，进入测量系统的杂散光也减少。使用图 9-2（c）的照射方式，待测光源通过一聚光镜成像在单色仪的入射狭缝上，聚光镜增加了待测光源光能的利用率。这种照射方式的缺点是当光源辐亮度不均匀时，入射狭缝处的辐亮度也不均匀，且进入单色仪的杂散光也会对测量有影响。使用图 9-2（d）的照射方式，在入射狭缝处加了场镜，可减少杂散光，使待测光源不同部位进入单色仪的光束立体角一致。

图 9-2 四种照射单色仪入射狭缝的方式

在光谱辐射度量测量中，由于光学系统的像差、缝的弯曲，不同光源部位经过单色仪不同部位的透射特性不同，光源、探测器到入射狭缝、出射狭缝的距离难以精确测定等因素，导致单色仪的光谱透射比难以精确确定，从而影响单色仪用于光谱辐射度量的测量。

取某一波长 λ_r 作为参考，当波长 λ 的光源照射单色仪入射狭缝时，位于出射狭缝处的探测器的输出信号 $V(\lambda)$ 由式（9 – 1）可写为

$$V(\lambda) = kL(\lambda)\tau(\lambda)\frac{\mathrm{d}\lambda}{\mathrm{d}l}r(\lambda)R_{\mathrm{m}} \tag{9-1}$$

式中，k 为与结构参数有关的一个常数；$r(\lambda)$ 为相对光谱响应率；R_{m} 为峰值光谱响应率；$\tau(\lambda)$ 为单色仪的光谱透射比。

同样，对于参考波长 λ_r 也有相似结果，故光源的相对光谱分布为

$$l(\lambda) = \frac{L(\lambda)}{L(\lambda_r)} = \frac{V(\lambda)}{V(\lambda_r)}\frac{\tau(\lambda_r)r(\lambda_r)\dfrac{\mathrm{d}\lambda_r}{\mathrm{d}l}}{\tau(\lambda)r(\lambda)\dfrac{\mathrm{d}\lambda}{\mathrm{d}l}} \tag{9-2}$$

在测得单色仪的相对光谱透射比 $\tau(\lambda)$、探测器的相对光谱响应 $r(\lambda)$ 以及已知单色仪的线色散 $\mathrm{d}\lambda/\mathrm{d}l$ 时，即可由输出电压比值 $V(\lambda)/V(\lambda_r)$ 对光源的相对光谱能量进行分析。

单色仪的 $\tau(\lambda)$ 可用已知相对光谱能量分布的光源（如黑体、光谱辐亮度或辐照度的标准灯等）与具有平坦响应的探测器来测得（见图 9–3）。计算式为

$$\tau(\lambda) = \frac{V(\lambda)}{kL(\lambda)}\frac{\mathrm{d}l}{\mathrm{d}\lambda}\frac{1}{r(\lambda)R_{\mathrm{m}}} = \frac{1}{kR_{\mathrm{m}}}\frac{V(\lambda)}{L(\lambda)}\frac{\mathrm{d}l}{\mathrm{d}\lambda}$$

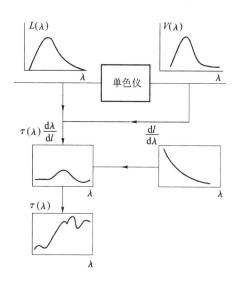

图 9 – 3　单色仪相对光谱透射曲线的测定

式中，对于平坦响应的探测器，$r(\lambda) = 1$。于是，由测得的 $V(\lambda)$、已知的 $L(\lambda)$ 以及分光元件的色散特性，可求得单色仪的相对光谱透射比。

用窄带滤光片作为分光元件时，为了避免光源表面辐亮度不均匀对测量的影响，最好不用光学系统，而把待测光源放在距离探测器有一定距离的地方进行测量。

滤光片可做得较大,探测器可在较均匀的辐射场中进行测量,所以应采用辐照度,这与单色仪有所不同。由于进入入射狭缝的辐射通量不能全部进入单色仪,单色仪中要建立探测器辐照度与入射狭缝辐照度的关系相当困难,而辐亮度提供了建立入射狭缝和出射狭缝之间关系的可能。作为分光元件,滤光片置入光路中应当注意:

(1) 不因放入滤光片而改变光能的传播方向,因为这种变化往往会给测量带来误差,尤其在探测器尺寸较小时。还要注意滤光片放入可能造成其与其他表面之间的多次反射。

(2) 滤光片不应有明显的曲率,否则相当于一个聚光元件,有可能使通过滤光片后探测器上的辐照度增加,使滤光片的"透射比"大于1。

(3) 滤光片应处于平行光路中。因滤光片的透射比与通过其的光程长度有关,不要因光程长的变化使透射比成为不确定的量。干涉滤光片光程的变化还会引起滤光片透过谱段不确定以及滤光片透过谱段的微量位移。

(4) 材质要均匀。不同部位透射比的变化会导致滤光片使用部位不同,使总透射比变化。

(5) 滤光片应尽可能放在探测器一侧。离光源近时,滤光片的温度可能会提高,可能导致滤光片的透射比及透射谱段的变化。在热探测器前加入滤光片可大大减小背景辐射对信号的贡献。

9.1.2 光谱辐射度量的测量

对待测光源光谱辐射度量最简单的测量方法是用已知的辐射源和待测光源在相同的测量条件下进行比对。比对测量的基本要求是探测系统在测量动态范围内有线性响应。

图 9-4 所示为用单色仪和探测器测量光源光谱辐亮度的比对测量装置。由于这两个光源在近似相同的测量条件下进行,故单色仪的色散和透射特性以及探测器的光谱响应度对它们来说都相同,其影响在比对测量中可自动消去,光源的光谱辐亮度为

$$L'(\lambda) = \frac{V'(\lambda)}{V(\lambda)} L(\lambda) \tag{9-3}$$

式中,V 为探测系统的电压读数值,带 "'" 的表示待测光源,不带 "'" 的表示标准光源。

比对测量时,如果两个光源的尺寸不同,或者光源表面辐亮度不均匀,最好是使这两个光源在相同的条件下照射同一块均匀朗伯反射体,这样,由朗伯反射体的反射辐亮度去照射单色仪的入射狭缝,可保证探测器接收均匀的辐照射。

用窄带滤光片测量光源光谱辐亮度的比对测量装置如图 9-5 所示。

图 9-4 用单色仪和探测器测量光源光谱辐亮度的比对测量装置

图 9-5 用窄带滤光片测量光源光谱辐亮度的比对测量装置

（1）当探测器光谱响应度未知时，用比对测量：

$$E'(\lambda_m) = \frac{V'(\lambda_m)}{V(\lambda_m)}E(\lambda_m) \qquad (9-4)$$

式中，λ_m 为窄带滤光片的峰值波长；V 为电压值；$E(\lambda)$ 为光谱辐照度。

测量与探测器的光谱响应度无关。

（2）当探测器的光谱响应度 $R_E(\lambda)$ 已知时，则不必用标准光源。探测器的输出电压为

$$V = \int_{\lambda_1}^{\lambda_2} E(\lambda)\tau(\lambda)R_E(\lambda)d\lambda$$

式中，$\tau(\lambda)$ 为滤光片光谱透射比；$[\lambda_1, \lambda_2]$ 为滤光片的透过波长的上下限范围。

当滤光片透过谱段很窄时，可写成

$$E(\lambda_m) = \frac{V(\lambda_m)}{\tau(\lambda_m)R_E(\lambda_m)(\lambda_2 - \lambda_1)} \qquad (9-5)$$

另一种标定待测光源的方法是：

（1）在单色仪上对标准光源和待测光源进行比对，确定待测光源的相对光谱分布。

（2）用标准探测器测量待测光源的总辐射度量。

图 9-6 所示为用已知探测器的光谱响应度精确标定白炽灯光谱辐照度的装置。待测光源和探测器放在光度导轨上，调制板和窄带干涉滤光片置于测量光路中；待测光源和探测器之间的距离为 50 cm，距离精度为 ±0.2%，注意滤光片厚度和折射率对光程的影响；待测光源用精密稳流装置，使辐射通量的变化小于 ±0.05%；窄带干涉滤光片带宽为 10～15 nm，其光谱透射比在测量位置上进行标定。将单色仪的入射狭缝精置于探测器的位置上，缝高和探测器光敏面直径相同；将窄带干涉滤光片移入或移出光路，可精确测得其光谱透射比。滤光片温度变化控制在 1 ℃ 以内，用 1 nm 的光谱分辨率测量，其光谱透射比精度在 ±0.4% 以内。光路中还放置一倾斜 5°、厚度为 1 cm 的水，利用水的光谱吸收带来避免由窄带干涉滤光片长波泄漏而造成的测量误差，其透射比计入窄带干涉滤光片的光谱透射比。

探测器（硅光电二极管）

待测光源　　调制板　　水　　窄带干涉滤光片　　绝对辐射计

图 9-6　用已知探测器的光谱响应度精确标定白炽灯光谱辐照度的装置

由于是标定可见谱段内待测光源的光谱辐照度，故探测器可用线性、稳定度均优良的硅光电二极管。用绝对辐射计，是因为响应太宽，容易因背景辐射等造成较大的噪声而降低测量精度，硅光电二极管的光谱响应度事先用已标定热释电辐射计精确测定，测量误差为 ±1%。

第 i 块窄带干涉滤光片插入时，探测器的输出电流为

$$I_i = \int_{\Delta\lambda} E(\lambda) R_E(\lambda) \tau_i(\lambda) \mathrm{d}\lambda \qquad (9-6)$$

式中，$E(\lambda)$ 为待测光源的光谱辐照度；$R_E(\lambda)$ 为探测器的辐照度响应度；$\tau_i(\lambda)$ 为第 i 块窄带干涉滤光片和水层的光谱透射比。

设第 i 块窄带干涉滤光片的中央透射波长为 λ_i，由于白炽灯的光谱能量分布较平滑，且和黑体的相近，因此窄谱段待测光源的光谱辐照度 $E(\lambda_i)$ 和温度为 T_e 的黑体的光谱辐亮度 $L_0(\lambda, T_e)$ 之间的关系可表示为

$$E(\lambda) = (b_0 + b_1\lambda + b_2\lambda^2 + b_3\lambda^3) L_0(\lambda, T_e) \qquad (9-7)$$

将式（9-7）代入式（9-6），有

$$\frac{I_i}{L_0(\lambda_i, T_e) \int_{\Delta\lambda} R_E(\lambda) \tau_i(\lambda) \mathrm{d}\lambda} = b_0 + b_1\lambda_i + b_2\lambda_i^2 + b_3\lambda_i^3 \qquad (9-8)$$

由于式（9-8）中存在五个未知数——b_i（$i=0,1,2,3$）和 T_e，所以用五块窄带干涉滤光片就可确定待定系数。如果用五块以上的窄带干涉滤光片，则用最小二乘法可更好地确定待定系数，进一步可得到待测光源的光谱辐照度 $E(\lambda)$。

若待测光源为线光谱，或者像气体放电灯等既有连续光谱又有线光谱，则连续光谱部分用上述方法进行测量，线光谱的部分单独进行测量。

图 9-7 所示为线光谱叠加在连续光谱上时探测器的读数。图（a）和图（b）分别是单色仪入射狭缝和出射狭缝在相同和不同时波长扫描与探测器读数的关系。设线光谱的中心波长为 λ_0，测量在 $\lambda_0 \pm 1.5\delta_\lambda$ 范围内进行，δ_λ 是单色仪的通带宽度，即包括了线光谱由于缝宽变化造成的辐照度分布变化。在波段范围内取样 10 个以上，则可求出线光谱区的面积 S。

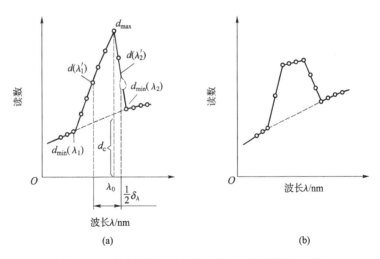

图 9-7　线光谱叠加在连续光谱上时探测器的读数

当用标准光源照射单色仪入射狭缝时，标准光源在波长 λ_0 处的光谱辐照度为 $E_e(\lambda_0)$，则以它标定得到线光谱的辐照度 $E_i(\lambda_0)$ 为

$$E_i(\lambda_0) = S \frac{E_e(\lambda_0)}{d_s(\lambda_0)} \qquad (9-9)$$

式中，$d_s(\lambda_0)$ 为标准光源在单色仪波长值调到 λ_0 时探测器的读数，则 $E_e(\lambda_0)/d_s(\lambda_0)$ 表示 λ_0 处单位读数对应的入射辐照度，其与面积 S 相乘，即线光谱在其谱线宽度上的辐

照度值。

线光谱的三角形或梯形用通带半宽度来求更为简单。通带宽度 δ_λ 即最大、最小读数的一半对应的三角形（或梯形）两侧的波长值差，为

$$d(\lambda'_1) = \frac{d_{\max}(\lambda_0) + d_{\min}(\lambda_1)}{2}, \quad d(\lambda'_2) = \frac{d_{\max}(\lambda_0) + d_{\min}(\lambda_2)}{2} \quad (9-10)$$

通带半宽度 $\delta_\lambda/2 = \lambda'_2 - \lambda'_1$。三角形的面积 $S = [d_{\max}(\lambda_0) - d_c]\delta_\lambda/2$。测量前，应对单色仪进行波长标定，否则波长误差会直接导致响应面积 S 等的测量误差。

当线光谱密度或吸收带造成光谱辐射度量随波长变化较大、用单色仪进行光谱辐射度量测量时，应当考虑缝宽的影响。因为出射狭缝处探测器的读数是光谱辐射度量和缝函数卷积的结果，如果直接用探测器读数和波长的关系去求光谱辐射度量，那么得到的是被狭缝"平滑"后的结果，缝的平滑作用随缝宽的增加而增大。

考虑了缝宽的影响，式（9-1）应写成

$$V(\lambda') = R_m \int_{-\infty}^{\infty} kL(\lambda)\tau(\lambda) \frac{\mathrm{d}\lambda}{\mathrm{d}l} r(\lambda) S(\lambda' - \lambda) \mathrm{d}\lambda = R_m V_e(\lambda') * S(\lambda') \quad (9-11)$$

式中，$S(\lambda')$ 为单色仪的缝函数；$V_e(\lambda') = kL(\lambda')\tau(\lambda')\frac{\mathrm{d}\lambda'}{\mathrm{d}l} r(\lambda')$；"$*$"表示卷积。

光源光谱辐强度分布或光谱辐射通量的测量可用与分布光度计测光通量类似的方法，探测器可用硅光电二极管加上一窄带干涉滤光片（透过中心波长为 λ_0），测出在 4π 空间光源光谱辐照度（光谱辐强度）的分布 $\varepsilon(\theta_i, \varphi_i, \lambda_0)$，然后在一个方向上测出其光谱辐照度 $E(\theta_0, \varphi_0, \lambda_0)$，就可求出待测光源的光谱辐射通量为

$$\Phi(\lambda_0) = R^2 \sum_{i=0}^{N} \frac{\varepsilon(\theta_i, \varphi_i, \lambda_0)}{\varepsilon(\theta_0, \varphi_0, \lambda_0)} E(\theta_0, \varphi_0, \lambda_0) \Delta\Omega_i \quad (9-12)$$

式中，R 为光源到探测器的距离；$\sum_{i=0}^{N} \Delta\Omega_i = 4\pi$。

待测光源相对光谱能量分布往往也随方向变化。用一片窄带干涉滤光片加硅光电二极管测得的辐照度分布 $\varepsilon(\theta, \varphi, \lambda_0)$ 并不一定能充分代表其他波长的情况，所以要测光源在宽工作谱段内的辐射通量就要用许多片窄带干涉滤光片，每更换一片滤光片，就测一次辐照度分布，最后在一个方向上测 $E(\theta_0, \varphi_0, \lambda_i)$。其他波长的 $\Phi(\lambda)$ 可由 $\Phi(\lambda_i)$ 插值求得。

9.2 总辐射度量的测量

总辐射度量的测量是对待测光源在整个辐射谱段内总辐射能的测量，它具有一些特点：

（1）由于待测光源一般包含相当宽光谱范围的辐射能，信号较强，在测量时一般无须用光学系统聚光，从而可避免光学系统吸收、反射等所引入的辐射能损失使测量不精确。当在相同的测量条件下进行辐射度量的比对测量时，由于消除了光学系统的影响，或者在光学系统的吸收、反射等影响精确测量或求得时才考虑采用光学系统。在辐亮度测量中，光学系统则是为了测量有确定的视场大小。

（2）由于要适应测量光谱范围的光辐射能，探测器的光谱响应范围应足够宽，随之也带来背景辐射对测量值有较大影响的问题。为了减小杂散光的影响，常常在测量光路中加入挡光片，但它们也有一定的温度。在光路中切断测量光路的快门也是如此。这些在光路中或

者光路附近的部件会对光谱响应扩展到热红外谱段的探测器输出测量值有贡献。当待测光源不充满仪器视场时，光源后部的背景辐射也是杂散光的来源。

减小背景噪声影响的一种方法是将探测器以及挡光片、快门、滤光片等在探测器附近对产生噪声电流影响较大的部件一起制冷，使它们在测量中温度恒定。

另一种方法是调制光信号。调制板在测量光路中的位置是比较重要的。在图9-8所示的测量辐亮度的装置中，调制板距光源有一定的距离，以免光源加热调制板，使之成为另一个热源。当调制板打开测量光路时，入射光信号包括待测光源的直射辐射通量和探测系统背景辐射通量；而当调制板切断测量光路时，调制板朝向探测器侧的镀银面（低的发射率）对探测器输出的贡献甚小，探测器的输出值只是探测系统内部各元件温度产生的辐射的贡献，这样，调制板就把较强的背景噪声源影响消除掉了。图9-8中，温度监测用探测器用于监测探测系统内温度的变化。

图9-8 测量辐亮度的装置

（3）在宽谱段内测量时，应考虑光辐射能传输介质可能出现的吸收对测量结果的影响。介质中的水蒸气、二氧化碳等过量及其变化都会在测量结果中引入误差，所以，除了平方反比定律等对测量距离的限制外，测量距离不宜过大，也可用强迫通风、充入惰性气体、局部抽真空等方法，使介质的吸收、散射对测量的影响减小。

在比对测量中，当待测光源和标准光源具有近似相同的光谱辐射特性时，介质的散射、吸收对测量的影响将自行消除。

总辐射度量的测量可用已知光谱辐射特性的光源和已知光谱响应度的探测器来测量。

9.2.1 用已知光谱辐射特性的光源进行测量

当待测光源在测量光路中时，输出电压

$$V' = \int_0^\infty L'(\lambda) R_L(\lambda) d\lambda = R_{max} \int_0^\infty L'(\lambda) r(\lambda) d\lambda \tag{9-13}$$

若已知光源在测量光路中时，有

$$V = \int_0^\infty L(\lambda) R_L(\lambda) d\lambda = R_{max} \int_0^\infty L(\lambda) r(\lambda) d\lambda \tag{9-14}$$

分析式（9-13）和式（9-14）可知：

（1）当探测器响应具有光谱选择性时，若已知探测器相对光谱响应 $r(\lambda)$ 和待测光源的相对光谱分布 $l'(\lambda) = L'(\lambda)/L'_{max}$，则可测得辐亮度为

$$L' = \int_0^\infty L'(\lambda) d\lambda = L'_{max} \int_0^\infty l'(\lambda) d\lambda \tag{9-15}$$

式中，$L'_{max} = V' \int_0^\infty L(\lambda) r(\lambda) d\lambda \Big/ \Big[V \int_0^\infty l'(\lambda) r(\lambda) d\lambda \Big]$。

如果待测光源的相对光谱能量分布与已知光源的相同，则

$$L' = \frac{V'}{V} L \tag{9-16}$$

这时，不必知道探测器的相对光谱响应。

（2）当探测器具有平坦的光谱响应时，有

$$V' = \frac{\int_0^\infty L'(\lambda)\,d\lambda}{\int_0^\infty L(\lambda)\,d\lambda} V = \frac{L'}{L} V \tag{9-17}$$

即测量结果与待测光源和已知光源的相对光谱能量分布无关。

图 9-9 所示为测量光源辐照度或某方向上的辐射强度的装置。测量光路上安置了待测光源或已知光源、快门和探测器，快门用于切断测量光路，一系列挡光片用于防止环境辐射直接投射到探测器上，在距光源相当距离处安置一黑色的屏。为防止快门开、关对实际测量结果的影响，快门、挡光片和屏都具有相同的温度，在测量时应保持环境温度不变。快门打开和关闭时测得的探测器信号之差就是直接来自待测光源（已知）辐射所产生的信号。

图 9-9　测量光源辐照度或某方向上的辐射强度的装置

9.2.2　用已知光谱响应度的探测器进行测量

当探测器响应具有选择性时，需要知道待测光源的相对光谱能量分布，由式（9-15）可得

$$L' = L'_{max} \int_0^\infty l'(\lambda)\,d\lambda \tag{9-18}$$

式中，$L'_{max} = V' \big/ \left[\int_0^\infty l'(\lambda) R_{\mathrm{L}}(\lambda)\,d\lambda \right]$。

如果探测器具有平坦的光谱响应，则

$$L' = \frac{V'}{R_{max}} \tag{9-19}$$

图 9-10　日辐射强度计

因此，实际测量基本上采用具有平坦光谱响应的热探测器。

图 9-10 所示为一种测量昼间光、太阳直射辐照度或大气散射辐照度的装置，叫日辐射强度计。以一个半球玻璃罩作为保护窗，在其球心处放置探测器，探测器表面为黑白相间的扇形片，白色表面喷涂硫酸钡，黑色表面喷涂漫射特性良好的 3M 黑漆；在每一扇形片下部是一热偶堆，白色表面下和黑色表面下各自的热偶堆构成了差动测温电路，从而可补偿环境

温度变化对辐照度测量的影响。

　　由于仪器测量半球向下空间的总辐照度，故仪器由水准器置水平，且对余弦响应有要求（图 9 − 11 所示为日辐射强度计的余弦响应曲线）。当入射角小于 70° 时，仪器有良好的余弦响应；当入射角大于 70° 时，由于表面层吸收的增加而使响应迅速下降，这也是大多数导电体余弦响应的特征。仪器响应度在一定程度上还随方位角的变化而变化。

　　用已标定热释电辐射计测量总辐射度量具有相当高的精度。需要注意的是，热释电探测器表面的金黑层在可见谱段有很高的吸收比（可达 0.99），但在远红外谱段的吸收比下降，例如在 10 μm 的表面反射比可达 0.15 ~ 0.60。

　　提高探测器表面光吸收能力的附件如图 9 − 12 所示，其内表面是抛光金属半球，球的一侧开孔作为辐射能的入射口。入射辐射在金属表面反射，射向抛光半球而又被球壁反射回探测器，从而使探测器表面的吸收比从可见到远红外谱段都可达到 0.99。

图 9 − 11　日辐射强度计的余弦响应曲线

图 9 − 12　提高探测器表面光
吸收能力的附件

9.3　辐射体的温度测量

本节主要讨论亮温、色温及辐射温度的测量方法。

9.3.1　亮温的测量

　　测量亮温最常用的仪器是光学高温计，图 9 − 13 所示为其结构原理。待测亮温的光源 B 置于仪器的通光孔前，通过仪器物镜 B_1、光阑 D_1 和中性滤光片 A_1 后，光源成像在高温计灯泡 P 的灯丝平面上。再经过光阑 D_2、目镜 B_2 和红色滤光片 F，由观察孔出射，人眼位于观察孔处。

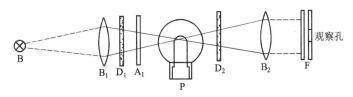

图 9 − 13　光学高温计的结构原理

　　光学高温计红色遮光片和人眼光谱光视效率曲线的组合，构成了中央波长约 0.65 μm、谱段宽度约 80 nm 的响应特性（见图 9 − 14 中带剖面线部分）。由于人眼在这个窄的红色谱段内灵敏度很低，故辐射源温度变化所引起的颜色变化已很难为人眼所察觉，故不会因为色差异造成亮度平衡的困难。

图9-14　光学高温计的光谱响应曲线

光学高温计的观察视场内，人眼可看到待测辐射源和高温计灯泡灯丝像（见图9-15）。调节灯泡的灯丝电流，使人眼在视场内看到的灯丝像逐渐"消隐"，由指示仪表读数，可直接读得待测辐射源的亮温值。灯丝"消隐"表示灯丝亮度和待测辐射源在0.65 μm窄谱段内亮度值相等，只要灯丝电流和亮温读数事先经过标定，仪器就可方便地用于辐射源亮温的测量。由于灯丝电流和亮温值之间的非线性关系，故亮温指示仪表刻度也是非等间隔。

电流过低　　　　消隐　　　　电流过高

图9-15　高温计灯泡灯丝像

高温计标定的标准辐射源是经过标定的钨带灯。在不加入中性密度滤光片时，标定的温度在700~1 200 ℃。温度太低时，人眼观察亮度太暗，会影响仪器的标定和测量精度。温度高于1 200 ℃时，应加入中性密度滤光片，以减弱由像的亮度过大对人眼的强刺激。其透射比τ可由下式求得：

$$\tau \frac{C_1}{\lambda^5}\exp\left(-\frac{C_2}{\lambda T_1}\right) = \frac{C_1}{\lambda^5}\exp\left(-\frac{C_2}{\lambda T_2}\right)$$

或

$$\frac{1}{T_2} - \frac{1}{T_1} = -\frac{\lambda\ln\tau}{C_2} \tag{9-20}$$

式中，T_1和T_2分别为辐射源的亮温和加入滤光片后测得的亮温。精密光学高温计和工业用高温计各有两块厚度为2 mm和3.2 mm的滤光片，分别用于1 200~1 800 ℃和1 800~3 200 ℃的测温。

当$1/T_2 - 1/T_1 =$常数时，即$\lambda\ln\tau$为常数时，衰减与待测辐射源的温度值无关，即在测温范围内不因辐射源温度的变化而对温度示数进行必要的校正。

9.3.2　色温的测量

最常用的测量色温的方法有两种：

（1）测量待测光源的相对光谱能量分布，利用色度计算公式，求出光源在色品图上的色品坐标，从而由色品图上等温相关色温线确定光源在给定工作电压下的色温或相关色温。

（2）双色法。这是最常用的色温测量或标定方法。测量需要已标定色温值的标准光源，再用待测光源和标准光源进行双色比对测量，求出待测光源的色温值。测量原理是：选定两个窄谱段（原则上是任意的，例如在可见谱段，常在蓝色和红色各选一个谱段），如果待测光源在这两个谱段探测器输出信号的比值与某色温的标准光源相同，那么标准光源的色温值就是待测光源的色温值（见图 9 – 16）。

双色法测色温的装置如图 9 – 17 所示。光源照射具有朗伯反射特性的白色漫射屏，在离屏一定距离处前部安置有两块滤光片转轮，一块滤光片透射的峰值波长为 0.46 μm，另一块为 0.66 μm，它们正好在可见谱段最大光谱光视效率所对应波长 0.55 μm 的两侧。由于测量值是两块滤光片移入测量光路时探测器的读数比，故对光源到漫射屏的距离没有特殊的要求。虽然距离的变化不会改变漫射屏反射光的光谱特性，但距离值也不宜过小。由于两块滤光片透射谱段很窄，待测光源和标准光源在相同的透射谱段上进行比对测量，所以对探测器的光谱响应特性也没有特殊要求，只要在测量谱段上具有足够的响应度就可以了。

图 9 – 16　双色法测色温

图 9 – 17　双色法测色温的装置

测量时，先求出标准光源在所标定的色温值下探测器的电压读数比 $(V_s/V_i)_{标准}$。其中，下标 s 表示短波滤光片移入光路；下标 i 表示长波滤光片移入光路。这一比值的测量应使标准光源置于离漫射屏不同的距离上，表 9 – 1 所示为在 4 种距离上测得的 $(V_s/V_i)_{标准}$ 也有所不同，取后 3 次测量的平均值 $(V_s/V_i)_{标准} = 14.65$。再将待测光源移入测量光路，边测边调节其灯丝电压，并改变它到漫射屏的距离，使探测器的读数 $V_{i待测}$ 与标准光源移入时探测器的读数 $V_{i标准}$ 相同（这样做是为了避免探测器非线性响应的影响以及读数 V_i 判断上的方便，具体测量时并非一定如此）。表 9 – 2 所示为待测光源色温标定记录，若使

$$\left(\frac{V_s}{V_i}\right)_{待测} = \left(\frac{V_s}{V_i}\right)_{标准} \tag{9 – 21}$$

则待测光源工作在标定电压值（表中为 94.5 V），具有与标准光源相同的色温（表中色温为 2 856 K）。

表 9 – 1 标准光源的 $(V_s/V_i)_{标准}$

标准光源的色温：2 856 K；工作电压：77.61 V			
标准光源到漫射屏的距离/m	探测器输出读数/V		$(V_s/V_i)_{标准}$
	$V_{i标准}$	$V_{s标准}$	
0.76	86.0	1 280	14.9
1.02	48.7	718	14.7
1.52	21.5	315	14.65
2.04	12.0	175	14.6

表 9 – 2 待测光源色温标定记录

待测光源到漫射屏的距离/m	灯丝电压/V	探测器输出读数/V		注	色温/K
		$V_{i标准}$	$V_{s标准}$		
		21.5	315	由表 9 – 1	2 856
1.17	89	21.5	400	红色偏多	—
1.25	92	21.5	360	红色偏多	—
1.36	95	21.5	310	红色偏少	—
1.35	94.5	21.5	314	正好	2 856

当光源的光谱能量分布特性与黑体相近时，如白炽灯，利用维恩近似式，可将光源的光谱辐射强度表示成

$$I(\lambda) \propto \lambda^{-5}\exp\left(-\frac{C_2}{\lambda T}\right)$$

设滤光片的光谱透射比为 $\tau(\lambda)$，探测器的光谱响应度为 $R(\lambda)$，滤光片谱段宽度为 $\Delta\lambda$，则探测器的输出信号为

$$V = \int_{\Delta\lambda} I(\lambda)\tau(\lambda)R(\lambda)\mathrm{d}\lambda \approx \overline{I}(\lambda)\overline{\tau}(\lambda)\overline{R}(\lambda)\Delta\lambda \qquad (9-22)$$

由于滤光片谱段很窄，光谱量可取它们在谱段内的平均值。于是

$$\left(\frac{V_s}{V_i}\right)_b = \frac{\varepsilon(\lambda)\lambda_s^{-5}\exp\left(-\dfrac{C_2}{\lambda_s T_b}\right)\overline{\tau}(\lambda_s)\overline{R}(\lambda_s)\Delta\lambda_s}{\varepsilon(\lambda)\lambda_i^{-5}\exp\left(-\dfrac{C_2}{\lambda_i T_b}\right)\overline{\tau}(\lambda_i)\overline{R}(\lambda_i)\Delta\lambda_i}$$

$$= \exp\left[-\frac{C_2}{T_b}\left(\frac{1}{\lambda_s}-\frac{1}{\lambda_i}\right)\right]\frac{\varepsilon(\lambda)\overline{\tau}(\lambda_s)\overline{R}(\lambda_s)\Delta\lambda_s\lambda_i^5}{\varepsilon(\lambda)\overline{\tau}(\lambda_i)\overline{R}(\lambda_i)\Delta\lambda_i\lambda_s^5} \qquad (9-23)$$

式中，T_b 为待测光源的等效黑体温度（即色温）。

当标准光源和待测光源种类相同时，同理可写出对应的表达式：

$$\left(\frac{V_s}{V_i}\right)_s = \exp\left[-\frac{C_2}{T_s}\left(\frac{1}{\lambda_s}-\frac{1}{\lambda_i}\right)\right]\frac{\varepsilon(\lambda)\overline{\tau}(\lambda_s)\overline{R}(\lambda_s)\Delta\lambda_s\lambda_i^5}{\varepsilon(\lambda)\overline{\tau}(\lambda_i)\overline{R}(\lambda_i)\Delta\lambda_i\lambda_s^5}$$

两者相除得

$$\ln\left[\left(\frac{V_s}{V_i}\right)_b\Big/\left(\frac{V_s}{V_i}\right)_s\right] = -C_2\left(\frac{1}{\lambda_s} - \frac{1}{\lambda_i}\right)\left(\frac{1}{T_b} - \frac{1}{T_s}\right)$$

或

$$\frac{1}{T_b} = \frac{1}{T_s} - \frac{\ln\left[\left(\frac{V_s}{V_i}\right)_b\Big/\left(\frac{V_s}{V_i}\right)_s\right]}{C_2\left(\frac{1}{\lambda_s} - \frac{1}{\lambda_i}\right)} \tag{9-24}$$

当待测光源和标准光源种类相同且光谱能量分布与黑体相近时，由已知标准光源的色温以及测得的 $(V_s/V_i)_b$ 和 $(V_s/V_i)_s$，就可求得待测光源的色温值。改变待测光源灯丝电压，测得一系列 $(V_s/V_i)_b$，由式（9-24）可算出对应的 T_b，从而可建立待测光源色温随灯丝电压的关系。

9.3.3　辐射温度的测量

由辐射温度的定义及式（2-25），得

$$T = \varepsilon(T)^{-1/4}T_b$$

式中，T 为辐射体的真实温度；T_b 为其等效黑体温度，即辐射温度。

在测得辐射温度条件下，由已知发射体的发射效率可求得其真实温度。由于发射率的误差造成的真实温度测量误差，可由上式的偏导数来估计，即

$$\frac{\partial T}{T} = -\frac{1}{4}\frac{\partial \varepsilon(T)}{\varepsilon(T)} \tag{9-25}$$

即辐射测温的相对测温误差是发射率相对误差的 1/4。

一般地，辐射测温所用的谱段越宽，精确测温的困难就越大。在窄谱段测温时，可用较高测量灵敏度的谱段。全辐射测温的最大优点是可测量较低的温度（如可测到 -100 ℃ 的样品温度），因为测量信噪比大，故它一般用于低温或温度控制而非温度的精确测量上。

图 9-18 所示为加了镀金半球前置反射镜的辐射测温计结构。在半球顶点处开一小孔，待测物体表面的辐射能通过物镜汇聚在热偶堆上。前置反射镜与待测物体表面接触形成的空腔相当于一黑体，其 $\varepsilon \approx 1$，仪器直接测出待测物体表面的真实温度。

这种仪器用于测量发射率大于 0.5 的表面，测温范围为 $100 \sim 400$ ℃，$400 \sim 800$ ℃ 和 $800 \sim 1\,300$ ℃，误差为 ± 10 ℃。镀金半球要和待测物体的表面接触，由于表面温度较高，易损坏测量头，故高温时只作短时间接触测量。

图 9-18　加了镀金半球前置反射镜的辐射测温计结构

习题与思考题

1. 简述辐射光谱分解的主要形式和各自的特点与应用范围。

2. 在实际工作中，如果应用到单色仪进行光谱辐射分布测量，应该注意哪些问题？

3. 设计一个采用光谱灯标定单色仪波长标尺的实验。

4. 设计一个测量某白炽灯光强辐射光谱分布的实验。请指出你设计的实验步骤能否用于其他光源的光谱分布测量，为什么？

5. 有一红外单色仪，第二物镜的焦距为 156 mm，狭缝宽度为 25 μm，缝高为18 mm，在波长为 5 μm 时单色仪的透射比 $\tau(5\ \mu m)=0.800$，入射狭缝处的辐亮度为 5 mW/（$cm^2 \cdot sr \cdot \mu m$），出射光瞳的面积 $A=5.85\ cm^2$。假设以出射狭缝的宽度作为出射的光谱宽度，试求通过单色仪的辐射通量。如果只具有能显示 0~8 V 的数字电压表，则至少应选择响应率多大的探测器？若想把测试精度提高一个数量级，应采取怎样的措施？

6. 以点辐射源的辐射强度测量为例，说明辐射测量精确度的确定方法，并指出它与测量中所用辐射计精确度之间的相互关系。

7. 说明辐射强度与辐亮度测量原理与方法间的异同。

8. 设计一个采用控温精度为 0.5% 的标准黑体，长度为 2 m，距离精度为 0.01% 的光具座进行辐射计校准实验过程。如果黑体的温度调节范围在 400~800 K，黑体的光进行辐射计校准实验过程，黑体的光阑面积有 $1\ mm^2$、$2\ mm^2$、$4\ mm^2$、$8\ mm^2$、$16\ mm^2$、$32\ mm^2$ 的规格（精度为 0.05%）。请给出你采用的方法所获得的校准精度，以及对辐射计使用的要求。

9. 在辐射源的标定中可以采用标准辐射测量源或标准辐射计作标准，请给出二者的差别并举例说明。

10. 从辐射测温基本原理上说明全辐射测温与比色测温方法的特点和区别，并给出二者的使用范围。

11. 现有 2 856 K 标准光源一只、光谱滤光片一组、光照度计一台，设计一个把某光源的色温标定在 2 856 K 的实验，并对所采用的实验步骤和实验器材（如滤光片工作波长、照度计工作范围等）给予解释。能否把光源的色温标定在其温度下？

12. 辐射测温的测量精度与其他测温方法所给出的精度有无区别？应该怎样定义和理解辐射测温仪的测温精度？

13. 比色测温中还有三色测温，它是依次取三个波长 λ_1、λ_2 和 λ_3 测量辐射功率，将第一和第三个波长的辐射功率之积除以第二个波长辐射功率的平方来确定色温度。证明在三色测温中，色温度与真实温度之差与 $\varepsilon_{\lambda_1}\varepsilon_{\lambda_3}/\varepsilon_{\lambda_2}^2$ 有关。

第 10 章
颜色的测量及其仪器

　　颜色的测量主要包括物体色的测量与光源色的测量两大类。物体色的测量又分为非荧光物体色测量和荧光物体色测量。在非荧光物体色的测量方法中，又可分为目视测色和仪器测色两大类。其中，仪器测色又包括分光光度法、光电积分法及密度法等。光源色测量同样可以划分为目视测色和仪器测色两大类。其中，仪器测色法主要有分光测色法和光电积分测色法两类。

　　人眼作为最古老的颜色测量工具，对微小的颜色差别有很敏锐的辨别能力，因此人们长期利用目视比较的方法来区别产品的颜色质量。但是目视方法测量结果带有主观性，受到视觉适应性、人眼光谱响应差异、测量时人的身体状况（疲劳程度）等因素的影响。在颜色的分析和标定中，目视比较法和目视测量仪器都有不少缺陷。

　　CIE 标准色度系统的建立，为客观地测量物体的颜色以及光源的颜色奠定了基础。无论物体色还是光源色，都可以通过测量它们在 CIE 标准色度系统下的三刺激值来确定颜色。

　　在物体色的测量方法中，测色分光光度计或光谱测色仪是物体色测量的最基本仪器。该类仪器不直接测量物体的三刺激值，而是通过物体的光谱反射特性或光谱透射特性来计算它们的三刺激值，即首先测量物体的光谱辐亮度因数、光谱反射比、光谱透射比等，其次选用 CIE 的标准照明体和标准色度观察者，通过积分计算求得颜色的三刺激值。

　　在 CIE 1931 XYZ 系统中，物体色的三刺激值的计算公式为

$$X = K\int S(\lambda)\beta(\lambda)\overline{x}(\lambda)\mathrm{d}\lambda, \quad Y = K\int S(\lambda)\beta(\lambda)\overline{y}(\lambda)\mathrm{d}\lambda, \quad Z = K\int S(\lambda)\beta(\lambda)\overline{z}(\lambda)\mathrm{d}\lambda$$

式中，$S(\lambda)$ 为 CIE 标准照明体的光谱分布；$\beta(\lambda)$ 为标准测量几何条件下被测物体的光谱辐亮度因数，在某些情况下，可以用物体的光谱反射比 $\rho(\lambda)$ 替代 $\beta(\lambda)$；$\overline{x}(\lambda)$，$\overline{y}(\lambda)$，$\overline{z}(\lambda)$ 为 CIE 1931 XYZ 系统标准色度观察者的光谱三刺激值。

　　另一类物体色的测量仪器称为色度计，该类仪器的光谱响应特性类似人眼的视觉系统，通过直接测量与物体色的三刺激值成比例的仪器响应数值，换算出物体色的三刺激值。色度计获得三刺激值的方法由仪器内部光学模拟积分完成，即用滤色镜来校正仪器光源和探测元件的光谱特性，使输出的电信号大小正比于 CIE 1931 XYZ 标准色度系统的三刺激值。

　　对于某些透明物体颜色的测量，需要测量它们在标准的透射测量几何条件下的光谱透射比 $\tau(\lambda)$ 或光谱透射因数，然后计算它们的三刺激值，计算公式为

$$X = K\int S(\lambda)\tau(\lambda)\overline{x}(\lambda)\mathrm{d}\lambda, \quad Y = K\int S(\lambda)\tau(\lambda)\overline{y}(\lambda)\mathrm{d}\lambda, \quad Z = K\int S(\lambda)\tau(\lambda)\overline{z}(\lambda)\mathrm{d}\lambda$$

　　而对于光源的颜色测量，目前大都采用光谱辐射分布来计算其三刺激值，计算公式为

$$X = K\int \varphi(\lambda)\,\overline{x}(\lambda)\,\mathrm{d}\lambda, \quad Y = K\int \varphi(\lambda)\,\overline{y}(\lambda)\,\mathrm{d}\lambda, \quad Z = K\int \varphi(\lambda)\,\overline{z}(\lambda)\,\mathrm{d}\lambda$$

式中，$\varphi(\lambda)$ 为被测光源的光谱辐射分布（如光谱辐亮度分布），它们的具体测量方法可参照有关的国家标准或国际标准。

还有一类不是标准颜色测量的仪器——密度计，其响应与标准色度观察者的响应并无严格的对应关系，然而它也具有红、绿、蓝响应，因为人的视觉系统有红、绿、蓝响应的感受器，所以彩色密度计的响应和人类观察者的响应之间也存在着一定的关系。密度计在某些情况下能给出颜色测量的近似值，能十分精确地探测到颜色和色差的变化，而不论这种变化是否能被人眼觉察出来。因此，彩色密度计是颜色和颜色处理过程中进行质量控制的有效仪器，尤其在照相和印刷业。

本章主要介绍物体色和光源色的测量方法及其装置，此外还介绍荧光色及白度的测量方法。

10.1　颜色测量的标准化

由于颜色视觉的复杂性，颜色测量条件必须标准化，仪器间的测量结果才有可比性。根据 CIE 的规定，颜色测量必须在以下三个方面实现标准化：

（1）在计算被测量样品的三刺激值时，照明光源选择标准照明体，常用的标准照明体有 A，C，D65。

（2）在计算被测量样品的三刺激值时，要选用标准色度观察者，小视场（1°~4°）时选用CIE 1931 标准色度观察者，大视场（10°）时选用 CIE 1964 标准补充色度观察者。

（3）测量装置必须选择标准化几何条件，即标准照明观察条件。

10.1.1　照明观察的几何条件

物体的颜色测量是通过对光谱或三刺激值的测量来实现的，因此测量结果与光源、探测器和样品的相对位置关系即几何条件有关。同样地，对颜色样品的目视评价也会受照明和观察的几何条件影响，测量结果和目视评价的相关程度依赖于仪器测量的几何条件对实际观察时几何条件的模拟程度。在 2004 年之前，CIE 根据人眼观察物体的主要方式规定了 4 种反射测量的几何条件和 4 种透射测量的几何条件。以反射测量为例，如图 10-1 所示，这些几何条件包括 0/d（垂直照明/漫射接收），d/0（漫射照明/垂直接收），0/45（垂直照明/45°接收）和 45/0（45°照明/垂直接收）。

根据 CIE 规定，在 0/45、45/0、d/0 三种条件下测得的光谱反射因数称为光谱辐亮度因数，分别记为 $\rho_{0/45}$、$\rho_{45/0}$ 和 $\rho_{d/0}$；在 0/d 条件下测得的光谱反射因数称为光谱反射比 ρ。

随着仪器制造业和其他颜色应用的不断发展，几何条件的实现方式多种多样，上述几何条件的表示方法已经不能全面地阐述测量状态。例如，规则反射成分或镜面反射成分是否包含 45/0 条件中入射光的实现方式等均未能在符号中表示。因此，CIE 于 2004 年在其出版物中对几何条件的表示方法进行了修订，并取消了仪器测量中"照明/观测条件"的提法，代之以"几何条件"，以避免与目视观察条件相混淆。

1. 反射测量的几何条件

对于物体反射色度的测量，CIE 规定了以下十种几何条件：

图 10-1　CIE 在 2004 年以前的 4 种反射测量的几何条件

（1）漫射：8°几何条件，包含镜面成分，简写符号为 di:8°。

这里，di 是 diffusion 和 included 的缩写。如图 10-2 所示，取样孔径被以其平面为界的半球内表面从各个方向均匀地照明，测量区域过充满。探测器对取样孔径区域的响应均匀，反射光束轴线和样品中心法线呈 8°角，在接收光束轴线 5°内的所有方向上认为取样孔径反射的辐射是均匀的。

（2）漫射：8°几何条件，排除镜面反射成分，简写符号为 de:8°。

这里，de 是 diffusion 和 excluded 的缩写。如图 10-3 所示，首先满足 di:8°的条件，但是用一个光泽陷阱取代了图 10-2 的反射平面。因此将单面的平面反射镜放置于取样孔径处时，没有光反射到探测器方向，并且在这个方向的 1°以内也没有镜面反射，以便为仪器杂散光或对准误差留有宽容度。

图 10-2　CIE 的 di:8°几何条件

图 10-3　CIE 的 de:8°几何条件

（3）8°：漫射几何条件，包含镜面成分，简写符号为8°:di。

该几何条件满足di:8°的条件，但照明光源与探测器的光路相反。因此取样孔径被与法线呈8°角的光照明，以参考平面为界的半球收集取样孔径反射的各个角度的通量，如图10 - 4所示。

（4）8°：漫射几何条件，排除镜面反射成分，简写符号为8°:de。

该几何条件满足de:8°的条件，但照明光源与探测器的光路相反，如图10 - 5所示。

图10 - 4　CIE的8°:di几何条件

图10 - 5　CIE的8°:de几何条件

（5）漫射/漫射几何条件，简写符号为d:d。

该几何条件的照明满足di:8°的条件，且用以参考平面为界的半球收集取样孔径反射的各个角度通量。

（6）备选的漫射几何条件（d:0°）。

该几何条件是备选漫射几何条件，它的出射方向沿着样品法线，这是严格的不包含镜面反射的几何条件。

（7）45°环带/垂直几何条件（45°a:0°）。

这里，a是annular的缩写。如图10 - 6所示，从顶点位于取样孔径中心，中心轴位于取样孔径法线上，半角分别为40°和50°的两个正圆锥之间各个方向射来的光均匀地照明取样孔径；探测器从顶点位于取样孔径中心，中心轴沿样品法线方向、半角为5°的正圆锥内均匀接收反射辐射。这种几何条件可以将样品质地和方向的选择性反射影响降至最低。如果这种照明几何条件是由多个光源以接近于环形排列来近似得到，或者由多根出光口排列成圆形且被单个光源照明的光纤束近似得到，就得到圆周/垂直几何条件（45°a:0°）。

（8）垂直/45°环带几何条件（0°:45°a）。

其中角度和空间条件满足45°a:0°的条件，但照明光源与探测器的光路相反。因此取样孔径被垂直照明，反射辐射被中心与法线呈45°角的环带

图10 - 6　CIE规定的45°a:0°几何条件

接收。

（9）45°单方位/垂直（45°x:0°）。

其中角度和空间条件满足45°a:0°的条件，但辐射只从一个方位角发出，这排除了镜反射，但突出了质地和方向性。符号中 x 表示入射光束从某任意方位照射参考平面。

（10）垂直45°单方位（0°:45°x）。

其中角度和空间条件满足45°x:0°的条件，但光路相反。因此样品表面被垂直照明，从与法线呈45°角的某个方位接收反射辐射。

CIE 规定，在几何条件符合（1）、（2）、（6）、（7）、（8）、（9）、（10）的情况下测量的结果是光谱反射因数，当测量张角足够小时，反射因数的量值与辐亮度因数的量值相同。符合几何条件（3）且积分球为理想积分球时，测量结果为反射比。因此在45°x:0°条件下可以给出辐亮度因数 $\beta_{45:0}$；在0°:45°x 条件下可以给出辐亮度因数 $\beta_{0:45}$；在 di:8°条件下可以给出辐亮度因数 $\beta_{di:8}$，它接近于辐亮度因数 $\beta_{d:0}$；在8°:di 条件下的测量结果是反射比 ρ。

2. 透射测量的几何条件

对于透射物体的颜色测量，CIE 规定了以下六种几何条件。

（1）垂直/垂直几何条件（0°:0°）。

如图10-7所示，入射与测量的几何条件都是完全相同的正圆锥状，正圆锥的轴位于取样孔径中心的法线上，半角是5°，取样孔径的面辐射和角辐射以及探测器的面响应和角度响应都是均匀的。

（2）漫射/垂直几何条件（di:0°），包含规则成分。

如图10-8所示，取样孔径被以第一参考平面为界的半球从各个方向均匀地照明，测量光束与0°:0°几何条件的规定相同。

图10-7　CIE 的透射测量0°:0°几何条件　　图10-8　CIE 的透射测量 di:0°几何条件

（3）漫射/垂直几何条件（de:0°），排除规则成分。

该几何条件满足 di:0°，但当开放取样孔径（如不放置样品），测量取样孔径中心时，没有直射到探测器的光，并且在1°以内也没有直射光。

（4）垂直/漫射几何条件（0°:di），包含规则成分。

该几何条件与 di:0°相反，如图10-9所示。

（5）垂直/漫射几何条件（0°:de），排除规则成分。

该几何条件的光源和探测器的位置与 de:0°相反。

（6）漫射/漫射几何条件（d:d）。

该几何条件的取样孔径被以第一参考平面为界的半球从各个角度均匀地照明，透射通量被以第二参考平面为界的半球均匀地从各个角度接收，如图10-10所示。

CIE 规定，在以上测量几何条件中，排除规则成分条件下测量的量是透射因数外，其余均为透射比。

图 10 – 9　CIE 的透射测量 0°:di 几何条件

图 10 – 10　CIE 的透射测量 d:d 几何条件

3. 几何条件的选择

在制作测色仪器或对现有样品需要进行颜色评价时，选择几何条件十分重要。一般来说，几何条件对测试结果都有影响，同一个样品，用不同的几何条件测试时，可能给出很不相同的结果。

只有对于完全漫反射样品或完全漫透射样品，各种几何条件下的测试结果才可能是一样的，而且与目视评价极其相近。

对于镜面反射样品（如镜面）或完全透明的样品（如光学玻璃），容易划分出镜面反射方向或规则透射方向的区域。选择适当的反射几何条件或透射几何条件，就能获得所要的光束（也只包含所要的光束）的信息。从而得到完全包括镜面反射（或规则透射）还是完全排除镜面反射（或规则透射）的正确评价，而且与目视评价也有很好的相关性。

大多数样品很少有上述极限情况，但有些透射样品，漫射量足够小，几何条件影响不大；而反射样品则很少有漫射大到几何条件没有影响的程度。

几何条件的差异是影响仪器之间测试结果一致性的重要原因。

几何条件如何选择与自己的工作性质有关。下面是反射样品一般应该考虑的内容。

（1）对镜面反射成分的处理。对于非金属材料（除非它是白色的），镜面反射光总是要降低颜色的饱和度。含镜面反射成分越多，饱和度降低得就越多。一个样品在不同几何条件下测试，镜面反射成分究竟包含多少，除几何条件外，还与样品的表面性质有关。一般来说，定向型的几何条件能彻底排除镜面反射成分；（de:8°）、（8°:de）不能完全排除镜面反射成分；而（di:8°）、（8°:di）、（d:d）则不能排除镜面反射成分。

（2）几何条件对偏振的影响。垂直照明（0°或8°方向照明）或漫射照明（积分球照明）的几何条件可以避免偏振影响，因为照明光束入射角很小时，偏振非常小；而漫射照明时，偏振结果是所有方向的平均值。但是，45°方向照明的几何条件就可能产生严重影响。因此有偏振倾向的样品慎用45°照明的几何条件。

（3）测试结果与目视评价的相关性。人们在观察物体时，一般喜欢将样品表面的镜面反射光排除，这样可以获得有关颜色的最多信息。对高光泽和中等光泽样品用排除镜面反射成分的几何条件，测试结果与目视评价有较好的相关性。有人曾对（45°:0°）和（d:0°）两种几何条件作了研究，对同样染料、不同表面纹理和光泽的一对样品进行色差测试，（45°:0°）条件测得结果有明显色差，与目视感觉一致；而（d:0°）条件则几乎测不到差别。但45°:0°条件对样品表面结构的方向性比较敏感，会造成测试结果的不确定性。为减小这种影响，可用环形照明或环形接收。

（4）待测样品的性质。

①含荧光材料的样品。如前面反射测量的几何条件（5）所述，用积分球测量荧光样品时，照明光束的光谱功率分布会被样品的反射和发射光改变，所以，最好采用定向型几何条件（45°a:0°，0°:45°a，45°x:0°，0°:45°x）。

②逆反射材料。逆反射的反射光主要从靠近入射光线的反方向返回，而且当入射光的方向在较大范围内变化时，仍能保持这种性质。所以对逆反射样品的测试应采用特殊的几何条件（参看有关书籍）。

③金属材料。在测量金属材料的颜色时，应用包含镜面反射成分的几何条件。不易排除光泽。

④暴露在外，受气候、环境污染的样品。如果只是了解其染料、颜料受环境等影响后变化的情况，就选含镜面反射成分的几何条件，这样就可避免受表面光泽和纹理等的影响。

（5）行业差别。不同行业有自己的行业标准（国际的和国内的）和习惯，应予遵守。

对于计算机配色，过去习惯用含镜面反射成分的积分球照明或积分球接收的几何条件，用软件扣除镜面反射成分，进行配色；近来也有人对排除镜面反射成分的几何条件做了研究，通过软件来校正测试数据。

（6）仪器之间测试结果的一致性。不同厂家制造的仪器，即使都按 CIE 推荐的几何条件制作，测试结果也不能完全一样，就几何条件而言，（di:8°）和（8°:di）的一致性更好些。它们不受光吸收陷阱差异的影响，对样品表面结构也较不敏感。

前面所述不能当成必须遵守的规定，只能参考。因为具体情况和操作者的目的不同，需要灵活掌握。

10.1.2　比较测量及其参比基准

比较测量是相对于绝对测量来说的，就是选一个已知数据的标准物体，将样品测量的值与其比较，从而求得待测样品的数值。比较测量法广泛用于许多技术测量中，光源光谱功率分布的测量是用标准灯作参比标准；物体光谱反射比的测量可用已知反射比的标准白板作参比标准；色度计测量时用已知三刺激值的标准白板作参比标准；等等。由于绝对测量法比较复杂，所以一般用户较小采用。国家计量部门用绝对测量法得到准确的参比基准，再用比较法过渡给其他的参比标准，供广大用户使用。我国对于参比标准的分类和名称，多年来也在不断变化。所以，本书不按某个具体标准，只按参比标准的使用性质加以分类说明。

1. 参比标准

（1）漫反射测量参比标准。

①完全漫反射体（Perfect Reflecting Diffuser）。完全漫反射体是 CIE 推荐的测量光谱反射因数的参比标准。它是能够使入射在其上面的辐射在所有方向上的辐亮度相同，且光谱反射比均为 1 的理想漫反射体。在现实中，这种材料是不存在的，但是计量部门能够相对于它标定出初级基准。

②初级基准（Primary Standards）。初级基准就是计量部门最准确的实物标准之一。它是相对于完全漫反射体进行测量的，从而得到标准数据，是用来标定其他基准的基准。因为相

对于完全漫反射体的光谱反射因数就是绝对值，计量部门用绝对测量法对初级基准进行测量，从而获得它的绝对光谱反射因数。绝对测量方法有多种，前面讲过的辅助积分球法就是测量绝对反射比 $\rho(\lambda)$ 的一种方法；还有测量 $\rho(\lambda)$ 的台劳法（Taylor）；也有测量亮度因数 $\beta(\lambda)$ 的其他方法。

制作初级基准的材料一般用高级别的 MgO（氧化镁）、$BaSO_4$（硫酸钡）或 Halon（聚四氟乙烯）等。

a. MgO 有理想的漫反射特性，反射比高。在 1969 年以前，其曾作为反射测量的参比基准，1969 年起被完全漫反射体代替。它的缺点是稳定性差，从而影响了它的使用。表 10 – 1 所示为美国国家标准局（NBS）的优质氧化镁（MgO）标准白板的光谱反射比。我国用镁带制成的烟熏 MgO 的光谱反射比大约为 NBS 数值的 99%。

表 10 –1   NBS 的优质 MgO 标准白板的光谱反射比

波长/nm	反射比 $\rho(\lambda)$	波长/nm	反射比 $\rho(\lambda)$
380	0.987	495	0.993
385	0.988	500	0.993
390	0.988	505	0.993
395	0.988	510	0.993
400	0.989	515	0.992
405	0.990	520	0.992
410	0.990	525	0.992
415	0.990	530	0.992
420	0.991	535	0.992
425	0.992	540	0.992
430	0.992	545	0.992
435	0.992	550	0.992
440	0.992	555	0.992
445	0.992	560	0.992
450	0.992	565	0.992
455	0.992	570	0.992
460	0.992	575	0.992
465	0.992	580	0.991
470	0.992	585	0.991
475	0.992	590	0.991
480	0.992	595	0.991
485	0.992	600	0.991
490	0.993	605	0.990

波长/nm	反射比 $\rho(\lambda)$	波长/nm	反射比 $\rho(\lambda)$
610	0.990	700	0.988
615	0.990	705	0.988
620	0.990	710	0.987
625	0.990	715	0.987
630	0.990	720	0.987
635	0.990	725	0.987
640	0.990	730	0.987
645	0.990	735	0.987
650	0.990	740	0.987
655	0.990	745	0.987
660	0.990	750	0.987
665	0.990	755	0.987
670	0.990	760	0.987
675	0.990	765	0.987
680	0.989	770	0.987
685	0.989	775	0.987
690	0.989	780	0.987
695	0.988	—	—

b. 硫酸钡（BaSO$_4$）的化学稳定性好，既可用于压制，也可用于喷涂。在可见光谱范围内，其反射比很高，1.2 μm 以后就明显下降，2 μm 时就只有约 80% 了。当入射角小于 60° 时，BaSO$_4$ 具有近似的朗伯漫射特性。由于其压制 BaSO$_4$ 效果好，故得到了广泛应用。表 10 - 2 所示为柯达（Kodak）公司的硫酸钡粉剂压块的光谱反射比。

表 10 - 2　柯达公司的硫酸钡粉剂压块的光谱反射比 （0:d）

波长/μm	反射比 $\rho(\lambda)$	波长/μm	反射比 $\rho(\lambda)$	波长/μm	反射比 $\rho(\lambda)$
0.25	0.950	0.42	0.989	0.58	0.992
0.28	0.962	0.44	0.990	0.60	0.992
0.30	0.968	0.46	0.991	0.65	0.992
0.32	0.972	0.48	0.991	0.70	0.992
0.34	0.977	0.50	0.991	0.75	0.992
0.36	0.981	0.52	0.991	0.80	0.992
0.38	0.984	0.54	0.991	0.90	0.990
0.40	0.987	0.56	0.992	1.00	0.986

c. Halon（聚四氟乙烯）是一种多氟树脂，化学稳定性较好。在可见光谱区，它的反射比接近 $BaSO_4$，但在红外波段优于 $BaSO_4$。在 350 ~ 1 800 nm 范围内，反射比大于或等于 99%。其漫反射性也很好，但是在 250 ~ 280 nm 处有微弱的发光性。由于 Halon 具有一定的半透明性，故压制厚度不能太小，一般不应小于 10 mm（而 $BaSO_4$ 有 5 mm 就可以了）。它也得到了广泛的应用。表 10 - 3 所示为聚四氟乙烯的光谱反射比。

表 10 - 3　聚四氟乙烯的光谱反射比（6°:d）

波长/μm	反射比 $\rho(\lambda)$	波长/μm	反射比 $\rho(\lambda)$	波长/μm	反射比 $\rho(\lambda)$
0.20	0.962	0.70	0.994	1.60	0.992
0.25	0.973	0.75	0.994	1.70	0.990
0.30	0.984	0.80	0.994	1.80	0.990
0.35	0.990	0.90	0.994	1.90	0.985
0.40	0.993	1.00	0.994	2.00	0.981
0.45	0.993	1.10	0.994	2.10	0.968
0.50	0.994	1.20	0.993	2.20	0.977
0.55	0.994	1.30	0.992	2.30	0.972
0.60	0.994	1.40	0.991	2.40	0.962
0.65	0.994	1.50	0.992	2.50	0.960

目前，市场上有专门制作参比标准的优质粉剂材料出售。有了初级基准，就可用比较测量法将数据传递给其他参比标准。

③传递基准。由于初级基准来之不易，因此要精心保管，且不宜经常使用。一般用初级基准标定传递基准。传递基准是标定其他级别的传递基准或工作标准的基准。

传递基准常用优质搪瓷、陶瓷、乳白玻璃等制作。它们有反射比较高、中性较好、稳定性很好、易于清洁等优点。这些材料通常可做成无光泽和有光泽两种。有光泽表面的最大优点是易于清洁。但它与无光泽表面相比也有缺点，主要是漫反射性差；消偏振作用也比无光泽表面差，这一点对 45°照明的仪器就很重要。尽管如此，由于有光泽表面易于清洁和耐久性好的优点，许多标准白板，尤其是工作标准仍多用有光泽的参比标准。

④工作标准。工作标准由传递基准标定而来，用于实验室常规使用，也可用搪瓷、陶瓷、乳白玻璃和一些油漆制品等制作。

当然，使用部门也可以将参比标准分为两种：一种用于日常使用；另一种须精心保管，用于定期检查常用参比标准的数据变化情况。材料也应灵活应用，一般实验室可用粉剂 $BaSO_4$、海龙等制作。

所有参比标准都应精心保护，并定期到计量部门检测。

在一些特殊情况下，样品本身有时也用来作参比标准。参比标准与待测样品的光谱反射比规律越相近，测量时越能消除几何条件差异带来的影响。当然，用作参比标准的样品，应到计量部门标定。在评价印刷墨汁时，用印前的纸作参比标准更好，这样可排除纸本身因素的影响。

（2）镜面反射样品测量参比标准。

①完全镜反射面。完全镜反射面是对于所有波长的光谱反射比均为100%。其在现实生活中是不存在的。同样，计量部门可以相对于它标定出实物基准。

②初级基准。常用抛光的黑玻璃等作为初级基准的样品。它是通过测量其折射率，可用菲涅尔公式计算出黑玻璃的反射比ρ。可用它标定传递基准。

③传递基准。传递基准由初级基准标定而来，再用它标定其他级别的基准和工作标准。例如：抛光的黑玻璃用于高光泽样品测量；无光泽的搪瓷或陶瓷用于中等或低光泽样品测量；玻璃上用真空镀金属的板常用于金属材料表面的镜反射测量。铝和金常用作镀层材料，铝在可见光区的中性比金好；而金在红外波段的中性好，且反射比高于铝膜。

④工作基准。其用于日常测试。材料也可用搪瓷、陶瓷和真空镀金属的板。

镜面反射比也有绝对测量的方法，有的仪器就带有绝对测量附件，如 V－W 法附件。

（3）规则透射测量的参比标准。

①空气在很大光谱范围内，透射比均为1，是理想的规则透射测量的参比标准。大多数测量都用它。

②当测量液体溶液时，可用蒸馏水或它的溶剂作参照标准。

③有时也用已知光谱透射的滤光片作参比标准，常用的有中性灰玻璃滤光片和在石英玻璃上镀中性膜的滤光片。它们的光谱透射比需用高档仪器标定。使用时要注意光谱范围。

（4）漫透射测量的参比标准。

理论上是用完全漫透射体作为参比标准。目前，测量漫透射比的方法是用垂直照明，积分球接收，并进行两次测量：不放样品时，测一次，得到入射通量；放入样品后再次测量，得到漫透射通量。两次测量结果的比值即为漫透射比。

2. 比较方式

比较方式有单光束仪器和双光束仪器两种。

（1）单光束仪器。单光束仪器只有一条光路，在各个波长上依次对参比标准和样品进行测量，对测试结果进行比较，计算出样品的反射因数（或透射比）。由于在各个波长上比较很麻烦，所以一般是先将参比标准在整个波长范围内测试，将测试结果保存；然后以样品作同样测量，再计算结果。单光束仪器的优点是能够严格保证参比标准和待测样品在完全相同的光路和电气条件下进行测量；缺点是必须保证在标准和样品（有时连续测多个样品）整个测试时间内的稳定。这种要求，现代的电子器件和技术、稳压好的恒定光源还是可以达到的，能满足一般使用。但仪器应充分预热达到稳定。有的厂家常用一个光电器件监测光源总能量的变化，叫作准（假）双光束方式。它只能在一定程度上校正光源变化产生的误差；因为光能变化较大时，还会引起光源光谱功率分布的变化，各个波长上光能的变化并不一定按同一比例增减。当然也不能校正电气部分的漂移。

（2）双光束仪器。常见的双光束仪器有两种安排：

①仪器的光度系统分成两条光路：一条为测试光路，另一条为参比光路。在参比光路上

放置一"参照物"；测试光路则先后放置参比标准和待测样品。两光束分别经过"参照物"和参比标准（或待测样品）后，合在一起，以很短的时间间隔被同一探测器交替接收，完成两路信号的采集。

参比标准和待测样品必须放在同一条光路内进行测试，是因为两条光路很难做到完全对称，且效率相同。只有在同一条光路内，探测器输出的信号大小才只决定于被测物体的反射因数（或透射因数），这样，就可以由参比标准和待测样品的响应值，以及参比标准的反射因数（或透射因数）的数据算出待测样品的反射因数来。

参比光路和"参照物"的作用是，监测参比标准和待测样品测量过程中光源能量波动和电气部分的漂移，计算机将两次测量中的变化情况逐个记录，在最后计算时予以校正。这就是与单光束仪器本质上不同的地方。

有人试图将参比标准和待测样品分别放在参比光路和测试光路内，一次测量完成工作，这种简单做法是不可用的。但是如果事先对两光路的不平衡性进行测试，并予以记录，而且仪器又很稳定，最后对这种不平衡性进行校正，就可以实现较为准确的测量。事实上，有的仪器也用了这种方法。

这种双光束仪器，因为用的是同一套电气系统，两光路测试相隔时间极短，所以它既能校正光源的波动，也能校正电气漂移带来的误差。

②我们在后面将要讲到的用阵列接收器件的分光光度计中，很难用同一探测器接收参比光路和测试光路分别送来的信号。因此，两条光路各自有自己的探测器。事实上，这类仪器有几乎完全相同的两套测试系统，一套对样品和参比标准进行测试；另一套系统对光源（或照明光束）进行测试。监视在参比标准和待测样品测试过程中，照明光源光谱功率变化的情况，并进行记录。计算时校正光源变化的影响。因为电气系统是两套，所以这种双光路不能校正由电气部分漂移造成的误差。而光源的能量变化可得到很好的校正，即使用闪光灯也没有问题。就电气部分的漂移而言，如前所说，现代的电子器件和技术是可以满足使用要求的。

10.2　测色分光光度计

测色分光光度计是颜色测量中最基本的仪器，是获得三刺激值 X、Y、Z 最重要的一种方法（另外两种方法是用色度计法和目视匹配法）。分光光度计用于化学分析已有很长的历史，各项技术已很完善，这些技术已被测色分光光度计完全继承了下来。对其作适当改变，一个完善的仪器就直接进入了测色行业。它使用方便、精度高、获得表征颜色的各种参数方便，已成为测色行业应用最广的仪器之一。

10.2.1　测色分光光度计的分类

测色用的分光光度计都是用于测量物质的分子光谱的，所以一般简称为分光光度计，不牵涉其他类型的光谱（如原子吸收、拉曼等）。与分析用的分光光度计类似，可作如下分类：

（1）按工作光谱区的不同，可分为可见光分光光度计、紫外可见分光光度计、紫外可见近红外分光光度计。其中，可见光分光光度计一般为测色专用；化学分析一般要延伸到紫外；后两种是测色、分析两用。

（2）按分光系统的不同，可分为棱镜分光光度计、光栅分光光度计、滤色片分光光度计。其中，滤色片分光光度计一般只用于测色。

（3）按光度方法的不同，可分为单光束和双光束分光光度计。

（4）按分光元件的多少，可分为单级单色器分光光度计和双联单色器分光光度计。双联单色器是在一次分光的基础上，再用分光元件进行第二次分光。色散相加的双联单色器可增加仪器的线色散和光谱分辨率。但双联单色器的主要优点是能大大减少杂散光。一般单级单色器的分光光度计杂散光只能到 0.1%，而双联单色器可到 0.000 1%。

（5）此外，测色分光光度计还可分为扫描式分光光度计和阵列光电器件接收的分光光度计。通过旋转光栅出缝处顺序输出不同单色光的方式被称为扫描式分光光度计，为传统的形式。随着测色领域的发展，扫描式分光光度计的测量速度已不满足高速测量的需求。因此，人们用光电二极管阵列或 CCD 等接收器件，放在单色器的谱面上，并取消了出缝，按照一定波长间隔接收工作波段内的单色光，从而能够同时测得光谱反射比或透射比。这种方法称为阵列光电器件接收的分光光度计。其测量速度极高，但由于它获得的光谱不是连续的，所以较少用于化学分析领域。

10.2.2　测色分光光度计的特点

测色分光光度计与化学分析用的分光光度计都是用于测量物体的光谱透射比或光谱反射比的仪器，有很多共同之处。事实上，测色用的分光光度计就是由分析用的分光光度计发展来的。目前有许多高档分光光度计具有测色和分析两用的功能。用仪器测量颜色已有几十年的历史，测色用的分光光度计已经形成了自己的一些特点。

与分析用的分光光度计相比，测色分光光度计有下列的特点：

（1）测色分光光度计以测反射样品为主，兼顾透射样品。这是因为大多数颜色度量在实践中所涉及的是物体的反射色；而分析用的分光光度计遇到的多是透射样品，而且多是液体样品。这是由于液体样品容易处理，便于测量，所以即使是固态试样，也常常制备成溶液状态进行测定。两用仪器必须具备测反射样品和测透射样品两种功能。

（2）常规的测色分光光度计局限在可见光范围内。CIE 推荐精确计算，光谱范围取 360~830 nm；在大多数使用中可达 380~780 nm。因为光谱两端在色度学计算中贡献较小，对视觉影响不大。在市场上有的仪器的光谱范围可达 400~700 nm，用于某些行业的颜色检验，但用时要慎重。而分析用的分光光度计一般要从可见光延伸到紫外（如 185~900 nm），或从紫外到近红外（如 185~2 500 nm）。因为大多数物质分子的电子光谱处在紫外和可见光谱区，少数处在近红外区。仅能测可见光谱的仪器，在化学分析中会受到很大的限制。

（3）因为一般样品的光谱反射比曲线较为平缓，计算三刺激值时积分范围比较大，所以测色分光光度计的波长准确度要求可以低些，而光度准确度要求很高，否则对三刺激值计算结果有严重影响。

（4）在颜色测量中，测试几何条件比分析用的分光光度计的几何条件复杂得多。CIE 对反射样品、透射样品都规定了严格的测试几何条件。测色分光光度计必须符合其中的一种。测色分析两用仪器必须有实现照明接收几何条件的附件。制作仪器时对几何条件的实现方案要特别小心，因为几何条件已经成为仪器之间测试结果不一致的重要原因。

（5）由于反射光谱比较平缓，CIE 推荐精确计算时波长间隔为 1 nm，在大多数使用中可取 5 nm。对于一般应用，测色分光光度计的采样间隔取 5 nm 可得到满意的结果，采用 128 元的光电阵列接收器件即可基本满足要求。这就是阵列接收的分光光度计广泛用于颜色测量的原因。而采用 512 元的光电接收器件可获得 CIE 推荐的精确计算的 1 nm 间隔的数据。

（6）测色分光光度计须有必要的专用测色软件。因为在获得样品光谱反射比或透射比之后，还需要经过复杂的计算才能得到各种颜色参数，如三刺激值、色品坐标、不同公式的色差、各种指数（白度、黄度、色牢度……）等。一般用户难以自己完成这种计算工作。

10.2.3　分光光度计的组成

分光光度计一般由照明系统、分光系统、光度系统、光电接收系统、控制和数据处理系统等组成。

1. 照明系统

照明系统由光源和照明光学系统组成。

分光光度计中，除非用于荧光材料测试，否则对照明光源的光谱功率分布不像色度计中那样重要。但光源必须能在仪器的整个工作波长范围内发射连续光谱，并且在每个波长上都有足够的能量。若能量太小，将增加以后接收系统的负担，严重影响信噪比，仪器精度下降。

不同的光谱波段需用不同的光源，每种光源能负担的波段范围主要由它的能量来决定。氘灯在紫外区有很强的辐射，常用于 185～360 nm 波长范围；钨灯尤其是卤钨灯在可见光到近红外有较强的辐射，它的光谱功率分布近似同温度下的黑体，一般用在 360～3 200 nm 波长范围；在中红外和远红外 2～50 μm 波段内，常用能斯特灯和硅碳棒；在阵列器件作接收器的仪器中，广泛使用脉冲灯（常称闪光灯），它内部充有惰性气体（氙、氪、氚等）。脉冲氙灯具有氙灯的光谱功率分布，能在短时间内发出很强的光，远强于钨灯。

要想使光源的能量得到充分利用，还需要光学系统。对于样品在分光系统前的仪器（即混合光照明），光学系统应尽可能多收集光能并均匀照明样品；对于样品在分光系统后的仪器（即单色光照明），光学系统应尽可能多地把光能送进单色器的入缝。

2. 分光系统

分光系统的作用，就是把混合光分成单色光。分光系统通常称作单色器或单色仪。在用阵列器件作接收器的仪器中，将所有波长的光同时排列在固定位置上的分光系统称作多色器。单色器本身就是一个包含许多部分（如入缝、准直镜、色散元件、聚焦镜、出缝等）的装置。按分光元件的不同，单色器可分为棱镜分光单色器、光栅分光单色器和滤光片分光单色器。

（1）棱镜分光单色器。光通过棱镜后，产生色散，而不同波长的光偏向角不同，所以白光经过棱镜后就被分成单色光。棱镜旋转，不同波长的光就从单色器的出缝顺序输出。棱镜色散不像光栅衍射那样有光谱重叠问题，不需要消除多级光谱重叠的措施；但也存在色散率不均匀，短波大，长波小等缺点。出缝宽度固定时，输出波长的带通也在变化。波长与棱镜转角的关系也比较复杂，不像光栅单色器那样用简单的正弦机构（或余割机构）即可线性化。

（2）光栅分光单色器。光栅作为分光元件由来已久，但早期由于制造技术的缺陷，其使用受到一定的限制。而现在光栅制造技术已十分完善，在一般应用中，已基本代替了棱镜。

①光栅方程。一束平行光照射到平面光栅表面上，就产生衍射，不同波长的光，衍射角不同，从而将混合光分成了单色光。

如图 10 – 11 所示，入射光线 a 以入射角 φ 照射到光栅上，衍射光线 b 以衍射角为 φ' 方向射出，它们之间的关系如下式所示，该公式称为光栅方程：

图 10 – 11　光栅衍射原理

$$d(\sin\varphi + \sin\varphi') = m\lambda \qquad (10-1)$$

式中，φ 表示入射角，是入射光线和光栅法线的夹角，由法线到入射光线逆时针方向为"正"，反之为"负"；φ' 表示衍射角，是衍射光线和光栅法线的夹角，由法线到衍射光线顺时针方向为"正"，反之为负；d 表示光栅常数，即光栅相邻两刻线的距离；λ 表示波长；m 表示光谱级次，为整数。若在镜面反射方向的右为正级光谱，则 m 取"＋"；若在镜面反射方向的左为负级光谱，则 m 取"－"。

光栅方程是光栅使用中最基本的公式。

②光谱重叠。由光栅方程可知，当选定光栅（d 选定）和入射角后，波长为 λ 的一级光谱（$m=1$）与波长为 $\lambda/2$ 的二级光谱（$m=2$）的衍射方向相同；同理，波长为 λ/n 的 n 级光谱（$m=n$）也在同一方向上。这时出缝处输出的是 λ，$\lambda/2$，$\cdots$，λ/n 的混合光谱，它们混合在一起，从位置上无法区分。这就是光栅分光特有的光谱重叠现象。由于光谱重叠，就无法进行单一波长的测量，必须采取措施。因为重叠的高级光谱波长都比待测波长 λ 短，而且最大也只有 λ 的一半，所以用截止滤色器，放入光路内，就能把 $\lambda/2$ 以下的光全部截止，出缝处就只剩下波长 λ 了。截止滤色器常用有色玻璃，短波截止有色玻璃具有这样的性能：波长小于某一波长（截止波长）的光全部不能透过，而在截止波长以后的很大光谱范围内，光的透过率很高，只在截止波长附近有一小段过渡区。有色玻璃品种很多，如 ZWB、JB、CB、HB 等类型，每一类又有很多牌号对应于不同的截止波长，可供选择。

③角色散与线色散。入射角 φ 固定时，将式（10 – 2）对波长求导数，得角色散公式为

$$\frac{\mathrm{d}\varphi'}{\mathrm{d}\lambda} = \frac{m}{d\cos\varphi'} \qquad (10-2)$$

角色散是单位波长衍射角分开的程度，由公式可知，当衍射角很小时，角色散随波长变化很小，近似为常数。说明波长的分开程度比较均匀，不同波长的光分开程度接近，而且光栅刻线越密（d 减小），选用的光谱级次越高，光谱分离的程度越大。

线色散是角色散与聚焦镜焦距 f' 的乘积：

$$\frac{\mathrm{d}l}{\mathrm{d}\lambda} = \frac{mf'}{d\cos\varphi'} \qquad (10-3)$$

式中，l 为光谱面上垂直谱线方向上的长度。

线色散表示单位波长的间隔所能分开的距离，线色散越大，谱线分开的距离就越大。光

栅每毫米刻线越多（即 d 越小），光谱级次越高（即 m 越大），聚焦镜焦距 f' 越大，谱线分开的距离就越大。

习惯上常用线色散的倒数（逆线色散），它是谱面上 1 mm 内所包含的波长范围，单位是 nm/mm，如在谱面上 1 mm 内所包含的波长范围为 32 nm，写作 32 nm/mm。

④ 理论分辨率。理论分辨率定义为

$$R = \frac{\lambda}{\Delta\lambda}$$

式中，R 表示理论分辨率，即谱线分开的质量，就是不考虑光学系统的像差和光栅质量等影响时光栅理论上的分辨能力；$\Delta\lambda$ 表示在波长 λ 的谱线处，恰好能分辨的等强度谱线之间的波长差。也就是说，距离小于 $\Delta\lambda$ 谱线是无法分辨的。

根据瑞利判据可导出：

$$R = \frac{\lambda}{\Delta\lambda} = mN \tag{10-4}$$

式中，N 表示光栅的总刻线数，即每毫米刻线数乘以光栅的大小；m 表示光谱级次。

这个公式说明，光栅的理论分辨率等于光谱级次和光栅的总刻数的乘积，要想提高单色器的理论分辨率，就要增大光栅的尺寸，或增加光栅每毫米的刻线数，或使用高级次的光谱。

理论分辨率在实际中是达不到的，而是要受到光栅的制造质量、光学系统的像差等的影响。

⑤ 闪耀光栅。光栅衍射后，谱线的能量一般很弱，不利于光栅的应用。闪耀光栅的出现，成功地解决了这个问题。闪耀光栅能将光能充分集中到某一波段内，此波段内光谱的能量大大提高。其中相对能量最大的波长称为闪耀波长，用 λ_b 表示。值得注意的是，如果一块光栅在一级光谱中对波长 λ_b 光线闪耀，那么对二级光谱的 $\lambda_b/2$ 波长、三级光谱的 $\lambda_b/3$ 波长、……也是闪耀的，即它们的相对效率最高。闪耀波长 λ_b 处的光栅效率最高，但离开闪耀波长处，能量就会下降，而且光谱级次越高，下降得就越快。图 10-12 所示为把各级闪耀波长处的效率都规化为 1 的相对效率随波长变化的曲线。

图 10-12 把各级闪耀波长处的效率都规化为 1 的相对效率随波长变化的曲线

由上可知，为了保证光栅有足够效率，每一块光栅只能适用于一定的波长范围。一般认为，相对效率大于 0.4 的波长范围是有用的工作区域。这个有用的工作区域可由下面的经验公式计算：

$$\left(\frac{2}{2m+1}\right)\lambda_b < \lambda < \left(\frac{2}{2m-1}\right)\lambda_b \tag{10-5}$$

上式计算结果只是参考，因为仪器输出的信号大小，除光栅效率外，还与光源的强度、光通过仪器的损失、探测器的光谱响应度有关，根据实际情况可对这个范围适当增减。

⑥鬼线和伴线。由于光栅的制作缺陷，有时在光谱面上出现一些假的谱线，称为鬼线和伴线。它们不是由光栅正常衍射形成的，会给测试带来误差。根据实际情况，参考有关资料决定解决办法。

⑦凹面光栅。平面光栅衍射是夫琅禾费衍射，要求平行光照明。光线射到光栅前需用准直镜将光变成平行光，光栅衍射后也是平行光，需用聚焦镜将单色光成像在出缝处。所以使用平面光栅离不开准直镜和聚焦镜。凹面光栅则将光栅本身做成一定曲率半径的球面，其本身具有准直和聚焦功能，所以只用一块光栅就可完成分光的功能，结构大为简化。但凹面光栅品种少，成像质量和杂散光都差一些。

（3）滤光片分光单色器。由于相当多的颜色样品的光谱反射比或光谱透射比曲线比较平缓，因此可以在整个波长范围内均匀选择一些离散点来进行测量。这样对单色器的要求就可以简化，只需在有限个波长上提供一定带宽的单色光。由于近年来光学薄膜技术的发展，已经可以制造出中心波长不同的各种窄带干涉滤光片，中心波长准确度约为 2 nm，带宽可控制在 2~5 nm。通常将一组 10~30 片透过不同波长的滤光片装在一个可转动的圆盘上使用；也可以将滤光片分别加到若干探测器前面，同时多通道接收光谱。这种窄带干涉滤光片分光的单色器具有使用方便、体积小等优点。另一种是光谱透射比随入射位置呈连续变化的干涉滤光片。它可以镀膜在一个圆盘玻璃上，随着圆盘转动，透过不同的波长；也可以镀在一块长条玻璃上，随玻璃的移动，输出不同波长。这种连续透过不同波长的滤光片，波长可以连续变化，它的光谱带宽决定于狭缝的尺寸。

3. 光度系统

光度系统的作用是将待测样品和参比标准同照明光束或接收光束的关系合理安排，双光束仪器要进行光束的分解和合成，使样品光束和参比光束进行比较，完成测量工作。测色分光光度计的光度系统，还必须完成照明和接收几何条件的安排，使它符合 CIE 推荐的几何条件。光度系统的位置，一般可放在分光系统前，也可放在分光系统后；但用于荧光样品测量的分光光度计，只能放在分光系统前面。

单光束仪器比较简单，在同一条光路，同一个位置，先后放置参比标准和待测样品进行测量即可。测色分光光度计也要符合 CIE 推荐的几何条件。

用阵列接收器件的光度系统，也要完成上述基本任务。

有关内容可参看前面第四节比较测量法中的"比较方式"的叙述。

4. 光电接收系统

光电接收系统首先由光辐射探测器进行光电转换，再进行放大等处理后进行模数转换，供以后处理。

在测色仪器中，最重要的性能是它的光谱响应度，不同的光谱波段需选择不同类型的探测器件。现在优质探测器件很多，要充分了解市场商品的性能。一般来说，紫外到可见光谱段用光电倍增管，可见光谱区用硅光电池或硅光电二极管，近红外用硫化铅，远红外用热电偶、热释电、高莱池等。

阵列接收器件的制造技术已经很成熟，优质品种也很多。选用时要注意它的像元数目和接收部分的尺寸；更要注意它的光谱响应度，以确定它的可用光谱范围。图 10-13 所示为硅光电二极管阵列的光谱响应度曲线。

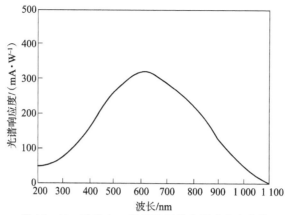

图 10-13　硅光电二极管阵列的光谱响应度曲线

5. 控制和数据处理系统

　　扫描式光谱范围较大的分光光度计控制项目很多，如波长扫描、光源切换、光栅切换、探测器切换、消除光谱重叠的滤色片切换、狭缝大小调节、放大倍数增减、电源开关等。阵列器件接收的分光光度计控制内容就很少。

　　分光光度计输出的基本数据是光谱透射比或光谱反射比；其他颜色数据是根据光谱透射比或光谱反射比进一步计算得到的，计算工作量很大。大型仪器一般都用通用计算机，小型仪器也有单片机，并带有色度学计算软件。

10.2.4　光栅分光单色器波长与光栅位置的关系

1. 扫描式单色器输出波长与光栅转角的关系

　　在扫描式单色器中，入缝和出缝的位置是固定的，光栅只能绕其转轴旋转。也就是说，光栅的入射光线的方向和衍射光线的方向都是固定的，入射光线和衍射光线的夹角称为光线偏向角，用 δ 表示，当然也是不变的。波长扫描时，光栅绕其转轴转动，其法线也随之转动，入射角 φ 和衍射角 φ' 也就随之发生了变化。光栅连续旋转，出缝输出的波长连续变化，这就是扫描式单色器的工作过程。

　　由图 10-11 可以看出，光线偏向角 δ 是 φ 和 φ' 绝对值的和，考虑到所有正负号规则，应该写成

$$\delta = \varphi' - \varphi$$

所以 $\varphi' = \delta + \varphi$，将其代入光栅方程式（10-1）得：

$$d[\sin \varphi + \sin(\delta + \varphi)] = m\lambda$$

所以 $\sin \varphi + \sin(\delta + \varphi) = \dfrac{m\lambda}{d}$。

　　经三角变换得（和差化积）：

$$\lambda = \frac{2d}{m}\cos \frac{\delta}{2}\sin\left(\frac{\delta}{2} + \varphi\right) \qquad (10-6)$$

式中，δ 表示光线偏向角，由入射线到衍射线顺时针为正，反之为负。

　　由式（10-6）可知，当入射方向和出射方向、光栅常数、光谱级次选定后，波长 λ 是入射角 φ 的正弦函数。

如果光栅转动可以用一个精密测角机构计量，就可以由光栅转角马上得到单色器输出的波长。但是，目前用得最多的还是正弦机构（或余割机构）驱动光栅旋转，这时正弦机构（或余割机构）的位移或转角同波长就呈线性关系。光栅分光单色器波长与光栅转角的这种简单关系，棱镜是不具备的。正弦机构（或余割机构）的具体结构可参考有关书籍。

2. 阵列器件接收单色器波长与谱面位置的关系

阵列器件接收的仪器中，入射光线的方向与光栅的位置都是固定的，所以入射角 φ 是固定的，没有出缝。波长输出的谱面上不同位置对应不同的波长，所以衍射角 φ' 和光线偏向角 δ 是随波长而变化的。

图 10 – 14 所示为阵列器件接收仪器波长与谱面位置关系示意。图 10 – 14（a）所示为透射系统；图 10 – 14（b）为反射系统。

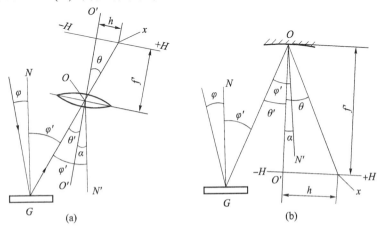

图 10 – 14　阵列器件接收仪器波长与谱面位置关系示意

图中，G 为光栅，O 为聚焦镜，OO' 为聚焦系统的光轴，ON' 为过 O 点平行于光栅法线 GN 的辅助线。HH 为谱线所在面，它垂直于光轴 OO'，谱面上任一点 x 到光轴的距离为 h。Ox 与光轴夹角为 θ，θ 和 θ' 为入射角与反射角的关系［见图 10 – 14（b）］，或对顶角关系［见图 10 – 14（a）］，所以 $\theta = \theta'$。φ 为入射角，φ' 为衍射角。α 为聚焦系统光轴与光栅法线 ON' 的夹角。从图 10 – 14 的几何关系中，联系光栅方程，可得下面一组公式：

$$\begin{cases} \theta = \arctan \dfrac{h}{f'} \\ \varphi' = \alpha + \theta \\ \lambda = \dfrac{d}{m}(\sin \varphi' + \sin \varphi) \end{cases} \qquad (10-7)$$

式中，λ 表示对应于位置 h 的波长；α 表示聚焦系统光轴与光栅法线夹角，由法线到光轴顺时针为正，反之为负；h 表示谱面上任意点到光轴的距离，正负号按图中规定；f' 表示聚焦系统焦距，取正；θ 表示光轴与衍射线夹角，正负由 h 决定；m、d、φ 意义同前，选定后均为常数。

式（10 – 7）是设计阵列接收器件作接收器的分光光度计的理论根据。选参数时还应注意以下三点。

（1）探测器件应能全部容纳所要求的光谱范围，两端还应富余少量像元。为此，根据器件长度合理确定线色散，即选取 f'、m、d。

（2）合理决定探测器位置，合理布置聚焦镜和光栅的位置，以及选好 α（聚焦系统光轴与光栅法线夹角）。

（3）探测器像元有一定富余时，探测器位置可有少量变动；须将某一检验仪器的谱线（如 546.07 nm 汞线）放到某一像元上，以便调试仪器。

10.2.5 光谱反射比和光谱透射比的获得

式（10 - 6）和式（10 - 7）可以将仪器的光谱响应值与波长之间联系起来。下面由仪器的响应值求样品的光谱反射比或光谱透射比。

比较测量法的实质，就是用已知光谱数据的参比标准去标定仪器的光谱响应度，以及建立光谱响应值与光谱反射比或光谱透射比之间的比例关系。因此必须明确以下三个问题。

（1）要控制仪器的线性，即输入的光能量与输出的电信号呈线性关系；否则比例系数就不是常数，需进行线性校正。

（2）仪器的光谱响应值必须是由待测样品或参比标准反射（或透射）的光引起的。而实际上，所得到的响应值中还包括有暗电流（与光无关）和未经过样品或参比标准的光产生的响应。这些响应值与待测样品或参比标准没有关系，但在计算光谱反射比或光谱透射比时，必须获得这些响应值的大小，并予以扣除。

（3）在测量参比标准或待测样品以及求暗信号值的过程中，仪器的漂移要进行校正（单光束仪器不能校正）。

仪器的结构不同，光谱反射比或光谱透射比的计算公式会有差异，但都要处理上述三个问题。若处理不好或不处理，则会影响计算的准确度。

1. 光谱反射比的计算

下面具体说明双光束分光光度计获得光谱反射比的过程和计算方法。理论上应有以下四项内容。

（1）求与光照无关的探测器的暗信号（暗电流）。一般在进行电路调试时，即使没有任何光照射探测器，也不调为零，而是有一定大小的读数，这就使探测器的响应度曲线不通过原点，计算时必须扣除，才能使信号大小与光能成正比例。测试方法是遮挡光路，使光无法进入仪器。暗信号一般变化缓慢，可预先以文件形式存储，由计算机自动处理。当然要定期更新。如果是用闪光灯照明，就可在闪光前由计算机自动采样得到。所以此步骤一般不用人为现场操作。

（2）求与样品或参比标准反射光无关的电信号。它与上面暗信号的差别是，探测器输出值除暗信号外，还有一些由光引起的信号，只是这些光不是来自样品或参比标准，我们称它为无关电信号。计算时也应扣除，因为这部分信号与样品或参比标准无关。测试方法是在样品窗口放置光吸收阱，使照射样品或参比标准的光被光阱全部吸收，这时探测器的输出值就不是来自样品或参比标准的光引起的。

（3）在测试光路窗口放置参比标准进行采样，得到参比标准反射光的响应值。

注意，它里面还包括有上面的无关电信号和暗信号。

（4）将参比标准换成样品进行采样，得到样品反射光的响应值。它包括（1）（2）两种信号。

有了上述数据，就可以计算反射比了。反射比计算式如下：

$$\begin{cases} k_1(\lambda) = \dfrac{U_{Rs}(\lambda) - U_{Ros}(\lambda)}{U_{Ra}(\lambda) - U_{Roa}(\lambda)} \\[2mm] k_2(\lambda) = \dfrac{U_{Rs}(\lambda) - U_{Ros}(\lambda)}{U_{Rb}(\lambda) - U_{Rob}(\lambda)} \\[2mm] k_3(\lambda) = \dfrac{U_{Ra}(\lambda) - U_{Roa}(\lambda)}{U_{Rb}(\lambda) - U_{Rob}(\lambda)} \\[2mm] K(\lambda) = \dfrac{R_s(\lambda)}{U_{Ts}(\lambda) - \{U_{Tos}(\lambda) + [U_{Tb}(\lambda) - U_{Tob}(\lambda)]k_2(\lambda)\}} \\[2mm] R(\lambda) = k_1(\lambda)K(\lambda)\{U_{Ta}(\lambda) - U_{Toa}(\lambda) - [U_{Tb}(\lambda) - U_{Tob}(\lambda)]k_3\} \end{cases} \quad (10-8)$$

式中，$k_1(\lambda)$ 是校正"参比标准、样品"测量时的能量变化；$k_2(\lambda)$ 是校正"参比标准、光阱"测量时的能量变化；$k_3(\lambda)$ 是校正"样品、光阱"测量时的能量变化；$K(\lambda)$ 是参比标准标定仪器所得比例系数；$U_{Ros}(\lambda)$、$U_{Roa}(\lambda)$、$U_{Rob}(\lambda)$ 表示在参比光路内，分别测量参比标准、样品、光吸收阱时的暗信号（与光无关）；$U_{Tos}(\lambda)$、$U_{Toa}(\lambda)$、$U_{Tob}(\lambda)$ 表示在测试光路内，分别测量参比标准、样品、光吸收阱时的暗信号（与光无关）；$U_{Rs}(\lambda)$、$U_{Ra}(\lambda)$、$U_{Rb}(\lambda)$ 表示在参比光路内，分别测量参比标准、样品、光阱时的响应值（输出值）（包括暗信号和无关电信号）；$U_{Ts}(\lambda)$、$U_{Ta}(\lambda)$、$U_{Tb}(\lambda)$ 表示在测试光路内，分别测量参比标准、样品、光阱时的响应值（输出值）（包括暗信号和无关电信号）；$R_s(\lambda)$ 表示参比标准的光谱反射比（已知）。

实际情况分析：

式（10-8）在理论上是完善的，在具体的仪器中根据实际情况可以简化。

①如果是两光路用同一探测器接收，零位漂移又小，$U_{Ros}(\lambda)$，$U_{Roa}(\lambda)$，$U_{Tob}(\lambda)$，$U_{Tos}(\lambda)$，$U_{Toa}(\lambda)$，$U_{Tob}(\lambda)$ 就全相等，而且与波长无关。

②如果两光路分别用两个阵列探测器，则测试光路内三个暗信号相等，参比光路内的三个暗信号也相等，而且各像元的暗信号基本一样，经测试证实后，也可将它们作为与波长无关处理。

③在测试时，有的仪器不做暗信号和无关电信号测试，那是因为它在调机时已做成固定文件，由软件处理了。

④如果光源辐射能量特别稳定，仪器又经过充分预热，k_1 k_2 k_3 可都取为 1。

对于单光束仪器，k_1 k_2 k_3 都取为 1，且 $U_{Tos}(\lambda) = U_{Tob}(\lambda) = U_{Toa}(\lambda)$，式（10-8）大为简化。

2. 光谱透射比的计算

光谱透射比的测量一般没有放置光吸收阱的测量步骤。光谱透射比的计算与光谱反射比的计算相似，公式如下：

$$T(\lambda) = k_1(\lambda)K(\lambda)[U_{Ta}(\lambda) - U_{Toa}(\lambda)] \quad (10-9)$$

其中，

$$k_1(\lambda) = \frac{U_{Rs}(\lambda) - U_{Ros}(\lambda)}{U_{Ra}(\lambda) - U_{Roa}(\lambda)}$$

$$K(\lambda) = \frac{T_s(\lambda)}{U_{Ts}(\lambda) - U_{Tos}(\lambda)}$$

式中，$T_s(\lambda)$ 表示参比标准的光谱透射比（已知）；$U_{Ros}(\lambda)$、$U_{Roa}(\lambda)$ 表示在参比光路内，分别测量参比标准、样品时的暗信号（与光无关）；$U_{Tos}(\lambda)$、$U_{Toa}(\lambda)$ 表示在测试光路内，分别测量参比标准、样品时的暗信号（与光无关）；$U_{Rs}(\lambda)$、$U_{Ra}(\lambda)$ 表示在参比光路内，分别测量参比标准、样品时的响应值（输出值）（包括暗信号）；$U_{Ts}(\lambda)$、$U_{Ta}(\lambda)$ 表示在测试光路内，分别测量参比标准、样品时的响应值（输出值）（包括暗信号）。

对于单光束仪器，k_1 取为 1，$U_{Tos}(\lambda) = U_{Toa}(\lambda)$，因只有一条光路，参比光路中的各值均为 0，式（10-9）也简化了。

3. 阵列器件接收仪器的计算

对于扫描式仪器，根据选定的波长范围和波长间隔，可直接用式（10-8）或式（10-9）计算出光谱反射比或光谱透射比。

对于阵列器件接收的分光光度计，首先测到的是接收器各像元的响应值，而这些接收像元一般不在整数波长上，各元的间隔也不一定是所要求的波长间隔，而且阵列器件各接收元是等距的，而波长与它位置关系并不是线性的［如式（10-7）］。这就需要通过计算才能得到所要求的光谱数据。计算方法一般是先求出各像元对应波长的反射比或透射比，再用插值方法求所需要波长上的光谱反射比或透射比。

10.2.6 分光测色仪器举例

1. Lambda 19 分光光度计

图 10-15 所示为 Lambda 19 分光光度计光学原理示意。

Lambda 19 是紫外可见近红外分析与测色两用的分光光度计。波长范围：透射测量为 175～3 200 nm（波长小于 185 nm 时，需充氮气）；反射测量为 250～1 800 nm。

光源用氘灯（DL）和溴钨灯（HL）两种光源。由反射镜 M_1 在波长 319.2 nm 处切换。反射镜 M_2 将光源成像到第一级单色器的入缝上（中间经过平面镜 M_3 和 M_4 的反射）。

Lambda 19 分光光度计是双联单色器，单色器I分光后，再进入单色器II进行第二次分光，第一级的出缝与第二级的入缝重合，最后光从单色器II的出缝SA射出，成为单色光。因为它是双联单色器，所以杂散光很小，在 220 nm、340 nm、370 nm 处达到了 0.000 08%。在红外 1 690 nm 处达到了 0.002%。由于光谱范围大，每个单色器用两块全息光栅。1 440 L/mm 光栅用于紫外可见，360 L/mm 光栅用于近红外，波长扫描时光栅自动切换。整个光谱范围内有 7 种滤色片分别在 379.2 nm、562.4 nm、690.4 nm、810.4 nm、1 190.4 nm、1 670.4 nm、2 620.8 nm 波长处变换。

单色器狭缝宽度在紫外、可见波段有固定缝宽和自动变化缝宽两种选择方式；而近红外只有自动变化一种方式。

光度系统由反射镜 M_8、M_9、M_{10} 和旋转分束镜 C 组成，将光分成参比光束 R 和样品光束 S 两条光路。两条光束快速交替，分别经过参比标准和待测样品，然后再合为一起，到达同一个探测器上，由电路部分分解出参比标准和待测样品两种信号输出。透射测量几何条件为（0°:0°）

接收系统：紫外可见光谱区用光电倍增管；近红外区用硫化铅；在 860.8 nm 处切换。

图 10 – 15　Lambda 19 分光光度计光学原理示意

Lambda 19 分光光度计有专用的积分球附件，用于测量反射样品，如图 10 – 16 所示。它可以整体置换图 10 – 15 中的样品室和探测器室（图中的虚线部分）。积分球直径 $\phi150$ mm，开孔面积占球壁总面积的 1.6% ，积分球内壁喷涂 $BaSO_4$ 。

参比光束经平面镜 E_{15} 、凹面镜 S_{16} 、平面镜 E_{17} ，经参比液体样品池支座 4，照射到参比白板 2 上；样品光束经平面镜 E'_{15} 、凹面镜 S'_{16} ，经测试样品池支座 3 到达参比白板 1 上。光吸收阱 5 位于 1 和 2 的镜面反射方向上。

在测试液体样品时，测试样品池和参比样品池装同样的参比材料（空气或溶剂）并分别放入样品池支座 3 和样品池支座 4 中，进行仪器标定。标定完毕后，将测试样品池装上待测样品，进行测试，仪器即可输出测试结果。基本上测的是全透射比（因为样品离球内壁有一点距离，所以漫透射样品的漫透射光要损失一部分）。

在对固体样品进行透射比测试时，样品池支座 3 和样品池支座 4 中不放入任何材料，同液体测试一样定标仪器，只是两路都为空气（测试时，将样品放在样品池支座 3 的前面即可）。

在对固体样品进行反射比测试时，测试孔 1 和参比孔 2 均放参比白板定标仪器，标定完毕后，将样品光路测试孔 1 中的参比白板换成待测样品即可。是否包含镜面反射成分，由光吸收阱 5 的打开或关上来选择。

反射样品测量几何条件为 8° 照明，积分球接收。

Lambda 19 分光光度计由通用计算机控制和数据处理，有专用测色软件。

图 10 – 16　Lambda 19 分光光度计的积分球附件

2. SF—500 型可见光分光光度计

图 10 – 17 所示为 DATACOLOR 公司研制的采用阵列探测器接收的 SF—500 型可见光分光光度计的光学原理示意，波长范围为 360 ~ 750 nm，一般为测色专用。

图 10 – 17　SF—500 型可见光分光光度计的光学原理示意

图 10 – 17 中，（3）是脉冲氙灯，（4）是将脉冲氙灯校正成具有 D65 光源光谱功率分布的滤光片，（5）是调节紫外光能大小的滤光片，因为在测量时，有的样品要求有足够的紫外成分，当氙灯紫外光衰减时再进行调节。（3）、（4）、（5）构成照明系统。

光度系统由积分球（2）完成，光照到积分球的内壁上，形成漫反射光，照明样品（1）。在与样品法线呈 8° 的方向上为样品接收光束（6），所以它的几何条件是（di:8°）或（de:8°），由光吸收阱（10）来选择。在对准球壁的方向上为参比光路（8），由与测试光路同样的接收系统接收，所以它是双光束系统。测小样品时透镜组（11）进入光路。

分光系统是凹面光栅单色器，参比光路和测试光路完全相同。

探测器是硅光电二极管阵列，所有像元同时采样。它是阵列器件接收仪器，在测试过程中，光栅是固定不动的，由微处理机控制和数据处理。

10.3　色度计

色度计包括目视色度计和光电色度计两类。这里主要介绍光电色度计。

光电色度计可由仪器的响应值直接得到颜色的三刺激值，不必像分光测色仪器那样进行数学积分来求得。在光电色度计中的积分由光学模拟方式完成。仪器的照明光源需加滤色器校正，以使其具有所要求的标准光源光谱分布。同时探测器的响应也被滤色器校正，使其与 CIE 标准色度观察者的一致。实际中，把这两种校正滤色器合成一组来设计，使仪器的总光谱灵敏度符合模拟要求即可。

光源光谱分布可选择 CIE 标准照明体中的任何一种，最常用的是 A 和 D65，在灯光下观察的物体常选 A 照明体，在日光下观察的物体常选 D65 照明体。CIE 推荐作为标准色度观察者，有 2° 视场的 1931 标准色度观察者和 10° 视场的 1964 补充标准色度观察者，可任选其中一种。

光电色度计一般由照明光源、校正滤色器、光电传感器、数据处理系统等部分组成，如图 10 – 18 所示。设计中的关键问题是校正滤色器的设计。光电色度计在测量时所采用的照明观察几何条件与分光测色仪器的相同。

图 10 – 18　光电色度计的组成

10.3.1　色度计的组成

色度计是获得 CIE 1931 XYZ 标准色度观察者光谱三刺激值的另一种设备。它的基础也是 CIE 建立的三刺激值计算公式，只是公式中的积分不是数学计算的，而是仪器内部用光学模拟的方法来完成的。也就是仪器的照明光源加上校正滤色器，使它具有所要求的 CIE 标准照明体的光谱功率分布；光电探测器也用滤色器校正它的光谱响应度，使它与 CIE 标准色度观察者光谱三刺激值相一致。这样，对样品进行测试时仪器的输出就正比于 CIE 1931 XYZ

标准色度观察者光谱三刺激值，这就是色度计能直接测得三刺激值的原理。色度计由照明系统、光度系统、接收系统、控制和数据处理系统组成。

1. 照明系统

照明系统由照明光源和照明光学系统组成。

（1）对色度计光源的基本要求是它的光谱功率分布必须稳定（双光束分光光度计并没有这种要求）。各个波长的能量按同一比例变化时，可以用双光路系统来校正；但如果光谱分布变了，而校正滤色器不变，就偏离了原来选定的标准照明体了。这种误差同设计滤色器时不能完全满足卢瑟（Luther）条件的性质相同，会造成测试误差。常用的光源有卤钨灯、闪光灯。随着半导体发光技术的发展，现在也有用白光发光管的，选用时要注意光谱的范围和连续程度。

（2）照明光学系统。对于定向型照明的几何条件，要将光束准直后，以平行光照到样品上；对于漫射型照射的几何条件，将光束送到积分球的适当部位即可。

2. 光度系统

光度系统同分光光度计一样，要实现所选定的 CIE 几何条件。双光束系统分为测试光路和监测光路。其中，监测光路是直接对光源进行测试的（也可能是球壁，反正要避开样品）。如果只用一个光电器件对光源监测，称为准（假）双光束系统。如要真正补偿光源的变化，探测器也要像测试光路一样要用滤色器校正，而且也要分 X、Y、Z 类型。

值得提出的是，色度计的探测器不是一个，是 X、Y、Z 三个或 X_b、X_r、Y、Z 四个。对于漫射接收的几何条件，分别放在积分球壁不同位置即可；但对于定向接收的几何条件，就不好安排了，常用一分为三或一分为四的光导纤维，将光能分别送给各探测器；也可用面积较小的四象限硅光电池放在同一位置上接收。

3. 接收系统

色度计的探测器常用蓝敏的硅光辐射探测器。前文已说过，对于定向接收几何条件，可用多象限光电器件；在探测器前要加校正滤色器，结构上要合理安排。

4. 控制和数据处理系统

色度计控制项目不多，由三刺激值计算其他色度学的内容同分光光度计的一样。求得三刺激值的方法后面再进行阐述。

10.3.2 卢瑟条件和校正滤色器

1. 卢瑟条件

为了要模拟标准色度观察者在标准照明体照明下观察到的物体颜色情况，色度计的总光谱响应度必须符合卢瑟条件。卢瑟条件是校正滤色器设计的基础。以公式表示如下：

$$K_X S_A(\lambda) \tau_X(\lambda) \gamma(\lambda) = S_C(\lambda) \overline{x}(\lambda)$$
$$K_Y S_A(\lambda) \tau_Y(\lambda) \gamma(\lambda) = S_C(\lambda) \overline{y}(\lambda) \qquad (10-10)$$
$$K_Z S_A(\lambda) \tau_Z(\lambda) \gamma(\lambda) = S_C(\lambda) \overline{z}(\lambda)$$

式中，$S_A(\lambda)$ 为仪器内部光源的光谱功率分布；$S_C(\lambda)$ 为选定的标准照明体的光谱功率分布；$\tau_X(\lambda)$、$\tau_Y(\lambda)$、$\tau_Z(\lambda)$ 为相应于 X、Y、Z 三种探测器的校正滤色器各自的光谱透射比；

$\bar{x}(\lambda)$、$\bar{y}(\lambda)$、$\bar{z}(\lambda)$ 为选定的标准色度观察者光谱三刺激值；K_X、K_Y、K_Z 为比例常数；$\gamma(\lambda)$ 为探测器的光谱响应度。

如果校正滤色器的光谱透射比满足卢瑟条件，色度计的光学模拟目的就达到了，仪器各个探测器测到的电信号值就比例于物体颜色的三刺激值。色度计的精度与仪器符合卢瑟条件的程度有关，符合的程度越高，测量精度就越高。

2. 校正滤色器

（1）校正滤色器的计算。

校正滤色器应有的光谱透射比可由下式求得：

$$\begin{cases} \tau_X(\lambda) = \dfrac{S_C(\lambda)\bar{x}(\lambda)}{K_X S_A(\lambda)\gamma(\lambda)} \\[3mm] \tau_Y(\lambda) = \dfrac{S_C(\lambda)\bar{y}(\lambda)}{K_Y S_A(\lambda)\gamma(\lambda)} \\[3mm] \tau_Z(\lambda) = \dfrac{S_C(\lambda)\bar{z}(\lambda)}{K_Z S_A(\lambda)\gamma(\lambda)} \end{cases} \qquad (10-11)$$

光电色度计可用式（10-11）求得三个透射比的校正滤色器，分别与三个探测元件组合来测得三刺激值 X，Y，Z。但是 $\tau_X(\lambda)$ 曲线有两个峰值，用滤色片组合来实现它很困难，为了避免这种困难，将式（10-11）的第一个式子中的标准色度观察者 $\bar{x}(\lambda)$ 分成两个部分：

$$K_{x_b} S_A(\lambda)\tau_{x_b}(\lambda)\gamma(\lambda) = S_C(\lambda)\bar{x}_b(\lambda)$$
$$K_{x_r} S_A(\lambda)\tau_{x_r}(\lambda)\gamma(\lambda) = S_C(\lambda)\bar{x}_r(\lambda)$$

分界点大约在 500 nm 处。连同式（10-11）按滤色器光谱透射比解出：

$$\begin{cases} \tau_{x_b}(\lambda) = \dfrac{S_C(\lambda)\bar{x}_b(\lambda)}{K_{x_b} S_A(\lambda)\gamma(\lambda)} \\[3mm] \tau_{x_r}(\lambda) = \dfrac{S_C(\lambda)\bar{x}_r(\lambda)}{K_{x_r} S_A(\lambda)\gamma(\lambda)} \\[3mm] \tau_Y(\lambda) = \dfrac{S_C(\lambda)\bar{y}(\lambda)}{K_Y S_A(\lambda)\gamma(\lambda)} \\[3mm] \tau_Z(\lambda) = \dfrac{S_C(\lambda)\bar{z}(\lambda)}{K_Z S_A(\lambda)\gamma(\lambda)} \end{cases} \qquad (10-12)$$

式中，$\bar{x}_b(\lambda)$、$\bar{x}_r(\lambda)$ 为 $\bar{x}(\lambda)$ 分成的两个部分；$\tau_{x_b}(\lambda)$、$\tau_{x_r}(\lambda)$ 为相应于 $\bar{x}_b(\lambda)$、$\bar{x}_r(\lambda)$ 滤色器的光谱透射比；K_{x_b}、K_{x_r} 为比例常数。

由式（10-12）求得四组滤色器，配以四个光辐射探测器组成一个仪器，就可以直接测量样品的三刺激值，只要把其中的 X_b、X_r 相加成 X 即可。这种方法用了四个探测器，可称为四元素形式。

还有另一种方法，就是只用其中的 $\tau_{x_r}(\lambda)$、$\tau_Y(\lambda)$、$\tau_Z(\lambda)$ 配上三个探测器，直接测得 x_r、Y、Z，而 x_b 用 Z 乘一系数求得。这是基于 $\bar{x}_b(\lambda)$ 和 $\bar{z}(\lambda)$ 形状极其相似而得到的启示。实践证明，它有相当好的准确度，已为广大厂家所采用。这种方法用了三个探测器，可称为三元素形式。x_b 与 Z 的比值 K 同照明体和观察者的选择有关，表 10-4 所示为相应的数据。

表 10 - 4　x_b 与 Z 的比值 K

观察者	A	D55	D65	D75	C
CIE 1931	0.151 5	0.163 3	0.165 7	0.167 0	0.167 1
CIE 1964	0.154 6	0.165 1	0.167 5	0.168 8	0.168 5

式（10 - 12）说明，只要选定 CIE 标准色度观察者和标准照明体，同时选定仪器所用光源和探测器，就可以得到唯一的一组滤色器与之对应。仪器电信号的输出就正比于颜色的三刺激值，完成了式（10 - 1）的积分。这就是光学模拟的含义，其本质就是借用滤色器来完成的。同时也说明一台色度计只能完成标准照明体和标准色度观察者一种组合，而我们知道，CIE 有两种标准色度观察者，有许多种标准照明体，只要有一种改变，仪器就不能用了，需重新制作新的仪器。而分光光度计则不同，测得光谱反射比或光谱透射比后，就可得到任何观察者和任何照明体所有组合对应的三刺激值。只要在计算时调用不同的数表就可以了。这是色度计的一大缺点。

还需要特别说明，色度计如果要用于对荧光材料的测试，就不能用上面对光源和探测器综合模拟的方法了。因为荧光材料对照明光源有特定光谱功率分布的要求，一般是 D65 光源；而实际光源一般不具备这种性质，需要用滤色器单独对光源进行校正；当然探测器也要进行单独校正，这就是本节开头所述的分别校正的方法。参考前述方法，会很容易求得滤色器应有的光谱透射比的数学公式，这里不再赘述。

（2）滤色器的结构形式。

滤色器主要采用性能稳定的有色玻璃。目前市场上的品种已基本能满足模拟准确度的要求，虽然有时还不是很满意。

只要选定标准色度观察者和标准照明体，确定了仪器内使用的照明光源的光谱功率分布和光辐射探测器的光谱响应度曲线，就可求得校正滤色器的光谱透射比。由光谱透射比曲线设计校正滤色器的方法是：将几块不同光谱透射比的滤色片组合起来，使它们的总透射比等于要求的校正滤色器的光谱透射比。滤色器组合方式常用的形式如图 10 - 19 所示。

图 10 - 19　滤色器组合方式常用的形式

图 10 - 19（a）为串联形式，由几块不同材料、不同厚度的滤色片沿着光线照射的方向叠加在一起而成；图 10 - 19（b）为并联形式，由几块不同材料、不同面积和不同厚度的滤色片沿垂直于光线照射方向并排组成；图 10 - 19（c）为由上述两种混合的方式组成。

图 10 - 19（a）组成的校正滤色器的总透射比与各滤色片的透射比的关系为

$$\tau_C(\lambda) = \tau_1(\lambda)\tau_2(\lambda)\cdot\cdots\cdot\tau_K(\lambda) \tag{10 - 13}$$

图 10 - 19（b）组成的校正滤色器的总透射比与各滤色片的透射比的关系为

$$\tau_C(\lambda) = \sum_1^k a_i \tau_i(\lambda) \quad i = 1,2,\cdots,k$$

式中，a_i 为各滤色片的相对面积值。

（3）串联形式滤色器的优化设计。

式（10 – 13）是计算串联形式滤色器的数学模型。但真要算出最好的结果，并非易事，好在计算技术的发展提供了很好的工具。优化设计应考虑下列问题：

①选择优化方法。目前优化方法很多，应选择收敛快、精度高的优化方法。笔者曾用改进的单纯形法取得了较好的结果。

②选择评价函数。评价函数是评价好坏的标准，优化计算的依据很重要。

下面提供三种评价方法，以供读者参考：

a. 误差平方和最小（即最小二乘法）。该方法是函数拟合最常用的方法之一，它能在整个波长范围内控制最大偏差。

b. 总误差面积最小（即两曲线不拟合的面积总和最小）。该方法对各波长上的误差同等看待，它能使总体拟合误差最小。用此法优化后，所得结果对中性样品测试效果较好。

c. 典型样品色差最小。如果测色仪器是针对某些样品设计的，就以使这些样品色差最小为目标进行评价。选足够多的典型样品使它们的色差均最小，就可满足一般样品测试要求。比如选用色度学中提供的计算显色指数的 15 种样品就有一定的代表性。计算色差的方法是：对典型样品用选好的滤色器计算三刺激值与理想色度计（完全符合卢瑟条件），将计算结果比较其色差，使其色差最小来进行优化。

③规定初始条件。规定初始条件如所选有色玻璃的种类数、每种滤片的最大最小厚度，优化计算过程中的约束条件……。

④串联形式的滤色器总透射比与各片玻璃之间透射比的关系。前面式（10 – 13）是理论计算公式。在进行实际计算时，要考虑滤色片表面反射，并且应写成它厚度的函数：

$$\tau_\Sigma(\lambda) = (1-\rho_1)(1-\rho_2)\cdots(1-\rho_m) P_1^{l_1}(\lambda) P_2^{l_2}(\lambda)\cdots P_n^{l_n}(\lambda)$$

式中，m 表示玻璃与空气的界面数；n 表示玻璃数；ρ_1，ρ_2，$\cdots$，ρ_m 为玻璃表面的反射比（与空气为界面），胶合面 $\rho = 0$；l_1，l_2，$\cdots$，l_n 表示各玻璃的厚度；$P_1(\lambda)$、$P_2(\lambda)$、$\cdots$、$P_n(\lambda)$ 表示光通过 1 cm 的介质时的内透射比。

因为 ρ_i 随波长变化很小，故上式可写成：

$$\tau_\Sigma(\lambda) = k P_1^{l_1}(\lambda) P_2^{l_2}(\lambda)\cdots P_n^{l_3}(\lambda) \tag{10 – 14}$$

式中，$k = (1-\rho_1)(1-\rho_2)\cdots(1-\rho_m)$。

⑤光谱内透射比的获得。光谱内透射比是有色玻璃本身的性质，没有它，式（10 – 14）就无法计算。光谱内透射比 $P(\lambda)$ 也称作透明系数。它代表光束通过单位长度的介质时，出射光通量和入射光通量之比，通常规定 $P(\lambda)$ 是通过 1 cm 长度时，介质的透射比。$P(\lambda)$ 一般是通过对已知厚度的（任意厚度）有色玻璃进行测试求得。如玻璃厚度为 l，测得总透射比 $T(\lambda)$，可用下式计算：

$$P(\lambda) = 10^{\frac{\lg[T(\lambda)/(1-\rho)^2]}{l}}$$

式中，$P(\lambda)$ 表示光谱内透射比；$T(\lambda)$ 表示总透射比（包括反射和吸收）；l 表示玻璃厚度；ρ 表示玻璃表面反射比。

ρ 的获得有两种方法：

a. 由手册查得反射修正值 D_r：

$$\rho = 1 - (10^{-D_r})^{\frac{1}{2}}$$

D_r 一般在 0.04 上下，不同牌号的玻璃，D_r 也不同。

b. 已知材料的折射率 n 时（以空气为界面）：

$$\rho = \left(\frac{n-1}{n+1}\right)^2$$

通过上述步骤，由计算式（10 – 14）即可得到 $P(\lambda)$，随后试选有色玻璃牌号、厚度，用优化程序逐步逼近卢瑟条件；最后确定所选滤色玻璃牌号和厚度，完成计算。

⑥注意事项。

a. 优化计算时，一般是在可见光波段内进行的，不能反应计算波段外的情况，要确保计算波段以外滤色器的光谱透射比为零，常用截止滤色玻璃来实现。因为如果紫外或红外波段有光透过，探测器的输出相对较大，从而破坏卢瑟条件。

b. 选滤色玻璃品种时，除看它的光谱透射比曲线外，还要特别注意它的化学稳定性，稳定性差的材料会变质。不能不用时，可镀保护膜。

c. 目前有一些光辐射探测器自身带有滤光膜，类似于 CIE 标准色度观察者光谱三刺激值的光谱响应度，有人直接用作色度计的接收器而省掉有色玻璃滤色器，效果不理想，对不同光源如何处理也是问题。也有人试用纯数学手段（如神经网络法或查表法）来代替使用滤色器，效果不详。还有人用这种数学手段来改进色度计光学模拟的缺陷，应该有较好的效果。

10.3.3 仪器的定标

光电色度计由仪器探测器的响应值直接读出样品的三刺激值，故必须满足下列关系：

$$X = K_1 R_1 + K_2 R_2, \quad Y = K_g G, \quad Z = K_b B \tag{10 – 15}$$

式中，R_1、R_2、G、B 分别为四个光电探测器的响应值；K_1、K_2、K_g、K_b 为在测样品前必须首先确定的常数，确定方法是用光电色度计测量已知三刺激值为 X_{10}、X_{20}、Y_0、Z_0 的标准样品，得到的响应值为 R_{10}、R_{20}、G_0、B_0，则可求得 K_i 值，这个过程称为仪器定标。各常数 K 的计算式为

$$K_1 = \frac{X_{10}}{R_{10}}, \quad K_2 = \frac{X_{20}}{R_{20}}, \quad K_g = \frac{Y_0}{G_0}, \quad K_b = \frac{Z_0}{B_0}$$

得到 K_i（$i = 1, 2, g, b$）后便可测量任意样品。在测得样品的响应值 R_1、R_2、G、B 后，按式（10 – 15）可求得样品三刺激值 X、Y、Z。

光电色度计校正滤色器的光谱透射特性不可能完全符合卢瑟条件，为此，光电色度计经常配备多种已知三刺激值的标准样品，使用者可以选用与待测样品有近似颜色的标准样品进行定标。这样可减小误差，提高仪器的测量精度。一般光电色度计带有 4 ~ 10 块不同颜色的标准色板或标准滤色片。

10.3.4　色度计构造实例

1. 目视色度计

在目视色度计中，人眼就是探测器，故不存在符合卢瑟条件的问题。操作者观察两个并置的视场，一个视场由已知的三原色光混合组成，另一视场为待测色，调节三原色光的光度来达到与待测色匹配，由三原色的光度量求得待测色的三刺激值。目视色度计是较早期的仪器，色度学的许多基本实验都是在这类仪器上进行的，目前仍广泛地在各种颜色视觉研究中使用着，但在工业上已被光电色度计所代用，故这里不再细述。

2. 光电色度计

光电色度计通过光电探测器系统自动地给出样品的三刺激值，使用方便、测量速度快，对大多数应用具有足够的准确度，因而被用于各种生产和质量控制的操作中。光电色度计的种类繁多，但它们的基本原理相同。这里以两种光电色度计为例，介绍其构造原理。

图 10 – 20 所示为彩色亮度计 BM – 2 的工作原理示意。该仪器可用来测量自发光物体和非发光物体的颜色。人眼通过目镜和反射镜把仪器对准待测色源，探测器通过物镜接收色源的辐射。使用彩色亮度计时，色源的被测部位应有均匀亮度。仪器内部没有照明光源，因此在测量物体色时，必须以标准光源照明物体，仪器才可直接测得物体色的三刺激值和色品坐标以及两个样品的色差。

图 10 – 20　彩色亮度计 BM – 2 的工作原理示意

图 10 – 21 所示为一种光电色度计的光学系统。光电色度计利用仪器内部光源照明待测物体，可直接测得物体色的三刺激值和色品坐标，还可以通过与微处理机或微机连接，计算出两个物体的色差值。

仪器的照明和观测条件为 0:d。光源的光束经过聚光镜和 45°角反射镜投射到反射样品上，由积分球收集被样品反射的辐射通量。积分球内壁涂有 MgO 或 $BaSO_4$ 的中性漫反射涂料。X、Y、Z 三个带有校正滤色器的探测器分别在球壁的三个测试孔同时接收。当测量透射样品时，在反射样品处放置与积分球内壁同样材料的中性白板，测得的结果就是透射样品的三刺激值。

图 10-21 一种光电色度计的光学系统

（a）透射样品测量系统；（b）反射样品测量系统

10.4 光源颜色特性的测量

光源属于自发光体，光源的特性很多，是辐射度学研究的主要内容。与颜色有关的主要有两个方面：一是人眼直接观察光源时，产生的颜色知觉；二是评价物体在光源照明下所呈现的颜色效果。

不管是哪一方面，其性质只决定于光源的光谱功率分布，其他颜色参数都可以由光谱功率分布用色度学理论计算出来。因此，光源的诸多特性中，色度学工作者主要关心它的光谱功率分布问题。

在日常生活中，照明光源主要是白色；而舞台照明、广告宣传、交通信号灯、各种设备的指示灯、飞机驾驶舱等环境，颜色十分丰富，也十分讲究。不少行业也制定了相应的标准。所以对光源颜色的评价同样是十分重要的。

光源的颜色与一般物体色类似，可用三刺激值、色品坐标来表示；另外有一种用一维量表示的方法，就是色温、分布温度和相关色温。

物体在光源照明下所呈现的效果，用显色指数表示。

10.4.1 光源光谱功率分布的测量

光源光谱功率分布可分为绝对光谱功率分布和相对光谱功率分布。绝对光谱功率分布是光源辐射功率的实际值，即每个波长上光源实际辐射的功率，其分布测量比较复杂。相对光谱功率分布是各波长辐射功率的相对值，并不是光源实际辐射的功率，只是各波长功率之间的相对大小，其分布测量比较简单。在色度计算中，绝对量和相对量是等效的。所以，在色度学中，一般均用相对光谱功率分布。

光源的光谱辐射特性有辐亮度和辐照度之分。辐亮度是发光体某一部位的特性。一般来说，发光面有一定大小，其各点辐射的光谱功率分布并不相同。测量时，选定某一部分，测量结果就是这一部分的平均值。辐照度是光源所有发光部分的平均特性、整体特性。辐照度的测量是将光源照射到某一中性白板上（照射到积分球内更好），再对白板进行测量。白板一般用烟熏 MgO、$BaSO_4$、聚四氟乙烯喷涂或用粉剂压制。白板反射比的影响可用计算来校正，因为它们的光谱反射比可以精确测到。辐亮度和辐照度测量所用的仪器相同。

1. 标准灯

光源的光谱功率分布也是用比较测量法测量的，所以也需要有参比标准。黑体的光谱功率分布可用普朗克公式准确求得。计量部门制作的人工黑体可作为标定其他标准灯的基准。根据工作波段的不同，可将人工黑体分为常温黑体炉、中温黑体炉和高温黑体炉三类。对于一般的实验室，都使用由计量部门标定的其他标准灯。用作测量光源光谱功率分布的参比标准灯有两种：光谱辐亮度标准灯和光谱辐照度标准灯。

（1）光谱辐亮度标准灯。光谱辐亮度标准灯是用于测量光谱辐亮度的参比标准，也就是测量光源特定发光部位的光谱功率分布的参比标准，常用钨带灯。钨带灯是将钨带通电流加热而发光的光源，类似白炽灯，只是灯丝形状不同。钨带为长条形，宽为 2 mm 左右，厚度约为 0.05 mm，长度随不同的型号而不同。通电流加热钨带后，整个钨带的温度并不均匀，中间温度较高，两端温度较低。使用时取其中心部位，钨带灯泡壳上有标志。泡壳一般用硬质玻璃制成，用于紫外的标准钨带灯的泡壳上有一石英窗。波长范围可为 250 ~ 2 500 nm。

钨带灯有不同的型号，选用时应注意。

（2）光谱辐照度标准灯。光谱辐照度标准灯是用于测量光源光谱辐照度的参比标准。

它给的光谱功率分布并不是灯丝某一部分的特性，而是整个发光体的整体特性。通常用石英泡壳的卤钨灯标定而成。使用光谱范围也是 250 ~ 2 500 nm。

辐照度标准灯也有不同的型号，选用时应注意功率大小和泡壳材料。

2. 光谱辐射计的组成

光源光谱功率分布的测量仪器是光谱辐射计。光谱辐射计与分光光度计极其相似，由入口系统、分光系统、接收系统、控制和数据处理系统组成。下面只介绍入口系统，其他部分与分光光度计基本相同，不再叙述。

入口系统是仪器与待测光源、标准光源打交道的部分，有点像分光光度计的光度系统。入口系统的作用是把待测光源和标准灯所发出的光正确地送入分光系统。因为被测光源的性质、大小、测量距离等比一般物体样品要复杂得多，所以入口系统也就复杂。通常入口系统备有成像透镜或望远物镜，而且应有视场选择，能量调节，以适应不同距离、不同位置、不同能量的变化。

对于辐亮度的测量，一般是把被测部位成像到单色器的入缝上。

对于辐照度的测量，是让标准灯和待测灯照明白板，再将白板的被照射部位成像到单色器的入缝上。值得提出的是，对于一些自己发光的物体，如 CRT、电视等，使用这种方法时一般能量不够。必须像测辐亮度那样，直接把待测对象所发的光送入仪器。而标定仪器仍可采用标准灯照明白板的办法。

入口部分也有双光路和单光路两种。

图 10 - 22 所示为双光路光谱辐亮度测试示意。入口系统将标准灯或待测灯成像到单色仪的入缝上。分成单色光后，被探测器接收。快速摆动反射镜 M，完成标准灯和待测灯的交

替测量。它们测量时的相隔时间很短，很容易保持两光路测量时的一致性，也能消除由电气部分漂移带来的误差。

图 10 – 22　双光路光谱辐亮度测试示意

图 10 – 23 所示为单光路光谱辐照度测试示意。光学系统将漫反射板成像到单色仪的入缝上，标准灯和待测灯互换位置完成两灯的测量。如果是逐个波长互换标准灯和待测灯，可保证光路的一致性；如果在整个波长范围内先测完标准灯，再测待测灯，必须注意在各个波长上测量时，两光路一致，如狭缝宽度，滤色器的状态；否则，会造成测量失败。而且在测量标准灯和待测灯的过程中，电气部分必须稳定。

图 10 – 23　单光路光谱辐照度测试示意

3. 光谱功率分布的获得

这里需要说明一下，分光光度计用双光路的主要目的是监视仪器光源能量的变化；而光谱辐射计双光路的作用主要是便于完成标准灯和待测灯的切换，而且在对标准灯和待测灯进行采样的过程中，须保持光路部分的一致性和电气部分的稳定性（如相隔时间极短）。所以光谱辐射计在单光路和双光路的计算中没有本质差别。

用光谱辐射计测量待测光源光谱功率分布的过程：先用标准灯标定仪器；再对待测灯进行测量；在测得它们的响应值后，再进行计算。公式如下：

$$S(\lambda) = \frac{S_o(\lambda)}{R_S(\lambda) - R_{So}(\lambda)} \times \left[R(\lambda) - R_o(\lambda) \right] \qquad (10 - 16)$$

式中，$S(\lambda)$ 表示待测灯的光谱功率分布；$S_o(\lambda)$ 表示标准灯的光谱功率分布（已知）；$R_S(\lambda)$ 表示标准灯的响应值；$R(\lambda)$ 表示待测灯的响应值；$R_{So}(\lambda)$ 和 $R_o(\lambda)$ 分别表示与标准灯和待测灯辐射无关的仪器响应值（可称暗信号），一般可用遮挡光源的方法测得。

这里需要说明一个问题，如果光源有线谱时，对线谱的测量会造成较大误差；如果要求不高，就应将单色仪的狭缝调得小一些进行测量；如果要求高，就要使用专门的线谱测量方法，具体的可参看有关文献。

10.4.2　光源色温的确定

1. 图解法

由于 CIE x-y 色品图的不均匀性，黑体轨迹上各点的色温或它的倒数都不是按等距分布的。而且实际光源的色品坐标一般不落在黑体轨迹上，而是在它的附近。因此色品图上两处相等的距离不能代表相同的色温差别，从 CIE x-y 色品图上很难直接确定光源的相关色温。凯莱提出了利用 CIE 1960 UCS 均匀色品图求色温和相关色温的图解法。

（1）CIE 1960 UCS 均匀色品图上的等温线。凯莱（K. L. Kelly）利用 CIE 1960 UCS 均匀色品图，按视觉恰可分辨颜色差别，把黑体轨迹划分为许多段，分段的单位叫麦勒德（Mired），也可写作 μrd（micro reciprocal degree 的缩写）。

麦勒德与色温或相关色温实际上是倒数关系，所以麦勒德也称为倒色温。光源的麦勒德数由下式求得：

$$麦勒德 = \frac{1}{T_c} \times 10^6 \tag{10-17}$$

式中，T_c 为色温或相关色温。例如，$T_c = 5\,000$ K 时可算得为 200 麦勒德。

在 CIE 1960 UCS 均匀色品图中，在黑体轨迹上，麦勒德数差值相等的点都是等距的，代表相等的颜色差别。这也就是在计算中引入倒色温的原因。在 CIE x-y 色品图上，在黑体轨迹上各等差麦勒德点则不是等距的。为了确定一个色品坐标不在黑体轨迹上的光源的相关色温，在黑体轨迹上延伸出许多等温线。在 CIE 1960 UCS 均匀色品图中，这些等温线都垂直于黑体轨迹。而在 CIE x-y 色品图中则以不同角度与黑体轨迹交叉。图 10-24 所示为 10 麦勒德间隔分布的等相关色温线。

图 10-24　10 麦勒德间隔分布的等相关色温线

（2）利用黑体轨迹等温线求色温或相关色温。要求色温或相关色温，首先要计算光源在 CIE 1960 UCS 均匀色空间中的坐标 u、v 值；计算出光源的 u、v 值后，如正好落在等温线上，利用 CIE 1960 UCS 色品图中的黑体轨迹和等温线，可从图上直接查到色温或相关色温。若色品坐标点恰好位于黑体轨迹上，求得的则是光源的色温；若色品坐标点偏离了黑体轨迹，求得的则是光源的相关色温。

如果光源的色品坐标点位于以麦勒德为单位的相邻两条等温线 M_1 和 M_2 之间，则可以用内插法求得光源的相关色温。如图 10-25 所示，d_1 为光源坐标点到等温线 M_1 的距离，d_2 为光源坐标点到等温线 M_2 的距离，则光源的相关色温近似值由下式计算：

$$T_{\mathrm{c}} \approx 10^6 \Big/ \Big[M_1 + \frac{(M_2 - M_1)d_1}{d_1 + d_2} \Big] \tag{10-18}$$

如果 u, v 图中的等温线不是以麦勒德单位表示的，而是以色温表示，则由下式可计算相关色温：

$$\frac{1}{T_{\mathrm{c}}} \approx \frac{1}{T_1} - \frac{\Big(\dfrac{1}{T_1} - \dfrac{1}{T_2}\Big) d_2}{d_1 + d_2} \tag{10-19}$$

2. 罗伯逊计算法

上述为使用图解法找寻色温或相关色温。如果用计算机来求光源的色温或相关色温，就很不方便。罗伯逊（A. R. Robertson）介绍了一个按编好的程序用计算机计算色温的方法。其方法如下：

图 10-25 黑体轨迹以及垂直于黑体轮迹的等温线

由图 10-25 可知，在 CIE 1960 UCS 图中绘制出了黑体轨迹以及垂直于黑体轨迹的等温线。当然也可以用数学的方法求出不同色温（麦勒德数）的光源在黑体轨迹上的色品坐标以及它们的等温线的斜率值。附表 2-16 给出了计算得到的、对应于不同相关色温的、各等温线在黑体轨迹上交点的色品坐标 (u_i, v_i) 以及等温线的斜率值 (m_i)。表中给出的是 31 条线的数值，即 $i = 1 \sim 31$。

对于一个待测光源，只要知道它的光谱功率分布，就可以计算出它的色品坐标 $(u_{\mathrm{T}}, v_{\mathrm{T}})$。下一步是确定待测光源色品点是在哪两条已知斜率值的等温线（T_j 和 T_{j+1}）之间。确定的方法是依次计算待测光源点至 $i = 1 \sim 31$ 各条等温线的距离 d_i。计算公式为

$$d_i = \big[(v_{\mathrm{T}} - v_i) - m_i(u_{\mathrm{T}} - u_i) \big] \big/ (1 + m_i^2)^{\frac{1}{2}} \tag{10-20}$$

求得 31 个 d_i 后，求邻近两个 d_i 的比值 d_j/d_{j+1}。只要 d_j/d_{j+1} 为负值，待测光源的 T_{c} 就在它们之间，再用插值法求得待测光源的 T_{c} 值。插值公式近似为

$$T_{\mathrm{c}} = \Big[\frac{1}{T_j} + \frac{d_j}{d_j - d_{j+1}} \Big(\frac{1}{T_{j+1}} - \frac{1}{T_j} \Big) \Big]^{-1} \tag{10-21}$$

以上各步骤都可以编成计算程序在计算机上进行。

3. 相关色温的简易求法

McCamy 于 1997 年提出了由色品坐标 (x, y) 求相关色温 T 的简便方法，公式为

$$T = -437n^3 + 3601n^2 - 6861n + 5514.31 \tag{10-22}$$

式中，$n = (x - 0.332\,0)/(y - 0.185\,8)$。

用该近似式计算产生的误差，在实用上已达到可忽略不计的程度。

4．用色温计测量光源的色温

色温是用来描述光源本身颜色外貌的一个重要指标。它除可用光谱辐射计测出光源光谱功率分布，通过计算求得外，还可用简单的色温计来测量。常用色温计的基本原理是双色法。双色法不是测量整个光谱功率分布，而是测量两个波长相对光谱功率的比值，从而推知色温的。双色法是基于对黑体辐射的认识：黑体的温度确定后，它的光谱功率分布就可用普朗克公式来计算，各个波长上的功率有固定的关系。反过来，如果知道两个波长上的相对功率比值，根据黑体的发射特性就可以推知它的温度。这就是双色法的基本原理。如果以波长为 650 nm 的光谱辐射功率 $P(650)$ 为基准，那么其他波长上的辐射功率 $P(\lambda)$ 与 $P(650)$ 的比值用 $\beta(\lambda)$ 表示为

$$\beta(\lambda) = P(\lambda)/P(650)$$

在可见光谱范围内取三个波长，以 450 nm、550 nm、650 nm 为代表，测出它们的比值，$\beta(450)$ 和 $\beta(550)$ 分别称为蓝—红比值和绿—红比值。这些比值与色温有固定关系。它们随着色温的升高而增大，只要测出光源的这些比值，便可知道光源的色温。

图 10 – 26 所示为色温计的工作原理示意。它用于测量蓝光对红光的比值。在两个光电池前分别加上蓝色滤光片和红色滤色片，构成蓝光和红光的接收器，可直接记录下光源的蓝、红光电流的比值，在仪器的读数装置上直接读出色温值。一般色温计只能测量蓝光对红光的比值（蓝—红比），并由此定出色温值。较好的“三色”色温计可分别测出蓝—红比 $\beta(450)$ 和绿—红比 $\beta(550)$。这两个比值所定的色温，与黑体光谱功率分布近似的光源应该是相同的，但当光源的光谱功率分布与黑体的光谱功率分布相差较多时，这两个比值定出的色温值就会有差异。双色法色温计的基本原理是普朗克发射定律，主要用于测量钨丝灯、光谱功率分布和黑体近似的光源。对于光谱功率分布，与黑体有较大的光源测量误差。由双色法的原理可知，如果待测光源是线光谱，那么这种色温计的精度很低，不宜使用。虽然色温计的测量精度不高，但是使用方便，读数快，所以被广泛用于对很多光源的测量。

图 10 – 26　色温计的工作原理示意

10.5　荧光材料的颜色测量

荧光材料广泛应用于各种行业，对荧光材料的颜色测量有重要意义。

荧光材料的颜色特性也用三刺激值和色品坐标表示，其测量可用分光光度计和色度计进行。荧光材料和自发光体的不同之处在于，它只在其他光源照射下才有光发射。与一般物体

的区别是：不仅能反射一部分照射光的光谱成分，而且在照明光的激发下能发射一定成分光谱的辐射，而这些光谱成分在照明光束中可能不存在，所以荧光材料的颜色取决于它反射和发射光谱的总和。其中，发射光谱往往起主要作用，因此荧光材料的测量比一般材料复杂。一般的有以下两种测量方法。

10.5.1　单色光激发测量法

图 10-27 所示为单色光激发测量法的原理。通过激发单色仪给样品以波长为 μ 的单色光照射，然后用分析单色仪来测量可见波段各波长 λ 的辐亮度因数 $\beta(\lambda, \mu)$。对于不同的入射波长 μ 都可测得相应的辐亮度因数 $\beta(\lambda, \mu)$，因此，可排列出如表 10-5 所示的矩阵。

图 10-27　单色光激发测量法的原理

表 10-5　荧光测量的辐亮度因数 $\beta(\lambda, \mu)$ 的排列矩阵

反射和发射波长 λ/nm	入射波长 μ/nm						
	300	310	320	…	750	760	770
300	$\beta(300, 300)$	0	0	…	0	0	0
310	$\beta(310, 300)$	$\beta(310, 310)$	0	…	0	0	0
320	$\beta(320, 300)$	$\beta(320, 310)$	$\beta(320, 320)$	…	0	0	0
⋮	⋮	⋮	⋮	⋮	⋮	⋮	⋮
750	$\beta(750, 300)$	$\beta(750, 310)$	$\beta(750, 320)$	…	$\beta(750, 750)$	0	0
760	$\beta(760, 300)$	$\beta(760, 310)$	$\beta(760, 320)$	…	$\beta(760, 750)$	$\beta(760, 760)$	0
770	$\beta(770, 300)$	$\beta(770, 310)$	$\beta(770, 320)$	…	$\beta(770, 750)$	$\beta(770, 760)$	$\beta(770, 770)$

根据 Stokes 定律，发射波长一定长于激发波长，这可说明表中对角线右上为 0 的现象。利用上述矩阵可计算在已知光谱分布的光源照射下荧光材料的颜色特性。为此需要计算当入射辐射光谱分布为 $S(\mu)$ 时，荧光材料在波长 λ 的反射和发射的相对光谱分布

$$R(\lambda) = \sum_{\mu=300}^{770} \beta(\lambda, \mu) S(\mu) \Delta\mu \qquad (10-23)$$

于是，荧光材料的三刺激值为

$$\begin{bmatrix} X \\ Y \\ Z \end{bmatrix} = K \sum_{\lambda} R(\lambda) \begin{bmatrix} \overline{x}(\lambda) \\ \overline{y}(\lambda) \\ \overline{z}(\lambda) \end{bmatrix} \Delta\lambda \qquad\qquad (10-24)$$

这种方法在原则上是一个完善的方法，然而确定这个矩阵却很麻烦，所以该方法未被广泛应用。

10.5.2　复合光照射测量法

复合光照射测量法与前面方法的区别是激发光源由复合光源直接照明（见图 10 - 28）。

复合光照射测量法可直接测出荧光材料在测试所用光源照射下的特性，测得物体的光谱辐亮度因数 $\beta(\lambda)$，从而计算出三刺激值。但其计算结果只局限于这种特定光源照射上的客观效果，而无法推算到另一光源下此荧光材料的颜色特性。图 10 - 29 所示的两条光谱辐亮度因数曲线为同一荧光材料在不同光源照明下测得的结果，$\beta(\lambda, D65)$ 和 $\beta(\lambda, A)$ 分别是在 D65 光源和 A 光源照明下测得的结果，可以看出它们之间的差异是很大的。

图 10 - 28　复合光照射测量法的原理　　　　**图 10 - 29　两条光谱辐亮度因数曲线**

在实际测量中，常用 D65 光源照明下样品的颜色特性来评价荧光材料的颜色特性。对于 D65 光源，不仅要求其光谱分布在可见光范围内与 D65 标准照明体相同，而且还必须将能激发荧光材料发光的光谱段内（如紫外区）的光谱分布与 D65 标准照明体一致。应用复合光源照射来测荧光材料的仪器很多，它们与一般分光测色仪器不同，分光测色仪器的样品放置在单色仪与光辐射探测器之间，用单色光照射样品；而荧光测色仪器将样品放置在光源与单色仪之间，用复色光照射样品。同时对荧光测色仪的光源光谱分布有要求，一定要模拟成为 D65 光源。荧光测色仪器不像一般分光光度计那样，只要在工作波段内有足够强的光能量即可。

荧光色也可以用色度计进行测量。由于复合光源的光谱分布直接影响测量结果，因此在测量时应注明所用光源的类型。

10.6　白度的表达式及测量

白色是人们生活中较常见的一种颜色，白色又常是衡量工农业产品质量好坏的一种标志。在建材、轻工、纺织、造纸等工业部门，白色程度的评价是常遇到的问题。

一般来说，当物体表面对可见光谱内所有波长的反射比都在 80% 以上时，可认为该物体的表面为白色。有些专家用三刺激值 Y（即光反射比）和兴奋纯度（P_c）来表征白色。伯杰（Berger）和麦克亚当（MacAdam）均认为，当样品表面 $Y > 70$，$P_c < 10\%$ 时，可当作白色；格鲁姆（Grum）等认为，物质表面的 P_c 在 0 ~ 12% 且具有高反射比时就可被看作白色。这些颜色位于色空间中相当狭窄的范围内。当然，白色与其他颜色一样可用光反射比 Y、纯度 P_c 和主波长三维量来表示。但是人们常用白度（W）这个一维量来表示白的程度，将光反射比 Y、纯度 P_c 和主波长不同的白色样品根据白度排成一维等级来定量地评价物体的白色程度。为计算白度，曾提出过 100 种以上的白度公式，但是到目前为止还未能提出一个普遍使人满意的通用白度公式。合理的白度公式取决于白色试样的目视评定和色度学测量符合程度。但是白色程度高低的视觉评定很复杂，不仅受到爱好、习惯等复杂心理因素的影响，还与所从事的特殊职业和技术密切相关，与所评价对象质量相关的白色性质有关（如与棉花和陶瓷相关的白色性质就大不相同），因此要使白度公式统一起来十分困难。CIE 一直在力图解决白度的定量评价一致性问题，由此成立了"白度分委员会"，并于 1983 年正式推荐 CIE 1982 白度公式。

下面介绍几种至今仍在使用且在特定部门行之有效的典型的白度公式。

10.6.1　白度的表达式

1. 单波段白度公式

用一个光谱区的反射比来表示白度公式，主要有

$$W = G \tag{10-25}$$
$$W = B \tag{10-26}$$

式中，W 表示白度；G 表示绿光的反射比；B 表示蓝光的反射比。式（10-25）表示用绿光的反射比来表示样品的白度；式（10-26）表示用蓝光的反射比来表示样品的白度，也称为 TAPPL 公式。

国际标准化组织（ISO）在造纸工业中采用主波长（457 ± 0.5）nm，半峰宽度 44 nm 的蓝光测定样品反射比，即使用短波长区域的反射比（R_{457}）表示白度 $W = R_{457}$，称为 ISO 白度。

2. 多波段白度公式

以特定波长区域的反射比及其系数来反映样品的白色程度。常用的公式有下列两个。

（1）Taube 公式：

$$W = 4B - 3G \tag{10-27}$$

（2）黄度指数：

$$W = \frac{A - B}{G} \tag{10-28}$$

式中，A，G，B 对应于红、绿、蓝区的反射比，是使用相应的滤色片修正的红、绿、蓝探测器测量出的反射比值，它们与三刺激值之间的关系为

$$X = f_{XA}A + f_{XB}B, \quad Y = G, \quad Z = f_{ZB}B$$

当已知样品的三刺激值时，可确定出 A、G 和 B：

$$A = \frac{1}{f_{XA}}X - \frac{f_{XB}}{f_{XA}f_{ZB}}Z, \quad G = Y, \quad B = \frac{1}{f_{ZB}}Z$$

式中，f_{XA}，f_{XB}，f_{ZB} 随选用的标准色度观察者和标准照明体的不同而不同（表 10-6）。

表 10 - 6　不同标准色度观察者和标准照明体下的 f_{XA}、f_{XB}、f_{XZ}

观察者 照明体	CIE 1931 (2°) 观察者			CIE 1964 (10°) 观察者		
	f_{XA}	f_{XB}	f_{ZB}	f_{XA}	f_{XB}	f_{ZB}
A	1.044 7	0.053 9	0.355 8	1.057 1	0.054 4	0.352 0
D55	0.806 1	0.150 4	0.920 9	0.807 8	0.150 2	0.909 8
D65	0.770 1	0.180 4	1.088 9	0.768 3	0.179 8	1.073 3
D75	0.744 6	0.204 7	1.225 6	0.740 5	0.203 8	1.207 3
C	0.783 2	0.197 5	1.182 2	0.777 2	0.195 7	1.161 4

常见的黄度指数 YI 是

$$YI = \frac{100(1.28X - 1.06Z)}{Y} \qquad (10-29)$$

这是式 (10 - 28) 在标准照明体 C、CIE 1931 (2°) 标准色度观察者条件下得到的结果。

3. 以明度 L (或光反射比 Y) 和纯度表示的白度公式

常见的麦克亚当公式为

$$W = (Y - KP_c^2)^{\frac{1}{2}} \qquad (10-30)$$

式中,Y 为白色表面的光反射比;P_c 为色度纯度;K 为常数。

4. 与色差概念有关的白度公式

将理想漫反射体的白度定为 100,用样品的白度与理想漫反射体的白度进行比较,以色差概念来评价样品的白度。

亨特白度是常见的白度表达式:

$$W = 100 - \left[(100 - L)^2 + a^2 + b^2\right]^{\frac{1}{2}} \qquad (10-31)$$

式中,L,a,b 按亨特色空间的公式计算。

另一种常见的公式为

$$W = 100 - \left[(100 - W^*)^2 + U^{*2} + V^2\right]^{\frac{1}{2}} \qquad (10-32)$$

式中,W^*,U^*,V^* 按 CIE 1964 $W^*U^*V^*$ 色空间的公式计算。

在这类白度公式中,基准白是重要的概念。以前是将理想漫反射体作为基准白 ($W^* = L = 100$, $U^* = V^* = 0$, $a = b = 0$),但使用了荧光增白剂 (FWA) 之后,出现了新的白度概念,扩大了白度的上限,使它远远超过了理想漫反射体的白度,因此,对加了荧光增白剂的样品白度,选用理想漫反射体作为基准白值须进一步研究。

5. CIE (1982) 白度公式

前述的各类白度公式基本上未考虑对偏色的表示,因此不论偏红或偏绿都称为白。但事实上,理想的中性白是不存在的。20 世纪 60 年代中期,甘茨 (E. Ganz) 提出了加权因子不同的中性白、偏绿白和偏红白三种计算白度的公式。经国际上长期讨论和实践,在 1983 年的 CIE 大会上通过了以甘茨的公式为基础,经修改后的白度评价公式 [CIE (1982) 白度公式] 将白度公式分为白度 W 和白色泽 T_W 两部分。其计算式如下:

$$\begin{cases} W = Y + 800(x_n - x) + 1\ 700(y_n - y) \\ T_W = 1\ 000(x_n - x) - 650(y_n - y) \end{cases} \tag{10-33}$$

$$\begin{cases} W_{10} = Y_{10} + 800(x_{n,10} - x_{10}) + 1\ 700(y_{n,10} - y_{10}) \\ T_{W10} = 900(x_{n,10} - x_{10}) - 650(y_{n,10} - y_{10}) \end{cases} \tag{10-34}$$

式中，x，y，x_n和y_n分别为样品和理想漫反射体的色品坐标（对应 2°视场 CIE 标准色度观察者）；x_{10}，y_{10}，$x_{n,10}$和$y_{n,10}$分别为样品和理想漫反射体的色品坐标（对应 10°视场 CIE 标准色度观察者）。

CIE 推出的白度公式将对白度的评价统一起来，供在 CIE 标准照明体 D65 下评价和对比白度样品用，只限于通称为"白"的样品。这些公式提供的是相对而不是绝对白度的评价。W 值越高，表示白度越高；T_W 为正时表示带绿色，若数值越大，则表示带绿的程度越大；T_W 为负时表示带红色，若数值越大，则表示带红的程度越大。对于理想漫反射体，W 和 W_{10} 都等于100，T_W 和 T_{W10} 都等于0。

对于带明显颜色的样品，使用白度公式评价白度没有意义。CIE 指出，应用 CIE 白度公式计算的样品，其 W 或 W_{10} 值及 T_W 或 T_{W10} 值应在下列范围内：

W 或 W_{10}：大于 40 和小于（$5Y-280$）或（$5Y_{10}-280$），此处 Y 为光反射比。

T_W 或 T_{W10}：大于 -3 或小于 3。

10.6.2 白度的测量

利用仪器客观评价白度，以取代可能有争论的目视评价方法十分必要。用仪器测量白度可分为两步：

（1）测量出样品的三刺激值。可用分光测量方法测出样品的光谱辐亮度因数，用计算的方法算出样品的三刺激值；也可用光电色度计直接读出三刺激值。一般白度测量都采用光电色度计的测量方法。如果样品仅仅经过漂白和染蓝或样品含有非荧光颜料且未经 FWA 处理，可用标准的色度测量技术；但对于荧光样品测量时需要加以特殊的注意，对照明光源的光谱分布不仅要考虑在可见光范围内符合标准照明体（如 D65）的光谱分布，还必须注意能引起荧光激发的整个紫外区域内符合标准照明体的光谱分布。

（2）通过一定的白度公式计算出白度值。这些公式建立在三刺激值的基础之上，知道三刺激值即可求出白度值。

10.7 光泽度及其他外表特性的测量

10.7.1 概述

第 1 章中曾提到物体反射光的特性，从视觉角度来说可分为两个方面：一是它的光谱组成，它与物体的颜色相联系（前面各节就是讨论这方面的问题）。二是光在空间的几何分布。它不涉及光谱组成。反射光或透射光的空间分布所引起的视觉现象主要有光泽度（Gloss）、透明度（Transparency）、朦胧度（Haze）、浊度（Turbidity）和清晰度（Definition）。

光线在空间分布引出的这些量，也属于心理物理量，它们的度量方法也是心理物理学的方法，通过与目视比较的实验建立起度量标尺。与颜色测量不同的是，颜色可以用三维坐标系来表示，虽然在艺术、工业、科学研究中有所差别；而涉及物体反射或透射光空间分布的问题就困难得多，没有办法将复杂的空间分布问题减小为 3 个甚至 10 个数。虽然如此，各种各样的度量标尺已经建立起来，只是每一种标尺只适用于一种应用。美国材料与试验协会（ASTM）就有相应于不同测试的各种标准。如 ASTM D523 规定了非金属样品（如油漆）在不同入射方向 60°、20°和 85°条件下镜向光泽的测试方法。

10.7.2　仪器分类

有关测量光空间分布特性的仪器可分为以下五类，几何条件如图 10 – 30 所示。

1. 变角光度计

变角光度计（Goniophotometer）是测量在入射角固定的条件下，样品反射或透射因数随接收角变化的仪器。可以测得反射因数或透射因数随接收角变化的曲线（在我国，测量光空间分布的仪器称为分布光度计）。变角光度计的探测器用滤色器校正，使其具有 $\bar{y}(\lambda)$ 的光谱响应。测试条件如图 10 – 31 所示，入射角固定，接收角变化。变角光度计主要用于研究工作，寻找对样品测量光泽度、浊度的最佳条件。

2. 漫反射光度计

漫反射光度计（Diffuse Reflectance Photometer）一般称为反射光度计（Reflectance Photometer）。

反射光度计通常有两种照明接收条件：45°照明和 0°接收；或 0°照明，积分球接收（见图 10 – 30）。当然根据光路可逆定理，照明和接收方向也可以互换。定向型条件只能测量漫反射因数；漫反射型条件可以测全反射因数，也可以测漫反射因数（用光吸收阱时）。

变角光度计

漫反射光度计

镜向光泽度计

方向对比光度计

透射测量仪器

图 10 – 30　五类仪器的几何条件

反射光度计主要用于测量漫反射样品（如纸张、纺织品、油漆等），用途很广。

当用于测量光反射因数时（即与人眼的视见函数有关），仪器的探测器应校正成具有 $\overline{y}(\lambda)$ 的光谱响应；当用于测量纸张或纺织品的蓝光反射因数时，仪器的探测器应校正成具有 $\overline{z}(\lambda)$ 或其他要求的蓝光响应（如 R457）。如果用三个探测器分别校正成具有 CIE 光谱三刺激值的光谱响应，就可以测量样品的颜色了。当用于测量印刷和照相材料的密度时，反射光度计应有相应的密度标尺。

图 10 - 31　变角光度计的测试条件

3. 镜向光泽度计（Specular Gloss Meters）

镜向光泽度计在 10.7.3 中将详细讲解，此处不再叙述。

4. 方向对比光度计（Direction - Contrast Meters）

这类仪器不同于前三类，它需要测量两个方向上的反射因数：一个是镜反射因数，另一个是漫反射因数，再按一定公式进行计算。方向对比光度计是专门为一些特别用途设计的，如对比光泽、图像清晰度光泽、反射朦胧度等的测量。下面以对比光泽的测量略加说明。

对比光泽的测量对纺织品纤维、头发和尼龙丝等很重要。对比光泽度是由镜面反射因数和邻近的漫反射因数求得。定义为

$$对比光泽度 = 100 \times \left(1 - \frac{漫反射因数}{镜面反射因数}\right)$$

对比光泽度测试的几何条件如图 10 - 32 所示，图中是 45° 照明，在样品法线方向和镜反射方向探测。

图 10 - 32　对比光泽度测试的几何条件

5. 透射测量仪器

对于漫透射测量，测量因数有朦胧度（Haze）、浊度（Turbidity）、半透明度（Translucency）等；对于规则透射测量，测量因数有清晰度（Clarity）和吸收度（Absorbance）等。

下面以浊度计（Haze Meter）为例略作说明。

浊度计是测量漫透射样品透射特性的仪器，用于测量塑料膜等。对于固体样品，一般称为朦胧度或雾度；对于液体样品，称为浊度。它们的测量方法与计算公式相同。按 ASTM D1003 定义：

$$浊度 = \frac{漫透射比}{全透射比} \times 100\%$$

式中，单位为浊度单位，是心理物理单位。

图 10 –33 所示为 Hunter Lab 浊度计的光学原理。图（a）表示测量全透射因数（即漫透射加规则透射），光源偏转 8°，规则透射打到球壁上，与漫透射一起被探测器接收，测得全透射因数；图（b）表示测量漫透射因数。规则透射光穿过球壁进入光吸收阱被吸收，漫透射被探测器接收，测得漫透射因数。由前述公式计算出浊度（朦胧度）。探测器装在与入射光束呈 90°的方向上。入口、光吸收阱、探测器都在同一个大圆上。

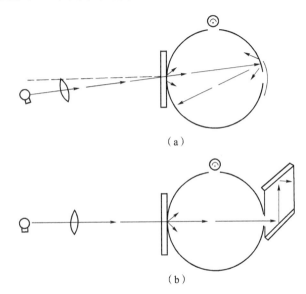

（a）

（b）

图 10 –33　Hunter Lab 浊度计的光学原理

10.7.3　镜向光泽度计

镜向光泽度计简称光泽度计（Glossmeters），又称为镜向（或镜面）反射光度计（Specular Reflectance Photometers），主要用于测量样品的镜面反射光。其是测量油漆、纸张、塑料、搪瓷、陶瓷、铝及铝合金等平面制品表面光泽度的仪器。

1. 光泽

光泽是物体表面的一种外观模式，由于表面对入射光具有方向选择性，感觉到物体反射的亮光好像重叠在该表面上，使物体产生闪闪发亮的外表。光泽与物体表面的镜面反射光紧密联系，镜面反射方向就是光泽最强的方向，因此，光泽的测量总是沿着镜面反射方向进行的。只有进行对比光泽测量时，才再取其他方向一起测量。光泽也是心理物理量，单位为光泽单位。

2. 镜向光泽度计的测量原理

光泽的测量也是用比较测量法，即在相同条件下，相对于镜向光泽度标准板，对样品的光泽度进行测量。相同条件指的是，在一定的入射角度下，以规定条件的光束照射样品（或标准板），在镜面反射方向上以规定的条件接收反射光束。

镜向光泽标准板一般是用 $n_D = 1.567$ 的抛光的平面黑玻璃板。标准板定义为 100.0 光泽度单位。当然有关行业也采用多种标准板。

光泽度用符号 $G_S(\theta)$ 表示，其中 θ 表示入射角。当然镜反射角为 $-\theta$，计算公式为

$$G_S(\theta) = \frac{\Phi_S}{\Phi_0} \times G_0(\theta)$$

式中，$G_S(\theta)$ 表示样品光泽度；$G_0(\theta)$ 表示标准板光泽度（已知）；Φ_S 表示测量样品时的光通量；Φ_0 表示测量标准板时的光通量。

3. 镜向光泽度计的几何条件

镜向光泽度计的几何条件主要是指入射角的大小，有关测试标准对入射角和接收角及其公差也作了规定。入射角在光泽测量中极为重要，通常用 20°、45°、60°、75° 和 85°，它们分别用于对不同样品的测量。一般来说，大角度用于低光泽样品；小角度用于高光泽样品；中等角度使用范围较宽。表 10-7 所示为有关标准推荐的使用举例。

表 10-7　光泽度计入射角与测试对象举例

入射角	20°	45°	60°	75°	85°
测量对象	高光泽漆、纸、塑料	陶瓷、搪瓷、塑料	漆、塑料	低光泽纸	低光泽漆
国际标准	ISO 2813	ASTM C346	ISO 2813	ISO 8254	ISO 2813

4. 镜向光泽度计的结构

按光泽度计的照明光束和接收光束分，光泽度计有两类：一是平行光路；二是汇聚光路。

按入射角分，镜向光泽度计有定角式和变角式两种。

从光源发出的光，经过照明透镜正确地照到样品上，由接收透镜在镜面反射方向上将光束送给探测器，将光信号转换成电信号，经放大等处理后输出，完成光泽度的测试。图 10-34 所示为平行光照明的镜向光泽度计结构示意；图 10-35 所示为汇聚光照明的光路示意。探测器通常校正为具有 $\bar{y}(\lambda)$ 光谱响应的特性。

图 10-34　平行光照明的镜向光泽度计结构示意

图 10 - 35 汇聚光照明的光路示意

习题与思考题

1. 颜色测量仪器主要分为哪几类？各自测量的原理是什么？
2. 什么是卢瑟条件？
3. 什么是比较测量法？
4. 测色仪器比较的标准一般有哪些？什么是标准观察条件？
5. 说明光电积分测色法的核心内容。

第 11 章
辐射度、光度与色度的应用

随着科学技术的迅速发展和新技术的应用，辐射度学、光度学和色度学越来越广泛地应用到国民经济的许多部门。限于篇幅，这里只能通过几个应用实例来阐述它们如何用来解决科学研究和生产的具体课题，一方面使读者巩固并适当扩大前面章节的基本内容，另一方面使基本内容更具体化，使初学者不只停留在理论或比较抽象的概念上。

当然，实际应用并不是简单基本概念的叠合或公式数字的直接代入，而是要考虑许多方面的问题，如测量中各种参数的影响，测量对象、测量环境及其变化对测量精度的影响等。

11.1 材料特性的测量

材料的辐射度特性主要是指其反射特性、透射特性、发射特性和吸收特性，当然还可以有其他的特性，如偏振特性、荧光特性等，这些特性的测量对于研究材料的性质和成分十分重要。辐射度特性可定量或半定量地确定材料性质与成分的变化，因此，材料辐射特性的测量获得了广泛的应用，例如纸张、面粉的白度，纺织品、瓷板的色度，油漆、涂料的光泽度，逆反射器的光强度系数，地物的光谱反射特性和发射特性，分子的散射特性，样品化学分析和产品在线质量监测与控制，等等。

材料的辐射特性除取决于其性质和成分外，还受许多其他因素的影响，如表面状况、温度和厚度等。在描述材料的特性时，一定要说明样品的状况以及测量的条件，否则描述只能是概略的。测量条件应当与实际使用的条件尽可能一致。

测量时的参比量可以是入射量，例如用测得的反射、透射、发射、吸收量和入射量的比值来表示待测材料相应的辐射度特性，测得辐射度特性的绝对值。参比量也可以是一块标准材料的已知辐射度特性，通过待测材料和标准样品比对测量，在已知标准样品辐射度特性的情况下，确定待测材料的辐射度特性，例如在分光光度计上测量样品的反射特性和透射特性。

11.1.1 反射特性的测量

1. 镜面反射比的测量
一种测量材料抛光表面镜面反射比的装置如图 11-1 所示，在图 11-1（a）中，样品不放入，辅助镜在位置 A，出射辐射通量为

$$\Phi_1 = K\rho_{\mathrm{m}}\Phi_0 \qquad\qquad (11-1)$$

式中，Φ_0，Φ_1 分别为入射辐射通量和反射辐射通量；K 为由几何参数决定的系数；ρ_{m} 为辅助镜反射比。

在图 11 – 1（b）中，辅助镜在位置 B，而待测样品放在紧贴样品定位板处。光经过辅助镜一次镜面反射和待测样品的两次镜面反射，光束的测量几何条件不变，出射辐射通量 Φ_2 为

$$\Phi_2 = K\rho_m\rho^2\Phi_0 = \rho^2\Phi_1 \qquad (11-2)$$

式中，ρ 为待测样品的镜面反射比。于是，

$$\rho = \sqrt{\Phi_2/\Phi_1} \qquad (11-3)$$

当入射或接收辐射能是单色光，例如用单色仪作光源时，测得的就是光谱镜面反射比。

图 11 – 2 所示为一种简单的镜面反射比测量装置。先将待测样品拿去，探测器放在绕转台中心转动的臂 A_1 上，探测器表面垂直入射光束，测得电压信号 V_1；继而，将待测样品放在通过转台中心的平面上，使光源有一定的入射角。探测器绕转台中心 O 点转到位置 A_2，测得电压信号 V_2，则待测样品的镜面反射比为

$$\rho = V_2/V_1 \qquad (11-4)$$

测量时所用的入射角取决于测量要求。

图 11 – 1　一种测量材料抛光表面镜面反射比的装置

图 11 – 2　一种简单的镜面反射比测量装置

当待测样品有一定曲率半径时，可用图 11 – 3 所示的方法进行测量。积分球和探测器组成探测头，以避免由光束直接成像在探测器表面以及两次测量光束汇聚角的不同而造成的测量误差；探测头的开孔尺寸应当使测量光束能完全被收容到积分球内；探测头分别在图中位置 1 和位置 2 取读数，由读数比即可求得待测样品球面的平均反射比。

测量中要注意由位置 1 和位置 2 光程长的不同

图 11 – 3　凹面镜面反射比的测量装置

造成的测量误差，即考虑两个位置中间大气层对测量的影响。在大气有明显吸收的谱段，整个装置可放在充氮罩或在真空中进行。在待测样品处于一定的入射角的条件下进行测量时，应当和样品工作状态尽可能一致。

镜面反射比测量中要注意除了由待测样品材料表面微观缺陷或不平所造成的镜面反射成

分以外，还可能出现散射。散射一般在镜面反射方向的附近，而这些散射光又不能被探测器接收，这样就造成了镜面反射比测量的误差。测量表面粗糙度时，散射部分可只占反射光能的千分之几。

2. 漫反射比的测量

材料的漫反射特性有两种测量方法：一种是把其中包含的镜面反射部分除去，测量的是漫反射比 ρ_d；另一种则是把镜面反射部分包括进去，测量的是反射比 ρ。

在进行漫反射比测量时，可在镜面反射方向加一陷光器，如采用一内壁涂黑的弯角陷光器（见图 11－4）以吸收镜面反射成分。由于反射比值与光的入射角、接收角有关，为使反射比测量和反射比值的表示标准化，推荐用下列测量几何条件（斜杠前是入射条件，斜杠后是接收条件）：垂直:45°（缩写成 0:45），45°:垂直（缩写成 45:0），漫射:垂直（缩写成 d:0），垂直:漫射（缩写成 0:d），漫射:漫射（缩写成 d:d）。

绝对反射比有许多测量方法，下面介绍三种。

（1）双球法。双球法又叫凡登埃克法，用于测量垂直:漫射（0:d）反射比 ρ。

在双光路分光光度计放反射样品和标准样品的两侧，分别装上参比板和辅助球（见图 11－5）。参比板和辅助球的内壁均匀涂上待测反射比的材料，它们在相同的条件下制作，故具有相同的反射比。

图 11－4 漫反射比的测量

图 11－5 使用双球法测量反射化 $\rho(0:d)$

入射到辅助球的辐射通量在辅助球内经多次反射，部分由辅助球射出后进入分光光度计积分球内。辅助球的平面等效反射比为

$$\rho_0 = \frac{S_2 E}{\Phi} \quad (11-5)$$

式中，S_2 为辅助球的开孔面积；E 为辅助球接收入射辐射通量 Φ 后在球壁上的辐照度。

由式（6－6）代入式（11－5）得

$$\rho_0(\lambda) = \frac{S_2}{4\pi R^2} \frac{\rho(\lambda)}{1-(1-f)\rho(\lambda)} = \frac{f\rho(\lambda)}{1-(1-f)\rho(\lambda)} \quad (11-6)$$

式中，f 为开口比，即辅助球开孔面积和球体内表面面积之比；R 为辅助球的内半径。

设分光光度计光束照射参比板和辅助球所测得的读数比为

$$\gamma(\lambda) = \frac{\rho_0(\lambda)}{\rho(\lambda)} = \frac{f}{1-(1-f)\rho(\lambda)}$$

故

$$\rho(\lambda) = \frac{1-f/\gamma(\lambda)}{1-f} \quad (11-7)$$

即得所要测的待测样品的光谱反射比。

这种测量反射比的方法精度很高［尤其是待测样品反射比 $\rho(\lambda)$ 很高时］，但辅助球制作比较困难，当材料层有一定厚度时，辅助球和分光光度计一侧开口要有良好的接缝是相当困难的，故该方法主要用于计量部门测朗伯性能好、反射比高的标准反射样品光谱反射比。

（2）台劳法。基于台劳法测量光谱反射比的装置如图 11 - 6 所示，由一台分光光度计和一个积分球组成反射计，测量 $\rho(0:d)$。

图 11 - 6　基于台劳法测量光谱反射比的装置

来自单色仪的单色光经摆动反射镜 OM，形成两束交替照射的光束。在某一反射镜位置上，光束照到反射比 ρ_0 的待测样品上的反射辐射通量为 $\rho_0\Phi$，再由它漫射到涂层反射比为 ρ 的积分球内。探测器检测经样品漫射的光，产生信号 V_0；在另一反射镜位置，光束直接照到积分球的球壁上，探测器检测来自积分球本身漫射的光，产生信号 V。

由式（6 - 6）可写出

$$V_0 = R_E \frac{\rho_0\Phi}{4\pi E^2} \frac{\rho}{1 - \bar{\rho}}, \quad V = R_E \frac{\Phi}{4\pi E^2} \frac{\rho k}{1 - \bar{\rho}} \qquad (11 - 8)$$

式中，k 为考虑到两种光束在积分球内的反射情况不同而引入的修正系数，由积分球理论可得到

$$k = \frac{A}{A_s + A_w} \qquad (11 - 9)$$

式中，A 为积分球内表面面积；A_s 为放置样品的开口面积；A_w 为球壁涂漫射层的表面面积，其等于 A 减去 A_s 和其他开孔面积之和（如半径 10 cm 球上开有四个半径为 1.3 cm 相同的孔，则 $k = 1.017$）。

由式（11 - 8）可得待测样品的光谱反射比为

$$\rho_0(\lambda) = \frac{V_0(\lambda)}{V(\lambda)} \frac{A}{A_s + A_w} \qquad (11 - 10)$$

用积分球测量反射比能把反射辐射通量在 2π 立体角内进行积分，测量较简单，各种孔的影响因素可通过计算较精确地估算出来，常用于测量 $\rho(0:d)$ 光谱反射比，其相对测量误差可小于 1%。测量时样品孔的面积要小，样品的反射比应尽可能和积分球涂层的反射比相近，这样可得到较高的测量精度。此外，球内涂层反射比要均匀，因为测量中的读数是在假设被照球壁的反射比等于积分球整体涂层的反射比条件下得到的。

（3）亮度因数 $\beta(0:45)$ 的测量。测量亮度因数 $\beta(0:45)$ 的方法有很多，基本思路大致相似。图 11 - 7 所示为其中的一种测量装置和方法。测量分为两步：

图 11 - 7　测量亮度因素 β（0:45）的装置和方法

第一步［见图 11 - 7（a）］，在光度导轨上使积分球入射孔平面垂直于光源光照方向，积分球入射孔面积为 S，光源辐强度为 I，光源至积分球的距离为 l_0，则积分球入射孔处的辐照度为

$$E(0,0) = I/l_0^2 \qquad (11-11)$$

第二步［见图 11 - 7（b）］，前后调节物镜，使待测表面调焦在积分球入射孔处。物镜后面放一个距积分球入射孔 h 处半径为 r 的光阑，这样物镜调焦不会影响测量结果。

进入积分球的辐射通量为

$$\varPhi'(\theta',\varphi') = L'AF\tau \qquad (11-12)$$

式中，L' 为待测表面在方向（θ',φ'）的反射辐亮度；A 为物镜的通光面积；F 为物镜通光孔到积分球的角系数；τ 为物镜的透射比。由图 11 - 7 所示关系可写出

$$AF = \frac{Sr^2}{r^2 + h^2} \qquad (11-13)$$

$$\varPhi'(\theta',\varphi') = \beta(0,0,\theta',\varphi') \frac{I}{l_0^2}AF\tau = \frac{I}{l_0^2}\beta(0,0,\theta',\varphi') \frac{\tau Sr^2}{r^2 + h^2} = \beta(0,0,\theta',\varphi')\varPhi(0,0) \frac{\tau r^2}{r^2 + h^2}$$

$$(11-14)$$

所以

$$\beta(0,0,\theta',\varphi') = \frac{\varPhi'(\theta',\varphi')}{\varPhi(0,0)} \frac{r^2 + h^2}{\tau r^2} \qquad (11-15)$$

式中，$\varPhi'(\theta',\varphi')/\varPhi(0,0)$ 即图 11 - 7（a）和（b）两个位置探测器的读数比。$\varPhi(0,0) = E(0,0)S$，为积分球在图 11 - 7（a）位置所接收的辐射通量。由于 r 和 h 为已知参数，若已知物镜透射比 τ，即可求得待测表面在任意接收角的亮度因素。当接收角为 45° 时，测得 $\beta(0:45)$。

3. 反射因数的测量

多数反射特性是用待测样品和已知反射比的标准样品比对测量，测得的是待测样品的反射比因数。

常用的标准样品一般有两类：一类是表面抛光的瓷板；另一类是有近似理想朗伯漫射特性的漫射板。前一类因镜面反射成分大而不具有朗伯漫射特性，但材料化学稳定性好，因而其反射比值非常稳定，便于表面清洁，主要用于测半球接收的反射比因数［如 $R(\theta,\varphi;d')$］。后一类目前主要用氧化镁、硫酸钡、聚四氟乙烯等，具有良好的朗伯漫射特性，反射比接近 1，在可见光至近红外谱段光谱反射比比较平坦。氧化镁具有理想的漫射特性，只是化学稳定性差，故目前应用较少。硫酸钡应用相当广泛，化学稳定性良好。可将硫酸钡粉剂在模具中压制成块，也可加一定的黏合剂配成半糊状喷涂在金属等表面，但硫酸钡不能用水洗。图 11－8 所示为柯达（Kodak）公司的硫酸钡粉剂压块的光谱反射比 $\rho(0;d')$ 曲线。当入射角小于 60°时，硫酸钡具有近似朗伯漫射特性；当入射角大于 60°时，反射比下降稍快。

聚四氟乙烯是一种理想漫反射材料，可压制成块或加黏合剂配制成半糊状喷涂在金属等表面，其性能稳定，易于清洁，可用水洗，甚至用细砂纸水磨去一层表面。但由于材料半透明，粉剂压块的厚度不能太小，一般应不小于 1 cm。图 11－9 所示为厚度为 1 cm 的聚四氟乙烯粉剂压块的反射比 $\rho(6°;d)$［实用上可作为 $\rho(0;d)$ 值］。

图 11－8　硫酸钡粉剂压块的光谱
反射比 $\rho(0;d')$ 曲线

图 11－9　厚度为 1 cm 聚四氟乙烯粉剂压块的
反射比 $\rho(6°;d)$ 曲线

定向反射因数的测量装置如图 11－10 所示。改变入射角和接收角，交替地将标准样品和待测样品移入测量光路，可测得不同入射角和接收角条件下的定向反射比因数，但这种装置不能改变测量方位角。计算式为

$$R_{\mathrm{p}}(\theta,\theta') = \frac{V_{\mathrm{p}}(\theta,\theta')}{V_{\mathrm{s}}(\theta,\theta')}R_{\mathrm{s}}(\theta,\theta') \tag{11－16}$$

式中，标准反射样品的反射比因数 $R_{\mathrm{s}}(\theta,\theta')$ 可由已知的 $\rho(0;d)$ 或 $\rho(6°;d)$ 导出。用 6°入射是为防止垂直入射时光束有较强的逆反射辐射通量而影响测量，其基本要求是标准反射样品有较好的朗伯漫射特性。由于

$$R(0;d) = \frac{\int_0^{2\pi}\int_0^{\pi/2}R(0,\theta')\sin\theta'\cos\theta'\mathrm{d}\theta'\mathrm{d}\varphi'}{\int_0^{2\pi}\int_0^{\pi/2}\sin\theta'\cos\theta'\mathrm{d}\theta'\mathrm{d}\varphi'} = 2\int_0^{\pi/2}R(0,\theta')\sin\theta'\cos\theta'\mathrm{d}\theta'$$

$$\tag{11－17}$$

令 $B(0,\theta') = R(0,\theta')/R(0;45°)$，其测量采用如图 11－10 所示装置，光源垂直照射标准样品，包括 $\theta'=45°$ 在内的 7 个不同 θ' 角度辐射计的读数为 $V(0,\theta')$，考虑到余弦定律，有

图 11-10　定向反射比因数的测量装置

$$B(0,\theta') = \frac{V(0,\theta')}{V(45°,\theta')} \frac{\cos 45°}{\cos \theta'} \qquad (11-18)$$

根据测量的 $V(0,\theta'_i)$（$i=0,\cdots,5$），即可确定 $B(0,\theta'_i)$。

令 $B(0,\theta') = \sum_{i=0}^{5} b_i (\theta')^i$，即用多项式逼近，其中 b_i 是待定常数，代入式（11-17），有

$$\frac{R(0;d)}{R(0;45°)} = 2\sum_{i=0}^{5} b_i I_i \qquad (11-19)$$

式中，$I_i = \int_0^{\pi/2} \theta^i \sin\theta\cos\theta d\theta$，且 $I_0 = 0.5$，$I_1 = 0.392\,70$，$I_2 = 0.366\,85$，$I_3 = 0.379\,90$，$I_4 = 0.421\,47$，$I_5 = 0.491\,29$，进而由 $B(0,\theta'_i)$ 可确定 $b_i(i=0,\cdots,5)$。

由于 $R(0;d) = \rho(0;d)$ 已知，$R(0;45°)$ 由式（11-19）算出，则由 $R(0,\theta') = B(0,\theta')R(0;45°)$，得到反射比因数 $R(0,\theta')$。实践证明，对于具有良好朗伯漫射特性的材料，这样确定的反射比因数误差小于 0.005。

11.1.2　透射比的测量

样品透射比的表示和测量与反射比具有许多相似之处。根据入射和接收光方式的不同，透射比的测量可分为定向透射比和漫射透射比等。对于透明材料，介质中散射很小，透射比主要是指定向透射比；而对于半透明介质，入射光通过介质后，向前部空间 2π 立体角散射，定向透射的程度随介质而异（见图 11-11）。需要说明：

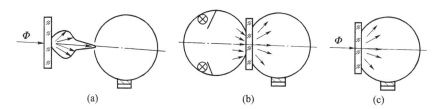

图 11-11　透射比的测量与表示法

(a) $\tau(\%)$；(b) $\tau(d;d)$；(c) $\tau(0;d)$

（1）待测样品应是表面平整的平行片，因为透射比是光能在样品中走过光程的函数。样品应有一定的厚度。样品透射比大时，可选得厚一些，这样在样品厚度方向上透射比分布的不均匀可平均掉一部分；而样品透射比小时，应当选得薄一点，以便系统有足够大的输出信号。应对加入样品后是否会在与其他零件之间产生多次反射作出判断，必要时，样品在测

量光路中应稍稍倾斜一个角度。该倾角应引入样品厚度的计算中。

（2）作为比对测量用的透射比标准有多种。在单光路测量中，用样品插入测量光路和取出光路所得到的信号比作为透射比，实际上是以空气作为透射比等于 1 的比较标准。硫酸铜和硫酸钴铵等溶液也常用作透射比的比对测量标准。溶液应在氮气保护下装入密封的、表面十分平整的石英器皿中。保存在 25 ℃ 左右的环境温度下时，一般使用半年就应更换新液，溶液的配方和光谱透射比值精度达 ±0.005。有色玻璃片作为光谱透射比标准要比用溶液方便得多，美国国家标准局已做出了很多种。这些玻璃材料经过精心选择，玻璃几乎没有散射，其光谱透射比经过仔细标定，精度可达 ±0.005。图 11-12 所示为几种有色玻璃片的光谱透射比曲线。

（3）光谱透射比的测量包括样品两个界面反射损失的透射比值，它和内透射比的关系为

$$\tau(\lambda) = [1 - \rho(\lambda)]^2 \tau_i(\lambda)$$

式中，$\tau_i(\lambda)$ 为样品材料的内透射比。当界面的反射比 $\rho(\lambda)$ 较高时，应考虑样品内的多次反射，如图 11-13 所示。

图 11-12 几种有色玻璃片的
光谱透射比曲线

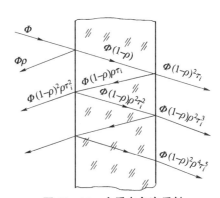

图 11-13 介质内多次反射
对透射比值的影响

设入射辐射通量为 Φ，透过介质的辐射通量为第一次透射辐射通量 $\Phi(1-\rho)^2\tau_i$ 和在介质内多次反射后透过介质层的各次辐射通量之和，若不考虑干涉的影响，总透射辐射通量为

$$\Phi(1-\rho)^2\tau_i[1 + \tau_i^2\rho^2 + \tau_i^4\rho^4 + \cdots] = \Phi\frac{(1-\rho)^2\tau_i}{1-\rho^2\tau_i^2} \tag{11-20}$$

即透射比为

$$\tau(\lambda) = \frac{[1-\rho(\lambda)]^2\tau_i(\lambda)}{1-\rho^2(\lambda)\tau_i^2(\lambda)} \tag{11-21}$$

例如，对于 ZF7 玻璃，折射率 $n = 1.806$，垂直入射时，$\rho(\lambda) = 0.0825$。设 $\tau_i(\lambda) = 0.95$，则 $[\rho(\lambda)\tau_i(\lambda)]^2 = 0.6\%$，即不考虑多次反射的误差为

$$\frac{1}{1-\rho^2(\lambda)\tau_i^2(\lambda)} - 1 = \frac{\rho^2(\lambda)\tau_i^2(\lambda)}{1-\rho^2(\lambda)\tau_i^2(\lambda)} \approx 0.6\%$$

当 $[\rho(\lambda)\tau_i(\lambda)]^2 \ll 1$ 时，式（11-21）为

$$\tau(\lambda) \approx [1-\rho(\lambda)]^2\tau_i(\lambda) \tag{11-22}$$

由于垂直入射时，$1-\rho(\lambda) = 4n(\lambda)/[n(\lambda)+1]^2$，故有

$$\tau_i(\lambda) = \left\{ \frac{[n(\lambda)+1]^2}{4n(\lambda)} \right\}^2 \tau(\lambda) \qquad (11-23)$$

由测得的光谱透射比，就可由式（11 -22）算出介质的光谱内透射比。

用光学密度 $D(\lambda)$ 来表示介质的透射比时，由式（11 -22）得到

$$D(\lambda) = -\lg \tau(\lambda) = -\lg \tau_i(\lambda) - 2\lg[1-\rho(\lambda)] = \mu(\lambda)l \cdot \lg e - 2\lg[1-\rho(\lambda)]$$
$$(11-24)$$

对于无色透明玻璃等介质，它的光谱反射比 $\rho(\lambda)$ 只和介质的色散有关，而色散值随波长的变化有很小的变化，故在一定谱段内可写成 $\rho(\lambda)=\rho$，即光学密度只是光程、介质的线性衰减系数的线性函数。

对于任意角入射时，求介质的光谱透射比精确的方法不是靠测量，而是由光学理论计算出来的。斜光束入射，除了改变光在介质中的光程外，还要把反射的偏振关系考虑进去。

用积分球测量透射比，主要测量垂直:漫射（0:d）或漫射:漫射（d:d）的透射比。图 11 -14 所示为测量装置原理。在积分球内安置一屏，以免由样品出射的光直射到探测器上；为避免入射到样品上的光由样品散射到积分球入射孔以外的部分，入射光的口径比积分球的入射口径小。

测量时，将样品移入和移出光路，得到探测器两次读数的比值，但读数比并不能精确地代表样品的透射比。因为将待测样品移入光路时，一般与积分球入射孔有接触，以便将由样品出射的 2π 立体角内的辐射通量都收集到球内。因此，在没有样品时，在积分球内的漫射光中由入射孔射出的那部分光将会部分反射回积分球，使探测器的输出信号增大。这种变化取决于积分球入射孔的面积和积分球内表面面积之比以及样品表面的反射比。

为此在积分球侧壁开一辅助孔 c（见图 11 -15），孔内侧涂上与积分球内壁相同的涂料，则盖上辅助孔 c 就相当于 c 的积分球。

图 11 -14 用积分球测 $\tau(0, d)$ 的装置原理　　**图 11 -15 加辅助孔以引入修正值**

设积分球有三个孔：样品孔 m、探测器孔 e 和辅助孔 c，则

$$\bar{\rho} = \rho\left(1 - \sum_{i=1}^{3} f_i\right) + \sum_{i=1}^{3} \rho_i f_i$$

当辅助孔盖上、样品在位时，探测器接收的辐射通量为

$$\Phi_e = S_e \frac{\rho \tau \Phi}{4\pi R^2}[1 - \rho(1-f_e-f_m) - \rho_m f_m]^{-1} \qquad (11-25)$$

式中，S_e 为探测器的面积；ρ_m 为样品的反射比；f_m 和 f_e 分别为样品孔和探测器孔面积与积分

球内表面总面积之比。这里假定探测器孔的反射比为零，故没有 $\rho_e f_e$ 项。

当辅助孔盖上、样品拿去时，探测器接收的辐射通量为

$$\Phi'_e = S_e \frac{\rho \Phi}{4\pi R^2} \left[1 - \rho(1 - f_e - f_m) \right]^{-1} \tag{11-26}$$

当辅助孔打开、样品拿去时，探测器接收的辐射通量为

$$\Phi''_e = S_e \frac{\rho \Phi}{4\pi R^2} \left[1 - \rho(1 - f_e - f_m - f_c) \right]^{-1} \tag{11-27}$$

由式（11-26）和式（11-27）可得

$$r_0 = \frac{\Phi'_e}{\Phi''_e} = \frac{1 - \rho(1 - f_e - f_m - f_c)}{1 - \rho(1 - f_e - f_m)}$$

故

$$\rho = \left[(1 - f_e - f_m) - \frac{f_c}{r_0 - 1} \right]^{-1} \tag{11-28}$$

即在同样的条件下，打开、盖上辅助孔时，由探测器的读数比 r_0 可测得积分球内壁涂料的反射比，这是另一种测反射比值的泰勒法。

由式（11-25）和式（11-26）可得

$$r = \frac{\Phi_e}{\Phi'_e} = \tau \frac{1 - \rho(1 - f_e - f_m)}{1 - \rho(1 - f_e - f_m) - \rho_m f_m} \tag{11-29}$$

式中，$\rho_m \approx 1 - \tau$，这样式（11-29）可改写为

$$\tau = \frac{1 - \rho(1 - f_e - f_m) - f_m}{1 - \rho(1 - f_e - f_m) - r f_m} r \tag{11-30}$$

即由三次测量的读数比 r_0 和 r，以及已知球内开孔和球的面积比 f_e、f_m 和 f_c，可由式（11-28）和式（11-30）求得样品的垂直:漫射透射比 $\tau(0{:}d)$ 和漫射:漫射透射比 $\tau(d{:}d)$。

目视测量样品透射比的装置如图 11-16 所示。由光源发出的光分成左、右两路照亮测量光路；在样品架后有两组可通过鼓轮调节光阑口径的可变方孔光阑，以改变辐射通量。鼓轮上的刻度一排是黑色刻度，为透射比 τ 的数值，分度为 $0 \sim 100$；另一排是红色刻度，为光学密度 D 的数值。用菱形棱镜和分像棱镜使左、右两路光进入两半视场。

图 11-16　目视测量样品透射比的装置

测量时先不放入待测样品，将两个鼓轮的透射比读数调到 100，达到两半视场的光度平衡。然后把样品放入左侧样品架，观察视场的一半将会变暗；转动左鼓轮，直到观察视场重新达到光度平衡，左鼓轮读数为 τ_1；取出待测样品，将它放入右侧样品架，重复上述过程，读得右鼓轮读数 τ_r。如此重复测量 $5 \sim 7$ 次，求得它们的平均值 $\overline{\tau}_1$ 和 $\overline{\tau}_r$，则样品的透射比为

$$\tau = \sqrt{\overline{\tau}_1 \cdot \overline{\tau}_r} \qquad (11-31)$$

11.1.3 发射率和吸收比的测量

要由测得的辐射温度反演出物体的真实温度，必须知道物体表面的发射率。材料发射率是分析研究表面热辐射、辐射制冷、辐射能吸收等的重要参数。

发射率不仅与材料性质、表面状态有关，还和材料温度有关。常用的发射率测量方法主要有三种：测反射比法、辐射测试法和测热法。

1. 测反射比法

通过光谱反射比确定材料表面光谱发射率的基础是能量守恒定律。对于不透明材料，其光谱定向吸收比 $\alpha_\lambda(\theta,\varphi) = 1 - \rho_\lambda(\theta,\varphi) = \varepsilon_\lambda(\theta,\varphi)$，故测得光谱定向反射比后，可求得表面的光谱定向发射率。

更多的是测量定向—半球反射比或半球—定向反射比，此时有

$$\alpha_\lambda = \varepsilon_\lambda = 1 - \rho_\lambda \qquad (11-32)$$

测量方法是用前述的积分球测 ρ_λ。测量时，积分球涂层在测量谱段内应有较高的反射比，以便测量系统有足够的信噪比。

在中、远红外谱段，应注意把样品的反射辐射通量和样品自发射的辐射通量分开。一般方法是对照射辐射进行调制，并对探测器接收辐射通量产生的电信号进行交流放大，则样品自发射辐射产生的直流信号就可滤除。

图 11-17 所示为一种发射率测量装置。激光光源经调制由反射镜射入积分球照在样品上，2 mm 左右厚的样品安放在感应加热器中，积分球下部有冷却水循环，以防积分球涂层过热损坏。探测器（光电倍增管）输出信号被放大、检测。

图 11-17　一种发射率测量装置

测量前，样品应洗净、去油并干燥。如果要测量在温度 $T_0 \sim T_{max}$ 内的反射比，材料应先加温到 T_{max}，恒温一段时间后冷却下来，并逐渐升温（或降低）至所要求的测量温度。这样做的目的是防止材料在逐渐升温过程中表面氧化而使测量时材料反射比发生变化。当材料有一定透明度时，可在其背面贴一块高反射比耐高温（高温下测量时）的金属箔。图 11-18 所示为碳化镁和氧化钽的光谱发射率曲线。

图 11 -18　碳化镁和氧化钽的光谱发射率曲线

2. 辐射测试法

使用辐射测试法测量发射率是用待测样品和同温下的黑体或已知发射率的标准样品进行比对测量，图 11 - 19 所示的测量装置可测量可见谱段到红外谱段的定向光谱发射率。待测样品放在一加热炉中加热到所要求的温度，黑体控制在相同的温度；高反射比的扇形开口调制板使来自黑体的辐射能和待测样品的辐射能交替送入单色仪；探测器采用光电倍增管和热电偶等。当测可见谱段信号时，单色仪用熔融石英等棱镜，探测器用光电倍增管，待测样品和黑体的温度不能太低，否则得不到足够的信噪比。在测量红外谱段时，单色仪棱镜应更换成岩盐等，探测器用热电偶，可在较低的温度（如 500 K）进行测量。

图 11 - 19　使用辐射测试法测定向光谱发射率的装置

低温测量时应特别注意环境温度和光路中元件温度对测量的影响，调制板、分光镜等的温度应当比待测样品的温度低得多。即使如此，在测量电压信号时仍应把调制板切断光路时的暗信号减去，即

$$\varepsilon_p(\lambda,T) = \frac{V_p(\lambda,T) - V_0(\lambda,T)}{V_b(\lambda,T) - V_0(\lambda,T)}\varepsilon_b(\lambda,T) \tag{11 - 33}$$

式中，下标 p 表示样品；下标 b 表示黑体。

测量中，还应使两条光路光程长相同，以消除大气吸收对测量的影响；开孔面积要相等。

用黑体作为比较标准的缺点是黑体和待测样品所在的加热炉要分别进行温控，采用已知光谱发射率的稳定标准样品可克服这一缺点。作为标准样品，可用高发射率的铟钢、中等发射率的铬铝钴耐热钢、低发射率的铂铑片等薄片，其波长在 1 ~ 15 μm 以上的光谱发射率需在数个温度值下进行标定。

测量时将标准样品和待测样品放在同一加热炉中，由一旋转轴依次引入测量光路，在式（11-33）中，用 $V_s(\lambda, T)$ 代替 $V_b(\lambda, T)$，$\varepsilon_s(\lambda, T)$ 代替 $\varepsilon_b(\lambda, T)$，即可求得待测样品的定向光谱发射率。

总发射率可表示为

$$\varepsilon(T) = \frac{\int_{\lambda_1}^{\lambda_2} \varepsilon(\lambda, T) M_0(\lambda, T) \, d\lambda}{\int_{\lambda_1}^{\lambda_2} M_0(\lambda, T) \, d\lambda} \tag{11-34}$$

式中，$[\lambda_1, \lambda_2]$ 为待测样品光谱发射率的谱段范围，应有足够的宽度，使得温度 T 的绝大部分黑体辐射能（95% 以上）处于谱段内。

3. 测热法

在样品热传导可以忽略的情况下，测热法假设待测样品消耗的电功率完全转变为辐射功率。

图 11-20　一种用测热法测量样品发射率或吸收比的装置

图 11-20 所示为一种用测热法测量待测样品发射率或吸收比的装置。待测样品固定在真空筒内的电功率加热板上，加热板一侧有热电偶，以精确测量待测样品的温度；待测样品前部有一表面涂黑的热罩，其内部通入液氮，使冷辐射罩制冷到液氮温度；真空筒前部是一石英窗，在测量吸收比时，由窗口射入辐射能。由于测量系统在真空室内没有对流，当热传导损失很小时，辐射能交换基本上是辐射传输。

待测样品接收的能量：电功率 $P = VI$，温度 T_0 的冷辐射罩射到待测样品上的辐射能 Q_0 与待测样品发射的辐射能 Q，以及待测样品加热板等功率消耗 Q_i 相等时，待测样品温度达到稳定

$$P + Q_0 = Q + Q_i \tag{11-35}$$

或

$$P + A_0 \varepsilon_0 \sigma T_0^4 F_0 \alpha_s = 4\varepsilon\sigma T^4 + Q_i \tag{11-36}$$

式中，A_0、ε_0 和 T_0 分别为冷辐射罩的内表面面积、发射率和温度；F_0 为将辐射能传到样品表面的角系数；α_s 为样品的吸收比。

测量装置设计使 Q_i 很小，$\varepsilon_0 \approx 1$。设样品对冷辐射罩的角系数为 F，且近似等于 1，则有

$$A_0 F_0 = AF \approx A \tag{11-37}$$

代入式（11-36），有

$$P + \sigma T_0^4 A\varepsilon \approx A\varepsilon\sigma T^4 \tag{11-38}$$

即

$$\varepsilon = \frac{P}{\sigma A(T^4 - T_0^4)} \tag{11-39}$$

式中，A、ε 和 T 分别为待测样品的面积、发射率和温度。

用热电偶测得待测样品温度 T，用电功率计测得使待测样品保持温度 T 所要消耗的电功率，且 $T_0 = 77$ K，即可求得待测样品的半球总发射率。

测量吸收比时，由窗口入射已知辐照度的准直光束，光束应完全投射在待测样品表面，则式（11-35）改写为

$$P + Q_0 + Q_s = Q + Q_i \tag{11-40}$$

式中，入射辐射能 $Q_s = \alpha_s A E \tau$，E 为入射辐照度，τ 为窗的透射比。

调节电功率，使待测样品温度仍稳定在 T，这时消耗的电功率为 $P'(<P)$，则

$$P' + \sigma T_0^4 A \varepsilon + \alpha_s A E \tau = A \varepsilon \sigma T^4 \tag{11-41}$$

或

$$\alpha_s = \frac{P - P'}{AE} \tag{11-42}$$

吸收比的测量除了测量反射比、发射率的方法外，还可使用其他多种方法。

对于透明待测样品，光谱吸收比通过测量光谱反射比、光谱透射比来求得，即

$$\alpha(\lambda) = 1 - \tau(\lambda) - \rho(\lambda) \tag{11-43}$$

光谱吸收比的测量精度取决于光谱反射比和透射比的测量精度。反射比和透射比的测量应包括待测样品前后整个 4π 立体角空间的定向、漫射值。单独测量 $\tau(\lambda)$ 和 $\rho(\lambda)$ 常常会因为两者测量条件的差别而造成吸收比的误差。

图 11-21 所示为在 4π 立体角内测量吸收比的装置。待测样品放在伸入积分球的样品架上，样品架喷涂与积分球内表面相同的涂料；分光光度计中的两束光，一束不经过待测样品，另一束照射在待测样品上；待测样品在 4π 立体角内的反射光和透射光都由积分球内壁多次漫射而为探测器所接收，因此经过待测样品和不经过待测样品的入射光产生的信号比为 $\tau(\lambda) + \rho(\lambda)$，由此可求得待测样品的光谱吸收比。

图 11-21　在 4π 立体角内测量吸收比的装置

该装置不仅测量简单、精确，且由待测样品表面不平整及其他原因可能造成的反射比、透射比测量误差都被消除。

11.2　探测器特性的测量

探测器光谱响应度的测量可以用已知光谱响应度的探测器，也可以用已知光谱辐射度量的光源。

一种方法是用已知光谱响应度的探测器和待测探测器进行比对测量，即在单色仪的出射狭缝处将待测光谱响应度和已知光谱响应度的探测器交替移入，由它们的读数比和已知光谱响应度求出待测探测器的光谱响应度这种方法比较直观。然而，实际测量中用作参比标准的探测器和待测探测器很难在完全相同的条件下进行比对测量，例如，由于它们种类不同，光敏面面积不同，因此它们不能接收到完全等量的辐射能。探测器光敏面响应不均匀对测量也有影响。实际测量时要考虑两者测量条件的统一性，否则只能得到相对光谱响应。

另一种方法是先用平坦响应热探测器和待测探测器比对测量，得到待测探测器的相对光谱响应，再用已知光谱辐射度量的光源测量探测器的响应度。探测器的光谱响应特性应先进行检查或标定。

图11-22所示为探测器相对光谱响应的测量装置。高强度光源照射双单色仪的狭缝，由出射狭缝出射，光能经反射镜汇聚后照射一真空热电偶和待测探测器。两者的输出信号经放大后送入电子比率计，其输出与示波器的 y 轴相连；单色仪的波长手轮由步进电动机驱动，将表示波长的信号送入示波器 x 轴。这样，示波器画出待测探测器相对用作参比标准的真空热电偶的光谱响应曲线。单色仪波长值和电子比率计的输出信号经量化后用数或点图的形式打印出来。增益控制用来调节待测探测器电路的增益，以保证两路测量电路的增益相同。

图11-22 探测器相对光谱响应的测量装置

待测探测器的相对光谱响应 $V_p(\lambda)$ 的计算式为

$$r_p(\lambda) = \frac{V_p(\lambda)}{V_s(\lambda)} r_s(\lambda)$$

式中，$r_s(\lambda)$ 为真空热电偶的相对光谱响应。

中、远红外探测器特性的测量装置如图11-23所示。测试项目可包括探测器的光谱响应度、频率响应、噪声功率和比探测率 D^*。测量过程如下：

（1）先大致确定探测器的光谱峰值响应对应的波长 λ_p，然后改变光源的调制频率和探测器的偏压，使探测器有最好的输出信噪比。这时，探测器的偏压 V_b 不应超过探测器生产厂推荐的最大偏压值。

（2）偏压定在 V_b，光源调制频率调在规定的测量频率值 f_c，波形分析器的工作频率也调到 f_c，带宽 Δf，黑体工作在规定的测量温度，标定过的信号发生器不工作。此时，测量系统的电压读数为 V_s；再将黑体撤去，信号发生器工作，其工作频率为 f_e；通过调节精密衰减器的倍率，使测量系统电压读数也为 V_s。由信号发生器和精密衰减器的读数可确定探测器标准电阻两端的输出电压 V。

（3）由黑体在工作温度 T 的辐亮度 L_0、出射孔的面积 A_b 和黑体到探测器的距离 l，求得探测器表面的辐照度 E 为

$$E = \frac{L_0 A_b}{l^2} \tau F \tag{11-44}$$

式中，L_0 为黑体在工作温度 T 的辐亮度；τ 为中间大气的透射比；F 为波形系数（见表11-1）。

图 11 - 23   中、远红外探测器特性的测量装置

表 11 - 1   波形的傅氏级数与波形系数

项目	光束口径与调制板开口相切时	光束口径远小于调制板开口时
	三角波	方波
傅氏级数	$A(t) = \dfrac{8A_0}{\pi} \sum\limits_{n=1}^{\infty} \dfrac{(-1)^{n+1}}{(2n-1)^2} \sin\left[(2n-1)\omega t\right]$	$A(t) = \dfrac{4A_0}{\pi} \sum\limits_{n=1}^{\infty} \dfrac{1}{2n-1} \sin\left[(2n-1)\omega t\right]$
基频	$A_1(t) = \dfrac{8A_0}{\pi} \sin \omega t$	$A_1(t) = \dfrac{4A_0}{\pi} \sin \omega t$
均方根值	$a = \dfrac{8A_0}{\pi^2 \sqrt{2}} = 0.286(2A_0)$	$a = \left[\dfrac{16A_0^2}{\pi^2 T} \int_0^T \sin^2(\omega t)\,\mathrm{d}t\right]^{1/2} = 0.45(2A_0)$
波形系数	0.286	0.45

注：$T = 1/f$，表示周期；A_0 表示信号峰值；ω 表示调制板角频率。

（4）探测器的黑体辐照度响应度

$$R_0(T, f_c, \Delta f) = V/E \tag{11-45}$$

（5）探测器偏压为 V_b，调制频率为 f_c，用红外光源和单色仪，将探测器与平坦响应的热探测器比对测量探测器的相对光谱响应。

（6）探测器偏压为 V_b，改变光调制频率，同时使波形分析器的工作频率和光调制频率相同，探测器的频率响应 $r(f)$ 为

$$r(f) = \dfrac{V(f)e(f)}{V(f_c)} \tag{11-46}$$

式中，$e(f)$ 为信号发生器产生的电压信号随频率变化的相对值。

（7）考虑到探测器的光谱响应，探测器的频率响应为

$$R(\lambda, f) = \dfrac{r(\lambda)R_0 E}{\int_0^{\infty} r(\lambda)E(\lambda)\,\mathrm{d}\lambda} \dfrac{r(f)}{r(f_c)} \tag{11-47}$$

（8）探测器偏压定在 V_b，没有黑体照射，信号发生器不工作，记录噪声电压的均方根值 V_n 和波形分析器工作频率 f 的函数关系。

（9）探测器的等效噪声功率为

$$\text{NEP}(T, f_c, \Delta f) = \frac{N(f_c)}{R(T, f_c, \Delta f)}$$

式中，$N(f)$ 为测得的探测器均方根噪声功率谱。

例 11-1 测量用黑体，$T = 500$ K，孔径直径为 1 cm，距探测器为 2.5 m，探测器视场角为 20°，探测器面积为 1 mm²，测量频率 $f_c = 1\,000$ Hz，带宽 $\Delta f = 10$ Hz，探测器偏压 90 V，室温为 300 K，测得信号电压为 30 mV，噪声功率为 3 μV/cm²，大气透射比 $\tau = 0.9$，波形系数 $F = 0.45$。分别求探测器表面的辐射度、辐照度响应度、等效噪声功率和比探测率。

解：黑体在 500 K 的辐射出射度为 0.354 4 W/cm²，探测器表面的辐照度为

$$E = \frac{M_0}{\pi} \frac{A_b}{l^2} \tau F = 5.741 \times 10^{-7} \text{ W/cm}^2$$

辐照度响应度为

$$R_0(300 \text{ K}, 1\,000 \text{ Hz}, 10 \text{ Hz}) = \frac{30 \times 10^{-3}}{5.741 \times 10^{-7}} = 5.226 \times 10^4 \left[\text{V/(W} \cdot \text{cm}^2) \right]$$

等效噪声功率为

$$\text{NEP}(500 \text{ K}, 1\,000 \text{ Hz}, 10 \text{ Hz}) = \frac{N}{R_b} = 5.741 \times 10^{-10} \text{ (W)}$$

比探测率为

$$D^*(500 \text{ K}, 100 \text{ Hz}, 10 \text{ Hz}) = \frac{\sqrt{A_d \Delta f}}{\text{NEP}} = \frac{\sqrt{10^{-2} \times 10}}{5.741 \times 10^{-10}} = 5.51 \times 10^{12} \text{ (cm} \cdot \text{Hz}^{1/2}/\text{W)}$$

11.3 光学系统中杂散光的分析和计算

实际的光学系统往往由许多球形或其他形状的表面组成，光在这些表面及其之间发生镜面反射、漫反射，在光学系统光学零件内发生散射，零件之间发生反射等，情况非常复杂。

利用光度/辐射度的概念，可分析和计算成像光束的传输问题，估算光传输路径不同位置上或像平面上的辐射度量。同样，分析在结构表面之间的反射、散射、漫射关系，可分析实际光学系统中不参与成像的有害光能到达接收表面的辐射能传输问题。

随着空间技术的发展，各种大口径、长焦距的光学系统得到广泛应用，尤其是某些光学系统工作在背景光较强的恶劣环境，如某些大型空间望远镜及星载光学系统，太阳是很强的视场外光源；卫星对地球监测和成像时，在 700 km 左右高度工作的成像系统面对着发光或反射太阳光的地球和大气，约有 130°的非成像光束射向成像系统。高像质的小型光学系统也存在着杂散光降低像面照度、减小成像反差的影响，因此，光学系统杂散光的分析和估算一直受到人们的重视。

美国从 20 世纪 60 年代末起，一些大公司和大学相继研究并建立了一些大型的计算机程序。经过不断的发展和完善，目前估算值和实测已较一致。模型主要针对已初步选定的系统和结构，求出杂散光的大小，为改进系统设计提供依据。因此，需要分析出系统各部分对像平面杂散辐照度的贡献，可着手优化光学系统和结构，减小杂散辐射对成像的影响。

光学系统杂散光主要由系统中镜筒、隔圈、光阑等表面的散射、衍射，光学零件内部或微观不平度、灰尘、油膜、气泡等所造成的散射，以及由探测器、底片、像平面等接收器表

面和光学零件表面、机械结构元件表面之间的多次反射等造成，局部表面强烈的镜面反射或定向散射甚至会在像平面形成所谓的"鬼影"。这里主要讨论光学镜表面的散射，镜管侧壁、隔圈等散射，视场外光源在像平面上产生的杂散光问题。

分析杂散光问题时要确定像平面上的杂散光平。所谓杂散光平，即杂散光量占入射辐射通量的百分数，用 Φ_s/Φ_0 表示（见图 11 – 24）。光学系统设计时要用各种光阑限制非成像光束的进入。一般来说，设计较好的光学系统到达像平面的杂散光等非成像光束与入射光束相比要差几个数量级，良好的消杂散光设计可使杂散光平下降到 10^{-10} 以下。

图 11 – 24　杂散光平的表示

杂散光分析的步骤可分成：

（1）分析有哪些表面参与杂散光的传输以及这些表面怎样参与传输；

（2）分析表面的散射特性如何；

（3）表面对像面杂散光贡献的分析与计算。

11.3.1　参与杂散光传输的表面分析

一个光学系统中究竟哪些结构表面会把视场外的光辐射能散射到像平面？可以设想，在光学系统视场外某处放一个光源，再把人眼放在某一位置观看系统，则能为人眼所看到亮的侧壁或其像就是由视场外光能经过散射而投射到像平面该位置的"危险表面"。显然，对同一视场外光源，人眼在像平面不同位置上所看到的"危险表面"是不同的；同时，人眼在同一像平面位置而光源在不同视场上所看到的"危险表面"也不同。确定不同视场角光源、像平面位置所能看到的散射表面，即"危险表面"就是杂散光分析的第一步。

利用几何近轴光学把所有参与散射的镜筒、光阑、隔圈等通过它们各自的前部或后部光学系统投影到物或像空间，于是光学系统就简化成没有光学元件的一系列限制并参与散射光能的圆柱形、圆锥形或其他形状的表面。

凡是直接被光源照射又能被像平面直接"看"到的表面是一次散射表面，即光源发出的光能经过表面的一次散射就能传输到接收表面的像平面（见图 11 – 25）。一次散射表面越少越好，因为其对像平面杂散光水平的贡献较大。

图 11 – 25　散射表面的确定

直接受光照射又不能被像平面直接"看"到，或者能被像平面直接"看"到而又不是直接被照射的表面就是二次或三次、三次以上的散射表面。三次或三次以上散射的分析相当繁复，且一般来说，光线经两次散射后，散射光平已很低，一般情况下可不予考虑。

通过上述对近轴成像的计算和散射表面的分析，可调整结构，去掉视场外光源直接照射像平面的情况，找出对应不同视场外光源和不同像平面部分所对应的一次、二次散射表面部分。计算分析杂散光时，也只考虑这些表面部分，而对高次散射的表面可不再考虑。

对系统中有可能对杂散光贡献较大的部分，加一些遮光罩、挡光隔圈等，使系统抗杂散光的能力增大，并防止杂散光平计算后对结构做过多的调整。

11.3.2 表面的散射特性

1. 结构表面的散射特性

如图 11 - 26 所示，根据辐射换热关系，可以求出从表面元 dA_s 散射到表面元 dA_c 的散射辐射通量为

$$d\Phi_{sc} = L_s(\theta_s,\varphi_s)F_{sc} \tag{11-48}$$

式中，$L_s(\theta_s,\varphi_s)$ 为在 (θ_s,φ_s) 方向上 dA_s 的辐亮度；F_{sc} 为表面元 dA_s 到 dA_c 的角系数：

$$F_{sc} = dA_s dA_c \cos\theta_s \cos\theta_c / r_2^2$$

即式（11 - 48）可改写成

图 11 - 26 表面元 dA_s 对辐射能的传输

$$
\begin{aligned}
d\Phi_{sc} &= d\Phi(\theta_i,\varphi_i)\left[\frac{L_s(\theta_s,\varphi_s)dA_s}{d\Phi(\theta_i,\varphi_i)}\right]\frac{dA_c \cos\theta_s \cos\theta_c}{r_2^2}\\
&= d\Phi(\theta_i,\varphi_i)\frac{L_s(\theta_s,\varphi_s)}{F(\theta_i,\varphi_i)}\mathrm{GCF}(\theta_s,\theta_c)\\
&= d\Phi(\theta_i,\varphi_i)\mathrm{BRDF}(\theta_i,\varphi_i,\theta_s,\varphi_s)\mathrm{GCF}(\theta_s,\theta_c)
\end{aligned}
\tag{11-49}
$$

式中，$d\Phi(\theta_i,\varphi_i)$ 为投射到表面 dA_s 上的辐射通量；$E(\theta_i,\varphi_i)$ 为表面 dA_s 上的辐照度；$\mathrm{GCF}(\theta_s,\theta_c)$ 为表面元 dA_c 对 dA_s 的投影立体角，且

$$\mathrm{GCF}(\theta_s,\theta_c) = dA_c \cos\theta_s \cos\theta_c / r_2^2 \tag{11-50}$$

式（11 - 49）表明，由表面 dA_s 传输到表面元 dA_c 的辐射通量等于入射到 dA_s 的辐射通量乘以 dA_s 的双向反射比分布函数以及 dA_c 和 dA_s 表面元的投影立体角。要减少接收表面元 dA_s 接收的杂散辐射通量，途径一是减少散射表面 dA_s 的 BRDF 值，例如用无光黑漆、黑绒以及挡光环；途径二是减少 $\mathrm{GCF}(\theta_s,\theta_c)$，例如尽量减少参与散射的表面面积。在已知传输路径、系统结构的情况下，可求出投影立体角 $\mathrm{GCF}(\theta_s,\theta_c)$。

因 BRDF 和反射因数 R 之间只差常数 π，所以不同消光涂层的 $\mathrm{BRDF}(\theta_i,\varphi_i,\theta_s,\varphi_s)$ 可由实测反射比因数 $R(\theta_i,\varphi_i,\theta_s,\varphi_s)$ 得到。对于具有良好的漫射特性的材料表面，为简化计算，一般假定是朗伯漫射表面，则

$$\mathrm{BRDF} = \frac{L'}{E} = \frac{\rho}{\pi} \tag{11-51}$$

2. 镜表面的散射特性

由于反射镜表面的微观不平度、灰尘、油膜等，反射光除包括按反射定律的镜面反射成分外，还有在镜面反射以外的部分散射光（见图 11 - 27）。

J. E. Harvey 证明，对于表面粗糙度小于光波长的光滑表面，散射具有位移不变的特性。若把相对散射强度的对数作为纵坐标，$\beta - \beta_0 = \arcsin\theta - \arcsin\theta_0$ 的对数作为横坐标，则对于任意入射角，散射特性是不变的（见图 11 - 28）。由图中可以看到，曲线在 $\beta - \beta_0 = 0$ 两侧

近似对称地按指数衰减。以双对数坐标绘制图 11 – 28 可得图 11 – 29。利用这一规律可大大减少表征镜面反射表面 BRDF 值所需的数据量。

测量时用波长 λ_0 的单色光进行，对于其他波长 λ，可用下式表达：

$$\mathrm{BRDF}(\lambda, \theta_0, \theta) = \mathrm{BRDF}(\lambda_0, \theta_0, \theta) \left(\frac{\lambda}{\lambda_0}\right)^{-(m+4)} \tag{11 – 52}$$

若为镜面反射成分小的表面，则这种位移不变性不存在。

图 11 – 27　散射函数的表示

图 11 – 28　散射的位移不变性

图 11 – 29　散射函数的对数坐标表示

3. 挡光环的散射特性

对于某些散射贡献大（如暴露在系统外部接收较强入射辐射能）的表面，只要结构允许，可采用图 11 – 30 所示挡光环的结构形式，可以是一系列等或不等间隔排列的直挡光环，也可以是斜向分布的挡光环或锥形安置的挡光环。为了使环的内表面既小又不形成夹角，往往做成锥形，并在锥角处有一定的曲率半径。

挡光环可看成一个直径等于挡光环内表面的等效柱面。图 11 – 30（a）的结构可看成是内径等于 d_0 的直镜筒。挡光环的消光能力可用等效的 BRDF 来表示，即把挡光环看成具有甚低 BRDF 值的反射表面。能够采用等效 BRDF 公式来描述挡光环的条件是：挡光环的 $H > D$（见图 11 – 31）。

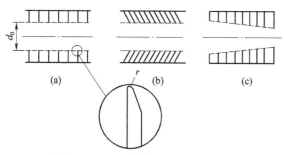

图 11 – 30　几种挡光环的结构形式

图 11 – 31　挡光环的等效 BRDF

直挡光环的等效 BRDF 可推导为入射辐射通量 Φ_i 在挡光环内表面两次漫射在 θ_2 方向的出射辐射通量 Φ_0 为

$$\Phi_0 = \Phi_i (BRDF_b)^2 F_{12}(\theta_1, \theta_2)$$

挡光环的等效 $BRDF_{d1}$ 为

$$BRDF_{d1}(\theta_1, \theta_2) = \frac{\rho_d}{\pi} = \frac{1}{\pi}\frac{\Phi_0}{\Phi_i} = \frac{1}{\pi}(BRDF_b)^2 F_{12}(\theta_1, \theta_2) \qquad (11-53)$$

式中，$F_{12}(\theta_1, \theta_2) = \dfrac{\pi}{2}\dfrac{1/|\cos\theta_1| + 1/|\cos\theta_2| - 1}{|\tan\theta_1||\tan\theta_2|}\dfrac{\sqrt{1 + (|\tan\theta_1| - |\tan\theta_2|)^2}}{|\tan\theta_1||\tan\theta_2|}$；$BRDF_b$ 为涂黑挡光环表面的 BRDF。

作为近似公式，可以用

$$BRDF_{d1}(\theta_1, \theta_2) \approx \frac{\pi}{2}(BRDF_b)^2 \qquad (11-54)$$

例如，$BRDF_b = 0.05$，则 $BRDF_{d1} \approx 0.004$，挡光环的消光能力是平表面的 12.5 倍。

挡光环可使光线经环内壁多次散射，从而使出射的散射光大大减弱。然而，挡光环圆角处却是直接散射表面，当然，散射表面的散射面积要比没有挡光环的镜筒表面面积小得多，但这部分的等效 $BRDF_{d2}$ 仍应当加以考虑。

在图 11 – 32 中，入射在挡光环边缘上的辐射通量为

$$\Phi_i = EW\cos(\theta - \theta_1) r d\theta \qquad (11-55)$$

式中，E 为边缘上的辐照度；W 为挡光环的宽度；r 为挡光环的高度；θ 为挡光环边缘某点处法线和水平表面的夹角。

出射辐射通量为

$$d\Phi_0 = \Phi_i BRDF_b \cos(\theta_2 - \theta) d\Omega \qquad (11-56)$$

式中，$\mathrm{d}\Omega$ 为接收辐射通量 Φ_0 的表面所对的立体角。

挡光环边缘的总出射辐射通量为

$$\Phi_0 = \int \mathrm{d}\Phi_0 = \int EWr\,\mathrm{BRDF_b}\cos\,(\theta - \theta_1)\cos\,(\theta_2 - \theta)\,\mathrm{d}\Omega\mathrm{d}\theta \tag{11-57}$$

入射到挡光环间隔 D 内的总辐射通量为

$$\Phi_{\mathrm{on}} = EDW\sin\theta_1 \tag{11-58}$$

这样，由于边缘散射形成的挡光环等效 $\mathrm{BRDF_{d2}}$ 为

$$\mathrm{BRDF_{d2}} = \frac{\Phi_0}{\Phi_{\mathrm{on}}\Omega_c} = \int \mathrm{BRDF_b}\,\frac{r}{D\sin\theta_1}\cos\,(\theta - \theta_1)\cdot$$

$$\cos\,(\theta - \theta_2)\,\mathrm{d}\theta \tag{11-59}$$

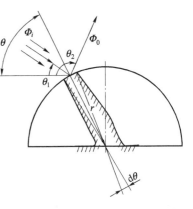

图 11-32　挡光环边缘散射的计算

注意，在 $\mathrm{d}\theta$ 范围内，Ω_c 是常数，挡光环 $\mathrm{d}\theta$ 内是一个曲率半径很小的弧。以水平表面法线左右分成入射和出射，对于入射辐射通量，θ 角为 0 变到 $\pi/2 - \theta_1$（$\to\pi/2 + \theta_1$），而对出射辐射通量，θ 由 0 变到 $\pi/2 - \theta_2$，于是，积分限为 $\pi/2 + \theta_1 \sim \pi/2 - \theta_2$。对式（11-59）积分，有

$$\mathrm{BRDF_{d2}} = \frac{r\mathrm{BRDF_b}}{2D\sin\theta_1}\left[(\pi + \theta_1 - \theta_2)\cos\,(\theta_1 - \theta_2) - \sin\,(\theta_1 - \theta_2)\right] \tag{11-60}$$

挡光环边缘产生的衍射效应可用 $\mathrm{BRDF_{d3}}$ 来表示

$$\mathrm{BRDF_{d3}}(\theta_1,\theta_2) = \frac{\tan^2\left[(\theta_2 - \theta_1)/2\right]}{16\pi^2 DW\sin\theta_1\sin\theta_2}\frac{\lambda}{\left|\dfrac{\sin\theta_1 + \sin\theta_2}{0.5d_0} - \left(\dfrac{1}{r_2} + \dfrac{1}{r_1}\right)\right|} \tag{11-61}$$

式中，$W \approx \pi d_0^2/4$；d_0 为挡光环等效反射表面的内径 [见图 11-30（a）]；r_1 为前一散射源到挡光环的距离（见图 11-26）；r_2 为挡光环到后一散射接收表面的距离。

挡光环的总等效 $\mathrm{BRDF_d} = \mathrm{BRDF_{d1}} + \mathrm{BRDF_{d2}} + \mathrm{BRDF_{d3}}$。

11.3.3　表面对像平面杂散光平的贡献

杂散光计算是要找出各散射表面对最后像平面各部分杂散光平的贡献。

图 11-33 所示为一个光学系统像平面以及其中三个镜管在物空间的投影位置和尺寸。为了计算从某视场角入射的光能经镜管散射到像平面上的杂散光量，先把各镜管分别在轴向和方位上分成若干块和区，块/区的数目取决于所要计算的精度，散射光较强的部分可分细一些。每一块可用三个数字来表示其位置：第一个数表示轴向段号，第二个数表示方位区号，第三个数表示镜筒部件号，例如，（1，3，2）表示第二镜管上第一轴向段的第三方位区。

图 11-33　一个光学系统像平面以及其中三个镜管在物空间的投影位置和尺寸

设入射光位置是 (x,y,n)，由 $(1,1,2)$ 散射到 $(1,3,3)$ 上杂散光辐射通量为

$$\Phi_{\mathrm{c}}(1,1,2;1,3,3) = \Phi_{\mathrm{s}}(x,y,n;1,1,2)\mathrm{BRDF}(x,y,n;1,1,2;1,3,3)\mathrm{GCF}(1,1,2;1,3,3)$$

则像平面 $(Z_{\mathrm{e}},P_{\mathrm{e}},C)$ 接收的杂散光辐射通量等于各块/区的散射到像平面杂散光辐射通量之和。

图 11-34 所示为空间望远镜的消杂散光系统的结构；图 11-35 所示为计算和实测的杂散光平曲线。

图 11-34　空间望远镜的消杂散光系统的结构

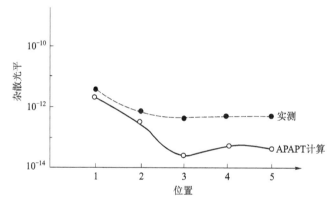

图 11-35　计算和实测的杂散光平曲线

11.4　辐射测温仪

辐射测温是一种非接触式的温度测量方式。对于待测物体难以通过接触来测量其温度时，辐射测温是最好的快速测温形式（例如，待测物体处于高温，测温元件无法与其直接接触，否则元件自身就被破坏）。对于 3 000 ℃ 以上的高温测量中，辐射测温成了唯一可用的测温手段。应当说，辐射测温没有测温的上限，目前已测到高达 10^5 ℃ 的星体温度。此外，要在运动中实时测温或要测量温度的详细分布，例如，火车、发电机等轮轴轴瓦的温度，行进中发动机内部发热的车辆等，或者待测物体太遥远以致无法接近，夜间由空中对地观测，卫星对地球及其他星球的观测，地面观测宇宙星空等，都需要用辐射测温。由于辐射测温具有实时、高分辨能力和测温能力强等一系列优点，故辐射测温得到广泛应用，成为一门重要的应用学科——辐射测温学。

辐射测温系统测量的是待测物体的辐射温度。要由辐射温度得到物体的真实温度，需要考虑其发射率。物体发射率可采用专门的设备测量，但由于待测物体的种类繁多，表面状态各

异，因而在测量前事先知道物体在不同温度下的光谱发射率往往相当困难，甚至是不现实的。

目前的辐射测温仪大多是测辐射温度，并由已知待测物体的发射率进行温度修正，确定其真实温度。当待测物体发射率很高时，辐射温度代替真实温度的误差很小。

还有一种双谱段的双色高温计，只要待测物体在双谱段的发射率近似相等，就不必知道待测物体的发射率，即可直接测得待测物体的真实温度。

在两个选定的窄谱段上，由双光路分别测量待测物体的两个温度信号 V_1 和 V_2，利用维恩近似式，可以得到两者之比为

$$Q = \frac{V_2}{V_1} = \frac{R_2 \varepsilon_2 \lambda_1^5}{R_1 \varepsilon_1 \lambda_2^5} \exp\left[\frac{c_2}{T}\left(\frac{1}{\lambda_1} - \frac{1}{\lambda_2}\right)\right] \tag{11-62}$$

式中，R_1，R_2 分别为在两个窄谱段测量系统探测器的响应度（可认为是常数）；T 为待测物体的真实温度；ε_1，ε_2 分别为待测物体在窄谱段内的平均发射率。在式（11-62）中，只要 $\varepsilon_2/\varepsilon_1$ 已知，就可由 Q 求得待测物体的真实温度。

如果 λ_1 和 λ_2 相差不大，因一般待测物体在两个谱段的平均发射率也很相近，就可认为 ε_1 和 ε_2 相等，于是，式（11-62）可改写成

$$Q = \frac{R_2 \lambda_1^5}{R_1 \lambda_2^5} \exp\left[\frac{c_2}{T}\left(\frac{1}{\lambda_1} - \frac{1}{\lambda_2}\right)\right] \tag{11-63}$$

或

$$T = c_2 \left(\frac{1}{\lambda_1} - \frac{1}{\lambda_2}\right) \ln\left(\frac{Q R_1 \lambda_2^5}{R_2 \lambda_1^5}\right) \tag{11-64}$$

当然，如果待测物体在 λ_1 和 λ_2 窄谱段的发射率相差甚大，用式（11-64）求出的温度 T 与待测物体的真实温度相差会很大。

11.4.1　双色高温计的结构和工作原理

图 11-36 所示为硫化铟滤光片透射曲线及硅光电二极管组合的响应曲线。在不同黑体温度时，两个硅光电二极管的输出电压信号及其比值 Q 如图 11-37 所示。可以看出，Q 和温度 T 的关系近乎呈线性关系，偏离线性的最大偏差 $\Delta T_{\max} = 10\ ℃$，约 1% 的误差。

图 11-36　硫化铟滤光片透射曲线及硅
　　　　　光电二极管组合的响应曲线

图 11-37　比值 Q 和 T 的关系曲线

图 11–38 所示为双色高温计的电路原理示意。硅光电二极管 F_1、F_2 分别是测量电桥的两臂，另有电阻 R_1、R_2 构成电桥另一侧的两臂 ［见图 11–39（a）］。当硅光电二极管 F_1、F_2 上分别产生 $U_{\lambda 1}$ 和 $U_{\lambda 2}$ 信号时，调节 R_2 使电桥保持平衡。

图 11–38　双色高温计的电路原理示意

用场效应管代替可变电阻 R_2，其控制电压 U_{si} 和漏极—源极之间的电阻 R_{DS} 间的关系曲线如图 11–39（b）所示。可以看到，它们基本上呈线性关系，非线性误差最大约 1%。

图 11–39　测量电桥电路及控制电压 U_{si} 和漏极—源极之间的电阻 R_{DS} 间的关系曲线

图 11–38 中，电桥两端不平衡输出信号由脉冲发生器 7 产生的交流脉冲调制，经调制放大器 1 变成交流信号，经过差动放大器 2，再由同步解调器 3 将差动信号变成与两信号差值成比例的直流信号，由输出放大器 4 送至显示仪器。输出放大器输出电流 I_A 反馈到场效应管，改变了电桥的不平衡，使差动信号减小。当差动信号减小到某一值（误差信号），使得输出放大器输出的电流 I_A 使场效应管"可变电阻"阻值 R_{DS} 正好在电桥两输出端产生误差信号，系统处于稳态，显示仪器读数就是待测物体的温度值。

当电桥平衡时，$R_2 = R_1 \dfrac{I_{\lambda_1}}{I_{\lambda_2}} = R_1 \dfrac{U_{\lambda_1}}{U_{\lambda_2}} = R_1 k_1 T$，因为 $R_2 = k_2 I_A$，所以

$$T = \frac{k_2}{R_1 k_1} I_A \qquad\qquad (11-65)$$

为使图 11 – 38 中场效应管构成的可变电阻阻值不随外界温度的变化而变化，系统采用恒温器 5，使场效应管部件恒温。

45°分束镜下部的硅光电二极管 8 将一部分物体辐射经 45°镜照在其上，目的是当测温仪不工作时，例如，物镜用罩子罩上时，如没有该硅光电二极管，探测器感测罩子的温度，电路系统将在输出放大器上产生一个信号，指示一定的温度值，但事实上物镜并未接收来自待测物体的光能。为避免这种误显示，加入硅光电二极管，当其不受光时，可控制光强度开关 8，将输出放大器 4 断开。

11.4.2　测温参数对测温精度的影响

1. 系统测量误差对测温精度的影响

对式 (11 – 62) 的 T 求导数，有

$$\frac{\mathrm{d}Q}{\mathrm{d}T} = -\frac{c_2}{T^2}\left(\frac{1}{\lambda_1} - \frac{1}{\lambda_2}\right)Q \tag{11 – 66}$$

即

$$\frac{\mathrm{d}T}{T} = -\frac{T}{c_2}\left(\frac{1}{\lambda_1} - \frac{1}{\lambda_2}\right)^{-1}\frac{\mathrm{d}Q}{Q} \tag{11 – 67}$$

对于一定的允许测温相对误差 $\mathrm{d}T/T$，λ_1 和 λ_2 相差越小，允许的仪器相对测量误差 $\mathrm{d}Q/Q$ 就越小，例如 $T = 1\ 000$ K，允许测温相对误差 $\mathrm{d}T/T = 0.1\%$，则用 $\lambda_1 = 0.65\ \mu\mathrm{m}$，$\lambda_2 = 0.75\ \mu\mathrm{m}$，允许的相对测量误差 $\mathrm{d}Q/Q = 0.3\%$；如果 $\lambda_1 = 0.65\ \mu\mathrm{m}$，$\lambda_2 = 0.85\ \mu\mathrm{m}$，则允许的相对测量误差 $\mathrm{d}Q/Q = 0.52\%$。需要注意：λ_1 和 λ_2 相差越大，把 ε_1 和 ε_2 看成相等所产生的误差也越大，这是一个矛盾。

2. 有效波长确定误差的影响

由于单一波长响应的探测系统是无法实现和工作的，探测系统总有一定的波长响应范围。为了分析 λ_1 和 λ_2 与谱段的关系，需要引入有效波长 λ_e 的概念。

设对于温度 T_1 和 T_2 的黑体，如果在某一波长 λ_e，其单色辐亮度之比等于仪器接收谱段内测得的黑体总辐亮度之比，那么 λ_e 称为温度 $T_1 \sim T_2$ 内仪器的有效波长，即用一"单色波长响应"仪器的测量结果与有一定光谱响应宽度的仪器测量黑体所得的信号比等效，计算式为

$$\frac{L_0(\lambda_e, T_2)}{L_0(\lambda_e, T_1)} = \frac{\displaystyle\int_{\Delta\lambda} L_0(\lambda, T_2)\tau(\lambda)R(\lambda)\,\mathrm{d}\lambda}{\displaystyle\int_{\Delta\lambda} L_0(\lambda, T_1)\tau(\lambda)R(\lambda)\,\mathrm{d}\lambda} \tag{11 – 68}$$

式中，$R(\lambda)$ 为探测器的光谱响应度；$\tau(\lambda)$ 为测温仪的光谱透射比。

利用维恩近似式，代入式 (11 – 68)，有

$$\lambda_e = c_2\left(\frac{1}{T_1} - \frac{1}{T_2}\right)\left[\ln\frac{\displaystyle\int_{\Delta\lambda} L_0(\lambda, T_2)\tau(\lambda)R(\lambda)\,\mathrm{d}\lambda}{\displaystyle\int_{\Delta\lambda} L_0(\lambda, T_1)\tau(\lambda)R(\lambda)\,\mathrm{d}\lambda}\right]^{-1} \tag{11 – 69}$$

由仪器测温范围 $T_1 \sim T_2$，可求得对应 $\Delta\lambda_i$ 谱段的仪器有效波长 λ_{ei}。由此可分别确定对应测量谱段的有效波长，并由其代表 λ_1 和 λ_2。在西门子公司的 ARDOCOL 双色比高温计中，谱段为 $0.6 \sim 1.0\ \mu\mathrm{m}$ 的有效波长为 $0.888\ \mu\mathrm{m}$，而谱段为 $1.0 \sim 1.2\ \mu\mathrm{m}$ 的有效波长为 $1.034\ \mu\mathrm{m}$。

式（11 –62）对 λ 求导数，可估计出波长精度对测温的影响，为

$$\frac{\mathrm{d}Q}{\mathrm{d}\lambda_1} = \frac{R_2\lambda_1^5}{R_1\lambda_2^5}\exp\left[\frac{c_2}{T}\left(\frac{1}{\lambda_1} - \frac{1}{\lambda_2}\right)\right]\frac{5\lambda_1 T - c_2}{\lambda_1^2 T} \tag{11 – 70}$$

进一步利用式（11 –66），有

$$\frac{\mathrm{d}T}{\mathrm{d}\lambda_1} = \frac{T}{c_2}\left(\frac{1}{\lambda_1} - \frac{1}{\lambda_2}\right)^{-1}\frac{5\lambda_1 T - c_2}{\lambda_1^2} \tag{11 – 71}$$

将 $T = 1\,200$ K，$\lambda_1 = 0.888$ μm，$\lambda_2 = 1.034$ μm 代入式（11 –71），在 $\mathrm{d}T = 1$ K 时，$\mathrm{d}\lambda_1 = 0.166$ nm。这说明对仪器确定有效波长的精度要求很高，这一精度往往很难实现，这也是双色高温计测温精度不能达到很高的一个重要因素。这种仪器更多地作为温控的实时监测手段。

3. 被测物体发射率的影响

由色温的定义，可写出色温 T_c 和物体真实温度 T 之间的关系为

$$\frac{\varepsilon_1\exp\left[-c_2/(\lambda_1 T)\right]}{\varepsilon_2\exp\left[-c_2/(\lambda_2 T)\right]} = \frac{\exp\left[-c_2/(\lambda_1 T_c)\right]}{\exp\left[-c_2/(\lambda_2 T_c)\right]} \tag{11 – 72}$$

由物体真实温度 T 和亮温 T_b 的关系，有

$$\varepsilon_1\exp\left(-\frac{c_2}{\lambda_1 T}\right) = \exp\left(-\frac{c_2}{\lambda_1 T_{b1}}\right), \quad \varepsilon_2\exp\left(-\frac{c_2}{\lambda_2 T}\right) = \exp\left(-\frac{c_2}{\lambda_2 T_{b2}}\right) \tag{11 – 73}$$

合并式（11 –72）和式（11 –73），有

$$\frac{1}{\lambda_2 T_{b2}} - \frac{1}{\lambda_1 T_{b1}} = \frac{1}{\lambda_2 T_c} - \frac{1}{\lambda_1 T_c}$$

这样，色温和亮温的关系式是

$$\frac{1}{T_c} = \frac{1/(\lambda_1 T_{b1}) - 1/(\lambda_2 T_{b2})}{1/\lambda_1 - 1/\lambda_2} \tag{11 – 74}$$

式中，T_{b1} 和 T_{b2} 分别为两个谱段测得的亮温。

由物体真实温度和亮温的关系 $\frac{1}{T_b} - \frac{1}{T} = \frac{\lambda}{c_2}\ln\frac{1}{\varepsilon}$，代入式（11 –74）可得

$$\frac{1}{T} - \frac{1}{T_c} = \frac{\lambda_1\lambda_2}{\lambda_1 - \lambda_2}\frac{1}{c_2}\ln\frac{\varepsilon_1}{\varepsilon_2} \tag{11 – 75}$$

令 $k = \dfrac{\varepsilon_1 - \varepsilon_2}{1 - \varepsilon_1}$，则 $\varepsilon_2 = \varepsilon_1(1 + k) - k$，代入式（11 –75）有

$$\frac{1}{T} - \frac{1}{T_c} = \frac{\lambda_1\lambda_2}{\lambda_1 - \lambda_2}\frac{1}{c_2}\ln\frac{\varepsilon_1}{\varepsilon_1(1 + k) - k} \tag{11 – 76}$$

对于 $\lambda_1 = 0.888$ μm 及 $\lambda_2 = 1.034$ μm，金属钨 $k = 0.049$，铁 $k = 0.046\,8$，钴 $k = 0.044\,8$，镍 $k = 0.014\,8$，碳化硅 $k = 0.024\,4$。图 11 –40 所示为钢在不同温度时由式（11 –76）得到的测温误差。可以看出，发射率越高，测温误差越小，例如图中 $\varepsilon = 0.7$、$\varepsilon = 0.8$ 和 $\varepsilon = 0.9$ 中，$\varepsilon = 0.7$ 的测温误差最大。

图 11 –40　钢在不同温度时的测温误差

11.4.3　辐射测温仪使用中应注意的问题

1. 仪器的标定

常用的标定方法是用黑体作为标定源，仪器在距黑体一定的距离上测黑体的温度。标定在几个黑体温度下进行。黑体的辐射精度主要取决于热电偶等感温元件测黑体温度的精度。黑体的开口直径应当足够大，为仪器测量视场角对应面积的 1.5 倍左右，以使仪器视场对应黑体炉发射腔的深部，获得较均匀的腔温度。

2. 测量距离

确定仪器到待测物体表面的距离时，要考虑待测物体表面的尺寸。当待测物体表面尺寸太小时，仪器不能正确地测量温度。仪器给定的"距离系数"是仪器到待测物体表面的距离和最小可测对象直径的比值。例如，当待测物体表面最窄部位为 20 cm，而仪器的距离系数为 12:1 时，仪器距待测物体表面的距离不应大于 $20 \times 12 = 2.4$ m。

3. 环境照明光的考虑

仪器用于生产现场监测温度时，现场自然光会被待测物体表面反射到仪器视场内，影响测量结果，故测量应当避免自然光照射待测物体表面，此外，待测物体附近不应有其他热源。

11.5　卫星多光谱扫描系统

随着空间技术的迅速发展，遥感技术已成为人类获得地球以及其他星球信息的重要手段之一。利用遥感多光谱成像系统得到的地球资源信息已成为人类开发、合理利用、管理和监测地球资源及环境不可缺少的基本手段，在农业、地质、森林、水利、土壤、海洋、环境、大气研究、气象预报、城市规划和管理、军事等部门发挥了巨大的作用，产生了巨大的经济效益，为人类的生存和发展作出了贡献。

多光谱扫描系统是地球资源卫星中的主要仪器。它是利用卫星绕地球旋转或者卫星绕自旋轴转动，对地球表面进行扫描成像，得到分谱段数字图像经数据传输系统或由其他卫星中继，传送到地面站，再经过各种图像信息处理，供各使用部门应用。

本节通过美国 1978 年 4 月发射的热成像辐射仪（简称 HCMR），介绍多光谱扫描辐射仪的性能估算和辐射标定。HCMR 卫星遥感器的图像清晰，性能优良，在地质、矿藏、土壤、植被等地球资源科学考察任务中发挥了很大的作用。1980 年和 1982 年，美国又分别发射了同样的卫星遥感器。

图 11 - 41 所示为 HCMR 光学系统，系统工作在 0.55 ~ 1.10 μm 及 10.5 ~ 12.5 μm 两个谱段。其中，前一谱段属于反射谱段，测量地面景物反射太阳辐射能的信息；后一谱段属于热红外谱段，主要接收地球景物自发射的辐射信息。由于一天之中太阳照射地表面的辐照度的变化，形成午后地表温度

图 11 - 41　HCMR 光学系统

最高，午夜地表温度最低，地球景物昼夜温度变化的特征——热惯性是判别地景性质的重要依据。

扫描镜由电动机带动旋转，将地景入射辐射折转 90°，再经由主镜和次镜组成的 Dall - Kirkham 主光学系统将直径为 203 mm 的光束汇聚，在离开次镜时，光束直径为 25 mm；光束经透射可见至近红外辐射、反射远红外辐射的分色片；可见光/近红外光路经透镜、滤光片聚焦在硅光电二极管上，滤光片阻隔波长小于 0.55 μm 的光通过，滤光片和硅光电二极管的截止波长形成谱段为 0.55 ~ 1.10 μm。长波红外辐射光路经锗透镜、红外透射窗、滤光片聚焦在碲镉汞探测器上，系统通过辐射制冷方式向外空间辐射热达到制冷的目的，使红外探测器冷却到 115 K。图 11 - 42 所示为谱段 1、2 的相对响应曲线。

图 11 - 42　谱段 1、2 的相对响应曲线

由于扫描镜的扫描方向与卫星航迹相垂直，构成与航迹垂直的对地球扫描（见图 11 - 43）；卫星绕地球转动，得到沿卫星航迹方向的扫描；扫描镜每转一个约半个像元对应的瞬时视场角，电子系统采样一次；扫描镜扫描一次得到 1 500 个采样点，对应 1 260 个像元。表 11 - 2 所示为辐射计的工作性能参数。

图 11 - 43　遥感器对地球扫描的形成

表 11 − 2　辐射计的工作性能参数

参　量	数　据
轨道高度	620 km
角分辨力	0.83 mrad
地面分辨力	0.6 km×0.6 km 在天顶角（红外）；0.5 km×0.5 km 在天顶角（可见光）
扫描角	60°
扫描速率	14 r/s
采样率	1.19 次/像元（在天顶位置）
采样间隔	9.2 μs
一次扫描覆盖地面宽度	716 km
信号带宽	53 kHz/通道
热红外通道	10.5 ~ 12.5 μm，NETD = 0.4 K（@280 K）
可见通道	0.55 ~ 1.10 μm，SNR = 10（@ρ = 1%）
动态范围	260 ~ 340 K（红外）；ρ = 0 ~ 100%（可见）
光学系统口径	200 mm
标定	红外：冷空间，7 级电压标定，黑体标定（每扫描一次标定一次） 可见：发射前标定

11.5.1　对探测器工作性能要求的估算

已知地球大气层外太阳的光谱辐照度及遥感器工作时间被测地区的太阳高度角范围、地景反射比的范围、大气状况，可用大气传输模式来计算出辐射仪工作的动态范围，即入瞳处辐照度的变化范围。已有的大气传输模式有美国 LOWTRAN 模式以及其他更精确的计算模式。卫星实测结果表明，这些大气传输模式的计算结果和实测的结果一致性较好。图 11 − 44 所示为在近似相同的大气条件下用 LOWTRAN 模式计算和卫星实测的地表光谱亮度。

图 11 − 44　用 LOWTRAN 模式计算和卫星实测的地表光谱亮度

由图 11 - 44 中可以看出，大气传输的影响十分明显，且大气消光具有光谱特性，即大气影响需要考虑光谱特性。为简便地说明遥感系统的分析方法和过程，在下面的分析中将忽略大气的影响。

1. 可见谱段 1 （0.55 ~ 1.10 μm）

以仪器光谱响应的半峰值对应的波长范围 0.56 ~ 1.04 μm 为工作波段，可得仪器在谱段内的平均辐亮度为

$$\overline{L} = \frac{\int_{\lambda_1}^{\lambda_2} R_1(\lambda) L(\lambda) \, \mathrm{d}\lambda}{\int_{\lambda_1}^{\lambda_2} R_1(\lambda) \, \mathrm{d}\lambda} = \frac{\rho}{\pi} \frac{\int_{\lambda_1}^{\lambda_2} R_1(\lambda) E_0(\lambda) \, \mathrm{d}\lambda}{\int_{\lambda_1}^{\lambda_2} R_1(\lambda) \, \mathrm{d}\lambda} \qquad (11 - 77)$$

式中，$R_1(\lambda)$ 为仪器的响应函数；$L(\lambda)$、$E_0(\lambda)$ 分别为地球大气层外太阳光谱辐亮度和太阳光谱辐照度值[①]。已知 $R_1(\lambda)$ 和 $E_0(\lambda)$ 可求得

$$\overline{L} = \frac{\rho}{\pi} \times 0.122\ 437 = 3.579 \times 10^{-2} \rho \qquad (11 - 78)$$

设信号的数字量化为 n bit，故反射比 ρ 在 0 ~ 1 内对应的量化级为 $0 ~ 2^n - 1$，则 $\rho = Q/(2^n - 1)$。

已知系统工作条件：卫星高度为 620 km；辐射仪焦距 $f = 256$ mm；由于后部光学系统口径的限制，使口径由 203 mm 缩小到有效入瞳直径 $D = 166.6$ mm；光学系统透射比 $\tau = 0.45$；探测器尺寸 $A_d = 0.21$ mm × 0.21 mm。

地景反射比为 ρ 时，探测器表面的辐照度为

$$E = \frac{\pi}{4} \tau \rho \overline{L} \left(\frac{D}{f}\right)^2 = \frac{\pi}{4} \times 0.45 \times 3.579 \times 10^{-2} \times (1.04 - 0.56) \times \left(\frac{166.6}{256}\right)^2 \rho \approx 2.571\ \rho\ (\mathrm{mW/cm}^2)$$

探测器接收的辐射功率为

$$P = E A_d = 2.571\rho \times 0.021^2 = 1.134 \times 10^{-6} \rho\ (\mathrm{W})$$

根据使用要求，当地景反射比为 1% 时，探测系统的信噪比 SNR 应等于 10，即噪声等效反射比差（NE$\Delta\rho$ 表示产生相当噪声的信号所需要的地景反射比的差值，是衡量系统辐射探测灵敏度的一个重要指标）：

$$\mathrm{NE}\Delta\rho = \frac{\partial \rho}{\partial (\mathrm{SNR})} = 0.1\%$$

对于反射比为 1% 的地景，探测器接收的辐射功率 $P_{0.01} = 1.134 \times 10^{-8}$ W。

为了计算要求探测器的比探测率 D^*，先计算系统的频带宽度 Δf。

辐射仪总扫描角为 60°（= 1.047 rad），每一像元对应 0.83 mrad，一次扫描共有 1.047/(0.83 × 0.001) = 1 260 个像元。扫描镜每秒转 14 圈，则每个探测元上信号的积分时间为

$$\tau = \frac{1}{(360°/60°) \times 1\ 260 \times 14} \approx 9.448 \times 10^{-6}\ (\mathrm{s})$$

信号的频带宽度为

$$\Delta f_s = 1/(2\tau_d) = 52.93\ (\mathrm{kHz})$$

噪声的频带宽度为

$$\Delta f_n = \pi \Delta f_s / 2 \approx 83.13\ (\mathrm{kHz})$$

---

① 根据美国国家航空航天局（NASA）发表的大气层外太阳—地球年平均距离上垂直太阳入射方向表面的光谱辐照度值。

因此，要求的探测器比探测率为

$$D^* = \frac{\sqrt{A_d \Delta f_n}}{NEP} = SNR \frac{\sqrt{A_d \Delta f_n}}{P} = 10 \times \frac{\sqrt{0.021^2 \times 83\,130}}{1.134 \times 10^{-8}} \approx 5.34 \times 10^9 \ (cm \cdot Hz^{1/2}/W)$$

式中，NEP 为噪声等效辐射功率。

2. 红外谱段 2（$10.5 \sim 12.5\ \mu m$）

热红外谱段有效入瞳直径 $D = 203$ mm；焦距 $f = 190.2$ mm；$D/f = 1.067$；探测器尺寸为 0.016 mm $\times 0.016$ cm；光谱透射比为 0.54；半峰值响应对应的波长范围为 $10.50 \sim 12.12\ \mu m$；辐射仪的动态测温范围为 $260 \sim 340$ K，对应的量化值为 $0 \sim 255$。

在不同温度下，在谱段 2 内的平均辐亮度为

$$\bar{L}(T) = \frac{1}{\pi} \frac{\int_{\lambda_1}^{\lambda_2} R_2(\lambda) M_0(\lambda, T) d\lambda}{\int_{\lambda_1}^{\lambda_2} R_2(\lambda) d\lambda} \tag{11-79}$$

式中，$M_0(\lambda, T)$ 为黑体的光谱辐出度值；$R_2(\lambda)$ 为在谱段 2 的仪器函数。

由 $T = 340$ K 时，$Q = 255$；$T = 260$ K 时，$Q = 0$，可求得平均辐亮度与量化值 Q 之间的关系式为

$$\bar{L}(Q) = 4.823 \times 10^{-4} + 4.210 \times 10^{-6} Q \ [W/(cm^2 \cdot \mu m \cdot sr)] \tag{11-80}$$

在热红外谱段，辐亮度信号的变化是由地景温度和地景发射率的变化引起的。由于大气温度很低，其变化引起的辐亮度变化可以忽略，故

$$dL = \frac{\partial L}{\partial T} dT + \frac{\partial L}{\partial \varepsilon} d\varepsilon \tag{11-81}$$

用维恩近似式，对辐亮度 $L = \frac{\varepsilon}{\pi} \frac{c_1}{\lambda^5} \exp\left(-\frac{c_2}{\lambda T}\right)$ 求偏导可得到

$$dL = \frac{c_2}{\lambda T^2} L dT + \frac{L}{\varepsilon} d\varepsilon = \left(\frac{c_2}{\lambda T} \frac{dT}{T} + \frac{d\varepsilon}{\varepsilon}\right) L \tag{11-82}$$

与地景发射率的变化（由 $\varepsilon = 1 - \rho$ 得到 $d\varepsilon/\varepsilon = d\rho/\rho = 0.01$）相当于 280 K 地景温度的相对变化：

$$\left|\frac{dT}{T}\right| = \frac{\lambda T}{c_2} \left|\frac{d\varepsilon}{\varepsilon}\right| = \frac{(10.5 + 12.12) \times 280/2}{14\,388} \times 0.01 \times 100\% \approx 0.22\%$$

热红外谱段的噪声等效温差 NETD 表示产生相当噪声大小的信号需要的地景温度差，是衡量系统探测灵敏度的一个重要指标，即 $NETD = \partial T / \partial(SNR)$。

根据对系统灵敏度的要求，在 $T = 280$ K 时，$NETD = 0.4$ K。由于

$$SNR = \frac{D^* P}{\sqrt{A_d \Delta f_n}} = \frac{\pi}{4} \tau \left(\frac{D}{f}\right)^2 \frac{A_d D^*}{\sqrt{A_d \Delta f_n}} \int_{\lambda_1}^{\lambda_2} \varepsilon L(\lambda) d\lambda = K \varepsilon L_{\lambda_2 \sim \lambda_1} \tag{11-83}$$

代入式（11-82），信噪比对温度的导数为

$$\frac{\partial(SNR)}{\partial T} = K\varepsilon \frac{c_2}{\lambda T^2} L_{\lambda_2 \sim \lambda_1} = \frac{c_2}{\lambda T^2} SNR$$

所以，$NETD = \frac{\lambda T^2}{c_2} SNR^{-1} = 0.4$ K。由平均波长 $\lambda = 11.31\ \mu m$，得要求的信噪比 SNR = 154。

由此得

$$D^{*} = \mathrm{SNR}\frac{\sqrt{A_{\mathrm{d}}\Delta f_{\mathrm{n}}}}{P} = 154 \times \frac{\sqrt{0.016^{2} \times 83\ 130}}{0.25\pi \times 0.54 \times 1.067^{2} \times 0.016^{2} \times 7.507 \times 10^{-4} \times 1.62}$$

$$\approx 4.73 \times 10^{9}\ (\mathrm{cm} \cdot \mathrm{Hz}^{1/2}/\mathrm{W})$$

其中，280 K 时对应的量化值为 $Q_{280} = 255 \times (280 - 260)/(340 - 260) = 63.75$。代入式（11-80）可得

$$\overline{L}_{280} = 7.507 \times 10^{-4}\ [\mathrm{W}/\ (\mathrm{cm}^{2} \cdot \mu\mathrm{m}^{-1} \cdot \mathrm{sr}^{-1})]$$

辐射测量仪器工作性能的估算在系统设计和辐射度测量中具有非常重要的地位，是确定仪器设计参数或仪器测量灵敏度、精度的重要依据。

上面通过对仪器探测地景反射比差或温度差的要求，确定了探测器应具有的比探测率。实际所用的探测器的比探测率 D^{*}（280 K, 83 kHz）小于上述计算值时，仪器的探测灵敏度将下降。

11.5.2　辐射仪的辐射标定

辐射仪的辐射标定是要建立起仪器入瞳处辐亮度和系统输出数字图像上像元对应量化值之间的定量关系（见图 11-45）。有了这一定量关系，当卫星工作时，就可将数字量化标定值转换成对应地景在仪器入瞳处的辐亮度，经过大气修正，还可推算出地景像元的反射辐亮度或辐射温度。

图 11-45　仪器输出量化值与辐亮度的关系

在实验室中的标定应在与仪器实际工作条件相同或近似的条件下进行，例如卫星仪器应在真空低温条件下标定。

HCMR 的谱段 1 采用直径为 760 mm 的积分球作为标定源。积分球出射孔的直径大于仪器的入瞳直径。球内有 8 个灯泡，通过控制灯的亮/灭标定仪器的线性及标定值。当 8 个灯都亮时，在积分球出射孔处的辐亮度应大于地景 $\rho = 1$ 时在仪器入瞳处产生的辐亮度，以满足仪器动态范围内标定的要求。

图 11-46 所示为 HCMR 谱段 1 的标定框图。先将标准电压源产生的 $0 \sim 6$ V 标定电压 C（每挡 1 V）输入探测器和前置放大器之间，得到仪器输出量化值 Q，其作用是把从前置放大器、遥测系统、信号传输到地面站的信号网络在信号传输中的漂移和非线性特性考虑进去。标定的结果可建立下列方程：

$$Q = \beta_{10} + \beta_{11}C + \beta_{12}C^{2} + \beta_{13}C^{3} \tag{11-84}$$

其次，对应不同地景反射比 ρ，用积分球在不同辐亮度照亮仪器的入瞳。用二项式建立 $\rho(0 \sim 1)$ 和探测器输出电压 C 之间的关系（测试数据见表 11-3），得到关系

$$C = \gamma_{10} + \gamma_{11}\rho + \gamma_{12}\rho^{2} \tag{11-85}$$

图 11-46　HCMR 谱段 1 的标定框图

表 11-3　HCMR 谱段 1 标定测量值

亮灯数	等效地景反射比/%	输出电压/V
8	102.2	6.089 0
7	89.3	5.318 6
6	76.2	4.553 4
5	63.6	3.787 0
4	51.4	3.043 8
3	38.1	2.254 6
2	25.1	1.486 9
1	12.3	0.723 6
0	0	0.019 4

综合式（11-84）和式（11-85），用最小二乘法拟合建立标定公式为

$$Q = \delta_{10} + \delta_{11}\rho + \delta_{12}\rho^2 + \delta_{13}\rho^3 \tag{11-86}$$

上述三式中，β_{1i}、γ_{1i}、δ_{1i} ($i = 0 \sim 3$) 均为系数；系数 δ_{1i} 作为仪器工作时由数字图像量化值求地景像元在仪器入瞳处辐亮度的依据。

在辐射仪设计的工作期间，由于光学系统特性、探测器性能、信号传输处理系统性能等的变化，标定参数 δ_{1i} 也会随之发生变化（如由于探测器响应度在工作期间逐渐下降，仪器入瞳处同一辐亮度产生的输出量化值会比飞行前标定时的低）。

HCMR 仪器内没有设置内标定系统来定期监测仪器工作性能的变化，而是用美国白沙导弹基地的均匀平坦大面积白沙的实测反射比，定期与仪器观测该地域产生的量化值进行比较。经过大气影响的修正，监测标定系数 δ_{1i} 的变化。

热红外谱段的标定比较复杂。仪器探测器温度、环境温度和探测器参数等的变化都会使标定参数变化，因而仪器定期用一温控黑体标定更显必要。HCMR 仪器星载黑体标定源安装在扫描镜一侧，扫描镜做旋转扫描时，先对地景扫描成像，然后扫描镜朝向黑体，将黑体标定信号引入；进而扫描镜朝向 4 K 的宇宙冷空间，作为温度标定值的下限——零辐射基准。

黑体温度由安装在黑体中的热敏电阻测量。黑体的辐射特性还受到相邻部件温度的影响，因而黑体的平均温度为

$$T_{BB} = \sum_{i=1}^{3} w_i T_{BBi} + \left(1 - \sum_{i=1}^{3} w_i\right) T_{BB0} \tag{11-87}$$

式中，T_{BBi}，T_{BB0} 为热敏电阻感测的温度值；w_i 为对应测温元件测温值在决定黑体平均温度

中的权重系数，由实测确定。

安装黑体的底板温度也影响黑体的光谱辐出度，其引入的黑体温度修正值可由不同底板温度下黑体温度 T_{BB} 和探测器输出电压的实测值求得（见图 11 – 47）。图 11 – 47（b）的曲线可表示为

$$\Delta T = \sigma_0 + \sigma_1 T_{BP} + \sigma_2 T_{BP}^2 + \sigma_3 T_{BP}^3 \qquad (11-88)$$

式中，$\sigma_i (i = 0 \sim 3)$ 为修正系数；T_{BP} 为底板温度。

图 11 – 47　黑体底板温度影响的修正

（a）不同底板温度下探测器输出电压和黑体温度的关系曲线；（b）不同底板温度所需引入的黑体温度修正值 ΔT 曲线

于是，修正后的黑体温度为

$$T_{BBR} = T_{BB} - \Delta T (T_{BP}) \qquad (11-89)$$

修正后的黑体温度 T_{BBR} 和实际黑体辐射特性之间的关系可由实测得到。由于标定黑体并非理想黑体，其辐射特性与普朗克公式稍有偏差，故修正后的黑体温度与其辐亮度之间可用一关系式表示如下：

$$L_{BB} = \frac{\varepsilon_0 + \varepsilon_1 T_{BBR} + \varepsilon_2 T_{BBR}^2}{\exp (\varepsilon_3 / T_{BBR}) - 1} \qquad (11-90)$$

式中，$\varepsilon_i (i = 0 \sim 3)$ 为系数，可由 T_{BBR} 与对应的实测黑体辐亮度 L_{BB} 关系求得。

扫描镜对着黑体时测得的仪器输出电压信号 V_{BB} 与对着冷空间（用模拟器）产生的负值电压信号 V_{off} 所确定的连线斜率（见图 11 – 48）为

$$k = \frac{L_{BB}}{V_{BB} + V_{off}} \qquad (11-91)$$

图 11 – 48　黑体、冷空间标定曲线

由标定斜线，可将仪器扫描地景时产生的电压

信号 V 转换成景物的辐亮度 L，且

$$L = k(V + V_{off})\qquad(11-92)$$

最后修正电路非线性的影响，将辐亮度 L 修正成仪器入瞳处地景的辐亮度为

$$L_q = b_0 + b_1 L + b_2 L^2\qquad(11-93)$$

式中，$b_i (i=0 \sim 2)$ 为非线性关系的系数。

11.6　建筑用低辐射玻璃

20 世纪 80 年代以来，由于能源危机的影响，低辐射复层玻璃由概念逐渐进入市场，发展至今，其性能已大大改进，从原来主要用于寒冷地带的保温，推广到目前也可用于在气候炎热地区的防热，达到节约能源的目的。此外，以往建筑设计如果要求采光良好，就需要增加窗户面积，但同时也无法避免大量的热能进入建筑物，增加空调能源的消耗；反之，若减小窗户面积，则由于室内阴暗，对照明的电力需求将会增加，即采光与节约能源通常无法兼顾。采用双银低辐射复层玻璃，在气候炎热时，除了能反射阳光中大部分的短波红外及全部的长波红外辐射，还能反射对建筑物室外周围环境（如邻近建筑物及地物等）辐射的长波红外热能，故可同时达到自然采光照明及节约空调用电的双重效果，具有提高能源使用效率的节能效益以及经由降低二氧化碳产生量的环保效益。

近年来，我国建筑积极推动"绿色建筑"观念，将逐步把"耗能评估指针"纳入新建物的设计中。在新的能源开发尚未获得有效突破，同时又面临环保要求呼声日益高涨之际，政府必须在经济发展与环保两者当中取得一平衡点。由于低辐射玻璃不仅可有效节省能源，符合"绿色建筑"的规范，而且以低辐射复层玻璃帷幕为建筑物之外观给人以现代和明亮的外观造型视觉感受，适宜现代都市市容建设发展趋势，因此，低辐射复层玻璃在国内得到了迅速的发展和广泛的应用。

低辐射玻璃采用真空溅射方式，将玻璃表面溅镀多层不同材质的膜层。其中，镀银层对红外辐射具有较高的反射率（即高热阻绝）；镀银层下之底层镀膜为二氧化锡（SnO_2）抗反射膜，用以增加透光率；镀银层上之镀膜为镍铬合金（NiCr）金属隔离膜，用以保护镀银层功能；顶层镀膜为二氧化锡（SnO_2）抗反射膜，主要功用是保护整体镀膜层，以达到现代建筑玻璃注重的高透光率、低反光率、高热阻绝和环保节能的要求。

低辐射玻璃的种类主要有（图 11-49 所示为不同膜层在太阳光谱中的透射率曲线）：

（1）单银低辐射玻璃（SINGLE LOW-E）。

（2）双银低辐射玻璃（DOUBLE LOW-E）。

（3）热控单银低辐射玻璃（LOW-E-SUN）。

低辐射玻璃适合气候较为炎热的亚热带地区，应用于现代化建筑玻璃帷幕墙及天窗，其特性主要有：

（1）接近玻璃的自然原色。

（2）对波长（380~780 nm）的可见光波段有着高透视率，不致因玻璃对可见光的反射而产生严重的反炫。

（3）太阳光中可见光透入室内多，且颜色自然，采光佳，减少室内灯具的使用，节省能源。

图11-49 不同膜层在太阳光谱中的透射率曲线

（4）对红外辐射有较高的反射率（波长780~3 000 nm），尤其对长波红外辐射线（波长3 000 nm以上）几乎是全反射，阻断大量热源的进入，使室内感觉凉爽，达到冬暖夏凉的效果。

图11-50所示为适合热带和温带气候的低辐射玻璃的结构。

图11-50 适合热带和温带气候的低辐射玻璃的结构
（a）选用（亚）热带型气候组合（镀在#2表面）；（b）选用（寒）温带型气候组合（镀在#3表面）

建筑物节能设计指标有ENVLOAD及Req，是衡量建筑物能源消耗的重要参量。建筑物外壳的热特性是空调耗能之本，外壳一旦定型，空调耗能特性就随之确定。

所谓ENVLOAD，即Envelope Load的商标，是指为了维持健康和舒适的室内环境，连接窗墙、屋面、开口等外壳部分的空间在全年中冷房的热负荷。按照最新的建筑技术规则规定，办公、百货、旅馆、医院等中央空调型建筑类型的ENVLOAD基准值如下：

（1）办公建筑 ENVLOAD < 110　kW·h/(m^2 – fl – area. yr)。

（2）百货建筑 ENVLOAD < 300　kW·h/(m^2 – fl – area. yr)。

（3）旅馆建筑 ENVLOAD < 130　kW·h/(m^2 – fl – area. yr)。

（4）医院建筑 ENVLOAD < 180　kW·h/(m^2 – fl – area. yr)。

11.7　光谱成像技术

光谱成像技术（Spectral Imaging Technology）通常又称为成像光谱仪（Imaging Spectrometer）技术。该技术将成像技术与光谱技术结合，能够在连续光谱段上对同一目标成像，并能获取该目标任一像元的光谱信息，即获取光谱图像立方体。

光谱成像技术按照光谱分辨率的不同，通常将其划分为多光谱成像（Multi - spectral Imaging），其光谱分辨率 $\Delta\lambda/\lambda > 0.1$；高光谱成像（Hyperspectral Imaging），其光谱分辨率 $\Delta\lambda/\lambda > 0.01$；超光谱成像（Ultra - spectral Imaging），其光谱分辨率 $\Delta\lambda/\lambda > 0.001$。

随着光谱测量及颜色再现技术的发展，光谱成像已经成为颜色标准化测量及颜色再现领域的不可或缺的技术手段之一。与高光谱成像、超光谱成像等相比较，颜色领域的光谱成像技术具有颜色再现精度高、空间分辨率高、实时性好等特点，因此成为目前颜色科学领域的重要研究方向之一。

11.7.1　基色成像系统

1. 三基色成像系统概述

基于"三色理论"的三基色成像，通常指红、绿、蓝（RGB）三基色成像技术，一般包括彩色成像和彩色图像显示两个环节。该技术以呈色原理清晰、硬件结构简单、制作工艺成熟等特点而得到普及。目前国际上三基色成像系统的色度标准众多，但常用的标准主要有国际电工委员会的 sRGB 标准、我国电视行业及欧洲部分国家采用的 PAL 标准、美国电视行业采用的 NTSC 标准等。尤其是 sRGB 标准已被广泛应用在计算机彩色显示以及众多的数字成像设备中。

目前三基色成像系统的分色结构主要采用红、绿、蓝即 RGB 三个基色，或者采用青、品红、黄、绿即 CMYG 的四个基色。它们都被广泛应用于二维凝视成像设备和一维扫描成像设备中，前者主要用于数码相机或摄像头，后者大量用于数字扫描仪。

在二维彩色凝视成像系统中，传感器主要采用单片式二维彩色 CCD 阵列或单片式二维 CMOS 阵列。在这些二维彩色传感器阵列的关键技术中，通常采用一种棋盘式的滤色片结构。目前主要有基于 RGB 原色法的 Bayer 滤色片阵列和基于补色法的 CMYG 补色滤色片阵列（Complementary Color Filter Array）。

在一维扫描成像系统中，传感器主要采用单片式 RGB 线阵彩色 CCD 阵列或单片式 RGB 线阵彩色 CMOS 阵列

2. 三基色成像系统的测色原理

理论上，如果正确选择三个通道的光谱灵敏度（或光谱响应度），三基色成像系统就可以测量到人眼可以感知到的全部色域范围，例如 CIE 1931 XYZ 系统的色度图范围。理论上，三基色成像系统的测色原理可以参照光电色度计中的 Luther 条件，即三个通道产生的光谱信号满足以下关系式：

$$\begin{cases} K_X S_A(\lambda)\tau_X(\lambda)\gamma(\lambda) = S_C(\lambda)\overline{x}(\lambda) \\ K_Y S_A(\lambda)\tau_Y(\lambda)\gamma(\lambda) = S_C(\lambda)\overline{y}(\lambda) \\ K_Z S_A(\lambda)\tau_Z(\lambda)\gamma(\lambda) = S_C(\lambda)\overline{z}(\lambda) \end{cases} \tag{11 - 94}$$

在式（11-94）中，等号左边分别表示红、绿、蓝三个光谱通道的光谱响应度与实际照明光源光谱功率的乘积；等号右边表示 CIE 1931 XYZ 系统的标准色度观察者光谱匹配函数与标准照明体的乘积。其中，$S_C(\lambda)$ 为选定的标准照明体，如 D65 的光谱分布；$\bar{x}(\lambda)$、$\bar{y}(\lambda)$ 和 $\bar{z}(\lambda)$ 为选定的 CIE 1931 XYZ 系统标准色度观察者的光谱三刺激值；$S_A(\lambda)$ 为实际照明光源的光谱功率分布，它在色度计内部是已知的，但是在外部目标成像的系统中往往是未知的，不过通常可以默认外部照明光源与标准照明体相同，即 $S_A(\lambda) = S_C(\lambda)$；$\tau_X(\lambda)$、$\tau_Y(\lambda)$ 和 $\tau_Z(\lambda)$ 为三种滤色器各自的光谱透过率；$\gamma(\lambda)$ 为光辐射探测器的光谱灵敏度；K_X、K_Y、K_Z 为比例常数。

基于以上考虑，当三基色成像系统输出的三刺激值分别与 CIE 1931 XYZ 标准系统的三刺激值相等时，则式（11-94）可简化为

$$\begin{cases} K_X \tau_X(\lambda) \gamma(\lambda) = \bar{x}(\lambda) \\ K_Y \tau_Y(\lambda) \gamma(\lambda) = \bar{y}(\lambda) \\ K_Z \tau_Z(\lambda) \gamma(\lambda) = \bar{z}(\lambda) \end{cases} \qquad (11-95)$$

因此，现有三基色成像系统的三个通道的光谱响应度通常是根据式（11-95）进行设计的。以 CIE 1931 XYZ 系统为例，三基色成像系统的光谱响应曲线在理论上与图 11-51 所示的 CIE 1931 XYZ 系统的光谱匹配函数相似。

然而在现有的相关标准中，三基色成像系统的色域范围并没有定义为与 CIE 1931 XYZ 系统的色域相同，而是定义在以三个基色坐标为顶点的三角形范围内，如图 11-52 所示。其主要原因在于，实际制作的三基色显示装置的三个基色坐标不可能超出色度图的范围，因此其色域不可能覆盖整个色度图的范围。

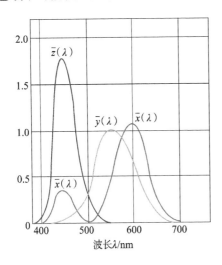

图 11-51　CIE 1931 XYZ 系统的光谱匹配函数

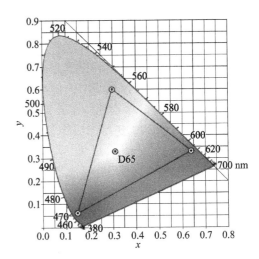

图 11-52　三基色系统的色域三角形示意

在现行的三基色成像及显示标准中，首先需要定义三个基色在 CIE 1931 XYZ 系统中的色度坐标、白场、标准色度观察者等。基于这些定义，并采用坐标变换方法，就可以导出三基色成像系统与 CIE 1931 XYZ 系统的线性变换关系。以 sRGB 系统为例，如式（11-96）所示，根据该式可计算出 sRGB 标准成像系统的理想光谱响应曲线，如图 11-53（a）所示。计算式为

$$\begin{bmatrix} R \\ G \\ B \end{bmatrix} = \begin{bmatrix} 3.241\ 0 & -1.537\ 4 & -0.498\ 6 \\ -0.969\ 2 & 1.876\ 0 & 0.041\ 6 \\ 0.055\ 6 & -0.204\ 0 & 1.057\ 0 \end{bmatrix} \begin{bmatrix} X \\ Y \\ Z \end{bmatrix} \qquad (11-96)$$

图 11-53 sRGB 标准成像系统的理想光谱曲线和实际光谱响应曲线
（a）理想光谱响应；（b）实际光谱响应

由图 11-53（a）可以看到，为了保持与 CIE 1931 XYZ 系统的线性变换关系，三基色系统的三条光谱响应曲线都存在负值部分，该负值的曲线在实际制作中是难以实现的。因此实际三基色成像系统大都采用近似的光谱响应曲线以保持与 CIE 1931 XYZ 系统的特定变换关系并获取较大的色域范围，如图 11-53（b）所示；该曲线与 CIE 1931 XYZ 系统的光谱匹配函数（见图 11-51）很接近，只是其中的 b 曲线缺少了短波范围的凸起成分。

根据以上分析，当三基色成像系统的三个基色的色品坐标、白场的色品坐标等确定之后，就可以建立该三基色系统的三刺激值 RGB 与 CIE 标准色度系统的三刺激值的线性转换关系。以 sRGB 标准的三基色成像系统为例，图像中某一像元的 CIE 1931 XYX 系统三刺激值 X、Y、Z 可由该像素的 R、G、B 值计算：

$$\begin{bmatrix} R \\ G \\ B \end{bmatrix} = \begin{bmatrix} 3.241\ 0 & -1.537\ 4 & -0.498\ 6 \\ -0.969\ 2 & 1.876\ 0 & 0.041\ 6 \\ 0.055\ 6 & -0.204\ 0 & 1.057\ 0 \end{bmatrix} \begin{bmatrix} X \\ Y \\ Z \end{bmatrix} \qquad (11-97)$$

在 sRGB 标准中，参考观察者采用 CIE 1931 的 2°视场标准色度观察者，因此该系统的白场 RGB 值为 $R=255$，$G=255$，$B=255$；对应的三刺激值为 $X=95.02$，$Y=100$，$Z=108.81$；对应的色品坐标为 $x=0.312\ 7$，$y=0.329\ 0$，$z=0.358\ 3$。

11.7.2 窄带光谱成像系统

光谱成像系统可按照其分色原理、技术特点、应用场合等的不同进行分类。其主要包括窄带光谱成像、宽带光谱成像、色散型光谱成像、傅里叶变换光谱成像、快照式多光谱成像、压缩感知光谱成像、编码孔径光谱成像等。

所谓窄带光谱成像，是指多光谱成像系统中各通道的光谱透过率或光谱灵敏度都具有窄带性质。例如采用窄带滤光片或窄带 LCTF 滤色器的多光谱成像系统，其每一个通道的带宽可以做到 10 nm 以下。窄带光谱成像系统是光谱成像技术的基本类型之一，并得到广泛应用。

1. 系统组成

窄带光谱成像系统的光谱分辨率与窄带滤光器的光谱间隔有关，理论上由奈奎斯特频率

（Nyquist Frequency）确定，即采样频率的一半。因此为了提高窄带光谱成像系统的光谱重构精度，就需要增加光谱通道即滤光器的数量并减小它们的带宽。

图 11 - 54 所示为一种采用转轮滤光片的窄带多光谱成像系统组成原理；图 11 - 55 所示为采用液晶可调谐滤光器的窄带多光谱成像系统组成原理。它们的共同特点是均采用一套焦平面阵列传感器顺序接收各个光谱通道的图像信息，因此不存在光谱通道间图像的配准问题，但是不适合运动或动态目标的光谱成像。

图 11 - 54　一种采用转轮滤光片的窄带多光谱成像系统组成原理

图 11 - 55　采用液晶可调谐滤光器的窄带多光谱成像系统组成原理

2. 光谱响应度

窄带多光谱成像系统的总体光谱响应度与成像器件的光谱灵敏度、滤光片的光谱透过率以及光学系统其他部件的光谱透过率有关，但以滤光片的光谱透过率的为主。以 8 通道系统为例，典型的窄带多光谱成像系统的光谱灵敏度或光谱响应度曲线如图 11 - 56 所示，分别为高斯分布窄带无交叠型（a）和高斯分布窄带交叠型（b），它们的中心波长通常采用等间距排列。

无交叠型窄带多光谱成像系统具有以下特点：

（1）两个光谱通道之间完全不相关，因此，当每一个光谱通道用向量表示时，它们之间是正交的，该特性表明无交叠型窄带多光谱成像系统可以构建很好的光谱重建基函数。

（2）两个光谱通道之间存在漏光谱采样的问题，因此不适用于具有间断光谱特性的目标测量。

有交叠型窄带多光谱成像系统的优点在于光能利用率高，并且不存在漏光谱问题；但其光谱分辨率受到影响。

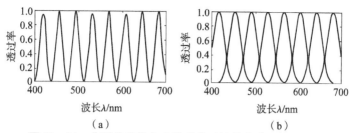

（a）　　　　　　　　　　　（b）

图 11 – 56　典型的窄带多光谱成像系统的光谱灵敏度曲线

3. 光谱重构方法

对于无交叠型窄带多光谱成像系统，光谱重构通常采用插值算法，包括拉格朗日插值、牛顿插值、分段线性插值、埃尔米特插值、样条插值等。其中，三次样条插值法的插值曲线具有光滑性好的特点，能够较好地重建多数场合的光谱曲线。

对于交叠型窄带多光谱成像系统，光谱重建既可以采用插值法，也可以采用其他算法，包括伪逆矩阵法、维纳估计法、最小二乘法、人工神经网络算法等。

11.7.3　宽带光谱成像系统

所谓宽带光谱成像，是指光谱成像系统各通道的光谱透过率或光谱灵敏度都具有宽带特性。宽带光谱成像具有通道数目少、光能利用率高、不存在光谱缺失等特点，因此是目前颜色技术领域多光谱成像系统的主流技术。

1. 系统组成

宽带光谱成像系统在光学系统组成结构上与窄带多光谱成像系统基本类似，但是宽带光谱成像系统的光谱通道数目较少，因此是快照式光谱成像系统的主要实现方案。

现有的三基色彩色相机可以看作一种典型的宽带光谱成像系统，其中采用了红、绿、蓝三个通道的宽带滤色片。但是，为了达到一定的光谱重建精度，宽带光谱成像系统的通道数目一般都多于三个，因此在实际成像过程中存在光谱通道的快速切换问题，由此产生了快照式光谱成像技术。

2. 光谱响应度

宽带光谱成像系统的总体光谱响应度同样由成像器件的光谱灵敏度、滤光片的光谱透过率以及光学系统其他部件的光谱透过率决定，但滤光片的光谱透过率占主导地位。典型的七通道宽带光谱成像系统的光谱灵敏度或光谱响应度曲线如图 11 – 57 所示。它具有如下特点：

图 11 – 57　典型宽带光谱成像系统的光谱响应度曲线

（1）包含一条具有最大透光率的曲线（图中的平坦曲线），俗称具有最大范数的向量；

（2）如果将所有曲线分别用光谱向量表示，则任意两个向量之间是线性无关的；

（3）要求各曲线之间的相关系数尽可能小，这样才能充分代表目标光谱的成分，有利于提高光谱重建精度。

3. 光谱重构方法

如前所述，宽带光谱成像系统的光谱通道数目较少，通常少于10个，其光谱构建方法与各个通道的光谱响应度或光谱灵敏度有关。目前主要采用伪逆矩阵法、维纳估计法、最小二乘法、人工神经网络算法等建立系统的光谱估计矩阵，并实现光谱的估计。

11.7.4 色散型光谱成像

色散型光谱成像系统主要包括光栅式光谱成像和棱镜式光谱成像两大类型。其中，光栅式光谱成像系统具有光谱分辨率高、体积小等特点，是目前高分辨率光谱成像的主要实现途径。由于色散型光谱成像系统通常需要借助扫描机构（如推扫）来获取光谱图像立方体，因此特别适合机载或星载光谱成像的场合。

1. 系统组成

典型的光栅色散型光谱成像系统如图 11–58 所示。该系统由成像物镜、狭缝、准直镜、衍射光栅、聚焦镜、焦平面探测器等组成，通过垂直于狭缝方向的推扫方式得到光谱图像数据立方体。

图 11–58　典型的光栅色散型光谱成像系统

虽然上述色散型光谱成像系统具有光谱及图像分辨率高的特点，但是理论上存在以下缺陷：

（1）在色散光学结构中需要采用狭缝来提高光谱分辨率，这将导致光能利用率大幅度降低，从而降低了成像信噪比。

（2）无论是光栅还是棱镜色散系统，在理论上都存在谱线弯曲现象，这将导致光谱分辨率和成像质量的降低，为此往往需要在系统中增加校正光谱弯曲的技术来提高成像质量。图 11–59 所示为一种采用 PGP（棱镜—光栅—棱镜）色散结构的光谱成像系统，它利用了棱镜与光栅的谱线弯曲方向的相反特点来获得谱线弯曲的校正效果。

目标　成像物镜　狭缝　准直镜　PGP　聚焦镜　二维成像器件

空间维

光谱维

图 11 - 59　一种采用 PGP 色散结构的光谱成像系统

2. 光谱重构方法

色散型光谱成像系统通常可以获得具有较高光谱分辨率的原始图像立方体，因此无须对光谱维的数据进行插值处理，就可以直接建立目标的光谱反射率或反射比。以反射物体目标的光谱重建为例，设已知标准白场的光谱反射比为 $\rho_w(\lambda)$；待测物体对应的测量结果为 $V_s(\lambda)$、待测标准白板对应的测量结果为 $V_w(\lambda)$；则待测物体的光谱反射比 $\rho_s(\lambda)$ 为

$$\rho_s(\lambda) = \frac{V_s(\lambda)}{V_w(\lambda)}\rho_w(\lambda) \tag{11 - 98}$$

对于自发光目标的光谱重构，首先需要获得已知标准光源的光谱分布数据，如光谱亮度分布；然后用色散型光谱成像系统测量标准光源的光谱分布原始数据；最后采用与式（11 - 98）相同的方法计算其光谱分布。

11.7.5　傅里叶变换光谱成像

所谓傅里叶变换光谱成像，通常是指利用双光束干涉原理获取目标的干涉立方体，并采用傅里叶变换方法实现光谱立方体反演的成像光谱仪技术。与传统的色散型光谱成像技术相比，傅里叶变换光谱成像技术具有高光能利用率、高光谱分辨率、高信噪比等优势，特别适合于弱光、快照等场合下的光谱成像。

1. 发展状况

傅里叶变换光谱技术的历史可以上溯到 1880 年发明的迈克尔逊（Michelson）干涉仪，即在双光束干涉仪的接收面上，由光程差变化引起的干涉强度变化等于待测光谱的傅里叶变换，从而奠定了现代傅里叶变换光谱仪（Fourier Transform Spectrometer，FTS）的理论基础。在随后的几十年的发展历程中，尽管傅里叶变换光谱技术的众多优点不断被人们揭示出来，但是由于高分辨率的傅里叶变换光谱反演过程所需要的计算量非常大，因此直到 20 世纪后半叶，傅里叶变换光谱技术才随着数字计算机技术的发展逐步在光谱技术，尤其是红外光谱测量领域占据优势地位。特别在 1965 年，J. W. Cooley 和 J. W. Tukey 发明了快速傅里叶变换（FFT）算法，并把它应用于干涉光谱仪上，从而使高分辨率的傅里叶变换光谱反演所需要的计算时间大大缩短，也使得傅里叶变换光谱测量技术的广泛应用成为现实。

虽然傅里叶变换光谱仪早在 20 世纪 60 年代就逐步进入实用化，但傅里叶变换光谱成像仪（Fourier Transform Imaging Spectrometer，FTIS）的概念直到 20 世纪 90 年代初才随着遥感光谱成像技术的发展而被提出，并得到大力发展。

傅里叶变换光谱成像仪在很多文献中又被称为成像干涉仪（Imaging Interferometer）。按扫描原理划分，目前的傅里叶变换光谱成像仪大致可以划分为时间调制型（Temporal

Modulated）和空间调制型（Spatially Modulated）两大类。

（1）时间调制型傅里叶变换光谱成像仪的特点是可以产生相当大的光程差，从而可以获得很高的光谱分辨率；但是它需要借助于动镜扫描才能完成对二维平面目标的干涉成像，因此对机械扫描的稳定性要求较高，难以实现空间分辨率成像，目前仅在某些低空间分辨率的红外光谱测量领域中得到发展。其典型代表是迈克尔逊傅里叶变换光谱成像仪。

（2）空间调制型傅里叶变换光谱成像仪无须动镜扫描就能完成对一维线状目标的干涉成像，另一维的干涉成像则可借助于所搭载平台的运动，例如推扫（Push Brooming）来实现。因此空间调制型傅里叶变换光谱成像仪的抗振动性强，易于实现高空间分辨率成像，特别适合用于航空航天遥感的对地观测系统中；空间调制型傅里叶变换光谱成像仪的典型代表主要有 Sagnac 三角共路干涉型及其变体、静态 Michelson（迈克尔逊）（反射镜倾斜）干涉型、Savart 偏振干涉型以及 CT 投影干涉型等。图 11-60 对目前主要的傅里叶变换光谱系统进行了分类。

图 11-60 傅里叶变换光谱（成像）系统的分类

2. 工作原理

傅里叶变换光谱成像技术的原始光学系统采用了所谓双光束干涉的迈克尔逊干涉结构，它的光路原理如图 11-61 所示。前置光学成像系统 L_1 将待测物体成像在大孔径的视场光阑即透镜 L_2 的前焦平面上；视场光阑面上任意一点发出的光束经过准直系统 L_2 后变成平行光。分束镜 BS 将平行光按照相同的振幅分为两束，一束照射在动镜 M_1 上，另一束照射在固定反射镜 M_2 上。从 M_1 和 M_2 反射回来的两束平行光束，经过分束器 BS 和透镜 L_3 汇聚后，成像在焦平面探测器 FPA 上并形成干涉图。在完整的干涉图案采样过程中，系统一直凝视目标。随着 M_1 的移动，FPA 上每一点的干涉光程差也同时改变，因此可以采集到一系列具有不同光程差的二维干涉图像。将这些二维干涉图像组合起来就得到干涉图像数据立方体，再对其进行多行的一维傅里叶变换，就得到光谱图像数据立方体。

由图 11-61 可以看出，由于迈克尔逊时间调制干涉成像光谱仪没有采用光学狭缝，因此具有光通量大的优点；并且由于动镜 M_1 的移动范围可以很大，因此可以取得很大的光程差范围，即光谱分辨率很高。但是该系统的致命缺点是需要一套高精度的动镜系统，在动镜运动过程中，既要保持其匀速性，对其晃动或倾斜又有非常严格的要求，因此不适合用于高空间分辨的光谱成像；另外，该系统的采样速度完全依赖于动镜的机械扫描速率，即实时性不好，因此不适合用于测量运动或瞬变的目标光谱。

图 11 - 61　双光束干涉的迈克尔干涉型傅里叶变换光谱成像技术的原始光学系统的光路原理

动镜迈克尔逊时间调制干涉成像光谱仪的主要性能参数如下：

（1）波数分辨率。在色散型光谱测量系统中，光谱分辨率表示最小可分辨的光谱间隔，通常用波长表示，例如多光谱成像系统的光谱分辨率通常小于 10 nm。而在傅里叶变换光谱成像系统中，光谱分辨能力通常用频域的波数分辨率表示，即最小可分辨波数间隔，计算式为

$$\Delta\nu = \frac{1}{L} \qquad (11 - 99)$$

式中，$\Delta\nu$ 的单位通常采用 cm^{-1}；L 是两相干光束的最大光程差（cm），它由动镜 M_1 的移动范围确定，即波数分辨率与最大光程差成正比。

（2）可测最大波数。所谓可测最大波数，是指系统能够探测到的目标的最大波数或最小波长，这与采样间隔的大小有关。虽然式（11 - 101）确定了系统的波数分辨率即波数间隔，但是它并不能保证系统可探测的光谱范围的起点位置即可测最大波数。可测最大波数 ν_{max} 通常由系统的最小光程差的采样间隔确定，根据采样定理得到：

$$\nu_{max} = \frac{1}{2\Delta l} \qquad (11 - 100)$$

式中，Δl 为光程差的最小采样间隔。

（3）波数分辨本领。波数分辨本领如式（11 - 101）表示，其中，R 表示系统对最大波数即最小波长位置的谱线的分辨能力，因此可以代表整个系统的最大波数分辨本领即光谱分辨本领：

$$R = \frac{\nu_{max}}{\Delta\nu} = \frac{L}{2\Delta l} \qquad (11 - 101)$$

为了提高空间分辨率和光学系统的稳定性，现有的傅里叶变换光谱成像仪更多采用所谓的空间调制干涉光学结构。其中，Sagnac 三角共路干涉傅里叶变换光谱成像系统是典型的代表；此类系统又可以分为带狭缝的推扫（Push-Brooming）系统和不带狭缝的窗扫（Windowing）系统。图 11 - 62 所示为推扫式 Sagnac 系统的光路原理。其特征是采用一个

狭缝光阑来限制待测物体的视场，即每幅干涉图与一维线状目标对应；通过推扫就可以获取二维目标的干涉立方体。在图 11－62 中，狭缝光阑的长度方向垂直于纸面；傅里叶变换透镜 FTL 的前焦平面与狭缝光阑平面重合，其后焦平面与焦平面探测器平面重合；柱透镜 CL 的母线平行于纸面，其后焦平面也与焦平面探测器重合。结果在焦平面探测器上产生一维的干涉条纹和另一维的目标图像。采用傅里叶变换透镜 FTL 是为了在焦平面探测器上取得等间隔（对于单色光）的干涉条纹分布。

在图 11－62 中，干涉条纹的调制度并不受狭缝光阑宽度的影响；采用狭缝光阑的目的仅仅是实现一维成像。Sagnac 结构的作用相当于一个横向剪切器，即由狭缝光阑表面上发出的具有相同出射角度的光束被横向剪切后为两部分，然后聚焦到焦平面探测器的同一点上；这里的横向剪切作用相当于把一个点光源分解为两个位于无限远处的虚拟光源，并且这两个虚拟光源之间的距离等于 Sagnac 三角共路干涉装置的横向剪切量 d，如图 11－63 所示。因此，随着光束出射角的变化，两虚拟光源发出的光束在焦平面探测器上交点的光程差也发生变化，由此可以在焦平面探测器上产生干涉图案。由于上述光程差的变化是沿焦平面探测器平面空间不断变化的，因此就把上述干涉装置归类为空间调制干涉。空间调制干涉装置具有无动镜的特点，但它的干涉光程差范围受到焦平面宽度的限制，不可能取得很大。注意在图 11－62 中，狭缝光阑上每一点发出的光束都在焦平面探测器上产生一套干涉条纹，并且所有点产生的干涉条纹在焦平面探测器上都是重合的，结果使干涉图像的调制度得到增强。

图 11－62　推扫式 Sagnac 系统的光路原理

图 11－63　Sagnac 三角共路干涉结构的横向剪切量示意

3. 光谱立方体构建

傅里叶变换光谱成像系统对目标进行采样时，首先获得目标的原始干涉图像数据立方体，然后需要对原始干涉图像数据立方体进行傅里叶变换，最终得到光谱图像立方体，其过程如图 11 - 64 所示。

图 11 - 64　典型推扫式傅里叶变换光谱成像仪的光谱重建过程

由于傅里叶变换光谱成像系统存在不同的干涉光学结构，因此它们获得的原始数据立方体的干涉数据排列方式各异。图 11 - 64 中，在原始干涉图像数据立方体中，y 为目标图像的高度，x 为目标图像的宽度，ξ 为干涉维的长度；傅里叶变换过程需要沿 y 方向逐行挑选干涉数据，并在 ξ 方向上进行一维傅里叶变换，最终得到光谱图像立方体。

对于大多数傅里叶变换光谱成像系统，在进行傅里叶变换之前，需要对原始干涉信号进行预处理，主要内容如下。

（1）单边干涉数据和双边干涉数据处理。所谓单边干涉数据，就是在采集干涉数据时，成像器件只采集零光程差一侧的干涉数据，这样可以充分利用探测器有限的像元数目来获得更多的干涉条纹级次，进而在傅里叶变换时，通过对称化处理，得到很高的光谱分辨率。该方法的缺点：非对称的干涉数据的傅里叶变换容易带来光谱重构的误差，因此需要进行干涉数据的对称化处理。所谓双边干涉数据，就是在零光程差的两侧都采集所得到的数据，而且要求两侧采集的数据数目相同。该方法的优点：对称干涉数据的傅里叶变换的信噪比比单边采集处理的结果好。缺点：由于在干涉维没有充分利用探测器的像元数目，因此对波数分辨率或光谱分辨率的提高是不利的。

（2）干涉数据切趾处理。切趾处理是傅里叶变换光谱成像仪数据处理的重要环节。切趾在很多文献中又称作变迹（Apodization）处理。

在傅里叶变换光谱成像仪中，由于可测量的最大光程差有限，即只能在有限光程差范围等于 $-L \sim +L$ 或 $0 \sim +L$ 的区间上完成干涉图的采样，结果将导致其傅里叶变换重建光谱存在所谓的"趾峰"畸变现象，因此有必要在傅里叶变换过程中进行切趾处理，或称作变迹处理。

切趾处理的基本方法是在干涉维进行的，也就是将原始干涉分布乘以某一变迹函数，使原始干涉分布的两端变化趋于平缓。图 11 - 65 所示为矩形窗口与三角窗口变迹函数效果对比。其中的三角变迹函数的 $\text{ILS}(\nu)$ 的数学表达式为 $\text{ILS}(\nu) = \mathscr{T}\left\{1 - \dfrac{|x|}{L}\right\} = L\,\text{sinc}^2(\nu L)$。

需要指出的是，三角变迹函数对于复色光干涉的傅里叶变换光谱也有与图 11 - 64 类似的切趾效果。

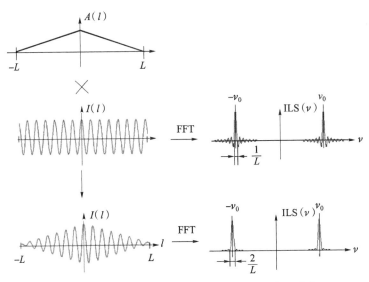

图 11-65　矩形窗口与三角窗口变迹函数效果对比

由图 11-65 可以得到以下结论：

①原始干涉图像实际上就是经过矩形窗口变迹函数 $T[l/(2L)]$ 截断的干涉图像，其傅里叶变换光谱已经由无限窄的线状谱退化成了主峰中心在 ν_0 处的有一定线宽的并且带有明显旁瓣的 sinc 函数。

②经过三角变迹函数处理后的干涉图像的傅里叶变换光谱实际上是一个 sinc^2 函数，其旁瓣大幅度减小，但宽度有所增加。

③经过变迹处理后的干涉图像的傅里叶变换与变迹函数单独进行的傅里叶变换的光谱在形状上是完全相同的，仅仅在中心位置上有一些差异。因此通常就把变迹函数的傅里叶变换称作实际仪器的谱线函数 ILS。

（3）位相误差校正。在傅里叶变换成像光谱仪中，获取并建立对称性的双边干涉数据是实现快速傅里叶变换的必要条件之一。然而，无论是在时间调制型还是在空间调制型的傅里叶变换光谱仪中，都采用了单边干涉采样方式，然后再把单边数据人为地扩展为双边数据。这样做的优点主要有：在时间调制干涉系统中，在相同的光谱分辨率和相同的单元感光时间条件下，单边干涉系统获取每套干涉图像的速度比双边干涉系统高一倍；反过来，在工作速度相同的条件下，单边干涉系统的探测单元感光时间比双边干涉系统提高一倍。而在空间调制干涉系统中，在相同的光谱分辨率的条件下，单边干涉系统可以有效提高接收传感器的表面光照度，或者有效提高扫描速度。总之，单边干涉采样可以充分利用傅里叶变换光谱成像仪的性能优势。

但是，单边干涉带来的位相误差问题是不可忽视的，必须设法予以校正。事实上，在单边干涉系统的光谱反演中，总是默认干涉图的采样是从零光程差位置开始的，因此实质上计算的是如下的傅里叶变换积分：

$$B(\nu) = 2\int_0^L I(l)\cos 2\pi\nu l \, dl \qquad (11-102)$$

由式（11-102）可以看出，在积分中，零光程差的位置是非常重要的。如果零光程差的位

置产生了误差 ε，那么就相当于整个干涉图像相对于我们希望进行变换的干涉图像漂移了一个位移量 ε，因此干涉图像的傅里叶变换即重建光谱也将产生误差。由这样的位移导致的重建谱误差可以用一个位相函数 $\exp(\mathrm{j}\varphi_\nu)$ 来表达，称之为位相误差。

事实上，在单边干涉系统中，光程差的位相误差 ε 总是存在的，而且该位相误差 ε 与被测光的波长或波数有关。假设光程差漂移可以用 ε_ν 来表示，参照干涉分布与光谱分布的基本关系式，干涉分布的计算实际是按照如下积分进行的：

$$I'(l) = \int_{-\infty}^{+\infty} B(\nu)\cos 2\pi\nu(l \pm \varepsilon_\nu)\mathrm{d}\nu \qquad (11-103)$$

将（11-103）展开得到：

$$I'(l) = \int_{-\infty}^{+\infty} B(\nu)\left[\cos(2\pi\nu l)\cos(2\pi\nu\varepsilon_\nu) \mp \sin(2\pi\nu l)\sin(2\pi\nu\varepsilon_\nu)\right]\mathrm{d}\nu \quad (11-104)$$

式（11-104）表明，原点误差使干涉图分解为两部分，其中一部分为偶函数的傅里叶变换，其变换结果只存在实数部分；而另一部分为非偶函数的傅里叶变换，其变换结果包含虚部。因此对于单边采样获得的包含原点误差的干涉图进行对称化处理之后，其光谱重建的傅里叶变换必然包含复数项，即

$$B'(\nu) = \int_{-\infty}^{+\infty} I'(\xi)\exp(-\mathrm{j}2\pi\nu l)\mathrm{d}l = \mathrm{Re}(\nu) + \mathrm{iIm}(\nu) \qquad (11-105)$$

其中，$\mathrm{Re}(\nu)$ 和 $\mathrm{Im}(\nu)$ 分别代表傅里叶变换的实部和虚部。

假如上述 $I'(l)$ 可以通过实际的双边采样获得，则其振幅谱就是所需要的原始光谱：

$$|B(\nu)| = \left\{[\mathrm{Re}(\nu)]^2 + [\mathrm{Im}(\nu)]^2\right\}^{\frac{1}{2}} \qquad (11-106)$$

并且还可以求出其位相角：

$$\theta_\nu = \arctan\frac{\mathrm{Im}(\nu)}{\mathrm{Re}(\nu)} \qquad (11-107)$$

振幅谱与复光谱之间的关系为

$$B'(\nu) = |B(\nu)|\exp(\mathrm{j}\theta_\nu) \qquad (11-108)$$

反过来又有：

$$B(\nu) = B'(\nu)\exp(-\mathrm{j}\theta_\nu) \qquad (11-109)$$

因此，解决问题的关键是首先根据式（11-105）计算出带原点误差的光谱分布 $B'(\nu)$，然后设法从不带原点误差的数据中根据式（11-107）建立位相角分布 θ_ν，最后再根据式（11-109）进行位相校正，结果就可以得到正确的光谱分布 $B(\nu)$。

具体做法：在进行单边干涉采样时，采样的起点位于原点左边一小段距离 $-\Delta$，采样的终点照常位于右边最大光程差 L 为止；这样做显然会牺牲一些光程差范围，但能够换来位相误差校正的数据也是值得的。然后对 $-\Delta \sim +\Delta$ 这段光程差范围的双边干涉图像进行傅里叶变换，其零点位置是未知的。由于该变换是针对非对称干涉图像进行的，因此也存在实部和虚部，设变换光谱为

$$B''(\nu) = \int_{-\Delta}^{+\Delta} I'(l)\exp(\mathrm{j}2\pi\nu l)\mathrm{d}l = \mathrm{Re}(\nu) + \mathrm{iIm}(\nu) \qquad (11-110)$$

由实部和虚部可以计算位相角：

$$\theta_\nu = \arctan\frac{\mathrm{Im}(\nu)}{\mathrm{Re}(\nu)} \qquad (11-111)$$

在实际操作中，根据式（11–111）计算得到的 θ_ν 是一组按照波数 ν 分布的实数序列，其密度还有待增加。由于 θ_ν 的变化是缓慢的，因此可以通过插值获得足够密度的 θ_ν，并且将该 θ_ν 用于 $0 \sim L$ 范围内非对称干涉图的傅里叶变换光谱的位相修正。

实际的傅里叶变换光谱是通过下式进行校正的：

$$B(\nu) = B'(\nu)\exp(-\mathrm{i}\theta_\nu) \qquad (11-112)$$

式中，

$$B'(\nu) = \int_{-L}^{+L} I'(l)\exp(\mathrm{j}2\pi\nu l)\,\mathrm{d}l \qquad (11-113)$$

通过以上分析可以看出，对于真正的双边干涉采样来说，我们根本无须做那么多的位相误差修正工作。事实上，设双边采样范围为 $-L \sim +L$，即使干涉图像的原点不能确定，仍然可以计算原点漂移的干涉分布 $I'(l)$ 的傅里叶光谱：

$$B'(\nu) = \int_{-L}^{+L} I'(l)\exp(-\mathrm{j}2\pi\nu l)\,\mathrm{d}l = \mathrm{Re}(\nu) + \mathrm{i}\mathrm{Im}(\nu) \qquad (11-114)$$

假设 $I'(l) = I(l-\varepsilon)$，其中 $I'(l)$ 是不含原点误差的干涉分布，则由傅里叶变换的平移性质得：

$$
\begin{aligned}
B'(\nu) &= \int_{-\infty}^{\infty} I(l-\varepsilon)\exp(-\mathrm{j}2\pi\nu l)\,\mathrm{d}l \\
&= \exp(-\mathrm{j}2\pi\nu\varepsilon)\int_{-\infty}^{\infty} I(l)\exp(-\mathrm{j}2\pi\nu l)\,\mathrm{d}l \\
&= B(\nu)\exp(-\mathrm{j}2\pi\nu\varepsilon) \qquad (11-115)
\end{aligned}
$$

式（11–115）中的复振幅 $B(\nu)$ 就是无相位误差情况下的重建谱；它的模就是光谱分布，并且可以由 $B'(\nu)$ 的实部和虚部计算，即

$$|B(\nu)| = \left\{ [\mathrm{Re}(\nu)]^2 + [\mathrm{Im}(\nu)]^2 \right\}^{\frac{1}{2}} \qquad (11-116)$$

式（11–116）表明，在双边干涉条件下，即使没有得到原点的精确信息，也可以从漂移的干涉图像中得到准确的重建谱。

11.7.6　快照式光谱成像

快照式光谱成像（Snapshot Spectral Imaging）又被称为实时光谱成像（Real Time Spectral Imaging），是目前光谱成像领域的一个重要发展方向。该类技术可以在瞬间（毫秒甚至更短）捕获目标场景的光谱图像信息，从而实现光谱重建及颜色再现，这一特点在颜色科学与技术领域的诸多应用中尤为重要。事实上，待测物体场景经常处于运动和变化中，其中包括待测物体和背景的光照强度、亮度、对比度、颜色、几何尺度、纹理特性、位置、方位等的变化，这些变化往往导致待测物体场景的光度范围、光谱特征、色貌属性等发生变化。传统的光谱成像技术大都采用光谱通道切换、推扫、窗扫等方式获取目标的光谱图像立方体，因此难以满足对运动或瞬变待测物体场景的光谱图像立方体的快速捕捉。

1. 发展状况

随着光学工程相关领域软硬件技术的快速发展，快照式光谱成像技术的水平也得到不断提高。迄今为止，国际上出现了多种快照式光谱成像系统的实现途径，包括多传感器同时快照式光谱成像、像元级滤色阵列快照式光谱成像、计算层析快照式光谱成像、微

透镜阵列快照式光谱成像、双向滤色器阵列快照式多光谱成像等。

Tani Kawa 等介绍了一种采用六个焦平面传感器结合滤色器的光学结构，实现了一种快照式光谱成像系统。其优点是可以获得很高的空间分辨率，但是需要对各个光谱通道的图像进行配准。Hirai 等将二维透镜阵列（Two - Dimensional Lens Array）与迈克尔逊干涉仪（Michelson Interferometer）结构结合，可同时得到目标的多个干涉图像序列，从而实现一种傅里叶变换快照式光谱成像；Kudenov 等则采用了微透镜阵列结合双折射偏振干涉仪（Birefringent Polarization Interferometer）结构，实现了一种紧凑型傅里叶变换快照式光谱成像。上述傅里叶变换快照式光谱成像系统的共同特点是具有较高的光能利用率，但是由于仅采用了一个焦平面传感器接收干涉图像，所以其空间分辨率有限。

2. 滤色阵列快照式光谱成像系统

随着相关器件的工艺制作水平的不断提高，像元级滤色阵列快照式光谱成像系统逐渐受到人们的重视，该类技术具有结构紧凑、空间分辨率高、无须像素配准、可瞬间抓拍光谱图像立方体等特点。

如图 11 - 66 所示，该类技术采用像元级镀膜工艺，在 CCD 或 CMOS 像元上按照一定排列方式镀不同光谱透过率的分色膜，从而可以实现多个通道的光谱及图像的同时摄取。图 11 - 66 中的三种滤色阵列分别采用了 RGB 三色、RGBE 四色、九色的设计。其中每一种分色膜的光谱透过率曲线的带宽及形状可以根据实际情况设计，以满足不同光谱重建算法的需求。目前的像元级滤色阵列快照式光谱成像系统存在以下问题：滤色通道数目的增加将导致总体空间分辨率的下降；相邻滤色通道之间存在串扰现象，这可能导致光谱及颜色再现效果的下降。

(a) (b) (c)

图 11 - 66　典型快照式光谱成像系统滤色阵列示意

(a) RGB 三色滤色阵列；(b) RGBE 四色滤色阵列；(c) 九色滤色阵列

3. 光谱构建方法

如前所述，对于干涉型快照式光谱成像系统，可以采用傅里叶变换的方法对干涉图像序列进行反演，从而实现目标的光谱立方体的构建；需要注意，该类系统的光谱分辨率与光程差的采样间隔、最大采样光程差等有关。

对于具有宽带响应特性的快照式光谱成像系统的光谱构建问题，由于此时的光谱通道数目较少，其光谱构建方法主要采用伪逆矩阵法、维纳估计法、最小二乘法、人工神经网络算法等。

对于某些特定目标场景，例如水体表面、印刷品、标准色卡等，采用三个通道的多光谱成像系统也可以获得较高的光谱构建精度。

11.7.7 计算层析光谱成像

计算层析光谱成像（Computed Tomography Spectral Imaging）简称 CT 光谱成像技术，它是在计算层析成像（Computed Tomography，CT）的基础上发展起来的新型光谱成像技术。其中的干涉型 CT 光谱成像系统又称作计算层析干涉光谱成像系统（CT – FTIS），具有高通量的特点，因此是实现快照式光谱成像的重要技术途径之一，受到人们的普遍重视。

1. 发展概述

计算层析光谱成像方法是一门涉及数学、计算机、物理学、医学等多个领域的新技术，它具有无影像重叠、空间和密度分辨力高、可直接进行数字化处理等特点。1963 年，Cormack A. M 首先提出用断层多向投影重建断层图像的计算方法。第一台 CT 扫描装置于 1967—1970 年由英国 EMI 公司的工程师 Housefield G. N 研制成功，并申请英国专利，然后由神经放射诊断学家 Ambrose 应用于临床。目前，CT 技术已经在医疗、无损内部检测等方面起到了划时代的作用。而在 20 世纪 90 年代，CT 技术开始应用于光谱成像领域。

计算层析光谱成像技术首先由日本学者 Takayuki Okamoto、俄罗斯学者 Bulygin 等于 1991 年提出。其中，Takayuki Okamoto 提出了一种采用二维光栅的光学系统，并采用乘性代数重建法（MART）对 5 个投影数据进行了图像重建。随后，为了克服色散元件的不足，Okamoto 提出了使用 Dammann 光栅作为解决方法。Bulygin 同样提出了采用光栅色散投影光路，并提出了多通道投影和旋转角度投影两种方式，在实验中采用棱镜作为分光元件，对 9 个投影进行了重建。此后，美国亚利桑那大学光学中心在 Okamoto 的基础上开展了深入研究，进而采用二维光栅色散分光的方法成功研制了计算层析成像光谱仪。

2. CT 光谱成像工作原理

现有的计算层析（CT）光谱成像系统可以划分为色散型和干涉型两大类。典型的计算层析光谱成像系统的组成及工作过程如图 11 –67 所示。

图 11 –67 典型的计算层析光谱成像系统的组成及工作过程

（1）色散型计算层析光谱成像系统的工作原理：待测物体的潜在光谱及图像立方体在前置光学、旋转光学、投影光学结构的作用下，被压缩或投影成具有一维空间和一维光谱分布的二维图像序列；这些二维光谱图像序列再由一个或多个二维焦平面阵列探测器接收并转换为数字图像序列；最后采用 CT 重建算法将这些数字图像序列重建为原始目标的光谱图像立方体。

色散型计算层析光谱成像系统的光学系统实现方案有多种，其中包括景物旋转方式、光学棱镜或色散部件旋转方式、仪器整体旋转方式以及二元位相型平面光栅（或一维组合光栅）分束投影方式等。其中，采用旋转投影方式系统的共同特点是在光路中采用一维色散元件以及光学狭缝，因此它们的光通量和光谱分辨率受到狭缝宽度的制约。另一种采用二元平面光栅分束投影结构的系统不需要光学狭缝，具有很快的采样速度，因此又被称作快照式（Snapshot）光谱成像。但它也存在另一个原理性的缺陷：其投影角度数量有限以及投影角度存在盲区，即所谓的"锥失"（Missing Cones）现象，因此该类系统的光谱及空间分辨率是有限的。

（2）干涉型计算层析光谱成像系统的光学结构与色散型的基本相似，需要将其中的投影色散结构改为投影干涉结构。干涉型计算层析光谱成像的优势在于不存在色散系统的谱线弯曲问题，因此易于实现高的空间分辨率；但是干涉型计算层析光谱成像系统的数据处理过程更加复杂，需要增加傅里叶变换环节。

干涉型计算层析光谱成像的数据采集过程如图 11 – 68 所示，其中给出了 0°、45°、90°三个角度的投影图像序列。

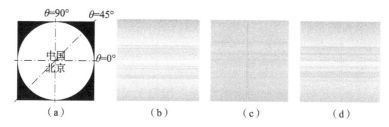

图 11 – 68　干涉型计算层析光谱成像的数据采集过程
（a）目标；（b）干涉投影 $\theta = 0°$；（c）$\theta = 45°$；（d）$\theta = 90°$

如图 11 – 69 所示，在获得投影图像序列的基础上，首先需要对投影干涉数据立方体的每一幅图像进行逐行的一维傅里叶变换，得到投影光谱数据立方体，然后对该投影光谱数据立方体采用 CT 投影重建算法，最终可以得到光谱图像切片或光谱图像立方体。

图 11 – 69　干涉型计算层析光谱成像的数据处理过程
（a）投影干涉数据立方体；（b）投影光谱数据立方体；（c）重建光谱切片（λ_0）

3. CT 投影重建基本算法

如前所述，CT 投影重建基本算法是实现计算层析光谱成像的关键环节之一，其数学基础是著名的 Radon 变换。

如图 11 – 70 所示，所谓 Radon 变换是一种直线积分的投影变换。设二维目标的分布函数为 $f(x, y)$，$p_\varphi(x_r)$ 是 $f(x, y)$ 沿 y_r 的线积分。其中，φ 是投影线方向（y_r）与一个固定空间方向（y）的夹角，相当于图 11 – 68 中的 θ，则 $f(x, y)$ 的所有线积分集合为

$$p_\varphi(x_r) = \int_{-\infty}^{+\infty} f(x,y)\mathrm{d}y_r \qquad (11-117)$$

式中，$p_\varphi(x_r)$ 称为 $f(x,y)$ 的 Radon 变换。

由于

$$\begin{cases} x = x_r\cos\varphi - y_r\sin\varphi \\ y = x_r\sin\varphi + y_r\cos\varphi \end{cases} \qquad (11-118)$$

则式（11-117）变为

$$p_\varphi(x_r) = \int_{-\infty}^{+\infty} f(x_r\cos\varphi - y_r\sin\varphi, x_r\sin\varphi + y_r\cos\varphi)\mathrm{d}y_r \qquad (11-119)$$

所谓 CT 投影重建，就是 Radon 变换的求逆过程。虽然迄今为止已经出现了多种 CT 投影重建算法，但是中心切片定理或投影定理仍然是 CT 图像重建算法的基础。该定理表述如下：

图像 $f(x,y)$ 沿 y_r 方向投影 $p_\varphi(x_r)$ 的一维傅里叶变换给出 $f(x,y)$ 的二维傅里叶变换 $F(\omega_1,\omega_2) = \hat{F}(\rho,\varphi)$ 的一个切片。切片与 $f(x,y)$ 轴的夹角为 $[p_0(x)] = F(\omega_1,\omega_2)\big|_{\omega_2=0} = F(\omega_1,0)$，且通过坐标原点。见图 11-70 的右侧，即

$$\mathscr{F}_1[p_\varphi(x_r)] = \hat{F}(\rho,\varphi)\big|_{\varphi固定} \qquad (11-120)$$

由中心切片定理可知，投影图像重建问题原则上可按如下流程求解：

（1）采集不同投影方向下的一维投影数据，理论上应为 180° 范围内连续的、无穷多个投影。

（2）求出各投影数据的一维傅里叶变换，即图像二维傅里叶变换的各切片，理论上是连续的无穷多片。

（3）将上述各切片汇集成图像的二维傅里叶变换。

（4）求二维傅里叶反变换的重建图像。

图 11-70 Radon 变换原理示意

上述 CT 重建算法又被称作直接傅里叶变换求逆法，可以应用到计算层析光谱成像系统的数据重建中。直接傅里叶变换法所需要的计算量比较小，所以当数据量和图像尺寸大时比较有

吸引力。但是直接傅里叶变换法也存在一些缺点，例如，需要将极坐标形式下的 $P(\rho,\varphi)$ 转换成直角坐标下的 $F(\omega_1,\omega_2)$；当投影数比较少时，还需要对 $F(\omega_1,\omega_2)$ 进行内插。

4. 滤波或卷积反投影重建算法

CT 投影重建算法称为滤波或卷积反投影法。其基本内容如下。

根据中心切片定理有：

$$F(\omega_1,\omega_2) = \hat{F}(\rho,\varphi) = \mathscr{F}_1[p_\varphi(x_r)] = P_\varphi(\rho) = P(\rho,\varphi) \qquad (11-121)$$

所以待建图像为

$$
\begin{aligned}
\hat{f}(r,\theta) = f(x,y) &= \mathscr{F}_2^{-1}[F(\omega_1,\omega_2)] \\
&= \frac{1}{4\pi^2} \int_{-\infty}^{+\infty}\int_{-\infty}^{+\infty} F(\omega_1,\omega_2)\exp[j(\omega_1 x + \omega_2 y)]\,d\omega_1 d\omega_2 \\
&= \int_0^{\pi}\int_{-\infty}^{+\infty} \hat{F}(\rho,\varphi)\exp[j2\pi\rho r\cos(\theta-\varphi)]\,|\rho|\,d\rho d\varphi \\
&= \int_0^{\pi}\int_{-\infty}^{+\infty} P(\rho,\varphi)\exp[j2\pi\rho r\cos(\theta-\varphi)]\,|\rho|\,d\rho d\varphi \\
&= \int_0^{\pi}d\varphi\int_{-\infty}^{+\infty} |\rho|\,P(\rho,\varphi)\exp(j2\pi\rho x_r)\,d\rho
\end{aligned}
\qquad (11-122)
$$

式中，$x_r = x\cos\varphi + y\sin\varphi$。

将式（11-122）的第二个积分式记为 $W(x_r,\varphi)$，则有：

$$W(x_r,\varphi) = \int_{-\infty}^{+\infty} P(\rho,\varphi)\,|\rho|\,\exp(j2\pi\rho x_r)\,d\rho \qquad (11-123)$$

待建图像就可表示为

$$\hat{f}(r,\theta) = f(x,y) = \int_0^{\pi} W(x\cos\varphi + y\sin\varphi,\varphi)\,d\varphi \qquad (11-124)$$

原则上计算式（11-123）要求在整个空间频率即整个波数范围积分，但实际问题中带宽都是有限的。设 $P(\rho,\varphi)$ 的带宽为 ρ_c，于是式（11-123）可表示为

$$W(x_r,\varphi) = \int_{-\infty}^{+\infty} P(\rho,\varphi)H(\rho)\exp(j2\pi\rho x_r)\,d\rho \qquad (11-125)$$

式中，

$$
\begin{cases}
H(\rho) = |\rho|R(\rho) \\
R(\rho) = \begin{cases} 1, & \text{当 } |\rho| \leqslant \rho_c \\ 0, & \text{其他} \end{cases}
\end{cases}
\qquad (11-126)
$$

式（11-126）中的 $H(\rho)$ 可视为对投影 $P(\rho,\varphi)$ 进行频域滤波用的滤波器的传递函数。根据式（11-124）~式（11-126）作图像重建的方法被称为滤波反投影法。

另外，根据傅里叶变换定义及卷积定理，式（11-125）又可以表示为

$$W(x_r,\varphi) = \mathscr{F}_1^{-1}[P(\rho,\varphi)H(\rho)] = \mathscr{F}_1^{-1}[P(\rho,\varphi)] \otimes \mathscr{F}_1^{-1}[H(\rho)] = p(x_r,\varphi) \otimes h(x_r)$$

$$(11-127)$$

式中，$h(x_r)$ 具有点扩展函数地位，故称点扩展函数。根据式（11-125）作图像重建的方法又被称为卷积滤波反投影法。

从以上分析可以总结出滤波或卷积反投影算法的重建步骤如下：

（1）把在固定视角 φ_i 下测得的投影 $p(x_r,\varphi_i)$ 经过频域的滤波或空域的卷积，得到滤波

或卷积后的投影 $W(x_r, \varphi_i)$。

（2）对每一个 φ_i，把 $W(x_r, \varphi_i)$ 反投影于满足 $x_r = x\cos\varphi_i + y\sin\varphi_i$ 的射线上的所有各点 (x, y)。

（3）将步骤（2）中的反投影值对所有 $0 < \varphi \leqslant \pi$ 进行累加，得重建的图像。

由于卷积可以转换为快速傅里叶变换程序计算，并且可以利用硬件来实现快速计算，因此滤波或卷积反投影法比较适合于计算层析光谱成像系统的数据重建。

11.7.8　压缩感知光谱成像

压缩感知（Compressive Sensing, CS）又被称为压缩采样、压缩传感，在满足"信号的可压缩性""表示系统与观测系统的不相关性"等两个条件下，通过求解一个优化问题就可从远小于奈奎斯特采样率的样本集中以高概率恢复出原始信号。

传统的数据获取模式要求信号的采集频率必须大于或等于信号带宽的两倍，才能精确恢复原信号。压缩感知理论运用非相关测量矩阵进行压缩采样，其采样频率可远低于 Nyquist 频率，再按照非线性优化的重构算法，把复杂的恢复计算部分交给数据还原的这一端来做，精确重构原始信号。图 11 –71 所示为传统数据传输和压缩感知数据传输的区别示意。

图 11 –71　传统数据传输和压缩感知数据传输的区别示意
（a）传统采样、压缩和解压过程；（b）压缩感知与稀疏重建过程

压缩感知是压缩编码计算光谱成像的理论基础。它从理论上保证了成像系统可以根据数目相对较少的场景信号样本集中恢复出原始场景信号。

1. 发展状况

Donoho 等人在 2006 年提出了压缩传感理论，首先使用低于 Nyquist 采样定理所要求的频率对原始信号进行采样；然后再根据信号的采样压缩表示恢复重建出原始信号。信号越稀疏，对恢复准确的信号就越有利。围绕稀疏表示的研究，一直都是众多学者关注的焦点。Candes 和 Tao 提出了可以恢复具有幂次定理衰减速度的信号。框架法（Method of Frames, MOF）提供了在字典中寻找信号最优分解的方法。G. Peyre 把变换基是正交基的条件扩展到了正交基字典。1993 年，Mallat 和 Zhang 首次提出超完备冗余函数库，它的一个突出优点就是图像信号的表示是可以随着冗余字典的变化而变化的，即可以自适应地表示图像信号，具有更加灵活的特性。Michal Aharon、Michael Elad 等人提出的 K – 奇异值分解（K-Singular Value Decomposition, K-SVD）是一种经典的字典训练算法。它基于奇异值分解，交替迭代利用当前字典求样本的稀疏表示、利用稀疏系数更新字典两个过程，达到了很好的收敛速度。

在重构算法方面，Candes 等使用迭代交替投影到凸集，然后快速求解线性规划问题而恢复信号，提高解的质量。Tropp 和 Gilbert 等用匹配追踪（Matching Pursuit, MP）和正交匹

配追踪（Orthogonal Matching Pursuit，OMP）来重构信号，提高了求解速度；M. N. Do 等人提出了对特别稀疏的信号性能较高的树型匹配追踪算法；S. Sarvotham 等人提出所谓的"Sudo-codes"和"Belief Propagation"的信号重构算法。前者对精确重构信号所需的采样点数量进一步降低，后者重构信号时计算复杂度不受信号稀疏分解的限制，只与信号的长度有关。

在应用方面，Rice 大学率先开展了压缩感知成像的应用研究，成功设计出"单像素相机"，引起了世界范围的关注。杜克大学提出了孔径编码压缩成像方案，这将在下一小节详细介绍。

我国在压缩感知领域也有多年的研究，特别是在雷达、核磁共振等方面的应用做了大量和深入的工作。在光学成像方面，Zhao 等实现了压缩感知光学雷达对真实目标的成像；Xiao 等进行了压缩感知在红外成像方面的研究；Liu 等利用高光谱图像的谱间相关性提出了基于谱间预测的压缩感知算法。

2. 压缩感知基本原理

（1）稀疏信号的表示。稀疏信号是指信号中只有少数元素是非零的。在实际应用中，可压缩信号是指可以用 K 个大系数很好地逼近的信号，即当 $0 < p < 2$、$T > 0$ 时，若信号 f' 在正交基下的系数向量为 $\boldsymbol{\Theta} = \boldsymbol{\Psi}^T f'$，满足下列不等式：

$$\boldsymbol{\Theta} = \left(\sum_i |\theta_i|^p \right)^{1/p} \leqslant T \tag{11-128}$$

则称系数向量 $\boldsymbol{\Theta}$ 在某种意义下是稀疏的。若 $[\theta_i] = [f', \psi_i]$ 的支撑域 $\{i \mid \theta_i \neq 0\}$ 的数目为 K，当 $K \ll N$ 时，就称 f' 在中域是 K-稀疏的，或者称 f' 在 $\boldsymbol{\Psi}$ 域的稀疏度为 K。

根据压缩感知理论，图像的重建误差界是由稀疏逼近误差决定的。满足幂次速度衰减的信号，利用压缩感知理论可以从很少的观测样本集中重构出原始信号。其重构误差为

$$e = \hat{f}' - f_2' \leqslant C_r (K/\log N)^{-6r} \tag{11-129}$$

式中，$r = 1/p - 1/2$，$0 < p < 1$。信号越稀疏，对恢复准确的信号就越有利。

对于特定信号的稀疏表示，可以看成该信号的先验知识。需要根据信号本身的特点而选取，常用的有离散余弦变换基、快速傅里叶变换基、离散小波变换基、Curvelet 基、Gabor 基以及冗余字典等。信号在冗余字典下的稀疏分解，是近年来稀疏表示的热点。所谓的冗余字典，是指用超完备的冗余函数库取代基函数。字典中的元素被称为原子。字典的构成、原子的选择没有任何限制，以更好地符合被逼近信号的结构为目的。此时，信号的稀疏表示问题，就转换成如何从冗余字典中找到具有最佳线性组合的 K 项原子来表示，即信号的稀疏逼近或高度非线性逼近。超完备冗余函数库的一个突出优点就是图像信号的表示是可以随着冗余字典的变化而变化的，即可以自适应地表示图像信号，具有更加灵活的特性。

（2）非相关测量。测量矩阵的构造是压缩感知理论的另一个核心问题，直接决定了压缩采样理论是否能成功实现。测量矩阵的作用是将原始信号中的信息通过线性测量传递给测量值，并且要确保原始信息不被破坏。测量过程所使用的矩阵是非适应的，即基于测量矩阵的采样过程不根据原始信号的不同而改变。

在压缩感知理论中，测量矩阵的选取条件是比较宽松的。从理论上说，测量矩阵设计可遵循的充分条件有统一不确定准则（UUP）和约束等距性质（Restricted Isometry Property，RIP），只要某测量矩阵被证明满足以上两个准则中的一个，即可达到不破坏信息，保证信号精确重构的目的。其中，更广泛使用的是 RIP 准则，测量矩阵如果满足 RIP 准则，它从理

论上为精确重建提供了保证。在满足理论要求的基础上，从技术上说，最常用的方法是采用随机生成的策略，如随机高斯分布矩阵和随机伯努利分布矩阵。

如图 11-72 所示，压缩感知理论允许在不理解信号的情况下以有效的方式获得信号信息，测量过程为非适应性测量，即测量基具有通用性，不需要随着目标的不同而改变。相异于传统的对模拟信号的均匀采样，压缩感知测量信号 x 到一组测量向量 $\{\boldsymbol{\phi}_1, \boldsymbol{\phi}_2, \cdots, \boldsymbol{\phi}_M\}$ 的内积 $y(m) = <x, \boldsymbol{\phi}_m^T>$，$m \in \{1, 2, \cdots, M\}$，$M < N$，即对信号完成了压缩。将 $\boldsymbol{\phi}_m$ 作为矩阵的行元素，我们可以得到一个 M 行 N 列的测量基矩阵 $\boldsymbol{\Phi}$，线性投影过程写成矩阵形式为

$$y = \boldsymbol{\Phi}x = \boldsymbol{\Phi}\boldsymbol{\Psi}s = \boldsymbol{\Theta}s \tag{11-130}$$

式中，$\boldsymbol{\Theta} = \boldsymbol{\Phi}\boldsymbol{\Psi}$。

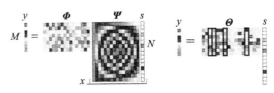

图 11-72　稀疏信号的压缩采样

从 x 得到 y 是一个降维的过程，通常会有信息损失。因为 $M < N$，理论上有无穷组 x' 满足 $\boldsymbol{\Phi}x' = y$，即从测量值 y 中恢复出信号 x 是病态的，但是信号具有的稀疏性为此提供了可能。压缩感知理论框架给出了存在确定解的充要条件，即限制等距性（RIP），对于任意与具有同样非零项的向量 ν，存在最小非负数且满足：

$$1 - \varepsilon \leq \frac{\|\boldsymbol{\Theta}\nu\|_2}{\|\nu\|_2} \leq 1 + \varepsilon \tag{11-131}$$

非相干性指基 $\{\boldsymbol{\phi}_m\}_{m-1}^M$ 不能稀疏表征基 $\{\boldsymbol{\Psi}_n\}_{n-1}^N$ 的元素；反之亦然。感知矩阵 $\boldsymbol{\Phi}$ 和表征矩阵 $\boldsymbol{\Psi}$ 间的互相干定义为

$$\mu = \sqrt{N} \max_{1 \leq i \neq j \leq M} |<\boldsymbol{\Phi}_i^H \boldsymbol{\Psi}_j>| \tag{11-132}$$

式中，$\boldsymbol{\Phi}_i$ 和 $\boldsymbol{\Psi}_j$ 分别为 $\boldsymbol{\Phi}$ 和 $\boldsymbol{\Psi}$ 的向量；μ 的取值范围为 $1 \leq \mu \leq \sqrt{N}$。很显然，两个完全相同的基相关性最大，若 $\mu = \sqrt{N}$，则狄拉克基函数和正弦波函数拥有最大不相关；若 $\mu = 1$，则对于压缩感知图像重构，μ 越小越好。很多对基之间满足非相干性，如傅里叶基和小波基，傅里叶基和狄拉克基等；而随机矩阵与稀疏分解确定的基都很大程度地满足非相关性。常用作测量矩阵的随机矩阵有高斯随机矩阵、伯努利/拉德梅克随机矩阵、随机抽取的哈达玛矩阵、部分傅里叶集等。精确重构信号 x 还要求测量次数满足条件：

$$M \geq C\mu K \log N \tag{11-133}$$

式中，C 是一个小值常数。由式（11-33）可以看出，测量次数与测量基、稀疏基的相关性，信号的稀疏度及信号大小有关。

附录 1

黑体函数表

附表 1-1 函数 $y = f(x)$

x	y	x	y	x	y	x	y
0.10	4.70×10^{-15}	0.45	$1.245\ 66 \times 10^{-1}$	0.72	$7.450\ 18 \times 10^{-1}$	0.99	$9.997\ 75 \times 10^{-1}$
0.15	7.91×10^{-9}	0.46	$1.418\ 55 \times 10^{-1}$	0.73	$7.643\ 36 \times 10^{-1}$	1.00	$1.000\ 0$
0.20	$7.353\ 80 \times 10^{-6}$	0.47	$1.602\ 82 \times 10^{-1}$	0.74	$7.828\ 96 \times 10^{-1}$	1.02	$9.990\ 61 \times 10^{-1}$
0.21	$1.879\ 26 \times 10^{-5}$	0.48	$1.797\ 84 \times 10^{-1}$	0.75	$8.006\ 79 \times 10^{-1}$	1.04	$9.963\ 49 \times 10^{-1}$
0.22	$4.362\ 20 \times 10^{-5}$	0.49	$2.002\ 91 \times 10^{-1}$	0.76	$8.176\ 73 \times 10^{-1}$	1.06	$9.920\ 14 \times 10^{-1}$
0.23	$9.318\ 16 \times 10^{-5}$	0.50	$2.217\ 22 \times 10^{-1}$	0.77	$8.338\ 69 \times 10^{-1}$	1.08	$9.862\ 05 \times 10^{-1}$
0.24	$1.851\ 62 \times 10^{-4}$	0.51	$2.439\ 91 \times 10^{-1}$	0.78	$8.492\ 60 \times 10^{-1}$	1.10	$9.790\ 62 \times 10^{-1}$
0.25	$3.453\ 78 \times 10^{-4}$	0.52	$2.670\ 07 \times 10^{-1}$	0.79	$8.638\ 43 \times 10^{-1}$	1.12	$9.707\ 17 \times 10^{-1}$
0.26	$6.093\ 53 \times 10^{-4}$	0.53	$2.906\ 75 \times 10^{-1}$	0.80	$8.776\ 18 \times 10^{-1}$	1.14	$9.612\ 98 \times 10^{-1}$
0.27	$1.023\ 49 \times 10^{-3}$	0.54	$3.148\ 97 \times 10^{-1}$	0.81	$8.905\ 83 \times 10^{-1}$	1.16	$9.509\ 23 \times 10^{-1}$
0.28	$1.645\ 67 \times 10^{-3}$	0.55	$3.395\ 74 \times 10^{-1}$	0.82	$9.027\ 58 \times 10^{-1}$	1.18	$9.397\ 03 \times 10^{-1}$
0.29	$2.545\ 07 \times 10^{-3}$	0.56	$3.646\ 09 \times 10^{-1}$	0.83	$9.141\ 34 \times 10^{-1}$	1.20	$9.277\ 43 \times 10^{-1}$
0.30	$3.801\ 33 \times 10^{-3}$	0.57	$3.899\ 04 \times 10^{-1}$	0.84	$9.247\ 27 \times 10^{-1}$	1.22	$9.151\ 40 \times 10^{-1}$
0.31	$5.502\ 96 \times 10^{-3}$	0.58	$4.153\ 63 \times 10^{-1}$	0.85	$9.345\ 62 \times 10^{-1}$	1.24	$9.019\ 83 \times 10^{-1}$
0.32	$7.745\ 08 \times 10^{-3}$	0.59	$4.408\ 94 \times 10^{-1}$	0.86	$9.436\ 05 \times 10^{-1}$	1.26	$8.883\ 55 \times 10^{-1}$
0.33	$1.062\ 68 \times 10^{-2}$	0.60	$4.664\ 08 \times 10^{-1}$	0.87	$9.519\ 18 \times 10^{-1}$	1.28	$8.743\ 32 \times 10^{-1}$
0.34	$1.424\ 83 \times 10^{-2}$	0.61	$4.918\ 19 \times 10^{-1}$	0.88	$9.594\ 99 \times 10^{-1}$	1.30	$8.743\ 32 \times 10^{-1}$
0.35	$1.870\ 78 \times 10^{-2}$	0.62	$5.170\ 46 \times 10^{-1}$	0.89	$9.663\ 65 \times 10^{-1}$	1.32	$8.453\ 78 \times 10^{-1}$
0.36	$2.409\ 83 \times 10^{-2}$	0.63	$5.420\ 12 \times 10^{-1}$	0.90	$9.725\ 33 \times 10^{-1}$	1.34	$8.305\ 69 \times 10^{-1}$
0.37	$3.050\ 54 \times 10^{-2}$	0.64	$5.666\ 49 \times 10^{-1}$	0.91	$9.780\ 21 \times 10^{-1}$	1.36	$8.156\ 12 \times 10^{-1}$
0.38	$3.800\ 43 \times 10^{-2}$	0.65	$5.908\ 88 \times 10^{-1}$	0.92	$9.828\ 47 \times 10^{-1}$	1.38	$8.005\ 44 \times 10^{-1}$
0.39	$4.665\ 83 \times 10^{-2}$	0.66	$6.146\ 70 \times 10^{-1}$	0.93	$9.870\ 31 \times 10^{-1}$	1.40	$7.854\ 11 \times 10^{-1}$
0.40	$5.651\ 69 \times 10^{-2}$	0.67	$6.379\ 35 \times 10^{-1}$	0.94	$9.905\ 93 \times 10^{-1}$	1.42	$7.703\ 11 \times 10^{-1}$
0.41	$6.761\ 50 \times 10^{-2}$	0.68	$6.604\ 49 \times 10^{-1}$	0.95	$9.935\ 51 \times 10^{-1}$	1.44	$7.552\ 00 \times 10^{-1}$
0.42	$7.997\ 21 \times 10^{-2}$	0.69	$6.827\ 43 \times 10^{-1}$	0.96	$9.959\ 26 \times 10^{-1}$	1.46	$7.401\ 40 \times 10^{-1}$
0.43	$9.359\ 25 \times 10^{-2}$	0.70	$7.041\ 94 \times 10^{-1}$	0.97	$9.977\ 39 \times 10^{-1}$	1.48	$7.251\ 59 \times 10^{-1}$
0.44	$1.084\ 56 \times 10^{-1}$	0.71	$7.249\ 62 \times 10^{-1}$	0.98	$9.990\ 08 \times 10^{-1}$	1.50	$7.102\ 83 \times 10^{-1}$

x	y	x	y	x	y	x	y
1.52	$6.955\ 33 \times 10^{-1}$	1.96	$4.243\ 92 \times 10^{-1}$	3.00	$1.383\ 56 \times 10^{-1}$	6.00	$1.421\ 45 \times 10^{-2}$
1.54	$6.809\ 31 \times 10^{-1}$	1.98	$4.147\ 69 \times 10^{-1}$	3.10	$1.255\ 00 \times 10^{-1}$	6.50	$1.069\ 84 \times 10^{-2}$
1.56	$6.664\ 92 \times 10^{-1}$	2.00	$4.053\ 70 \times 10^{-1}$	3.20	$1.140\ 23 \times 10^{-1}$	7.00	$8.201\ 07 \times 10^{-3}$
1.58	$6.522\ 33 \times 10^{-1}$	2.05	$3.828\ 31 \times 10^{-1}$	3.30	$1.038\ 39 \times 10^{-1}$	7.50	$6.389\ 25 \times 10^{-3}$
1.60	$6.381\ 66 \times 10^{-1}$	2.10	$3.616\ 11 \times 10^{-1}$	3.40	$9.471\ 17 \times 10^{-2}$	8.00	$5.049\ 79 \times 10^{-3}$
1.62	$6.243\ 021 \times 10^{-1}$	2.15	$3.416\ 49 \times 10^{-1}$	3.50	$8.653\ 85 \times 10^{-2}$	8.50	$4.042\ 75 \times 10^{-3}$
1.64	$6.106\ 52 \times 10^{-1}$	2.20	$3.228\ 81 \times 10^{-1}$	3.60	$7.906\ 25 \times 10^{-2}$	9.00	$3.274\ 10 \times 10^{-3}$
1.66	$5.972\ 22 \times 10^{-1}$	2.25	$3.052\ 41 \times 10^{-1}$	3.70	$7.261\ 72 \times 10^{-2}$	9.50	$2.679\ 38 \times 10^{-3}$
1.68	$5.840\ 19 \times 10^{-1}$	2.30	$2.886\ 68 \times 10^{-1}$	3.80	$6.668\ 46 \times 10^{-2}$	10.00	$2.213\ 52 \times 10^{-3}$
1.70	$5.710\ 50 \times 10^{-1}$	2.35	$2.730\ 98 \times 10^{-1}$	3.90	$6.133\ 36 \times 10^{-2}$	11.00	$1.549\ 12 \times 10^{-3}$
1.72	$5.583\ 17 \times 10^{-1}$	2.40	$2.584\ 72 \times 10^{-1}$	4.00	$5.649\ 89 \times 10^{-2}$	12.00	$2.116\ 06 \times 10^{-3}$
1.74	$5.458\ 25 \times 10^{-1}$	2.45	$2.447\ 33 \times 10^{-1}$	4.10	$5.212\ 30 \times 10^{-2}$	13.00	$8.241\ 50 \times 10^{-4}$
1.76	$5.335\ 74 \times 10^{-1}$	2.50	$2.318\ 25 \times 10^{-1}$	4.20	$4.815\ 58 \times 10^{-2}$	14.00	$6.216\ 62 \times 10^{-4}$
1.78	$5.215\ 68 \times 10^{-1}$	2.55	$2.196\ 97 \times 10^{-1}$	4.30	$4.455\ 32 \times 10^{-2}$	15.00	$4.776\ 71 \times 10^{-4}$
1.80	$5.098\ 06 \times 10^{-1}$	2.60	$2.082\ 99 \times 10^{-1}$	4.40	$4.127\ 64 \times 10^{-2}$	16.00	$3.730\ 32 \times 10^{-4}$
1.82	$4.982\ 88 \times 10^{-1}$	2.65	$1.975\ 84 \times 10^{-1}$	4.50	$3.829\ 13 \times 10^{-2}$	17.00	$2.955\ 24 \times 10^{-4}$
1.84	$4.870\ 14 \times 10^{-1}$	2.70	$1.875\ 09 \times 10^{-1}$	4.60	$3.556\ 77 \times 10^{-2}$	18.00	$2.371\ 31 \times 10^{-4}$
1.86	$4.799\ 82 \times 10^{-1}$	2.75	$1.780\ 32 \times 10^{-1}$	4.70	$3.307\ 91 \times 10^{-2}$	19.00	$1.924\ 67 \times 10^{-4}$
1.88	$4.651\ 90 \times 10^{-1}$	2.80	$1.691\ 15 \times 10^{-1}$	4.80	$3.080\ 19 \times 10^{-2}$	20.00	$1.578\ 37 \times 10^{-4}$
1.90	$4.546\ 92 \times 10^{-1}$	2.85	$1.607\ 22 \times 10^{-1}$	4.90	$2.871\ 52 \times 10^{-2}$	30.00	$3.254\ 11 \times 10^{-5}$
1.92	$4.443\ 28 \times 10^{-1}$	2.90	$1.528\ 18 \times 10^{-1}$	5.00	$2.680\ 03 \times 10^{-2}$	40.00	$7.051\ 67 \times 10^{-6}$
1.94	$4.342\ 42 \times 10^{-1}$	2.95	$1.453\ 73 \times 10^{-1}$	5.50	$1.928\ 52 \times 10^{-2}$	50.00	$4.362\ 40 \times 10^{-6}$

附表 1-2 函数 $z = f(x)$

x	z	x	z	x	z	x	z
0.10	5.5×10^{-18}	0.38	9.21×10^{-4}	0.60	3.25×10^{-2}	0.82	1.355×10^{-1}
0.20	4.0×10^{-8}	0.40	1.54×10^{-3}	0.62	3.90×10^{-2}	0.84	1.475×10^{-1}
		0.42	2.43×10^{-3}	0.64	4.61×10^{-2}	0.86	1.548×10^{-1}
0.22	3.1×10^{-7}	0.44	3.66×10^{-3}	0.66	5.39×10^{-2}	0.88	1.732×10^{-1}
0.24	1.6×10^{-6}	0.46	5.30×10^{-3}	0.68	6.22×10^{-2}	0.90	1.850×10^{-1}
0.26	6.4×10^{-6}	0.48	7.41×10^{-3}	0.70	7.12×10^{-2}	0.92	1.978×10^{-1}
0.28	2.03×10^{-5}	0.50	1.005×10^{-2}	0.72	8.07×10^{-2}	0.94	2.108×10^{-1}
0.30	5.47×10^{-5}	0.52	1.33×10^{-2}	0.74	9.08×10^{-2}	0.96	2.239×10^{-1}
0.32	1.28×10^{-4}	0.54	1.71×10^{-2}	0.76	1.014×10^{-1}	0.98	2.360×10^{-1}
0.34	2.69×10^{-4}	0.56	2.61×10^{-2}	0.78	1.123×10^{-1}	1.00	2.500×10^{-1}
0.36	5.17×10^{-4}	0.58	2.67×10^{-2}	0.80	1.237×10^{-1}	1.02	2.632×10^{-1}

x	z	x	z	x	z	x	z
1.04	2.763×10^{-1}	1.44	5.114×10^{-1}	1.84	6.729×10^{-1}	3.20	8.972×10^{-1}
1.06	2.894×10^{-1}	1.46	5.212×10^{-1}	1.86	6.792×10^{-1}	3.30	9.044×10^{-1}
1.08	3.025×10^{-1}	1.48	5.308×10^{-1}	1.88	6.854×10^{-1}	3.40	9.110×10^{-1}
1.10	3.155×10^{-1}	1.50	5.403×10^{-1}	1.90	6.915×10^{-1}	3.50	9.170×10^{-1}
1.12	3.283×10^{-1}	1.52	5.495×10^{-1}	1.92	6.975×10^{-1}	3.60	9.224×10^{-1}
1.14	3.409×10^{-1}	1.54	5.586×10^{-1}	1.94	7.033×10^{-1}	3.70	9.274×10^{-1}
1.16	3.534×10^{-1}	1.56	5.675×10^{-1}	1.96	7.080×10^{-1}	3.80	9.320×10^{-1}
1.18	3.658×10^{-1}	1.58	5.761×10^{-1}	1.98	7.138×10^{-1}	3.90	9.362×10^{-1}
1.20	3.781×10^{-1}	1.60	5.846×10^{-1}	2.00	7.196×10^{-1}	4.00	9.410×10^{-1}
1.22	3.902×10^{-1}	1.62	5.925×10^{-1}	2.10	7.448×10^{-1}	5.00	9.661×10^{-1}
1.24	4.022×10^{-1}	1.64	6.010×10^{-1}	2.20	7.672×10^{-1}	6.00	9.789×10^{-1}
1.26	4.140×10^{-1}	1.66	6.090×10^{-1}	2.30	7.873×10^{-1}	7.00	9.861×10^{-1}
1.28	4.256×10^{-1}	1.68	6.168×10^{-1}	2.40	8.053×10^{-1}	8.00	9.903×10^{-1}
1.30	4.371×10^{-1}	1.70	6.243×10^{-1}	2.50	8.214×10^{-1}	9.00	9.930×10^{-1}
1.32	4.483×10^{-1}	1.72	6.317×10^{-1}	2.60	8.358×10^{-1}	10.00	9.948×10^{-1}
1.34	4.593×10^{-1}	1.74	6.390×10^{-1}	2.70	8.488×10^{-1}	15.00	9.984×10^{-1}
1.36	4.701×10^{-1}	1.76	6.461×10^{-1}	2.80	8.605×10^{-1}	20.00	9.9921×10^{-1}
1.38	4.807×10^{-1}	1.78	6.530×10^{-1}	2.90	8.711×10^{-1}	30.00	9.9978×10^{-1}
1.40	4.911×10^{-1}	1.80	6.598×10^{-1}	3.00	8.807×10^{-1}	40.00	9.9991×10^{-1}
1.42	5.013×10^{-1}	1.82	6.665×10^{-1}	3.10	8.893×10^{-1}	50.00	9.9995×10^{-1}

附录 2

色度参数表

附表 2–1 CIE 1931 RGB 系统标准色度观察者光谱三刺激值

λ/nm	$\bar{r}(\lambda)$	$\bar{g}(\lambda)$	$\bar{b}(\lambda)$	λ/nm	$\bar{r}(\lambda)$	$\bar{g}(\lambda)$	$\bar{b}(\lambda)$
380	0.000 03	− 0.000 01	0.001 17	500	− 0.071 73	0.085 36	0.047 76
385	0.000 05	− 0.000 02	0.001 89	505	− 0.081 20	0.105 93	0.036 88
390	0.000 10	− 0.000 04	0.003 59	510	− 0.089 01	0.128 60	0.026 98
395	0.000 17	− 0.000 07	0.006 47	515	− 0.093 56	0.152 62	0.018 42
400	0.000 30	− 0.000 14	0.012 14	520	− 0.092 64	0.174 68	0.012 21
405	0.000 47	− 0.000 22	0.019 69	525	− 0.084 73	0.191 13	0.008 30
410	0.000 84	− 0.000 41	0.037 07	530	− 0.071 01	0.203 17	0.005 49
415	0.001 39	− 0.000 70	0.066 37	535	− 0.053 16	0.210 83	0.003 20
420	0.002 11	− 0.001 10	0.115 41	540	− 0.031 52	0.214 66	0.001 46
425	0.002 66	− 0.001 43	0.185 75	545	− 0.006 13	0.214 87	0.000 23
430	0.002 18	− 0.001 19	0.247 69	550	0.022 79	0.211 78	− 0.000 58
435	0.000 36	− 0.000 21	0.290 12	555	0.055 14	0.205 88	− 0.001 05
440	− 0.002 61	0.001 49	0.312 28	560	0.090 60	0.197 02	− 0.001 30
445	− 0.006 73	0.003 79	0.318 60	565	0.128 40	0.185 22	− 0.001 38
450	− 0.012 13	0.006 78	0.316 70	570	0.167 68	0.170 87	− 0.001 35
455	− 0.018 74	0.010 46	0.311 66	575	0.207 15	0.154 29	− 0.001 23
460	− 0.026 08	0.014 85	0.298 21	580	0.245 26	0.136 10	− 0.001 08
465	− 0.033 24	0.019 77	0.272 95	580	0.245 26	0.136 10	− 0.001 08
470	− 0.039 33	0.025 38	0.229 91	585	0.279 89	0.116 86	− 0.000 93
475	− 0.044 71	0.031 83	0.185 92	590	0.309 28	0.097 54	− 0.000 79
480	− 0.049 39	0.039 14	0.144 94	595	0.331 84	0.079 09	− 0.000 63
485	− 0.053 64	0.047 13	0.109 68	600	0.344 29	0.062 46	− 0.000 49
490	− 0.058 14	0.056 89	0.082 57	605	0.347 56	0.047 76	− 0.000 38
495	− 0.064 14	0.069 48	0.062 46	610	0.339 71	0.035 57	− 0.000 30

λ/nm	$\overline{r}(\lambda)$	$\overline{g}(\lambda)$	$\overline{b}(\lambda)$	λ/nm	$\overline{r}(\lambda)$	$\overline{g}(\lambda)$	$\overline{b}(\lambda)$
615	0.322 65	0.025 83	− 0.000 22	700	0.004 10	0.000 00	0.000 00
620	0.297 08	0.018 28	− 0.000 15	705	0.002 91	0.000 00	0.000 00
625	0.263 48	0.012 53	− 0.000 11	710	0.002 10	0.000 00	0.000 00
630	0.226 77	0.008 33	− 0.000 08	715	0.001 48	0.000 00	0.000 00
635	0.192 33	0.005 37	− 0.000 05	720	0.001 05	0.000 00	0.000 00
640	0.159 68	0.003 34	− 0.000 03	725	0.000 74	0.000 00	0.000 00
645	0.129 05	0.001 99	− 0.000 02	730	0.000 52	0.000 00	0.000 00
650	0.101 67	0.001 16	− 0.000 01	735	0.000 36	0.000 00	0.000 00
655	0.078 57	0.000 66	− 0.000 01	740	0.000 25	0.000 00	0.000 00
660	0.059 32	0.000 37	0.000 00	745	0.000 17	0.000 00	0.000 00
665	0.043 66	0.000 21	0.000 00	750	0.000 12	0.000 00	0.000 00
670	0.031 49	0.000 11	0.000 00	755	0.000 08	0.000 00	0.000 00
675	0.022 94	0.000 06	0.000 00	760	0.000 06	0.000 00	0.000 00
680	0.016 87	0.000 03	0.000 00	765	0.000 04	0.000 00	0.000 00
685	0.011 87	0.000 01	0.000 00	770	0.000 03	0.000 00	0.000 00
690	0.008 19	0.000 00	0.000 00	775	0.000 01	0.000 00	0.000 00
695	0.005 72	0.000 00	0.000 00	780	0.000 00	0.000 00	0.000 00

附表 2－2　CIE 1931 XYZ 标准色度观察者颜色匹配函数和对应的色度坐标

λ/nm	$\overline{x}(\lambda)$	$\overline{y}(\lambda)$	$\overline{z}(\lambda)$	x	y	z
360	0.000 13	0.000 00	0.000 61	0.175 56	0.005 29	0.819 15
365	0.000 23	0.000 01	0.001 09	0.175 16	0.005 26	0.819 58
370	0.000 41	0.000 01	0.001 95	0.174 82	0.005 22	0.819 96
375	0.000 74	0.000 02	0.003 49	0.174 51	0.005 18	0.820 31
380	0.001 37	0.000 04	0.006 45	0.174 11	0.004 96	0.820 92
385	0.002 24	0.000 06	0.010 55	0.174 01	0.004 98	0.821 01
390	0.004 24	0.000 12	0.020 05	0.173 80	0.004 92	0.821 28
395	0.007 65	0.000 22	0.036 21	0.173 56	0.004 92	0.821 52
400	0.014 31	0.000 40	0.067 85	0.173 34	0.004 80	0.821 87
405	0.023 19	0.000 64	0.110 20	0.173 02	0.004 78	0.822 20
410	0.043 51	0.001 21	0.207 40	0.172 58	0.004 80	0.822 62
415	0.077 63	0.002 18	0.371 30	0.172 09	0.004 83	0.823 08
420	0.134 38	0.004 00	0.645 60	0.171 41	0.005 10	0.823 49

λ/nm	$\overline{x}(\lambda)$	$\overline{y}(\lambda)$	$\overline{z}(\lambda)$	x	y	z
425	0.214 77	0.007 30	1.039 05	0.170 30	0.005 79	0.823 91
430	0.283 90	0.011 60	1.385 60	0.168 88	0.006 90	0.824 22
435	0.328 50	0.016 84	1.622 96	0.166 90	0.008 56	0.824 55
440	0.348 28	0.023 00	1.747 06	0.164 41	0.010 86	0.824 73
445	0.348 06	0.029 80	1.782 60	0.161 11	0.013 79	0.825 10
450	0.336 20	0.038 00	1.772 11	0.156 64	0.017 71	0.825 65
455	0.318 70	0.048 00	1.744 10	0.150 99	0.022 74	0.826 27
460	0.290 80	0.060 00	1.669 20	0.143 96	0.029 70	0.826 34
465	0.251 10	0.073 90	1.528 10	0.135 50	0.039 88	0.824 62
470	0.195 36	0.090 98	1.287 64	0.124 12	0.057 80	0.818 08
475	0.142 10	0.112 60	1.041 90	0.109 59	0.086 84	0.803 56
480	0.095 64	0.139 02	0.812 95	0.091 29	0.132 70	0.776 00
485	0.057 95	0.169 30	0.616 20	0.068 71	0.200 72	0.730 57
490	0.032 01	0.208 02	0.465 18	0.045 39	0.294 98	0.659 63
495	0.014 70	0.258 60	0.353 30	0.023 46	0.412 70	0.563 84
500	0.004 90	0.323 00	0.272 00	0.008 17	0.538 42	0.453 41
505	0.002 40	0.407 30	0.212 30	0.003 86	0.654 82	0.341 32
510	0.009 30	0.503 00	0.158 20	0.013 87	0.750 19	0.235 94
515	0.029 10	0.608 20	0.111 70	0.038 85	0.812 02	0.149 13
520	0.063 27	0.710 00	0.078 25	0.074 30	0.833 80	0.091 89
525	0.109 60	0.793 20	0.057 25	0.114 16	0.826 21	0.059 63
530	0.165 50	0.862 00	0.042 16	0.154 72	0.805 86	0.039 41
535	0.225 75	0.914 85	0.029 84	0.192 88	0.781 63	0.025 50
540	0.290 40	0.954 00	0.020 30	0.229 62	0.754 33	0.016 05
545	0.359 70	0.980 30	0.013 40	0.265 78	0.724 32	0.009 90
550	0.433 45	0.994 95	0.008 75	0.301 60	0.692 31	0.006 09
555	0.512 05	1.000 00	0.005 75	0.337 36	0.658 85	0.003 79
560	0.594 50	0.995 00	0.003 90	0.373 10	0.624 45	0.002 45
565	0.678 40	0.978 60	0.002 75	0.408 74	0.589 61	0.001 66
570	0.762 10	0.952 00	0.002 10	0.444 06	0.554 71	0.001 22
575	0.842 50	0.915 40	0.001 80	0.478 78	0.520 20	0.001 02
580	0.916 30	0.870 00	0.001 65	0.512 49	0.486 59	0.000 92
585	0.978 60	0.816 30	0.001 40	0.544 79	0.454 43	0.000 78
590	1.026 30	0.757 00	0.001 10	0.575 15	0.424 23	0.000 62
595	1.056 70	0.694 90	0.001 00	0.602 93	0.396 50	0.000 57
600	1.062 20	0.631 00	0.000 80	0.627 04	0.372 49	0.000 47

续表

λ/nm	$\overline{x}(\lambda)$	$\overline{y}(\lambda)$	$\overline{z}(\lambda)$	x	y	z
605	1.045 60	0.566 80	0.000 60	0.648 23	0.351 40	0.000 37
610	1.002 60	0.503 00	0.000 34	0.665 76	0.334 01	0.000 23
615	0.938 40	0.441 20	0.000 24	0.680 08	0.319 75	0.000 17
620	0.854 45	0.381 00	0.000 19	0.691 50	0.308 34	0.000 15
625	0.751 40	0.321 00	0.000 10	0.700 61	0.299 30	0.000 09
630	0.642 40	0.265 00	0.000 05	0.707 92	0.292 03	0.000 06
635	0.541 90	0.217 00	0.000 03	0.714 03	0.285 93	0.000 04
640	0.447 90	0.175 00	0.000 02	0.719 03	0.280 94	0.000 03
645	0.360 80	0.138 20	0.000 01	0.723 03	0.276 95	0.000 02
650	0.283 50	0.107 00	0.000 00	0.725 99	0.274 01	0.000 00
655	0.218 70	0.081 60	0.000 00	0.728 27	0.271 73	0.000 00
660	0.164 90	0.061 00	0.000 00	0.729 97	0.270 03	0.000 00
665	0.121 20	0.044 58	0.000 00	0.731 09	0.268 91	0.000 00
670	0.087 40	0.032 00	0.000 00	0.731 99	0.268 01	0.000 00
675	0.063 60	0.023 20	0.000 00	0.732 72	0.267 28	0.000 00
680	0.046 77	0.017 00	0.000 00	0.733 42	0.266 58	0.000 00
685	0.032 90	0.011 92	0.000 00	0.734 05	0.265 95	0.000 00
690	0.022 70	0.008 21	0.000 00	0.734 39	0.265 61	0.000 00
695	0.015 84	0.005 72	0.000 00	0.734 59	0.265 41	0.000 00
700	0.011 36	0.004 10	0.000 00	0.734 69	0.265 31	0.000 00
705	0.008 11	0.002 93	0.000 00	0.734 69	0.265 31	0.000 00
710	0.005 79	0.002 09	0.000 00	0.734 69	0.265 31	0.000 00
715	0.004 11	0.001 48	0.000 00	0.734 69	0.265 31	0.000 00
720	0.002 90	0.001 05	0.000 00	0.734 69	0.265 31	0.000 00
725	0.002 05	0.000 74	0.000 00	0.734 69	0.265 31	0.000 00
730	0.001 44	0.000 52	0.000 00	0.734 69	0.265 31	0.000 00
735	0.001 00	0.000 36	0.000 00	0.734 69	0.265 31	0.000 00
740	0.000 69	0.000 25	0.000 00	0.734 69	0.265 31	0.000 00
745	0.000 48	0.000 17	0.000 00	0.734 69	0.265 31	0.000 00
750	0.000 33	0.000 12	0.000 00	0.734 69	0.265 31	0.000 00
755	0.000 23	0.000 08	0.000 00	0.734 69	0.265 31	0.000 00
760	0.000 17	0.000 06	0.000 00	0.734 69	0.265 31	0.000 00
765	0.000 12	0.000 04	0.000 00	0.734 69	0.265 31	0.000 00
770	0.000 08	0.000 03	0.000 00	0.734 69	0.265 31	0.000 00
775	0.000 06	0.000 02	0.000 00	0.734 69	0.265 31	0.000 00
780	0.000 04	0.000 01	0.000 00	0.734 69	0.265 31	0.000 00

λ/nm	$\overline{x}(\lambda)$	$\overline{y}(\lambda)$	$\overline{z}(\lambda)$	x	y	z
785	0.000 03	0.000 01	0.000 00	0.734 69	0.265 31	0.000 00
790	0.000 02	0.000 01	0.000 00	0.734 69	0.265 31	0.000 00
795	0.000 01	0.000 01	0.000 00	0.734 69	0.265 31	0.000 00
800	0.000 01	0.000 00	0.000 00	0.734 69	0.265 31	0.000 00
805	0.000 01	0.000 00	0.000 00	0.734 69	0.265 31	0.000 00
810	0.000 01	0.000 00	0.000 00	0.734 69	0.265 31	0.000 00
815	0.000 00	0.000 00	0.000 00	0.734 69	0.265 31	0.000 00
820	0.000 00	0.000 00	0.000 00	0.734 69	0.265 31	0.000 00
825	0.000 00	0.000 00	0.000 00	0.734 69	0.265 31	0.000 00
830	0.000 00	0.000 00	0.000 00	0.734 69	0.265 31	0.000 00

附表 2-3　CIE 1964 补充标准色度观察者颜色匹配函数和对应的色度坐标

λ/nm	$\overline{x}_{10}(\lambda)$	$\overline{y}_{10}(\lambda)$	$\overline{z}_{10}(\lambda)$	x	y	z
360	0.000 00	0.000 00	0.000 00	0.182 22	0.019 98	0.797 80
365	0.000 00	0.000 00	0.000 00	0.182 10	0.019 94	0.797 96
370	0.000 01	0.000 00	0.000 03	0.181 92	0.019 88	0.798 20
375	0.000 03	0.000 00	0.000 15	0.181 67	0.019 80	0.798 53
380	0.000 16	0.000 02	0.000 70	0.181 33	0.019 69	0.798 98
385	0.000 66	0.000 07	0.002 93	0.180 91	0.019 54	0.799 55
390	0.002 36	0.000 25	0.010 48	0.180 31	0.019 35	0.800 34
395	0.007 24	0.000 77	0.032 34	0.179 47	0.019 04	0.801 49
400	0.019 11	0.002 00	0.086 01	0.178 39	0.018 71	0.802 90
405	0.043 40	0.004 51	0.197 12	0.177 12	0.018 40	0.804 48
410	0.084 74	0.008 76	0.389 37	0.175 49	0.018 13	0.806 38
415	0.140 64	0.014 46	0.656 76	0.173 23	0.017 81	0.808 96
420	0.204 49	0.021 39	0.972 54	0.170 63	0.017 85	0.811 52
425	0.264 74	0.029 50	1.282 50	0.167 90	0.018 71	0.813 39
430	0.314 68	0.038 68	1.553 48	0.165 03	0.020 28	0.814 69
435	0.357 72	0.049 60	1.798 50	0.162 17	0.022 49	0.815 34
440	0.383 73	0.062 08	1.967 28	0.159 02	0.025 73	0.815 25
445	0.386 73	0.074 70	2.027 30	0.155 39	0.030 02	0.814 59
450	0.370 70	0.089 46	1.994 80	0.151 00	0.036 44	0.812 56
455	0.342 96	0.106 26	1.900 70	0.145 95	0.045 22	0.808 84
460	0.302 27	0.128 20	1.745 37	0.138 92	0.058 92	0.802 16
465	0.254 09	0.152 76	1.554 90	0.129 52	0.077 87	0.792 61
470	0.195 62	0.185 19	1.317 56	0.115 18	0.109 04	0.775 78

续表

λ/nm	$\bar{x}_{10}(\lambda)$	$\bar{y}_{10}(\lambda)$	$\bar{z}_{10}(\lambda)$	x	y	z
475	0.132 35	0.219 94	1.030 20	0.095 73	0.159 09	0.745 18
480	0.080 51	0.253 59	0.772 13	0.072 78	0.229 24	0.697 98
485	0.041 07	0.297 67	0.570 06	0.045 17	0.327 34	0.627 49
490	0.016 17	0.339 13	0.415 25	0.020 99	0.440 11	0.538 90
495	0.005 13	0.395 38	0.302 36	0.007 30	0.562 52	0.430 18
500	0.003 82	0.460 78	0.218 50	0.005 59	0.674 54	0.319 87
505	0.015 44	0.531 36	0.159 25	0.021 87	0.752 58	0.225 55
510	0.037 47	0.606 74	0.112 04	0.049 54	0.802 30	0.148 16
515	0.071 36	0.685 66	0.082 25	0.085 02	0.816 98	0.098 00
520	0.117 75	0.761 76	0.060 71	0.125 24	0.810 19	0.064 57
525	0.172 95	0.823 33	0.043 05	0.166 41	0.792 17	0.041 42
530	0.236 49	0.875 21	0.030 45	0.207 06	0.766 28	0.026 66
535	0.304 21	0.923 81	0.020 58	0.243 64	0.739 87	0.016 49
540	0.376 77	0.961 99	0.013 68	0.278 59	0.711 30	0.010 11
545	0.451 58	0.982 20	0.007 92	0.313 23	0.681 28	0.005 49
550	0.529 83	0.991 76	0.003 99	0.347 30	0.650 09	0.002 61
555	0.616 05	0.999 11	0.001 09	0.381 16	0.618 16	0.000 68
560	0.705 22	0.997 34	0.000 00	0.414 21	0.585 79	0.000 00
565	0.793 83	0.982 38	0.000 00	0.446 92	0.553 08	0.000 00
570	0.878 66	0.955 55	0.000 00	0.479 04	0.520 96	0.000 00
575	0.951 16	0.915 18	0.000 00	0.509 64	0.490 36	0.000 00
580	1.014 16	0.868 93	0.000 00	0.538 56	0.461 44	0.000 00
585	1.074 30	0.825 62	0.000 00	0.565 44	0.434 56	0.000 00
590	1.118 52	0.777 41	0.000 00	0.589 96	0.410 04	0.000 00
595	1.134 30	0.720 35	0.000 00	0.611 60	0.388 40	0.000 00
600	1.123 99	0.658 34	0.000 00	0.630 63	0.369 37	0.000 00
605	1.089 10	0.593 88	0.000 00	0.647 13	0.352 87	0.000 00
610	1.030 48	0.527 96	0.000 00	0.661 22	0.338 78	0.000 00
615	0.950 74	0.461 83	0.000 00	0.673 06	0.326 95	0.000 00
620	0.856 30	0.398 06	0.000 00	0.682 66	0.317 34	0.000 00
625	0.754 93	0.339 55	0.000 00	0.689 76	0.310 24	0.000 00
630	0.647 47	0.283 49	0.000 00	0.695 48	0.304 52	0.000 00
635	0.535 11	0.228 25	0.000 00	0.700 99	0.299 01	0.000 00
640	0.431 57	0.179 83	0.000 00	0.705 87	0.294 13	0.000 00
645	0.343 69	0.140 21	0.000 00	0.710 25	0.289 75	0.000 00
650	0.268 33	0.107 63	0.000 00	0.713 71	0.286 29	0.000 00

λ/nm	$\overline{x}_{10}(\lambda)$	$\overline{y}_{10}(\lambda)$	$\overline{z}_{10}(\lambda)$	x	y	z
655	0.204 30	0.081 19	0.000 00	0.715 62	0.284 38	0.000 00
660	0.152 57	0.060 28	0.000 00	0.716 79	0.283 21	0.000 00
665	0.112 21	0.044 10	0.000 00	0.717 89	0.282 11	0.000 00
670	0.081 26	0.031 80	0.000 00	0.718 73	0.281 27	0.000 00
675	0.057 93	0.022 60	0.000 00	0.719 34	0.280 66	0.000 00
680	0.040 85	0.015 91	0.000 00	0.719 76	0.280 24	0.000 00
685	0.028 62	0.011 13	0.000 00	0.720 02	0.279 98	0.000 00
690	0.019 94	0.007 75	0.000 00	0.720 16	0.279 84	0.000 00
695	0.013 84	0.005 38	0.000 00	0.720 30	0.279 70	0.000 00
700	0.009 58	0.003 72	0.000 00	0.720 36	0.279 64	0.000 00
705	0.006 61	0.002 56	0.000 00	0.720 32	0.279 68	0.000 00
710	0.004 55	0.001 77	0.000 00	0.720 23	0.279 77	0.000 00
715	0.003 14	0.001 22	0.000 00	0.720 09	0.279 91	0.000 00
720	0.002 17	0.000 85	0.000 00	0.719 91	0.280 09	0.000 00
725	0.001 51	0.000 59	0.000 00	0.719 69	0.280 31	0.000 00
730	0.001 04	0.000 41	0.000 00	0.719 45	0.280 55	0.000 00
735	0.000 73	0.000 28	0.000 00	0.719 19	0.280 81	0.000 00
740	0.000 51	0.000 20	0.000 00	0.718 91	0.281 09	0.000 00
745	0.000 36	0.000 14	0.000 00	0.718 61	0.281 39	0.000 00
750	0.000 25	0.000 10	0.000 00	0.718 29	0.281 71	0.000 00
755	0.000 18	0.000 07	0.000 00	0.717 96	0.282 04	0.000 00
760	0.000 13	0.000 05	0.000 00	0.717 61	0.282 39	0.000 00
765	0.000 09	0.000 04	0.000 00	0.717 24	0.282 76	0.000 00
770	0.000 06	0.000 03	0.000 00	0.716 86	0.283 14	0.000 00
775	0.000 05	0.000 02	0.000 00	0.716 46	0.283 54	0.000 00
780	0.000 03	0.000 01	0.000 00	0.716 06	0.283 94	0.000 00
785	0.000 02	0.000 01	0.000 00	0.715 64	0.284 36	0.000 00
790	0.000 02	0.000 01	0.000 00	0.715 21	0.284 79	0.000 00
795	0.000 01	0.000 01	0.000 00	0.714 77	0.285 23	0.000 00
800	0.000 01	0.000 00	0.000 00	0.714 33	0.285 68	0.000 00
805	0.000 01	0.000 00	0.000 00	0.713 87	0.286 13	0.000 00
810	0.000 01	0.000 00	0.000 00	0.713 41	0.286 59	0.000 00
815	0.000 00	0.000 00	0.000 00	0.712 94	0.287 06	0.000 00
820	0.000 00	0.000 00	0.000 00	0.712 47	0.287 53	0.000 00
825	0.000 00	0.000 00	0.000 00	0.712 00	0.288 00	0.000 00
830	0.000 00	0.000 00	0.000 00	0.711 52	0.288 48	0.000 00

附表 2－4　CIE 标准照明体 A、B、C、D65 相对光谱功率分布

λ/nm	A S(λ)	B S(λ)	C S(λ)	D65 S(λ)	λ/nm	A S(λ)	B S(λ)	C S(λ)	D65 S(λ)
300	0.93			0.03	565	103.58	102.92	104.11	98.2
305	1.13			1.7	570	107.18	102.60	102.30	96.3
310	1.36			3.3	575	110.80	101.90	100.15	96.1
315	1.62			11.8	580	114.44	101.00	97.80	95.8
320	1.93	0.02	0.01	20.2	585	118.08	100.07	95.43	92.2
325	2.27	0.26	0.20	28.6	590	121.73	99.20	93.20	88.7
330	2.66	0.50	0.40	37.1	595	125.39	98.44	91.22	89.3
335	3.10	1.45	1.55	38.5	600	129.04	98.00	89.70	90.0
340	3.59	2.40	2.70	39.9	605	132.70	98.08	88.83	89.8
345	4.14	4.00	4.85	42.4	610	136.35	98.50	88.40	89.6
350	4.74	5.60	7.00	44.9	615	139.99	99.06	88.19	88.6
355	5.41	7.60	9.95	45.8	620	143.62	99.70	88.10	87.7
360	6.14	9.60	12.90	46.6	625	147.24	100.36	88.06	85.5
365	6.95	12.40	17.20	49.4	630	150.84	101.00	88.00	83.3
370	7.82	15.20	21.40	52.1	635	154.42	101.56	87.86	83.5
375	8.77	18.80	27.50	51.0	640	157.98	102.20	87.80	83.7
380	9.80	22.40	33.00	50.0	645	161.52	103.05	87.99	81.9
385	10.90	26.85	39.92	52.3	650	165.03	103.90	88.20	80.0
390	12.09	31.30	47.40	54.6	655	168.51	104.59	88.20	80.1
395	13.35	36.18	55.17	68.7	660	171.96	105.00	87.90	80.2
400	14.71	41.30	63.30	82.8	665	175.38	105.08	87.22	81.2
405	16.15	46.62	71.81	87.1	670	178.77	104.90	86.30	82.3
410	17.68	52.10	80.60	91.5	675	182.12	104.55	85.30	80.3
415	19.29	57.70	89.53	92.5	680	185.43	103.90	84.00	78.3
420	20.99	63.20	98.10	93.4	685	188.70	102.84	82.21	74.0
425	22.79	68.37	105.80	90.1	690	191.93	101.60	80.20	69.7
430	24.67	73.10	112.40	86.7	695	195.12	100.38	78.24	70.7
435	26.64	77.31	117.75	95.8	700	198.26	99.10	76.30	71.6
440	28.70	80.80	121.50	104.9	705	201.36	97.70	74.36	73.0
445	30.85	83.44	123.45	110.9	710	204.41	96.20	72.40	74.3
450	33.09	85.40	124.00	117.0	715	207.41	94.60	70.40	68.0
455	35.41	86.88	123.60	117.4	720	210.36	92.90	68.30	61.6
460	37.81	88.30	123.10	117.8	725	213.27	91.10	66.30	65.7
465	40.30	90.08	123.30	116.3	730	216.12	89.40	64.40	69.9
470	42.87	92.00	123.80	114.9	735	218.92	88.00	62.80	72.5
475	45.25	93.75	124.09	115.4	740	221.67	86.90	61.50	75.1
480	48.24	95.20	123.90	115.9	745	224.36	85.90	60.20	69.3
485	51.04	96.23	122.92	112.4	750	227.00	85.20	59.20	63.6
490	53.91	96.50	120.70	108.8	755	229.59	84.80	58.50	55.0
495	56.85	95.71	116.90	109.1	760	232.12	84.70	58.10	46.4
500	59.86	94.20	112.10	109.4	765	234.59	84.90	58.00	56.6
505	62.93	92.37	106.98	108.6	770	237.01	85.40	58.20	66.8
510	66.66	90.70	102.30	107.8	775	239.37			65.1
515	69.25	89.65	98.81	106.3	780	241.68			63.4
520	72.50	89.50	96.90	104.8	785	243.92			63.8
525	75.79	90.43	96.78	106.2	790	246.12			64.3
530	79.13	92.20	98.00	107.7	795	248.25			61.9
535	82.52	94.46	99.94	106.0	800	250.33			59.5
540	85.95	96.90	102.10	104.4	805	252.35			55.7
545	89.41	99.16	103.95	104.2	810	254.31			52.0
550	92.91	101.00	105.20	104.0	815	256.22			54.7
555	96.44	102.20	105.67	102.0	820	258.07			57.4
560	100.00	102.80	105.30	100.0	825	259.86			58.9
					830	261.60			60.3

色品坐标：		A	B	C	D65
	x	0.447 6	0.348 4	0.310 1	0.312 7
	y	0.407 4	0.351 6	0.316 2	0.329 0
	u	0.256 0	0.213 7	0.200 9	0.197 8
	v	0.349 5	0.323 4	0.307 3	0.312 2
	x_{10}	0.451 2	0.349 8	0.310 4	0.313 8
	y_{10}	0.405 9	0.352 7	0.319 1	0.331 0
	u_{10}	0.259 0	0.214 2	0.200 0	0.197 9
	v_{10}	0.349 5	0.323 9	0.308 4	0.313 0

附表 2-5 日光成分的平均值 $S_0(\lambda)$ 及第 1 特征矢量 $S_1(\lambda)$、第 2 特征矢量 $S_2(\lambda)$

λ/nm	$S_0(\lambda)$	$S_1(\lambda)$	$S_2(\lambda)$	λ/nm	$S_0(\lambda)$	$S_1(\lambda)$	$S_2(\lambda)$
300	0.04	0.02	0.0	570	96.0	-1.6	0.2
310	6.0	4.5	2.0	580	95.1	-3.5	0.5
320	29.6	22.4	4.0	590	89.1	-3.5	2.1
330	55.3	42.0	8.5	600	90.5	-5.8	3.2
340	57.3	40.6	7.8	610	90.3	-7.2	4.1
350	61.8	41.6	6.7	620	88.4	-8.6	4.7
360	61.5	38.0	5.3	630	84.0	-9.5	5.1
370	68.8	42.4	6.1	640	85.1	-10.9	6.7
380	63.4	38.5	3.0	650	81.9	-10.7	7.3
390	65.8	35.0	1.2	660	82.6	-12.0	8.6
400	94.8	43.4	-1.1	670	84.9	-14.0	9.8
410	104.8	46.3	-0.5	680	81.3	-13.6	10.2
420	105.9	43.9	-0.7	690	71.9	-12.0	8.3
430	96.8	37.1	-1.2	700	74.3	-13.3	9.6
440	113.9	36.7	-2.6	710	76.4	-12.9	8.5
450	125.6	35.9	-2.9	720	63.3	-10.6	7.0
460	125.5	32.6	-2.8	730	71.7	-11.6	7.6
470	121.3	27.9	-2.6	740	77.0	-12.2	8.0
480	121.3	24.3	-2.6	750	65.2	-10.2	6.7
490	113.5	20.1	-1.8	760	47.7	-7.8	5.2
500	113.1	16.2	-1.5	770	68.6	-11.2	7.4
510	110.8	13.2	-1.3	780	65.0	-10.4	6.8
520	106.5	8.6	-1.2	790	66.0	-10.6	7.0
530	108.8	6.1	-1.0	800	61.0	-9.7	6.4
540	105.3	4.2	-0.5	810	53.3	-8.3	5.5
550	104.4	1.9	-0.3	820	58.9	-9.3	6.1
560	100.0	0.0	0.0	830	61.9	-9.8	6.5

附表 2－6　CIE 标准照明体 A、B、C（$\lambda = 380 \sim 770$ nm；$\Delta\lambda = 10$ nm）

λ / nm	A			B			C		
	$S(\lambda)$ $\overline{x}(\lambda)$	$S(\lambda)$ $\overline{y}(\lambda)$	$S(\lambda)$ $\overline{z}(\lambda)$	$S(\lambda)$ $\overline{x}(\lambda)$	$S(\lambda)$ $\overline{y}(\lambda)$	$S(\lambda)$ $\overline{z}(\lambda)$	$S(\lambda)$ $\overline{x}(\lambda)$	$S(\lambda)$ $\overline{y}(\lambda)$	$S(\lambda)$ $\overline{z}(\lambda)$
380	0.001	0.000	0.006	0.003	0.000	0.014	0.004	0.000	0.020
390	0.005	0.000	0.023	0.013	0.000	0.060	0.019	0.000	0.089
400	0.019	0.001	0.093	0.056	0.002	0.268	0.085	0.002	0.404
410	0.071	0.002	0.340	0.217	0.006	1.033	0.329	0.009	1.570
420	0.262	0.008	1.256	0.812	0.024	3.899	1.238	0.037	5.949
430	0.649	0.027	3.167	1.983	0.081	9.678	2.997	0.122	14.628
440	0.926	0.061	4.647	2.689	0.178	13.489	3.975	0.262	19.938
450	1.031	0.117	5.435	2.744	0.310	14.462	3.915	0.443	20.638
460	1.019	0.210	5.851	2.454	0.506	14.085	3.362	0.694	19.299
470	0.776	0.362	5.116	1.718	0.800	11.319	2.272	1.058	14.972
480	0.428	0.622	3.636	0.870	1.265	7.396	1.112	1.618	9.461
490	0.160	1.039	2.324	0.295	1.918	4.290	0.363	2.358	5.274
500	0.027	1.792	1.509	0.044	2.908	2.449	0.052	3.401	2.864
510	0.057	3.080	0.969	0.081	4.360	1.371	0.089	4.833	1.520
520	0.425	4.771	0.525	0.541	6.072	0.669	0.576	6.462	0.712
530	1.214	6.322	0.309	1.458	7.594	0.372	1.523	7.934	0.388
540	2.313	7.600	0.162	2.689	8.834	0.188	2.785	9.149	0.195
550	3.732	8.568	0.075	4.183	9.603	0.084	4.282	9.832	0.086
560	5.510	9.222	0.036	5.840	9.774	0.038	5.880	9.841	0.039
570	7.571	9.457	0.021	7.472	9.334	0.021	7.322	9.147	0.020
580	9.719	9.228	0.018	8.843	8.396	0.016	8.417	7.992	0.016
590	11.579	8.540	0.012	9.728	7.176	0.010	8.984	6.627	0.010
600	12.704	7.547	0.010	9.848	5.909	0.007	8.949	5.316	0.007
610	12.669	6.356	0.004	9.436	4.734	0.003	8.352	4.176	0.002
620	11.373	5.071	0.003	8.140	3.630	0.002	7.070	3.153	0.002
630	8.980	3.704	0.000	6.200	2.558	0.000	5.309	2.190	0.000
640	6.558	2.562	0.000	4.374	1.709	0.000	3.693	1.443	0.000
650	4.336	1.637	0.000	2.815	1.062	0.000	2.349	0.886	0.000
660	2.628	0.972	0.000	1.655	0.612	0.000	1.361	0.504	0.000
670	1.448	0.530	0.000	0.876	0.321	0.000	0.708	0.259	0.000
680	0.804	0.292	0.000	0.465	0.169	0.000	0.369	0.134	0.000
690	0.404	0.146	0.000	0.220	0.080	0.000	0.171	0.062	0.000
700	0.209	0.075	0.000	0.108	0.039	0.000	0.082	0.029	0.000
710	0.110	0.040	0.000	0.053	0.019	0.000	0.039	0.014	0.000

λ/nm	A S(λ) x̄(λ)	A S(λ) ȳ(λ)	A S(λ) z̄(λ)	B S(λ) x̄(λ)	B S(λ) ȳ(λ)	B S(λ) z̄(λ)	C S(λ) x̄(λ)	C S(λ) ȳ(λ)	C S(λ) z̄(λ)
720	0.057	0.019	0.000	0.026	0.009	0.000	0.019	0.006	0.000
730	0.028	0.010	0.000	0.012	0.004	0.000	0.008	0.003	0.000
740	0.014	0.006	0.000	0.006	0.002	0.000	0.004	0.002	0.000
750	0.006	0.002	0.000	0.002	0.001	0.000	0.002	0.001	0.000
760	0.004	0.002	0.000	0.002	0.001	0.000	0.001	0.001	0.000
770	0.002	0.000	0.000	0.001	0.000	0.000	0.001	0.000	0.000
总和 (X, Y, Z)	109.828	100.000	35.547	99.072	100.000	85.223	98.041	100.000	118.103
(x, y, z)	0.447 6	0.407 5	0.144 9	0.348 5	0.351 7	0.299 8	0.310 1	0.316 3	0.373 6
(u, v)	0.256 0	0.349 5		0.213 7	0.323 4		0.200 9	0.307 3	

附表 2 – 7 CIE 标准照明体 D55、D65、D75（λ = 380 ~ 770 nm；Δλ = 10 nm）

λ/nm	D55 S(λ) x̄(λ)	D55 S(λ) ȳ(λ)	D55 S(λ) z̄(λ)	D65 S(λ) x̄(λ)	D65 S(λ) ȳ(λ)	D65 S(λ) z̄(λ)	D75 S(λ) x̄(λ)	D75 S(λ) ȳ(λ)	D75 S(λ) z̄(λ)
380	0.004	0.000	0.020	0.006	0.000	0.031	0.009	0.000	0.040 0 132
390	0.015	0.000	0.073	0.022	0.001	0.104	0.028	0.001	
400	0.083	0.002	0.394	0.112	0.003	0.531	0.137	0.004	0.649
410	0.284	0.008	1.354	0.377	0.010	1.795	0.457	0.013	2.180
420	0.915	0.027	4.398	1.188	0.035	5.708	1.424	0.042	6.840
430	1.834	0.075	8.951	2.329	0.095	11.365	2.749	0.112	13.419
440	2.836	0.187	14.228	3.456	0.228	17.336	3.965	0.262	19.889
450	3.135	0.354	16.523	3.722	0.421	19.621	4.200	0.475	22.139
460	2.781	0.574	15.960	3.242	0.669	18.608	3.617	0.746	20.759
470	1.857	0.865	12.239	2.123	0.989	13.995	2.336	1.088	15.397
480	0.935	1.358	7.943	1.049	1.525	8.917	1.139	1.656	9.683
490	0.299	1.942	4.342	0.330	2.142	4.790	0.354	2.302	5.147
500	0.047	3.095	2.606	0.051	3.342	2.815	0.054	3.538	2.979
510	0.089	4.819	1.516	0.095	5.131	1.614	0.099	5.372	1.690
520	0.602	6.755	0.744	0.627	7.040	0.776	0.646	7.249	0.799

续表

λ/nm	D55			D65			D75		
	$S(\lambda)$ $\overline{x}(\lambda)$	$S(\lambda)$ $\overline{y}(\lambda)$	$S(\lambda)$ $\overline{z}(\lambda)$	$S(\lambda)$ $\overline{x}(\lambda)$	$S(\lambda)$ $\overline{y}(\lambda)$	$S(\lambda)$ $\overline{z}(\lambda)$	$S(\lambda)$ $\overline{x}(\lambda)$	$S(\lambda)$ $\overline{y}(\lambda)$	$S(\lambda)$ $\overline{z}(\lambda)$
530	1.641	8.546	0.418	1.686	8.784	0.430	1.716	8.939	0.437
540	2.821	9.267	0.197	2.869	9.425	0.201	2.900	9.526	0.203
550	4.248	9.750	0.086	4.267	9.796	0.086	4.271	9.804	0.086
560	5.656	9.467	0.037	5.625	9.415	0.037	5.584	9.346	0.037
570	7.048	8.804	0.019	6.947	8.678	0.019	6.843	8.549	0.019
580	8.517	8.087	0.015	8.305	7.886	0.015	8.108	7.698	0.015
590	8.925	6.583	0.010	8.613	6.353	0.009	8.387	6.186	0.009
600	9.540	5.667	0.007	9.047	5.374	0.007	8.700	5.168	0.007
610	9.071	4.551	0.003	8.500	4.265	0.003	8.108	4.068	0.003
620	7.658	3.415	0.002	7.091	3.162	0.002	6.710	2.992	0.001
630	5.525	2.279	0.000	5.063	2.089	0.000	4.749	1.959	0.000
640	3.933	1.537	0.000	3.547	1.386	0.000	3.298	1.289	0.000
650	2.398	0.905	0.000	2.147	0.810	0.000	1.992	0.752	0.000
660	1.417	0.524	0.000	1.252	0.463	0.000	1.151	0.426	0.000
670	0.781	0.286	0.000	0.680	0.249	0.000	0.619	0.227	0.000
680	0.400	0.146	0.000	0.346	0.126	0.000	0.315	0.114	0.000
690	0.172	0.062	0.000	0.150	0.054	0.000	0.136	0.049	0.000
700	0.089	0.032	0.000	0.077	0.028	0.000	0.069	0.025	0.000
710	0.047	0.017	0.000	0.041	0.015	0.000	0.037	0.013	0.000
720	0.019	0.007	0.000	0.017	0.006	0.000	0.015	0.006	0.000
730	0.011	0.004	0.000	0.010	0.003	0.000	0.009	0.003	0.000
740	0.006	0.002	0.000	0.005	0.002	0.000	0.004	0.002	0.000
750	0.002	0.001	0.000	0.002	0.001	0.000	0.002	0.001	0.000
760	0.001	0.000	0.000	0.001	0.000	0.000	0.000	0.000	0.000
770	0.001	0.000	0.000	0.001	0.000	0.000	0.000	0.000	0.000
总和 (X, Y, Z)	95.642	100.000	92.085	95.017	100.000	108.813	94.939	100.000	122.558
(x, y, z)	0.332 4	0.347 6	0.320 0	0.312 7	0.329 1	0.358 1	0.299 0	0.315 0	0.386 0
(u, v)	0.204 4	0.320 5		0.197 8	0.312 2		0.193 5	0.305 7	

附表 2-8　CIE 标准照明体 A、B、C（$\lambda = 380 \sim 770$ nm；$\Delta\lambda = 10$ nm）

λ/nm	A			B			C		
	$S(\lambda)\overline{x}_{10}(\lambda)$	$S(\lambda)\overline{y}_{10}(\lambda)$	$S(\lambda)\overline{z}_{10}(\lambda)$	$S(\lambda)\overline{x}_{10}(\lambda)$	$S(\lambda)\overline{y}_{10}(\lambda)$	$S(\lambda)\overline{z}_{10}(\lambda)$	$S(\lambda)\overline{x}_{10}(\lambda)$	$S(\lambda)\overline{y}_{10}(\lambda)$	$S(\lambda)\overline{z}_{10}(\lambda)$
380	0.000	0.000	0.001	0.000	0.000	0.002	0.001	0.000	0.002
390	0.003	0.000	0.011	0.007	0.001	0.029	0.009	0.001	0.043
400	0.025	0.003	0.111	0.070	0.007	0.313	0.103	0.011	0.463
410	0.132	0.014	0.605	0.388	0.040	1.786	0.581	0.060	2.672
420	0.377	0.040	1.795	1.137	0.119	5.411	1.708	0.179	8.122
430	0.682	0.083	3.368	2.025	0.249	9.997	3.011	0.370	14.865
440	0.968	0.156	4.962	2.729	0.442	13.994	3.969	0.643	20.349
450	1.078	0.260	5.802	2.787	0.673	14.997	3.914	0.945	21.058
460	1.005	0.426	5.802	2.350	0.997	13.568	3.168	1.343	18.292
470	0.737	0.698	4.965	1.585	1.500	10.671	2.062	1.952	13.887
480	0.341	1.076	3.274	0.674	2.125	6.470	0.849	2.675	8.144
490	0.076	1.607	1.968	0.137	2.880	3.528	0.167	3.484	4.268
500	0.020	2.424	1.150	0.032	3.822	1.812	0.037	4.398	2.085
510	0.218	3.523	0.650	0.299	4.845	0.894	0.327	5.284	0.976
520	0.750	4.854	0.387	0.927	6.002	0.478	0.971	6.285	0.501
530	1.644	6.086	0.212	1.920	7.103	0.247	1.973	7.302	0.255
540	2.847	4.267	0.104	3.214	8.207	0.117	3.275	8.362	0.119
550	4.326	8.099	0.033	4.711	8.818	0.035	4.744	8.882	0.036
560	6.198	8.766	0.000	6.382	9.025	0.000	6.322	8.941	0.000
570	8.277	9.002	0.000	7.936	8.630	0.000	7.653	8.322	0.000
580	10.201	8.740	0.000	9.017	7.726	0.000	8.444	7.235	0.000
590	11.967	8.317	0.000	9.768	6.789	0.000	8.874	6.168	0.000
600	12.748	7.466	0.000	9.697	5.679	0.000	8.583	5.027	0.000
610	12.349	6.327	0.000	8.935	4.579	0.000	7.756	3.974	0.000
620	10.809	5.026	0.000	7.515	3.494	0.000	6.422	2.968	0.000
630	8.583	3.758	0.000	5.757	2.520	0.000	4.851	2.124	0.000
640	5.992	2.496	0.000	3.883	1.618	0.000	3.226	1.344	0.000
650	3.892	1.561	0.000	2.454	0.984	0.000	2.014	0.808	0.000
660	2.306	0.911	0.000	1.416	0.557	0.000	1.142	0.451	0.000
670	1.277	0.499	0.000	0.751	0.294	0.000	0.598	0.233	0.000
680	0.666	0.259	0.000	0.374	0.145	0.000	0.293	0.114	0.000
690	0.336	0.130	0.000	0.178	0.069	0.000	0.136	0.053	0.000
700	0.167	0.064	0.000	0.084	0.033	0.000	0.062	0.024	0.000
710	0.083	0.033	0.000	0.039	0.015	0.000	0.028	0.011	0.000
720	0.040	0.015	0.000	0.018	0.006	0.000	0.013	0.004	0.000
730	0.019	0.008	0.000	0.008	0.004	0.000	0.005	0.003	0.000
740	0.010	0.004	0.000	0.004	0.002	0.000	0.003	0.001	0.000
750	0.006	0.002	0.000	0.003	0.001	0.000	0.002	0.001	0.000
760	0.002	0.000	0.000	0.001	0.000	0.000	0.001	0.000	0.000
770	0.002	0.000	0.000	0.001	0.000	0.000	0.001	0.000	0.000
总和 (X, Y, Z)	111.159	100.000	35.200	99.207	100.000	84.349	97.298	100.000	116.137
(x, y, z) (u, v)	0.451 2 0.259 0	0.405 9 0.349 4	0.142 9	0.349 9 0.214 3	0.352 6 0.323 9	0.297 5	0.310 4 0.200 0	0.319 1 0.308 4	0.370 5

附表 2−9　CIE 标准照明体 D55、D65、D75（$\lambda = 380 \sim 770$ nm；$\Delta\lambda = 10$ nm）

λ/nm	D55 $S(\lambda)\overline{x}_{10}(\lambda)$	D55 $S(\lambda)\overline{y}_{10}(\lambda)$	D55 $S(\lambda)\overline{z}_{10}(\lambda)$	D65 $S(\lambda)\overline{x}_{10}(\lambda)$	D65 $S(\lambda)\overline{y}_{10}(\lambda)$	D65 $S(\lambda)\overline{z}_{10}(\lambda)$	D75 $S(\lambda)\overline{x}_{10}(\lambda)$	D75 $S(\lambda)\overline{y}_{10}(\lambda)$	D75 $S(\lambda)\overline{z}_{10}(\lambda)$
380	0.000	0.000	0.002	0.001	0.000	0.003	0.001	0.000	0.004
390	0.008	0.001	0.035	0.011	0.001	0.049	0.014	0.002	0.062
400	0.102	0.011	0.458	0.136	0.014	0.613	0.165	0.017	0.744
410	0.507	0.052	2.330	0.667	0.069	3.066	0.805	0.083	3.698
420	1.277	0.134	6.075	1.644	0.172	7.820	1.958	0.205	9.311
430	1.864	0.229	9.203	2.348	0.289	11.589	2.754	0.338	13.593
440	2.866	0.464	14.692	3.463	0.560	17.755	3.947	0.639	20.236
450	3.170	0.765	17.056	3.733	0.901	20.088	4.180	1.010	22.517
460	2.650	1.124	15.304	3.065	1.300	17.697	3.397	1.441	19.613
470	1.705	1.614	11.484	1.934	1.831	13.025	2.113	2.001	14.235
480	0.721	2.272	6.918	0.803	2.530	7.703	0.866	2.729	8.309
490	0.138	2.903	3.554	0.151	3.176	3.889	0.162	3.391	4.152
500	0.034	4.048	1.920	0.036	4.337	20.056	0.038	4.560	2.162
510	0.329	5.331	0.984	0.348	5.629	1.040	0.362	5.855	1.081
520	1.027	6.646	0.530	1.062	6.870	0.548	1.086	7.028	0.560
530	2.150	7.957	0.277	2.192	8.112	0.282	2.216	8.201	0.285
540	3.356	8.569	0.122	3.385	8.644	0.123	3.399	8.679	0.123
550	4.761	8.912	0.036	4.744	8.881	0.036	4.717	8.830	0.036
560	6.153	8.701	0.000	6.069	8.583	0.000	5.985	8.465	0.000
570	7.451	8.103	0.000	7.285	7.922	0.000	7.129	7.753	0.000
580	8.645	7.407	0.000	8.361	7.163	0.000	8.108	6.947	0.000
590	8.919	6.199	0.000	8.537	5.934	0.000	8.259	5.740	0.000
600	9.257	5.422	0.000	8.707	5.100	0.000	8.318	4.872	0.000
610	8.550	4.381	0.000	7.946	4.071	0.000	7.530	3.858	0.000
620	7.038	3.271	0.000	6.463	3.004	0.000	6.076	2.824	0.000
630	5.107	2.236	0.000	4.641	2.031	0.000	4.325	1.894	0.000
640	3.475	1.448	0.000	3.109	1.295	0.000	2.872	1.197	0.000
650	2.081	0.835	0.000	1.848	0.741	0.000	1.703	0.683	0.000
660	1.202	0.475	0.000	1.053	0.416	0.000	0.962	0.380	0.000
670	0.666	0.261	0.000	0.575	0.225	0.000	0.520	0.203	0.000
680	0.321	0.125	0.000	0.275	0.107	0.000	0.248	0.097	0.000
690	0.139	0.054	0.000	0.120	0.046	0.000	0.108	0.042	0.000
700	0.069	0.027	0.000	0.059	0.023	0.000	0.053	0.021	0.000
710	0.034	0.013	0.000	0.029	0.011	0.000	0.026	0.010	0.000
720	0.013	0.005	0.000	0.012	0.004	0.000	0.010	0.004	0.000
730	0.007	0.003	0.000	0.006	0.002	0.000	0.006	0.002	0.000
740	0.004	0.001	0.000	0.003	0.001	0.000	0.003	0.001	0.000
750	0.002	0.001	0.000	0.001	0.001	0.000	0.001	0.000	0.000
760	0.001	0.000	0.000	0.001	0.000	0.000	0.000	0.000	0.000
770	0.000	0.000	0.000	0.000	0.000	0.000	0.000	0.000	0.000
总和 (X, Y, Z)	95.800	100.000	90.980	94.825	100.000	107.381	94.428	100.000	120.721
(x, y, z) (u, v)	0.3341 0.2051	0.3487 0.3211	0.3172	0.3138 0.1979	0.3309 0.3130	0.3553	0.2996 0.1930	0.3173 0.3066	0.3831

附表 2-10　光源 A、B、C 的 30 项选定波长坐标

坐标号	光源 A			光源 B			光源 C		
	X	Y	Z	X	Y	Z	X	Y	Z
1	444.0	487.8	416.4	428.1	472.3	414.8	424.4	465.9	414.1
2*	516.9	507.7	424.9	442.1	494.5	422.9	435.5	489.4	422.2
3	544.0	517.3	429.4	454.1	505.7	427.1	443.9	500.4	426.3
4	554.2	524.1	432.9	468.15	513.5	430.3	452.1	508.7	429.4
5*	561.4	529.8	436.0	527.8	519.6	433.0	461.2	515.1	432.0
6	567.1	534.8	438.7	543.3	524.8	435.4	474.0	520.6	434.3
7	572.0	539.4	441.3	551.9	529.4	437.7	531.2	525.4	436.5
8*	576.3	543.7	443.7	558.5	533.7	439.9	544.3	529.8	438.6
9	580.2	547.8	446.0	564.0	537.7	442.0	552.4	533.9	440.6
10	583.9	551.7	448.3	568.8	541.5	444.0	558.7	537.7	442.5
11*	587.2	555.4	450.5	573.1	545.1	446.0	564.1	541.4	444.4
12	590.5	559.1	452.6	577.1	548.7	448.0	568.9	544.9	446.3
13	593.5	562.7	454.7	580.9	552.1	450.0	573.2	548.4	448.2
14*	596.5	566.3	456.8	584.5	555.5	451.9	577.3	551.8	450.1
15	599.4	569.8	458.8	588.0	559.0	453.9	581.3	555.1	452.1
16	602.3	573.3	460.8	591.4	562.4	455.8	585.0	558.5	454.0
17*	605.2	576.9	462.9	594.7	565.8	457.8	588.7	561.9	455.9
18	608.0	580.5	464.9	598.1	569.3	459.8	592.4	565.3	457.9
19	610.9	584.1	467.0	601.4	572.9	461.8	596.0	568.9	459.9
20*	613.8	587.9	469.2	604.7	576.7	463.9	599.6	572.5	462.0
21	616.9	591.8	471.6	608.1	580.6	466.1	603.3	576.4	464.1
22	620.0	595.9	474.1	611.6	584.7	468.4	607.0	580.5	466.3
23*	623.3	600.1	476.8	615.3	589.1	470.8	610.9	584.8	468.7
24	626.9	604.7	479.9	619.1	593.9	473.6	615.0	589.6	471.4
25	630.8	609.7	483.4	623.3	599.1	476.6	619.4	594.8	474.3
26*	635.3	615.2	487.5	628.0	605.0	480.2	624.2	600.8	477.7
27	640.5	621.5	492.7	633.4	611.8	484.5	629.8	607.7	481.8
28	646.9	629.2	499.3	640.1	619.9	490.2	636.6	616.1	487.2
29*	655.9	639.7	508.4	649.2	630.9	498.6	645.9	627.3	495.2
30	673.5	659.0	526.7	666.3	650.7	515.2	663.0	647.4	511.2

F（乘数）：

10 项坐标　.109 84　.100 00　.035 55　.099 09　.100 00　.085 26　.098 04　.100 00　.118 12

30 项坐标　.036 61　.033 33　.011 85　.033 03　.033 33　.028 42　.032 68　.033 30　.039 38

*用于 10 项选定坐标的计算

附表 2–11 CIE 1931 色品图标准光源 A、B、C、E（等能光源）恒定主波长线的斜率

A $x_0 = 0.4476,$ $y_0 = 0.4075$		B $x_0 = 0.3485,$ $y_0 = 0.3517$		波长/nm	C $x_0 = 0.3101,$ $y_0 = 0.3163$		E $x_0 = 0.3333,$ $y_0 = 0.3333$	
$\dfrac{x-x_0}{y-y_0}$	$\dfrac{y-y_0}{x-x_0}$	$\dfrac{x-x_0}{y-y_0}$	$\dfrac{y-y_0}{x-x_0}$		$\dfrac{x-x_0}{y-y_0}$	$\dfrac{y-y_0}{x-x_0}$	$\dfrac{x-x_0}{y-y_0}$	$\dfrac{y-y_0}{x-x_0}$
+0.679 50		+0.503 03		380	+0.436 88		+0.485 08	
0.679 54		0.503 07		381	0.436 93		0.485 13	
0.679 57		0.503 11		382	0.436 98		0.485 17	
0.679 63		0.503 19		383	0.437 06		0.485 25	
0.679 68		0.503 26		384	0.437 14		0.485 32	
+0.679 72		+0.503 30		385	+0.437 19		+0.485 37	
0.679 80		0.503 40		386	0.437 31		0.485 48	
0.679 86		0.503 47		387	0.437 39		0.485 55	
0.679 91		0.503 55		388	0.437 47		0.485 63	
0.680 00		0.503 65		389	0.437 59		0.485 74	
+0.680 08		+0.503 75		390	+0.437 70		0.485 84	
0.680 16		0.503 85		391	0.437 82		0.485 95	
0.680 24		0.503 95		392	0.437 93		0.486 06	
0.680 35		0.504 08		393	0.438 08		0.486 20	
0.680 46		0.504 21		394	0.438 22		0.486 33	
+0.680 52		+0.504 30		395	+0.438 32		+0.486 43	
0.680 66		0.504 45		396	0.438 50		0.486 59	
0.680 76		0.504 58		397	0.438 65		0.486 73	
0.680 87		0.504 71		398	0.438 79		0.486 87	
0.681 02		0.504 89		399	0.438 99		0.487 05	
+0.681 15		+0.505 04		400	+0.439 17		+0.487 22	
0.681 30		0.505 22		401	0.439 36		0.487 40	
0.681 43		0.505 38		402	0.439 54		0.487 57	
0.681 57		0.505 53		403	0.439 71		0.487 74	
0.681 71		0.505 71		404	0.439 91		0.487 92	
+0.681 89		+0.505 91		405	+0.440 13		+0.488 13	
0.682 02		0.506 07		406	0.440 31		0.488 30	
0.682 22		0.506 30		407	0.440 57		0.488 54	
0.682 41		0.506 51		408	0.440 81		0.488 77	
0.682 65		0.506 79		409	0.441 11		0.489 06	

续表

A $x_0 = 0.4476$, $y_0 = 0.4075$		B $x_0 = 0.3485$, $y_0 = 0.3517$		波长/nm	C $x_0 = 0.3101$, $y_0 = 0.3163$		E $x_0 = 0.3333$, $y_0 = 0.3333$	
$\dfrac{x-x_0}{y-y_0}$	$\dfrac{y-y_0}{x-x_0}$	$\dfrac{x-x_0}{y-y_0}$	$\dfrac{y-y_0}{x-x_0}$		$\dfrac{x-x_0}{y-y_0}$	$\dfrac{y-y_0}{x-x_0}$	$\dfrac{x-x_0}{y-y_0}$	$\dfrac{y-y_0}{x-x_0}$
+0.682 9		+0.507 1		410	+0.441 4		+0.489 3	
0.683 1		0.507 4		411	0.441 7		0.489 7	
0.683 4		0.507 6		412	0.442 1		0.490 0	
0.683 6		0.507 9		413	0.442 4		0.490 3	
0.683 9		0.508 2		414	0.442 7		0.490 6	
+0.681 4		+0.508 5		415	+0.443 0		+0.490 9	
0.684 6		0.508 9		416	0.443 5		0.491 3	
0.684 8		0.509 2		417	0.443 8		0.491 6	
0.685 5		0.510 0		418	0.444 6		0.492 4	
0.685 7		0.510 2		419	0.444 9		0.492 7	
+0.686 4		+0.511 0		420	+0.445 7		+0.493 5	
0.687 0		0.511 7		421	0.446 5		0.494 2	
0.687 7		0.512 4		422	0.447 3		0.495 0	
0.688 6		0.513 3		423	0.448 2		0.495 9	
0.689 2		0.514 0		424	0.449 0		0.496 6	
+0.690 3		+0.515 2		425	+0.450 2		+0.497 9	
0.691 4		0.516 3		426	0.451 5		0.499 1	
0.692 3		0.517 2		427	0.452 4		0.500 0	
0.693 3		0.518 4		428	0.453 7		0.501 2	
0.694 4		0.519 6		429	0.455 0		0.502 4	
+0.695 7		+0.520 9		430	+0.456 4		+0.503 8	
0.697 2		0.522 5		431	0.458 1		0.505 5	
0.698 8		0.524 1		432	0.459 8		0.507 2	
0.700 0		0.525 4		433	0.461 3		0.508 6	
0.702 0		0.527 5		434	0.463 5		0.510 8	
+0.703 7		+0.529 3		435	+0.465 4		+0.512 6	
0.705 6		0.531 4		436	0.467 6		0.514 8	
0.707 4		0.533 2		437	0.469 5		0.516 7	
0.709 5		0.535 4		438	0.471 9		0.519 0	
0.711 5		0.537 5		439	0.474 2		0.521 2	

续表

A $x_0=0.447\ 6,$ $y_0=0.407\ 5$		B $x_0=0.348\ 5,$ $y_0=0.351\ 7$		波长/nm	C $x_0=0.310\ 1,$ $y_0=0.316\ 3$		E $x_0=0.333\ 3,$ $y_0=0.333\ 3$	
$\dfrac{x-x_0}{y-y_0}$	$\dfrac{y-y_0}{x-x_0}$	$\dfrac{x-x_0}{y-y_0}$	$\dfrac{y-y_0}{x-x_0}$		$\dfrac{x-x_0}{y-y_0}$	$\dfrac{y-y_0}{x-x_0}$	$\dfrac{x-x_0}{y-y_0}$	$\dfrac{y-y_0}{x-x_0}$
+0.714 1		+0.540 2		440	+0.477 1		+0.524 0	
0.716 5		0.542 8		441	0.479 8		0.526 7	
0.719 1		0.545 5		442	0.482 7		0.529 6	
0.721 5		0.548 1		443	0.485 5		0.532 3	
0.724 4		0.551 1		444	0.488 8		0.535 4	
+0.727 7		+0.554 6		445	+0.492 6		+0.539 1	
0.731 0		0.558 1		446	0.496 4		0.542 8	
0.734 4		0.561 7		447	0.500 2		0.546 5	
0.738 2		0.565 7		448	0.504 5		0.550 7	
0.742 4		0.570 2		449	0.509 4		0.555 5	
+0.746 5		+0.574 6		450	+0.514 1		+0.560 0	
0.750 8		0.579 1		451	0.519 0		0.564 8	
0.755 6		0.584 2		452	0.524 4		0.570 1	
0.760 2		0.589 1		453	0.529 7		0.575 3	
0.765 5		0.584 7		454	0.535 8		0.581 1	
+0.770 8		+0.600 3		455	+0.541 9		+0.587 1	
0.776 8		0.606 5		456	0.548 6		0.593 5	
0.782 6		0.612 9		457	0.555 5		0.600 3	
0.789 4		0.620 1		458	0.563 3		0.607 9	
0.796 3		0.627 3		459	0.571 1		0.615 5	
+0.803 6		+0.635 1		460	+0.579 6		+0.623 6	
0.811 0		0.642 9		461	0.588 1		0.631 9	
0.819 2		0.651 6		462	0.597 5		0.641 0	
0.828 1		0.661 1		463	0.607 8		0.651 0	
0.838 2		0.671 7		464	0.619 2		0.662 2	
+0.849 0		+0.683 1		465	+0.631 7		+0.674 3	
0.861 0		0.695 8		466	0.645 5		0.687 7	
0.874 7		0.710 3		467	0.661 2		0.703 0	
0.889 9		0.726 3		468	0.678 8		0.720 0	
0.902 6		0.743 5		469	0.697 6		0.738 2	

A $x_0=0.4476,$ $y_0=0.4075$		B $x_0=0.3485,$ $y_0=0.3517$		波长/nm	C $x_0=0.3101,$ $y_0=0.3163$		E $x_0=0.3333,$ $y_0=0.3333$	
$\dfrac{x-x_0}{y-y_0}$	$\dfrac{y-y_0}{x-x_0}$	$\dfrac{x-x_0}{y-y_0}$	$\dfrac{y-y_0}{x-x_0}$		$\dfrac{x-x_0}{y-y_0}$	$\dfrac{y-y_0}{x-x_0}$	$\dfrac{x-x_0}{y-y_0}$	$\dfrac{y-y_0}{x-x_0}$
+0.925 1		+0.763 5		470	+0.719 5		+0.759 4	
0.945 5		0.785 2		471	0.743 4		0.782 5	
0.968 2		0.809 4		472	0.770 2		0.808 4	
0.993 4	+1.006 6	0.836 4		473	0.800 2		0.837 2	
+1.021 7	0.978 8	0.866 9		474	0.834 2		0.869 9	
	+0.948 8	+0.901 8		475	+0.873 6		+0.907 5	
	0.916 8	0.942 1		476	0.919 3		0.951 0	+1.051 5
	0.883 2	0.987 9	+1.012 2	477	0.971 9	+1.028 9	+1.000 9	0.999 1
	0.847 9	+1.040 5	0.961 1	478	+1.032 8	0.968 2		0.944 9
	0.810 7		0.907 6	479		0.905 0		0.888 3
	+0.771 3		+0.851 5	480		+0.839 1		+0.829 0
	0.729 6		0.792 7	481		0.770 5		0.767 0
	0.686 3		0.732 2	482		0.700 2		0.703 3
	0.641 0		0.669 5	483		0.627 7		0.637 4
	0.594 3		0.605 6	484		0.554 3		0.570 4
	+0.545 8		+0.539 7	485		+0.478 9		+0.501 3
	0.495 3		0.471 7	486		+0.401 5		0.430 2
	0.443 3		0.402 3	487		+0.322 7		0.357 7
	0.389 9		0.331 5	488		+0.242 8		0.283 8
	0.335 3		0.259 6	489		+0.161 9		0.208 9
	+0.279 7		+0.187 1	490		+0.080 5		+0.133 3
	+0.222 4	-1.060 1	+0.112 7	491		-0.002 6		-0.056 0
	+0.163 8	0.993 9	+0.037 1	492		-0.086 9		-0.022 5
	+0.105 1	0.935 9	-0.038 2	493		-0.170 6		-0.100 8
	+0.046 4	0.885 0	-0.113 1	494		-0.253 7		-0.178 5
	-0.012 3	-0.839 6	-0.187 7	495		-0.336 4		-0.255 9
	-0.070 8	0.799 2	0.261 9	496		0.418 5		0.332 9
	-0.128 7	0.762 9	0.335 0	497		0.499 3		0.408 7
	-0.186 0	0.729 8	0.407 4	498		0.579 3		0.483 8
	-0.242 3	0.699 8	0.478 4	499		0.657 9		0.557 4

续表

A $x_0=0.4476,$ $y_0=0.4075$		B $x_0=0.3485,$ $y_0=0.3517$		波长/nm	C $x_0=0.3101,$ $y_0=0.3163$		E $x_0=0.3333,$ $y_0=0.3333$	
$\frac{x-x_0}{y-y_0}$	$\frac{y-y_0}{x-x_0}$	$\frac{x-x_0}{y-y_0}$	$\frac{y-y_0}{x-x_0}$		$\frac{x-x_0}{y-y_0}$	$\frac{y-y_0}{x-x_0}$	$\frac{x-x_0}{y-y_0}$	$\frac{y-y_0}{x-x_0}$
	−0.297 9	−0.672 6	−0.548 6	500		−0.735 7		−0.630 4
	0.351 9	0.648 3	0.616 9	501		0.811 4		0.701 3
	0.405 0	0.626 2	0.684 2	502		0.886 3		0.771 4
	0.456 9	0.605 7	0.750 4	503	−1.041 5	0.960 1		0.840 3
	0.507 5	0.586 5	0.815 3	504	0.968 1	−1.033 0		0.908 1
	−0.557 4	−0.568 8	−0.879 6	505	−0.904 6		−1.025 2	−0.975 4
	0.606 2	0.552 2	0.943 3	506	0.849 0		0.959 4	−1.042 3
	0.653 9	0.536 8	−1.006 1	507	0.800 2		0.902 1	
	0.700 6	0.522 1		508	0.756 7		0.851 6	
	0.745 9	0.507 9		509	0.717 8		0.806 8	
	−0.790 2	−0.493 8		510	−0.682 6		−0.766 6	
	0.832 9	0.480 2		511	0.650 7		0.730 4	
	0.874 2	0.466 4		512	0.621 6		0.697 7	
	0.914 3	0.453 1		513	0.594 7		0.667 7	
	0.953 0	0.439 8		514	0.569 9		0.640 3	
−1.010 4	−0.989 7			515	−0.547 1		−0.615 3	
0.976 7	−1.023 9			516	0.526 3		0.592 8	
0.947 3				517	0.507 2		0.572 2	
0.920 8				518	0.489 0		0.552 8	
0.896 9				519	0.471 8		0.537 4	
−0.875 7				520	−0.455 7		−0.517 8	
0.856 8				521	0.440 3		0.501 9	
0.839 9				522	0.425 8		0.487 0	
0.824 4				523	0.411 7		0.472 6	
0.810 1				524	0.397 9		0.458 7	
−0.796 3				525	−0.384 2		−0.444 8	
0.783 3				526	0.370 8		0.431 3	
0.770 4				527	0.357 2		0.417 7	
0.758 3				528	0.343 9		0.404 5	
0.746 7				529	0.330 6		0.391 3	

A $x_0 = 0.4476,$ $y_0 = 0.4075$		B $x_0 = 0.3485,$ $y_0 = 0.3517$		波长/nm	C $x_0 = 0.3101,$ $y_0 = 0.3163$		E $x_0 = 0.3333,$ $y_0 = 0.3333$	
$\dfrac{x-x_0}{y-y_0}$	$\dfrac{y-y_0}{x-x_0}$	$\dfrac{x-x_0}{y-y_0}$	$\dfrac{y-y_0}{x-x_0}$		$\dfrac{x-x_0}{y-y_0}$	$\dfrac{y-y_0}{x-x_0}$	$\dfrac{x-x_0}{y-y_0}$	$\dfrac{y-y_0}{x-x_0}$
−0.735 2		−0.426 7		530	−0.317 4		−0.378 2	
0.724 0		0.413 7		531	0.304 3		0.365 2	
0.712 9		0.400 8		532	0.291 3		0.352 3	
0.702 1		0.387 9		533	0.278 2		0.339 4	
0.691 3		0.374 9		534	0.265 0		0.326 4	
−0.680 8		−0.361 9		535	−0.251 9		−0.313 5	
0.670 4		0.349 0		536	0.238 6		0.300 5	
0.659 8		0.335 7		537	0.225 2		0.287 2	
0.649 3		0.322 3		538	0.211 4		0.273 7	
0.638 9		0.308 8		539	0.197 7		0.260 2	
−0.628 6		−0.295 3		540	−0.183 8		−0.246 6	
0.617 9		0.281 2		541	0.169 4		0.232 5	
0.607 3		0.267 1		542	0.154 8		0.218 2	
0.596 2		0.252 3		543	0.139 7		0.203 4	
0.585 1		0.237 3		544	0.124 3		0.188 4	
−0.573 9		−0.222 0		545	−0.108 6		−0.172 9	
0.562 5		0.206 3		546	0.092 6		0.157 3	
0.550 4		0.189 9		547	0.075 9		0.140 9	
0.538 1		0.173 0		548	0.058 6		0.123 9	
0.525 7		0.155 8		549	0.041 0		0.106 7	
−0.512 6		−0.137 7		550	−0.022 6		−0.088 6	
0.498 9		0.118 9		551	−0.003 5		−0.069 8	
0.484 9		0.099 6		552	+0.016 0		−0.050 6	
0.470 0		0.079 2		553	+0.036 5		−0.030 4	
0.454 7		0.058 3		554	+0.057 5		−0.009 6	
−0.438 7		−0.036 5		555	+0.079 4		+0.012 0	
0.421 7		−0.013 3		556	0.102 5		+0.034 8	
0.403 6		+0.010 9		557	0.126 5		+0.058 7	
0.384 7		+0.035 9		558	0.151 2		+0.083 3	
0.364 4		+0.062 6		559	0.177 4		+0.1.94	

A　$x_0 = 0.4476,$　$y_0 = 0.4075$		B　$x_0 = 0.3485,$　$y_0 = 0.3517$		波长/nm	C　$x_0 = 0.3101,$　$y_0 = 0.3163$		E　$x_0 = 0.3333,$　$y_0 = 0.3333$	
$\dfrac{x-x_0}{y-y_0}$	$\dfrac{y-y_0}{x-x_0}$	$\dfrac{x-x_0}{y-y_0}$	$\dfrac{y-y_0}{x-x_0}$		$\dfrac{x-x_0}{y-y_0}$	$\dfrac{y-y_0}{x-x_0}$	$\dfrac{x-x_0}{y-y_0}$	$\dfrac{y-y_0}{x-x_0}$
− 0.343 3		+ 0.090 2		560	+ 0.204 4		+ 0.136 4	
0.321 0		0.119 3		561	0.232 7		0.164 7	
0.296 6		0.150 3		562	0.262 7		0.194 9	
0.270 8		0.182 6		563	0.293 8		0.226 1	
0.243 3		0.216 8		564	0.326 4		0.259 1	
− 0.213 6		+ 0.253 0		565	+ 0.360 8		+ 0.293 9	
− 0.181 6		0.291 5		566	0.396 9		0.330 7	
− 0.146 9		0.332 3		567	0.435 0		0.369 5	
− 0.109 2		0.375 7		568	0.475 2		0.410 7	
− 0.068 1		0.422 1		569	0.517 7		0.454 4	
− 0.023 8		+ 0.470 9		570	+ 0.562 1		+ 0.500 2	
+ 0.024 2		0.522 7		571	0.608 6		0.548 5	
+ 0.078 0		0.578 8		572	0.658 5		0.600 5	
+ 0.137 7		0.639 4		573	0.711 9		0.656 4	
+ 0.203 3		0.703 9		574	0.767 9		0.715 4	
+ 0.276 8		+ 0.773 3		575	+ 0.827 4		+ 0.778 4	
0.358 8		0.847 9		576	0.890 4		0.845 6	
0.452 1		0.929 0	+ 1.076 4	577	0.958 0	+ 1.043 9	0.918 0	
0.557 4		+ 1.016 2	0.984 1	578	+ 1.029 4	0.971 4	0.995 2	+ 1.004 8
0.679 1			0.899 6	579		0.903 9	+ 1.078 8	0.926 9
+ 0.820 5			+ 0.822 6	580		+ 0.841 4		+ 0.855 4
0.986 2	+ 1.014 0		0.752 1	581		0.783 3		0.789 4
+ 1.181 8	0.846 2		0.687 7	582		0.729 5		0.728 9
	0.705 3		0.628 5	583		0.679 3		0.672 9
	0.585 3		0.573 7	584		0.632 2		0.620 7
	+ 0.482 5		+ 0.523 2	585		+ 0.588 4		+ 0.572 4
	0.393 6		0.476 5	586		0.547 5		0.527 6
	0.315 7		0.433 2	587		0.509 1		0.485 7
	0.246 3		0.392 5	588		0.472 7		0.446 3
	0.185 9		0.355 2	589		0.439 2		0.410 1

A $x_0=0.4476,$ $y_0=0.4075$		B $x_0=0.3485,$ $y_0=0.3517$		波长/nm	C $x_0=0.3101,$ $y_0=0.3163$		E $x_0=0.3333,$ $y_0=0.3333$	
$\dfrac{x-x_0}{y-y_0}$	$\dfrac{y-y_0}{x-x_0}$	$\dfrac{x-x_0}{y-y_0}$	$\dfrac{y-y_0}{x-x_0}$		$\dfrac{x-x_0}{y-y_0}$	$\dfrac{y-y_0}{x-x_0}$	$\dfrac{x-x_0}{y-y_0}$	$\dfrac{y-y_0}{x-x_0}$
	+0.1309		+0.3198	590		+0.4070		+0.3755
	+0.0817		0.2869	591		0.3769		0.3433
	+0.0381		0.2566	592		0.3490		0.3136
	−0.0021		0.2277	593		0.3222		0.2852
	−0.0380		0.2011	594		0.2974		0.2589
	−0.0708		+0.1761	595		+0.2739		+0.2341
	−0.1004		0.1530	596		0.2521		0.2112
	−0.1270		0.1316	597		0.2318		0.1899
	−0.1516		0.1114	598		0.2125		0.1698
	−0.1744		0.0923	599		0.1943		0.1508
	−0.1951		+0.0747	600		+0.1773		+0.1332
	0.2148		0.0576	601		0.1609		0.1161
	0.2326		0.0418	602		0.1455		0.1002
	0.2497		0.0264	603		0.1306		0.0847
	0.2654		0.0122	604		0.1167		0.0704
	−0.2797		−0.0010	605		+0.1038		+0.0572
	0.2926		−0.0132	606		0.0918		+0.0449
	0.3051		−0.0251	607		0.0802		+0.0329
	0.3166		−0.0360	608		0.0693		+0.0218
	0.3271		−0.0462	609		0.0593		+0.0115
	−0.3368		−0.0558	610		+0.0498		+0.0018
	0.3461		0.0649	611		+0.0407		−0.0075
	0.3549		0.0736	612		+0.0321		−0.0162
	0.3628		0.0815	613		+0.0241		−0.0243
	0.3703		0.0891	614		+0.0166		−0.0320
	−0.3776		−0.0965	615		+0.0092		−0.0395
	0.3843		0.1033	616		+0.0024		0.0464
	0.3902		0.1094	617		−0.0037		0.0526
	0.3961		0.1154	618		−0.0098		0.0588
	0.4016		0.1211	619		−0.0156		0.0646

A $x_0=0.447\,6$, $y_0=0.407\,5$		B $x_0=0.348\,5$, $y_0=0.351\,7$		波长/nm	C $x_0=0.310\,1$, $y_0=0.316\,3$		E $x_0=0.333\,3$, $y_0=0.333\,3$	
$\dfrac{x-x_0}{y-y_0}$	$\dfrac{y-y_0}{x-x_0}$	$\dfrac{x-x_0}{y-y_0}$	$\dfrac{y-y_0}{x-x_0}$		$\dfrac{x-x_0}{y-y_0}$	$\dfrac{y-y_0}{x-x_0}$	$\dfrac{x-x_0}{y-y_0}$	$\dfrac{y-y_0}{x-x_0}$
	−0.406 7		−0.126 5	620		−0.021 0		−0.070 1
	0.411 1		0.131 3	621		0.025 8		0.075 0
	0.415 7		0.136 1	622		0.030 6		0.079 8
	0.419 9		0.140 5	623		0.035 1		0.084 4
	0.423 8		0.144 7	624		0.039 4		0.088 6
	−0.427 7		−0.148 8	625		−0.043 5		−0.092 9
	0.431 3		0.152 7	626		0.047 4		0.096 8
	0.434 6		0.156 2	627		0.051 1		0.100 5
	0.437 7		0.159 6	628		0.054 4		0.103 8
	0.440 9		0.163 1	629		0.058 0		0.107 4
	−0.443 7		−0.166 1	630		−0.061 1		−0.110 5
	0.446 5		0.169 1	631		0.064 1		0.113 6
	0.449 2		0.172 1	632		0.067 2		0.116 7
	0.451 7		0.174 8	633		0.070 0		0.119 5
	0.454 2		0.177 6	634		0.072 7		0.122 3
	−0.456 5		−0.180 0	635		−0.075 3		−0.124 8
	0.458 7		0.182 5	636		0.077 8		0.127 3
	0.460 7		0.184 7	637		0.080 0		0.129 6
	0.462 7		0.186 9	638		0.082 3		0.131 9
	0.464 7		0.189 1	639		0.084 6		0.134 1
	−0.466 5		−0.191 1	640		−0.086 6		−0.136 2
	0.468 2		0.193 1	641		0.088 6		0.138 2
	0.469 6		0.194 7	642		0.090 3		0.139 9
	0.471 2		0.196 5	643		0.092 1		0.141 7
	0.472 5		0.198 0	644		0.093 6		0.143 2
	−0.473 9		−0.199 5	645		−0.095 2		−0.144 8
	0.475 2		0.201 0	646		0.096 7		0.146 3
	0.476 3		0.202 2	647		0.098 0		0.147 6
	0.477 5		0.203 5	648		0.099 3		0.148 9
	0.478 6		0.204 8	649		0.109 6		0.150 2

A $x_0 = 0.4476,$ $y_0 = 0.4075$		B $x_0 = 0.3485,$ $y_0 = 0.3517$		波长/nm	C $x_0 = 0.3101,$ $y_0 = 0.3163$		E $x_0 = 0.3333,$ $y_0 = 0.3333$	
$\dfrac{x-x_0}{y-y_0}$	$\dfrac{y-y_0}{x-x_0}$	$\dfrac{x-x_0}{y-y_0}$	$\dfrac{y-y_0}{x-x_0}$		$\dfrac{x-x_0}{y-y_0}$	$\dfrac{y-y_0}{x-x_0}$	$\dfrac{x-x_0}{y-y_0}$	$\dfrac{y-y_0}{x-x_0}$
	−0.479 5		−0.205 8	650		−0.101 7		−0.151 3
	0.480 5		0.206 9	651		0.102 8		0.152 4
	0.481 4		0.207 9	652		0.103 9		0.153 5
	0.482 1		0.208 8	653		0.104 7		0.154 3
	0.483 1		0.209 8	654		0.105 8		0.155 4
	−0.483 8		−0.210 6	655		−0.106 6		−0.156 2
	0.484 5		0.211 5	656		0.107 5		0.157 1
	0.485 1		0.212 1	657		0.108 1		0.157 7
	0.455 8		0.212 9	658		0.109 0		0.158 6
	0.486 4		0.213 5	659		0.109 6		0.159 2
	−0.486 9		−0.214 2	660		−0.110 3		−0.159 9
	0.487 3		0.214 6	661		0.110 7		0.160 3
	0.487 8		0.215 2	662		0.111 3		0.160 9
	0.488 2		0.215 6	663		0.111 7		0.161 3
	0.488 5		0.216 0	664		0.112 2		0.161 8
	−0.488 9		−0.216 4	665		−0.112 6		−0.162 2
	0.489 2		0.216 8	666		0.113 0		0.162 6
	0.489 6		0.217 2	667		0.113 4		0.163 0
	0.490 0		0.217 6	668		0.113 9		0.163 4
	0.490 1		0.217 8	669		0.114 1		0.163 7
	−0.490 5		−0.218 3	670		−0.114 5		−0.164 1
	0.490 7		0.218 5	671		0.114 7		0.164 3
	0.491 0		0.218 9	672		0.115 1		0.164 7
	0.491 2		0.219 1	673		0.115 3		0.164 9
	0.491 6		0.219 5	674		0.115 7		0.165 3

续表

A $x_0 = 0.4476,$ $y_0 = 0.4075$		B $x_0 = 0.3485,$ $y_0 = 0.3517$		波长/nm	C $x_0 = 0.3101,$ $y_0 = 0.3163$		E $x_0 = 0.3333,$ $y_0 = 0.3333$	
$\dfrac{x-x_0}{y-y_0}$	$\dfrac{y-y_0}{x-x_0}$	$\dfrac{x-x_0}{y-y_0}$	$\dfrac{y-y_0}{x-x_0}$		$\dfrac{x-x_0}{y-y_0}$	$\dfrac{y-y_0}{x-x_0}$	$\dfrac{x-x_0}{y-y_0}$	$\dfrac{y-y_0}{x-x_0}$
	−0.491 8		−0.219 7	675		−0.115 9		−0.165 5
	0.492 1		0.220 1	676		0.116 4		0.166 0
	0.492 3		0.220 3	677		0.116 6		0.166 2
	0.492 5		0.220 5	678		0.116 8		0.166 4
	0.492 8		0.220 9	679		0.117 2		0.166 8
	−0.493 00		−0.221 10	680		−0.117 41		−0.167 00
	0.493 21		0.221 34	681		0.117 66		0.167 25
	0.493 43		0.221 58	682		0.117 91		0.167 50
	0.493 62		0.221 80	683		0.118 14		0.167 73
	0.493 82		0.222 03	684		0.118 37		0.167 96
	−0.494 01		−0.222 25	685		−0.118 60		−0.168 19
	0.494 19		0.222 45	686		0.118 81		0.168 39
	0.494 35		0.222 63	687		0.118 99		0.168 58
	0.494 51		0.222 81	688		0.119 18		0.168 77
	0.494 65		0.222 97	689		0.119 35		0.168 93
	−0.494 77		−0.223 11	690		−0.119 49		−0.169 08
	0.494 88		0.223 24	691		0.119 62		0.169 20
	0.494 96		0.223 34	692		0.119 72		0.169 31
	0.495 03		0.223 42	693		0.119 80		0.169 39
	0.495 10		0.223 50	694		0.119 87		0.169 47
	−0.495 14		−0.223 54	695		−0.119 93		−0.169 51
	0.495 19		0.223 60	696		0.119 99		0.169 57
	0.495 21		0.223 62	697		0.120 01		0.169 60
	0.495 23		0.223 64	698		0.120 03		0.169 62
	0.495 25		−0.223 66	699		−0.120 05		−0.169 64

附表 2 – 12　CIE 1960 UCS 均匀色品图标准色度观察者光谱三刺激值

λ/nm	$\bar{u}(\lambda)$	$\bar{v}(\lambda)$	$\bar{w}(\lambda)$	λ/nm	$\bar{u}(\lambda)$	$\bar{v}(\lambda)$	$\bar{w}(\lambda)$
380	0.000 9	0.000 0	0.002 6	580	0.610 9	0.870 0	0.847 7
385	0.001 5	0.000 1	0.004 3	585	0.625 4	0.816 3	0.735 8
390	0.002 8	0.000 1	0.008 1	590	0.684 2	0.757 0	0.622 9
395	0.005 1	0.000 2	0.014 6	595	0.704 5	0.694 9	0.514 5
400	0.009 5	0.000 4	0.027 4	600	0.708 1	0.631 0	0.415 8
405	0.015 5	0.000 6	0.044 5	605	0.697 1	0.566 8	0.327 7
410	0.029 0	0.001 2	0.083 8	610	0.668 4	0.503 0	0.253 4
415	0.051 8	0.002 2	0.150 1	615	0.625 6	0.441 2	0.192 7
420	0.089 6	0.004 0	0.261 6	620	0.569 6	0.381 0	0.144 4
425	0.143 2	0.007 3	0.423 1	625	0.500 9	0.321 0	0.105 8
430	0.189 3	0.011 6	0.568 2	630	0.428 3	0.265 0	0.076 3
435	0.219 0	0.016 8	0.672 5	635	0.361 1	0.217 0	0.054 6
440	0.232 2	0.023 0	0.733 9	640	0.298 6	0.175 0	0.038 6
445	0.232 0	0.029 8	0.762 0	645	0.240 5	0.138 2	0.026 9
450	0.224 1	0.038 0	0.775 0	650	0.189 0	0.107 0	0.018 7
455	0.212 5	0.048 0	0.784 7	655	0.145 8	0.081 6	0.013 0
460	0.193 9	0.060 0	0.779 2	660	0.109 9	0.061 0	0.009 0
465	0.167 4	0.073 9	0.749 3	665	0.080 8	0.044 6	0.006 3
470	0.130 2	0.091 0	0.682 6	670	0.058 3	0.032 0	0.004 3
475	0.094 7	0.112 6	0.618 8	675	0.042 4	0.023 2	0.003 0
480	0.063 8	0.139 0	0.567 2	680	0.031 2	0.017 0	0.002 1
485	0.038 6	0.169 3	0.533 1	685	0.021 9	0.011 9	0.001 4
490	0.021 3	0.208 0	0.528 6	690	0.015 1	0.008 2	0.001 0
495	0.009 8	0.258 6	0.557 2	695	0.010 6	0.005 7	0.000 7
500	0.003 3	0.323 0	0.618 0	700	0.007 6	0.004 1	0.000 5
505	0.001 6	0.407 3	0.715 9	705	0.005 4	0.002 9	0.000 3
510	0.006 2	0.503 0	0.828 9	710	0.003 9	0.002 1	0.000 2
515	0.019 4	0.608 2	0.953 6	715	0.002 7	0.001 5	0.000 2
520	0.042 2	0.710 0	1.072 5	720	0.001 9	0.001 0	0.000 1
525	0.073 1	0.793 2	1.163 6	725	0.001 4	0.000 7	0.000 1
530	0.110 3	0.862 0	1.231 3	730	0.001 0	0.000 5	0.000 1
535	0.150 5	0.914 9	1.274 3	735	0.000 7	0.000 4	0.000 0
540	0.193 6	0.954 0	1.295 9	740	0.000 5	0.000 2	0.000 0
545	0.239 8	0.980 3	1.297 3	745	0.000 3	0.000 2	0.000 0
550	0.289 0	0.995 0	1.280 1	750	0.000 2	0.000 1	0.000 0
555	0.341 4	1.000 0	1.246 8	755	0.000 2	0.000 1	0.000 0
560	0.396 3	0.995 0	1.197 2	760	0.000 1	0.000 1	0.000 0
565	0.452 3	0.978 6	1.130 1	765	0.000 1	0.000 0	0.000 0
570	0.508 1	0.952 0	1.048 0	770	0.000 1	0.000 0	0.000 0
575	0.561 7	0.915 4	0.952 8	775	0.000 0	0.000 0	0.000 0
580	0.610 9	0.870 0	0.847 7	780	0.000 0	0.000 0	0.000 0
				总和	14.248 0	21.371 1	32.056 8

附表 2 - 13 CIE 1960 UCS 均匀色品图标准色度观察者光谱三刺激值

λ/nm	$\overline{u}_{10}(\lambda)$	$\overline{v}_{10}(\lambda)$	$\overline{w}_{10}(\lambda)$	λ/nm	$\overline{u}_{10}(\lambda)$	$\overline{v}_{10}(\lambda)$	$\overline{w}_{10}(\lambda)$
380	0.000 1	0.000 0	0.000 3	580	0.676 1	0.868 9	0.796 3
385	0.000 4	0.000 1	0.001 2	585	0.716 2	0.825 6	0.701 3
390	0.001 6	0.000 3	0.004 4	590	0.745 7	0.777 4	0.606 8
395	0.004 8	0.000 8	0.013 7	595	0.756 2	0.720 4	0.513 4
400	0.012 7	0.002 0	0.036 5	600	0.749 3	0.658 3	0.425 5
405	0.028 9	0.004 5	0.083 6	605	0.726 1	0.593 9	0.346 3
410	0.056 5	0.008 8	0.165 4	610	0.687 0	0.528 0	0.276 7
415	0.093 8	0.014 5	0.279 7	615	0.633 8	0.461 8	0.217 4
420	0.136 3	0.021 4	0.416 1	620	0.570 9	0.398 1	0.168 9
425	0.176 5	0.029 5	0.553 1	625	0.503 3	0.339 6	0.131 9
430	0.209 8	0.038 7	0.667 4	630	0.431 6	0.283 5	0.101 5
435	0.238 5	0.049 6	0.794 8	635	0.356 5	0.228 3	0.074 8
440	0.255 8	0.062 1	0.884 9	640	0.287 7	0.179 8	0.054 0
445	0.257 8	0.074 7	0.932 3	645	0.229 1	0.140 2	0.038 5
450	0.247 1	0.089 5	0.946 2	650	0.178 9	0.107 6	0.027 3
455	0.228 6	0.106 3	0.938 7	655	0.136 2	0.081 2	0.019 6
460	0.201 5	0.128 2	0.913 8	660	0.101 7	0.060 3	0.014 1
465	0.169 4	0.152 8	0.879 5	665	0.074 8	0.044 1	0.010 0
470	0.130 4	0.185 2	0.838 8	670	0.054 2	0.031 8	0.007 1
475	0.088 2	0.219 9	0.778 8	675	0.038 6	0.022 6	0.004 9
480	0.053 7	0.253 6	0.728 2	680	0.027 2	0.015 9	0.003 4
485	0.027 4	0.297 7	0.711 0	685	0.019 1	0.011 1	0.002 4
490	0.010 8	0.339 1	0.708 2	690	0.013 3	0.007 7	0.001 7
495	0.003 4	0.395 4	0.741 7	695	0.009 2	0.005 4	0.001 1
500	0.002 5	0.406 8	0.798 5	700	0.006 4	0.003 7	0.000 8
505	0.010 3	0.531 4	0.868 9	705	0.004 4	0.002 6	0.000 5
510	0.025 0	0.606 7	0.947 4	710	0.003 0	0.001 8	0.000 4
515	0.047 6	0.685 7	1.033 9	715	0.002 1	0.001 1	0.000 3
520	0.078 5	0.761 8	1.114 1	720	0.001 4	0.000 8	0.000 2
525	0.115 3	0.823 3	1.170 0	725	0.001 0	0.000 6	0.000 1
530	0.157 7	0.875 2	1.209 8	730	0.000 7	0.000 4	0.000 1
535	0.202 8	0.923 8	1.243 9	735	0.000 5	0.000 3	0.000 1
540	0.251 2	0.962 0	1.261 4	740	0.000 3	0.000 2	0.000 0
545	0.301 1	0.982 2	1.251 5	745	0.000 2	0.000 1	0.000 0
550	0.353 2	0.991 8	1.224 7	750	0.000 2	0.000 1	0.000 0
555	0.410 7	0.999 1	1.191 2	755	0.000 1	0.000 1	0.000 0
560	0.470 1	0.997 3	1.143 4	760	0.000 1	0.000 0	0.000 0
565	0.529 2	0.982 4	1.076 7	765	0.000 1	0.000 0	0.000 0
570	0.585 8	0.955 6	0.994 0	770	0.000 0	0, 000 0	0, 000 0
575	0.634 1	0.915 2	0.897 2	775	0.000 0	0.000 0	0.000 0
580	0.676 1	0.868 9	0.796 3	780	0.000 0	0.000 00	0.000 0
				总和	15.552 5	23.332 4	34.999 9

附表2-14 CIE一般显色指数计算用1~15号色样的光谱亮度系数

λ/nm	1	2	3	4	5	6	7	8	9	10	11	12	13	14	15
380	0.219	0.070	0.065	0.074	0.295	0.151	0.378	0.104	0.066	0.050	0.111	0.120	0.104	0.036	0.138
385	0.239	0.079	0.068	0.083	0.306	0.203	0.459	0.129	0.062	0.054	0.121	0.103	0.127	0.036	0.140
390	0.252	0.089	0.070	0.093	0.310	0.265	0.524	0.170	0.058	0.059	0.127	0.090	0.161	0.037	0.142
395	0.256	0.101	0.072	0.105	0.312	0.339	0.546	0.240	0.055	0.063	0.129	0.082	0.211	0.038	0.144
400	0.256	0.111	0.073	0.116	0.313	0.410	0.551	0.319	0.052	0.066	0.127	0.076	0.264	0.039	0.147
405	0.254	0.116	0.073	0.121	0.315	0.464	0.555	0.416	0.052	0.067	0.121	0.068	0.313	0.039	0.150
410	0.252	0.118	0.074	0.124	0.319	0.492	0.559	0.462	0.051	0.068	0.116	0.064	0.341	0.040	0.152
415	0.248	0.120	0.074	0.126	0.322	0.508	0.560	0.482	0.050	0.069	0.112	0.065	0.352	0.041	0.155
420	0.244	0.121	0.074	0.128	0.326	0.517	0.561	0.490	0.050	0.069	0.108	0.075	0.359	0.042	0.158
425	0.240	0.122	0.073	0.131	0.330	0.524	0.558	0.488	0.049	0.070	0.105	0.093	0.361	0.042	0.161
430	0.237	0.122	0.073	0.135	0.334	0.531	0.556	0.482	0.048	0.072	0.104	0.123	0.364	0.043	0.167
435	0.232	0.122	0.173	0.139	0.339	0.538	0.551	0.473	0.047	0.073	0.104	0.123	0.365	0.044	0.175
440	0.230	0.123	0.073	0.144	0.346	0.544	0.544	0.462	0.046	0.076	0.105	0.207	0.367	0.044	0.184
445	0.226	0.124	0.073	0.151	0.352	0.551	0.535	0.450	0.044	0.078	0.106	0.256	0.369	0.045	0.193
450	0.225	0.127	0.074	0.161	0.360	0.556	0.522	0.439	0.042	0.083	0.110	0.300	0.372	0.045	0.200
455	0.222	0.128	0.075	0.172	0.369	0.556	0.506	0.426	0.041	0.088	0.115	0.331	0.374	0.046	0.207
460	0.220	0.131	0.077	0.186	0.381	0.554	0.488	0.413	0.038	0.095	0.123	0.346	0.376	0.047	0.213
465	0.218	0.134	0.080	0.205	0.394	0.549	0.469	0.397	0.035	0.103	0.134	0.347	0.379	0.048	0.219
470	0.216	0.138	0.085	0.229	0.403	0.541	0.448	0.382	0.033	0.113	0.148	0.341	0.384	0.050	0.225
475	0.214	0.143	0.094	0.254	0.410	0.531	0.429	0.366	0.031	0.125	0.167	0.328	0.389	0.052	0.229
480	0.214	0.150	0.109	0.281	0.415	0.519	0.408	0.352	0.030	0.142	0.192	0.307	0.397	0.055	0.233
485	0.214	0.159	0.126	0.308	0.418	0.504	0.385	0.337	0.029	0.162	0.219	0.282	0.405	0.057	0.238
490	0.216	0.174	0.148	0.332	0.419	0.488	0.363	0.325	0.028	0.189	0.251	0.257	0.416	0.062	0.244
495	0.218	0.190	0.172	0.352	0.417	0.469	0.341	0.310	0.028	0.219	0.291	0.230	0.429	0.067	0.248
500	0.223	0.207	0.198	0.370	0.413	0.450	0.324	0.299	0.028	0.262	0.325	0.204	0.443	0.075	0.253
505	0.250	0.225	0.221	0.383	0.409	0.431	0.311	0.289	0.029	0.305	0.347	0.178	0.454	0.083	0.257
510	0.226	0.242	0.241	0.390	0.403	0.414	0.301	0.283	0.030	0.365	0.356	0.154	0.461	0.092	0.262
515	0.226	0.253	0.260	0.394	0.396	0.395	0.291	0.276	0.030	0.416	0.353	0.129	0.446	0.100	0.261
520	0.225	0.260	0.278	0.395	0.389	0.377	0.283	0.270	0.031	0.465	0.346	0.109	0.469	0.108	0.259
525	0.225	0.264	0.302	0.392	0.381	0.358	0.273	0.262	0.031	0.509	0.333	0.090	0.471	0.121	0.254
530	0.227	0.267	0.339	0.385	0.372	0.341	0.265	0.256	0.032	0.546	0.314	0.075	0.474	0.133	0.248
535	0.230	0.269	0.370	0.377	0.363	0.325	0.260	0.251	0.032	0.581	0.394	0.062	0.476	0.142	0.245
540	0.236	0.272	0.392	0.367	0.353	0.309	0.257	0.250	0.133	0.610	0.271	0.051	0.483	0.150	0.241
545	0.245	0.276	0.399	0.354	0.342	0.293	0.257	0.250	0.034	0.634	0.248	0.041	0.490	0.154	0.243
550	0.253	0.282	0.400	0.341	0.331	0.279	0.259	0.254	0.035	0.653	0.227	0.035	0.506	0.155	0.246
555	0.262	0.289	0.393	0.327	0.320	0.265	0.260	0.258	0.037	0.666	0.206	0.029	0.526	0.152	0.252
560	0.272	0.299	0.380	0.312	0.308	0.253	0.260	0.264	0.041	0.678	0.188	0.025	0.553	0.147	0.258
565	0.283	0.309	0.365	0.296	0.296	0.241	0.258	0.269	0.044	0.687	0.170	0.022	0.592	0.140	0.258

λ/nm	1	2	3	4	5	6	7	8	9	10	11	12	13	14	15
570	0.298	0.322	0.349	0.280	0.284	0.234	0.256	0.272	0.048	0.693	0.153	0.019	0.618	0.133	0.257
575	0.318	0.329	0.332	0.263	0.271	0.227	0.254	0.274	0.052	0.698	0.138	0.017	0.651	0.125	0.257
580	0.341	0.335	0.315	0.247	0.260	0.225	0.254	0.278	0.060	0.701	0.125	0.017	0.680	0.118	0.256
585	0.367	0.339	0.299	0.229	0.247	0.222	0.259	0.284	0.076	0.704	0.114	0.017	0.701	0.112	0.284
590	0.390	0.341	0.285	0.214	0.232	0.221	0.270	0.295	0.102	0.705	0.106	0.016	0.717	0.106	0.312
595	0.409	0.341	0.272	0.198	0.220	0.220	0.284	0.316	0.136	0.705	0.100	0.016	0.729	0.101	0.351
600	0.424	0.342	0.264	0.185	0.210	0.220	0.302	0.348	0.190	0.706	0.096	0.016	0.736	0.098	0.390
605	0.435	0.342	0.257	0.175	0.200	0.220	0.324	0.384	0.256	0.707	0.092	0.016	0.742	0.095	0.415
610	0.442	0.342	0.252	0.169	0.194	0.220	0.344	0.434	0.336	0.707	0.090	0.016	0.745	0.093	0.439
615	0.448	0.341	0.247	0.164	0.189	0.220	0.362	0.482	0.418	0.707	0.087	0.016	0.747	0.090	0.454
620	0.450	0.341	0.241	0.160	0.185	0.223	0.377	0.528	0.505	0.708	0.085	0.016	0.748	0.089	0.469
625	0.451	0.339	0.235	0.156	0.183	0.227	0.389	0.568	0.581	0.708	0.082	0.016	0.748	0.087	0.479
630	0.451	0.339	0.229	0.154	0.180	0.233	0.400	0.604	0.641	0.710	0.080	0.018	0.748	0.086	0.489
635	0.451	0.338	0.224	0.152	0.177	0.239	0.410	0.629	0.682	0.711	0.079	0.018	0.748	0.085	0.497
640	0.451	0.338	0.220	0.151	0.176	0.244	0.420	0.648	0.717	0.712	0.078	0.018	0.748	0.084	0.505
645	0.451	0.337	0.217	0.149	0.175	0.251	0.429	0.663	0.740	0.714	0.078	0.018	0.745	0.084	0.510
650	0.450	0.336	0.216	0.148	0.175	0.258	0.438	0.676	0.758	0.716	0.078	0.019	0.748	0.084	0.516
655	0.450	0.335	0.216	0.148	0.175	0.263	0.445	0.685	0.770	0.718	0.078	0.020	0.748	0.084	0.521
660	0.451	0.334	0.219	0.148	0.175	0.268	0.452	0.693	0.781	0.720	0.081	0.023	0.747	0.085	0.526
665	0.451	0.332	0.224	0.149	0.177	0.273	0.457	0.700	0.790	0.722	0.083	0.024	0.747	0.087	0.531
670	0.453	0.332	0.230	0.151	0.180	0.278	0.462	0.705	0.797	0.725	0.086	0.026	0.747	0.092	0.536
675	0.454	0.331	0.238	0.154	0.183	0.281	0.466	0.709	0.803	0.729	0.093	0.030	0.747	0.096	0.541
680	0.455	0.331	0.251	0.158	0.186	0.283	0.468	0.712	0.809	0.731	0.102	0.035	0.747	0.102	0.545
685	0.457	0.330	0.269	0.162	0.189	0.286	0.470	0.715	0.814	0.735	0.112	0.043	0.747	0.110	0.549
690	0.458	0.327	0.288	0.165	0.192	0.291	0.473	0.717	0.819	0.739	0.125	0.056	0.747	0.123	0.553
695	0.460	0.328	0.312	0.168	0.195	0.296	0.477	0.719	0.824	0.742	0.141	0.074	0.746	0.137	0.555
700	0.462	0.328	0.340	0.170	0.199	0.302	0.483	0.721	0.828	0.746	0.161	0.097	0.746	0.152	0.558
705	0.463	0.327	0.366	0.171	0.200	0.313	0.489	0.720	0.830	0.748	0.182	0.128	0.746	0.169	0.561
710	0.464	0.326	0.390	0.170	0.199	0.325	0.496	0.719	0.831	0.749	0.203	0.166	0.745	0.188	0.562
715	0.465	0.325	0.412	0.168	0.198	0.338	0.503	0.722	0.833	0.751	0.223	0.210	0.744	0.207	0.563
720	0.466	0.324	0.431	0.166	0.196	0.351	0.511	0.725	0.835	0.753	0.242	0.257	0.743	0.226	0.564
725	0.466	0.324	0.447	0.164	0.195	0.364	0.518	0.727	0.836	0.754	0.257	0.305	0.744	0.243	0.565
730	0.466	0.324	0.460	0.164	0.195	0.376	0.525	0.729	0.836	0.755	0.270	0.354	0.745	0.260	0.566
735	0.466	0.323	0.472	0.165	0.196	0.389	0.532	0.730	0.837	0.755	0.282	0.401	0.748	0.277	0.568
740	0.467	0.322	0.481	0.168	0.197	0.401	0.539	0.730	0.838	0.755	0.292	0.446	0.750	0.294	0.568
745	0.467	0.321	0.488	0.172	0.200	0.413	0.546	0.730	0.839	0.755	0.302	0.485	0.750	0.310	0.569
750	0.467	0.320	0.493	0.177	0.203	0.425	0.553	0.730	0.839	0.756	0.310	0.520	0.749	0.325	0.570
755	0.467	0.318	0.497	0.181	0.205	0.436	0.559	0.730	0.839	0.757	0.314	0.551	0.748	0.339	0.571
760	0.467	0.316	0.500	0.185	0.208	0.447	0.565	0.730	0.839	0.758	0.317	0.577	0.748	0.353	0.571
765	0.467	0.315	0.502	0.189	0.212	0.458	0.570	0.730	0.839	0.759	0.323	0.599	0.747	0.366	0.572
770	0.467	0.315	0.505	0.192	0.215	0.469	0.575	0.730	0.839	0.759	0.330	0.618	0.747	0.379	0.573
775	0.467	0.314	0.510	0.194	0.217	0.477	0.578	0.730	0.839	0.759	0.334	0.633	0.747	0.390	0.573
780	0.467	0.314	0.516	0.197	0.219	0.485	0.581	0.730	0.839	0.759	0.338	0.645	0.747	0.399	0.573

附表 2 –15　黑体轨迹等温线的色度坐标

麦勒德 MRD	色温 T_c	黑体轨迹上				黑体轨迹外			
		x	y	u	v	x	y	u	v
0	∞	0.239 9	0.234 1	0.180 1	0.263 5	0.268 7	0.214 6	0.213 2	0.255 6
10	100 000	0.242 6	0.238 1	0.180 7	0.265 9	0.269 1	0.218 6	0.211 7	0.257 9
20	50 000	0.245 6	0.242 5	0.181 3	0.268 5	0.270 7	0.222 8	0.211 0	0.260 5
30	33 333	0.248 9	0.247 2	0.182 1	0.271 2	0.272 3	0.227 5	0.210 2	0.263 2
40	25 000	0.252 5	0.252 3	0.182 9	0.274 1	0.274 1	0.232 5	0.209 2	0.266 1
50	20 000	0.256 5	0.257 7	0.183 9	0.277 1	0.276 1	0.237 8	0.208 3	0.269 1
60	16 667	0.260 7	0.263 4	0.184 9	0.280 2	0.278 5	0.243 3	0.207 7	0.272 2
70	14 286	0.265 3	0.269 3	0.186 1	0.283 4	0.281 2	0.249 2	0.207 2	0.275 5
80	12 500	0.270 1	0.275 5	0.187 4	0.286 7	0.284 2	0.255 2	0.206 9	0.278 7
90	11 111	0.275 2	0.281 8	0.188 8	0.289 9	0.287 6	0.261 4	0.206 8	0.282 0
100	10 000	0.280 6	0.288 3	0.190 3	0.293 3	0.291 2	0.267 7	0.206 9	0.285 3
110	9 091	0.286 3	0.294 9	0.191 9	0.296 5	0.295 4	0.274 0	0.207 4	0.288 6
120	8 333	0.292 1	0.301 5	0.193 6	0.299 9	0.299 8	0.280 4	0.208 0	0.291 8
130	7 692	0.298 2	0.308 1	0.195 5	0.303 0	0.304 4	0.286 8	0.208 7	0.295 0
140	7 143	0.304 5	0.314 6	0.197 5	0.306 1	0.309 3	0.293 1	0.209 7	0.298 1
150	6 667	0.311 0	0.321 1	0.199 6	0.309 2	0.314 5	0.299 4	0.210 9	0.301 2
160	6 250	0.317 6	0.327 5	0.201 8	0.312 2	0.319 9	0.305 5	0.212 3	0.304 3
170	5 882	0.324 3	0.333 8	0.204 5	0.315 8	0.325 4	0.311 5	0.213 8	0.307 0
180	5 556	0.331 1	0.339 9	0.206 4	0.317 8	0.331 1	0.317 4	0.215 5	0.309 8
190	5 263	0.338 0	0.345 9	0.208 8	0.320 5	0.337 0	0.323 1	0.217 3	0.312 5
200	5 000	0.345 0	0.351 6	0.211 4	0.323 1	0.343 0	0.328 6	0.219 3	0.315 1
210	4 762	0.352 1	0.357 1	0.210 0	0.325 5	0.349 1	0.333 9	0.221 3	0.317 5
220	4 545	0.359 1	0.362 4	0.216 6	0.327 9	0.355 2	0.339 0	0.223 5	0.319 9
230	4 348	0.366 2	0.367 4	0.219 4	0.330 2	0.361 1	0.343 8	0.225 7	0.322 1
240	4 167	0.373 3	0.372 2	0.222 2	0.332 3	0.367 6	0.348 4	0.228 1	0.324 3
250	4 000	0.380 4	0.376 7	0.225 1	0.334 4	0.373 9	0.352 8	0.230 6	0.326 3
260	3 846	0.387 4	0.381 0	0.228 0	0.336 3	0.380 1	0.356 9	0.233 1	0.328 3
270	3 704	0.394 4	0.385 0	0.230 9	0.338 1	0.386 4	0.360 7	0.235 7	0.330 1
280	3 571	0.401 3	0.388 7	0.233 9	0.339 8	0.392 6	0.364 3	0.238 4	0.331 8
290	3 448	0.408 1	0 3921	0.236 9	0.341 5	0.398 7	0.367 7	0.241 0	0.333 5
300	3 333	0.414 9	0.395 3	0.240 0	0.343 1	0.404 9	0.370 8	0.243 9	0.335 1
310	3 226	0.421 6	0.398 2	0.243 2	0.344 5	0.410 9	0.373 6	0.246 7	0.336 5
320	3 125	0.428 2	0.400 9	0.246 2	0.346 4	0.416 9	0.376 2	0.249 6	0.337 8
330	3 030	0.434 7	0.403 3	0.249 4	0.347 1	0.422 9	0.378 6	0.252 6	0.339 2
340	2 941	0.441 1	0.405 5	0.252 6	0.348 3	0.428 7	0.380 7	0.255 5	0.340 3

麦勒德	色温	黑体轨迹上				黑体轨迹外			
MRD	T_c	x	y	u	v	x	y	u	v
350	2 857	0.447 3	0.407 4	0.255 9	0.349 5	0.434 5	0.382 6	0.258 5	0.341 4
360	2 778	0.453 5	0.409 1	0.259 0	0.350 5	0.440 1	0.384 3	0.261 5	0.342 5
370	2 703	0.459 5	0.410 5	0.262 3	0.351 5	0.445 7	0.385 7	0.264 6	0.343 5
380	2 632	0.465 4	0.411 3	0.265 9	0.354 8	0.451 2	0.387 0	0.267 7	0.344 4
390	2 564	0.471 2	0.412 8	0.268 8	0.353 2	0.456 6	0.388 1	0.270 6	0.345 2
400	2 500	0.476 9	0.413 7	0.272 1	0.354 1	0.461 8	0.389 0	0.273 8	0.346 0
410	2 439	0.482 4	0.414 3	0.275 3	0.354 7	0.467 0	0.389 7	0.277 1	0.346 8
420	2 381	0.487 8	0.414 8	0.278 6	0.355 4	0.472 0	0.390 2	0.280 1	0.347 4
430	2 326	0.493 1	0.415 1	0.281 9	0.356 0	0.477 0	0.390 6	0.283 3	0.348 0
440	2 273	0.498 2	0.415 3	0.285 2	0.356 6	0.481 8	0.390 8	0.286 5	0.348 6
450	2 222	0.503 3	0.415 3	0.288 5	0.357 1	0.486 6	0.390 9	0.289 7	0.349 1
460	2 174	0.508 2	0.415 1	0.291 8	0.357 5	0.491 2	0.390 8	0.292 9	0.349 5
470	2 128	0.512 9	0.414 9	0.295 0	0.358 0	0.495 7	0.390 7	0.296 0	0.350 0
480	2 083	0.517 6	0.414 5	0.298 3	0.358 4	0.500 1	0.390 4	0.299 7	0.350 4
490	2 041	0.522 1	0.414 0	0.301 6	0.358 7	0.504 4	0.390 0	0.300 1	0.350 4
500	2 000	0.526 6	0.413 3	0.305 0	0.359 1	0.508 6	0.389 5	0.305 6	0.351 0
510	1 961	0.530 9	0.412 6	0.308 2	0.359 3	0.512 7	0.388 9	0.308 9	0.351 1
520	1 923	0.535 1	0.411 8	0.311 4	0.359 5	0.516 7	0.388 2	0.311 9	0.351 6
530	1 887	0.539 1	0.410 9	0.314 6	0.359 7	0.520 7	0.387 4	0.315 2	0.351 7
540	1 852	0.543 1	0.409 9	0.317 9	0.359 9	0.524 5	0.386 6	0.318 3	0.351 9
550	1 818	0.547 0	0.408 9	0.321 2	0.360 2	0.528 2	0.385 6	0.321 5	0.352 1
560	1 786	0.550 8	0.407 8	0.324 3	0.360 2	0.531 8	0.384 7	0.324 6	0.352 2
570	1 754	0.554 5	0.406 6	0.327 6	0.360 3	0.535 4	0.383 6	0.327 8	0.352 3
580	1 724	0.558 1	0.405 4	0.330 7	0.360 4	0.538 0	0.382 5	0.331 0	0.352 4
590	1 695	0.561 6	0.404 1	0.333 9	0.360 4	0.542 2	0.381 4	0.334 0	0.354 7
600	1 667	0.565 0	0.402 8	0.337 1	0.360 5	0.545 5	0.380 2	0.337 1	0.352 5
610	1 639	0.568 3	0.401 4	0.340 3	0.360 5	0.548 8	0.379 0	0.340 4	0.352 5
620	1 613	0.571 5	0.400 0	0.343 3	0.360 5	0.551 9	0.377 8	0.343 3	0.354 1
630	1 587	0.574 7	0.398 6	0.346 5	0.360 5	0.555 0	0.376 5	0.346 4	0.350 7
640	1 563	0.577 8	0.397 2	0.349 6	0.360 5	0.558 0	0.375 2	0.349 4	0.352 4
650	1 538	0.580 8	0.395 7	0.350 7	0.360 4	0.560 9	0.373 8	0.352 5	0.352 4
660	1 515	0.583 7	0.394 2	0.355 6	0.360 4	0.563 8	0.372 5	0.355 1	0.351 9

附表 2 - 16　31 条等温线

相关色温		与普朗克轨迹的交点		$u-v$ 图上的斜率
MRD	K	u_i	v_i	m_i
0	∞	0.180 06	0.263 52	− 0.243 4
10	100 000	0.180 65	0.265 89	− 0.254 8
20	50 000	0.181 32	0.268 45	− 0.268 7
30	33 333	0.182 08	0.271 18	− 0.285 4
40	25 000	0.182 93	0.274 07	− 0.304 7
50	20 000	0.183 88	0.277 08	− 0.326 7
60	16 667	0.184 94	0.280 20	− 0.351 5
70	14 286	0.186 11	0.283 40	− 0.379 0
80	12 500	0.187 39	0.286 66	− 0.409 4
90	11 111	0.188 79	0.289 95	− 0.442 6
100	10 000	0.190 31	0.293 25	− 0.478 7
125	8 000	0.194 61	0.301 39	− 0.581 7
150	6 667	0.199 60	0.309 13	− 0.704 3
175	5 714	0.205 23	0.316 45	− 0.848 4
200	5 000	0.211 40	0.323 09	− 1.017
225	4 444	0.218 04	0.329 06	− 1.216
250	4 000	0.225 07	0.334 36	− 1.450
275	3 636	0.232 43	0.339 01	− 1.728
300	3 333	0.240 05	0.343 06	− 2.061
325	3 077	0.247 87	0.346 53	− 2.465
350	2 857	0.255 85	0.349 48	− 2.960
375	2 667	0.263 94	0.351 98	− 3.576
400	2 500	0.272 10	0.354 05	− 4.355
425	2 353	0.280 32	0.355 75	− 5.365
450	2 222	0.288 54	0.357 13	− 6.711
475	2 105	0.296 76	0.358 22	− 8.572
500	2 000	0.304 96	0.359 06	− 11.29
525	1 905	0.313 10	0.359 68	− 15.56
550	1 818	0.321 19	0.360 11	− 23.20
575	1 739	0.329 20	0.360 38	− 40.41
600	1 667	0.337 13	0.360 51	− 113.8

附表 2－17（1） CSAJ－C 对应色数据集

样品	D65			CIE A 光源		
	X_r	Y_r	Z_r	X_t	Y_t	Z_t
光源	94.81	100.00	107.33	111.15	100.00	35.20
样品 1	8.77	7.74	7.66	9.31	7.33	2.12
样品 2	6.95	6.35	4.90	8.85	7.26	1.73
样品 3	5.99	6.10	4.57	7.57	6.72	1.45
样品 4	4.96	5.67	5.12	6.93	6.78	1.81
样品 5	5.35	6.63	6.54	6.10	6.41	2.17
样品 6	4.80	6.07	7.99	5.89	6.36	2.65
样品 7	4.95	5.82	8.86	5.96	6.24	3.14
样品 8	6.49	6.70	10.05	6.60	6.21	3.24
样品 9	7.10	6.40	9.05	8.13	6.74	3.12
样品 10	8.16	7.21	8.64	9.29	7.46	2.71
样品 11	10.12	7.77	6.19	11.21	7.78	1.73
样品 12	7.19	5.95	3.49	9.76	7.28	1.07
样品 13	6.24	6.29	3.14	8.52	7.32	0.89
样品 14	4.25	5.45	3.58	6.48	6.77	1.10
样品 15	4.15	6.39	6.27	4.75	5.99	1.93
样品 16	3.65	5.31	8.00	4.28	5.55	2.83
样品 17	4.24	5.58	10.53	4.88	5.80	3.97
样品 18	5.30	5.52	10.78	6.15	5.98	4.26
样品 19	7.30	5.99	9.67	8.85	6.81	3.74
样品 20	9.06	7.14	8.16	10.74	7.76	2.68
样品 21	12.59	9.02	6.22	13.58	8.66	1.58
样品 22	3.41	6.38	6.12	3.88	5.80	1.83
样品 23	3.39	5.91	9.50	3.14	4.99	3.10
样品 24	4.37	6.49	14.01	3.83	5.35	4.93
样品 25	6.12	6.46	14.59	5.73	5.80	5.43
样品 26	9.24	7.00	12.35	9.92	7.23	4.52
样品 27	12.37	8.28	9.58	12.28	7.66	2.66
样品 28	20.84	19.47	17.48	25.06	20.96	6.42

样品	D65			CIE A 光源		
	X_r	Y_r	Z_r	X_t	Y_t	Z_t
样品 29	20.52	19.97	15.56	24.39	20.65	5.50
样品 30	17.95	18.87	13.46	22.85	20.46	5.04
样品 31	16.73	19.02	14.41	20.84	19.87	5.33
样品 32	15.11	18.56	17.76	19.00	19.45	6.67
样品 33	13.85	16.88	18.59	18.49	19.08	7.53
样品 34	12.84	14.70	18.58	19.44	19.34	8.58
样品 35	15.46	16.23	21.03	20.25	18.84	8.35
样品 36	18.35	17.94	20.99	23.50	20.47	8.20
样品 37	20.73	19.54	20.59	24.98	21.02	7.25
样品 38	24.01	20.37	14.97	28.00	21.26	5.27
样品 39	22.25	20.15	11.38	27.66	21.94	4.20
样品 40	18.58	19.43	9.77	23.88	20.89	3.26
样品 41	15.34	19.08	10.87	19.65	19.72	3.75
样品 42	10.40	15.01	13.50	16.48	18.87	6.21
样品 43	10.10	14.32	17.10	15.78	18.46	8.10
样品 44	10.06	12.55	18.34	16.39	17.92	9.86
样品 45	14.58	15.47	22.75	18.81	17.89	9.97
样品 46	23.44	21.56	28.03	24.53	20.27	9.32
样品 47	24.43	20.67	20.70	28.10	21.73	7.13
样品 48	29.12	20.58	11.19	36.31	23.75	4.25
样品 49	25.70	20.61	6.69	32.47	23.05	2.04
样品 50	19.89	20.78	4.73	25.96	22.33	1.40
样品 51	9.61	14.59	3.67	16.94	19.34	1.51
样品 52	6.53	12.65	11.15	11.51	17.13	5.43
样品 53	7.37	13.00	18.47	10.66	16.24	9.11
样品 54	9.57	13.83	28.15	11.81	15.73	13.45
样品 55	13.72	14.62	31.12	16.48	16.69	14.05
样品 56	23.68	18.32	29.34	26.75	20.01	11.24
样品 57	29.51	21.06	19.12	35.94	23.61	7.31
样品 58	43.34	41.78	39.82	51.48	44.17	13.98

样品	D65			CIE A 光源		
	X_r	Y_r	Z_r	X_t	Y_t	Z_t
样品 59	43.78	43.71	34.40	52.10	44.99	12.77
样品 60	44.21	46.97	34.41	49.35	44.23	11.47
样品 61	40.65	45.63	33.89	45.88	43.36	11.77
样品 62	38.32	45.45	40.58	42.03	42.04	14.30
样品 63	32.11	38.20	41.15	38.92	39.17	14.89
样品 64	38.98	43.62	51.86	41.21	40.22	16.66
样品 65	43.62	45.82	53.16	45.21	41.75	17.15
样品 66	40.75	41.11	47.70	48.11	42.48	16.43
样品 67	42.61	41.51	44.84	51.28	44.35	15.45
样品 68	43.17	39.17	30.70	55.86	44.57	11.95
样品 69	46.65	44.59	27.01	56.48	46.28	10.25
样品 70	38.26	40.82	21.58	50.94	45.06	8.49
样品 71	34.81	41.16	23.98	44.30	43.47	8.99
样品 72	33.01	42.94	35.96	37.51	40.86	13.42
样品 73	30.57	39.89	43.02	35.35	39.12	16.03
样品 74	32.63	38.59	48.48	37.26	38.70	18.63
样品 75	42.63	45.11	57.17	43.24	40.67	19.79
样品 76	42.05	39.86	51.62	49.20	41.81	17.63
样品 77	47.89	43.37	47.71	55.55	45.18	15.45
样品 78	47.12	39.62	28.64	63.57	47.85	11.77
样品 79	42.13	38.60	18.17	59.61	46.66	7.81
样品 80	38.50	40.60	17.02	52.37	45.89	6.15
样品 81	31.31	38.91	18.40	41.84	42.37	7.00
样品 82	26.30	37.82	30.96	33.71	40.09	12.81
样品 83	23.84	34.60	37.11	30.22	36.68	16.27
样品 84	31.25	40.31	56.29	33.26	37.35	21.58
样品 85	45.41	48.18	65.84	41.99	40.27	23.06
样品 86	47.26	43.19	58.59	53.44	44.07	20.61
样品 87	46.57	40.73	42.09	63.08	47.24	15.10

附表 2－17（2） **Kuo & Luo（A）对应色数据集**

样品	D65			CIE A 光源		
	X_r	Y_r	Z_r	X_t	Y_t	Z_t
光源	96.46	100	108.62	115.19	100	23.75
样品 1	18.68	18.42	21.85	21.64	18.42	4.85
样品 2	18.91	18.42	18.57	22.31	18.42	4.15
样品 3	18.52	18.42	15.23	22.47	18.42	3.77
样品 4	17.4	18.42	13.45	21.76	18.42	3.15
样品 5	16.93	18.42	13.57	20.36	18.42	3.34
样品 6	15.64	18.42	17.97	19.31	18.42	4.04
样品 7	15.66	18.42	21.58	18.6	18.42	5.5
样品 8	16.71	18.42	25.14	19.9	18.42	6.12
样品 9	19.87	18.42	23.87	22.12	18.42	5.5
样品 10	20.14	18.42	17.24	23.29	18.42	3.98
样品 11	19.48	18.42	10.54	23.53	18.42	3.04
样品 12	17.4	18.42	8.51	22.1	18.42	2.06
样品 13	16.25	18.42	8.91	19.9	18.42	2.53
样品 14	14.43	18.42	16.77	17.99	18.42	4.02
样品 15	14.61	18.42	22.76	17.15	18.42	6.12
样品 16	16.5	18.42	29.96	19.02	18.42	7.67
样品 17	21.08	18.42	26.83	22.96	18.42	6.2
样品 18	22.01	18.42	15.14	24.7	18.42	3.72
样品 19	20.83	18.42	7.54	24.98	18.42	2.26
样品 20	17.4	18.42	5.02	22.47	18.42	1.15
样品 21	15.71	18.42	5.64	19.22	18.42	1.65
样品 22	13.07	18.42	15.54	16.59	18.42	3.98
样品 23	13.39	18.42	24.29	16.25	18.42	6.61
样品 24	16.59	18.42	35.45	18.64	18.42	9.09
样品 25	22.29	18.42	30.03	24.41	18.42	7.35
样品 26	24.53	18.42	12.7	27.32	18.42	3
样品 27	22.84	18.42	5.13	27.05	18.42	1.29
样品 28	17.22	18.42	2.17	22.7	18.42	0.64

续表

样品	D65			CIE A 光源		
	X_r	Y_r	Z_r	X_t	Y_t	Z_t
样品 29	15.15	18.42	2.65	18.95	18.42	1.1
样品 30	11.23	18.42	14.15	15.01	18.42	3.93
样品 31	12.13	18.42	26.51	14.97	18.42	7.27
样品 32	17.22	18.42	42.08	18.42	18.42	10.57
样品 33	23.28	18.42	33.62	25.63	18.42	8.37
样品 34	26.18	18.42	10.78	29.88	18.42	2.26
样品 35	24.64	18.42	3.73	29.18	18.42	0.63
样品 36	10.19	18.42	13.17	13.63	18.42	3.99
样品 37	18.33	18.42	46.74	19.69	18.42	12.81
样品 38	27.75	18.42	9.67	31.54	18.42	1.86
样品 39	26.59	18.42	2.63	31.19	18.42	0.25
样品 40	9.62	18.42	12.7	12.03	18.42	4.26

附表 2 – 17（3）　Kuo & Luo（TL84）对应色数据集

样品	D65			TL84		
	X_r	Y_r	Z_r	X_t	Y_t	Z_t
光源	96.46	100	108.62	103.07	100	64.29
样品 1	19.07	18.42	21.85	19.63	18.42	13.75
样品 2	19.31	18.42	18.57	20.23	18.42	11.35
样品 3	18.91	18.42	15.23	20.42	18.42	9.79
样品 4	17.77	18.42	13.45	19.31	18.42	7.29
样品 5	17.28	18.42	13.57	18.19	18.42	7.87
样品 6	15.98	18.42	17.97	17.01	18.42	10.96
样品 7	15.99	18.42	21.58	16.79	18.42	13.81
样品 8	17.06	18.42	25.14	17.73	18.42	16.61
样品 9	20.29	18.42	23.87	20.5	18.42	15.43
样品 10	20.56	18.42	17.24	21.6	18.42	10.58
样品 11	19.89	18.42	10.54	21.66	18.42	7.7
样品 12	17.77	18.42	8.51	19.29	18.42	4.86
样品 13	16.59	18.42	8.91	17.5	18.42	5.46

续表

样品	D65			TL84		
	X_r	Y_r	Z_r	X_t	Y_t	Z_t
样品 14	14.73	18.42	16.77	15.52	18.42	9.68
样品 15	14.92	18.42	22.76	15.39	18.42	15.62
样品 16	16.85	18.42	29.96	17.41	18.42	20.12
样品 17	21.53	18.42	26.83	21.49	18.42	17.78
样品 18	22.48	18.42	15.14	23.32	18.42	9.25
样品 19	21.27	18.42	7.54	23.09	18.42	5.7
样品 20	17.77	18.42	5.02	19.39	18.42	2.73
样品 21	16.05	18.42	5.64	16.94	18.42	3.51
样品 22	13.34	18.42	15.54	14.26	18.42	8.58
样品 23	13.67	18.42	24.29	14.37	18.42	17.25
样品 24	16.94	18.42	35.45	17.45	18.42	23.35
样品 25	22.76	18.42	30.03	23.05	18.42	20.66
样品 26	25.05	18.42	12.7	26.14	18.42	7.4
样品 27	23.32	18.42	5.13	25.21	18.42	3.1
样品 28	17.58	18.42	2.17	19.39	18.42	1.13
样品 29	15.47	18.42	2.65	16.23	18.42	1.74
样品 30	11.47	18.42	14.15	12.83	18.42	7.66
样品 31	12.39	18.42	26.51	13.4	18.42	18.35
样品 32	17.58	18.42	42.08	17.96	18.42	27.34
样品 33	23.77	18.42	33.62	24.21	18.42	22.43
样品 34	26.73	18.42	10.78	28.33	18.42	5.92
样品 35	25.16	18.42	3.73	26.84	18.42	1.86
样品 36	15.03	18.42	0.98	15.6	18.42	0.72
样品 37	10.4	18.42	13.17	11.76	18.42	7.11
样品 38	18.72	18.42	46.74	19.19	18.42	31.45
样品 39	28.34	18.42	9.67	30.03	18.42	4.9
样品 40	27.15	18.42	2.63	28.41	18.42	0.99
样品 41	9.82	18.42	12.7	11.02	18.42	6.95

附表 2 – 17（4）　**Lam & Rigg** 对应色数据集

样品	D65			CIE A 光源		
	X_r	Y_r	Z_r	X_t	Y_t	Z_t
光源	94.81	100.00	107.33	111.15	100.00	35.20
样品 1	10.61	20.50	12.20	13.05	19.25	4.63
样品 2	7.04	11.42	13.21	6.56	9.25	4.47
样品 3	28.23	34.47	15.63	35.86	35.54	6.05
样品 4	15.84	21.90	15.37	19.40	20.73	5.49
样品 5	13.96	15.13	15.48	15.30	14.07	4.10
样品 6	14.93	17.80	9.46	18.53	17.69	3.24
样品 7	12.43	23.78	21.56	13.13	20.24	8.30
样品 8	12.80	22.41	31.93	11.55	18.53	11.45
样品 9	13.87	17.38	16.67	16.93	17.85	6.82
样品 10	9.88	9.89	12.63	14.26	13.07	4.66
样品 11	5.17	6.60	5.71	6.85	7.35	2.37
样品 12	11.60	13.61	17.28	12.03	12.69	6.17
样品 13	12.08	15.44	28.51	11.03	12.81	10.31
样品 14	10.11	12.77	19.54	11.09	12.26	7.68
样品 15	10.21	11.05	31.00	8.63	9.78	11.37
样品 16	11.70	12.99	22.10	11.75	11.87	8.50
样品 17	12.30	9.64	29.62	11.01	9.38	11.54
样品 18	13.44	13.14	20.70	13.75	11.98	6.61
样品 19	8.70	7.45	8.43	9.89	7.50	3.06
样品 20	8.78	7.18	14.02	9.82	7.52	4.79
样品 21	11.61	8.42	10.02	12.99	8.81	3.48
样品 22	10.48	7.39	10.19	11.95	7.82	3.72
样品 23	10.49	7.50	16.13	11.48	7.78	5.22
样品 24	4.52	3.97	7.21	5.02	4.01	2.32
样品 25	3.18	3.32	4.84	4.30	3.99	2.17
样品 26	6.97	6.28	9.62	5.00	4.02	2.38
样品 27	39.44	24.49	12.91	55.45	31.74	4.67
样品 28	37.03	24.28	6.64	53.69	30.84	2.55
样品 29	27.31	16.95	21.10	36.25	20.54	6.25

样品	D65			CIE A 光源		
	X_r	Y_r	Z_r	X_t	Y_t	Z_t
样品 30	28.26	17.63	10.62	36.37	21.17	3.50
样品 31	28.31	17.69	8.32	36.77	21.07	2.81
样品 32	27.25	18.44	7.28	33.95	20.06	2.17
样品 33	19.95	14.54	12.78	25.13	16.02	4.03
样品 34	66.83	72.72	31.25	83.27	72.82	10.25
样品 35	48.43	55.06	29.45	65.70	60.64	10.29
样品 36	44.55	39.28	6.64	58.74	44.19	1.94
样品 37	24.08	22.92	8.68	32.21	26.22	3.36
样品 38	66.84	70.77	13.86	87.17	73.90	4.87
样品 39	63.78	52.10	9.75	79.83	55.88	2.87
样品 40	28.99	25.69	11.53	31.60	23.40	2.43
样品 41	29.42	25.59	12.24	34.08	23.91	3.14
样品 42	27.21	24.07	8.90	32.64	24.10	2.55
样品 43	13.18	12.02	10.23	15.11	11.77	3.38
样品 44	10.61	9.83	6.19	15.21	12.19	3.09
样品 45	12.69	13.02	9.88	14.66	12.77	3.33
样品 46	13.00	11.92	10.14	14.78	12.45	3.15
样品 47	16.78	17.20	12.16	18.81	16.37	3.42
样品 48	8.81	7.75	6.07	9.92	6.93	1.58
样品 49	6.73	6.55	3.96	8.97	6.96	1.29
样品 50	8.23	6.64	4.79	10.15	7.09	1.60
样品 51	13.19	12.17	9.71	16.34	12.66	3.36
样品 52	13.05	11.86	9.95	15.65	12.38	3.45
样品 53	21.07	22.14	23.87	24.48	21.93	7.67
样品 54	31.72	33.07	33.30	37.18	32.83	10.74
样品 55	39.81	42.01	44.71	48.31	43.35	15.19
样品 56	19.51	20.08	20.69	26.36	23.09	7.65
样品 57	17.00	17.43	18.01	20.23	17.70	5.82
样品 58	13.48	13.79	14.10	14.90	13.02	4.25

附表 2－17（5）　Helson 对应色数据集

样品	CIE C 光源			CIE A 光源		
	X_r	Y_r	Z_r	X_t	Y_t	Z_t
光源	97.28	100.00	116.14	111.15	100.00	35.20
样品 1	4.91	4.00	6.28	5.98	4.42	1.23
样品 2	13.79	12.36	13.13	20.23	14.18	3.30
样品 3	24.43	13.60	5.46	35.80	18.84	1.87
样品 4	51.32	42.44	34.38	65.64	47.69	11.68
样品 5	61.43	58.62	58.86	74.32	61.47	18.74
样品 6	24.19	20.28	12.99	31.02	22.97	4.42
样品 7	4.73	4.39	3.78	5.92	4.73	1.13
样品 8	21.96	19.05	11.04	27.87	21.31	3.59
样品 9	40.85	32.41	6.91	55.11	38.86	2.03
样品 10	51.23	43.56	21.04	67.29	49.91	6.29
样品 11	62.01	59.70	45.99	75.67	63.14	15.90
样品 12	20.48	20.48	9.94	27.19	22.36	3.31
样品 13	4.80	4.72	3.13	5.57	4.89	1.17
样品 14	11.20	12.43	4.74	14.95	13.22	1.80
样品 15	53.73	57.06	9.76	70.51	61.99	2.57
样品 16	54.04	57.32	19.08	70.15	61.09	6.25
样品 17	55.39	57.84	25.11	69.38	61.10	9.04
样品 18	11.95	13.85	6.28	15.10	14.30	2.12
样品 19	3.89	4.61	3.39	4.66	4.57	1.15
样品 20	15.67	20.66	10.17	19.90	20.62	2.98
样品 21	31.37	42.63	16.49	41.21	42.95	3.55
样品 22	47.68	60.22	26.19	59.94	60.50	7.28
样品 23	51.91	60.41	44.13	62.93	60.35	14.36
样品 24	14.90	20.25	14.48	17.96	19.43	4.76
样品 25	3.08	3.73	5.54	3.29	3.48	1.26
样品 26	12.36	18.56	16.51	14.50	17.08	5.51
样品 27	11.08	18.75	16.27	11.58	16.31	5.28
样品 28	33.11	43.81	44.73	34.33	40.19	14.02
样品 29	5.42	7.54	7.89	5.21	6.60	2.75

样品	CIE C 光源			CIE A 光源		
	X_r	Y_r	Z_r	X_t	Y_t	Z_t
样品 30	3.51	3.79	7.99	3.23	3.47	1.55
样品 31	10.88	14.13	22.50	10.87	12.67	5.91
样品 32	14.97	20.97	28.14	13.97	18.03	9.15
样品 33	27.61	34.58	39.98	28.10	31.79	12.37
样品 34	38.64	46.34	52.72	41.69	43.67	17.36
样品 35	9.36	12.90	13.55	9.91	11.46	6.03
样品 36	6.24	7.15	11.95	6.27	6.58	3.46
样品 37	16.48	19.59	36.08	15.39	17.37	10.57
样品 38	15.71	19.40	41.97	13.31	16.32	12.12
样品 39	24.31	31.28	54.35	23.70	27.39	17.26
样品 40	57.75	61.79	77.16	61.51	59.73	24.24
样品 41	12.21	12.99	24.06	11.42	11.85	7.15
样品 42	3.60	3.53	6.84	3.42	3.29	2.04
样品 43	13.56	13.55	24.55	13.13	12.68	7.62
样品 44	8.32	8.02	29.83	5.74	6.27	9.07
样品 45	33.64	33.29	67.72	31.14	30.59	20.37
样品 46	62.97	63.80	84.38	66.75	62.23	27.09
样品 47	14.51	12.88	24.91	14.68	12.64	7.32
样品 48	4.88	3.58	7.99	5.03	3.73	2.23
样品 49	22.61	19.34	29.81	24.13	19.64	9.64
样品 50	20.13	12.52	28.62	21.77	13.62	10.54
样品 51	51.71	43.81	62.85	55.77	44.76	21.33
样品 52	63.73	59.40	77.13	70.06	59.74	26.43
样品 53	10.37	7.31	11.32	11.17	7.95	3.54
样品 54	5.04	3.86	3.78	5.65	4.20	1.45
样品 55	17.42	14.18	17.34	21.04	15.50	5.38
样品 56	23.09	13.96	16.74	30.37	17.34	5.73
样品 57	43.73	33.89	38.42	55.04	38.10	12.78
样品 58	64.53	60.50	62.89	73.44	62.19	21.44
样品 59	27.03	22.60	21.77	32.29	24.63	7.17

附表 2 - 17（6）　LUTCHI（A）对应色数据集

样品	D65			CIE A 光源		
	X_r	Y_r	Z_r	X_t	Y_t	Z_t
光源	94.52	100.00	114.98	112.92	100.00	28.62
样品 1	19.11	18.42	26.61	22.37	18.42	7.64
样品 2	20.01	18.42	17.02	23.90	18.42	4.30
样品 3	18.34	18.42	13.24	23.07	18.42	3.19
样品 4	17.04	18.42	12.63	21.35	18.42	2.86
样品 5	16.16	18.42	13.86	20.25	18.42	2.95
样品 6	15.05	18.42	19.28	18.28	18.42	4.36
样品 7	15.64	18.42	25.33	17.98	18.42	7.12
样品 8	16.77	18.42	29.64	18.68	18.42	8.19
样品 9	20.31	18.42	29.64	23.07	18.42	8.96
样品 10	21.66	18.42	15.16	25.63	18.42	3.83
样品 11	19.31	18.42	9.24	24.51	18.42	2.26
样品 12	16.95	18.42	8.01	21.80	18.42	1.82
样品 13	15.47	18.42	8.92	19.93	18.42	2.03
样品 14	13.99	18.42	18.51	16.90	18.42	4.06
样品 15	14.88	18.42	28.61	16.71	18.42	8.00
样品 16	16.77	18.42	35.59	18.18	18.42	10.09
样品 17	21.35	18.42	32.16	24.14	18.42	9.67
样品 18	23.41	18.42	14.07	27.56	18.42	3.45
样品 19	20.41	18.42	6.26	26.26	18.42	1.44
样品 20	16.77	18.42	4.68	22.03	18.42	1.04
样品 21	14.72	18.42	5.32	19.30	18.42	1.32
样品 22	12.76	18.42	17.75	15.42	18.42	3.94
样品 23	13.99	18.42	32.90	15.42	18.42	8.76
样品 24	17.23	18.42	41.85	17.58	18.42	12.76
样品 25	22.63	18.42	34.42	25.38	18.42	10.42
样品 26	25.36	18.42	13.03	30.01	18.42	3.05
样品 27	21.77	18.42	4.09	27.56	18.42	0.97

样品	D65			CIE A 光源		
	X_r	Y_r	Z_r	X_t	Y_t	Z_t
样品 28	16.69	18.42	2.50	22.26	18.42	0.60
样品 29	13.60	18.42	3.00	18.28	18.42	0.91
样品 30	11.32	18.42	17.02	13.86	18.42	3.94
样品 31	13.44	18.42	36.39	14.11	18.42	9.26
样品 32	17.97	18.42	47.82	17.09	18.42	15.72
样品 33	24.54	18.42	37.60	26.78	18.42	11.09
样品 34	27.67	18.42	11.30	32.46	18.42	2.77
样品 35	23.18	18.42	2.50	28.64	18.42	0.56
样品 36	12.68	18.42	1.67	17.09	18.42	0.64
样品 37	9.94	18.42	17.02	12.64	18.42	4.00
样品 38	12.98	18.42	40.97	12.88	18.42	9.67
样品 39	19.41	18.42	53.31	16.81	18.42	17.67
样品 40	26.31	18.42	39.26	27.83	18.42	11.78
样品 41	30.51	18.42	9.56	35.34	18.42	2.59
样品 42	24.77	18.42	1.57	30.30	18.42	0.19
样品 43	8.67	18.42	17.26	11.35	18.42	4.12

附表 2－17（7）　LUTCHI（D50）对应色数据集

样品	D65			D50		
	X_r	Y_r	Z_r	X_t	Y_t	Z_t
光源	94.52	100.00	114.98	97.09	100.00	83.10
样品 1	19.11	18.42	26.61	20.35	18.42	18.31
样品 2	20.01	18.42	17.02	21.39	18.42	11.61
样品 3	18.34	18.42	13.24	20.04	18.42	8.85
样品 4	17.04	18.42	12.63	18.07	18.42	7.65
样品 5	16.16	18.42	13.86	16.59	18.42	7.77
样品 6	15.05	18.42	19.28	15.12	18.42	12.13
样品 7	15.64	18.42	25.33	15.71	18.42	17.86

续表

样品	D65			D50		
	X_r	Y_r	Z_r	X_t	Y_t	Z_t
样品 8	16. 77	18. 42	29. 64	16. 96	18. 42	20. 19
样品 9	20. 31	18. 42	29. 64	21. 71	18. 42	19. 95
样品 10	21. 66	18. 42	15. 16	23. 14	18. 42	10. 64
样品 11	19. 31	18. 42	9. 24	21. 28	18. 42	6. 56
样品 12	16. 95	18. 42	8. 01	18. 07	18. 42	4. 80
样品 13	15. 47	18. 42	8. 92	16. 24	18. 42	5. 38
样品 14	13. 99	18. 42	18. 51	14. 05	18. 42	11. 12
样品 15	14. 88	18. 42	28. 61	14. 78	18. 42	19. 47
样品 16	16. 77	18. 42	35. 59	16. 59	18. 42	23. 78
样品 17	21. 35	18. 42	32. 16	23. 02	18. 42	21. 17
样品 18	23. 41	18. 42	14. 07	25. 45	18. 42	9. 86
样品 19	20. 41	18. 42	6. 26	22. 91	18. 42	4. 43
样品 20	16. 77	18. 42	4. 68	18. 26	18. 42	2. 51
样品 21	14. 72	18. 42	5. 32	15. 63	18. 42	3. 10
样品 22	12. 76	18. 42	17. 75	12. 80	18. 42	10. 32
样品 23	13. 99	18. 42	32. 90	13. 57	18. 42	21. 43
样品 24	17. 23	18. 42	41. 85	16. 51	18. 42	28. 38
样品 25	22. 63	18. 42	34. 42	24. 86	18. 42	22. 98
样品 26	25. 36	18. 42	13. 03	27. 66	18. 42	8. 85
样品 27	21. 77	18. 42	4. 09	23. 93	18. 42	3. 24
样品 28	16. 69	18. 42	2. 50	18. 36	18. 42	1. 40
样品 29	13. 60	18. 42	3. 00	15. 20	18. 42	1. 80
样品 30	11. 32	18. 42	17. 02	11. 35	18. 42	9. 71
样品 31	13. 44	18. 42	36. 39	12. 21	18. 42	22. 98
样品 32	17. 97	18. 42	47. 82	16. 68	18. 42	35. 97
样品 33	24. 54	18. 42	37. 60	26. 05	18. 42	23. 78
样品 34	27. 67	18. 42	11. 30	28. 81	18. 42	8. 03

样品	D65			D50		
	X_r	Y_r	Z_r	X_t	Y_t	Z_t
样品 35	23.18	18.42	2.50	25.09	18.42	2.39
样品 36	16.69	18.42	1.09	18.45	18.42	0.70
样品 37	12.68	18.42	1.67	14.53	18.42	0.93
样品 38	9.94	18.42	17.02	10.27	18.42	9.13
样品 39	12.98	18.42	40.97	11.01	18.42	24.05
样品 40	19.41	18.42	53.31	17.42	18.42	41.20
样品 41	26.31	18.42	39.26	27.28	18.42	24.32
样品 42	30.51	18.42	9.56	30.26	18.42	6.79
样品 43	24.77	18.42	1.57	26.78	18.42	1.53
样品 44	8.67	18.42	17.26	9.26	18.42	8.71

附表 2－17（8） LUTCHI（WF）对应色数据集

样品	D65			白色荧光灯		
	X_r	Y_r	Z_r	X_t	Y_t	Z_t
光源	94.52	100.00	114.98	102.50	100.00	47.93
样品 1	19.11	18.42	26.61	20.52	18.42	13.10
样品 2	20.01	18.42	17.02	21.26	18.42	6.51
样品 3	18.34	18.42	13.24	20.00	18.42	4.94
样品 4	17.04	18.42	12.63	18.88	18.42	4.86
样品 5	16.16	18.42	13.86	18.00	18.42	5.52
样品 6	15.05	18.42	19.28	17.33	18.42	7.93
样品 7	15.64	18.42	25.33	17.42	18.42	10.82
样品 8	16.77	18.42	29.64	18.09	18.42	13.41
样品 9	20.31	18.42	29.64	21.15	18.42	14.35
样品 10	21.66	18.42	15.16	22.25	18.42	5.95
样品 11	19.31	18.42	9.24	20.52	18.42	3.52
样品 12	16.95	18.42	8.01	18.68	18.42	2.93
样品 13	15.47	18.42	8.92	17.33	18.42	3.52

续表

样品	D65			白色荧光灯		
	X_r	Y_r	Z_r	X_t	Y_t	Z_t
样品 14	13.99	18.42	18.51	16.23	18.42	7.61
样品 15	14.88	18.42	28.61	16.59	18.42	12.07
样品 16	16.77	18.42	35.59	18.00	18.42	16.37
样品 17	21.35	18.42	32.16	21.81	18.42	15.34
样品 18	23.41	18.42	14.07	24.07	18.42	5.60
样品 19	20.41	18.42	6.26	21.48	18.42	2.13
样品 20	16.77	18.42	4.68	18.39	18.42	1.41
样品 21	14.72	18.42	5.32	16.86	18.42	1.75
样品 22	12.76	18.42	17.75	15.17	18.42	7.71
样品 23	13.99	18.42	32.90	15.87	18.42	13.41
样品 24	17.23	18.42	41.85	18.29	18.42	20.34
样品 25	22.63	18.42	34.42	22.92	18.42	16.54
样品 26	25.36	18.42	13.03	25.99	18.42	5.10
样品 27	21.77	18.42	4.09	22.47	18.42	1.22
样品 28	16.69	18.42	2.50	18.39	18.42	0.61
样品 29	13.60	18.42	3.00	16.32	18.42	0.81
样品 30	11.32	18.42	17.02	14.24	18.42	8.04
样品 31	13.44	18.42	36.39	15.26	18.42	15.17
样品 32	17.97	18.42	47.82	19.18	18.42	24.22
样品 33	24.54	18.42	37.60	23.84	18.42	17.44
样品 34	27.67	18.42	11.30	28.27	18.42	4.48
样品 35	23.18	18.42	2.50	23.61	18.42	0.50
样品 36	9.94	18.42	17.02	12.89	18.42	8.83
样品 37	12.98	18.42	40.97	14.83	18.42	17.08
样品 38	19.41	18.42	53.31	20.10	18.42	25.85
样品 39	26.31	18.42	39.26	25.50	18.42	18.76
样品 40	30.51	18.42	9.56	30.00	18.42	3.92
样品 41	8.67	18.42	17.26	11.69	18.42	9.79

附表 2 - 17 （9） Breneman - C 对应色数据集

样品	D65			测试光源		
	X_r	Y_r	Z_r	X_t	Y_t	Z_t
光源 1	94.74	100.00	100.00	110.79	100.00	33.41
样品 1	25.85	28.12	24.01	31.27	28.12	9.97
样品 2	20.89	11.25	3.09	22.26	11.25	0.99
样品 3	31.70	28.12	18.57	36.93	28.12	7.47
样品 4	34.87	28.12	1.72	41.87	28.12	0.52
样品 5	13.67	11.25	2.04	16.38	11.25	0.68
样品 6	29.35	28.12	1.89	36.58	28.12	0.59
样品 7	9.19	11.25	4.49	12.05	11.25	2.00
样品 8	6.27	11.25	6.44	9.01	11.25	3.01
样品 9	17.94	28.12	33.29	22.07	28.12	15.53
样品 10	11.76	11.25	39.09	10.58	11.25	16.07
样品 11	26.44	28.12	48.62	29.12	28.12	21.51
样品 12	16.02	11.25	30.88	15.43	11.25	12.62
光源 2	95.82	100.00	94.36	95.87	100.00	43.86
样品 1	26.95	28.12	24.00	27.78	28.12	13.31
样品 2	22.24	11.25	2.38	22.59	11.25	1.13
样品 3	32.95	28.12	15.47	34.40	28.12	8.31
样品 4	37.38	28.12	1.73	40.33	28.12	0.46
样品 5	14.90	11.25	1.63	15.85	11.25	0.62
样品 6	30.32	28.12	1.84	32.89	28.12	0.71
样品 7	10.40	11.25	3.02	11.29	11.25	1.69
样品 8	6.42	11.25	5.05	7.21	11.25	2.94
样品 9	19.44	28.12	31.65	19.69	28.12	17.93
样品 10	12.47	11.25	41.56	9.98	11.25	23.55
样品 11	25.84	28.12	46.52	24.99	28.12	26.45
样品 12	17.70	11.25	34.56	15.15	11.25	17.01
光源 3	96.97	100.00	95.29	96.31	100.00	43.71
样品 1	27.02	28.12	21.16	27.90	28.12	13.27
样品 2	22.46	11.25	3.10	22.53	11.25	1.27

样品	D65			测试光源		
	X_r	Y_r	Z_r	X_t	Y_t	Z_t
样品 3	33.32	28.12	14.68	34.41	28.12	8.92
样品 4	38.01	28.12	2.66	40.09	28.12	0.54
样品 5	15.27	11.25	2.10	15.76	11.25	0.65
样品 6	30.83	28.12	3.07	32.78	28.12	0.75
样品 7	10.77	11.25	3.72	11.29	11.25	1.69
样品 8	6.76	11.25	5.42	7.25	11.25	2.92
样品 9	19.66	28.12	26.43	19.85	28.12	18.20
样品 10	10.66	11.25	30.19	10.08	11.25	23.32
样品 11	25.06	28.12	37.69	25.07	28.12	26.06
样品 12	15.21	11.25	23.91	15.12	11.25	16.84
光源 4	95.88	100.00	110.44	110.99	100.00	36.62
样品 1	26.20	28.12	21.09	31.03	28.12	10.05
样品 2	21.02	11.25	4.11	22.35	11.25	1.08
样品 3	31.82	28.12	16.51	37.05	28.12	7.43
样品 4	35.44	28.12	3.52	41.87	28.12	0.52
样品 5	14.22	11.25	3.05	16.38	11.25	0.68
样品 6	30.07	28.12	3.60	36.47	28.12	0.63
样品 7	9.88	11.25	5.36	12.03	11.25	1.90
样品 8	6.97	11.25	6.84	9.00	11.25	2.91
样品 9	18.30	28.12	27.60	22.07	28.12	15.53
样品 10	9.70	11.25	26.18	10.52	11.25	16.08
样品 11	25.42	28.12	39.23	29.05	28.12	21.88
样品 12	14.94	11.25	25.75	15.47	11.25	12.77
光源 5	93.83	100.00	91.13	110.14	100.00	34.71
样品 1	27.00	28.12	24.34	32.42	28.12	10.51
样品 2	19.52	11.25	2.65	22.20	11.25	1.13
样品 3	31.82	28.12	16.51	38.01	28.12	7.11
样品 4	33.02	28.12	1.78	41.56	28.12	0.34
样品 5	13.22	11.25	1.84	16.38	11.25	0.68
样品 6	8.86	11.25	3.65	11.85	11.25	1.50

样品	D65			测试光源		
	X_r	Y_r	Z_r	X_t	Y_t	Z_t
样品 7	6.47	11.25	6.50	9.01	11.25	3.01
样品 8	18.60	28.12	34.23	22.07	28.12	15.53
样品 9	11.19	11.25	35.63	10.58	11.25	16.07
样品 10	26.31	28.12	47.73	28.93	28.12	21.22
样品 11	15.57	11.25	30.02	15.32	11.25	12.66
样品 12	0.00	0.00	0.00	0.00	0.00	0.00
光源 6	93.55	100.00	108.48	110.78	100.00	35.59
样品 1	25.62	28.12	21.63	30.97	28.12	9.76
样品 2	20.43	11.25	3.38	22.21	11.25	1.00
样品 3	31.38	28.12	16.99	37.05	28.12	7.43
样品 4	34.71	28.12	2.62	41.68	28.12	0.30
样品 5	13.75	11.25	2.61	16.36	11.25	0.80
样品 6	29.50	28.12	3.23	36.47	28.12	0.63
样品 7	9.47	11.25	4.39	12.08	11.25	1.65
样品 8	6.67	11.25	6.43	9.00	11.25	2.91
样品 9	18.44	28.12	30.11	22.32	28.12	15.45
样品 10	9.81	11.25	27.69	10.49	11.25	16.27
样品 11	25.51	28.12	43.06	28.98	28.12	22.25
样品 12	14.71	11.25	25.61	15.44	11.25	12.94
光源 7	94.35	100.00	113.71	108.86	100.00	35.14
样品 1	26.41	28.12	20.68	30.91	28.12	10.09
样品 2	21.48	11.25	5.61	22.30	11.25	1.10
样品 3	33.03	28.12	17.11	37.00	28.12	7.75
样品 4	37.22	28.12	5.56	41.68	28.12	0.30
样品 5	14.99	11.25	4.93	16.36	11.25	0.80
样品 6	31.52	28.12	5.70	36.47	28.12	0.63
样品 7	10.52	11.25	6.42	12.05	11.25	1.77
样品 8	7.50	11.25	7.95	9.01	11.25	3.01
样品 9	18.71	28.12	26.39	22.15	28.12	15.19
样品 10	9.64	11.25	23.46	10.49	11.25	16.27

续表

样品	D65			测试光源		
	X_r	Y_r	Z_r	X_t	Y_t	Z_t
样品 11	25.28	28.12	35.17	29.05	28.12	21.88
样品 12	14.60	11.25	22.42	15.39	11.25	12.96
光源 8	75.29	100.00	51.83	97.10	100.00	90.04
样品 1	21.71	28.12	16.61	27.38	28.12	24.93
样品 2	20.24	11.25	1.41	22.25	11.25	2.25
样品 3	28.76	28.12	9.59	33.51	28.12	14.95
样品 4	33.52	28.12	0.78	38.29	28.12	0.86
样品 5	13.30	11.25	0.46	15.08	11.25	0.99
样品 6	26.81	28.12	1.92	30.66	28.12	2.84
样品 7	8.90	11.25	1.93	10.68	11.25	2.92
样品 8	5.42	11.25	3.20	6.92	11.25	4.65
样品 9	16.03	28.12	18.50	21.31	28.12	29.90
样品 10	7.88	11.25	20.16	13.18	11.25	38.62
样品 11	19.16	28.12	28.03	25.86	28.12	43.38
样品 12	13.05	11.25	19.95	16.94	11.25	30.32
光源 9	75.43	100.00	52.89	95.70	100.00	90.51
样品 1	22.59	28.12	18.26	27.30	28.12	25.32
样品 2	20.31	11.25	1.14	22.30	11.25	2.24
样品 3	29.41	28.12	10.28	33.51	28.12	14.95
样品 4	33.41	28.12	0.81	38.22	28.12	0.60
样品 5	13.07	11.25	0.31	15.13	11.25	0.98
样品 6	26.99	28.12	1.59	30.71	28.12	3.10
样品 7	8.94	11.25	1.58	10.68	11.25	2.92
样品 8	5.70	11.25	3.10	6.87	11.25	4.66
样品 9	16.91	28.12	20.81	21.36	28.12	30.26
样品 10	9.62	11.25	26.64	13.29	11.25	38.88
样品 11	20.06	28.12	31.06	25.74	28.12	42.55
样品 12	13.91	11.25	22.65	17.01	11.25	30.29

附表 2－17（10）　Braun&Fairchild 对应色数据集

样品	D65			测试光源		
	X_r	Y_r	Z_r	X_t	Y_t	Z_t
光源 1	95.10	100.00	109.12	103.12	100.00	153.98
样品 1	98.11	100.00	107.81	102.78	100.00	153.32
样品 2	24.58	16.39	9.05	25.72	16.69	11.02
样品 3	55.86	57.57	20.29	53.14	53.27	26.00
样品 4	21.98	17.21	10.72	23.99	18.71	15.71
样品 5	67.60	68.48	59.64	68.22	65.94	81.81
样品 6	50.28	46.14	16.48	50.62	44.48	21.65
样品 7	4.66	5.16	5.37	5.67	5.82	8.52
样品 8	5.11	5.36	15.05	5.47	5.28	18.01
样品 9	16.05	16.50	21.81	21.31	20.42	34.72
样品 10	3.37	3.51	3.15	3.40	3.42	3.89
样品 11	36.95	35.54	25.83	36.45	33.08	32.83
样品 12	30.34	30.08	24.73	29.12	27.24	30.31
样品 13	23.74	29.06	13.86	22.88	27.26	18.54
样品 14	14.50	19.03	11.21	14.43	18.21	15.66
样品 15	11.67	11.29	8.36	12.28	11.30	11.31
样品 16	58.91	62.49	26.54	56.60	58.74	33.63
样品 17	48.32	41.84	16.02	48.12	39.25	20.15
光源 2	95.10	100.00	109.12	103.12	100.00	153.98
样品 1	96.87	100.00	109.18	103.46	100.00	154.63
样品 2	31.78	33.97	65.13	32.87	31.98	82.28
样品 3	19.91	17.42	11.94	23.08	19.31	16.50
样品 4	17.93	23.32	28.62	22.19	24.02	52.69
样品 5	20.95	18.36	12.12	23.45	19.48	16.14
样品 6	44.38	45.48	47.81	45.97	44.17	62.40
样品 7	31.76	33.05	11.73	31.37	30.72	14.87
样品 8	19.61	19.52	38.95	22.93	21.02	50.51
样品 9	18.77	10.88	5.94	23.62	14.33	8.78
样品 10	5.63	5.34	6.23	8.23	7.54	9.48

样品	D65			测试光源		
	X_r	Y_r	Z_r	X_t	Y_t	Z_t
样品 11	33.52	35.23	21.73	34.19	34.16	27.80
样品 12	21.38	25.33	17.23	22.34	25.32	20.69
样品 13	4.53	5.28	5.83	5.80	6.49	8.05
样品 14	35.65	36.06	37.06	37.74	35.92	47.15
样品 15	4.25	3.94	5.23	6.13	5.55	7.48
样品 16	58.34	58.71	77.68	58.21	54.51	101.32
样品 17	0.00	0.00	0.00	0.00	0.00	0.00
光源 3	95.10	100.00	109.12	113.80	100.00	59.52
样品 1	98.38	100.00	102.85	114.15	100.00	59.39
样品 2	26.44	16.77	7.24	35.07	21.10	4.41
样品 3	55.43	54.61	16.62	69.37	58.52	10.21
样品 4	23.56	17.52	8.91	31.39	21.79	6.23
样品 5	67.84	66.98	54.25	79.94	68.05	31.84
样品 6	50.59	44.47	13.24	67.59	51.18	8.54
样品 7	4.82	4.89	4.13	6.36	5.67	3.36
样品 8	4.16	4.20	11.27	4.21	4.13	7.04
样品 9	16.40	16.22	19.12	23.35	20.09	13.59
样品 10	3.57	3.29	2.14	4.09	3.48	1.54
样品 11	38.03	34.79	22.21	45.28	35.83	12.88
样品 12	30.68	28.96	21.26	35.31	28.79	11.89
样品 13	25.49	29.25	11.79	27.93	27.47	7.25
样品 14	15.39	18.81	9.73	16.73	17.52	6.11
样品 15	12.39	11.03	6.55	15.28	12.13	4.47
样品 16	59.39	60.76	22.52	72.43	63.18	13.16
样品 17	49.03	40.30	12.86	64.75	46.24	7.97
光源 4	95.10	100.00	109.12	113.80	100.00	59.52
样品 1	98.79	100.00	102.21	114.88	100.00	60.45
样品 2	33.47	34.59	62.35	32.28	30.30	34.20
样品 3	22.80	19.56	9.74	31.91	23.42	6.99
样品 4	20.90	24.78	38.52	22.10	22.47	21.88

样品	D65			测试光源		
	X_r	Y_r	Z_r	X_t	Y_t	Z_t
样品 5	24.06	20.56	9.75	32.57	23.75	6.83
样品 6	47.09	47.28	42.55	56.32	48.06	26.06
样品 7	36.41	36.13	9.77	44.20	36.44	6.28
样品 8	20.69	20.31	34.39	24.22	20.97	21.14
样品 9	22.61	13.30	4.86	34.85	19.95	3.78
样品 10	6.81	6.45	4.88	10.60	8.47	4.01
样品 11	37.21	37.96	18.40	45.67	38.88	11.66
样品 12	25.70	29.51	14.77	28.89	27.41	8.66
样品 13	5.48	6.38	4.52	7.03	6.69	3.39
样品 14	38.08	37.78	32.05	47.21	39.62	19.74
样品 15	5.19	4.86	4.01	7.83	6.20	3.17
样品 16	61.82	61.01	73.27	66.72	57.32	42.21

附表 2-17（11）　McCann 对应色数据集

样品	CIE C 光源			测试光源		
	X_r	Y_r	Z_r	X_t	Y_t	Z_t
光源 1	110.01	100.00	68.15	110.01	100.00	68.15
样品 1	34.58	30.01	17.51	29.96	27.23	18.56
样品 2	33.62	20.23	3.54	30.53	19.92	5.34
样品 3	78.73	70.49	6.24	78.04	70.30	9.68
样品 4	19.04	30.40	21.58	18.74	30.47	19.36
样品 5	25.51	30.83	7.44	23.02	31.00	9.02
样品 6	53.51	25.20	4.64	55.20	25.85	6.42
样品 7	66.63	36.13	14.55	66.84	36.52	16.95
样品 8	28.52	30.88	39.06	28.53	30.88	39.06
样品 9	52.64	61.00	7.67	58.92	70.40	15.29
样品 10	24.06	13.52	5.40	15.29	7.83	3.94
样品 11	90.92	77.28	49.23	101.68	92.42	63.00
样品 12	76.94	45.68	10.39	76.94	45.68	10.39
样品 13	54.23	44.03	7.79	49.64	44.11	7.10

续表

样品	CIE C 光源			测试光源		
	X_r	Y_r	Z_r	X_t	Y_t	Z_t
样品 14	56.14	60.13	50.33	52.03	60.02	46.98
样品 15	34.25	29.40	18.25	43.50	39.54	26.95
样品 16	63.13	45.27	36.44	57.16	44.33	41.87
样品 17	32.41	44.29	16.49	30.40	44.16	19.67
光源 2	110.01	100.00	68.15	55.91	100.00	64.55
样品 1	27.17	29.69	18.97	15.22	27.23	17.57
样品 2	23.98	19.95	6.01	12.13	15.22	5.13
样品 3	78.29	80.95	11.44	34.63	67.01	9.89
样品 4	34.03	43.17	25.55	13.36	37.31	18.50
样品 5	31.18	44.77	10.56	13.18	35.27	8.88
样品 6	41.27	22.66	7.02	19.35	12.38	6.02
样品 7	51.06	32.59	15.34	25.71	23.36	15.93
样品 8	40.35	44.45	43.91	18.25	34.84	36.68
样品 9	47.54	61.33	8.79	30.84	76.57	15.28
样品 10	19.23	12.35	5.13	5.78	4.58	3.70
样品 11	78.28	76.68	50.99	51.66	92.42	59.64
样品 12	55.86	43.78	12.24	29.22	31.52	9.97
样品 13	38.89	44.26	7.33	22.02	41.80	7.16
样品 14	49.64	59.35	42.71	31.01	67.08	44.50
样品 15	42.54	41.97	28.73	22.10	39.54	25.52
样品 16	65.17	59.08	52.41	28.24	41.29	39.34
样品 17	45.48	60.59	23.26	19.07	51.90	19.00
光源 3	110.01	100.00	68.15	151.93	100.00	369.19
样品 1	23.40	19.81	19.83	41.36	27.23	100.51
样品 2	19.59	12.06	2.70	29.88	18.33	28.19
样品 3	67.11	60.54	11.45	72.53	65.91	44.94
样品 4	25.81	31.16	31.60	32.77	31.43	103.06
样品 5	24.59	30.52	13.52	26.88	30.46	45.34
样品 6	36.57	16.02	2.37	51.20	22.55	35.25
样品 7	63.01	35.56	22.74	70.29	33.60	92.91

样品	CIE C 光源			测试光源		
	X_r	Y_r	Z_r	X_t	Y_t	Z_t
样品 8	24.64	20.27	39.14	58.80	33.34	214.49
样品 9	53.51	60.32	17.73	61.82	68.09	74.48
样品 10	14.54	7.71	5.56	16.15	7.17	21.76
样品 11	70.19	59.65	50.98	140.38	92.42	341.15
样品 12	57.17	32.29	6.02	72.56	41.31	54.87
样品 13	58.29	43.96	8.71	47.00	41.42	34.07
样品 14	44.49	43.22	45.69	85.10	61.77	254.16
样品 15	35.01	30.13	28.27	60.06	39.54	145.95
样品 16	57.84	44.42	49.46	84.88	45.02	229.89
样品 17	34.09	43.00	28.04	42.53	44.35	102.61
光源 4	110.01	100.00	68.15	160.22	100.00	90.29
样品 1	24.86	19.91	13.80	43.63	27.23	24.59
样品 2	36.75	20.99	4.44	46.66	23.94	6.97
样品 3	81.06	60.53	9.84	115.85	72.93	11.71
样品 4	26.61	30.63	26.31	24.36	24.51	25.39
样品 5	29.05	30.44	10.21	31.90	27.21	11.43
样品 6	53.51	25.20	4.64	86.45	37.47	8.58
样品 7	75.16	37.99	13.57	103.21	47.91	22.62
样品 8	23.75	20.09	33.45	39.47	27.55	52.19
样品 9	62.77	60.80	7.30	83.77	64.82	19.02
样品 10	28.60	14.48	4.64	23.70	10.65	5.29
样品 11	80.16	61.13	39.52	148.08	92.42	83.47
样品 12	83.61	46.64	7.44	118.60	57.86	13.56
样品 13	60.56	44.09	5.90	73.75	45.97	8.76
样品 14	62.33	59.13	52.56	72.58	53.92	62.21
样品 15	36.97	30.10	20.36	63.35	39.54	35.71
样品 16	69.56	46.26	39.45	84.33	47.05	55.95
样品 17	36.27	43.52	20.07	41.12	37.36	25.48
光源 5	110.01	100.00	68.15	137.44	100.00	33.86
样品 1	34.25	29.40	18.25	37.42	27.23	9.22

续表

样品	CIE C 光源			测试光源		
	X_r	Y_r	Z_r	X_t	Y_t	Z_t
样品 2	51.89	31.00	4.64	41.66	22.93	2.70
样品 3	76.66	60.80	5.64	104.77	72.82	5.27
样品 4	22.62	30.30	17.56	20.27	26.24	9.73
样品 5	27.56	30.72	6.66	28.45	28.49	4.70
样品 6	53.51	25.20	4.64	77.21	34.33	3.16
样品 7	66.05	35.69	12.35	91.12	44.78	8.35
样品 8	30.41	30.25	28.26	31.03	28.20	19.22
样品 9	67.91	70.41	9.15	75.42	66.97	8.12
样品 10	28.60	14.48	4.64	20.90	9.86	1.94
样品 11	91.68	77.45	47.44	127.02	92.42	31.31
样品 12	61.89	32.98	4.10	106.12	54.72	5.25
样品 13	55.63	44.18	4.96	66.54	45.82	3.81
样品 14	58.46	59.39	43.49	60.64	55.57	23.36
样品 15	34.25	29.40	18.25	54.34	39.54	13.39
样品 16	90.50	63.38	41.63	71.17	46.07	20.61
样品 17	48.57	60.47	20.42	35.73	39.48	10.02

附录 3
辐射计算表

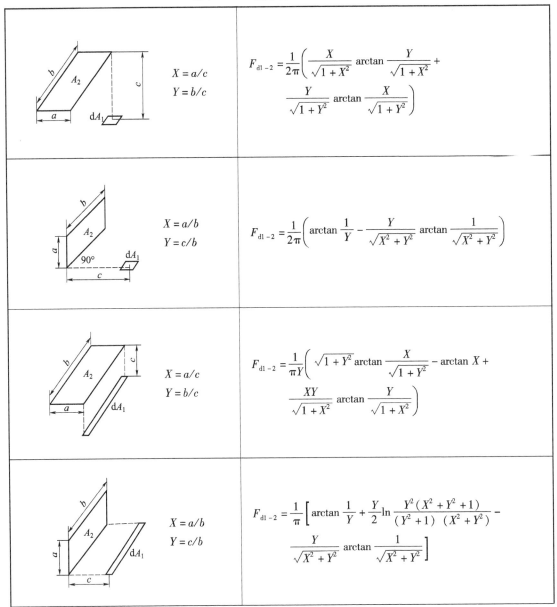

$$X = a/c$$
$$Y = b/c$$

$$F_{d1-2} = \frac{1}{2\pi}\left(\frac{X}{\sqrt{1+X^2}} \arctan \frac{Y}{\sqrt{1+X^2}} + \frac{Y}{\sqrt{1+Y^2}} \arctan \frac{X}{\sqrt{1+Y^2}} \right)$$

$$X = a/b$$
$$Y = c/b$$

$$F_{d1-2} = \frac{1}{2\pi}\left(\arctan \frac{1}{Y} - \frac{Y}{\sqrt{X^2+Y^2}} \arctan \frac{1}{\sqrt{X^2+Y^2}} \right)$$

$$X = a/c$$
$$Y = b/c$$

$$F_{d1-2} = \frac{1}{\pi Y}\left(\sqrt{1+Y^2} \arctan \frac{X}{\sqrt{1+Y^2}} - \arctan X + \frac{XY}{\sqrt{1+X^2}} \arctan \frac{Y}{\sqrt{1+X^2}} \right)$$

$$X = a/b$$
$$Y = c/b$$

$$F_{d1-2} = \frac{1}{\pi}\left[\arctan \frac{1}{Y} + \frac{Y}{2} \ln \frac{Y^2(X^2+Y^2+1)}{(Y^2+1)(X^2+Y^2)} - \frac{Y}{\sqrt{X^2+Y^2}} \arctan \frac{1}{\sqrt{X^2+Y^2}} \right]$$

$X = a/c$

$Y = b/c$

$$F_{1-2} = \frac{2}{\pi XY}\left[\frac{1}{2}\ln\frac{(1+X^2)(1+Y^2)}{1+X^2+Y^2} - X\arctan X - \right.$$

$$Y\arctan Y + X\sqrt{1+Y^2}\arctan\frac{X}{\sqrt{1+Y^2}} +$$

$$\left. Y\sqrt{1+X^2}\arctan\frac{Y}{\sqrt{1+X^2}}\right]$$

$$F_{d1-2} = \frac{r^2}{h^2 + r^2}$$

$X = c/b$

$Y = a/b$

$$F_{1-2} = \frac{1}{\pi Y}\left(Y\arctan\frac{1}{Y} + X\arctan\frac{1}{X}\right) - $$

$$\sqrt{X^2+Y^2}\arctan\frac{1}{\sqrt{X^2+Y^2}} + $$

$$\frac{1}{4}\ln\left\{\frac{(1+Y^2)(1+X^2)}{1+X^2+Y^2}\left[\frac{Y^2(1+X^2+Y^2)}{(1+Y^2)(Y^2+X^2)}\right]^{Y^2} \times\right.$$

$$\left.\left[\frac{X^2(1+X^2+Y^2)}{(1+X^2)(Y^2+X^2)}\right]^{X^2}\right\}$$

$H = h/a$

$R = r/a$

$X = 1 + H^2 + R^2$

$$F_{d1-2} = \frac{1}{2}\left(1 - \frac{1+H^2-R^2}{\sqrt{X^2-4R^2}}\right)$$

$$H = h/l$$
$$R = r/l$$
$$X = 1 + H^2 + R^2$$

$$F_{d1-2} = \frac{H}{2}\left(\frac{X}{\sqrt{X^2 - 4R^2}} - 1\right)$$

$$R_1 = r_1/h$$
$$R_2 = r_2/l$$
$$X = 1 + (1 + R_2^2)/R_1^2$$

$$F_{1-2} = \frac{1}{2}\left[X - \sqrt{X^2 - 4(R_2/R_1)^2}\right]$$

$$Z = \frac{x}{2r}$$

$$F_{d1-d2} = \left[1 - \frac{2Z^3 + 3Z}{2(1 + Z^2)^{3/2}}\right]dx_2$$

$$F_{d1-2} = \frac{ab}{\sqrt{(h^2 + a^2)(h^2 + b^2)}}$$

$$Z = \frac{x}{2r}$$

$$F_{d1-2} = \left(Z^2 + \frac{1}{2}\right)\bigg/\sqrt{Z^2 + 1} - Z$$

附表 3 - 2　函数 $H_r = 100\%$ 时，不同温度下，每千米大气中的可降水分厘米数

高度/km 降水量/m t/℃	0	2	4	6	8
0	0.486	0.493	0.500	0.507	0.514
1	0.521	0.528	0.535	0.543	0.550
2	0.557	0.565	0.573	0.580	0.588
3	0.596	0.604	0.612	0.621	0.629
4	0.637	0.646	0.655	0.663	0.672
5	0.681	0.690	0.700	0.709	0.719
6	0.728	0.738	0.748	0.758	0.768
7	0.778	0.788	0.798	0.808	0.818
8	0.828	0.839	0.851	0.862	0.874
9	0.885	0.896	0.907	0.919	0.930
10	0.941	0.953	0.965	0.978	0.990
11	1.002	1.015	1.028	1.042	1.055
12	1.068	1.082	1.095	1.109	1.122
13	1.136	1.150	1.165	1.179	1.194
14	1.208	1.223	1.238	1.253	1.268
15	1.283	1.299	1.316	1.332	1.349
16	1.365	1.382	1.399	1.415	1.142
17	1.449	1.467	1.485	1.503	1.521
18	1.539	1.558	1.576	1.597	1.613
19	1.632	1.652	1.672	1.692	1.712
20	1.732	1.753	1.773	1.794	1.814
21	1.835	1.857	1.879	1.901	1.923
22	1.945	1.963	1.991	2.013	2.036
23	2.059	2.083	2.108	2.132	2.157
24	2.181	2.206	2.231	2.255	2.280
25	2.305	2.332	2.359	2.386	2.413
26	2.440	2.467	2.495	2.522	2.550
27	2.577	2.607	2.636	2.666	2.695
28	2.725	2.775	2.785	2.815	2.846
29	2.876	2.908	2.941	2.973	3.006
30	3.038				
-30	0.046				

降水量/m　高度/km　t/℃	0	2	4	6	8
−29	0.050	0.049	0.048	0.046	0.045
−28	0.054	0.053	0.052	0.052	0.051
−27	0.059	0.058	0.058	0.056	0.055
−26	0.065	0.064	0.063	0.061	0.060
−25	0.070	0.069	0.068	0.067	0.066
−24	0.076	0.075	0.074	0.072	0.071
−23	0.084	0.082	0.081	0.079	0.078
−22	0.091	0.090	0.088	0.087	0.085
−21	0.099	0.097	0.096	0.094	0.093
−20	0.108	0.106	0.104	0.103	0.101
−19	0.117	0.115	0.113	0.112	0.110
−18	0.127	0.125	0.123	0.121	0.119
−17	0.137	0.135	0.133	0.131	0.129
−16	0.149	0.147	0.144	0.142	0.139
−15	0.161	0.159	0.156	0.154	0.151
−14	0.174	0.171	0.169	0.166	0.164
−13	0.188	0.185	0.182	0.180	0.177
−12	0.203	0.200	0.197	0.194	0.191
−11	0.219	0.216	0.213	0.209	0.206
−10	0.237	0.233	0.230	0.226	0.223
−9	0.255	0.251	0.248	0.241	0.241
−8	0.274	0.270	0.266	0.263	0.259
−7	0.295	0.291	0.287	0.282	0.278
−6	0.318	0.313	0.309	0.304	0.300
−5	0.341	0.336	0.332	0.327	0.323
−4	0.367	0.362	0.357	0.351	0.346
−3	0.394	0.389	0.383	0.378	0.372
−2	0.423	0.417	0.411	0.406	0.400
−1	0.453	0.447	0.441	0.435	0.429
0	0.486	0.479	0.473	0.466	0.460

附表 3 - 3　CO_2 在海平面水平路径上水蒸气的光谱透射比（0.3 ~ 13.9 μm）

波长/	水蒸气含量（可降水分毫米数）/mm												
μm	0.1	0.2	0.5	1	2	5	10	20	50	100	200	500	1 000
0.3	0.980	0.972	0.955	0.937	0.911	0.860	0.802	0.723	0.574	0.428	0.263	0.076	0.012
0.4	0.980	0.972	0.955	0.937	0.911	0.860	0.802	0.723	0.574	0.428	0.263	0.076	0.012
0.5	0.986	0.980	0.968	0.956	0.937	0.901	0.861	0.804	0.695	0.579	0.433	0.215	0.079
0.6	0.990	0.986	0.977	0.968	0.955	0.929	0.900	0.860	0.779	0.692	0.575	0.375	0.210
0.7	0.991	0.987	0.980	0.972	0.960	0.937	0.910	0.873	0.800	0.722	0.615	0.425	0.260
0.8	0.989	0.984	0.975	0.965	0.950	0.922	0.891	0.845	0.758	0.663	0.539	0.330	0.168
0.9	0.965	0.951	0.922	0.890	0.844	0.757	0.661	0.535	0.326	0.165	0.050	0.002	0
1.0	0.990	0.986	0.977	0.968	0.955	0.929	0.900	0.860	0.779	0.692	0.575	0.375	0.210
1.1	0.970	0.958	0.932	0.905	0.866	0.790	0.707	0.595	0.406	0.235	0.093	0.008	0
1.2	0.980	0.972	0.955	0.937	0.911	0.860	0.802	0.723	0.574	0.428	0.263	0.076	0.012
1.3	0.726	0.611	0.432	0.268	0.116	0.013	0	0	0	0	0	0	0
1.4	0.930	0.902	0.844	0.782	0.695	0.536	0.381	0.216	0.064	0.005	0	0	0
1.5	0.997	0.994	0.991	0.988	0.982	0.972	0.960	0.644	0.911	0.874	0.823	0.724	0.616
1.6	0.998	0.997	0.996	0.994	0.991	0.986	0.980	0.972	0.956	0.937	0.911	0.860	0.802
1.7	0.998	0.997	0.996	0.994	0.991	0.986	0.980	0.720	0.956	0.937	0.911	0.860	0.802
1.8	0.792	0.707	0.555	0.406	0.239	0.062	0.008	0	0	0	0	0	0
1.9	0.960	0.943	0.911	0.874	0.822	0.723	0.617	0.478	0.262	0.113	0.024	0	0
2.0	0.985	0.979	0.966	0.953	0.933	0.894	0.851	0.790	0.674	0.552	0.401	0.184	0.006
2.1	0.997	0.994	0.991	0.988	0.982	0.972	0.960	0.944	0.911	0.847	0.823	0.724	0.616
2.2	0.998	0.997	0.966	0.994	0.991	0.986	0.980	0.720	0.956	0.937	0.911	0.860	0.802
2.3	0.997	0.994	0.991	0.988	0.982	0.972	0.960	0.944	0.911	0.874	0.823	0.724	0.616
2.4	0.980	0.972	0.955	0.937	0.911	0.860	0.802	0.723	0.574	0.428	0.263	0.076	0.012
2.5	0.930	0.902	0.844	0.782	0.695	0.536	0.381	0.216	0.064	0.005	0	0	0
2.6	0.617	0.479	0.261	0.110	0.002	0	0	0	0	0	0	0	0
2.7	0.361	0.196	0.040	0.004	0	0	0	0	0	0	0	0	0
2.8	0.453	0.289	0.092	0.017	0.001	0	0	0	0	0	0	0	0
2.9	0.689	0.571	0.369	0.205	0.073	0.005	0	0	0	0	0	0	0
3.0	0.851	0.790	0.673	0.552	0.401	0.184	0.060	0.008	0	0	0	0	0
3.1	0.900	0.860	0.779	0.692	0.574	0.375	0.210	0.076	0.005	0	0	0	0
3.2	0.925	0.894	0.833	0.766	0.674	0.506	0.347	0.184	0.035	0.003	0	0	0
3.3	0.950	0.930	0.888	0.843	0.779	0.658	0.531	0.377	0.161	0.048	0.005	0	0
3.4	0.973	0.962	0.939	0.914	0.880	0.811	0.735	0.633	0.448	0.285	0.130	0.017	0.001
3.5	0.988	0.983	0.973	0.962	0.946	0.915	0.881	0.832	0.736	0.635	0.502	0.287	0.133
3.6	0.994	0.992	0.987	0.982	0.973	0.958	0.947	0.916	0.866	0.812	0.738	0.596	0.452
3.7	0.997	0.994	0.991	0.988	0.982	0.972	0.960	0.944	0.911	0.874	0.823	0.724	0.616

续表

波长/μm	水蒸气含量（可降水分毫米数）/mm												
	0.1	0.2	0.5	1	2	5	10	20	50	100	200	500	1 000
3.8	0.998	0.997	0.995	0.994	0.991	0.986	0.980	0.972	0.956	0.937	0.911	0.860	0.802
3.9	0.998	0.997	0.995	0.994	0.991	0.986	0.980	0.972	0.956	0.937	0.911	0.860	0.802
4.0	0.997	0.995	0.993	0.990	0.987	0.977	0.970	0.960	0.930	0.900	0.870	0.790	0.700
4.1	0.977	0.994	0.991	0.988	0.982	0.972	0.960	0.944	0.911	0.874	0.823	0.724	0.616
4.2	0.994	0.992	0.987	0.982	0.973	0.938	0.947	0.916	0.866	0.812	0.738	0.596	0.452
4.3	0.991	0.984	0.975	0.972	0.950	0.957	0.910	0.873	0.800	0.722	0.615	0.425	0.260
4.4	0.980	0.972	0.955	0.937	0.911	0.860	0.802	0.723	0.574	0.428	0.263	0.076	0.012
4.5	0.970	0.958	0.932	0.905	0.866	0.790	0.707	0.595	0.400	0.235	0.093	0.008	0
4.6	0.960	0.943	0.911	0.874	0.822	0.723	0.617	0.478	0.262	0.113	0.024	0	0
4.7	0.950	0.930	0.888	0.843	0.779	0.658	0.531	0.377	0.161	0.048	0.005	0	0
4.8	0.940	0.915	0.866	0.812	0.736	0.595	0.452	0.289	0.117	0.018	0.001	0	0
4.9	0.930	0.902	0.844	0.782	0.695	0.536	0.381	0.216	0.064	0.005	0	0	0
5.0	0.915	0.880	0.811	0.736	0.634	0.451	0.286	0.132	0.017	0	0	0	0
5.1	0.885	0.839	0.747	0.649	0.519	0.308	0.149	0.041	0.001	0	0	0	0
5.2	0.846	0.784	0.664	0.539	0.385	0.169	0.052	0.006	0	0	0	0	0
5.3	0.792	0.707	0.555	0.406	0.239	0.062	0.008	0	0	0	0	0	0
5.4	0.726	0.611	0.432	0.268	0.116	0.013	0	0	0	0	0	0	0
5.5	0.617	0.479	0.261	0.110	0.035	0	0	0	0	0	0	0	0
5.6	0.491	0.331	0.121	0.029	0.002	0	0	0	0	0	0	0	0
5.7	0.361	0.196	0.040	0.004	0	0	0	0	0	0	0	0	0
5.8	0.141	0.044	0.001	0	0	0	0	0	0	0	0	0	0
5.9	0.141	0.044	0.001	0	0	0	0	0	0	0	0	0	0
6.0	0.180	0.058	0.003	0	0	0	0	0	0	0	0	0	0
6.1	0.260	0.112	0.012	0	0	0	0	0	0	0	0	0	0
6.2	0.652	0.524	0.313	0.153	0.043	0.001	0	0	0	0	0	0	0
6.3	0.552	0.401	0.182	0.060	0.008	0	0	0	0	0	0	0	0
6.4	0.317	0.157	0.025	0.002	0	0	0	0	0	0	0	0	0
6.5	0.164	0.049	0.002	0	0	0	0	0	0	0	0	0	0
6.6	0.138	0.042	0.001	0	0	0	0	0	0	0	0	0	0
6.7	0.322	0.162	0.037	0.002	0	0	0	0	0	0	0	0	0
6.8	0.361	0.196	0.040	0.004	0	0	0	0	0	0	0	0	0
6.9	0.416	0.250	0.068	0.010	0	0	0	0	0	0	0	0	0

波长/ μm	水蒸气含量（可降水分毫米数）/mm									
	0. 2	0. 5	1	2	5	10	20	50	100	200
7. 0	0. 569	0. 245	0. 060	0. 004	0	0	0	0	0	0
7. 1	0. 716	0. 433	0. 188	0. 035	0	0	0	0	0	0
7. 2	0. 782	0. 540	0. 292	0. 085	0. 002	0	0	0	0	0
7. 3	0. 849	0. 664	0. 441	0. 194	0. 017	0	0	0	0	0
7. 4	0. 922	0. 817	0. 666	0. 444	0. 132	0. 018	0	0	0	0
7. 5	0. 974	0. 874	0. 762	0. 582	0. 258	0. 066	0	0	0	0
7. 6	0. 922	0. 817	0. 666	0. 444	0. 132	0. 018	0	0	0	0
7. 7	0. 978	0. 944	0. 884	0. 796	0. 564	0. 328	0. 102	0. 003	0	0
7. 8	0. 974	0. 937	0. 878	0. 771	0. 523	0. 273	0. 074	0. 002	0	0
7. 9	0. 982	0. 959	0. 920	0. 842	0. 658	0. 433	0. 187	0. 015	0	0
8. 0	0. 990	0. 975	0. 951	0. 904	0. 777	0. 603	0. 365	0. 080	0. 006	0
8. 1	0. 994	0. 986	0. 972	0. 945	0. 869	0. 754	0. 568	0. 244	0. 059	0. 003
8. 2	0. 993	0. 982	0. 964	0. 930	0. 834	0. 696	0. 484	0. 163	0. 027	0
8. 3	0. 995	0. 988	0. 976	0. 953	0. 887	0. 786	0. 618	0. 800	0. 090	0. 008
8. 4	0. 955	0. 987	0. 975	0. 950	0. 880	0. 774	0. 599	0. 278	0. 007	0. 006
8. 5	0. 994	0. 986	0. 972	0. 944	0. 866	0. 750	0. 562	0. 237	0. 056	0. 003
8. 6	0. 996	0. 992	0. 982	0. 956	0. 915	0. 837	0. 702	0. 411	0. 169	0. 029
8. 7	0. 996	0. 992	0. 983	0. 966	0. 916	0. 839	0. 704	0. 416	0. 173	0. 030
8. 8	0. 997	0. 993	0. 983	0. 966	0. 917	0. 841	0. 707	0. 421	0. 177	0. 031
8. 9	0. 997	0. 992	0. 983	0. 966	0. 918	0. 843	0. 709	0. 425	0. 180	0. 032
9. 0	0. 997	0. 992	0. 984	0. 968	0. 921	0. 848	0. 719	0. 440	0. 193	0. 037
9. 1	0. 997	0. 992	0. 985	0. 970	0. 926	0. 858	0. 735	0. 464	0. 215	0. 046
9. 2	0. 997	0. 993	0. 985	0. 971	0. 929	0. 863	0. 744	0. 478	0. 228	0. 052
9. 3	0. 997	0. 993	0. 986	0. 972	0. 930	0. 867	0. 750	0. 489	0. 239	0. 057
9. 4	0. 997	0. 993	0. 986	0. 973	0. 933	0. 870	0. 756	0. 498	0. 248	0. 061
9. 5	0. 997	0. 993	0. 987	0. 973	0. 934	0. 873	0. 762	0. 507	0. 257	0. 066
9. 6	0. 997	0. 993	0. 987	0. 974	0. 936	0. 876	0. 766	0. 516	0. 265	0. 070
9. 7	0. 997	0. 993	0. 987	0. 974	0. 937	0. 878	0. 770	0. 521	0. 270	0. 073
9. 8	0. 997	0. 994	0. 987	0. 975	0. 938	0. 880	0. 773	0. 526	0. 277	0. 077
9. 9	0. 997	0. 994	0. 987	0. 975	0. 939	0. 882	0. 777	0. 532	0. 283	0. 080
10. 0	0. 998	0. 994	0. 988	0. 975	0. 940	0. 883	0. 780	0. 538	0. 289	0. 083
10. 1	0. 998	0. 994	0. 988	0. 975	0. 940	0. 883	0. 780	0. 538	0. 289	0. 083
10. 2	0. 998	0. 994	0. 988	0. 975	0. 940	0. 883	0. 780	0. 538	0. 289	0. 083
10. 3	0. 998	0. 994	0. 988	0. 976	0. 940	0. 884	0. 781	0. 540	0. 292	0. 085
10. 4	0. 998	0. 994	0. 988	0. 976	0. 941	0. 885	0. 782	0. 542	0. 294	0. 086

波长/	水蒸气含量（可降水分毫米数）/mm									
μm	0.2	0.5	1	2	5	10	20	50	100	200
10.5	0.998	0.994	0.988	0.976	0.941	0.886	0.784	0.544	0.295	0.087
10.6	0.998	0.994	0.988	0.976	0.942	0.887	0.786	0.548	0.300	0.089
10.7	0.998	0.994	0.988	0.976	0.942	0.887	0.787	0.550	0.302	0.091
10.8	0.998	0.994	0.988	0.976	0.941	0.886	0.784	0.544	0.295	0.087
10.9	0.998	0.994	0.988	0.976	0.940	0.884	0.781	0.540	0.292	0.085
11.0	0.998	0.994	0.988	0.975	0.940	0.883	0.779	0.536	0.287	0.082
11.1	0.998	0.994	0.987	0.975	0.939	0.882	0.777	0.532	0.283	0.080
11.2	0.997	0.993	0.986	0.972	0.931	0.867	0.750	0.487	0.237	0.056
11.3	0.997	0.992	0.985	0.970	0.927	0.859	0.738	0.467	0.218	0.048
11.4	0.998	0.993	0.986	0.971	0.930	0.865	0.748	0.485	0.235	0.055
11.5	0.997	0.993	0.986	0.972	0.932	0.868	0.753	0.693	0.243	0.059
11.6	0.997	0.993	0.987	0.974	0.935	0.875	0.765	0.513	0.262	0.069
11.7	0.996	0.990	0.980	0.961	0.906	0.820	0.673	0.372	0.138	0.019
11.8	0.997	0.992	0.982	0.969	0.925	0.863	0.733	0.460	0.212	0.045
11.9	0.997	0.993	0.986	0.972	0.932	0.869	0.755	0.495	0.245	0.060
12.0	0.997	0.993	0.987	0.974	0.937	0.878	0.770	0.521	0.270	0.073
12.1	0.997	0.994	0.987	0.975	0.938	0.880	0.773	0.526	0.277	0.077
12.2	0.997	0.994	0.987	0.975	0.938	0.880	0.775	0.528	0.279	0.078
12.3	0.997	0.993	0.987	0.974	0.937	0.878	0.770	0.521	0.270	0.073
12.4	0.997	0.993	0.987	0.974	0.935	0.874	0.764	0.511	0.261	0.068
12.5	0.997	0.993	0.986	0.973	0.933	0.871	0.759	0.502	0.252	0.063
12.6	0.997	0.993	0.986	0.972	0.931	0.868	0.752	0.491	0.241	0.058
12.7	0.997	0.993	0.985	0.971	0.929	0.863	0.744	0.478	0.228	0.052
12.8	0.997	0.992	0.985	0.970	0.926	0.858	0.736	0.466	0.217	0.047
12.9	0.997	0.992	0.984	0.969	0.924	0.853	0.728	0.452	0.204	0.041
13.0	0.997	0.992	0.984	0.967	0.921	0.846	0.718	0.437	0.191	0.036
13.1	0.996	0.991	0.983	0.966	0.918	0.843	0.709	0.424	0.180	0.032
13.2	0.996	0.991	0.982	0.965	0.915	0.837	0.710	0.411	0.169	0.028
13.3	0.996	0.991	0.982	0.964	0.912	0.831	0.690	0.397	0.153	0.025
13.4	0.996	0.990	0.981	0.962	0.908	0.825	0.681	0.382	0.146	0.021
13.5	0.996	0.990	0.980	0.961	0.905	0.819	0.670	0.368	0.136	0.019
13.6	0.996	0.990	0.979	0.959	0.902	0.813	0.661	0.355	0.126	0.016
13.7	0.996	0.989	0.979	0.958	0.898	0.807	0.651	0.342	0.117	0.014
13.8	0.996	0.989	0.978	0.956	0.894	0.800	0.640	0.328	0.107	0.011
13.9	0.995	0.988	0.977	0.955	0.981	0.793	0.629	0.313	0.098	0.010

附录 4

孟塞尔新标系统颜色样品的 CIE 色坐标

红

v/c	Y	2.5R x	2.5R y	5.0R x	5.0R y	7.5R x	7.5R y	10.0R x	10.0R y
9/6	0.786 6	0.366 5	0.318 3	0.373 4	0.325 6	0.381 2	0.334 8	0.388 0	0.343 9
4		0.344 5	0.317 9	0.349 5	0.322 6	0.355 1	0.328 3	0.360 0	0.334 8
2		0.321 0	0.316 8	0.324 0	0.318 8	0.326 3	0.321 0	0.328 4	0.323 3
8/10	0.591 0	0.412 5	0.316 0	0.424 9	0.327 0	0.438 8	0.341 9	0.449 0	0.358 9
8		0.390 0	0.317 1	0.400 1	0.326 3	0.411 8	0.338 5	0.421 2	0.352 6
6		0.367 1	0.317 5	0.374 3	0.324 8	0.383 0	0.333 5	0.391 0	0.344 2
4		0.346 0	0.317 7	0.351 0	0.322 4	0.356 4	0.327 9	0.362 1	0.334 9
2		0.323 6	0.316 9	0.325 4	0.318 6	0.327 7	0.321 1	0.330 1	0.323 7
7/16	0.430 6	0.488 5	0.303 9			0.534 1	0.345 2	0.551 9	0.372 9
14		0.466 0	0.308 2	0.484 8	0.323 1	0.505 9	0.345 0	0.523 4	0.370 0

黄红

v/c	Y	2.5YR x	2.5YR y	5.0YR x	5.0YR y	7.5YR x	7.5YR y	10.0YR x	10.0YR y
9/8	0.786 6					0.422 0	0.393 0	0.419 9	0.406 9
6		0.392 7	0.355 0	0.394 8	0.365 9	0.395 0	0.376 3	0.394 1	0.387 7
4		0.364 1	0.342 2	0.366 8	0.350 9	0.367 9	0.358 5	0.367 7	0.366 8
2		0.332 0	0.327 3	0.335 3	0.332 5	0.338 0	0.337 7	0.339 2	0.343 0
8/20	0.591 0					0.539 1	0.451 8	0.524 5	0.470 9
18						0.531 6	0.448 0	0.517 9	0.467 0
16						0.519 5	0.442 4	0.507 9	0.461 3
14				0.508 8	0.414 5	0.502 5	0.433 8	0.494 0	0.453 0
12		0.485 2	0.384 7	0.484 9	0.405 0	0.481 6	0.423 2	0.475 3	0.441 4
10		0.455 2	0.376 1	0.457 6	0.393 8	0.456 8	0.410 0	0.452 7	0.426 8
8		0.427 5	0.366 2	0.431 0	0.382 0	0.430 6	0.395 2	0.428 0	0.410 2
6		0.396 0	0.354 7	0.398 8	0.366 3	0.400 0	0.377 0	0.399 4	0.389 6
4		0.366 7	0.342 9	0.369 0	0.351 0	0.369 9	0.358 6	0.370 1	0.367 4
2		0.333 4	0.327 6	0.337 3	0.333 0	0.339 5	0.337 9	0.340 7	0.343 4
7/20	0.430 6	0.582 4	0.404 6	0.565 7	0.429 8	0.541 7	0.449 2	0.527 6	0.470 0
18		0.569 5	0.402 4	0.556 4	0.426 7	0.531 9	0.444 9	0.518 8	0.465 0
16		0.552 2	0.398 9	0.543 7	0.422 8	0.517 4	0.438 1	0.507 4	0.458 1
14		0.529 7	0.393 8	0.525 2	0.416 8				

续表

红

v/c	Y	2.5R		5.0R		7.5R		10.0R	
		x	y	x	y	x	y	x	y
12		0.443 5	0.311 9	0.459 5	0.325 2	0.477 7	0.343 5	0.493 0	0.365 9
10		0.418 3	0.314 4	0.432 0	0.326 0	0.447 0	0.341 3	0.460 0	0.359 6
8		0.396 1	0.316 0	0.406 7	0.325 6	0.419 6	0.338 2	0.430 8	0.353 3
6		0.372 8	0.317 0	0.380 5	0.324 4	0.388 8	0.333 6	0.398 4	0.345 2
4		0.349 9	0.317 1	0.355 2	0.322 2	0.361 1	0.328 2	0.367 1	0.336 0
2		0.328 4	0.317 0	0.330 6	0.319 0	0.333 5	0.322 0	0.336 0	0.325 3
6/18	0.300 5	0.526 2	0.292 8	0.555 2	0.313 8	0.582 9	0.339 6	0.600 0	0.372 0
16		0.504 1	0.298 3	0.529 7	0.317 9	0.556 0	0.342 0	0.574 1	0.371 3
14		0.479 0	0.304 1	0.502 0	0.321 2	0.526 5	0.343 1	0.546 8	0.369 7
12		0.456 8	0.308 2	0.476 0	0.323 4	0.496 1	0.342 8	0.515 0	0.366 7
10		0.432 0	0.311 8	0.448 0	0.325 0	0.465 5	0.341 2	0.481 2	0.361 9
8		0.406 5	0.314 4	0.418 7	0.325 1	0.431 8	0.338 3	0.444 9	0.355 0
6		0.383 2	0.315 8	0.392 1	0.324 4	0.400 0	0.334 0	0.410 3	0.347 3
4		0.356 6	0.316 3	0.362 8	0.322 1	0.369 2	0.329 1	0.376 8	0.338 1
2		0.331 8	0.316 6	0.334 3	0.319 0	0.338 1	0.322 8	0.341 7	0.326 8
5/20	0.197 7	0.578 4	0.271 9	0.614 2	0.297 0	0.638 8	0.321 6		
18		0.554 0	0.280 4	0.591 8	0.303 8	0.616 1	0.327 7	0.629 7	0.364 2
16		0.530 0	0.288 0	0.563 7	0.310 2	0.590 1	0.333 1	0.603 7	0.365 7
14		0.504 7	0.295 0	0.534 1	0.315 8	0.559 0	0.337 0	0.577 1	0.366 4
12		0.482 0	0.300 2	0.507 1	0.319 4	0.528 0	0.338 9	0.548 1	0.366 0
10		0.453 0	0.305 8	0.474 7	0.322 7	0.492 7	0.339 9	0.511 3	0.363 0
8		0.425 2	0.310 1	0.441 3	0.324 0	0.456 3	0.338 7	0.471 3	0.357 5
6		0.396 0	0.313 0	0.407 8	0.323 8	0.418 0	0.334 8	0.429 9	0.349 6
4		0.366 0	0.314 8	0.374 0	0.322 0	0.380 6	0.329 4	0.387 9	0.339 8
2		0.336 0	0.315 8	0.339 2	0.319 2	0.342 5	0.322 9	0.346 5	0.327 8
4/20	0.120 0					0.680 6	0.298 8		
18		0.589 8	0.262 2	0.632 9	0.288 1	0.653 8	0.310 0		
16		0.562 0	0.272 4	0.603 9	0.297 8	0.626 0	0.319 2	0.640 9	0.353 3

黄红

v/c	Y	2.5YR		5.0YR		7.5YR		10.0YR	
		x	y	x	y	x	y	x	y
12		0.500 1	0.386 1	0.500 7	0.408 1	0.497 0	0.428 2	0.490 0	0.448 0
10		0.467 1	0.376 8	0.471 1	0.397 2	0.470 4	0.415 1	0.466 7	0.433 5
8		0.437 1	0.367 9	0.440 2	0.384 2	0.441 5	0.399 6	0.439 9	0.416 4
6		0.405 3	0.357 0	0.409 1	0.370 1	0.410 7	0.382 0	0.410 2	0.396 0
4		0.371 5	0.343 9	0.375 0	0.353 0	0.377 2	0.361 3	0.377 8	0.371 9
2		0.339 2	0.329 8	0.342 1	0.334 9	0.343 7	0.339 7	0.344 3	0.345 4
6/18	0.300 5	0.587 9	0.402 1	0.571 5	0.427 0				
16		0.569 8	0.399 0	0.559 7	0.423 9	0.546 8	0.447 8		
14		0.548 8	0.394 7	0.542 3	0.418 8	0.532 0	0.441 2	0.520 0	0.462 3
12		0.521 5	0.388 7	0.519 9	0.411 9	0.514 5	0.433 1	0.505 0	0.453 6
10		0.489 1	0.380 6	0.492 1	0.402 2	0.490 4	0.422 0	0.484 3	0.441 6
8		0.453 3	0.370 8	0.459 2	0.390 0	0.459 6	0.406 4	0.457 0	0.424 9
6		0.418 0	0.360 0	0.422 9	0.375 0	0.424 2	0.387 6	0.424 0	0.403 0
4		0.380 6	0.346 7	0.384 4	0.356 4	0.386 2	0.365 2	0.386 1	0.376 7
2		0.345 3	0.332 1	0.347 4	0.337 3	0.348 7	0.342 1	0.349 1	0.348 3
5/16	0.197 7	0.593 3	0.398 9						
14		0.573 1	0.395 3	0.564 2	0.420 1	0.550 6	0.445 0		
12		0.548 2	0.390 9	0.542 2	0.414 1	0.533 5	0.437 8	0.521 1	0.460 0
10		0.517 5	0.384 4	0.516 1	0.406 4	0.510 8	0.427 6	0.502 5	0.448 9
8		0.479 5	0.375 8	0.483 0	0.396 0	0.482 0	0.414 1	0.477 0	0.433 8
6		0.436 5	0.364 0	0.442 0	0.380 8	0.444 0	0.395 4	0.442 8	0.412 8
4		0.392 5	0.349 4	0.396 8	0.361 4	0.399 1	0.371 4	0.399 5	0.384 0
2		0.350 6	0.333 7	0.353 0	0.339 5	0.354 0	0.344 5	0.354 6	0.351 4

续表

红

v/c	Y	2.5R x	2.5R y	5.0R x	5.0R y	7.5R x	7.5R y	10.0R x	10.0R y
14		0.536 9	0.281 0	0.573 4	0.305 7	0.595 9	0.326 9	0.615 4	0.356 8
12		0.507 2	0.289 7	0.538 5	0.312 9	0.560 3	0.332 1	0.580 1	0.358 8
10		0.477 4	0.296 9	0.504 3	0.317 6	0.523 5	0.335 1	0.541 8	0.358 0
8		0.447 2	0.303 1	0.469 0	0.320 9	0.485 0	0.335 9	0.499 5	0.355 7
6		0.414 1	0.308 5	0.429 9	0.322 6	0.441 5	0.334 0	0.453 5	0.350 0
4		0.380 6	0.312 5	0.391 6	0.322 3	0.399 7	0.330 0	0.407 8	0.341 2
2		0.346 1	0.315 0	0.350 8	0.320 0	0.353 8	0.323 6	0.358 2	0.329 4
3/16	0.065 55	0.611 6	0.245 6	0.652 1	0.266 0	0.681 7	0.287 2		
14		0.582 8	0.257 9	0.620 4	0.278 9	0.649 2	0.301 2	0.670 3	0.324 9
12		0.553 6	0.269 1	0.588 4	0.290 4	0.615 8	0.312 9	0.632 2	0.336 1
10		0.519 1	0.281 1	0.550 0	0.302 4	0.573 3	0.324 0	0.587 1	0.344 0
8		0.482 1	0.291 8	0.506 4	0.311 4	0.525 1	0.329 7	0.539 3	0.347 7
6		0.440 9	0.300 9	0.459 2	0.316 8	0.473 8	0.331 6	0.485 4	0.346 7
4		0.402 1	0.307 6	0.414 8	0.319 0	0.424 0	0.330 2	0.430 8	0.341 2
2		0.359 1	0.313 0	0.364 5	0.319 0	0.369 0	0.324 3	0.372 8	0.331 4
2/14	0.031 26	0.573 1	0.208 3	0.630 3	0.228 7	0.679 1	0.252 0	0.716 5	0.273 4
12		0.543 8	0.225 4	0.593 0	0.246 5	0.639 2	0.270 4	0.673 2	0.293 7
10		0.512 2	0.242 8	0.555 7	0.263 3	0.595 2	0.287 4	0.624 7	0.312 0
8		0.477 6	0.259 3	0.514 3	0.280 0	0.543 3	0.302 7	0.571 3	0.325 9
6		0.439 0	0.276 0	0.464 2	0.293 4	0.487 5	0.312 3	0.509 5	0.333 1
4		0.402 1	0.292 9	0.418 4	0.303 2	0.433 5	0.316 9	0.448 1	0.333 0
2		0.359 1	0.311 1	0.369 2	0.311 1	0.375 1	0.318 1	0.381 1	0.327 4
1/10	0.012 10	0.505 8	0.190 0	0.560 4	0.210 0	0.611 1	0.229 0	0.666 1	0.249 9
8		0.481 2	0.210 3	0.528 2	0.229 7	0.572 2	0.248 7	0.617 8	0.271 3
6		0.451 5	0.232 9	0.488 5	0.251 5	0.523 5	0.269 8	0.558 4	0.292 1
4		0.416 6	0.256 9	0.442 0	0.272 8	0.466 0	0.288 8	0.493 3	0.306 8
2		0.376 8	0.281 6	0.390 8	0.292 9	0.402 0	0.303 4	0.412 6	0.315 4

黄红

v/c	Y	2.5YR x	2.5YR y	5.0YR x	5.0YR y	7.5YR x	7.5YR y	10.0YR x	10.0YR y
4/12	0.120 0	0.580 9	0.391 0	0.572 9	0.416 9				
10		0.547 5	0.385 6	0.543 2	0.409 7	0.535 6	0.434 2	0.525 0	0.457 3
8		0.507 1	0.377 7	0.507 0	0.399 4	0.503 8	0.420 4	0.496 5	0.441 4
6		0.461 2	0.367 4	0.465 1	0.385 9	0.465 5	0.402 9	0.461 8	0.421 3
4		0.414 1	0.353 9	0.418 7	0.367 9	0.420 8	0.380 9	0.418 9	0.394 8
2		0.362 4	0.336 7	0.365 1	0.344 2	0.366 2	0.350 4	0.366 0	0.359 0
3/10	0.065 55	0.594 1	0.381 8						
8		0.547 5	0.377 1	0.545 6	0.404 0	0.539 0	0.430 6	0.530 5	0.455 9
6		0.495 4	0.369 2	0.496 6	0.390 8	0.493 0	0.416 0	0.487 2	0.432 6
4		0.436 0	0.356 3	0.437 6	0.371 5	0.437 8	0.386 5	0.434 1	0.401 8
2		0.375 7	0.339 1	0.377 1	0.347 6	0.377 1	0.354 9	0.374 7	0.363 0
2/8	0.031 26	0.599 5	0.359 0						
6		0.528 2	0.358 1	0.542 6	0.392 5	0.547 5	0.427 1		
4		0.459 8	0.350 8	0.467 4	0.373 8	0.469 0	0.396 4	0.467 6	0.416 8
2		0.385 2	0.336 5	0.388 0	0.347 6	0.388 9	0.359 0	0.387 2	0.368 8
1/8	0.012 10	0.672 1	0.305 8						
6		0.604 8	0.327 0	0.566 0	0.379 5				
4		0.531 1	0.337 1	0.437 7	0.358 0	0.443 0	0.377 5	0.444 6	0.398 2
2		0.425 8	0.334 4						

续表

黄（Yellow）

v/c	Y	2.5Y x	2.5Y y	5.0Y x	5.0Y y	7.5Y x	7.5Y y	10.0Y x	10.0Y y
9/20	0.7866			0.4830	0.5092				
18				0.4782	0.5049	0.4663	0.5188	0.4540	0.5320
16				0.4711	0.4977	0.4595	0.5104	0.4477	0.5225
14				0.4602	0.4869	0.4503	0.4993	0.4393	0.5101
12		0.4569	0.4527	0.4455	0.4719	0.4369	0.4829	0.4271	0.4920
10		0.4370	0.4369	0.4275	0.4529	0.4201	0.4622	0.4120	0.4694
8		0.4154	0.4186	0.4080	0.4319	0.4019	0.4392	0.3967	0.4450
6		0.3910	0.3972	0.3858	0.4071	0.3811	0.4123	0.3761	0.4155
4		0.3655	0.3738	0.3621	0.3799	0.3591	0.3832	0.3558	0.3852
2		0.3390	0.3472	0.3378	0.3504	0.3365	0.3527	0.3349	0.3537
8/20	0.5910	0.5091	0.4900						
18		0.5033	0.4855	0.4847	0.5069	0.4709	0.5220	0.4570	0.5366
16		0.4957	0.4800	0.4791	0.5012	0.4658	0.5158	0.4525	0.5295
14		0.4842	0.4712	0.4699	0.4920	0.4574	0.5062	0.4450	0.5181
12		0.4678	0.4589	0.4562	0.4788	0.4455	0.4917	0.4341	0.5020
10		0.4469	0.4423	0.4376	0.4601	0.4283	0.4712	0.4190	0.4791
8		0.4231	0.4231	0.4158	0.4378	0.4088	0.4466	0.4008	0.4520
6		0.3969	0.4009	0.3913	0.4117	0.3862	0.4175	0.3803	0.4216
4		0.3684	0.3751	0.3650	0.3826	0.3622	0.3861	0.3581	0.3883
2		0.3406	0.3484	0.3394	0.3518	0.3379	0.3540	0.3359	0.2552
7/16	0.4306	0.5049	0.4843	0.4875	0.5047	0.4728	0.5215	0.4582	0.5375
14		0.4950	0.4773	0.4791	0.4965	0.4652	0.5128	0.4516	0.5277
12		0.4806	0.4666	0.4677	0.4857	0.4547	0.5005	0.4420	0.5131

绿黄（Green-Yellow）

v/c	Y	2.5GY x	2.5GY y	5.0GY x	5.0GY y	7.5GY x	7.5GY y	10.0GY x	10.0GY y
9/18	0.7866	0.4354	0.5508	0.4108	0.5699	0.3602	0.5920	0.3032	0.5748
16		0.4288	0.5383	0.4058	0.5541	0.3581	0.5654	0.3079	0.5440
14		0.4212	0.5237	0.3993	0.5329	0.3551	0.5339	0.3115	0.5129
12		0.4108	0.5028	0.3911	0.5082	0.3518	0.5042	0.3139	0.4829
10		0.3973	0.4761	0.3810	0.4791	0.3471	0.4735	0.3155	0.4558
8		0.3834	0.4490	0.3698	0.4497	0.3414	0.4415	0.3157	0.4259
6		0.3670	0.4178	0.3572	0.4179	0.3351	0.4111	0.3153	0.4008
4		0.3499	0.3866	0.3437	0.3861	0.3274	0.3793	0.3144	0.3711
2		0.3321	0.3539	0.3284	0.3534	0.3198	0.3500	0.3124	0.3454
8/24	0.5910							0.2481	0.6840
22								0.2846	0.6564
20				0.4127	0.5855	0.3592	0.6235	0.2918	0.6255
18		0.4371	0.5557	0.4104	0.5785	0.3585	0.6063	0.2987	0.5919
16		0.4327	0.5475	0.4061	0.5641	0.3569	0.5798	0.3043	0.5578
14		0.4261	0.5344	0.4011	0.5468	0.3546	0.5490	0.3091	0.5247
12		0.4154	0.5133	0.3924	0.5199	0.3511	0.5144	0.3124	0.4926
10		0.4021	0.4869	0.3816	0.4879	0.3463	0.4791	0.3140	0.4601
8		0.3858	0.4550	0.3696	0.4542	0.3408	0.4452	0.3149	0.4284
6		0.3690	0.4230	0.3573	0.4214	0.3339	0.4129	0.3150	0.4014
4		0.3504	0.3887	0.3433	0.3872	0.3266	0.3809	0.3140	0.3727
2		0.3327	0.3555	0.3284	0.3542	0.3194	0.3502	0.3121	0.3459
7/22	0.4306							0.2728	0.6893
20								0.2816	0.6563
18						0.3555	0.6242	0.2905	0.6186
16		0.4366	0.5578	0.4076	0.5783	0.3549	0.6000	0.2981	0.5835
14		0.4309	0.5459	0.4027	0.5615	0.3532	0.5700	0.3047	0.5458
12		0.4213	0.5270	0.3949	0.5367	0.3502	0.5328	0.3092	0.5095

续表

黄

v/c	Y	2.5Y x	2.5Y y	5.0Y x	5.0Y y	7.5Y x	7.5Y y	10.0Y x	10.0Y y
10		0.460 6	0.451 6	0.450 9	0.469 6	0.440 0	0.483 0	0.428 9	0.493 7
8		0.435 3	0.431 2	0.427 1	0.446 2	0.418 4	0.456 8	0.409 0	0.464 1
6		0.407 3	0.407 3	0.400 9	0.419 8	0.394 3	0.426 4	0.386 4	0.430 5
4		0.376 1	0.380 0	0.371 8	0.388 5	0.367 7	0.392 5	0.362 4	0.395 1
2		0.343 6	0.350 7	0.341 9	0.354 0	0.339 6	0.355 8	0.336 9	0.356 9
6/14	0.300 5	0.506 1	0.482 9	0.490 5	0.503 8	0.475 4	0.522 0	0.459 3	0.539 2
12		0.492 8	0.473 0	0.478 0	0.492 0	0.463 8	0.508 7	0.448 8	0.523 7
10		0.476 0	0.460 7	0.463 9	0.479 0	0.451 2	0.494 3	0.437 2	0.506 8
8		0.451 7	0.442 1	0.442 6	0.458 8	0.432 1	0.471 9	0.420 1	0.481 2
6		0.420 3	0.417 6	0.414 0	0.430 5	0.406 0	0.440 0	0.396 0	0.445 2
4		0.384 0	0.386 7	0.379 4	0.395 5	0.374 5	0.400 4	0.367 9	0.403 3
2		0.348 0	0.354 0	0.345 7	0.358 0	0.343 1	0.360 1	0.339 8	0.361 1
5/12	0.197 7	0.508 2	0.481 2	0.493 2	0.501 9	0.476 7	0.520 8	0.459 0	0.539 0
10		0.490 5	0.468 3	0.477 7	0.487 6	0.463 2	0.505 7	0.446 8	0.520 9
8		0.468 5	0.452 4	0.457 9	0.469 2	0.445 0	0.485 0	0.430 7	0.496 7
6		0.438 0	0.429 2	0.430 2	0.443 5	0.419 9	0.455 1	0.407 2	0.462 1
4		0.396 8	0.395 4	0.391 5	0.405 7	0.385 0	0.412 0	0.276 2	0.415 8
2		0.353 4	0.357 0	0.350 0	0.362 0	0.347 0	0.364 0	0.342 2	0.364 8

绿黄

v/c	Y	2.5GY x	2.5GY y	5.0GY x	5.0GY y	7.5GY x	7.5GY y	10.0GY x	10.0GY y
10		0.409 1	0.503 0	0.385 2	0.505 1	0.346 1	0.495 0	0.312 3	0.473 2
8		0.391 9	0.468 4	0.372 2	0.466 9	0.340 6	0.455 8	0.314 0	0.438 7
6		0.372 8	0.431 6	0.358 1	0.429 1	0.334 1	0.419 1	0.314 2	0.405 8
4		0.353 4	0.395 3	0.343 7	0.392 9	0.326 7	0.384 8	0.313 3	0.376 4
2		0.332 8	0.356 9	0.328 4	0.355 9	0.319 0	0.351 6	0.311 7	0.346 9
6/20	0.300 5							0.264 8	0.700 4
18								0.276 3	0.661 6
16				0.404 2	0.578 8	0.349 8	0.628 2	0.287 2	0.619 9
14		0.435 4	0.559 4	0.398 0	0.556 4	0.349 8	0.598 5	0.296 2	0.580 2
12		0.426 9	0.541 4	-.389 0	0.526 4	0.348 8	0.559 6	0.303 7	0.535 8
10		0.415 9	0.519 0	0.377 2	0.488 0	0.346 3	0.519 6	0.308 6	0.494 9
8		0.400 6	0.488 5	0.362 2	0.443 8	0.341 8	0.476 8	0.311 6	0.456 3
6		0.379 9	0.447 0	0.346 1	0.400 8	0.335 1	0.432 1	0.312 8	0.417 5
4		0.357 2	0.403 8	0.328 8	0.359 2	0.327 5	0.392 2	0.312 4	0.382 2
2		0.334 2	0.360 7			0.319 3	0.355 0	0.311 2	0.349 6
5/18	0.197 7							0.254 9	0.717 9
16								0.270 2	0.670 0
14						0.342 9	0.633 5	0.283 8	0.620 8
12		0.433 3	0.560 2	0.401 1	0.580 2	0.345 0	0.594 9	0.294 0	0.575 1
10		0.422 4	0.536 9	0.392 8	0.548 5	0.345 1	0.549 0	0.302 8	0.523 7
8		0.408 8	0.506 8	0.381 5	0.509 3	0.341 2	0.497 6	0.308 0	0.475 9
6		0.387 0	0.464 6	0.366 3	0.461 4	0.335 4	0.448 3	0.310 8	0.430 1
4		0.362 1	0.414 3	0.348 2	0.409 7	0.327 4	0.399 4	0.311 1	0.388 1
2		0.335 2	0.363 6	0.328 9	0.361 2	0.318 8	0.356 0	0.311 0	0.350 8
4/16	0.120 0							0.242 2	0.736 0
14								0.259 0	0.685 8
12						0.334 8	0.646 8	0.275 8	0.628 2

续表

黄

v/c	Y	2.5Y x	2.5Y y	5.0Y x	5.0Y y	7.5Y x	7.5Y y	10.0Y x	10.0Y y
4/10	0.120 00	0.512 0	0.480 0						
8		0.486 5	0.462 5	0.474 5	0.481 0	0.459 5	0.499 0	0.443 0	0.515 3
6		0.454 2	0.439 1	0.445 1	0.455 0	0.433 1	0.468 8	0.419 0	0.479 5
4		0.413 8	0.407 6	0.406 9	0.418 8	0.398 2	0.427 2	0.387 1	0.432 1
2		0.363 3	0.365 4	0.359 0	0.370 1	0.354 2	0.372 7	0.347 6	0.373 2
3/6	0.065 55	0.478 4	0.453 1	0.467 0	0.471 1	0.452 6	0.488 9	0.434 5	0.502 6
4		0.427 7	0.416 6	0.419 1	0.428 3	0.408 6	0.437 9	0.396 1	0.445 2
2		0.370 3	0.370 0	0.364 6	0.374 8	0.358 9	0.377 8	0.351 3	0.378 9
2/4	0.031 26	0.462 7	0.439 2	0.454 3	0.457 3	0.440 1	0.472 3	0.418 8	0.478 9
2		0.382 5	0.378 5	0.375 7	0.383 9	0.366 0	0.385 8	0.355 6	0.384 8
1/2	0.012 10	0.436 2	0.417 7	0.423 0	0.426 5	0.404 2	0.428 7	0.380 2	0.421 2

绿黄

v/c	Y	2.5GY x	2.5GY y	5.0GY x	5.0GY y	7.5GY x	7.5GY y	10.0GY x	10.0GY y
10				0.398 3	0.585 0	0.339 5	0.591 3	0.290 8	0.567 2
8		0.417 4	0.530 0	0.386 8	0.538 4	0.340 0	0.534 8	0.300 8	0.509 5
6		0.396 8	0.485 7	0.371 8	0.485 2	0.335 5	0.473 9	0.306 9	0.455 0
4		0.370 8	0.432 9	0.353 1	0.428 4	0.328 1	0.415 7	0.310 0	0.401 8
2		0.338 2	0.370 6	0.331 2	0.367 8	0.318 5	0.360 4	0.310 9	0.355 0
3/14	0.065 55							0.228 3	0.742 3
12								0.253 1	0.670 0
10				0.392 4	0.583 2	0.326 6	0.644 8	0.272 4	0.602 6
8		0.406 9	0.511 0	0.375 0	0.510 9	0.334 1	0.570 0	0.288 7	0.536 1
6		0.377 2	0.448 4	0.355 4	0.442 9	0.333 3	0.496 7	0.299 2	0.471 7
4		0.341 2	0.376 8	0.331 9	0.372 9	0.327 0	0.428 8	0.305 3	0.412 3
2						0.318 0	0.364 4	0.308 8	0.357 8
2/12	0.031 26							0.190 7	0.779 8
10								0.230 7	0.681 4
8						0.316 0	0.650 9	0.262 8	0.583 7
6				0.383 9	0.574 8	0.326 0	0.537 9	0.285 2	0.497 2
4		0.388 1	0.475 2	0.358 2	0.465 0	0.324 8	0.445 7	0.298 6	0.424 0
2		0.342 1	0.380 3	0.330 9	0.374 3	0.316 5	0.365 0	0.306 9	0.358 0
1/6	0.012 10							0.223 2	0.639 2
4				0.376 5	0.594 2	0.313 3	0.538 0	0.271 2	0.490 3
2		0.354 0	0.408 8	0.335 9	0.398 2	0.315 4	0.384 0	0.300 6	0.372 0

续表

绿

v/c	Y	2.5G x	2.5G y	5.0G x	5.0G y	7.5G x	7.5G y	10.0G x	10.0G y
9/16	0.786 6	0.263 0	0.496 6						
14		0.271 1	0.472 6						
12		0.278 6	0.449 1	0.252 8	0.416 0	0.241 9	0.398 5	0.232 5	0.379 6
10		0.285 1	0.427 5	0.263 9	0.400 1	0.254 5	0.385 5	0.245 7	0.370 2
8		0.291 2	0.405 4	0.273 5	0.385 4	0.265 2	0.373 8	0.257 4	0.361 8
6		0.296 6	0.384 6	0.283 2	0.369 7	0.276 3	0.360 7	0.270 3	0.351 3
4		0.301 8	0.360 6	0.293 3	0.351 9	0.288 2	0.346 1	0.284 0	0.340 2
2		0.305 8	0.340 0	0.301 7	0.335 7	0.298 7	0.332 3	0.296 5	0.329 3
8/24	0.591 0	0.209 1	0.603 3	0.182 1	0.494 0				
22		0.222 1	0.579 9	0.195 6	0.480 6	0.184 5	0.449 2	0.173 4	0.416 4
20		0.233 9	0.556 1	0.210 3	0.465 2	0.198 0	0.437 2	0.186 6	0.408 6
18		0.245 1	0.530 9	0.224 0	0.450 0	0.212 0	0.425 2	0.201 2	0.399 2
16		0.256 3	0.504 5	0.236 8	0.434 8	0.225 4	0.412 5	0.214 8	0.390 3
14		0.266 1	0.478 0	0.248 9	0.419 1	0.238 0	0.400 2	0.228 2	0.381 0
12		0.274 3	0.455 4	0.261 3	0.402 6	0.251 5	0.386 7	0.243 0	0.371 0
10		0.282 9	0.430 1	0.272 3	0.386 5	0.263 9	0.373 3	0.256 4	0.361 1
8		0.289 6	0.406 5	0.282 2	0.370 2	0.275 4	0.360 8	0.269 3	0.351 2
6		0.295 2	0.385 1	0.292 4	0.352 3	0.287 4	0.346 4	0.282 8	0.340 3
4		0.300 9	0.361 4	0.300 9	0.335 9	0.298 1	0.332 6	0.295 7	0.329 3
2		0.305 3	0.340 4						
7/26	0.430 6	0.168 9	0.654 9	0.139 7	0.531 2	0.130 3	0.485 8		
24		0.187 5	0.626 5	0.152 1	0.520 0	0.141 5	0.477 8	0.131 0	0.437 7
22		0.202 9	0.601 7	0.165 9	0.507 4	0.153 9	0.468 3	0.143 4	0.430 6
20		0.218 1	0.574 4	0.180 5	0.493 3	0.168 8	0.457 3	0.158 9	0.422 0
18		0.232 8	0.546 7	0.196 7	0.477 1	0.184 1	0.444 8	0.173 4	0.413 5
16		0.244 8	0.520 3	0.211 1	0.461 6	0.198 2	0.433 0	0.188 1	0.404 9
14		0.256 8	0.493 1	0.226 2	0.445 0	0.213 9	0.419 9	0.203 3	0.395 6
10		0.267 2	0.466 7	0.241 6	0.426 7	0.229 5	0.405 8	0.219 5	0.385 4

蓝绿

v/c	Y	2.5BG x	2.5BG y	5.0BG x	5.0BG y	7.5BG x	7.5BG y	10.0BG x	10.0BG y
9/10	0.786 6	0.238 2	0.356 8	0.230 1	0.340 5	0.221 5	0.322 6		
8		0.250 9	0.350 7	0.243 7	0.337 8	0.236 1	0.322 5		
6		0.265 2	0.343 3	0.259 9	0.333 8	0.254 3	0.322 0	0.250 1	0.311 8
4		0.280 5	0.334 9	0.276 8	0.328 7	0.272 8	0.320 8	0.270 0	0.314 0
2		0.294 7	0.326 7	0.293 0	0.323 2	0.291 1	0.318 8	0.290 7	0.315 9
8/18	0.591 0	0.175 9	0.378 2						
16		0.191 5	0.373 2	0.181 4	0.345 0	0.172 1	0.316 8		
14		0.205 7	0.368 1	0.195 8	0.343 2	0.186 8	0.317 9	0.178 8	0.293 6
12		0.219 6	0.363 0	0.210 1	0.341 2	0.201 0	0.318 8	0.193 7	0.297 8
10		0.235 2	0.356 6	0.226 4	0.338 3	0.218 4	0.319 6	0.212 0	0.302 5
8		0.250 0	0.350 0	0.241 9	0.335 2	0.235 2	0.319 8	0.230 2	0.306 3
6		0.264 7	0.342 9	0.258 8	0.331 8	0.252 5	0.319 8	0.248 9	0.309 9
4		0.279 1	0.335 1	0.275 2	0.327 8	0.271 8	0.320 0	0.268 6	0.313 0
2		0.294 0	0.326 8	0.291 9	0.322 8	0.290 0	0.318 3	0.289 4	0.315 2
7/22	0.430 6	0.133 4	0.387 0						
20		0.149 0	0.382 7	0.138 0	0.341 2				
18		0.162 6	0.378 8	0.151 5	0.341 0	0.142 7	0.307 6		
16		0.178 8	0.373 9	0.167 5	0.340 1	0.158 4	0.310 1	0.148 9	0.276 8
14		0.193 2	0.369 4	0.183 8	0.339 0	0.175 1	0.312 9	0.167 1	0.283 2
12		0.210 2	0.363 6	0.199 7	0.337 9	0.191 4	0.314 8	0.184 1	0.289 2

续表

绿

v/c	Y	2.5G x	2.5G y	5.0G x	5.0G y	7.5G x	7.5G y	10.0G x	10.0G y
10		0.277 5	0.439 5	0.255 4	0.408 7	0.244 5	0.391 4	0.235 2	0.374 8
8		0.286 1	0.412 9	0.268 7	0.390 1	0.259 5	0.376 4	0.251 3	0.363 5
6		0.293 3	0.387 3	0.280 1	0.372 1	0.272 8	0.362 2	0.266 2	0.352 6
4		0.299 2	0.364 4	0.290 2	0.354 8	0.285 0	0.348 2	0.280 3	0.341 5
2		0.304 7	0.341 3	0.300 1	0.336 6	0.297 2	0.333 3	0.294 5	0.329 7
6/28	0.300 5	0.114 5	0.712 2	0.090 8	0.569 5	0.085 8	0.512 7		
26		0.134 0	0.687 1	0.107 9	0.556 0	0.101 0	0.501 8	0.094 1	0.452 0
24		0.153 6	0.660 5	0.125 2	0.540 8	0.115 9	0.491 0	0.107 0	0.445 8
22		0.173 9	0.631 8	0.143 2	0.525 2	0.132 5	0.479 5	0.123 0	0.437 8
20		0.192 2	0.603 5	0.160 9	0.509 1	0.148 5	0.467 7	0.138 2	0.429 9
18		0.210 2	0.573 7	0.178 5	0.492 4	0.165 4	0.455 1	0.155 1	0.420 8
16		0.227 8	0.543 0	0.196 0	0.475 1	0.183 2	0.441 4	0.172 2	0.411 3
14		0.242 6	0.513 3	0.213 0	0.457 1	0.200 1	0.427 8	0.189 5	0.401 5
12		0.257 4	0.481 4	0.229 3	0.439 0	0.217 1	0.413 8	0.206 0	0.391 4
10		0.269 0	0.453 0	0.246 6	0.418 1	0.235 0	0.397 9	0.224 7	0.379 6
8		0.279 9	0.423 9	0.261 0	0.399 0	0.251 0	0.382 9	0.242 0	0.367 9
6		0.289 2	0.396 3	0.274 8	0.379 5	0.266 2	0.367 2	0.259 1	0.355 8
4		0.296 7	0.369 5	0.286 8	0.359 5	0.280 7	0.352 2	0.274 9	0.344 3
2		0.303 9	0.343 7	0.298 8	0.338 2	0.295 8	0.334 4	0.292 9	0.330 3
5/28	0.197 7	0.079 4	0.738 5	0.060 9	0.589 8	0.058 5	0.522 4	0.057 2	0.459 0
26		0.099 2	0.715 5	0.078 4	0.576 1	0.073 0	0.513 1	0.069 0	0.454 2
24		0.118 8	0.691 8	0.095 3	0.562 8	0.087 8	0.503 9	0.081 1	0.449 1
22		0.137 7	0.667 4	0.114 4	0.546 3	0.105 0	0.492 7	0.095 8	0.442 8
20		0.157 9	0.639 2	0.131 8	0.532 1	0.121 2	0.481 7	0.112 0	0.436 0
18		0.178 2	0.609 5	0.148 9	0.517 1	0.137 2	0.470 5	0.127 5	0.428 8
16		0.200 5	0.575 9	0.169 5	0.498 1	0.157 1	0.456 1	0.146 9	0.419 2
14		0.221 1	0.541 1	0.191 2	0.477 3	0.177 6	0.441 5	0.167 1	0.408 9
12		0.238 5	0.507 1	0.210 4	0.457 8	0.196 4	0.427 1	0.185 2	0.399 2

蓝绿

v/c	Y	2.5BG x	2.5BG y	5.0BG x	5.0BG y	7.5BG x	7.5BG y	10.0BG x	10.0BG y
10		0.226 4	0.357 6	0.216 3	0.336 1	0.209 4	0.316 5	0.203 5	0.295 6
8		0.243 9	0.350 8	0.235 4	0.333 5	0.229 2	0.317 8	0.223 5	0.301 4
6		0.260 8	0.343 0	0.254 3	0.330 2	0.249 0	0.318 6	0.244 8	0.306 9
4		0.276 4	0.335 4	0.271 2	0.326 9	0.267 1	0.318 9	0.264 2	0.310 9
2		0.292 7	0.326 9	0.289 8	0.322 5	0.287 8	0.318 2	0.286 9	0.314 3
6/22	0.300 5	0.112 0	0.386 0						
20		0.126 9	0.382 9	0.116 8	0.334 4				
18		0.142 8	0.379 0	0.132 5	0.334 5	0.124 8	0.298 1	0.118 1	0.258 1
16		0.160 0	0.374 8	0.149 1	0.334 5	0.140 8	0.301 7	0.137 3	0.265 1
14		0.177 9	0.369 9	0.166 2	0.334 3	0.158 5	0.305 2	0.151 8	0.272 9
12		0.195 4	0.364 5	0.184 4	0.333 7	0.176 2	0.308 1	0.169 8	0.280 2
10		0.214 8	0.358 4	0.203 7	0.332 9	0.196 1	0.311 0	0.190 9	0.288 1
8		0.233 2	0.352 2	0.223 6	0.331 1	0.217 1	0.313 8	0.211 6	0.295 0
6		0.252 6	0.344 8	0.244 1	0.329 0	0.238 4	0.315 5	0.233 5	0.301 5
4		0.270 2	0.336 9	0.264 8	0.326 2	0.260 4	0.316 9	0.257 8	0.307 8
2		0.290 2	0.326 8	0.287 2	0.321 9	0.284 9	0.317 2	0.283 7	0.313 2
5/24	0.197 7	0.073 8	0.385 1						
22		0.086 1	0.383 2	0.078 1	0.321 1				
20		0.100 5	0.381 4	0.090 4	0.323 1				
18		0.116 5	0.378 5	0.104 6	0.324 4	0.098 2	0.282 8		
16		0.134 8	0.375 0	0.124 3	0.326 1	0.116 7	0.288 0	0.110 8	0.248 9
14		0.155 9	0.370 8	0.144 8	0.327 5	0.136 4	0.293 2	0.130 8	0.258 2
12		0.173 5	0.366 8	0.161 4	0.328 0	0.153 7	0.297 6	0.148 5	0.266 2

续表

绿

v/c	Y	2.5G x	2.5G y	5.0G x	5.0G y	7.5G x	7.5G y	10.0G x	10.0G y
10		0.256 5	0.470 5	0.232 9	0.433 1	0.220 0	0.408 2	0.209 5	0.385 3
8		0.271 0	0.438 0	0.251 1	0.410 7	0.239 5	0.391 5	0.229 7	0.373 0
6		0.284 1	0.404 5	0.269 0	0.386 0	0.259 8	0.372 4	0.251 9	0.368 7
4		0.294 3	0.373 5	0.284 1	0.362 8	0.277 5	0.354 5	0.271 1	0.345 5
2		0.303 0	0.344 5	0.297 8	0.339 2	0.294 5	0.335 5	0.291 0	0.331 0
4/26	0.120 0	0.052 8	0.750 2	0.040 7	0.601 0	0.039 2	0.525 8	0.040 0	0.454 5
24		0.076 0	0.725 0	0.061 4	0.585 7	0.058 1	0.515 1	0.055 3	0.449 2
22		0.100 9	0.697 5	0.084 1	0.568 4	0.077 0	0.504 0	0.070 2	0.444 0
20		0.123 0	0.670 6	0.101 8	0.554 3	0.092 8	0.494 2	0.085 0	0.438 8
18		0.144 6	0.643 1	0.118 8	0.540 0	0.108 6	0.484 2	0.100 6	0.433 0
16		0.168 2	0.611 1	0.140 2	0.521 4	0.129 3	0.470 3	0.121 2	0.424 5
14		0.190 9	0.577 9	0.162 7	0.501 5	0.150 0	0.456 2	0.139 8	0.416 8
12		0.212 8	0.542 5	0.184 3	0.480 7	0.170 6	0.441 9	0.160 2	0.407 0
10		0.235 5	0.506 6	0.211 5	0.453 2	0.198 9	0.421 9	0.187 6	0.393 3
8		0.256 1	0.459 7	0.235 9	0.426 6	0.223 2	0.402 2	0.212 4	0.379 9
6		0.273 5	0.421 5	0.258 1	0.399 2	0.246 7	0.382 2	0.237 4	0.365 5
4		0.289 1	0.382 1	0.278 1	0.370 4	0.270 2	0.360 2	0.262 8	0.349 8
2		0.301 2	0.347 0	0.295 9	0.341 7	0.291 8	0.337 1	0.288 0	0.332 7
3/22	0.065 55	0.039 0	0.746 8	0.034 0	0.601 1	0.033 2	0.526 0	0.033 3	0.444 4
20		0.072 7	0.712 7	0.062 0	0.580 2	0.056 8	0.508 2	0.052 8	0.439 3
18		0.104 9	0.676 6	0.088 2	0.560 5	0.079 8	0.495 4	0.071 8	0.434 0
16		0.134 1	0.642 0	0.112 0	0.541 4	0.102 3	0.481 8	0.092 5	0.427 5

蓝绿

v/c	Y	2.5BG x	2.5BG y	5.0BG x	5.0BG y	7.5BG x	7.5BG y	10.0BG x	10.0BG y
10		0.198 0	0.360 6	0.185 0	0.328 0	0.177 6	0.303 2	0.171 6	0.276
8		0.220 5	0.353 7	0.210 0	0.328 2	0.203 0	0.308 2	0.197 0	0.286 0
6		0.244 8	0.345 2	0.236 0	0.327 0	0.229 2	0.312 5	0.223 4	0.295 2
4		0.265 9	0.336 9	0.259 1	0.324 6	0.255 0	0.315 0	0.251 2	0.304 0
2		0.288 0	0.327 0	0.284 1	0.321 0	0.281 2	0.316 1	0.279 6	0.311 1
4/24	0.120 0	0.051 0	0.380 0						
22		0.063 6	0.378 8						
20		0.076 8	0.377 3	0.067 5	0.307 5				
18		0.091 5	0.375 4	0.082 8	0.310 8	0.076 8	0.266 7		
16		0.110 2	0.372 0	0.099 2	0.314 1	0.099 2	0.271 8	0.088 8	0.229 8
14		0.128 3	0.368 8	0.117 0	0.317 0	0.109 2	0.277 4	0.103 3	0.237 6
12		0.149 2	0.364 9	0.137 9	0.319 8	0.129 8	0.284 0	0.124 8	0.248 4
10		0.173 8	0.360 0	0.161 8	0.321 9	0.154 0	0.291 0	0.148 0	0.260 0
8		0.200 6	0.354 0	0.189 0	0.323 4	0.181 5	0.298 5	0.176 0	0.273 0
6		0.227 8	0.346 3	0.218 2	0.324 0	0.211 3	0.305 2	0.206 5	0.286 3
4		0.255 2	0.337 5	0.248 0	0.323 2	0.242 9	0.310 8	0.238 4	0.298 4
2		0.284 0	0.327 0	0.279 9	0.320 8	0.276 4	0.314 8	0.274 0	0.309 1
3/20	0.065 55	0.048 2	0.369 5						
18		0.064 8	0.368 2	0.058 0	0.294 0				
16		0.084 3	0.366 7	0.073 5	0.297 9	0.069 1	0.255 9		

续表

绿

v/c	Y	2.5G x	2.5G y	5.0G x	5.0G y	7.5G x	7.5G y	10.0G x	10.0G y
14		0.162 6	0.605 2	0.138 2	0.519 7	0.126 2	0.466 7	0.116 1	0.419 2
12		0.190 2	0.564 2	0.166 0	0.494 8	0.151 6	0.450 5	0.141 1	0.409 5
10		0.217 0	0.521 1	0.193 5	0.468 2	0.180 0	0.431 0	0.168 8	0.397 4
8		0.243 5	0.475 2	0.222 8	0.438 0	0.208 8	0.410 1	0.197 0	0.384 1
6		0.264 2	0.434 2	0.247 1	0.410 0	0.234 6	0.390 1	0.224 0	0.369 9
4		0.283 6	0.391 5	0.271 1	0.378 0	0.261 8	0.366 7	0.252 5	0.353 7
2		0.299 9	0.350 0	0.293 5	0.343 9	0.289 0	0.339 1	0.284 4	0.333 7
2/16	0.031 26	0.032 9	0.735 8	0.027 7	0.598 6	0.027 6	0.515 3	0.028 5	0.432 7
14		0.082 0	0.686 0	0.068 8	0.569 1	0.062 9	0.497 3	0.059 9	0.427 0
12		0.130 7	0.630 8	0.112 0	0.535 8	0.102 2	0.475 9	0.093 4	0.418 3
10		0.177 3	0.569 8	0.156 0	0.498 1	0.144 2	0.450 5	0.132 1	0.405 9
8		0.219 2	0.504 2	0.197 9	0.458 3	0.184 2	0.424 4	0.170 5	0.381 1
6		0.249 3	0.452 2	0.231 8	0.423 1	0.220 0	0.398 3	0.209 2	0.373 9
4		0.276 3	0.399 8	0.264 0	0.384 5	0.254 0	0.370 5	0.244 2	0.355 9
2		0.297 8	0.350 7	0.291 8	0.345 0	0.286 9	0.340 0	0.282 0	0.334 1
1/8	0.012 10	0.062 0	0.689 6	0.055 9	0.571 0	0.053 0	0.494 3	0.051 1	0.415 8
6		0.171 1	0.561 9	0.146 8	0.499 6	0.134 4	0.450 5	0.124 9	0.401 9
4		0.245 4	0.448 9	0.229 0	0.421 8	0.215 9	0.396 7	0.204 0	0.372 4
2		0.291 0	0.363 4	0.283 3	0.356 4	0.275 8	0.348 4	0.268 9	0.340 7

蓝绿

v/c	Y	2.5BG x	2.5BG y	5.0BG x	5.0BG y	7.5BG x	7.5BG y	10.0BG x	10.0BG y
14		0.105 1	0.364 8	0.094 0	0.302 7	0.087 4	0.262 7	0.079 8	0.215 1
12		0.128 8	0.362 0	0.115 8	0.307 1	0.108 6	0.270 6	0.101 8	0.228 1
10		0.155 2	0.358 0	0.141 0	0.311 8	0.132 6	0.278 4	0.125 0	0.241 1
8		0.184 5	0.353 1	0.170 3	0.315 9	0.162 0	0.287 2	0.155 1	0.257 1
6		0.213 2	0.346 8	0.202 0	0.318 8	0.192 8	0.295 8	0.186 1	0.272 2
4		0.243 7	0.338 6	0.234 3	0.320 0	0.227 2	0.304 1	0.222 1	0.288 6
2		0.279 9	0.327 1	0.274 2	0.319 2	0.269 9	0.312 0	0.266 0	0.305 0
2/14	0.031 26	0.055 5	0.358 8						
12		0.085 1	0.357 6	0.076 9	0.288 0	0.072 4	0.247 8		
10		0.119 0	0.355 1	0.105 0	0.295 6	0.099 1	0.258 2	0.092 9	0.213 3
8		0.155 7	0.351 7	0.140 5	0.303 7	0.132 5	0.271 0	0.125 8	0.233 1
6		0.197 1	0.345 2	0.184 3	0.311 0	0.174 7	0.285 3	0.166 9	0.257 0
4		0.234 3	0.337 8	0.223 4	0.315 0	0.216 2	0.298 1	0.209 6	0.279 0
2		0.276 5	0.327 1	0.269 7	0.317 5	0.265 1	0.309 8	0.260 6	0.301 0
1/8	0.012 10	0.047 6	0.345 8						
6		0.116 9	0.345 2	0.109 3	0.286 0	0.105 9	0.248 5	0.107 4	0.212 9
4		0.188 3	0.340 6	0.175 3	0.320 1	0.170 2	0.276 8	0.165 8	0.249 6
2		0.260 0	0.328 9	0.250 0	0.314 1	0.243 0	0.302 3	0.236 2	0.288 2

续表

蓝

v/c	Y	2.5B x	2.5B y	5.0B x	5.0B y	7.5B x	7.5B y	10.0B x	10.0B y
9/4	0.786 6	0.268 0	0.307 3	0.267 5	0.300 5	0.268 8	0.296 1	0.271 2	0.292 4
2		0.290 9	0.312 5	0.291 9	0.310 2	0.293 7	0.308 7	0.294 9	0.307 6
8/12	0.591 0	0.187 7	0.275 2						
10		0.206 6	0.283 9						
8		0.226 4	0.292 3	0.223 7	0.276 1	0.225 2	0.266 8	0.229 4	0.258 7
6		0.246 2	0.300 0	0.245 7	0.288 8	0.247 2	0.282 1	0.251 2	0.276 0
4		0.266 8	0.306 7	0.267 1	0.299 8	0.268 8	0.295 6	0.271 8	0.291 1
2		0.289 7	0.312 4	0.290 8	0.309 6	0.292 2	0.307 7	0.293 5	0.306 2
7/16	0.430 6	0.143 5	0.247 2						
14		0.162 4	0.258 1	0.161 5	0.230 7				
12		0.179 7	0.267 2	0.177 8	0.243 0	0.181 8	0.230 3	0.188 3	0.220 3
10		0.199 4	0.277 5	0.198 6	0.257 9	0.201 6	0.246 6	0.207 8	0.238 2
8		0.220 8	0.287 1	0.220 4	0.272 9	0.222 5	0.263 1	0.227 7	0.255 9
6		0.241 8	0.296 0	0.241 0	0.285 4	0.243 6	0.278 7	0.247 8	0.272 8
4		0.262 9	0.303 8	0.263 3	0.297 2	0.265 1	0.292 7	0.268 5	0.288 5
2		0.286 7	0.311 0	0.287 5	0.303 8	0.288 8	0.305 8	0.290 8	0.303 9
6/16	0.300 5	0.129 4	0.234 8	0.131 0	0.204 8	0.137 6	0.187 9	0.145 4	0.177 8
14		0.148 0	0.245 9	0.149 6	0.219 3	0.155 6	0.204 3	0.162 9	0.194 7
12		0.166 0	0.256 1	0.168 5	0.233 9	0.173 4	0.220 3	0.180 3	0.211 4
10		0.187 9	0.268 2	0.188 3	0.248 7	0.193 4	0.237 4	0.200 0	0.229 8
8		0.208 0	0.278 9	0.208 8	0.263 5	0.213 2	0.253 7	0.218 9	0.246 8
6		0.231 2	0.289 9	0.232 0	0.278 9	0.235 2	0.270 8	0.239 9	0.265 0
4		0.257 1	0.300 8	0.257 9	0.293 8	0.260 2	0.288 1	0.253 7	0.284 0
2		0.283 6	0.309 7	0.284 2	0.306 3	0.285 4	0.303 7	0.287 1	0.301 2

紫蓝

v/c	Y	2.5PB x	2.5PB y	5.0PB x	5.0PB y	7.5PB x	7.5PB y	10.0PB x	10.0PB y
9/4	0.786 6	0.297 5	0.306 3	0.299 1	0.305 7	0.301 5	0.305 2	0.291 0	0.285 0
2								0.303 8	0.305 4
8/8	0.591 0							0.267 7	0.244 3
6		0.256 2	0.270 9	0.261 4	0.267 0	0.270 2	0.264 8	0.279 2	0.264 9
4		0.275 8	0.287 9	0.279 8	0.286 1	0.285 6	0.284 6	0.301 1	0.284 8
2		0.295 7	0.304 7	0.297 4	0.303 9	0.300 3	0.303 4	0.302 7	0.303 5
7/12	0.430 6							0.246 5	0.205 8
10		0.216 2	0.230 9	0.225 4	0.226 7	0.241 0	0.222 4	0.256 3	0.224 0
8		0.235 2	0.249 8	0.242 7	0.245 6	0.254 6	0.241 8	0.267 0	0.242 5
6		0.253 8	0.267 7	0.259 6	0.264 3	0.268 7	0.261 2	0.277 6	0.261 2
4		0.272 9	0.284 8	0.277 3	0.282 8	0.283 3	0.280 9	0.288 6	0.280 1
2		0.293 2	0.302 5	0.295 2	0.301 1	0.298 2	0.300 3	0.300 5	0.300 0
6/16	0.300 5							0.226 5	0.167 1
14		0.175 4	0.186 8	0.187 3	0.182 2	0.211 9	0.179 9	0.235 2	0.183 9
12		0.191 3	0.203 8	0.202 6	0.199 9	0.224 1	0.197 5	0.244 0	0.199 8
10		0.209 5	0.222 5	0.219 7	0.218 8	0.237 8	0.216 8	0.254 0	0.217 6
8		0.227 4	0.240 6	0.236 0	0.236 5	0.250 5	0.234 7	0.263 7	0.235 2
6		0.246 5	0.259 9	0.253 3	0.255 8	0.263 8	0.253 1	0.274 0	0.253 3
4		0.268 4	0.280 4	0.273 4	0.277 8	0.279 8	0.275 2	0.286 3	0.274 7
2		0.289 7	0.299 1	0.292 3	0.297 8	0.295 5	0.296 3	0.298 8	0.296 1
5/22	0.197 7							0.208 2	0.122 5
20						0.179 4	0.123 9	0.212 1	0.132 9

续表

蓝

v/c	Y	2.5B x	2.5B y	5.0B x	5.0B y	7.5B x	7.5B y	10.0B x	10.0B y
5/18	0.197 7							0.120 3	0.150 5
16		0.109 0	0.216 6	0.113 2	0.186 3	0.123 0	0.171 1	0.132 6	0.163 2
14		0.128 3	0.229 2	0.132 0	0.202 1	0.140 4	0.187 8	0.149 2	0.179 7
12		0.146 1	0.240 6	0.150 5	0.217 2	0.158 4	0.204 2	0.166 6	0.196 4
10		0.169 7	0.254 9	0.172 9	0.234 7	0.179 2	0.223 0	0.186 0	0.214 9
8		0.194 7	0.268 7	0.195 8	0.251 9	0.200 7	0.241 7	0.206 7	0.234 4
6		0.221 0	0.282 3	0.221 5	0.270 1	0.224 8	0.261 2	0.229 9	0.254 8
4		0.249 2	0.295 4	0.249 3	0.287 9	0.251 1	0.280 8	0.254 7	0.275 7
2		0.279 1	0.307 1	0.279 4	0.303 2	0.280 3	0.300 0	0.282 1	0.296 6
4/16	0.120 0	0.090 0	0.197 3					0.115 5	0.141 6
14		0.102 7	0.205 7	0.109 8	0.178 5	0.120 4	0.165 5	0.131 0	0.158 0
12		0.124 7	0.220 9	0.129 9	0.196 3	0.139 3	0.183 7	0.148 7	0.176 0
10		0.146 3	0.235 4	0.151 2	0.214 8	0.160 1	0.202 8	0.168 1	0.195 4
8		0.173 7	0.252 4	0.175 9	0.234 5	0.182 1	0.223 2	0.189 3	0.216 0
6		0.204 8	0.270 8	0.206 0	0.257 2	0.210 2	0.247 0	0.215 7	0.240 7
4		0.236 0	0.287 2	0.236 3	0.278 2	0.238 8	0.270 4	0.242 9	0.264 8
2		0.272 7	0.303 8	0.272 3	0.299 2	0.273 3	0.294 7	0.275 3	0.291 0

紫蓝

v/c	Y	2.5PB x	2.5PB y	5.0PB x	5.0PB y	7.5PB x	7.5PB y	10.0PB x	10.0PB y
18		0.136 3	0.141 0	0.151 8	0.136 5	0.186 2	0.136 5	0.217 4	0.144 4
16		0.149 5	0.155 9	0.163 8	0.152 1	0.194 5	0.151 1	0.222 4	0.155 5
14		0.164 2	0.172 8	0.177 3	0.168 9	0.204 2	0.166 1	0.229 9	0.169 8
12		0.179 3	0.189 4	0.191 8	0.185 8	0.215 7	0.183 0	0.238 4	0.185 7
10		0.196 8	0.207 8	0.208 0	0.204 1	0.228 5	0.202 0	0.247 8	0.203 0
8		0.215 7	0.227 8	0.225 5	0.223 9	0.241 7	0.220 4	0.257 2	0.221 1
6		0.236 5	0.248 8	0.244 7	0.244 9	0.256 3	0.241 7	0.268 6	0.241 2
4		0.260 0	0.272 0	0.266 2	0.268 7	0.273 9	0.266 6	0.282 1	0.265 9
2		0.284 7	0.294 2	0.288 2	0.292 3	0.291 1	0.290 8	0.295 9	0.290 5
4/30	0.120 0							0.195 2	0.077 8
28								0.197 1	0.084 0
26						0.165 9	0.082 5	0.199 4	0.090 4
24						0.168 4	0.089 9	0.202 0	0.098 5
22						0.171 3	0.098 0	0.204 8	0.106 4
20				0.128 8	0.102 7	0.174 2	0.105 8	0.207 5	0.114 0
18		0.121 8	0.120 8	0.139 2	0.116 7	0.179 8	0.118 5	0.212 0	0.125 6
16		0.133 6	0.134 9	0.150 4	0.131 7	0.186 1	0.131 6	0.217 0	0.137 3
14		0.147 3	0.151 3	0.162 7	0.147 9	0.194 1	0.146 8	0.222 0	0.150 3
12		0.163 4	0.169 8	0.177 3	0.165 9	0.203 7	0.162 9	0.229 8	0.165 9
10		0.180 5	0.188 8	0.192 5	0.184 3	0.215 8	0.181 1	0.238 8	0.183 7
8		0.199 5	0.209 4	0.210 3	0.205 0	0.230 4	0.202 3	0.249 7	0.203 8
6		0.223 5	0.234 3	0.232 5	0.230 0	0.247 1	0.226 6	0.261 8	0.226 3
4		0.248 7	0.259 7	0.256 2	0.256 0	0.265 7	0.252 8	0.275 9	0.252 2
2		0.278 2	0.287 6	0.281 6	0.284 2	0.286 1	0.281 9	0.291 1	0.280 4
3/34	0.065 55					0.160 8	0.048 0	0.191 8	0.050 3
32						0.161 2	0.051 1	0.192 6	0.054 2
30						0.162 1	0.055 6	0.193 8	0.059 9
28						0.163 2	0.060 9	0.195 0	0.065 0

续表

蓝

v/c	Y	2.5B x	2.5B y	5.0B x	5.0B y	7.5B x	7.5B y	10.0B x	10.0B y
3/14	0.065 55							0.106 5	0.128 5
12		0.098 9	0.196 3	0.104 2	0.168 1	0.113 1	0.154 2	0.122 8	0.146 0
10		0.122 0	0.213 2	0.125 9	0.187 9	0.134 3	0.175 6	0.143 2	0.167 5
8		0.151 1	0.233 1	0.152 7	0.211 9	0.158 3	0.198 7	0.165 8	0.190 5
6		0.182 6	0.253 6	0.183 5	0.237 5	0.187 5	0.225 8	0.193 3	0.217 3
4		0.218 3	0.274 8	0.217 6	0.263 2	0.220 0	0.253 6	0.224 6	0.246 7
2		0.263 6	0.298 3	0.261 7	0.292 1	0.261 6	0.285 7	0.263 1	0.280 1

紫蓝

v/c	Y	2.5PB x	2.5PB y	5.0PB x	5.0PB y	7.5PB x	7.5PB y	10.0PB x	10.0PB y
26						0.164 2	0.065 5	0.196 3	0.070 8
24						0.165 8	0.071 1	0.198 2	0.077 2
22						0.167 7	0.078 2	0.200 4	0.084 7
20						0.170 2	0.086 7	0.203 0	0.093 0
18				0.122 8	0.089 5	0.173 0	0.094 8	0.206 0	0.102 0
16				0.131 8	0.102 4	0.176 5	0.104 8	0.209 2	0.111 8
14		0.125 1	0.121 8	0.143 1	0.118 4	0.182 4	0.118 8	0.214 2	0.125 0
12		0.139 8	0.139 5	0.155 7	0.135 6	0.190 3	0.135 3	0.220 6	0.140 7
10		0.157 6	0.160 0	0.171 8	0.156 2	0.200 5	0.153 6	0.227 8	0.156 5
8		0.178 0	0.183 3	0.190 8	0.179 9	0.214 9	0.176 1	0.238 7	0.178 6
6		0.202 2	0.210 1	0.212 2	0.205 2	0.231 1	0.201 0	0.251 1	0.203 1
4		0.231 2	0.240 5	0.239 3	0.236 1	0.252 0	0.231 9	0.266 0	0.231 9
2		0.266 3	0.275 6	0.270 8	0.271 9	0.277 7	0.268 7	0.284 7	0.267 0
2/38	0.031 26					0.162 3	0.028 0		
36						0.162 8	0.031 0		
34						0.163 0	0.034 0		
32						0.163 5	0.037 3		
30						0.164 0	0.040 9		
28						0.164 7	0.045 1		
26						0.165 3	0.049 2		
24						0.166 0	0.053 8		
22						0.167 0	0.059 4		
20						0.168 5	0.066 6		
18						0.170 1	0.074 2		
16						0.172 8	0.083 9		
14				0.125 3	0.087 3	0.176 2	0.095 5		

续表

蓝

v/c	Y	2.5B x	2.5B y	5.0B x	5.0B y	7.5B x	7.5B y	10.0B x	10.0B y
2/10	0.031 26	0.091 1	0.182 8	0.096 5	0.155 8	0.105 1	0.142 2	0.115 7	0.134 6
8		0.123 0	0.207 6	0.124 5	0.182 7	0.131 3	0.169 2	0.139 6	0.160 3
6		0.162 1	0.235 8	0.161 7	0.216 2	0.165 8	0.202 6	0.171 6	0.193 7
4		0.206 0	0.264 9	0.204 8	0.251 8	0.206 3	0.240 0	0.210 2	0.231 3
2		0.257 8	0.294 0	0.255 9	0.287 4	0.254 5	0.279 9	0.255 8	0.272 5
1/8	0.012 10	0.111 8	0.190 8	0.121 2	0.174 5	0.096 8	0.128 0	0.107 7	0.121 8
6		0.164 9	0.232 4	0.166 7	0.216 8	0.130 3	0.163 9	0.139 2	0.156 3
4		0.232 2	0.278 1	0.229 1	0.267 7	0.171 6	0.204 8	0.178 3	0.197 4
2						0.229 1	0.257 9	0.230 9	0.249 1

紫蓝

v/c	Y	2.5PB x	2.5PB y	5.0PB x	5.0PB y	7.5PB x	7.5PB y	10.0PB x	10.0PB y
12		0.116 6	0.107 6	0.136 3	0.104 8	0.181 3	0.109 4	0.213 9	0.117 0
10		0.133 2	0.127 8	0.150 0	0.124 0	0.188 2	0.125 8	0.220 0	0.133 0
8		0.154 0	0.153 0	0.168 5	0.149 1	0.200 5	0.149 5	0.229 4	0.155 1
6		0.182 5	0.185 7	0.194 2	0.181 1	0.218 9	0.179 0	0.244 0	0.184 0
4		0.217 5	0.224 5	0.226 3	0.219 2	0.242 0	0.214 8	0.260 0	0.216 2
2		0.259 2	0.267 5	0.263 8	0.262 4	0.271 2	0.258 2	0.280 3	0.256 7
1/38	0.012 10					0.168 0	0.014 0		
36						0.168 1	0.016 0		
34						0.168 2	0.018 0		
32						0.168 2	0.020 2		
30						0.168 4	0.023 4	0.192 8	0.024 0
28						0.168 6	0.027 0	0.193 6	0.028 1
26						0.168 9	0.030 9	0.194 2	0.032 6
24						0.169 1	0.035 2	0.195 2	0.038 0
22						0.169 6	0.040 2	0.196 5	0.043 6
20						0.170 1	0.045 4	0.197 6	0.049 3
18						0.170 9	0.051 8	0.199 1	0.056 4
16						0.172 0	0.058 3	0.200 8	0.063 8
14						0.173 8	0.068 8	0.203 8	0.074 5
12						0.176 3	0.080 4	0.207 0	0.086 9
10				0.128 5	0.087 0	0.180 4	0.095 0	0.212 0	0.102 9
8		0.127 3	0.115 7	0.144 7	0.112 4	0.187 2	0.114 1	0.219 0	0.122 8
6		0.153 9	0.149 1	0.167 8	0.144 7	0.200 0	0.142 2	0.229 0	0.147 0
4		0.189 5	0.191 1	0.201 2	0.186 7	0.223 2	0.182 1	0.245 9	0.182 8
2		0.236 0	0.242 0	0.242 7	0.236 8	0.254 7	0.231 0	0.267 7	0.228 0

续表

紫

v/c	Y	2.5P x	2.5P y	5.0P x	5.0P y	7.5P x	7.5P y	10.0P x	10.0P y
9/6	0.786 6	0.296 3	0.286 5	0.300 3	0.287 0	0.312 0	0.278 8	0.321 8	0.284 5
4		0.305 0	0.305 1	0.306 7	0.306 0	0.311 7	0.292 8	0.317 6	0.296 6
2						0.310 7	0.308 1	0.312 8	0.309 4
8/14	0.591 0							0.334 2	0.234 9
12						0.311 7	0.237 0	0.331 2	0.247 0
10				0.287 0	0.238 0	0.311 6	0.249 7	0.328 2	0.258 2
8		0.280 0	0.248 8	0.291 4	0.253 4	0.311 6	0.262 6	0.325 0	0.270 0
6		0.288 1	0.267 1	0.296 3	0.270 4	0.311 4	0.278 5	0.321 3	0.282 9
4		0.296 2	0.285 0	0.301 2	0.286 8	0.311 4	0.291 5	0.317 5	0.295 5
2		0.304 8	0.304 0	0.306 5	0.304 7	0.310 7	0.307 0	0.313 1	0.308 4
7/22	0.430 6							0.343 0	0.188 3
20								0.341 0	0.198 8
18						0.309 3	0.196 2	0.339 1	0.208 8
16						0.309 9	0.207 4	0.336 8	0.219 2
14				0.280 1	0.206 8	0.310 1	0.219 2	0.334 1	0.230 8
12		0.266 4	0.212 7	0.283 3	0.219 7	0.310 4	0.232 0	0.331 4	0.242 3
10		0.272 9	0.228 9	0.287 2	0.234 3	0.310 8	0.244 2	0.328 8	0.253 1
8		0.279 9	0.245 9	0.291 8	0.250 4	0.310 9	0.258 4	0.325 6	0.265 4
6		0.287 3	0.263 3	0.296 1	0.266 3	0.311 1	0.273 0	0.322 1	0.278 6
4		0.295 0	0.281 0	0.300 9	0.283 1	0.311 1	0.288 0	0.318 1	0.292 0
2		0.303 1	0.300 0	0.305 9	0.301 0	0.310 9	0.303 7	0.313 8	0.305 4
6/26	0.300 5							0.345 7	0.160 4
24						0.305 8	0.154 7	0.344 1	0.169 8
22						0.306 2	0.163 8	0.342 6	0.178 5
20				0.270 2	0.162 1	0.306 9	0.174 5	0.340 9	0.188 2
18		0.250 4	0.165 8	0.273 1	0.173 8	0.307 5	0.187 0	0.338 8	0.199 5
16		0.254 8	0.176 8	0.276 1	0.185 2	0.308 0	0.197 6	0.337 0	0.209 5

红紫

v/c	Y	2.5RP x	2.5RP y	5.0RP x	5.0RP y	7.5RP x	7.5RP y	10.0RP x	10.0RP y
9/6	0.786 6	0.332 2	0.291 0	0.343 1	0.298 8	0.351 2	0.305 2	0.359 0	0.311 8
4		0.323 4	0.301 0	0.330 1	0.306 0	0.335 0	0.309 9	0.340 0	0.314 0
2		0.314 9	0.310 8	0.317 2	0.312 6	0.319 0	0.314 1	0.320 5	0.315 5
8/14	0.591 0	0.362 1	0.249 6						
12		0.355 2	0.259 4	0.381 8	0.274 2	0.400 2	0.285 9		
10		0.347 9	0.269 9	0.368 5	0.282 8	0.383 0	0.293 0	0.398 3	0.304 9
8		0.340 6	0.279 3	0.357 0	0.290 0	0.368 2	0.298 3	0.380 0	0.308 2
6		0.332 7	0.289 8	0.344 0	0.297 8	0.352 1	0.304 2	0.360 0	0.311 2
4		0.323 9	0.300 0	0.330 8	0.305 2	0.336 0	0.309 2	0.341 2	0.313 5
2		0.315 4	0.310 0	0.318 0	0.312 0	0.320 0	0.313 6	0.321 8	0.315 2
7/20	0.430 6								
18		0.381 1	0.214 3						
16		0.375 1	0.224 1	0.418 6	0.245 9				
14		0.368 8	0.234 2	0.407 6	0.254 0	0.434 6	0.268 9	0.464 8	0.287 8
12		0.362 0	0.244 8	0.395 8	0.262 8	0.419 5	0.276 2	0.445 6	0.293 1
10		0.355 5	0.254 5	0.384 1	0.271 0	0.404 0	0.283 4	0.426 0	0.298 0
8		0.348 7	0.264 8	0.371 3	0.279 8	0.387 1	0.290 6	0.404 0	0.303 0
6		0.341 7	0.274 5	0.360 3	0.286 9	0.372 2	0.296 3	0.385 1	0.306 7
4		0.333 8	0.285 4	0.347 0	0.294 9	0.356 2	0.302 2	0.364 8	0.309 8
2		0.325 4	0.297 1	0.333 2	0.303 2	0.338 9	0.307 9	0.344 6	0.312 5
		0.317 0	0.307 0	0.320 6	0.310 4	0.323 2	0.312 5	0.325 8	0.314 8
6/24	0.300 5								
22		0.392 7	0.189 2						
20		0.387 7	0.197 8	0.444 9	0.221 9				
18		0.383 3	0.205 6	0.436 8	0.228 3	0.473 5	0.246 4	0.496 1	0.275 1
16		0.377 3	0.215 8	0.424 5	0.238 2	0.458 1	0.254 9	0.478 1	0.281 2
		0.371 8	0.225 1	0.413 6	0.246 7	0.444 8	0.262 2		

续表

紫

v/c	Y	2.5P x	2.5P y	5.0P x	5.0P y	7.5P x	7.5P y	10.0P x	10.0P y
14		0.259 3	0.190 9	0.279 4	0.197 9	0.308 4	0.209 5	0.334 9	0.220 3
12		0.264 7	0.205 2	0.282 9	0.212 1	0.309 0	0.222 2	0.332 1	0.232 9
10		0.270 3	0.220 4	0.286 2	0.226 0	0.309 2	0.235 0	0.329 3	0.245 0
8		0.277 0	0.237 2	0.290 5	0.242 1	0.309 9	0.250 2	0.325 9	0.258 4
6		0.284 2	0.255 0	0.295 0	0.258 5	0.310 1	0.265 0	0.322 6	0.271 6
4		0.293 2	0.275 9	0.300 1	0.277 8	0.310 7	0.283 1	0.318 1	0.287 1
2		0.301 6	0.296 0	0.305 0	0.296 7	0.310 7	0.299 3	0.314 6	0.301 8
5/30	0.197 7					0.301 0	0.117 0	0.349 0	0.130 8
28		0.234 8	0.114 0	0.261 8	0.113 5	0.301 8	0.125 3	0.347 8	0.138 8
26		0.237 2	0.122 3	0.263 5	0.122 4	0.302 2	0.133 1	0.346 8	0.146 0
24		0.240 2	0.131 5	0.265 2	0.130 4	0.303 0	0.142 3	0.345 0	0.155 5
22		0.243 8	0.141 9	0.267 3	0.139 8	0.303 8	0.150 0	0.343 7	0.164 4
20		0.247 6	0.153 2	0.269 4	0.149 9	0.304 2	0.160 6	0.342 2	0.173 5
18		0.251 5	0.164 4	0.271 8	0.160 4	0.305 2	0.171 1	0.340 1	0.184 0
16		0.256 0	0.177 4	0.274 4	0.171 8	0.306 0	0.183 0	0.338 2	0.195 1
14		0.260 8	0.191 3	0.277 5	0.184 7	0.306 8	0.195 1	0.336 0	0.206 6
12		0.266 5	0.207 5	0.280 6	0.197 7	0.307 1	0.208 0	0.333 5	0.218 7
10		0.272 8	0.224 0	0.284 5	0.213 7	0.308 0	0.223 0	0.330 8	02 328
8		0.280 6	0.244 4	0.288 5	0.229 6	0.308 7	0.237 5	0.328 0	0.246 4
6		0.289 8	0.266 7	0.293 2	0.248 7	0.309 3	0.255 5	0.324 3	0.263 0
4		0.300 0	0.291 2	0.298 6	0.269 6	0.310 0	0.275 0	0.319 8	0.280 7
2				0.304 5	0.292 8	0.310 3	0.295 9	0.314 8	0.298 6
4/32	0.120 0	0.226 5	0.077 4	0.257 4	0.083 3	0.296 2	0.090 6	0.344 0	0.108 0
30		0.228 5	0.084 7	0.258 8	0.090 7	0.296 9	0.097 9	0.343 2	0.117 4
28		0.230 2	0.090 9	0.260 0	0.097 1	0.297 9	0.106 2	0.342 8	0.124 8
26		0.232 2	0.097 8	0.261 8	0.105 2	0.298 6	0.113 5	0.342 1	0.133 7
24		0.234 8	0.106 2	0.263 5	0.113 2	0.299 3	0.122 5	0.341 1	0.142 4
22		0.237 1	0.114 3	0.265 2	0.121 8	0.300 1	0.130 6		

红紫

v/c	Y	2.5RP x	2.5RP y	5.0RP x	5.0RP y	7.5RP x	7.5RP y	10.0RP x	10.0RP y
14		0.365 2	0.235 5	0.402 3	0.255 2	0.428 5	0.270 5	0.455 2	0.288 1
12		0.358 2	0.246 2	0.390 0	0.264 6	0.412 5	0.278 4	0.436 0	0.293 6
10		0.350 9	0.257 8	0.376 9	0.273 8	0.396 0	0.286 0	0.415 0	0.298 9
8		0.343 7	0.268 8	0.364 8	0.282 0	0.379 1	0.292 9	0.393 0	0.303 8
6		0.336 2	0.279 9	0.352 0	0.290 4	0.363 5	0.298 7	0.374 0	0.307 4
4		0.327 2	0.292 9	0.337 1	0.300 1	0.343 9	0.305 6	0.350 8	0.311 2
2		0.318 8	0.304 8	0.323 2	0.308 5	0.326 1	0.311 3	0.329 2	0.314 1
5/26	0.197 7	0.401 1	0.165 2						
24		0.396 5	0.173 8	0.468 3	0.197 8	0.504 5	0.224 8	0.539 6	0.253 5
22		0.392 4	0.181 4	0.458 1	0.206 8	0.491 5	0.233 0	0.518 5	0.262 0
20		0.387 3	0.190 9	0.448 4	0.215 0	0.476 1	0.242 1	0.498 6	0.269 5
18		0.382 1	0.200 7	0.437 2	0.224 2	0.461 7	0.250 6	0.476 7	0.277 6
16		0.376 3	0.210 8	0.426 1	0.233 1	0.445 4	0.259 6	0.457 9	0.284 1
14		0.370 3	0.221 1	0.414 2	0.242 8	0.430 3	0.267 5	0.433 2	0.291 8
12		0.363 5	0.232 5	0.402 2	0.252 3	0.410 8	0.277 3	0.410 5	0.298 0
10		0.356 0	0.245 2	0.388 0	0.263 0	0.393 2	0.285 2	0.385 1	0.303 9
8		0.349 0	0.257 0	0.374 8	0.272 9	0.372 6	0.294 1	0.359 4	0.309 0
6		0.339 6	0.271 1	0.358 5	0.284 2	0.351 5	0.302 4	0.333 2	0.313 1
4		0.329 8	0.286 9	0.342 1	0.295 4	0.329 6	0.309 8		
2		0.319 9	0.301 9	0.325 6	0.306 5				
4/26	0.120 0	0.404 8	0.142 8						
24		0.401 1	0.150 4						
22		0.396 7	0.159 3	0.465 6	0.182 1				

续表

紫

v/c	Y	2.5P x	2.5P y	5.0P x	5.0P y	7.5P x	7.5P y	10.0P x	10.0P y
20		0.239 4	0.122 1	0.267 0	0.130 0	0.301 0	0.139 6	0.340 0	0.150 0
18		0.243 0	0.133 2	0.269 3	0.140 8	0.301 6	0.150 0	0.338 6	0.162 6
16		0.246 7	0.145 2	0.271 8	0.152 0	0.302 8	0.162 1	0.337 0	0.175 6
14		0.250 9	0.158 5	0.274 7	0.166 0	0.303 5	0.175 5	0.335 1	0.187 5
12		0.255 9	0.173 0	0.277 8	0.180 8	0.304 5	0.190 5	0.333 1	0.201 4
10		0.261 9	0.190 3	0.281 4	0.196 7	0.305 6	0.206 0	0.330 6	0.216 2
8		0.268 5	0.208 9	0.285 5	0.215 0	0.306 6	0.222 8	0.328 0	0.231 8
6		0.276 3	0.230 0	0.290 3	0.234 7	0.307 6	0.241 6	0.324 8	0.249 3
4		0.285 5	0.253 1	0.295 8	0.256 5	0.308 4	0.262 2	0.321 0	0.268 6
2		0.296 2	0.280 7	0.302 2	0.282 5	0.309 3	0.285 9	0.316 2	0.290 2
3/34	0.065 55	0.223 0	0.054 3						
32		0.224 2	0.058 7	0.255 7	0.063 0				
30		0.225 2	0.063 8	0.256 8	0.069 0	0.292 2	0.075 0		
28		0.226 8	0.069 8	0.257 9	0.075 0	0.293 0	0.081 2		
26		0.228 6	0.076 5	0.259 0	0.082 2	0.293 8	0.089 2	0.334 3	0.097 8
24		0.230 5	0.083 2	0.260 2	0.089 1	0.294 4	0.096 7	0.334 1	0.105 5
22		0.232 9	0.091 1	0.262 0	0.097 1	0.295 3	0.105 7	0.334 0	0.114 6
20		0.235 4	0.100 3	0.263 9	0.107 4	0.296 1	0.115 1	0.333 2	0.124 0
18		0.238 0	0.109 4	0.265 7	0.116 3	0.296 9	0.123 9	0.332 9	0.133 2
16		0.241 0	0.119 8	0.268 0	0.127 2	0.298 1	0.135 6	0.332 0	0.145 6
14		0.244 9	0.135 2	0.270 7	0.139 7	0.299 2	0.147 5	0.330 9	0.157 2
12		0.249 8	0.148 0	0.273 9	0.153 9	0.300 3	0.161 8	0.330 1	0.171 5
10		0.254 8	0.163 8	0.277 2	0.170 7	0.302 0	0.179 4	0.328 6	0.188 9
8		0.261 5	0.184 5	0.281 9	0.191 0	0.303 7	0.198 1	0.326 9	0.207 5
6		0.269 1	0.207 2	0.287 0	0.213 5	0.305 7	0.220 8	0.324 3	0.229 3
4		0.279 2	0.234 2	0.292 8	0.238 6	0.307 2	0.244 8	0.321 4	0.251 7
2		0.292 2	0.268 0	0.299 7	0.270 0	0.308 8	0.274 0	0.317 0	0.279 0

红紫

v/c	Y	2.5RP x	2.5RP y	5.0RP x	5.0RP y	7.5RP x	7.5RP y	10.0RP x	10.0RP y
20		0.392 6	0.167 9	0.457 1	0.190 6	0.513 0	0.210 1	0.567 4	0.231 9
18		0.386 5	0.180 2	0.445 5	0.202 3	0.496 5	0.221 7	0.546 6	0.242 4
16		0.380 7	0.192 3	0.433 9	0.213 9	0.479 9	0.232 9	0.523 4	0.253 0
14		0.374 8	0.203 9	0.422 5	0.224 9	0.462 9	0.243 7	0.502 0	0.262 3
12		0.368 3	0.216 2	0.410 4	0.236 1	0.445 0	0.254 1	0.478 9	0.271 7
10		0.360 8	0.230 1	0.396 0	0.248 9	0.425 9	0.265 1	0.452 8	0.281 1
8		0.353 3	0.243 8	0.383 3	0.260 0	0.407 2	0.275 0	0.428 2	0.289 0
6		0.344 2	0.259 5	0.367 1	0.273 3	0.385 0	0.285 9	0.399 9	0.297 2
4		0.334 0	0.277 0	0.349 1	0.287 2	0.361 2	0.296 3	0.371 5	0.304 2
2		0.323 1	0.295 1	0.331 0	0.301 0	0.337 1	0.306 1	0.341 7	0.310 6
3/22	0.065 55	0.401 8	0.130 4						
20		0.396 9	0.141 3	0.457 7	0.159 3				
18		0.392 9	0.150 6	0.450 3	0.169 5	0.513 0	0.189 3		
16		0.387 6	0.162 9	0.441 8	0.180 9	0.499 1	0.201 1	0.562 8	0.224 1
14		0.381 8	0.175 8	0.431 3	0.194 4	0.483 1	0.214 0	0.538 0	0.236 9
12		0.375 4	0.189 8	0.419 9	0.208 9	0.465 4	0.227 3	0.513 9	0.248 9
10		0.368 1	0.205 4	0.407 3	0.223 5	0.444 5	0.241 9	0.485 1	0.261 8
8		0.359 8	0.223 3	0.393 0	0.239 5	0.423 4	0.255 6	0.455 2	0.274 1
6		0.350 1	0.242 5	0.376 5	0.256 9	0.399 0	0.270 8	0.421 8	0.286 4
4		0.340 0	0.262 4	0.358 6	0.274 2	0.373 9	0.285 1	0.388 9	0.296 9
2		0.327 2	0.286 1	0.337 0	0.294 0	0.345 0	0.300 1	0.352 6	0.306 8

续表

紫

v/c	Y	2.5P x	2.5P y	5.0P x	5.0P y	7.5P x	7.5P y	10.0P x	10.0P y
2/30	0.031 26	0.223 1	0.043 2						
28		0.224 5	0.049 1	0.255 9	0.052 5				
26		0.226 0	0.055 5	0.256 9	0.059 4				
24		0.227 7	0.062 1	0.258 2	0.066 9	0.288 2	0.071 9		
22		0.229 8	0.069 6	0.259 7	0.075 0	0.289 0	0.079 9		
20		0.232 0	0.077 9	0.261 2	0.083 8	0.290 2	0.090 1	0.323 0	0.086 1
18		0.234 5	0.087 3	0.263 2	0.093 5	0.291 2	0.099 5	0.323 1	0.096 2
16		0.237 2	0.098 0	0.265 2	0.104 5	0.292 2	0.110 6	0.323 3	0.106 3
14		0.240 6	0.110 0	0.267 6	0.116 3	0.293 8	0.123 5	0.323 5	0.118 1
12		0.244 9	0.124 5	0.270 9	0.132 0	0.295 6	0.139 2	0.323 3	0.141 7
10		0.250 1	0.142 2	0.274 8	0.150 0	0.297 9	0.156 9	0.323 0	0.165 9
8		0.257 0	0.163 5	0.279 1	0.170 7	0.300 0	0.178 1	0.321 9	0.186 2
6		0.266 1	0.192 1	0.285 0	0.199 2	0.302 5	0.205 8	0.320 7	0.213 2
4		0.275 8	0.220 8	0.290 8	0.226 1	0.304 8	0.232 1	0.318 9	0.239 0
2		0.289 2	0.258 3	0.298 4	0.261 2	0.307 1	0.264 7	0.316 1	0.269 1
1/26	0.012 10	0.225 1	0.035 5						
24		0.226 6	0.041 8	0.259 0	0.050 9				
22		0.227 9	0.047 3	0.260 1	0.058 6	0.283 1	0.062 5		
20		0.229 5	0.054 2	0.261 2	0.066 7	0.284 1	0.070 6	0.306 9	0.074 8
18		0.231 2	0.061 8	0.262 5	0.074 6	0.285 2	0.079 0	0.307 8	0.083 9
16		0.233 1	0.069 6	0.264 0	0.086 3	0.286 8	0.090 3	0.308 4	0.095 2
14		0.236 1	0.081 0	0.267 0	0.100 6	0.288 4	0.105 9	0.309 4	0.111 0
12		0.239 4	0.094 0	0.270 1	0.117 8	0.290 5	0.122 9	0.310 2	0.128 2
10		0.244 1	0.111 2	0.274 2	0.137 5	0.293 2	0.142 9	0.311 4	0.148 1
8		0.249 6	0.130 3	0.279 4	0.162 8	0.296 0	0.168 2	0.312 6	0.173 7
6		0.257 0	0.155 9	0.285 4	0.192 7	0.299 1	0.197 4	0.313 2	0.203 2
4		0.266 8	0.187 4	0.293 6	0.233 0	0.303 0	0.236 1	0.313 2	0.240 4
2		0.280 8	0.229 6						

红紫

v/c	Y	2.5RP x	2.5RP y	5.0RP x	5.0RP y	7.5RP x	7.5RP y	10.0RP x	10.0RP y
2/20 20	0.031 26	0.380 2	0.108 0						
18		0.377 8	0.118 8	0.433 8	0.134 0				
16		0.374 8	0.131 0	0.426 9	0.145 4	0.474 4	0.159 5		
14		0.371 1	0.144 9	0.418 0	0.159 8	0.462 4	0.173 7	0.512 9	0.188 8
12		0.366 8	0.161 8	0.408 0	0.176 4	0.448 1	0.190 3	0.491 1	0.206 0
10		0.361 7	0.180 0	0.397 1	0.193 9	0.432 1	0.208 2	0.467 8	0.223 7
8		0.355 5	0.200 3	0.385 8	0.214 0	0.413 7	0.227 6	0.442 8	0.241 9
6		0.347 0	0.225 9	0.370 8	0.238 0	0.391 8	0.249 0	0.413 9	0.260 8
4		0.338 2	0.249 6	0.355 8	0.259 7	0.370 2	0.268 3	0.385 0	0.277 8
2		0.327 9	0.275 4	0.338 3	0.282 9	0.345 9	0.289 2	0.353 2	0.295 7
1/16 16	0.012 10	0.336 8	0.090 0						
14		0.336 1	0.102 0	0.381 1	0.113 8				
12		0.336 1	0.118 1	0.377 2	0.128 3	0.424 0	0.140 0	0.466 8	0.151 4
10		0.335 4	0.135 1	0.372 7	0.145 8	0.413 2	0.158 0	0.452 1	0.171 0
8		0.334 2	0.155 5	0.366 0	0.166 2	0.400 5	0.179 3	0.435 7	0.192 1
6		0.332 1	0.181 1	0.358 8	0.192 0	0.386 5	0.203 6	0.415 1	0.216 9
4		0.329 0	0.209 5	0.350 3	0.219 6	0.370 5	0.230 0	0.392 0	0.242 3
2		0.324 0	0.245 9	0.337 8	0.254 2	0.349 8	0.261 7	0.362 9	0.271 0

主要参考文献

[1] 车念曾，闫达远. 辐射度学和光度学 [M]. 北京：北京理工大学出版社，1990.

[2] 汤顺青. 色度学 [M]. 北京：北京理工大学出版社，1990.

[3] 张敬贤，李玉丹，金伟其. 微光与红外成像技术 [M]. 北京：北京理工大学出版社，1995.

[4] 金伟其，胡威捷. 辐射度 光度与色度及其测量 [M]. 北京：北京理工大学出版社，2006.

[5] 安连生，李林，李全臣. 应用光学 [M]. 北京：北京理工大学出版社，2000.

[6] ZISSIS G J, ACCETTA J S, SHUMAKER D L. The Infrared & Electro – Optical Systems Handbook. Sources of Radiation, Volume 1 [R]. Infrared information and analysis center ann arbor mi, 1993.

[7] 王大珩. 现代仪器仪表技术与设计 [M]. 北京：科学出版社，2001.

[8] 上海理工大学，贵阳新天光电科技有限公司，华东师范大学，等. GB/T 13962—2009 光学仪器术语 [S]. 北京：中国标准出版社，2010.

[9] 中国计量科学研究院. JJF 1032—2005 光学辐射计量名词术语及定义 [S]. 北京：中国计量出版社，2005.

[10] FAIRCHILD M D. Color Appearance Models [M]. California：ADDISON – WESLY, 2013.

[11] 格鲁姆 F, 贝彻雷 R J. 辐射度学 [M]. 缪家鼎，等译. 北京：机械工业出版社，1987.

[12] JOHN W T. Walsh, Photometry [M]. GB：Constable and Company LTD, 1958.

[13] BUDDE W. Optical Radiation Measurement, Vol. IV——Physical Detectors of Optical Radiation [M]. New York：Academic Press, 1983.

[14] WYATT C L. Radiometric Calibration Theory and Methods [M]. NewYork：Academic Press, 1978.

[15] BAUER G. Measurement of Optical Radiations [M]. Oxford：Focal Press, 1965.

[16] 薛君敖，李在清，朴大植，等. 光辐射测量原理和方法 [M]. 北京：中国计量出版社，1981.

[17] 张幼文. 红外光学工程 [M]. 上海：上海科学技术出版社，1982.

[18] 海尔比希 E. 测光技术基础 [M]. 佟兆强，译. 北京：中国轻工业出版社，1987.

[19] 荆其诚，焦书兰，喻柏林，等. 色度学 [M]. 北京：科学出版社，1979.

[20] 崔志尚，等. 常用辐射测温仪器及其检定 [M]. 北京：中国计量出版社，1986.

[21] 戴乐山，凌善康. 温度计量 [M]. 北京：中国标准出版社，1984.

[22] BOHSE J R, BEWTRA M, BARNES W L. Heat Capacity Mapping Radiometer（HCMR）data processing algorithm, calibration, and flight performance evaluation [R]. United States：NASA Goddard Space Flight Center, 1979.

[23] MARTIN S. Stray – Light Problems in Optical Systems [J]. Journal of Modern Optics, 1979, 26（2）：163 – 163.

[24] 杨勇，关丽，朱传征，等. 中间视觉条件下光源光谱对人眼视亮度的影响 [J]. 光谱学与光谱分析，2012, 32（10）：2628 – 2631.

[25] 杨春宇，胡英奎，陈仲林. 用中间视觉理论研究道路照明节能 [J]. 照明工程学报，2008, 19（4）：44 – 47.

[26] CIE. Colorimetry [Z]. 3rd edition, Publication 15. 2004, Vienna：Bureau Central de la CIE, 2004.

［27］ CIE. Fundamental Chromaticity Diagram with Physiological Axes ［Z］, Publication 170 – 1, Vienna: Bureau Central de la CIE, 2006.

［28］ SCHANDA J. Colorimetry: Understanding the CIE System ［M］. New York: Wiley, 2007.

［29］ Noboru Ohta, Alan R. Robertson. Colorimetry: Fundamentals and Applications ［M］. New York: Wiley, 2005.

［30］ MARK D. Fairchild, Color Appearance Models ［M］. 2nd Edition, New York: Wiley, 2005.

［31］ KAISER P K, BOYNTON R M. Human Color Vision ［M］. 2nd edition, Washington, DC: Optical Society of America, 1996.